수정판

EFDC 활용 길잡이

공학박사 이 동 주 편 저

E·N·V·I·R·O·N·M·E·N·T·A·L·F·L·U·I·D·D·Y·N·A·M·I·C·S·C·O·D·E

EFDC

도서출판
구미서관

머 리 말

오늘날 우리 세계는 수자원관리와 수질환경변화 평가에 깊은 관심을 갖고 있다. 특히 하천, 호소, 연해에서 수행하고 있는 각종 공사는 유동과 수질환경을 변화시킨다. 그래서 수변 공사를 계획할 때 그로 인한 유동과 수질환경 변화를 예측하는 과업이 필수적이다. 사업 수역의 유동과 수질 변화를 예측하는 방법으로 수치모의 기법이 편의성 및 경제성 때문에 많은 학자와 엔지니어들로부터 각광을 받고 있다.

그동안 각 대상과 목적에 따라 1, 2, 3차원 하천과 연해의 동수역학 수치모형, 퇴적 수치모형, 수질 수치모형 등이 여러 학자들에 의해 개발되었고, 여러 현장들에 적용되어 왔다. 일찍이 저자도 하천-호소-연해에 연관되어 발생하는 수질 환경변화를 평가하는데 합리적인 수치 통합모델(integrated model)이 필요하다고 인식하고 통합모델을 찾는 중 유럽연합(EU)이 개발한 COHERENCE를 사용해 보았는데, 그것은 간사지(tidal flat) 처리가 불가능해서 우리나라 서해안에 적합하지 않았다. 그러나 미국 환경보호국(US EPA)의 지원을 받아 버지니아 해양과학연구소(VIMS)에서 개발한 환경유체동역학코드(EFDC)는 간사지 처리 기능을 갖추고 있어 우리나라 연해에서도 이용 가능한 통합모델임을 알게 되었고, 저자는 대산항에 준설 부유사 확산을 계산하여 그것을 확인하였다. 현 EFDC는 Hamrick 교수가 1992년부터 개발하여 개선을 거듭해온 최신 버전이다. EFDC는 개발 당시부터 소스코드와 사용자설명서를 지구촌 연구자에게 공개해왔다. 저자는 그동안 공개된 소스코드들과 설명서를 보고, EFDC를 활용해본 결과 우리에게 친숙하고 명쾌한 국역본의 설명서가 필요하다고 느꼈다. 그리고 처음 EFDC를 접하는 우리나라 EFDC 초보자를 위한 컴퓨터 작업 과정의 안내가 필요하다고 생각했다. 그래서 저자는 천학 비재함에도 불구하고 EFDC를 활용하고픈 우리나라 대학의 환경공학과 학부 및 대학원 학생들과 토목공학과 수공학에 관심 있는 학부 및 대학원 학생 그리고 환경 관리기관 및 컨설턴트의 엔지니어들에게 조금이나마 도움을 주고자 용감히 이 책을 펴냈다.

본서는 총 4편로 구성했다. 제1편에는 미국의 Tetra Tech, Inc.에서 펴낸 EFDC 사용자 설명서(EPA 버전 1.01, 2007)의 내용을 국문으로 번역하고, 일부만 편집하여 전문을 실었다. 여기서는 EFDC에 대한 전반적인 소개와 격자발생기법, 입력파일 작성법, 소스 컴파일 방법을 설명한다. 제2편에는 미국의 Dynamic Solution, LLC의 프로그래머 Paul M. Craig 씨가 저술한 EFDC_Explorer 사용자 설명서(Rev 00c, 2008)를 역시 국문으로 전문 번역하여 실었다. 이것은 EFDC의 사용도구(tool)로써 전처리기와 후처리기의 기능과 이용법을 설명했다. EFDC_Explorer는 윈도우즈를 기반으로 그림 상에서 마우스나 키보드로 직접 입력치를 기입하고 수정할 수 있으며, 출력을 바로 시각화하여 화면상에서 볼 수 있고, 인쇄도 가능하다. 제3편에는 일반적인 PC에서 EFDC소스코드를 활용하는 방법을 기술하였다. 여기서 인텔포트란 컴파일러로 EFDC 코드를 컴파일하고 디버깅하는 방법을 소개하고, 그 결과를 시각화하기 위한 그래픽 패키지인 골든 소프트사의 Surfer 사용법의 일부를 설명했다. 그리고 EFDC의 출력들 중 특별히 유속벡터도와 오염물질 농도분포도를 Surfer로 그리는 방법을 설명했다. 이 3편은 EFDC를 처음 PC에 셋업하는 분과 소스코드를 고찰하고 수정하려는 분들에게 좋은 참고가 되리라 기대한다. 그리고 마지막 4편에는 부록으로 격자 발생 예제들과 입력 데이터 포멧을 수록하여 EFDC활용시 참고하도록 하였다.

이 책을 완성하기까지 여러분의 도움을 받았다. 먼저 EFDC의 개발을 지원한 미국 환경보호국과 개발자 Hamrick박사를 비롯한 많은 관계자들, EFDC_Explorer를 개발한 Craig씨와 관련 엔지니어들에게 깊은 사의를 표한다. 그리고 어려운 출판 여건에도 불구하고 기꺼이 출판을 맡아주신 구미서관 임해진 사장님과 기인수 상무님을 비롯한 편집부 관계자 여러분께도 마음속 깊이 감사드린다, 회사일로 바쁜 가운데 시간을 내 3편을 집필하는데 도움을 준 아들 승헌이와 1편에서 환경관련 부분을 번역해주고 조언해준 군산대학교 환경공학과 김종구 교수님께 깊이 감사드린다.

끝으로, 자신의 건강도 좋지 않은데 불구하고, 본서를 만들고자 동분서주한 저자의 뒷바라지에 애써준 아내에게 고맙다는 말을 전하고 싶다.

2011년 2월

편저자 이 동 주

EFDC에 대한 자세한 정보는 저자의 홈페이지(http://efdc.kr)를 참고하기 바랍니다.

목 차

제1편 EFDC 사용자 설명서 / 1

제2편 DFDC Explorer 사용자 설명서 / 171

제3편 EFDC 소스코드 활용하기 / 327

목 차

PART 1

EFDC 사용자 설명서

01 EFDC 개설

EFDC(환경 유체 동역학 코드, Hamrick, 1992)는 버지니아 해양과학연구소(VIMS)에서 개발되었다. 이 모델은 버지니아주에 제임스강과 요크강의 하구(Hamrick, 1992, 1995)와 전체 체서피크만(Chesapeake Bay)에 적용되었다(Hamrick,1994). 이 체서피크만의 모델은 지금까지 다음과 같은 광범위한 환경 분야의 연구에 사용되었다. 이들은 점소스 또는 다점소스에서의 오염물질의 수치모의(simulations)와 병원균의 이송, 발전소의 온배수 수치모의(Kuo and Hamrick, 1995), 굴과 게의 치어 이동 수치모의, 그리고 준설공사와 준설 폐기물의 평가 등에 사용되었다(Hamrick, 1992b, 1994b, 1995b). 또 EFDC모델은 플로리다주 인디언강 개펄 북부의 담수유입에 관한 연구를 하기 위해 사용되었고(Moustafa and Hamrick, 1994, Moustafa, et. al., 1995), 플로리다주 에버그래이드스에서 고밀도 식생저항을 받는 습지를 통과하는 흐름을 연구하는데도 사용되었다(Hamrick and Moustafa, 1995a,b; Moustafa and Hamrick, 1995). 우리나라에서는 경기만에 수리 및 수질 통합평가를 하기 위한 모델로 EFDC를 사용하였고(한국해양연구소, 2001), 남해안에 조위 및 조류거동 수치모의 연구에 사용되었다(권석재와 강태순, 2007). 또 수질평가를 위해 평택호에 적용(이정우, 2005), 한강유역에 적용(유하나, 2007), 용산저수지에 적용(2007), 대산항에 적용(박희영, 2008)등의 예를 찾아 볼 수 있다. 그 밖에도 국내 여러 대학, 연구소, 엔지니어링 회사 등에서 EFDC 모델에 대해 활발히 연구하고 현장에 적용하고 있다.

EFDC 모델의 물리적 이론과 여러 형태의 계산 기법은 널리 사용되고 있는 브룸버그-멜러 모형(Blumberg & Mellor(1987))과 미공병단의 체서피크만 모델(Johnson,등, 1993)의 것과 같다. EFDC 모델은 밀도류에 대한 3차원 정수압, 자유수면, 난류의 연직평균 운동방정식을 푼다. EFDC 모델은 스트레치드(stretched) 또는 시그마(σ) 연직좌표와 직각(Cartesian) 또는 곡선-직교(curvilinear orthogonal) 수평좌표를 사용한다. 또 이것은 난류 운동에너지, 난류 길이, 염도와 온도를 구하기 위해 동역학적으로 결합된 질량수송방정식들을 푼다. 두 개의 난류 수송방정식들이 Galperin 등(1988)에 의해 수정된 Mellor & Yamada의 2.5 레벨의 난류 폐쇄모델을 이용하여 풀이된다(Mellor & Yamada, 1982). 외부에서 정한 고주파 표면 중력파 장(gravity wave field)을 사용하여 파와 조류의 경계층의 상호작용을 구하기 위해 선택에 의해 바닥 경계층 종속모델이 사용될 수 있다. 또 EFDC모델은 용해물질과 부유물질을 구하기 위해 다양한 오일리언(Eulerian) 수송방정식들을 동시에 푼다. 호평을 받고 있는 라그란지안(Lagrangian)의 입자 이송-변환기법도 역시 EFDC 모델에서 동작이 가능하다. 또 EFDC 모델은 질량 보존기법에 의해 얕은 해역의 조간대(wetting and drying/tidal flat)에 대해서도 사용될 수 있다. 또 이것은 위어, 여수로, 암거 등과 같은 일반적인 유량 제어 구조물들을 모의하기 위한 많은 대안 모델들을 잘 갖추고 있다. 바닷가 해빈을 모의하기 위하여, EFDC 모델은 고주파 표면 중력파를 이용하여 외부에서 정한 방사응력(radiation stresses)을 사용할 수 있다. 쇄파(wave breaking)와 해저마찰(bottom friction)을 이용하여 외부에서 정한 파의 소산력(dissipation)은 소스항으로 난류 폐쇄 모델에 역시 통합될 수 있다. 식생환경에서 흐름을 모의하기 위해, EFDC 모델은 2, 3차원 식생저항 공식들을 포함한다(Hamrick and Moustafa, 1995a). 이 모델은 WASP5(Ambrose, 등. 1993)와 CE-QUAL-IC(Cerco와 Cole, 1993)을 포함한 수질모델들이 이송장(transport fields)을 생산하는데 이용할 수 있는 정형의 데이터를 제공한다.

EFDC는 운동방정식을 풀기 위하여 스태거드 격자(staggered grid) 또는 아라카지 격자(C grid) 상의 2차 정확도의(2nd order accurate) 공간차분법을 사용한다. 또 EFDC는 시간적분을 할 때, 내부전단 또는 바로클리닉 모드(baroclinic mode)와 외부 자유수면 중력파 또는 바로트로픽 모드(barotropic mode)를 분리하는 내부-외부 모드 분리절차를 갖고 있는 2차 정확도의 시간 3단계(three time level)로 적분하는 유한차분법을 사용한다. 외부 모드는 반음해법(semi-implicit scheme)을 사용하여 풀고, 그리고 미리 조정된 공액경사법(conjugate gradient procedure)으로 2차원 수위장(surface elevation field)를 동시에 계산한다. 외부 모드 풀이는 새로운 수위장을 이용하여 수심평균 바로트로픽 유속을 계산함으로써 완결된다. 외부 모드 반음해법은 중앙차분 양해법(explicit scheme)의 안정기준이나 또는 비선형 가속항에 대해 사용되는 업윈드 이류법(upwind advection scheme)에 의해서만 제약받는 큰 시간간격(time steps)을 허용한다. 외부 모드 풀이를 위한 수평 경계조건은 모두 수위만을 정하기 위한 옵션들, 즉 유입파의 특성치(Bennett & McIntosh, 1982), 유출파의 자유로운 방사력(Bennett, 1976; Blumberg & Kantha, 1985) 또는 임의 경계부분의 체적플럭스(volumetric flux)를 포함한다. EFDC 모델의 내부 운동량 방정식 풀이는 외부 모드와 같은 시간간격을 취하며 수직확산을 음해적으로 푼다. 운동량 방정식들의 내부 모드의 해는 수직단면의 전단력과 마찰속도 항들로 되어 있고, 그것은 바로클리닉 압력 경사의 가장 간단하고 정확한 식이 되고, 여러 내부 모드 식들이 과계산하는 것을 방지한다. 시간 3단계 차분법의 시간

나누기(time splitting)는 2차 정확도의 시간 2단계 사다리꼴 시간간격을 주기적으로 삽입함으로써 수행된다. 또 EFDC 모델은 2차원 평면이나 수직면을 쉽게 구성할 수 있다.

EFDC 모델은 동일한 시간간격으로 오일리언 수송방정식을 풀거나 또는 2배의 시간간격으로 운동량방정식을 풀기 위해 공간과 시간에서 2차 정확도의 질량보존칙의 분편화 해법(fractional step solution scheme)을 사용한다(Smolarkiewicz and Margolin, 1993). 수송방정식의 이류항은 브룸버그-멜러 모델에서 사용되는 중앙차분법이나 또는 양(+)의 업윈드 차분법중 하나를 사용하여 풀이한다. 공간과 시간에 관해 2차 정확도로서 가장 정확한 업윈드 해법은 스모라키빅즈(Smolarkiewicz)의 다차원적인 양의 이류 수송 알고리즘 중 단조롭고 수치적 발산이 가장 적은 플럭스보정이송 버전이다(Smolarkiewicz & Grabowski, 1990). 수평확산은 필요하다면 시간에 관해 양해적으로 계산하는 반면에 수직확산은 음해적으로 계산한다. 수평경계조건은 시간에 따라 변하는 물질 유입 농도, 업윈드 유출량, 기상에 의한 경계농도 감소율을 포함한다.

열 이송방정식을 풀기 위해, NOAA 지질유체역학 연구소의 대기 열교환 방정식이 사용된다(Rosati & Miyakoda, 1988). 이 모델에서 동작되는 라그란지안 입자 이송해법은 음해적 3차 선형보간법(trilinear interpolation scheme)을 이용한다(Bennett & Clites, 1987). 플룸 희석 모델(plume dilution model)의 오일리언과 라그란지안 이송방정식을 풀이하기 위해 내부 시간에 의해 변하는 체적과 질량소스는 지정된 수평격자 셀에서 수심에 걸쳐 임의로 분배될 수 있다. EFDC 모델은 Hamrick(1994a)의 보고서에서 설명된 내부 연결 방식을 사용하여 많은 외부 수질모델을 취급할 수 있다.

EFDC 모델은 특정 연구지역에 적용하기 위해서 내부 소스코드의 수정이 필요하지 않는 일반적인 형태를 갖고 있다. 이 모델은 직각 또는 곡선-직교 격자를 생성하고, 현장 관측 데이터로부터 얻은 수심과 초기 농도와 온도를 보간하는 전처리 시스템을 갖고 있다(Mobley and Stewart, 1980; Ryskin & Leal, 1983). 이 모델의 입력 시스템은 입력변수들, 파일들, 포맷들을 위한 광범위한 온라인(on-line) 서식을 갖추고 있고 상호 보완적인 특징을 갖고 있다. 또 윈도우즈를 토대로 메뉴를 사용하여 입력 및 출력을 시각화할 수 있는 도구는 현재 Dynamic Solution사가 개발한 EFDC-Explorer가 있다. 이것은 2편에서 자세히 설명될 것이다.

이 모델은 재시작을 위한 파일은 물론 진단과 탐색 목적을 위한 여러가지 실시간 메시지들과 출력파일들을 생산한다. 후처리를 위해서, 이 모델은 사용자가 지정하는 곳에서 조화분해(harmonic analysis)와 시계열분석(time series analysis)을 할 수 있다. 또 수평면과 수직면의 등고선, 칼라그림과 벡터그림을 그리기 위한 시계열 파일을 만들고 저장하는데 이용되는 많은 선택사항들을 갖고 있다. 이 모델은 역시 대중적이고 값이 싼 여러 개인 시각화 패키지들을 사용해서 3차원 벡터와 스칼라장의 그림과 동영상을 구현할 수 있는 다양한 배열의 파일들을 출력한다(Rennie and Hamrick, 1992). 제3편에서 우리나라에서 널리 사용되고 있는 시각화 패키지의 일종인 GOLDEN SOFTWARE사의 Surfer의 사용법을 일부 소개한다. 이 EFDC 모델은 코드가 표준 포트란 77로 작성되어 있고, 메모리에 오직 물이 있는 셀의 변수만을 저장함으로써 기억용량을 절약한다. 소수점 연산을 위해 99.8퍼센트 벡터화된 코드로 논리 연산을 최소화 하는데 특별한 주의를 기울였고, 하나의 Cray Y-MP C90 처리기에 380MFLOPS를 지속적으로 수행함으로써 그 능력이 검증되었다. EFDC 모델은 VAX-VMS 시스템, Sun HP-Apollo, 실리콘 그래픽, 콘벡스, 크레이 UNIX 시스템, IBM PC 호환의 DOS 시스템(Lahey EM32 FORTRAN)과 매킨토시 68K, 파워 PC 시스템(LSI와 Absoft FORTRAN)에서 현재 작동된다. 현재 우리나라에서 대중적으로 사용하고 있는 윈도우즈 시스템의 일반 PC에서 EFDC의 소스코드를 이용하는 방법은 3편에 설명되어 있다.

EFDC 모델에 관한 이론과 계산의 기초는 Hamrick(1992a)의 보고서에 수록되어 있다.

이 모델의 식생습지의 수치모의를 위한 수식의 확장 내용은 Hamrick과 Moustafa(1995 a, b) 그리고 Hamrick , Moustafa과 Hamrick(1995)의 문헌에 수록되어 있다. 라그란지안 입자 추적과 라그란지안 평균이송장 계산을 위한 모델의 수식은 Hamrick(1994), Hamrick과 Yang(1995)의 보고서에 기술되어 있다.

1편은 대략 다음과 같이 구성되어 있다. 2장은 EFDC코드 구조에 초점을 맞추어 EFDC 모델 시스템의 일반적인 구조를 설명하고, 또 모델의 준비 과정과 실행 결과를 처리하고, 해석하는 과정을 설명한다. 3장-8장은 특정 환경의 유동 시스템에 모델을 적용할 때 필수적으로 거치는 단계를 기술한다. 3장은 GEFDC 격자발생 전처리 코드를 사용하여 모델의 수평공간 구성방법을 기술한다. 4장은 모델 수치모의의 전반적인 실행을 제어하는 주입력 파일 efdc.inp의 구성을 설명한다. 5장은 수치모의를 규정하는데 꼭 필요한 부가적인 입력 파일들을 모아 놓았다. 6장은 수질모델을 위한 입력파일 (wq3dwc.inp등)을 설명한다. 유닉스 워크스테이션과 슈퍼컴퓨터, IBM 호환의 PC 시스템과 매킨토시 시스템 상에서 모델을 컴파일하고 실행하기 위한 안내는 7장에 기술되어 있다. 8장은 EFDC의 내부 진단 옵션들과 여러 컴파일러 진단 도구들을 사용하여 실행실패(execution failures)를 진단하는 옵션들에 대해 설명하고 여러 일반적이고 개인적으로 특별한 적용을 위한 시계열 분석 기법들은 물론 시계열 출력 옵션들과 포맷들에 대해 기술한다. 또 2차원 수평면과 수직면의 그래픽 출력과 시각화 옵션들과 3차원 그래픽과 시각화를 위한 출력파일을 기술한다. 부록 A는 소스코드 서브루틴들의 목록과 그들 기능을 기술한다. 부록 B는 여러 격자의 예와 gefdc.f 격자 발생 전처리기를 위한 입력파일을 담고 있다.

02 EFDC 모델 시스템의 일반적인 구조

EFDC 모델 시스템은 기본적으로 포트란77로 작성한 소스코드 efdc.for파일, 컴먼블록(COMMON BLOCK) 선언문과 변수의 배열, 디멘젼(DIMENSION)을 담고 있는 efdc.com 파일, 변수의 배열 크기를 규정하기 위한 파라미터(PARAMETER) 선언문을 포함하는 efdc.par 파일로 구성된다. 소스코드 efdc.for와 컨먼파일 efdc.com은 모든 EFDC 응용모델에 공통으로 사용된다. 그러나 매개변수 파일 efdc.par은 특정 모델에 따라 그 모델을 실행하는 동안 메모리를 최소화하기 위하여 위해서 파라미터 값들을 다시 구성할 필요가 있다. 매개변수 파일 efdc.par구성의 세부사항과 소스코드 efdc.for의 컴파일 방법은 7장에서 설명된다. 이 소스코드 efdc.for는 1개 주프로그램과 110개 이상의 서브루틴들로 구성되어 있다. 서브루틴의 목록과 그들의 기능에 대한 간단한 설명은 부록 A에서 찾아볼 수 있다.

특정 적용을 위한 모델 구성과 환경설정을 위해서는 다음 입력파일들을 준비한다(알파벳 순서로 수록).

표 2-1 EFDC 모델을 위한 입력 파일

파일명	입력자료 유형
aser.inp	시계열로 작성된 기상자료
cell.inp	수평격자의 셀 유형 식별자 파일
celllt.inp	평균 질량 수송을 저장하기 위한 수평격자의 셀유형 식별자 파일
depth.inp	오직 직각격자만을 위한 수심, 바닥고와 바닥조도를 입력하는 파일
dser.inp	염료농도의 시계열 파일
dxdy.inp	직각이나 곡선-직교 수평격자에 대한 수평격자의 간격, 수심, 바닥고, 바닥조도, 식생등급을 지정하는 파일
dye.inp	수치모의의 콜드스타트(cold start)를 위한 초기 염료농도 분포 파일
efdc.inp	주입력파일
fldang.inp	지역 M2 조류 타원의 창조 축까지의 CCW(시계바늘방향)의 각를 지정하는 파일

파일명	입력자료 유형
gcellmap.inp	곡선-직교 격자에 대한 오버레이의 직각격자를 나타내는 파일
gwater.inp	간단한 토양 습도 모델의 특성을 지정하는 파일
lxly.inp	직각이나 곡선-직교의 격자에 대한 수평 셀 중앙좌표와 셀 방향을 지정하는 파일
mappgns.inp	남북이나 y방향으로 계산할 때, 주기적으로 나타나는 영역의 격자구성을 지정하는 파일
mask.inp	지정된 셀 면을 횡단하는 흐름을 막는 얇은 벽을 지정하는 파일
modchan.inp	수로의 종속격자를 지정하는 파일
moddxdy.inp	셀 크기를 수정하는 파일(수로의 일부 폭을 조정하기 위해 주로 사용)
pser.inp	개방경계 수위의 시계열 파일
qctl.inp	수리 제어 구조물의 특성화를 위한 파일
qser.inp	체적 소스-싱크(source-sink)의 시계열 파일
restart.inp	수치모의의 재시작을 위한 파일
restan.inp	질량수송 모의에만 사용되는 임의의 시간 간격을 가지고 평균 이송장을 나타내는 파일.
salt.inp	초기염도 파일
sdser.inp	부유사 농도 시계열 파일
show.inp	수치모의를 실행하는 동안 지정된 셀에서 화면출력을 제어
sser.inp	염도 시계열 파일
sfser.inp	갑각류 방출 시계열 파일
sfbser.inp	갑각류 거동 시계열 파일
tser.inp	온도 시계열 파일
vege.inp	식생저항 등급 파일
wave.inp	파-조류 경계층 모델이나 파랑류모델의 고주파 표면중력파의 파일

위 표 2-1에 수록된 입력 파일들은 아래 표 2-2에서 보는 바와 같이 다시 5그룹으로 분류될 수 있다.

모델의 구성을 위한 입력 자료의 마련과 수치모의 준비를 위한 추천할 수 있는 절차는 일반적으로 위의 파일그룹의 순서와 같다.

격자모양과 지형이나 수심을 정하는 파일 dxdy.inp와 lxly.inp, 그리고 선택에 의해 오버레이격자(overlay grid)를 지정하는 파일 gcellmap.inp는 보조 격자발생코드 GEFDC(FORTRAN77 소스파일 gefdc.f)로 자동적으로 생성할 수 있다. GEFDC의 사용법은 3장에서 논의된다. 주입력파일 efdc.inp은 제4장에서 자세히 논의되는 반면, 나머지 입력파일에 대한 구조는 제5장에서 자세히 기술된다.

표 2-2 기능별로 모아진 입력파일

1. 수평 격자 규정 파일	cell.inp	celllt.inp	depth.inp
	dxdy.inp	gcellmap.inp	lxly.inp
	mappgns.inp	mask.inp	
2. 일반 자료와 실행제어 파일	efdc.inp	show.inp	
3. 초기화와 재시작 파일	salt.inp	dye.inp	restart.inp
	restan.inp		
4. 물리적 처리 지정 파일	gwater.inp	modchan.inp	moddxdy.inp
	qctl.inp	vege.inp	wave.inp
5.시계열 부하와 경계 조건 파일	aser.inp	dser.inp	pser.inp
	qser.inp	sdser.inp	sfser.inp
	sfbser.inp	sser.inp	tser.inp

EFDC 모델 시스템은 다음 5종류의 출력 파일들을 생성한다.

1) 모델을 진단하기 위한 출력 파일
2) 재시작과 이송장 파일
3) 시계열, 지점 샘플과 최소자승 조화분해 출력 파일
4) 2차원 그림과 시각화 파일
5) 3차원 그림과 시각화 파일

이들 출력의 활성과 제어 명령은 주입력파일(efdc.inp)에서 지정되고, 제4장에서 논의될 것이다. 활성과 진단 출력을 위한 옵션의 안내 및 2차원과 3차원 출력에 대한 형식들과 처리절차들에 대해 제8장에서 기술될 것이다.

03 격자 생성과 전처리

EFDC 모델의 준비 또는 환경설정을 위한 첫 번째 단계는 모델에 포함될 영역의 수평면 경계를 정하는 것이다. 그 수평면 영역은 일련의 분리된 직사각형 셀들과 선택적 삼각형 셀들로 보통 구성된다. 전문용어인 격자(grid) 또는 격자선은 직사각형 셀의 면을 구획하는 선들을 나타낸다(삼각형 셀은 하나의 사각형 셀을 대각선으로 분할하여 생긴 4개 영역들 중 하나로 정의된다). EFDC 모델은 곡선-직교 수평좌표계로 표시된 동역학 방정식을 풀기 때문에, 역시 격자선은 수평좌표들 중 하나의 일정한 값을 갖는 선분들과 같다. 다음 논의에서 I와 J는 물론 x와 y는 각각 소위 계산영역에서 두 수평좌표의 방향을 확인하는데 이용될 것이다. 전문 용어인 동쪽과 북쪽은, 곡선 x와 y 좌표와 관계될 때, 상대적인 위치를 정하는데 역시 이용된다. 전문용어인 진동(true east)과 진북(true north)은 각각 수평 지도좌표인 x*와 y*와 관계된다. 즉 이것은 경도-위도 좌표, 동-북 SP좌표, UTM좌표, 또는 사용자가 정의한 지역 지도좌표이다. efdc.for 코드는 MKS(내부적으로 미터, 킬로그램, 초)단위계를 사용한다.

모델의 수평 셀격자는 정해진 셀 유형(cell type) 배열에 따라서 cell.inp 파일에 의해 표시된다. 모델 수평영역과 cell.inp 파일의 형식에 대해 예를 들어 설명하기 위해, 그림 3-1과 같은 동쪽으로 수로 입구가 난 간단한 원형 유역을 생각하자. 이 예의 영역은 그림과 같이 18개의 사각형 셀들과 4개의 정삼각형 셀들로 구성되어 있다. 그림 3-2에서 보는 바와 같이 cell.inp 파일은 22개의 물셀(water cell) 격자로 구성된다. cell.inp 파일은 4줄의 머릿글(header lines)에 이어서 셀 유형 배열, IJCT(I,J)로 되어 있다. 여기서 I와 J는 계산 방향 또는 곡선 x와 y방향을 나타내는 셀 인덱스이다. 머릿글에 이어서, 처음 3개의 열들(I3)은 2개의 빈칸(2X)에 이어서 6에서 부터 1까지 감소하면서 J값들이 지정된다. 나머지 행렬에는 I를 1에서 9까지 증가시켜 배열 IJCT(I,J)에 셀 유형의 식별숫자를 기입한다. 여기서 7개의 식별숫자가 셀 유형의 지정에 사용된다. 그것들은 표 3-1과 같다.

표 3-1 cell.inp 파일의 셀 유형의 정의

유형	설명
0	물셀의 변이나 구석에 접하지 않은 육지셀
1	북동쪽이 육지인 삼각형 물셀
2	남동쪽이 육지인 삼각형 물셀
3	남서쪽이 육지인 삼각형 물셀
4	북서쪽이 육지인 삼각형 물셀
5	사각형 물셀
9	물셀의 변이나 구석에 접하는 육지셀 또는 개방경계 물셀의 변 또는 구석에 접하는 물셀.

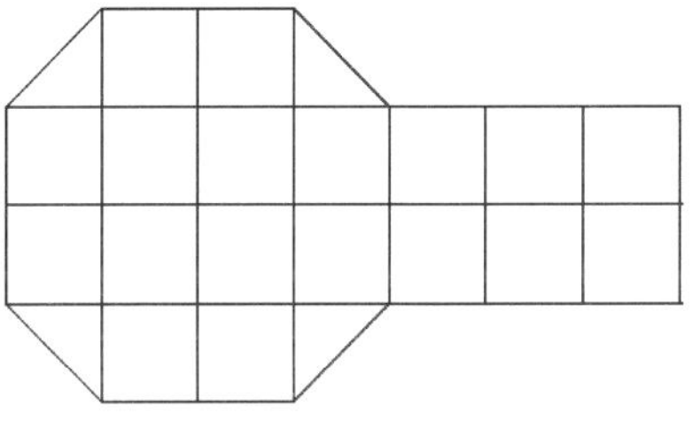

그림 3-1 22개의 물셀 격자를 이용하여 원형 유역과 수로 입구의 표현

```
 C cell.inp file, i columns and j rows, for Figure 1
C     0          1
C     1234567890
C
  6  999999000
  5  945519999
  4  955555559
  3  955555559
  2  935529999
  1  999999000
C
C     1234567890
C     0          1
```

그림 3-2 그림 3-1의 격자에 해당하는 셀파일 cell.inp

유형 9는 육지셀(dry cell)이나 가상 육지셀로, 흐름이 없는 경계의 지정과 그래픽 제어에 사용된다. 인접한 셀에 유형 9를 배정하기 위해서, 삼각형 물셀은 사각형 물셀과 동일하게 취급된다. celllt.inp는 cell.inp 파일과 같거나 cell.inp 파일의 종속 물셀을 지정한다. 종속셀을 지정할 때, 다음 규칙을 적용한다. 유형 0 셀들을 변경하지 않고 그대로 유지하고, 유형 9셀들을 오로지 유형 0으로만 변경할 수 있으며, 유형 1~5까지는 오직 0이나 9로 변경할 수 있다. 그림 3-3은 4개의 입구 수로셀을 제거한 것으로, 그림 3-2의 cell.inp에 해당하는 celllt.inp 파일을 예시한 것이다.

```
C celllt.inp file, i columns and j rows, for Figure 1
C    0         1
C    1234567890
C
  6  999999000
  5  945519900
  4  955555900
  3  955555900
  2  935529900
  1  999999000
C
C    1234567890
C    0         1
```

그림 3-3 그림 3-1과 동일한 격자에서 4개의 수로 셀을 제거한 파일 celllt.inp

수평면의 기하학적 그리고 지형적인 속성들과 그 밖의 관련 지역특성들을 지정하기 위해서 파일 dxdy.inp와 lxly.inp 파일이 즐겨 사용된다(옛 모델은 옵션으로 depth.inp 파일을 사용했으나, 이것은 현재 추천하지 않는다).

이 단순한 격자에 대해, 그림 3-4, 3-5와 같은 파일들을 쉽게 손으로 작성할 수 있다. 2개의 파일들은 모델 실행 때 자유포맷으로 읽혀지며, 열을 정의하는 4개의 머릿글로 시작한다. dxdy.inp 파일은 셀의 물리적인 x와 y의 크기, 즉 dx와 dy, 초기의 수심, 바닥고, 조도(log law z_0)을 제공한다. 이 물리량들은 미터단위로 지정되어야 하지만, 단위변환을 위한 옵션은 주입력파일 efdc.inp에서 지정될 수 있다. 마지막 열은 식생등급 유형의 식별자(정수)를 나타낸다. 이 열은 주입력파일에서 식생저항 옵션이 동작될 때만 읽혀진다. lxly.inp 파일은 셀 중심좌표와 회전행렬의 성분을 제공한다. 셀 중심좌표는 오직 그래픽 출력에만 사용이 되고, 그를 위해 십진법의 도, 피트, 마일, 미터 또는 킬로미터와 같은 가장 편리한 단위로 지정될 수 있다. 회전행렬은 벡터도를 그리기 위해서 아래 식으로 의사(pseudo) 동과 북(곡선 x, y)의 수평속도를 진동과 진북으로 변환하기 위해 사용된다. 그 식은 다음과 같다.

$$\begin{Bmatrix} u_{te} \\ v_{tn} \end{Bmatrix} = \begin{bmatrix} C_{cue} & C_{cve} \\ C_{cun} & C_{cvn} \end{bmatrix} \begin{Bmatrix} u_{co} \\ v_{co} \end{Bmatrix} \tag{1}$$

여기서 아래 첨자 te 와 tn은 진동과 진북의 표시하는 반면에, 첨자 co는 곡선-직교의 수평 속도성분을 표시한다. 회전 역행렬은 진동과 진북의 표면 바람응역 성분으로 부터 수평 곡선성분을 계산하기 위해 사용된다. 그 식은 다음과 같다.

$$\begin{Bmatrix} \tau_{sx,co} \\ \tau_{sy,co} \end{Bmatrix} = \begin{bmatrix} C_{cue} & C_{cve} \\ C_{cun} & C_{cvn} \end{bmatrix} \begin{Bmatrix} \tau_{sx,te} \\ \tau_{sy,tn} \end{Bmatrix} \tag{2}$$

그림 3-4의 예에서 수평격자는 직각좌표이고, 진북과 진동을 표시한다.

```
C dxdy.inp file, in free format across columns
C
C I J  DX    DY    DEPTH BOTTOM ELEV ZROUGH VEG TYPE
C
  2 2 100.0 100.0   5.0   -5.0        0.02    0
  3 2 100.0 100.0   5.0   -5.0        0.02    0
  4 2 100.0 100.0   5.0   -5.0        0.02    0
  5 2 100.0 100.0   5.0   -5.0        0.02    0
  6 2 100.0 100.0   5.0   -5.0        0.02    0
  7 2 100.0 100.0   5.0   -5.0        0.02    0
  8 2 100.0 100.0   5.0   -5.0        0.02    0
  2 3 100.0 100.0   5.0   -5.0        0.02    0
  3 3 100.0 100.0   5.0   -5.0        0.02    0
  4 3 100.0 100.0   5.0   -5.0        0.02    0
  5 3 100.0 100.0   5.0   -5.0        0.02    0
  6 3 100.0 100.0   5.0   -5.0        0.02    0
  7 3 100.0 100.0   5.0   -5.0        0.02    0
  8 3 100.0 100.0   5.0   -5.0        0.02    0
  2 4 100.0 100.0   5.0   -5.0        0.02    0
  3 4 100.0 100.0   5.0   -5.0        0.02    0
  4 4 100.0 100.0   5.0   -5.0        0.02    0
  5 4 100.0 100.0   5.0   -5.0        0.02    0
  6 4 100.0 100.0   5.0   -5.0        0.02    0
  7 4 100.0 100.0   5.0   -5.0        0.02    0
  8 4 100.0 100.0   5.0   -5.0        0.02    0
  2 5 100.0 100.0   5.0   -5.0        0.02    0
  3 5 100.0 100.0   5.0   -5.0        0.02    0
  4 5 100.0 100.0   5.0   -5.0        0.02    0
  5 5 100.0 100.0   5.0   -5.0        0.02    0
  6 5 100.0 100.0   5.0   -5.0        0.02    0
  7 5 100.0 100.0   5.0   -5.0        0.02    0
  8 5 100.0 100.0   5.0   -5.0        0.02    0
C
C I ARRAY INDEX IN X DIRECTION
C J ARRAY INDEX IN Y DIRECTION
C DX CELL DIMENSION IN X DIRECTION, METERS
C DY CELL DIMENSION IN Y DIRECTION, METERS
C DEPTH INITIAL WATER DEPTH, METERS
C BOTTOM ELEV BOTTOM BED ELEVATION, METERS
C ZROUGH LOG LAW ROUGHNESS HEIGHT, ZO, METERS
C VEG TYPE VEGETATION TYPE CLASS, INTEGER VALUE
C
```

그림 3-4 그림 3-1 격자에 대한 dxdy.inp 파일

```
C lxly.inp file, in free format across columns
C
C I J XLNUTME YLTUTMN  CCUE  CCVE  CCUN  CCVN
C
  2 2  250.0    250.0    1.0   0.0   0.0   1.0
  3 2  350.0    250.0    1.0   0.0   0.0   1.0
  4 2  450.0    250.0    1.0   0.0   0.0   1.0
  5 2  550.0    250.0    1.0   0.0   0.0   1.0
  6 2  650.0    250.0    1.0   0.0   0.0   1.0
  7 2  750.0    250.0    1.0   0.0   0.0   1.0
  8 2  850.0    250.0    1.0   0.0   0.0   1.0
  2 3  250.0    350.0    1.0   0.0   0.0   1.0
  3 3  350.0    350.0    1.0   0.0   0.0   1.0
  4 3  450.0    350.0    1.0   0.0   0.0   1.0
  5 3  550.0    350.0    1.0   0.0   0.0   1.0
  6 3  650.0    350.0    1.0   0.0   0.0   1.0
  7 3  750.0    350.0    1.0   0.0   0.0   1.0
  8 3  850.0    350.0    1.0   0.0   0.0   1.0
  2 4  250.0    450.0    1.0   0.0   0.0   1.0
  3 4  350.0    450.0    1.0   0.0   0.0   1.0
  4 4  450.0    450.0    1.0   0.0   0.0   1.0
  5 4  550.0    450.0    1.0   0.0   0.0   1.0
  6 4  650.0    450.0    1.0   0.0   0.0   1.0
  7 4  750.0    450.0    1.0   0.0   0.0   1.0
  8 4  850.0    450.0    1.0   0.0   0.0   1.0
  2 5  250.0    550.0    1.0   0.0   0.0   1.0
  3 5  350.0    550.0    1.0   0.0   0.0   1.0
  4 5  450.0    550.0    1.0   0.0   0.0   1.0
  5 5  550.0    550.0    1.0   0.0   0.0   1.0
  6 5  650.0    550.0    1.0   0.0   0.0   1.0
  7 5  750.0    550.0    1.0   0.0   0.0   1.0
  8 5  850.0    550.0    1.0   0.0   0.0   1.0
C
C I ARRAY INDEX IN X DIRECTION
C J ARRAY INDEX IN Y DIRECTION
C XLNUTME X CELL CENTER COORDINATE, LONGITUDE, METERS, OR KM
C YLTUTMN Y CELL CENTER COORDINATE, LATITUDE, METERS, OR KM
C CCUE ROTATION MATRIX COMPONENT
C CCVE ROTATION MATRIX COMPONENT
C CCUN ROTATION MATRIX COMPONENT
C CCVN ROTATION MATRIX COMPONENT
C
```

그림 3-5 그림 3-1 격자에 대한 lxly.inp 파일

실제 모델의 적용에 있어서는, 수평 격자를 생성하고 dxdy.inp와 lxly.inp 파일을 만들기 위해 격자 생성 프로세서 코드인 gefdc.f를 사용한다. gefdc.f 코드는 표 3-2에 실려 있는 파일들의 입력을 요구한다.

표 3-2 gefdc.f 격자 생성 프로세서를 위한 입력파일

파일명	설명
cell.inp	그림 3-2의 셀 유형 파일
depdat.inp	수심이나 바닥지형을 지정하는 파일(수심 보간은 선택적이다)
gcell.inp	실제 계산격자가 곡선일 때, 직사각형 배열의 도면을 위한 보조 사각형 직각격자를 만들기 위한 cell.inp파일 형식과 같은 선택적 보조 파일
gridext.inp	NTYPE = 0 격자생성 옵션의 경우, 사용되는 물셀 구석 좌표 파일
gefdc.inp	gefdc.f의 주입력파일
vege.inp	식생 유형 등급을 정하는 파일
zrough.inp	바닥조도(log law z_0)를 정하는 파일

앞에서 cell.inp 파일의 형식은 이미 논의되었다. 그림 3-6에 본 바와 같이, depdat.inp 파일은 머릿글 없는 3개의 열로 된 ASCII 문서 파일이다. 첫 2열은 진동과 진북의 좌표를 미터 또는 킬로미터로 표시한 것이고, 3번째 열은 수심이나 바닥고(bottom elevation)를 표시한 것이다. 진동과 진북의 원점은 정해져 있지 않지만, 일반적으로 경도-위도, SP나 UTM 좌표계들과 같이 공인된 기하학적 좌표체계와 관계된다. 선택 파일인 gcell.inp 파일은 cell.inp 파일과 같은 형식으로 되어있으나, cell.inp 파일에 의해 지정된 곡선격자에 해당하는 보조적 사각형 셀의 직각격자를 지정한다. gefdc.inp 파일에서 gcell.inp파일 처리가 활성화될 때, 곡선격자와 보조적 사각형 셀의 직각격자 사이에 대응표(correspondence table)가 생성된다. 파일 gcellmap.inp로 출력되는 대응표는 2, 3차 직사각형 배열의 그래픽을 생성하기 위해 efdc.for코드에 의해서 사용된다.

이것은 다음에 논의될 것이다. gridext.inp 파일은 gefdc.f 코드를 사용할 때 격자를 생성하기 위해 사용된다. 이 파일은 머릿글 없는 4개의 열로 된 자유형식의 ASCII 파일이다. 4개의 열은 I 인덱스, J 인덱스, 물셀 구석의 진동좌표와 진북좌표이다. 왼쪽 아래(셀 중심과 관련 있는 의사 동서쪽)셀 구석들은 그 셀의 I와 J 인덱스를 붙인다. 그림 3-1의 단순한 격자에 해당하는 gridext.inp 파일은 그림 3-7과 같다. 삼각형의 셀들은 gridext.inp 파일에서 반드시 사각형셀들로 지정된다. vege.inp 파일과 zrough.inp 파일은 depdat.inp 파일과 같은 형식을 가진다. 그리고 vege.inp 파일의 세 번째 열은 식생등급에 해당하는 정수 값을 가진다. zrough.inp 파일의 세 번째 열은 로그법칙 바닥조도 z_0을 갖는다(단위로 미터를 선호하지만, 단위 변환은 주입력파일 efdc.inp에서 수행될 수 있다). gefdc.f 코드의 실행은 그것의 주입력파일, gefdc.inp에 의해 제어된다.

```
4.2798 6.9175 3.2309
4.2785 6.9175 3.2309
4.4509 6.7880 3.1090
4.4409 6.7927 3.1090
4.4222 6.7995 3.1090
4.4133 6.8028 3.1090
```

그림 3-6 depdat.inp 파일의 형식

```
2 2 200. 200.
3 2 300. 200.
4 2 400. 200.
5 2 500. 200.
6 2 600. 200.
2 3 200. 300.
3 3 300. 300.
4 3 400. 300.
5 3 500. 300.
6 3 600. 300.
7 3 700. 300.
8 3 800. 300.
9 3 900. 300.
2 4 200. 400.
3 4 300. 400.
4 4 400. 400.
5 4 500. 400.
6 4 600. 400.
7 4 700. 400.
8 4 800. 400.
9 4 900. 400.
2 5 200. 500.
3 5 300. 500.
4 5 400. 500.
5 5 500. 500.
6 5 600. 500.
7 5 700. 500.
8 5 800. 500.
9 5 900. 500.
2 6 200. 600.
3 6 300. 600.
4 6 400. 600.
5 6 500. 600.
6 6 600. 600.
```

그림 3-7 그림 3-1 격자에 대한 gridext.inp 파일

```
C1 TITLE
C1 (LIMITED TO 80 CHARACTERS)
'gefdc.inp corresponding to example in figure 1'
C2 INTEGER INPUT
C2 NTYPE NBPP IMIN IMAX JMIN JMAX  IC  JC
   0      0    1    9    1    6    9   6
C3 GRAPHICS GRID INFORMATION
C3 ISGG IGM JGM DXCG DYCG NWTGG
   0    0   0   0.   0.   1
C4 CARTESIAN AND GRAPHICS GRID COORDINATE DATA
C4 CDLON1 CDLON2 CDLON3 CDLAT1 CDLAT2 CDLAT3
   0.     0.     0.     0.     0.     0.
C5 INTEGER INPUT
C5 ITRXM ITRHM ITRKM ITRGM NDEPSM DEPMIN
   100   100   100   100   4000   1.0
C6 REAL INPUT
C6 RPX  RPK  RPH   RSQXM   RSQKM   RSQKIM   RSQHM   RSQHIM   RSQHJM
   1.8  1.8  1.8   1.E-12  1.E-12  1.E-12   1.E-12  1.E-12   1.E-12
C7 COORDINATE SHIFT PARAMETERS
C7 XSHIFT YSHIFT HSCALE RKJDKI ANGORO
   0.     0.     1.     1.     15.0
C8 INTERPOLATION SWITCHES
C8 ISIRKI JSIRKI ISIHIHJ JSIHIHJ
   1      0      0       0
C9 NTYPE = 7 SPECIFID INPUT
C9 IB IE JB JE N7RLX NXYIT ITN7M IJSMD ISMD JSMD RP7 SERRMAX
C10 NTYPE = 7 SPECIFID INPUT
C10 X Y IN ORDER (IB,JB) (IE,JB) (IE,JE) (IB,JE)
C11 DEPTH INTERPOLATION SWITCHES
C11 ISIDEP NDEPDAT CDEP RADM ISIDPTYP SURFELV ISVEG NVEGDAT NVEGTYP
     0      0       2.   .5    2        4.0     0      0       0
C12 LAST BOUNDARY POINT INFORMATION
C12 ILT JLT X(ILT,JLT) Y(ILT,JLT)
    1   1   0.         0.
C13 BOUNDARY POINT INFORMATION
C13 I J X(I,J) Y(I,J)
```

그림 3-8 gefdc.inp의 예, gefdc.f 코드를 위한 주입력파일

그림 3-1의 격자생성을 위한 gefdc.inp 파일의 예는 그림 3-8에서 보이는 것과 같다. 이 파일은 반드시 연속적인 card images' 또는 입력라인들로 구성된다. 첫 글자 C로 시작하는 입력라인에는 카드번호와 설명, 데이터 형식을 규정하는 문자와 실질적인 데이터 매개변수를 표시하고, 그 다음 라인에 앞의 변수들의 값을 입력한다. gefdc.f 코드의 실행옵션을 충분히 이해하기 위해서, 각각의 card image' 나 입력라인을 고찰할 필요가 있다. 그 다음 계속해서 Monaco 문자로 쓴 데이터변수 정의, 머리글, 데이터라인에 대해 설명할 것이다. 부가적인 설명은 보통 문자로 이어진다. 여러분의 이해를 돕기 위해, 부록 B에 6개

의 격자 생성 예를 만들었고, 그들은 새로운 격자를 생성하는 작업에 좋은 참고가 될 것으로 믿는다.

Card Image 1	
C1	TITLE
C1	(LIMITED TO 80 CHARACTERS) 'ENR GRID'

이것은 모델격자 제목으로 생성모델의 특징이 나타나는 명칭(주: 다른 모델과 구별 되도록 작명하라)을 80자 이내로 나타낸다.

Card Image 2								
C2	INTEGER INPUT							
C2	NTYPE	NBPP	IMIN	IMAX	JMIN	JMAX	IC	JC
	0	0	1	50	1	55	50	55

카드이미지 2의 변수정의는 다음과 같다:

NTYPE = PROBLEM TYPE

0,	READ IN FILE 'cell.inp' AND WATER GRID CELL CORNER COORDINATES FROM FILE 'gridext.inp' TO GENERATE INPUT FILES FOR AN EXTERNALLY GENERATED ORTHOGONAL GRID
1-5	GENERATE AN ORTHOGONAL GRID AND INPUT FILES USING THE METHOD OF RYSKIN AND LEAL, J. COMP. PHYS. V50, 71-100 (1983) WITH SYMMETRIC REFLECTIONS AS SUGGESTED BY CHIKHLIWALA AND YORTSOS, J. COMP. PHYS. V57, 391-402 (1985).
1.	RL-CY EAST REFLECTION
2.	RL-CY NORTH REFLECTION
3.	RL-CY WEST REFLECTION
4.	RL-CY SOUTH REFLECTION
5.	RL NO REFLECTION
6,	GENERATE GRID AND INPUT FILES USING THE AREA-ORTHOGONALITY METHOD OF KNUPP, J. OF COMP PHYS. V100, 409-418 (1993) ORTHOGONALITY IS NOT GUARANTEED
7,	GENERATE GRID ORTHOGONAL GRID AND INPUT FILES USING THE QUASI-CONFORMAL METHOD OF MOBLEY AND STEWART, J. OF COMP PHYS. V24, 124-135 (1980) REQUIRES USER SUPPLIED FUNCTION SUBROUTINES FIB, FIE, GJB, GJE
8,	DEPTH INTERPOLATION TO CARTESIAN GRID SPECIFIED BY cell.inp AND GENERATE dxdy.inp AND lxly.inp FILES
9,	DEPTH INTERPOLATION TO CARTESIAN GRID AS FOR 8 CONVERTING INPUT COORDINATE SYSTEM FROM LONG,LAT TO UTMBAY (VIMS PHYS OCEAN CHES BAY REF)

NBPP = NUMBER OF INPUT BOUNDARY POINTS (NTYPE = 1-6)
IMIN,IMAX = RANGE OF I GRID INDICES
JMIN,JMAX = RANGE OF J GRID INDICES
IC = NUMBER OF CELLS IN I DIRECTION
JC = NUMBER OF CELLS IN J DIRECTION

NTYPE 변수는 gefdc.f 코드에 의해서 생성되는 격자 유형을 제어한다. NTYPE=0은 그림 3-7의 gridext.inp 파일에 의해서 격자를 외부에서 정하는 방식이고, 이것은 gefdc.f만을 사용하여 efdc.for 코드를 위한 입력 데이터들을 생성할 수 있다. NTYPE=0의 경우, 격자의 예들은 부록 B1, B2, B4에 수록되어 있다. NTYPE 1~5는 Ryskin과 Leal의 방법을 사용하여 곡선-직교격자를 생성한다. NTYPE 1~4는 격자의 경계 중 하나가 직선일 것을 요구하고 Chikhliwala와 Yortsos(1985)가 제시한 Ryskin와 Leal법의 확장방법을 사용한다. 일반적으로 NTYPE=5가 추천된다. NTYPE=5의 격자 생성예는 부록 B3에 수록되어 있다. NTYPE=0과 5의 종속격자들로 구성된 보다 복잡한 합성격자는 부록 B4에서 논의된다. NYTPE=7은 Mobley와 Stewart(1980) 방법을 사용하여 비슷한 격자를 생성한다. NTYPE=7 옵션을 사용할 때, 계산영역은 반드시 직사각형이어야 한다(즉, 물리적 영역이 직사각형 영역으로 사상된다). NTYPE=7 격자의 예는 부록 B5에 제시되어 있다. NTYPE=8은 cell.inp 파일과 카드이미지 4의 정보만을 사용하여 사각형 셀로 된 직각격자를 생성한다. NTYPE=9는 cell.inp파일과 카드이미지 4의 정보를 이용하여 사각형과 비슷한 직각격자를 생성한다. 그런데, 카드이미지 4의 좌표정보는 위도와 경도임이 틀림없지만, 체서피크만 지역에 국한해서 내부적으로 UTM좌표계로 변환되었다. NTYPE=9 격자의 예는 부록 B6에 제시되어 있다. NTYPE=6 옵션은 Knupp(1992)의 면적-직교법을 수행한다. 이 방법은 직교격자를 보증하지 못하기 때문에, 극히 주의가 필요하다. NTYPE=1~6에 대하여 영역경계의 격자점(물셀의 구석 점)을 지정하는 NBPP 좌표가 반드시 지정되어야 한다(카드이미지 12와 13 참조).

```
Card Image 3
C3  GRAPHICS GRID INFORMATION
C3  ISGG   IGM   JGM   DXCG   DYCG   NWTGG
    0      0     0     1.     1.     1
```

카드이미지 3의 변수정의는 다음과 같다:

ISGG = 1,	READ IN gcell.inp WHICH DEFINES THE CARTESIAN OR GRAPHICS GRID OVERLAY
IGM	MAXIMUM X OR I CELLS IN CARTESIAN OR GRAPHICS GRID
JGM	MAXIMUM Y OF J CELLS IN CARTESIAN OR GRAPHICS GRID
DXCG	X GRID SIZE OF CARTESIAN OR GRAPHICS GRID
DYCG	Y GRID SIZE OF CARTESIAN OF GRAPHICS GRID
NWTGG	NUMBER OF WEIGHTED COMP CELLS USED TO INTERPOLATE TO THE GRAPHICS GRID (MUST EQUAL 1)

ISGG=1로 활성화되면, NTYPE=1~7일 때 동시에 사각형셀 직각격자가 생성된다. 이 직각격자는 시각화와 그래픽을 위해 3D 직사각형 배열 격자에서 3D 곡선좌표의 계산

결과를 출력하기 위해 efdc.for에 의해 사용된다. gcell.inp에서 지정한 직각격자의 I, J 인덱스와 물리적 공간의 곡선격자에서 정의한 지구좌표(진동-진북)와 관계는 카드이미지 4의 입력치로 규정된다. gcell.inp 파일은 cell.inp 파일과 동일한 형식을 갖는다. 그림 B14와 B27의 gefdc.inp 파일들은 ISGG=1인 옵션일 때 동작된 예들이다.

Card Image 4

C4	CARTESIAN AND GRAPHICS GRID COORDINATE DATA					
C4	CDLON1	CDLON2	CDLON3	CDLAT1	CDLAT2	CDLAT3
	−77.5	1.25	−0.625	36.7	1.0	−0.5

카드이미지 4의 변수정의는 다음과 같다:

CDLON1: 6 CONSTANTS TO GIVE CELL CENTER LAT AND LON OR OTHER
CDLON2: COORDINATES FOR CARTESIAN GRIDS USING THE FORMULAE
CDLON3: DLON(L)=CDLON1+(CDLON2*FLOAT(I)+CDLON3)/60.
CDLAT1: DLAT(L)=CDLAT1+(CDLAT2*FLOAT(J)+CDLAT3)/60.
CDLAT2:
CDLAT3:

이 카드이미지에 대한 정보는 NTYPE=1~7이 지정될 때(그림 B14와 B27의 gefdc.inp 파일을 참고), 직각 그래픽 오버레이격자에 대한 gcell.inp 파일의 I, J 인덱스에 해당하는 직각격자셀 중앙의 지구좌표(진동-진북)를 정의한다. NTYPE=8~9가 지정될 때, 이 정보는 cell.inp 파일의 I, J에 해당하는 셀 중앙좌표를 정의한다(그림 B34의 gefdc.inp 참조). NTYPE=9일 때, DLON과 DLAT는 반드시 경도와 위도에 해당되며, 그렇지 않으면 DLON과 DLAT는 단위가 미터나 킬로미터인 진동-진북 좌표계에 해당될 수 있다.

Card Image 5

C5	INTEGER INPUT					
C5	ITRXM	ITRHM	ITRKM	ITRGM	NDEPSM	DEPMIN
	500	500	500	500	4000	1.0

카드이미지 5의 변수정의는 다음과 같다:

ITRXM = MAXIMUM NUMBER OF X,Y SOLUTION ITERATIONS
ITRHM = MAXIMUM NUMBER OF HI,HJ SOLUTION ITERATIONS
ITRKM = MAXIMUM NUMBER OF KJ/KI SOLUTION ITERATIONS
ITRGM = MAXIMUM NUMBER OF GRID SOLUTION ITERATIONS
NDEPSM = NUMBER SMOOTHING PASSES TO FILL MISSING DEP DAT
DEPMIN = MINIMUM DEPTH PASSING DEPDAT.INP DATA

카드이미지 5에서 처음 4개의 매개변수는 gefdc.f에서 여러 타원방정식 곡선격자 발생기법의 SOR 반복횟수를 제어한다. 저자의 경험을 토대로 이들 매개변수는 최대 500으로 추천한다. 이것은 SOR 해법이 500회 반복 후에 수렴하지 않으면 그들은 결코 수렴하지 못하기 때문이다. 카드이미지 11에서 ISIDEP=1로 활성화될 때 부재수심 또는 바닥고 자료를 보완하기 위해 사용하는 스무딩패스(smoothing pass)의 수 NDEPSM은 4000을 추천한다.

Card Image 6									
C6	REAL INPUT								
C6	RPX	RPK	RPH	RSQXM	RSQKM	RSQKIM	RSQHM	RSQHIM	RSQHJM
	1.8	1.8	1.8	1.E-12	1.E-12	1.E-12	1.E-12	1.E-12	1.E-12

카드이미지 6의 변수정의는 다음과 같다:

RPX,RPK,RPH = RELAXATION PARAMETERS FOR X,Y; KI/KJ; AND HI,HJ SOR SOLUTIONS
RSQXM,RSQKM,RSQHM = MAXIMUM RESIDUAL SQUARED ERROR IN SOR SOLUTION FOR X,Y; KJ/KI; AND HI,HJ
RSQKIM = CONVERGENCE CRITERIA BASED ON KI/KJ (NOT ACTIVE)
RSQHIM = CONVERGENCE CRITERIA BASED ON HI (NOT ACTIVE)
RSQHJM = CONVERGENCE CRITERIA BASED ON HJ (NOT ACTIVE)

처음 3개의 매개변수 값은 변하지 않는다. 왜냐하면 그들은 gefdc.f에서 SOR해법을 위해 최적 반복횟수로 결정되어 있기 때문이다. 나머지 매개변수들은 SOR해법을 멈추기 위한 잔차 제곱근에러의 기준치이다. 여기서 보는 그들은 어림셈에 의한 근사치이다.

매우 큰 격자에 대해서 그들은 10^{-6} 정도의 크기까지 증가될 수 있다. 여러분은 가급적 위 데이터라인 값을 그대로 사용하길 추천한다.

Card Image 7					
C7	COORDINATE SHIFT PARAMETERS AND ANGULAR ERROR				
C7	XSHIFT	YSHIFT	HSCALE	RKJDKI	ANGORO
	0.	0.	1000.	1.	5.0

카드이미지 7의 변수정의는 다음과 같다:

XSHIFT, YSHIFT = X,Y COORDINATE SHIFT X,Y=X,Y+XSHIFT,YSHIFT
HSCALE = SCALE FACTOR FOR HII AND HJJ WHEN PRINTED TO dxdy.out
RKJDKI = ANISOTROPIC STRETCHING OF J COORDINATE (USE 1.)
ANGORO = ANGULAR DEVIATION FROM ORTHOGONALITY IN DEG USED AS CONVERGENCE CRITERIA

처음 두 매개변수들은 입력좌표의 데이터를 좌표변환을 위해서 이용되는데, 이것은 일반적으로 추천받지 못한다. 여기서 입력좌표 단위를 미터로 바꾸는데 환산계수(scale factor)

가 사용된다. 예를 들어, 입력좌표 단위가 킬로미터이면, dxdy.inp에서 DX, DY 값을 미터 단위로 지정하기 위해서 환산계수 1000이 필요하다. lxly.inp 파일의 셀 중앙좌표는 입력좌표와 같은 단위로 계속 남게 됨을 주의하라. 마지막 매개변수 ANGORO는 최종격자에서 직교로부터 최대편향을 나타낸다. 만약에 지정된 최대 편향이 성취되지 않으면, 격자발생 절차는 최대 반복횟수까지 실행할 것이다.

Card Image 8
C8 INTERPOLATION SWITCHES
C8 ISIRKI JSIRKI ISIHIHJ JSIHIHJ
1 0 0 0

카드이미지 8의 변수정의는 다음과 같다:

ISIRKI = 1,	SOLUTION BASED ON INTERPOLATION OF KJ/KI TO INTERIOR
JSIRKI = 1,	INTERPOLATE KJ/KI TO INTERIOR WITH CONSTANT COEFFICIENT DIFFUSION EQUATION
ISIHIHJ = 1,	SOLUTION BASED ON INTERPOLATION OF HI AND HJ TO INTERIOR, AND THEN DETERMINING KJ/KI=HI/HJ
JSIHIHJ = 1,	INTERPOLATE HI AND HJ TO INTERIOR WITH CONSTANT COEFFICIENT DIFFUSION EQUATION

위에서 보는 데이터라인의 설정을 카드이미지 8의 변수 값으로 추천한다.

Card Image 9
C9 NTYPE = 7 SPECIFIED INPUT
C9 IB IE JB JE N7RLX NXYIT ITN7M IJSMD ISMD JSMD RP7 SERRMAX

카드이미지 9의 변수정의는 다음과 같다:

IB = BEGINNING I INDEX MS METHOD
IE = ENDING I INDEX MS METHOD
JB = BEGINNING J INDEX MS METHOD
JE = ENDING J INDEX MS METHOD
N7RELAX= MAXIMUM RELAXATION PER INIT LOOP, NTYPE = 7
NXYIT = NUMBER OF ITERS ON EACH X,Y SWEEP, NTYPE = 7
ITN7MAX= MAXIMUM GENERATION ITERS, NTYPE = 7
IJSMD = 1, CALCULATE GLOBAL CONFORMAL MODULE
ISMD = A VALUE IB.LE.ISMD.LE.IE, CALCULATE CONFORMAL MODULE ALONG LINE I=ISMD
JSMD = A VALUE JB.LE.JSMD.LE.JE, CALCULATE CONFORMAL MODULE ALONG LINE J=JSMD
RP7 = SOR RELAXATION PARAMETER, NTYPE = 7
SERRMAX= MAXIMUM CONFORMAL MODULE ERROR, NTYPE = 7

NTYPE=7일 때만, 카드이미지 9에 대해서 자료가 필요하다. IB와 IE는 NTYPE=7인 경우 수행되는 의사-사상기법(quasi-conformal technique)에 의해서 생성되는 직사각형(계산영역) 격자의 시작과 끝의 I격자선을 나타낸다. JB와 JE도 마찬가지로 시작과 끝의 J인덱스를 나타낸다. 이 카드이미지의 나머지 매개변수에 대한 추천 값은 부록 B의 그림 B27에서 보는 바와 같다.

Card Image 10
C10 NTYPE = 7 SPECIFIED INPUT
C10 X Y IN ORDER (IB,JB) (IE,JB) (IE,JE) (IB,JE)

카드이미지 10의 변수정의는 다음과 같다:

XIBJB,YIBJB = IB,JB COORDINATES
XIEJB,YIEJB = IE,JB COORDINATES
XIBJE,YIBJE = IB,JE COORDINATES
XIEJE,YIEJE = IE,JE COORDINATES

NTYPE=7일 때만, 이 라인에 데이터가 필요하다. 여기서 그 데이터는 직사각형 계산영역의 4구석 물리좌표 진동-진북에 해당하는 x, y좌표이다.

Card Image 11									
C11	DEPTH INTERPOLATION SWITCHES								
C11	ISIDEP	NDEPDAT	CDEP	RADM	ISIDPTYP	SURFELV	ISVEG	NVEGDAT	NVEGTYP
	1	11564	2.	.5	2	40.	0	0	0

카드이미지 11의 변수정의는 다음과 같다:

ISIDEP	=	1, READ depdat.inp FILE AND INTERPOLATE DEPTH, BOTTOM ELEVATION AND BOTTOM ROUGHNESS DATA IN THE dxdy.inp FILE
NDEPDAT	=	NUMBER OF X, Y, DEPTH FIELDS IN DEPDAT.INP FILE
CDEP	=	WEIGHTING COEFFICIENT IN DEPTH INTERPOLATION SCHEME
RADM	=	CONSTANT MULTIPLIER FOR DEPTH INTERPOLATION RADIUS
ISIDPTYP	=	1, ASSUMES DEPDAT.INP CONTAINS POSITIVE DEPTHS TO A BOTTOM BELOW A SEA LEVEL DATUM AND THE BOTTOM ELEVATION IS THE NEGATIVE OF THE DEPTH 2, ASSUMES DEPDAT.INP CONTAINS POSITIVE BOTTOM ELEVATIONS, LOCAL INITIAL DEPTH IS THEN DETERMINED BY DEPTH=SURFELV-BELB 3, ASSUMES DEPDAT.INP CONTAINS POSITIVE BOTTOM ELEVATIONS WHICH ARE CONVERTED TO NEGATIVE VALUES, LOCAL INITIAL DEPTH IS THEN DETERMINED BY DEPTH=SURFELV-BELB
SURFELV	=	INITIALLY FLAT SURFACE ELEVATION FOR USE WHEN ISIDPTYP=2 OR 3
ISVEG	=	1, READ AND INTERPOLATE VEGETATION DATA
NVEGDAT	=	NUMBER OF X,Y,VEGETATION CLASS DATA POINTS
NVEGTYP	=	NUMBER OF VEGETATION TYPES OR CLASSES

ISIDEP=1를 설정하면 NDEPDAT개의 수심이나 바닥고를 사용하여 격자의 수심이나 바닥고를 보간(interpolation)할 수 있다. 셀 중심점을 기준으로 RDM*MIN(dx,dy)의 반경 원내의 수심이나 바닥고 데이터는 CDEP=1인 경우, IDW(inverse distance weighting) 보간, CDEP=2일 때, ISW(inverse square weighting)보간법을 사용하여 가중평균 셀 중앙수심이나 셀 평균수심을 결정하는데 사용된다. 만약에 셀 중앙을 중심으로 RDM* MIN(dx,dy)의 반경 원내에 데이터가 없다면 그 셀은 수심부재 혹은 바닥고 부재로 분류된다. 그들 부재수심 또는 부재 바닥교 자료는 라플라스방정식에 의해 기존 수심과 바닥고를 보존하여 보간하는 방법을 이용하여 보충된다. ISVEG=1이면 식생등급 보간이 작동된다. 식생등급을 보간할 때, 한 셀 내에 여러 식생등급 데이터가 존재하면 그 중에서 가장 두드러진 등급이 선택된다. 식생등급 보간을 위한 보충옵션(fill option)이 없기 때문에 그들 경계 내에서 식생자료을 갖지 않는 셀은 0등급으로 할당된다. 이때 0등급은 주변 셀들의 등급정보를 사용하여 dxdy.inp 파일에서 수작업으로 치환될 수 있다.

Card Image 12

```
C12  LAST BOUNDARY POINT INFORMATION
C12  ILT  JLT  X(ILT,JLT)  Y(ILT,JLT)
      1    1   0.          0.
```

카드이미지 12의 변수정의는 다음과 같다:

LAST PAIR GRID COORDINATES CLOCKWISE ON BOUNDARY USED FOR NTYPE=1 THROUGH 6

모델영역 경계의 시계방향의 연속 격자점들 중에서 마지막 점의 I, J인덱스와 진동과 진북좌표 X, Y가 정해진다. 부록 B의 예제를 보라.

Card Image 13

```
C13  BOUNDARY    POINT    INFORMATION
C13  I       J   X(I,J)   Y(I,J)
```

카드이미지 13의 변수정의는 다음과 같다:

SEQUENCE OF GRID COORDINATES CLOCKWISE AROUND THE BOUNDARY USED FOR NTYPE=1 THROUGH 6

모델영역 경계점의 I, J와 시계방향의 진동-진북좌표 X, Y는 부록 B의 예제에서 보듯이 라인당 세트로 I, J, X, Y가 지정된다. NTYPE=1~4 옵션이 지정될 때, 격자반사가 첫 번째와 마지막 점을 잇는 선에 대해 발생된다.

gefdc.f 코드는 efdc.for 코드 속에 들어가는 dxdy.inp와 lxly.inp파일을 포함하여 많은 출력 파일들을 생성한다(이 파일들은 실제로 dxdy.out와 lxly.out으로 출력이 되므로 efdc.for에 입력파일로 사용하기 위해 이름을 dxdy.inp와 lxly.inp로 바꿔야한다).

다른 출력 파일들과 그 목적과 내용은 아래 표 3-3에서 정의된다.

표 3-3 gefdc.f의 출력 파일

depint.log	depint.log 바로 근방에 수심이나 바닥고 데이터가 없는 셀의 I, J 인덱스와 실제 x, y 좌표를 포함하는 파일(수심과 바닥고는 스무딩 보간법에 의해서 결정).
dxdy.dia	곡선-직교격자의 진단결과를 담은 파일. 아래의 텍스트와 그림 3-9를 참고.
gefdc.log	gefdc. 코드의 실행기록을 담은 파일.이 파일의 내용은 실행하는 동안 화면으로 출력된다. 아래 텍스트와 그림 3-10을 참고.
gefdc.out	cell.inp 파일 리스트. 즉 내부격자점을 지정하는 KSGI 배열, 처음 x, y 격자좌표와 최종 x, y 격자좌표를 포함.
grid.cor	일정한 I나 J 연속선분을 나누는 문자변수를 가진 연속 격자선좌표를 포함하는 파일. 그들은 격자를 그리는데 사용될 수 있다.
grid.dxf	어떠한 CAD를 가지고도 그릴 수 있거나 또는 dxf 형식을 읽어 들일 수 있는 그래픽 소프트웨어를 가지고 그릴 수 있는 최종 격자의 dxf파일(CAD용 파일).
grid.ini	어떠한 CAD나 혹은 dxf형식의 자료를 읽어들일 수 있는 그래픽 소프트웨어를 가지고 그릴 수 있는 처음 격자의 dxf파일
grid.ixy	grid.cord와 비슷하나 일정한 I선들만 포함.
grid.jxy	grid.cord와 비슷하나 일정한 J선들만 포함.
grid.mas	육지와 물 경계를 따라 연속 격자점의 실제 x, y좌표를 시계 방향 순서대로 나타낸 파일. 이 파일은 NCAR 그래픽이나 Surfer와 같은 등고선을 그리는 소프트웨어에 의해서 수평평면 등고선을 그리기 위해 구획을 정하거나 영역을 표시하는데 사용.
gridext.out	모든 물셀 격자점의 인덱스 I, J와 실제 x, y의 좌표를 포함하는 파일. 이 파일은 gridext.inp로 이름을 고쳐 붙일 수 있고, NTYPE=0인 경우 격자생성을 위해서 사용될 수 있다. 많은 gridext.out 파일들은 합성격자를 생성하기 위해 하나의 gridext.inp 속에 결합될 수 있는 종속격자를 형성한다. 부록 B의 B4의 예제를 참고.
salt.inp	이 파일은 efdc.for코드를 위한 초기염도 입력파일이다. 염도는 0으로 설정될 수 있고, 다른 값들로 채워질 수 있다(5장 참조).

그림 3-9의 dxdy.dia 파일은 곡선-직교좌표 생성절차에 대한 기본적인 진단내용을 담고 있다. 이 파일은 각각의 물셀에 대해서 계산되는 직교 길이인자 HI와 HG를 수록하고 있다(이것은 역시 곡선 셀 크기인 dx와 dy이다).

```
  I    J      HII            HJJ            HIIHJJ          JACOBIAN        ANG ERROR

 39    6   0.1968E+02   0.2962E+02   0.5827E+03    0.5827E+03    0.3120E+00
  .    .   .            .            .             .             .
  .    .   .            .            .             .             .
  .    .   .            .            .             .             .
  .    .   .            .            .             .             .

ASQRTG=    0.3305E+06   ASHIHJ=    0.3311E+06   AERR=    0.1973E-02
NWCELLS=        325
```

그림 3-9 dxdy.diag 출력 예

```
DIFF INITIAL X&Y, ITER = 100 RSX,RSY = 0.4439E-10 0.4383E-11
DIFFUSE RKI, ITERATION = 69 RSK = 0.9475E-12
DIFF X & Y, ITER = 81 RSX,RSY = 0.9747E-12 0.8887E-12
GRID GENERATION LOOP ITERATION = 1
GLOBAL RES SQ DIFF IN RKI= 0.3978E+00
MIN AND MAX DEVIATION FROM ORTHO = 0.3837E-02 0.1008E+02
.        .        .        .              .
.        .        .        .              .
NWCELLS= 325
N999 = 0
DEPMAX = 0.30678E+01
```

그림 3-10 gefdc.log 파일 출력의 예

진직교(true orthogonality)의 경우, HII*HJJ적은 셀의 수평면적이 된다. 일반적인 곡선좌표 변환의 자코비언(Jacobian)인 셀의 실제면적은 그림 3-9에서 볼 수 있고, 몇 퍼센트 오차 안에서 HII*HJJ와 일치해야 한다. 각 셀에 대한 각오차는 수치적 직교에 대한 편차를 나타내고, 이 값은 작아야 한다. 격자의 직교는 gefdc.inp 파일의 카드이미지 13에서 가장 큰 각오차를 갖는 육지와 물 경계에 연한 셀을 확인하고 육지 경계격자의 구석좌표점을 조정함으로서 개선될 수 있다. dxdy.dia 파일의 마지막에, 정확한 격자면적 ASQRTG가 모든 물셀에 대한 HII*HJJ적의 합계와 비교하기 위해서 인쇄된다. 이 두 물리량 사이의 상대적인 오차 AERR이 역시 인쇄되고, 또 격자의 전체 물셀의 수도 인쇄된다.

그림 3-10에서 보듯이 gefdc.log 파일은 격자생성의 계산절차를 요약하고 있다. 격자생성법이 정상 확산방정식이나 타원방정식의 풀이와 비슷하기 때문에, 격자 초기화를 요약한 후에, x, y의 발산을 참고하여, 각 격자생성 반복횟수의 요약이 이어진다. 반복횟수 기록에는 내부영역에 대한 경계발산비율, RKI를 포함하고, 그 다음에 내부영역에 대한 x, y 좌표

의 발산기준을 포함한다. SOR법에 의한 확산이나 타원 방정식의 잔차는 첫 글자가 R로 시작하는 변수로 표기하고 작은 값을 가진다. 반복횟수 기록 끝에 도(DEG)로 표시되는 직교에 대한 최소/ 최대 편차가 인쇄된다. 격자생성 계산이 수렴한 후나 또는 정해진 최대 반복횟수를 실행한 후에, dxdy.out(inp)파일과 동일한 내용이 역시 gefdc.log에도 기록된다. 이 파일은 물셀 수, 수심 및 바닥지형이 결정되지 않은 셀의 수, 그리고 격자의 최대 초기 수심의 요약으로 종료된다.

04 EFDC 주입력파일

이 장은 94장의 카드이미지를 가진 주입력파일(efdc.inp)을 설명하고 있다. efdc.inp 파일은 실행 매개변수의 제어, 출력 제어 그리고 모델의 물리적인 정보의 설명과 외부 부하함수(forcing functions)에 대한 정보를 제공한다. 그 정보는 파일 내부에 문서화되어 있고 본질적으로 모의실험 준비를 위해 표나 메뉴로 제공된다. 이 파일은 카드이미지의 단락(sections)으로 구성되어 있고, 각각의 단락은 그 단락과 관련 있는 입력 매개변수를 정의한 머릿글을 가지고 있다. 다양한 카드이미지의 기능은 각 단락에 순차적으로 잘 설명되어 있다. 카드이미지 단락과 입력 매개변수는 efdc.inp 파일 문서 내부에 명확히 설명되어 있다고 판단되는 바, 모두 특별하게 설명하지 않을 것이다. 우선 여러 규약들에 대해서 알아야 한다. 코드 안에 많은 옵션들은 정수 제어스위치(대부분 IS나 JS로 시작되는 변수)에 의해 작동된다. 그것을 0으로 설정하면 그 옵션은 작동되지 못한다. 옵션은 보통 0이 아닌 정수 값이 지정되는 경우 작동한다. 파일 안에 설명된 여러 옵션들은 연구 목적으로 분류되어 있다. 이 분류는 그 옵션이 실험적이고 완전히 검증되지 않은 수치 실험을 포함하거나 그것이 비교적 복잡한 내부 분석이나 흐름장(flow field)을 구하는 문제를 포함한다.

주의사항

만일 여러분이 초기 EFDC-Hydro 버전을 사용한다면, 이 주입력파일의 여러 카드이미지들은 EFDC-Hydro 모델에서는 작동하지 않는다. 하지만 그 카드이미지를 입력파일 속에 남겨두지 않으면 실행 중에 에러가 발생한다. 즉 사용되지 않는다고 삭제하면 안 된다.

Card Image 1

```
C01 TITLE FOR RUN
C
  TITLE OR IDENTIFIER FOR THIS INPUT FILE AND RUN
C
C01 (LIMIT TO 80 CHARACTERS LENGTH)
      'Rectangular Basin - Test002'
```

카드이미지 1은 80개의 문자로 된 수치모의 제목을 표시한다. 이것은 특정한 모델 적용을 간단하게 식별하는 역할을 한다.

Card Image 1A

```
C1A GRID CONFIGURATION AND TIME INTEGRATION MODE SELECTION
C
  IGRIDH:  0 SINGLE HORIZONTAL GRID WITHOUT HORIZONTAL PARALLELIZATION
           1 SINGLE HORIZONTAL GRID WITH HORIZONTAL PARALLELIZATION
             GE.2, NUMBER OF HORIZONTAL GRIDS WITH HORIZONTAL DOMAIN
             DECOMPOSITION PARALLELIZATION
          -1 ONE-DIMENSIONAL CHANNEL NETWORK WITH HEC TYPE CROSS
             SECTIONS
  INESTH:  1 NO NESTING FOR IGRIDH.GE.2
           2  2 TO 1 NESTING (FINE TO COARSE) FOR IGRIDH.GE.2
           3  3 TO 1 NESTING (FINE TO COARSE) FOR IGRIDH.GE.2
  IGRIDV:  0 STANDARD SIGMA VERTICAL GRID OR SINGLE LAYER DEPTH AVERAGE
           1 GENERAL VERTICAL GRID WITH SIGMA AND RESCALED HEIGHT REGIONS
  ITIMSOL: 0 THREE-TIME LEVEL INTEGRATION
           1 TWO-TIME LEVEL INTEGRATION
  ISHOUSATONIC:  1  ACTIVATE  HOUSATONIC  RIVER  SUPERFUND  SEDIMENT-TOXICS
        OPTIONS
C
C1A  IGRIDH   INESTH   IGRIDV   ITIMSOL   ISHOUSATONIC
       0        0        0        1         1
```

이 카드이미지는 공간과 시간의 양식을 제어한다. 1보다 큰 IGRIDH의 옵션은 현재 이용할 수 없고, INESTH 옵션도 역시 현재 이용할 수 없다. IGRIDV는 SIGMA모델의 경우 0이고, EPA의 GVC모델을 선택할 경우 1로 설정한다. ISHOUSATONIC 옵션은 미국 Housatonic 강에 EFDC를 적용하여 여러 토사와 독성물질의 이송을 구하기 위한 부 프로그램을 활성화한다. 이 옵션은 이 설명서에 극히 익숙한 사용자만 선택해야 한다.

Card Image 2

```
C02 RESTART, GENERAL CONTROL AND AND DIAGNOSTIC SWITCHES
C
  ISRESTI:  1 FOR READING INITIAL CONDITIONS FROM FILE restart.inp
           -1 AS ABOVE BUT ADJUST FOR CHANGING BOTTOM ELEVATION
            2 INTIALIZES A KC LAYER RUN FROM A KC/2 LAYER RUN FOR KC.GE.4
           10 FOR READING IC'S FROM restart.inp WRITTEN BEFORE 8 SEPT 92
  ISRESTO:-1 FOR WRITING RESTART FILE restart.out AT END OF RUN
            N INTEGER.GE.0 FOR WRITING restart.out EVERY N REF TIME PERIODS
  ISRESTR: 1 FOR WRITING RESIDUAL TRANSPORT FILE restran.out
  ISLOG:   1 FOR WRITING LOG FILE efdc.log
  ISPAR:   0 FOR EXECUTION OF CODE ON A SINGLE PROCESSOR MACHINE
           1 FOR PARALLEL EXECUTION, PARALLELIZING PRIMARILY OVER LAYERS
           2 FOR PARALLEL EXECUTION, PARALLELIZING PRIMARILY OVER
             NDM HORIZONTAL GRID SUBDOMAINS, SEE CARD CARD C9
  ISDIVEX: 1 FOR WRITING EXTERNAL MODE DIVERGENCE TO SCREEN
  ISNEGH:  1 FOR SEARCHING FOR NEGATIVE DEPTHS AND WRITING TO SCREEN
  ISMMC:   1 FOR WRITING MIN AND MAX VALUES OF SALT AND DYE
             CONCENTRATION TO SCREEN
  ISBAL:   1 FOR ACTIVATING MASS, MOMENTUM AND ENERGY BALANCES AND
             WRITING RESULTS TO FILE bal.out
  ISHP:    1 FOR CALLING HP 9000 S700 VERSIONS OF CERTAIN SUBROUTINES
  ISHOW:   1 TO SHOW RUN-TIME RESULTS ON SCREEN;
           2 FORMATTED FOR MSDOS
C
C02 ISRESTI ISRESTO ISRESTR ISPAR ISLOG ISDIVEX ISNEGH ISMMC ISBAL ISHP ISHOW
       0       1       0       0     2      0       2     0     0    0     2
```

카드이미지 2는 흐름장을 0으로 초기화하는 콜드스타트(cold start)나 이전 모의실험 끝의 데이터를 초기조건으로 이용하는 재시작(restart or hot start)대한 모델의 시작형태를 지정한다. ISRESTO는 restart.out 파일에 대한 재시작 정보의 출력빈도를 제어한다(실행을 위해서 restart.inp으로 파일명이 변경된다). 파일 restran.out는 시간평균 이송장을 포함하고, 이것은 이송모드에서만 efdc.for 코드를 실행하기 위해 사용된다. ISPAR은 병렬식 기계나 복수 프로세서에서 실행을 위한 내부 코드옵션이다. 이 옵션들은 현재 복수 벡터프로세서 크레이 슈퍼컴퓨터, 멀티프로세서 유닉스 워크스테이션에 기초한 실리콘그래픽과 스파크(Sun and clones) 컴퓨터에서 지원된다. ISPAR는 1 또는 2를 선택할 수 있고, 이것은 코드가 실행할 격자구조와 프로세서의 수에 의해 결정된다. 수직층이나 수평격자 서브도메인으로 병렬화 될 수 있는 일부 코드들은 ISPAR이 1로 지정되었을 때 수직층으로 병렬화 된다. 층병렬화를 위해, 층수는 반드시 실행될 코드의 프로세서수의 정수배수가 되어야 한다. 층병렬화에 알맞은 격자를 대해, 병렬화 모드를 허용하는 일부 코드들은 일반적으로 층병렬화 모드에서 보다 효과적이다. 어떤 일부 코드는 수평 서브도메인으로만 병렬화될 수 있고, 이 모드는 ISPAR가 1 또는 2일 경우 작동된다. ISPAR = 2인 경우, 모든 병렬화는 수평 서브도메인으로 수행된다. EFDC의 병렬실행에 관한 추가적인 상세한 설명은 카드이미지 9나 7장을 참조하라. ISLOG 스위치는 각 기준주기 후 삭제되거나 재시작되는 로그파일의 생성을 작동시킨다(ISLOG=2,추천). 파일 efdc.log의 내용과 설명은 진단하는 장에서 논의될 것이다. ISDIVEX, ISNEGH, 그리고 ISMMC 스위치는 체적보존의 진단적 검토를 하고, 음(-)의 수심을 확인하고, 이송물질의 질량보존을 점검하고, 이들 스위치가 작동될 때(IS=1) 화면과 efdc.log 파일에 동일한 내용을 출력한다. 진단 목적을 위한 세 가지 옵션 사용법은 진단하는 장에서 설명된다. ISHP 스위치는 HP9000 시리즈 700벡터 라이브러리의 사용을 허용한다. 벡터 라이브러리는 소스코드에서 CDHP와 함께 최근에 설명문에서 실행문으로 변경되었다. 이 옵션의 활성화와 HP벡터 라이브러리의 접속을 위한 프로그램은 개발자로부터 얻을 수 있다. ISBAL 스위치는 내부의 체적, 질량, 운동량과 에너지 평형 계산절차를 작동시킨다. ISHOW 스위치는 실행중 수평 평면의 지정된 위치에서 흐름장의 화면출력을 작동시키고, 이것과 관련 있는 show.inp 파일에 대한 보다 상세한 설명은 5장에 기술된다.

Card Image 3

```
C03 EXTERNAL MODE SOLUTION OPTION PARAMETERS AND SWITCHES
C
  RP:       OVER RELAXATION PARAMETER
  RSQM:     TRAGET SQUARE RESIDUAL OF ITERATIVE SOLUTION SCHEME
  ITERM:    MAXIMUN NUMBER OF ITERARTIONS
  IRVEC: 0 STANDARD RED-BLACK SOR SOLUTION
         1 MORE VECTORIZABLE RED-BLACK SOR (FOR RESEARCH PURPOSES)
         2 RED-BLACK ORDERED CONJUGATE GRADIENT SOLUTION
         3 REDUCED SYSTEM R-B CONJUGATE GRADIENT SOLUTION
         9 NON-DRYING CON GRADIENT SOLUTION WITH MAXIMUM DIAGNOSTICS
  RPADJ:    RELAXATION PARAMETER FOR AUXILLARY POTENTIAL ADJUSTME
            OF THE MEAN MASS TRANSPORT ADVECTION FIELD
            (FOR RESEARCH PURPOSES)
  RSQMADJ: TRAGET SQUARED RESIDUAL ERROR FOR ADJUSTMENT
            (FOR RESEARCH PURPOSES)
  ITRMADJ: MAXIMUM ITERARTIONS FOR ADJUSTMENT(FOR RESEARCH PURPOSES)
  ITERHPM: MAXIMUM ITERATIONS FOR STRONGLY NONLINER DRYING AND WETTING
            CHEME (ISDRY=3 OR OR 4) ITERHPM.LE.4
  IDRYCK:   ITERATIONS PER DRYING CHECK (ISDRY.GE.1) 2.LE.IDRYCK.LE.20
  ISDSOLV: 1 TO WRITE DIAGNOSTICS FILES FOR EXTERNAL MODE SOLVER
  FILT:     FILTER COEFFICIENT FOR 3 TIME LEVEL EXPLICIT ( 0.0625 )
C
C03 RP   RSQM  ITERM IRVEC RPADJ RSQMADJ ITRMADJ ITERHPM IDRYCK ISDSOLV FILT
    1.8  1.E-8 200   9     1.8   1.E-16  1000    0       20     0       0.0625
```

카드이미지 3에 입력된 정보는 주로 efdc.for 파일에서 외적 또는 바로트로픽 모드의 계산을 제어한다. 여기서 S.O.R 매개변수 1.8은 변경되지 않는다. RSQM 매개변수는 외적 모드 해의 제곱근 오차이다. 그것은 일반적으로 1E-6에서 1E-15사이 값으로 지정되고, 작은 값은 수백 개의 셀들과 짧은 시간간격(10-100sec)일 때 사용하고, 큰 값은 많은 셀(1000-10,000)들과 긴 시간간격(100-1000sec)일 때 사용된다. RSQM이 작은 값으로 설정되면, 반복계산에 의한 에러축적 때문에 모의시험을 실패할 수 있다.

RSQM은 efdc.log 파일에서 보는 바와 같이 대략 10에서 40 사이의 반복횟수가 되도록 조정되어야 한다. 외적 계산의 최대 반복횟수 ITERM은 만약 외적계산이 최대 반복횟수에도 수렴하지 않으면 계산이 멈추도록 설정된다. IRVEC 매개 변수는 외적모드 계산에 사용되는 선형방정식 해법의 유형을 제어한다. 보통 IRVEC는 9를 추천한다. 원조 S.O.R법은 2개 공액경사법, 즉 IRVEC=2인 경우, 레드-블랙 오더드 공액경사법, 그리고 IRVEC=3인 경우, 축소 시스템 레드-블랙 공액경사법으로 보완되어 왔다. 옵션 IRVEC=0 또는 IRVEC=3은 조간대가 비활성이면 추천되는 반면, 옵션 IRVEC=2는 조간대가 활성일 때 요구된다. 나머지 매개 변수들은 연구목적을 위해 사용되고 있고, 일반적인 적용에 사용되지 않는다.

Card Image 4

```
C04 LONGTERM MASS TRANSPORT INTEGRATION ONLY SWITCHES
C
  ISLTMT:  1 FOR LONG-TERM MASS TRANSPORT ONLY (FOR RESEARCH
  ISSSMMT: 0 WRITES MEAN MASS TRANSPORT TO restran.out AFTER EACH
              AVERAGING PERIOD (FOR RESEARCH PURPOSES)
           1 WRITES MEAN MASS TRANSPORT TO restran.out AFTER LAST
              AVERAGING PERIOD (FOR RESEARCH PURPOSES)
  ISLTMTS: 0 ASSUMES LONG-TERM TRANSPORT SOLUTION IS TRANSIENT
              (FOR RESEARCH PURPOSES)
           1 ASSUMES LONG-TERM TRANSPORT SOLUTION IS ITERATED TOWARD
              STEADY STATE (FOR RESEARCH PURPOSES)
  ISIA:    1 FOR IMPLICIT LONG-TERM ADVECTION INTEGRATION FOR ZEBRA
              VERTICAL LINE R-B SOR (FOR RESEARCH PURPOSES)
  RPIA:      RELAXATION PARAMETER FOR ZEBRA SOR(FOR RESEARCH PURPOSES)
  RSQMIA:    RAGET RESIDUAL ERROR FOR ZEBRA SOR (FOR RESEARCH
             PURPOSES)
  ITRMIA:    MAXIMUM ITERATIONS FOR ZEBRA SOR (FOR RESEARCH PURPOSES)
  ISAVEC:  1 USE ALTIVEC ENABLED SUBROUTINES(MAC G4 ONLY)
C
C04  ISLTMT  ISSSMMT  ISLTMTS  ISIA  RPIA  RSQMIA  ITRMIA  ISAVEC
       0        1        0       0    1.8   1.E-10   100      0
```

EFDC 모델은 restran.inp 파일에 기입된 이류와 확산의 질량수송장을 사용하여 이송모드만 작동시키는 기능을 가지고 있다. 첫 번째 매개변수, ISLTMT는 이 모드를 활성화한다. 두 번째 매개변수 ISSSMMT는 정상적인 실행 중 restran.out로 출력되는 restran.inp 파일의 생성을 제어한다. 이 매개변수는 역시 잔차류의 그래픽 출력빈도도 제어한다. 3번째 매개변수는 이송모드가 정상상태(steady state)에 통합될 것인지, 비정상상태(unsteady state) 잔차류 이송장에 통합되어질 것인지 결정한다. 나머지 4개의 매개변수들은 연구목적용이다. 그러나 ISIA는 0으로 지정되어야만 한다.

Card Image 5

```
C05 MOMENTUM ADVEC AND HORIZ DIFF SWITCHES AND MISC SWITCHES
C
  ISCDMA: 1 FOR CENTRAL DIFFERENCE MOMENTUM ADVECTION
          0 FOR UPWIND DIFFERENCE MOMENTUM ADVECTION
          2 FOR EXPERI UPWIND DIFF MOM ADV (FOR RESEACH PURPOSES)
  ISHDMF: 1 TO ACTIVE HORIZONTAL MOMENTUM DIFFUSION
  ISDISP: 1 CALCULATE MEAN HORIZON SHEAR DISPERSION TENSOR OVER LAST
            MEAN MASS TRANSPORT AVERAGING PERIOD
  ISWASP: 4 or 5 TO WRITE FILES FOR WASP4 or WASP5 MODEL LINKAGE
  ISDRY:    GREATER THAN 0 TO ACTIVE WETTING & DRYING OF SHALLOW AREAS
          1 CONSTANT WETTING DEPTH SPECIFIED BY HWET ON CARD 11
            WITH NONLINEAR ITERATIONS SPECIFIED BY ITERHPM ON CARD C3
          2 VARIABLE WETTING DEPTH CALCULATED INTERNALLY IN CODE
            WITH NONLINEAR ITERATIONS SPECIFIED BY ITERHPM ON CARD C3
          11 SAME AS 1, WITHOUT NONLINEAR ITERATION
          12 SAME AS 2, WITHOUT NONLINEAR ITERATION
          3 DIFFUSION WAVE APPROX, CONSTANT WETTING DEPTH (NOT ACTIVE)
          4 DIFFUSION WAVE APPROX, VARIABLE WETTING DEPTH (NOT ACTIVE)
  ISQQ:   1 TO USE STANDARD TURBULENT INTENSITY ADVECTION SCHEME
  ISRLID: 1 TO RUN IN RIGID LID MODE (NO FREE SURFACE)
  ISVEG:  1 TO IMPLEMENT VEGETATION RESISTANCE
          2 IMPLEMENT WITH DIAGNOSTICS TO FILE cbot.log
  ISVEGL: 1 TO INCLUDE LAMINAR FLOW OPTION IN VEGETATION RESISTANCE
  ISITB:  1 FOR IMPLICIT BOTTOM & VEGETATION RESISTANCE IN EXTERNAL MODE
            FOR SINGLE LAYER APPLICATIONS (KC=1) ONLY
  ISEVER: 1 TO DEFAULT TO EVERGLADES HYDRO SOLUTION OPTIONS
  IINTPG: 0 ORIGINAL INTERNAL PRESSURE GRADIANT FORMULATION
          1 JACOBIAN FORMULATION
          3 FINITE VOLUME FORMULATION
C
C05 ISCDMA ISHDMF ISDISP ISWASP ISDRY ISQQ ISRLID ISVEG ISVEGL ISITB ISEVER IINTPG
      0      0      0      0      0    1     0      0     0      0     0      0
```

이 카드이미지는 부가적 물리적 처리에 대한 설명과 선택적 출력처리의 활성화는 물론 운동량 방정식의 이류항과 확산항들을 적분하기 위한 다양한 옵션들을 제어한다. ISCDMA

매개변수는 운동량식 이류항의 유한차분법을 제어하는 바, 디폴트(defult) 0인 경우, 업윈드 차분법, 1과 2인 경우, 각각 중앙 차분법과 실험적 업윈드 차분법이 사용된다. 중앙 차분법의 옵션은 평활하거나 이상적인 바닥지형과 측면경계에만 일반적으로 추천된다. 두 번째 매개변수 ISHDMF는 수평 모멘트 확산계산을 활성화한다. 그것은 중앙차분 이류항을 사용할 때 또는 파랑류를 모의 실험할 때 활성화되어야 한다. 파랑류에 대해, 수평 확산은 연안쇄파에 의한 파랑에너지의 소산 항들로 정의된다. 옵션 ISDISP와 ISWASP는 각각 전단분산계수 파일 disp.out와 WASP 수질모델 이송 파일 waspX.out의 생성을 제어한다. 매개변수 ISDRY는 조간대를 활성화하고 11을 추천한다. 매개변수 ISQQ는 1로 지정해야 한다. 매개변수 ISRLID는 고정수면(덮게)의 모의실험을 수행하고, 이것은 일반적으로 연구목적만으로 사용된다. 다음 세 가지의 매개변수는 식생저항 모델을 활성화한다. 마지막 매개변수 ISITB는 단층 또는 수심적분 모의실험에만 활성화되어야 한다.

Card Image 6

```
C06 DISSOLVED AND SUSPENDED CONSTITUENT TRANSPORT SWITCHES
C TURB INT=0,SAL=1,TEM=2,DYE=3,SFL=4,TOX=5,SED=6,SND=7,CWQ=8
C
  ISTRAN: 1 OR GREATER TO ACTIVATE TRANSPORT
  ISTOPT: NONZERO FOR TRANSPORT OPTIONS, SEE USERS MANUAL
  ISCDCA: 0 FOR STANDARD DONOR CELL UPWIND DIFFERENCE ADVECTION
          1 FOR CENTRAL DIFFERENCE ADVECTION FOR THREE TIME LEVEL STEPS
          2 FOR EXPERIMENTAL UPWIND DIFFERENCE ADVECTION (FOR RESEARCH)
  ISADAC: 1 TO ACTIVATE ANTI-NUMERICAL DIFFUSION CORRECTION TO
            STANDARD DONOR CELL SCHEME
  ISFCT:  1 TO ADD FLUX LIMITING TO ANTI-NUMERICAL DIFFUSION CORRECTION
  ISPLIT: 1 TO OPERATOR SPLIT HORIZONTAL AND VERTICAL ADVECTION
            (FOR RESEARCH PURPOSES)
  ISADAH: 1 TO ACTIVATE ANTI-NUM DIFFUSION CORRECTION TO HORIZONTAL
            SPLIT ADVECTION STANDARD DONOR CELL SCHEME (FOR RESEARCH)
  ISADAV: 1 TO ACTIVATE ANTI-NUM DIFFUSION CORRECTION TO VERTICAL
            SPLIT ADVECTION STANDARD DONOR CELL SCHEME (FOR RESEARCH)
  ISCI:   1 TO READ CONCENTRATION FROM FILE restart.inp
  ISCO:   1 TO WRITE CONCENTRATION TO FILE restart.out
C
C06 ISTRAN ISTOPT ISCDCA ISADAC ISFCT ISPLIT ISADAH ISADAV ISCI ISCO
        1      0      0      0     0      0      0      0    0    0  !turb 0
        0      1      0      1     1      0      0      0    1    1  !sal 1
        0      0      0      1     1      0      0      0    0    0  !tem 2
        0      0      0      1     1      0      0      0    1    1  !dye 3
        0      0      0      1     1      0      0      0    0    0  !sfl 4
        0      0      0      1     1      0      0      0    0    0  !tox 5
        0      0      0      1     1      0      0      0    0    0  !sed 6
        0      0      0      1     1      0      0      0    0    0  !snd 7
        0      0      0      1     1      0      0      0    0    0  !cwq 8
```

카드이미지 6은 수송 스칼라장의 이류적 수송과 소스, 싱크에 대한 옵션들을 제어한다. 매개변수 값을 입력하는 8라인은 순서대로 난류강도, 염도, 온도, 염료, 조개유충, 점착성 유사, 비점착성유사, 수질에 관한 변수들로 구성된다. 첫 번째 스위치, ISTRAN은 이류적 이송과 소스, 싱크를 활성화한다. 난류 모델에 해당하는 첫 번째 라인은 ISTRAN만 1로 지정하고 나머지 매개변수들은 모두 0으로 지정해야 한다. 수질실험을 하기 위해서는, cwq 8의 ISTRAN=1, 이 설명서의 6장에 쓰여 있는 추가적 입력파일들을 포함하고 있는 내장형 수질모델 WQ3D(박 등, 1995)를 활성화한다. 두 번째 매개변수 ISTOPT는 많은 이송 스칼라장을 위한 옵션으로, 현재 작동하는 옵션은 다음과 같다:

염도

ISTOPT=1: salt.inp 파일로 부터 초기 염도분포를 읽는다(ISRESTI=0일 때만).

온도

ISTOPT=1: aser.inp 파일을 사용하여 전체 수면과 내부 열전달 계산.

ISTOPT=2: aser.inp 파일로 부터 외부 평형 온도와 열전달 계수를 사용한 순간적 평형 수면 열전달 계산.

ISTOPT=3: 카드이미지 46으로 부터 평형 온도 상수와 열전달 계수(HEQT)를 사용한 평형 수면 열전달 계산. 콜드스타트(ISRESTI=0)를 위한 초기 등온도(TEMO)는 카드이미지 46에서 읽혀진다. 평형 온도 수면 열전달 계산법을 이해하기 위해서는 Cerco와 Cole (1993)문헌을 참고하라.

염료 추적물질

ISTOPT=1: dye.inp 파일로 부터 초기 염료 추적물질 분포를 읽는다(ISRESTI=0일 때). 선형 또는 1차 함수 염료 감쇄율(RKDYE)은 카드이미지 46에서 지정된다.

조개유충 [EFDC-Hydro에서는 활성화 되지 않음]

이용 가능한 옵션이 없음.

독성 오염 물질

이용 가능한 옵션이 없음.

부유사

이용 가능한 옵션이 없음.

수질 성분 [EFDC-Hydro에선 활성화 되지 않음]

이용 가능한 옵션이 없음.

세 번째 매개변수 ISCDCA는 이류항 수치해법을 지정하고, 디폴트 0이 설정되면 업윈드 차분법이 작동된다. 그리고 1이나 2가 지정되면 각각 중앙 차분법(추천되지 않음)과 실험적 1차 업윈드 차분법이 작동된다. 매개변수 ISADAC=1은 ISCDCA가 0 또는 1일 때 항확산(antidiffusion) 이류 플럭스보정(Smolarkiewicz and Clark, 1986)을 활성화한다.

매개변수 ISFCT=1은 플럭스보정 식(Smolarkiewicz and Grabowski, 1990)으로 항확산 보정을 수행한다. 세 개의 매개변수 ISPLIT, ISADAH, ISADAV는 실험적으로 항확산적 분리 업윈드 차분법을 활성화할 때 사용되고 모두 0으로 설정되어야 한다. 매개변수 ISCI와 ISCO가 1로 지정됐을 때, 지정된 이송장을 restart.inp 파일로 부터 읽고 restart.out 파일에 기록한다. 난류 물리량은 디폴트로 재시작 파일로 부터 읽고, 또 그 파일에 기록한다.

Card Image 7

```
C07 TIME-RELATED INTEGER PARAMETERS
C
  NTC:       NUMBER OF REFERENCE TIME PERIODS IN RUN
  NTSPTC:    NUMBER OF TIME STEPS PER REFERENCE TIME PERIOD
  NLTC:      NUMBER OF LINEARIZED REFERENCE TIME PERIODS
  NTTC:      NUMBER OF TRANSITION REF TIME PERIODS TO FULLY NONLINEAR
  NTCPP:     NUMBER OF REFERENCE TIME PERIODS BETWEEN FULL PRINTED OUTPUT
             TO FILE efdc.out
  NTSTBC:    NUMBER OF REFERENCE TIME PERIODS BETWEEN TWO TIME LEVEL
             TRAPEZOIDAL CORRECTION TIME STEP
  NTCNB:     NUMBER OF REFERENCE TIME PERIODS WITH N0 BUOYANCY FORCING
  NTCVB:     NUMBER OF REF TIME PERIODS WITH VARIABLE BUOYANCY FORCING
  NTSMMT:    NUMBER OF REF TIME TO AVERAGE OVER TO OBTAIN
             RESIDUAL OR MEAN MASS TRANSPORT VARIABLES
  NFLTMT:    USE 1 (FOR RESEARCH PURPOSES)
  NDRYSTP:   MIN NO. OF TIME STEPS A CELL REMAINS DRY AFTER INTIAL DYRING
C
C07 NTC  NTSPTC  NLTC  NTTC  NTCPP  NTSTBC  NTCNB  NTCVB  NTSMMT  NFLTMT  NDRYSTP
     35  1440     0     2     800    4       0      2      1       1       16
```

카드이미지 7과 8은 수치모의를 위한 시간 제어변수를 제공하고, 이 이미지카드는 정수 변수만을 포함한다. EFDC 코드는 지정된 기준주기 수 NTC회 실행한다. 초단위로 기준주기 길이는 카드이미지 8의 TREF에서 지정된다. 예를 들면, 35일의 수치모의는 NTC=35 와 TREF=86400초로 설정된다. 시간간격은 기준주기 당 시간간격 수 NTSPTC로 정해진다. NTSPTC가 1440이면, 실제 시간간격은 60초(86400.0/1440)라는 것을 의미한다. 매개변수 NLTC는 운동방정식 중 비선형항을 제외하고 계산하는 기준주기 수를 나타내는 반면, 매개변수 NTTC는 점진적으로 비선형항들을 도입하는 기준주기 수를 나타낸다. 이 두 개의 옵션들은 아마도 모델 콜드스타트(ISREST I =0)나 진단에 유용할 것이다. NTCPP는 efdc.out의 출력 빈도를 제어한다. 인쇄출력은 그래픽 기능을 쉽사리 이용할 수 없는 상황에서 이용 가능한 라인프린터를 위한 형태를 가진다. 그래픽 출력을 생성하기 위한 코드에 현재 이용 가능한 광범위한 옵션을 줄 때, NTCPP는 보통 인쇄출력이 생성되지 못할 만큼 큰 값으로 지정된다. 매개변수 NTSTBC는 시간 3단계의 시간적분 속에 시간 2단계 사다리꼴 보정 단계의 삽입빈도를 지정하는 것으로 극히 중요하다. 만약 NTSPTC가 증가한다면 일반적으로 이것은 4와 12사이에서 증가되어야 한다. 매개변수 NTCNB 와 NTCVB는 NLTC와 NTTC에서 설명하는 것과 비슷한 방식으로 운동량 방정식 속에 부력의 도입을 제어한다. 매개변수 NTSMMT는 시간평균의 계산이나 잔차 출력변수와 "r" 접두어 출력 파일의 출력빈도를 위한 시간간격 수를 지정한다. 만약 NTSMMT가 NTSPTC와 같거나 보다 크면, 그 평균은 라그란지안의 평균이송장의 계산을 포함한다(Hamrick,1994a). 매개변수 NFLTMT는 1로 설정된 채 변함 없어야 한다. 매개변수 NDRYSTP는 건조와 습윤의 옵션이 작동될 때 습윤이 허용되기 전, 셀이 건조로 남아야 하는 시간간격 수를 지정한다.

이 카드이미지는 진단을 위한 시간간격은 물론 시간 관련의 매개변수의 값을 지정한다. TBEGIN는 초, 분, 시간, 또는 날짜 단위로 실행하는 시작시점을 규정하고, TCON은 TBEGIN이 초단위로 변환될 때 곱셈인수이다. 기준주기는 항상 초 단위로 지정되지 않으면 안 된다. EFDC 모델은 현재 코리올리스 가속도를 위해 f-평면에 기초를 두고 있고, 변수 CORIOLIS는 1/sec 단위로 f값이 정해진다. 최대 안정 시간간격은 0.5/f와 이류에 대한 CFL기준에 의해 제한된다(Hamrick, 1992a). ISDCCA의 활성은 매 시간간격마다 가장 효율적인 코리올리스 매개변수를 기록파일 efdc.log에 인쇄되도록 한다. ISCFL=1의 활성은 CFL 조건을 기초로 각 시간간격의 한계 시간간격과 그것이 발생하는 셀을 파일 cfl.out에 기록하도록 한다.

Card Image 8

```
C08 TIME-RELATED REAL PARAMETERS
C
  TCON:        CONVERSION MULTIPLIER TO CHANGE TBEGIN TO SECONDS
  TBEGIN:      TIME ORIGIN OF RUN
  TREF:        REFERENCE TIME PERIOD IN SEC (ie 44714.16s or 86400s)
  CORIOLIS:    CONSTANT CORIOLIS PARAMETER IN 1/SEC
  ISCORV:   1 TO READ VARIABLE CORIOLIS COEFFICIENT FROM lxly.inp FILE
  ISCCA:       WRITE DIAGNOSTICS FOR MAX CORIOLIS-CURV ACCEL TO FILEefdc.log
  ISCFL:    1 WRITE DIAGNOSTICS OF MAX THEORETICAL TIME STEP TO cfl.out
               GT 1 TIME STEP ONLY AT INTERVAL ISCFL FOR ENTIRE RUN
  ISCFLM:   1 TO MAP LOCATIONS OF MAX TIME STEPS OVER ENTIRE RUN
  DTSSFAC:      DYNAMIC TIME STEPPING IF 0.0.LT.DTSSFAC.LT.1.0
  DTSSDHDT:    DYNAMIC TIME STEPPING RATE OF THE DEPTH FACTOR
C
C08 TCON   TBEGIN  TREF    CORIOLIS  ISCORV ISCCA ISCFL ISCFLM DTSSFAC DTSSDHDT
     86400. 1.0     86400. 0.0000    0      0     0     0      0.8     1.0
```

CFL조건이 일정한 계수, 3차원 이류방정식의 선형 안정 분석에 기초하기 때문에, 공간적 그리고 시간적으로 변하는 이류장을 가진 실제 적용을 위한 좋은 규칙은 cfl.out에 기록된 한계 CFL의 1/4~1/2의 시간간격을 사용하는 것이다. 시간간격 진단들은 논리적 탐색을 포함하고 있기 때문에, 그들은 새 모델 적용을 준비하는 동안만 오직 활성화되어야 한다.

Card Image 9

```
C09 SPACE-RELATED AND SMOOTHING PARAMETERS
C
  IC:       NUMBER OF CELLS IN I DIRECTION
  JC:       NUMBER OF CELLS IN J DIRECTION
  LC:       NUMBER OF ACTIVE CELLS IN HORIZONTAL + 2
  LVC:      NUMBER OF VARIABLE SIZE HORIZONTAL CELLS
  ISCLO:    1 FOR CURVILINEAR-ORTHOGONAL GRID (LVC=LC-2)
  NDM:      NUMBER OF DOMAINS FOR HORIZONTAL DOMAIN DECOMPOSITION
            ( NDM=1, FOR MODEL EXECUTION ON A SINGLE PROCESSOR SYSTEM OR
            NDM=MM*NCPUS, WHERE MM IS AN INTEGER AND NCPUS IS THE NUMBER
            OF AVAILABLE CPU's FOR MODEL EXECUTION ON A PARALLEL
            MULTIPLE PROCESSOR SYSTEM )
  LDW:      NUMBER OF WATER CELLS PER DOMAIN
            ( LDW=(LC-2)/NDM, FOR MULTIPE VECTOR PROCESSORS, LWD MUST BE
            AN INTEGER MULTIPLE OF THE VECTOR LENGTH OR STRIDE NVEC
            THUS CONSTRAINING LC-2 TO BE AN INTEGER MULTIPLE OF NVEC )
  ISMASK:   1 FOR MASKING WATER CELL TO LAND OR ADDING THIN BARRIERS
            USING INFORMATION IN FILE mask.inp
  ISPGNS:   1 FOR IMPLEMENTING A PERIODIC GRID IN COMP N-S DIRECTION OR
            CONNECTING ARBITRATY CELLS USING INFO IN FILE mappgns.inp
  NSHMAX:   NUMBER OF DEPTH SMOOTHING PASSES
  NSBMAX:   NUMBER OF INITIAL SALINITY FIELD SMOOTHING PASSES
  WSMH:     DEPTH SMOOTHING WEIGHT
  WSMB:     SALINITY SMOOTHING WEIGHT
C
C09 IC  JC  LC  LVC ISCO NDM LDW ISMASK ISPGNS NSHMX NSBMX WSMH   WSMB
    33  25  502 500 1    1   500 0      0      1     0     0.0625 0.0625
```

카드이미지 9는 모델 격자의 공간적 구조를 규정한다. 여기서 KC는 층수를 나타내고 IC, JC는 격자생성에 관해 앞장에서 논의된 바와 같이 각각 x, y 계산 방향의 셀의 수를 나타낸다. 내부적으로 EFDC 코드는 두 개의 수평면 인덱스 I, J보다 오히려 한 개의 인덱스 L을 사용한다. 한 개의 인덱스 L의 사용은 오직 활성 물셀에 대해서만 물리량을 계산하고 저장하도록 한다. 매개변수 LC는 활성 물셀 수에 2를 더한 것이다. L=1과 L=LC에서 L수열에 부가한 두 셀들은 L=2, LC-1의 반복계산 루프와 함께, 경계조건 수행을 위해 사용된다. 만약 ISCLO 스위치가 1로 설정되어 있다면 매개변수 LVC는 LC-2와 같다. ISCLO 스위치는 전적으로 cell.inp와 dxdy.inp, lxly,inp 파일에 의해 규정되는 곡선격자, 가

변 직각격자, 직각격자에 대해 1로 설정된다. 매개변수 NDM과 LDM은 병렬이나 다중처리 시스템 상에서 EFDC의 실행을 위해 평면격자의 영역분할을 지정한다. 병렬 실행을 위해서, NDM은 그 코드가 실행할 프로세서의 수와 같아야 한다. 벡터처리기능이 없는 대칭 멀티프로세서 유닉스 워크스테이션과 같은 다중처리시스템에 대해서, LDM은 프로세서들의 부하에 균형을 맞추기 위해 격자의 물셀 수, LC-2를 NDM으로 나눈 것과 같아야 한다. 같은 규칙이 역시 병렬 벡터프로세서에도 적용되어야 한다. 그러나 최적의 수행을 위해, LDM은 역시 벡터 스트라이드(stride)(보통 64 또는 128)의 정수배수여야만 한다. 이것은 아마도 격자에 더할 부가 셀들을 요구할 지도 모른다. 부가 셀들은 실제문제 풀이에 영향을 주지 않는 1차원, 수평 폐쇄수로의 형태를 가질 수 있다. 위에서 살펴 본 입력치는 4 프로세서 시스템 상에서 실행을 위해 NDM이 4로 설정되고, LDM이 64와 128의 정배수인 256으로 수정될 수 있다. ISMASK 스위치는 mask.inp파일에서 지정한 셀 면들에 "흐름 차단" 벽들을 활성화한다. 스위치 ISAPGNS는 mappgns.inp 파일의 정보 사용하여 y 방향으로 주기적 계산 영역을 나타내는 북쪽과 남쪽 개방경계 중 전체나 일부를 설정한다. 이 옵션은 천해와 연해의 적용에 유용하다. NSHMAX는 스무딩(soothing) 매개변수인 WSMH를 가지고 입력 수심과 바닥고 장에 적용되는 스무딩 패스(pass)의 수를 지정한다. 여기서 WSMH는 반드시 0.25 보다 작아야 한다. 스무더(smoother) 식은 다음과 같다.

$$H_{new}(L) = H_{old}(L) + WSMH * \begin{pmatrix} H_{old}(LS) + H_{old}(LW) + H_{old}(\leq) \\ + H_{old}(LN) - 4. * H_{old}(L) \end{pmatrix} \tag{3}$$

마찬가지로 매개변수 NSBMAX는 salt.inp 파일에 의해 초기 염도장에 적용될 스무딩 패스 수를 지정한다. 염도 스무더는 역시 성긴 초기 염도장을 매끄러운 것으로 만들기 위해 염도를 보간하는 데 사용될 수 있다. 이 경우, 0이 아닌 값이 공급되는 곳을 제외하고, salt.inp 파일 속의 수직 염도분포는 0으로 설정되어야 한다. 10 보다 반드시 크고 보통 2000 보다 큰 수로 NSBMAX를 지정하면 이것은 수정되지 않는 0이 아닌 입력 염도를 가지고 전체 격자상의 염도를 보간한다. 하구 적용에서, 염분 침투 한계에 작은 값을 지정하는 것은 보간시 발산이 상류로 진행을 막아준다.

Card Image 9A

```
C9A VERTICAL SPACE-RELATED PARAMETERS
C
        KC: NUMBER OF VERTICAL LAYERS
      KSIG: NUMBER OF VERTICAL LAYERS IN SIGMA REGION FOR IGRIDV = 1
  ISETGVC: 0 READ BOTTOM LAYER ID FROM GVCLAYER.INP
           1 AUTOMATICALLY SET BOTTOM LAYER ID USING SELVREF, SELVREF
             AND BELV (IN DXDY.INP) AND WRITE RESULTS TO GVCLAYER.OUT
  SELVREF: REFERENCE SURFACE ELEVATION IN RESCALED HEIGHT REGION (METERS)
  BELVREF: REFERENCE (MINIMUM) BOTTOM ELEVATION IN RESCALED HEIGHT REGION
  ISGVCCK:  0 NORMAL SETTING (OPTION 1 USED FOR DEBUGGING SIGMA/GVC
            COMPARE)
            1 USE MULTI-LAYER BOTTOM FRICTION FOR SINGLE LAYER SIGMA
C
C9A   KC     KSIG   ISETGVC   SELVREF   BELVREF   ISGVCCK
       1      1      1         -69.5     -84.75    0
```

Card Image 10

```
C10 LAYER THICKNESS IN VERTICAL
C
        K:  LAYER NUMBER K=1,KC
      DZC:  DIMENSIONLESS LAYER THICKNESS(LAYER THICKNESS MUST SUM TO 1.0)
            FOR IGRIDV=1, THE TOP KSIG LAYERS ARE PRESENT IN BOTH
            THE SIGMA AND RESCALED HEIGHT REGIONS
C
C10    K          DZC
       1          0.5
       2          0.5
```

이 카드는 수직층의 무차원 두께를 지정한다. 수직층의 두께는 같아야 할 필요는 없다. 합계가 1이 되어야 한다. 1층은 바닥층이다.

Card Image 11

```
C11 GRID, ROUGHNESS AND DEPTH PARAMETERS
C
  DX:      CARTESIAN CELL LENGTH IN X OR I DIRECTION
  DY:      CARTESIAN CELL LENGTH IN Y OR J DIRECTION
  DXYCVT: MULTIPLY DX AND DY BY TO OBTAIN METERS
  IMD:     GREATER THAN 0 TO READ MODDXDY.INP FILE
  ZBRADJ: LOG BDRY LAYER CONST OR VARIABLE ROUGH HEIGHT ADJ IN METERS
  ZBRCVT: LOG BDRY LAYER VARIABLE ROUGHNESS HEIGHT CONVERT TO METERS
  HMIN:    MINIMUM DEPTH OF INPUTS DEPTHS IN METERS
  HADJ:    ADJUSTMENT TO DEPTH FIELD IN METERS
  HCVRT:   CONVERTS INPUT DEPTH FIELD TO METERS
  HDRY:    DEPTH AT WHICH CELL OR FLOW FACE BECOMES DRY
  HWET:    DEPTH AT WHICH CELL OR FLOW FACE BECOMES WET
```

```
  BELADJ:  ADJUSTMENT TO BOTTOM BED ELEVATION FIELD IN METERS
  BELCVRT: CONVERTS INPUT BOTTOM BED ELEVATION FIELD TO METERS
C
C11 DX   DY   DXYCVT IMD   ZBRADJ ZBRCVT HMIN HADJ HCVT HDRY HWET BELADJ BELCVT
    1.   1.   1.      0    0.05    0.0    0.5  0.0  1.0  0.11 0.16  0.0    1.00
```

카드이미지 11은 수평격자, 바닥조도와 수심에 관한 변수를 지정한다. 매개변수 DX와 DY는 ISCLO가 0일 때 cell.inp과 depth.inp 파일에서 지정된 격자에 대해 일정한 간격의 직각격자 셀크기를 지정하는데 사용된다. 변환계수 DXYCVT는 dxdy.inp 속의 DX와 DY의 단위를 내부에서 요구하는 미터단위로 변환하는데 사용될 수 있다. 매개변수 ZBRADJ와 ZBRCVT는 dxdy.inp나 depth.inp 파일에 지정된 바닥조도, z_0를 조정하고 변환하는데 사용된다. 그 변환식은 다음식과 같다.

$$ZBR = ZBRADJ + ZBRCVT * ZBR$$

Card Image 11A

```
C11A TWO-LAYER MOMENTUM FLUX AND CURVATURE ACCELERATION CORRECTION FACTORS
C
  ICK2COR: 0 NO CORRECTION
  ICK2COR: 1 CORRECTION USING CK2UUC,CK2VVC,CK2UVC FOR CURVATURE
  ICK2COR: 2 CORRECTION USING CK2FCX,CK2FCY FOR CURVATURE
  CK2UUM:    CORRECTION FOR UU MOMENTUM FLUX
  CK2VVM:    CORRECTION FOR UU MOMENTUM FLUX
  CK2UVM:    CORRECTION FOR UU MOMENTUM FLUX
  CK2UUC:    CORRECTION FOR UU CURVATURE ACCELERATION (NOT ACTIVE)
  CK2VVC:    CORRECTION FOR VV CURVATURE ACCELERATION (NOT ACTIVE)
  CK2UVC:    CORRECTION FOR UV CURVATURE ACCELERATION (NOT ACTIVE)
  CK2FCX:    CORRECTION FOR X EQUATION CURVATURE ACCELERATION
  CK2FCY:    CORRECTION FOR Y EQUATION CURVATURE ACCELERATION
C
C11A ICK2COR CK2UUM CK2VVM CK2UVM CK2UUC CK2VVC CK2UVC CK2FCX CK2FCY
       0       0      0      0      0      0      0      0      0
```

매개변수 HMIN은 입력수심을 우선하는 최소 수심을 지정하는데 사용된다. 매개변수 HADJ, HCVRT, BEADJ, BECVRT는 바닥조도와 같은 형식으로 초기 수심과 입력 바닥고를 조정하고 변환하는데 쓰인다. 매개변수 HWET가 셀이 습윤되는 수심을 지정하는 반면, HDRY는 셀이 건조되는 수심을 지정한다.

Card Image 11B

```
C11B CORNER CELL BED STRESS CORRECTION
C
   ISCORTBC: 1 TO CORRECT BED STRESS AVERAGING TO CELL CENTERS IN
               CORNERS
             2 TO USE SPATIALLY VARYING CORRECTION FOR CELLS IN
               CORNERC.INP
  ISCORTBCD: 1 WRITE DIAGNOSTICS EVERY NSPTC TIME STEPS
   FSCORTBC:    CORRECTION FACTOR, 0.0 LE FSCORTBC LE 1.0
               1.0 = NO CORRECTION, 0.0 = MAXIMUM CORRECTION, 0.5
               SUGGESTED
C
C11B   ISCORTBC   ISCORTBCD   FSCORTBC
          1           0         0.414
```

Card Image 12

```
C12 TURBULENT DIFFUSION PARAMETERS
C
  AHO:      CONSTANT HORIZONTAL MOMENTUM AND MASS DIFFUSIVITY M*M/S
  AHD:      DIMESIONLESS HORIZONTAL MOMENTUM DIFFUSIVITY
  AVO:      BACKGROUND, CONSTANT OR MOLECULAR KINEMATIC VISCOSITY M*M/S
  ABO:      BACKGROUND, CONSTANT OR MOLECULAR DIFFUSIVITY M*M/S
  AVMN:     MINIMUM KINEMATIC EDDY VISCOSITY M*M/S
  ABMN:     MINIMUM EDDY DIFFUSIVITY M*M/S
  VISMUD:   CONSTANT FLUID MUD VISCOCITY M*M/S
  AVBCON:   EQUALS ZERO FOR CONSTANT VERTICAL VISCOSITY AND DIFFUSIVITY
           WHICH ARE SET EQUAL TO AVO AND ABO OTHERWISE SET TO 1.0
  ZBRWALL: SIDE WALL LOG LAW ROUGHNESS HEIGHT. USED WHEN HORIZNTAL
           MONENTUM DIFFUSION IS ACTIVE AND AHO OR AHD ARE NONZERO.
 C              1.E-6 1.E-9   1.E-6   1.E-9
C12  AHO   AHD   AVO    ABO    AVMN   ABMN   VISMUD  AVBCON  ZBRWALL
     90.0  0.0   1.E-6  1.E-8  1.E-6  1.E-8  1.E-6   1.      0.
```

카드이미지 12는 수평과 수직 모멘트와 질량 확산에 관한 정보를 제공한다. 공간적으로 일정한 수평 확산계수는 상수 AHO로 지정된다. 가변 수평 확산계수는 Smagorinsky 종속격자의 수평 확산 식에서 무차원상수인 0이 아닌 AHD을 지정하여 그것을 상수 AHO에 더한 것이 될 수 있다(Smagorinsky, 1963). 분자의 동점성과 확산은 각각 AVO와 ABO에 의해 지정된다. AVBCON이 0으로 설정될 때, 난류 모델은 비활성화 되고, 수직 점성과 확산은 각각 AVO와 ABO로 설정된다. 이 옵션을 사용하고 곧바로 난류 흐름을 나타내는 AVO와 ABO를 보다 크게 설정하면, 이것은 모델계산 결과를 수직 흐름 구조에 대한 일정한 점성과 확산의 해석해와 비교할 수 있도록 해준다. 매개변수 ISFAVB가 1로 설정되면, 이것은 다음식을 가지고 수직 난류점성과 확산에 대해 제곱근 스무더(smoother)가 활성화된다.

$$AVO(n+1) = \sqrt{(AVO(n+1)} * AVO(n))$$

여기서 n은 시간간격을 나타낸다. 이 스무더는 강한 표층 풍하중을 갖는 흐름에 대해 특히 유용하다.

Card Image 12A

```
C12A TURBULENCE CLOSURE OPTIONS
C
   ISSTAB: 0 FOR GALPERIN ET AL STABILITY FUNCTIONS IN CALAVBOLD
           1 FOR GALPERIN ET AL STABILITY FUNCTIONS
           2 FOR KANTHA AND CLAYSON (1994) STABILITY FUNCTIONS
           3 FOR KANTAH (2003) STABILITY FUNCTIONS
             NOTE OPTIONS SELECTED HERE OVER RIDE ISTOPT(0) ON C6
   ISSQL:  0 SETS QQ AND QQL STABILITY FUNCTIONS PROPORTIONAL TO
             MOMENTUM STABILITY FUNCTIONS (EXCEPT FOR ISSTAB=3)
           1 SETS QQ AND QQL STABILITY FUNCTIONS TO CONSTANTS
             (FOR ISSTAB = 0,1,2) THIS OPTION NOT ACTIVE
   ISAVBMN:  SET TO 1 TO ACTIVATE MIN VIS AND DIFF OF AVMN AND ABMN
   ISFAVB:   SET TO 1 OR 2 TO AVG OR SQRT FILTER AVV AND AVB
   ISINWV:   SET TO 1 TO ACTIVATE INTERNAL WAVE PARAMETERIZATION
   ISLLIM: 0 FOR NO LENGTH SCALE AND RIQMAX LIMITATIONS
           1 LIMIT RIQMAX IN STABILITY FUNCTION ONLY
           2 DIRECTLY LIMIT LENGTH SCALE AND LIMIT RIQMAX IN STABILITY FUNCTION
   IFPROX: 0 FOR NO WALL PROXIMITY FUNCTION
           1 FOR PARABOLIC OVER DEPTH WALL PROXIMITY FUNCTION
           2 FOR OPEN CHANNEL WALL PROXIMITY FUNCTION
   ISVTURB:  SET TO 1 TO INCLUDE VEGETATION GENERATED TURBULENCE PRODUCTION
             EFDC User Manual US EPA Version 1.01
   VTURBEFF: EFFICIENCY FACTOR FOR VEGETATION TURBULENCE PRODUCTION (0,1)
C
C12A  ISSTAB ISSQL ISAVBMN ISFAVB  ISINWV ISLLIM  IFPROX  ISVTURB VTURBEFF
        1      0     0       2       0      1       2       0       0.0
```

Card Image 13

```
C13 TURBULENCE CLOSURE PARAMETERS
C
  VKC:     VON KARMAN CONSTANT
  CTURB1:  TURBULENT CONSTANT (UNIVERSAL)
  CTURB2:  TURBULENT CONSTANT (UNIVERSAL)
  CTE1:    TURBULENT CONSTANT (UNIVERSAL)
  CTE2:    TURBULENT CONSTANT (UNIVERSAL)
  CTE3:    TURBULENT CONSTANT (UNIVERSAL)
  QQMIN:   MINIMUM TURBULENT INTENSITY SQUARED
  QQLMIN:  MINIMUM TURBULENT INTENSITY SQUARED TIME MACRO-SCALE
  DMLMIN:  MINIMUM DIMENSIONLESS MACRO-SCALE
C
C13  VKC   CTURB1  CTURB2  CTE1  CTE2  CTE3  QQMIN  QQLMIN  DMLMIN
     0.4   16.6    10.1    1.8   1.33  0.53  1.E-8  1.E-12  1.E-4
```

이 카드의 난류 폐쇄 모델의 매개변수들은 경험적인 값으로 모델 개발자의 조언 없이 임의로 수정해서는 안 된다. 따라서 가급적 현 수치를 보존하길 권장한다.

Card Image 14

```
C14 TIDAL & ATMOSPHERIC FORCING, GROUND WATER AND SUBGRID CHANNEL
PARAMETERS
C
C MTIDE:    NUMBER OF PERIOD (TIDAL) FORCING CONSTITUENTS
C NWSER:    NUMBER OF WIND TIME SERIES (0 SETS WIND TO ZERO)
C NASER:    NUMBER OF ATMOSPHERIC CONDITION TIME SERIES (0 SETS ALL ZERO)
C ISGWI:    1 TO ACTIVATE SOIL MOISTURE BALANCE WITH DRYING AND WETTING
C ISCHAN:   1 ACTIVATE SUBGRID CHANNEL MODEL AND READ MODCHAN.INP
C ISWAVE    1 FOR WAVE CURRENT BOUNDARY LAYER REQUIRES FILE wave.inp
C           2 FOR WCBL AND WAVE INDUCED CURRENTS REQUIRES FILE wave.inp
C  ITIDASM: 1 FOR TIDAL ELEVATION ASSIMILATION(NOT ACTIVE)
C  ISPERC:  1 TO PERCOLATE OR ELIMINATE EXCESS WATER IN DRY CELLS
C  ISBODYF: TO INCLUDE EXTERNAL MODE BODY FORCES FROM FBODY.INP
C           1 FOR UNIFORM OVER DEPTH, 2 FOR SURFACE LAYER ONLY
C  ISPNHYDS:1 FOR QUASI-NON-HYDROSTATIC OPTION
C
C14 MTIDE  NWSER  NASER  ISGWI  ISCHAN  ISWAVE  ITIDASM  ISPERC  ISBODYF  ISPNHYDS
     0       0      0      0      0       0        0        0       0         0
```

카드이미지 14는 예측모델의 개방경계에 주기적 수위 부하(surface elevation forcing) 및 바람 및 기상 시계열 부하를 지정하기 위한 제어 변수값을 지정한다. MTIDE는 분조의 수, NWSER은 풍하중 시계열의 수(wser.inp), NASER은 기상 시계열의 수(aser.inp)를 지정한다. 그라고 메개변수 ISGWI, ISCHAN 및 ISWAVE는 각각 토양습윤모형, 수로종속모형(modchan,inp),파랑-조류 경계층 모델과 파랑류 모델(wave.inp)를 활성화 시킨다.

Card Image 15

```
C15 PERIODIC FORCING (TIDAL) CONSTITUENT SYMBOLS AND PERIODS
C
C SYMBOL: FORCING SYMBOL (CHARACTER VARIABLE) FOR TIDES, THE NOS SYMBOL
C PERIOD: FORCING PERIOD IN SECONDS
C
C15 SYMBOL        PERIOD
       'M2'    44714.1643936
       'S2'    43200.00
       'N2'    45570.05
       'K1'    86164.09
       'M4'    22357.08
       'O1'    92949.63
       'M6'    14904.72
       'MSf'   1275721.39
       'Mm'    2380713.14
```

카드이미지 15는 MTIDE 분조들에 대해 사용자 지정 부호들이나 표준 NOAA 분조 기호들을 지정한다.

Card Image 16

```
C16 SURFACE ELEVATION OR PRESSURE BOUNDARY CONDITION PARAMETERS
C
C NPBS:    NUMBER OF SURFACE ELEVATION OR PRESSURE BOUNDARY CONDITIONS
C          CELLS ON SOUTH OPEN BOUNDARIES
C NPBW:    NUMBER OF SURFACE ELEVATION OR PRESSURE BOUNDARY CONDITIONS
C          CELLS ON WEST OPEN BOUNDARIES
C NPBE:    NUMBER OF SURFACE ELEVATION OR PRESSURE BOUNDARY CONDITIONS
C          CELLS ON EAST OPEN BOUNDARIES
C NPBN:    NUMBER OF SURFACE ELEVATION OR PRESSURE BOUNDARY CONDITIONS
C          CELLS ON NORTH OPEN BOUNDARIES
C NPFORT: NUMBER OF HARMONIC FORCINGS
C NPSER:  NUMBER OF TIME SERIES FORCINGS
C PDGINIT: ADD THIS CONSTANT ADJUSTMENT GLOBALLY TO THE SURFACE ELEVATION
C
C16  NPBS   NPBW   NPBE   NPBN   NPFORT   NPSER   PDGINIT
      0      0      20     0      1        0       0.0
```

이 카드이미지는 개방경계 부하에 사용되는 주기함수의 수, 시계열 수위 수와 초기 수면 조정고는 물론, 계산격자 속의 남쪽, 서쪽, 동쪽, 북쪽 개방경계의 셀수를 지정한다. 만약 NPSER이 0보다 크면, NPSER 시계열 수위는 pser.inp 파일로 부터 읽어 들여진다. 일반적으로 조정계수는 모델 개발자의 상담 없이 사용할 수 없다. 주기적 y 계산방향의 영역 설정을 하기 위해 짝지어진 남과 북의 경계셀들은 NPBS와 NPBN수속에 포함되지 않는다는 점에 주의하라.[1)]

Card Image 17

```
C17 PERIODIC FORCING (TIDAL) SURF ELEV OR PRESSURE BOUNDARY COND.FORCINGS
    NPFOR: FORCING NUMBER
    SYMBOL: FORCING SYMBOL (FOR REFERENCE HERE ONLY)
    AMPLITUDE: AMPLITUDE IN M (PRESSURE DIVIDED BY RHO*G), NPFORT=0
               COSINE AMPLITUDE IN M, NPFORT.GE.1
    PHASE:      FORCING PHASE RELATIVE TO TBEGIN IN SECONDS, NPFORT=0
               SINE AMPLITUDE IN M, NPFORT.GE.1
    NOTE:       FOR NPFORT=0 SINGLE AMPLITUDE AND PHASE ARE READ,
               FOR NPFORT=1CONST AND LINEAR COS AND SIN AMPS ARE
               READ FOR EACH FORCING, FORNPFORT=2, CONST, LINEAR,
               QUAD COS AND SIN AMPS ARE READ FOR EACHFOR EACH FORCING
C
C17 NPFOR  SYMBOL   AMPLITUDE     PHASE
```

1) 동서남북 경계에서 북쪽과 남쪽 경계의 동서쪽 경계 모서리는 남과 북의 경계에 포함된다.

```
1        'M2'   0.34200E+00   0.10855E+05
1        'S2'   0.63000E-01  -0.13959E+05
1        'N2'   0.76000E-01  -0.11331E+05
1        'K1'   0.44000E-01   0.21641E+05
1        'M4'   0.0           0.0
1        'O1'   0.35798E-01  -0.23892E+04
1        'M6'   0.0           0.0
2        'M2'   0.0           0.0
2        'S2'   0.0           0.0
2        'N2'   0.0           0.0
2        'K1'   0.0           0.0
2        'M4'   0.0           0.0
2        'O1'   0.0           0.0
2        'M6'   0.0           0.0
```

카드이미지 17은 첫 열에 사용자 참고를 위한 부하 번호를 설정하고, 가각 MTIDE 분조를 갖고 있는 NPFOR개의 부하함수를 지정한다. 각 부하분조는 카드이미지 15에 정의된 순서에 의해 지정된다. 이 위상각은 초 단위로 다음 식에 맞게 정해진다.

$$\zeta_{tot} = \sum_{n=1}^{N} \zeta_n \cos\left[\frac{2\pi}{T_n}(t-\tau_n)\right] + \zeta_{ser}(t) \tag{4}$$

여기서 ζ 와 τ는 진폭과 위상각이고 ζ_{ser}는 부가적 시계열 특정 수위이다. 그 위상각의 시작시간은 수치모의의 시작시간과 일치해야 한다. 예를 들면, 카드이미지 8의 TBEGIN은 주어진 해의 1월 1일 0시를 기준으로 하는 율리우스(Julian) 시간이다. 이 경우, 같은 해의 1월 1일 0시를 기점으로 하는 위상각이어야 한다. 현장 관측기록을 분석하기 위한 최소자승 조화분해 프로그램 lsqhs.f은 저자로부터 얻어 이용할 수 있다. 널(null) 부하 함수는 오직 나가는 파만을 갖는 개방경계에서 사용되고, 다음에 논의될 것이다.

Card Image 18

```
C18 PERIODIC FORCING (TIDAL) SURF ELEV OR PRESSURE ON SOUTH OPEN BOUNDARIES
C
C IPBS:    I CELL INDEX OF BOUNDARY CELL
C JPBS:    J CELL INDEX OF BOUNDARY CELL
C ISPBS:   1 FOR RADIATION-SEPARATION CONDITION
C          0 FOR ELEVATION SPECIFIED
C NPFORS:  APPLY HARMONIC FORCING NUMBER NPFORS
C NPSERS:  APPLY TIME SERIES FORCING NUMBER NPSERS
C TPCOORDS:TANGENTIAL COORDINATE ALONG BOUNDARY(NPFORT.GE.1)
C
C18 IPBS JPBS ISPBS NPFORS NPSERS TPCOORDS
```

카드이미지 21에서 논의된다.

Card Image 19

```
C19 PERIODIC FORCING (TIDAL) SURF ELEV OR PRESSURE ON WEST OPEN BOUNDARIES
C
C IPBW:      SEE CARD 18
C JPBW:
C ISPBW:
C NPFORW:
C NPSERW:
C TPCOORDW:
C
C19 IPBW JPBW ISPBW NPFORW NPSERW  TPCOORDW
```

카드이미지 21에서 논의된다.

Card Image 20

```
C20 PERIODIC FORCING (TIDAL) SURF ELEV OR PRESSURE ON EAST OPEN BOUNDARIES
C
C IPBE:    SEE CARD 18
C JPBE:
C ISPBE:
C NPFORE:
C NPSERE:
C TPCOORDE:
C
C20 IPBE JPBE ISPBE NPFORE NPSERE  TPCOORDE
    30   3   0    1    0
    30   4   0    1    0
    30   5   0    1    0
    30   6   0    1    0
    30   7   0    1    0
    30   8   0    1    0
    30   9   0    1    0
    30  10   0    1    0
    30  11   0    1    0
    30  12   0    1    0
    30  13   0    1    0
    30  14   0    1    0
    30  15   0    1    0
    30  16   0    1    0
    30  17   0    1    0
    30  18   0    1    0
    30  19   0    1    0
    30  20   0    1    0
    30  21   0    1    0
    30  22   0    1    0
```

카드이미지 21에서 논의된다.

Card Image 21

```
C21 PERIODIC FORCING (TIDAL) SURF ELEV OR PRESSURE ON NORTH OPEN BOUNDARIES
C
C IPBN:      SEE CARD 18
C JPBN:
C ISPBN:
C NPFORN:
C NPSERN:
C TPCOORDN:
C
C21 IPBN JPBN ISPBN NPFORN NPSERN TPCOORDN
```

Card Image 21A

```
C21A WATER SURFACE ELEVATION AND VELOCITY DATA ASSIMILATION
C
  ISWSEDA: 1 FOR WATER SURFACE ELEVATION DATA ASSIMILATION
  NLWSEDA: NUMBER OF LOCATIONS FOR WATER SURFACE ELEVATION ASSIMILATION
  ISUVDA:  1 FOR BAROTROPIC VELOCITY DATA ASSIMILATION
           2 FOR LAYERED VELOCITY DATA ASSIMILATION
  NLUVDA:  NUMBER OF LOCATIONS FOR VELOCITY DATA ASSIMILATION
  NUVSER:  NUMBER OF HORIZONTAL VELOCITY VECTOR TIME SERIES
C
C21A   ISWSEDA   NLWSEDA   ISUVDA   NLUVDA   NUVSER
       0         0         0        0        0
```

Card Image 21B

```
C21B WATER SURFACE ELEVATION DATA ASSIMILATION (NO DATA WHEN ISWESDA=0)
C
IWSEDA:     I CELL INDEX FOR WATER SURFACE ELEVATION DATA ASSIMILATION
JWSEDA:     J CELL INDEX FOR WATER SURFACE ELEVATION DATA ASSIMILATION
NWSESERA:   TIME SERIES ID FOR WATER SURFACE ELEVATION ASSIMILATION
TSWSEA:     WEIGHTING FACTOR, 0. -1., 1. = FULL ASSIMILATION
C
C21B ICWSEDA JCWSEDA NWSESERA TSWSEDA
```

Card Image 21C

```
C21C VELOCITY DATA ASSIMILATION (NO DATA WHEN ISUVDA=0)
C
IUVDA:    I CELL INDEX FOR VELOCITY DATA ASSIMILATION
JUVDA:    J CELL INDEX FOR VELOCITY DATA ASSIMILATION
NUVSERA: TIME SERIES ID FOR VELOCITY DATA ASSIMILATION
TSUVDA:  WEIGHTING FACTOR, 0.- 1., 1. = FULL ASSIMILATION
FSUVDA:  IMPLICITNESS FACTOR, 0 EXPLICIT, 1 IMPLICIT
IWUVDA:  0 NO ZONAL, 1 INVERSE ZONE, 2 INVERSE SQUARE ZONE
IRUVDA:  I,J ZONE RADIUS OF INFLUENCE
RRUVDA:  DX,DY ZONE RADIUS OF INFLUENCE (NONE ZERO TO USE)
C
C21C ICUVDA JCUVDA NUVSERA TSUVDA FSUVDA IWUVDA IRUVDA RRUVDA
```

카드이미지 18~21은 계산수평면의 동서남북 4방향에 대한 개방 경계조건을 지정한다. 4개의 데이터 세트들이 유사하기 때문에 그들은 공통으로 논의될 것이다. 개방경계에서 모델 운영 논의에 관한 근거를 마련하기 위해서, EFDC 모델 개방경계 조건의 처리법을 일괄 요약하는 것이 유용하다. EFDC 모델은 동수역학적 2가지 유형의 개방 경계조건을 제공한다. 첫 번째 유형은 분조의 조합과 시계열을 사용하는 표준 조위 지정하는 것이다. 두 번째 유형은 개방경계에서 유입파(incoming wave)가 유출파(outgoing wave)와 분리된다는 점에서 방사-분리 경계조건이라 불린다(Bennett와 McIntosh, 1982). 유출파에 대해, 그 조건식은 전파 위상속도 $\sqrt{gh}$ 로 나타낸다. 여기서 h는 개방경계에 연한 평균수심이거나 산란되지 않은 평형수심이다. 유입파에 대해, 유입파 특성치(characteristic)의 1/2이 지정된다. 예를 들어, 음(-) x방향의 서쪽 모델영역과 양(+) x방향의 동쪽 비모델 지역을 갖는 동쪽 개방경계를 생각해보자. 선형 1차 천해 방정식의 유입 특성치는 다음 식과 같다(Bennett, 1976).

$$\zeta - \frac{h\overline{u}}{\sqrt{gh}} \tag{5}$$

여기서 ζ는 자유 수면변위, h는 평균수심, u는 x방향 유속성분이다. 그리고 윗줄이 있는 $\overline{u}$는 수심평균 유속이나 외부모드 유속을 나타낸다. 동쪽 경계에서 들어와 음(-)의 x방향으로 전파하는 순 진행파의 식은 다음과 같다.

$$\zeta = \zeta_0 \cos\left[\omega\left(\frac{x}{\sqrt{gh}} + t\right)\right] \tag{6}$$

$$\frac{h\overline{u}}{\sqrt{gh}} = -\zeta_0 \cos\left[\omega\left(\frac{x}{\sqrt{gh}} + t\right)\right] \tag{7}$$

식(6)과 식(7)을 식(5)에 넣으면,

$$\zeta - \frac{h\overline{u}}{\sqrt{gh}} = 2\zeta_0 \cos\left[\omega\left(\frac{x}{\sqrt{gh}} + t\right)\right] = 2\zeta \tag{8}$$

따라서 순 진행파의 특성치의 1/2은 파의 수면변위이다.

개방경계 셀들은 cell.inp 파일 안에서 셀 유형 5로 정의되지만, 연속방정식이 개방경계 셀에서 풀이되지 않는 점 때문에 외부에서 계산되는 것으로 가정된다. 접선속도(남쪽이나 북쪽의 개방경계 셀의 속도성분 u나 x와 동쪽이나 서쪽의 개방경계 셀의 속도성분 v나 y)는 개방경계 셀에서 역시 현재 계산되지 않는다. 서쪽 셀 면의 u와 남쪽 셀 면의 v의 배치 규정에 의해, u는 동쪽 개방경계 셀로 계산되고 v는 북쪽 개방경계 셀로 계산된다. 각 카드이미지의 처음 두 매개변수는 개방경계 셀의 인덱스 I와 J가 지정된다. I, J인덱스 배열은 연속적으로 나열할 필요는 없다.

왜냐하면 모델 영역은 네 방향의 직각 면에서 다수 개구를 가지고 있기 때문이다. ISPBS (ISPBW, ISPBE, ISPBN) 스위치는 개방경계 셀 조위를 직접 지정할 때 0으로 설정되고, 방사-분리 경계조건 수행할 때 1로 설정된다.

ISPBS가 0으로 설정되면, 개방경계 조위는 주기적인 함수의 합(NPFORS,W,E,N)과 시계열조위(NPSERS,W,E,N)로 지정된다. 여기서 NPSER_는 pser.inp 파일 안에 있는 NPSER 조위시계열 중 하나를 의미한다. 방사-분리 경계조건은 주기적인 시계열 부하의 합으로 규정되는 조위의 2배로 가상 연직 입사파의 선형 특성치를 지정한다. 디폴트로, 유출 특성치는 모델 내부에서 발생되는 파가 반사 없이 경계 밖으로 나가도록 허용하면서 정하지 않은 채 남겨둔다. 연직 입사파 기준이 다소 이상화되어 있으므로, 방사-분리 경계조건을 사용할 때 주의를 해야 한다. 보다 정교한 방사-분리 개방 경계조건(0 접선속도 부과와 연직 입사파 기준의 완화)은 현재 개발 중이다.

Card Image 22

```
C22 SPECIFY NUM OF SEDIMENT AMD TOXICS AND NUM OF CONCENTRATION TIME SERIES
C
C NTOX:    NUMBER OF TOXIC CONTAMINANTS (DEFAULT = 1)
C NSED:    NUMBER OF COHESIVE SEDIMENT SIZE CLASSES (DEFAULT = 1)
C NSND:    NUMBER OF NON-COHESIVE SEDIMENT SIZE CLASSES (DEFAULT = 1)
C NSSER:   NUMBER OF SALINITY TIME SERIES
C NTSER:   NUMBER OF TEMPERATURE TIME SERIES
C NDSER:   NUMBER OF DYE CONCENTRATION TIME SERIES
C NSFSER:  NUMBER OF SHELLFISH LARVAE CONCENTRATION TIME SERIES
C NTXSER:  NUMBER OF TOXIC CONTAMINANT CONCENTRATION TIME SERIES
C           EACH TIME SERIES MUST HAVE DATA FOR NTOX TOXICICANTS
C NSDSER:  NUMBER OF COHESIVE SEDIMENT CONCENTRATION TIME SERIES
C           EACH TIME SERIES MUST HAVE DATA FOR NSED COHESIVE SEDIMENTS
C NSNSER:  NUMBER OF NON-COHESIVE SEDIMENT CONCENTRATION TIME SERIES
C           EACH TIME SERIES MUST HAVE DATA FOR NSND NON-COHESIVE SEDIMENTS
C ISDBAL:  SET TO 1 FOR SEDIMENT MASS BALANCE
C
C22 NTOX NSED NSND NSSER NTSER NDSER NSFSER NTXSER NSDSER NSNSER ISSBAL
      1    1    1     0     0     0      0      0      0      0      0
```

카드이미지 23은 체적의 소스(source)와 싱크(sink)에 대한 기본적인 정보를 지정한다. 이 카드의 처음 4개 매개변수들은 현재 작동되지 않는다. EFDC모델에서 체적 싱크와 소스는 세 종류로 분류된다. 첫 번째 종류는 NQSIJ 수평격자 위치에 일정(constant)하거나 시간에 의해 변하는(time varying) 체적 싱크와 소스이다. 두 번째 종류는 NQCTL개의 싱크와 소스 쌍(pairs)으로 발생하는 수리구조물에 의해 제어되는 압력이나 수위이다.

Card Image 23

```
C23 VELOCITY, VOLUME SOURCE/SINK, FLOW CONTROL, WITHDRAWAL/RETURN DATA
C
C NVBS:  NUMBER OF VELOCITY BC'S ON SOUTH OPEN BOUNDARIES
C NUBW:  NUMBER OF VELOCITY BC'S ON WEST OPEN BOUNDARIES
C NUBE:  NUMBER OF VELOCITY BC'S ON EAST OPEN BOUNDARIES
C NVBN:  NUMBER OF VELOCITY BC'S ON NORTH OPEN BOUNDARIES
C NQSIJ: NUMBER OF CONSTANT AND/OR TIME SERIES SPECIFIED SOURCE/SINK
C        LOCATIONS (RIVER INFLOWS, ETC)
C NQJPIJ:NUMBER OF CONSTANT AND/OR TIME SERIES SPECIFIED SOURCE
C        LOCATIONS TREATED AS JETS/PLUMES
C NQSER: NUMBER OF VOLUME SOURCE/SINK TIME SERIES
C NQCTL: NUMBER OF PRESSURE CONTROLLED WITHDRAWAL/RETURN PAIRS
C NQCTLT:NUMBER OF PRESSURE CONTROLLED WITHDRAWAL/RETURN TABLES
C NQWR:  NUMBER OF CONSTANT OR TIME SERIES SPECIFIED WITHDRAWL/RETURN
C        PAIRS
C NQWRSR:NUMBER OF TIME SERIES SPECIFYING WITHDRAWAL, RETURN AND
C        CONCENTRATION RISE SERIES
C ISDIQ: SET TO 1 TO WRITE DIAGNOSTIC FILE, diaq.out
C
C23 NVBS  NUBW  NUBE  NVBN  NQSIJ  NQJPIJ  NQSER  NQCTL  NQCTLT  NQWR  NQWRSR  ISDIQ
     0     0     0     0      0       0      0      0       0     0       0      0
```

세 번째 종류는 일정하거나 시간에 의해 변하는 NQWR개의 싱크와 소스가 쌍으로 발생하는 배출(withdrawal) - 반환(return)유량이다. NQSIJ와 NQWR과 관련된 싱크와 소스는 qser.inp 파일에서 지정된 일정한 유량이거나 그 파일로부터 읽혀진 NQSER 시계열 중 하나로 지정된 시간에 의해 변하는 유량이 될 수 있다. 양(+)의 NQSIJ 소스에 관해서, 여러 가지 이송 스칼라 성분의 유입농도는 유량과 관련될 수 있다. 음(-)의 NQSIJ에 싱크에 관해, 수송 스칼라 성분의 질량손실이 고려된다. 배출-반환(싱크- 소스)의 유형은 배출과 반환 셀 사이 일정하거나 시간에 의해 변하는 농도증가를 제공한다. NQWR 옵션은 발전소와 산업의 냉각시스템을 위해 설계되어 있다(주: 발전소 냉각 시스템에서 배출유량=냉급수량, 반환유량=온배수량에 해당). 마지막 스위치 ISDIQ는 채용된 체적 소스와 싱크의 진단결과를 diaq.out 파일에 쓰도록 하는데 사용된다. 이 파일은 매우 커질 수 있기 때문에, 이 옵션은 오직 디버깅(debugging)만을 위해 사용되도록 추천한다. 일반적으로 이것이 활성화될 때, 사용자는 아주 적은 시간간격들 동안 그 작업을 실행시킨 후에 수동으로 정지 시켜야 한다.

Card Image 24

```
C24 VOLUMETRIC SOURCE/SINK LOCATIONS, MAGNITUDES, AND CONCENTRATION SERIES
C
C IQS:      I CELL INDEX OF VOLUME SOURCE/SINK
C JQS:      J CELL INDEX OF VOLUME SOURCE/SINK
C QSSE:     CONSTANT INFLOW/OUTFLOW RATE IN M*M*M/S
C NQSMUL:   MULTIPLIER SWITCH FOR CONSTANT AND TIME SERIES VOL S/S
C           = 0 MULT BY 1. FOR NORMAL IN/OUTFLOW (L*L*L/T)
C           = 1 MULT BY DY FOR LATERAL IN/OUTFLOW (L*L/T) ON U FACE
C           = 2 MULT BY DX FOR LATERAL IN/OUTFLOW (L*L/T) ON V FACE
C           = 3 MULT BY DX+DY FOR LATERAL IN/OUTFLOW (L*L/T) ON U&V FACES
C NQSMFF:   IF NON ZERO ACCOUNT FOR VOL S/S MOMENTUM FLUX
C           = 1 MOMENTUM FLUX ON NEG U FACE
C           = 2 MOMENTUM FLUX ON NEG V FACE
C           = 3 MOMENTUM FLUX ON POS U FACE
C           = 4 MOMENTUM FLUX ON POS V FACE
C NQSERQ:   ID NUMBER OF ASSOCIATED VOLUMN FLOW TIME SERIES
C NSSERQ:   ID NUMBER OF ASSOCIATED SALINITY TIME SERIES
C NTSERQ:   ID NUMBER OF ASSOCIATED TEMPERATURE TIME SERIES
C NDSERQ:   ID NUMBER OF ASSOCIATED DYE CONC TIME SERIES
C NSFSERQ:  ID NUMBER OF ASSOCIATED SHELL FISH LARVAE RELEASE TIME SERIES
C NTXSERQ:  ID NUMBER OF ASSOCIATED TOXIC CONTAMINANT CONC TIME SERIES
C NSDSERQ:  ID NUMBER OF ASSOCIATED COHEASIVE SEDIMENT CONC TIME SERIES
C NSNSERQ:  ID NUMBER OF ASSOCIATED NONCOHEASIVE SED CONC TIME SERIES
C QSFACTOR: FACTOR FOR FLOW SERIES
C
C24 IQS JQS QSSE NQSMUL NQSMFF NQSERQ NS- NT- ND- NSF- NTX- NSD- NSN- QSFACTOR
```

카드이미지 24는 위치를 지정하는 처음 두 변수 I 및 J와 함께 NQSIJ 곳의 체적 싱크-소스 유량에 대한 정보를 제공한다. 세 번째 매개변수, QSSE는 m^3/sec 또는 m^3/sec/m 단위로 시간에 따라 일정한 유량(영역 밖으로 흐르거나 싱크가 발생할 때는 (-) 값을 취한다)을 지정하는데 사용된다. 조정계수 NQMUL는 단위길이 당 체적유량이 참체적유량으로 변환되는 방식을 정한다. 제어변수 NQSMFF는 체적 싱크나 소스가 관련 운동량 플럭스(momentum flux)을 갖는가와 운동량 플럭스가 어느 소스 셀 면에 할당되는가를 나타낸다. 시간에 의해 변하는 유량은 매개변수 NQSERQ 밑에 시계열유량 ID 번호(NQSER 이하)를 기입함으로써 정해진다. 남아 있는 5개의 변수 열들은 오직 시계열 유량과 관련 있는 스칼라 성분 시계열 농도를 지정하도록 한다. 일정한 QSSE 유량과 관련된 일정한 농도는 다음 카드이미지 25에서 규정된다. 일정한 소스와 싱크 유량은 연직층에 걸쳐서 균일하게 배정되는 반면, 시계열 소스와 싱크 유량은 연직층에 걸쳐서 임의로 배정될 수 있다.

Card Image 25

```
C25 TIME CONSTANT INFLOW CONCENTRATIONS FOR TIME CONSTANT VOLUMETRIC SOURCES
C
C SAL:     SALT CONCENTRATION CORRESPONDING TO INFLOW ABOVE
C TEM:     TEMPERATURE CORRESPONDING TO INFLOW ABOVE
C DYE:     DYE CONCENTRATION CORRESPONDING TO INFLOW ABOVE
C SFL:     SHELL FISH LARVAE CONCENTRATION CORRESPONDING TO INFLOW ABOVE
C TOX:     NTOX TOXIC CONTAMINANT CONCENTRATIONS CORRESPONDING TO
C          INFLOW ABOVE WRITTEN AS TOXC(N), N=1,NTOX A SINGLE DEFAULT
C          VALUE IS REQUIRED EVEN IF TOXIC TRANSPORT IS NOT ACTIVE
C
C25  SAL  TEM  DYE  SFL  TOX1-20
```

시간에 따라 일정한 유입농도(염분, 온도, 염료, 갑각류 ,독성)를 체적 소스로 지정할 때 여기 카드이미지 25에서 지정한다.

Card Image 26

```
C26 TIME CONSTANT INFLOW CONCENTRATIONS FOR TIME CONSTANT VOLUMETRIC SOURCES
C
C SED:     NSED COHESIVE SEDIMENT CONCENTRATIONS CORRESPONDING TO
C          INFLOW ABOVE WRITTEN AS SEDC(N), N=1,NSED. I.E., THE FIRST
C          NSED VALUES ARE COHESIVE A SINGLE DEFAULT VALUE IS REQUIRED
C          EVEN IF COHESIVE SEDIMENT TRANSPORT IS INACTIVE
C SND:     NSND NON-COHESIVE SEDIMENT CONCENTRATIONS CORRESPONDING TO
C          INFLOW ABOVE WRITTEN AS SND(N), N=1,NSND. I.E., THE LAST
C          NSND VALUES ARE NON-COHESIVE. A SINGLE DEFAULT VALUE IS
C          REQUIRED EVEN IF NON-COHESIVE SEDIMENT TRANSPORT IS INACTIVE
C
C26    SED1   SND1
```

시간에 따라 일정한 유입농도(점착성, 비점착성 유사)를 체적 소스로 지정할 때 이 카드이미지 26에서 지정한다.

Card Image 27

```
C27 JET/PLUME SOURCE LOCATIONS, GEOMETRY AND ENTRAINMENT PARAMETERS
C
C ID: ID COUNTER FOR JET/PLUME
C ICAL:   1 ACTIVE, 0 BYPASS
C IQJP:   I CELL INDEX OF JET/PLUME
C JQJP:   J CELL INDEX OF JET/PLUME
C KQJP:   K CELL INDEX OF JET/PLUME (DEFAULT, QJET=0 OR JET COMP DIVERGES)
C XJET:   LOCAL EAST JET LOCATION RELATIVE TO DISCHARGE CELL CENTER (M)
C YJET:   LOCAL NORTH JET LOCATION RELATIVE TO DISCHARGE CELL CENTER (M)
C ZJET:   ELEVATION OF DISCHARGE (M)
C PHJET:  VERTICAL JET ANGLE POSITIVE FROM HORIZONTAL (DEGREES)
C THJET:  HORIZONTAL JET ANGLE POS COUNTER CLOCKWISE FROM EAST(DEGREES)
C DJET:   DIAMETER OF DISCHARGE PORT (M)
C CFRD:   ADJUSTMENT FACTOR FOR FROUDE NUMBER
C DJPER:  ENTRAINMENT ERROR CRITERIA
C
C27 ID ICAL IQJP JQJP KQJP XJET YJET ZJET PHJET THJET DJET CFRD DJPER
```

제트/플룸(jet-plume) 유량의 소스위치가 이 카드에서 지정된다.

Card Image 28

```
C28 JET/PLUME SOLUTION CONTROL AND OUTPUT CONTROL PARAMETERS
C
C ID:     ID COUNTER FOR JET/PLUME
C NJEL:   MAXIMUM NUMBER OF ELEMENTS ALONG JET/PLUME LENGTH
C NJPMX:  MAXIMUM NUMBER OF ITERATIONS
C ISENT:  0 USE MAXIMUM OF SHEAR AND FORCED ENTRAINMENT
C         1 USE SUM OF SHEAR AND FORCED ENTRAINMENT
C ISTJP:  0 STOP AT SPECIFIED NUMBER OF ELEMENTS
C         1 STOP WHEN CENTERLINE PENETRATES BOTTOM OR SURFACE
C         2 STOP WITH BOUNDARY PENETRATES BOTTOM OR SURFACE
C NUDJP:  FREQUENCY FOR UPDATING JET/PLUME (NUMBER OF TIME STEPS)
C IOJP:   1 FOR FULL ASCII, 2 FOR COMPACT ASCII OUTPUT AT EACH UPDATE
C         3 FOR FULL AND COMPACT ASCII OUTPUT, 4 FOR BINARY OUTPUT
C IPJP:   NUMBER OF SPATIAL PRINT/SAVE POINT IN VERTICAL
C ISDJP:  1 WRITE DIAGNOSTIC TO jplog__.out
C
C28 ID NJEL NJPMX ISENT ISTJP NUDJP IOJP IPJP ISDJP
```

제트/플룸 유량에 대한 풀이제어와 출력제어가 여기서 지정된다.

Card Image 29

```
C29 JET/PLUME SOURCE PARAMETERS AND DISCHARGE/CONCENTRATION SERIES IDS
C
C ID:         ID COUNTER FOR JET/PLUME
C QQJP:       CONSTANT JET/PLUME FLOW RATE IN M*M*M/S
C NQSERJP:    ID NUMBER OF ASSOCIATED VOLUMN FLOW TIME SERIES
C NSSERJP:    ID NUMBER OF ASSOCIATED SALINITY TIME SERIES
C NTSERJP:    ID NUMBER OF ASSOCIATED TEMPERATURE TIME SERIES
C NDSERJP:    ID NUMBER OF ASSOCIATED DYE CONC TIME SERIES
C NSFSERJP:   ID NUMBER OF ASSOCIATED SHELL FISH LARVAE RELEASE TIME SERIES
C NTXSERJP:   ID NUMBER OF ASSOCIATED TOXIC CONTAMINANT CONC TIME SERIES
C NSDSERJP:   ID NUMBER OF ASSOCIATED COHESIVE SEDIMENT CONC TIME SERIES
C NSNSERJP:   ID NUMBER OF ASSOCIATED NON-COHESIVE SED CONC TIME SERIES
C
C29 ID QQJP NQSERJP NS- NT- ND- NSF- NTX- NSD- NSN-
```

제트/플룸 유량에 대한 소스와 농도가 여기서 지정된다.

Card Image 30

```
C30 TIME CONSTANT INFLOW CONCENTRATIONS FOR TIME CONSTANT JET/PLUME SOURCES
C
C SAL:   SALT CONCENTRATION CORRESPONDING TO INFLOW ABOVE
C TEM:   TEMPERATURE CORRESPONDING TO INFLOW ABOVE
C DYE:   DYE CONCENTRATION CORRESPONDING TO INFLOW ABOVE
C SFL:   SHELL FISH LARVAE CONCENTRATION CORRESPONDING TO INFLOW ABOVE
C TOX:   NTOX TOXIC CONTAMINANT CONCENTRATIONS CORRESPONDING TO
C        INFLOW ABOVE WRITTEN AS TOXC(N), N=1,NTOX A SINGLE DEFAULT
C        VALUE IS REQUIRED EVEN IF TOXIC TRANSPORT IS NOT ACTIVE
C
C30 SAL TEM DYE SFL TOX1-20
```

제트/플룸 유량에 대한 염도, 온도, 염료, 갑각류 유충, 독성의 시간에 따라 일정한 유입 농도가 여기서 지정된다.

Card Image 31

```
C31 TIME CONSTANT INFLOW CONCENTRATIONS FOR TIME CONSTANT JET/PLUME SOURCES
C
C SED:   NSED COHESIVE SEDIMENT CONCENTRATIONS CORRESPONDING TO
C        INFLOW ABOVE WRITTEN AS SEDC(N), N=1,NSED. I.E., THE FIRST
C        NSED VALUES ARE COHESIVE A SINGLE DEFAULT VALUE IS REQUIRED
C        EVEN IF COHESIVE SEDIMENT TRANSPORT IS INACTIVE
C SND:   NSND NON-COHESIVE SEDIMENT CONCENTRATIONS CORRESPONDING TO
C        INFLOW ABOVE WRITTEN AS SND(N), N=1,NSND. I.E., THE LAST
C        NSND VALUES ARE NON-COHESIVE. A SINGLE DEFAULT VALUE IS
C        REQUIRED EVEN IF NON-COHESIVE SEDIMENT TRANSPORT IS INACTIVE
C
C31 SED1 SND1 SND2 SND3
```

제트/플룸 유량에 대한 점착성과 비점착성 유사의 시간에 따라 일정한 유입 농도가 여기서 지정된다.

Card Image 32

```
C32 SURFACE ELEV OR PRESSURE DEPENDENT FLOW INFORMATION
C
C IQCTLU:  I INDEX OF UPSTREAM OR WITHDRAWAL CELL
C JQCTLU:  J INDEX OF UPSTREAM OR WITHDRAWAL CELL
C IQCTLD:  I INDEX OF DOWNSTREAM OR RETURN CELL
C JQCTLD:  J INDEX OF DOWNSTREAM OR RETURN CELL
C          NQCTYP: FLOW CONTROL TYPE
C      = 0 HYDRAULIC STRUCTURE: INSTANT FLOW DRIVEN BY ELEVATION
C          OR PRESSURE DIFFERENCE TABLE
C      = 1 ACCELERATING FLOW THROUGH TIDAL INLET
C NQCTLQ:  ID NUMBER OF CONTROL CHARACTERIZATION TABLE
C NQCMUL:  MULTIPLIER SWITCH FOR FLOWS FROM UPSTREAM CELL
C      = 0 MULT BY 1. FOR CONTROL TABLE IN (L*L*L/T)
C      = 1 MULT BY DY FOR CONTROL TABLE IN (L*L/T) ON U FACE
C      = 2 MULT BY DX FOR CONTROL TABLE IN (L*L/T) ON V FACE
C      = 3 MULT BY DX+DY FOR CONTROL TABLE IN (L*L/T) ON U&V FACES
C NQCMFU:  IF NON ZERO ACCOUNT FOR FLOW MOMENTUM FLUX IN UPSTREAM CELL
C      = 1 MOMENTUM FLUX ON NEG U FACE
C      = 2 MOMENTUM FLUX ON NEG V FACE
C      = 3 MOMENTUM FLUX ON POS U FACE
C      = 4 MOMENTUM FLUX ON POS V FACE
C NQCMFD:  IF NON ZERO ACCOUNT FOR FLOW MOMENTUM FLUX
C         IN DOWNSTREAM CELL
C      = 1 MOMENTUM FLUX ON NEG U FACE
C      = 2 MOMENTUM FLUX ON NEG V FACE
C      = 3 MOMENTUM FLUX ON POS U FACE
C      = 4 MOMENTUM FLUX ON POS V FACE
C BQCMFU:  UPSTREAM MOMENTUM FLUX WIDTH (M)
C BQCMFD:  DOWNSTREAM MOMENTUM FLUX WIDTH (M)
C
C32 IQCTLU JQCTLU IQCTLD JQCTLD NQCTYP NQCTLQ NQCMUL NQC_U NQC_D BQC_U BQC_D
```

이 카드이미지는 수리 제어 구조물을 나타내는 싱크-소스 쌍의 위치와 속성을 지정한다. 상류흐름(싱크)와 하류흐름(소스)라는 표시어가 수리제어구조물 쌍에 사용되고, 이 구조물은 오직 한 방향으로만 물이 흐른다.

양방향의 흐름을 허용하는 암거와 같은 구조물들에 대해, 두 개의 수리제어구조물로 양쪽 방향 흐름에 대해 고려할 필요가 있다. 이 카드이미지의 첫 4개의 매개변수는 상류 셀과 하류 셀의 평면위치를 정하는 I와 J의 인덱스이다. 상류 셀에서 유량이 수위에만 의존하는 수리구조물들(즉, 여수로와 위어)은 하류 셀에 0, 0이라는 인덱스를 규정함으로써 계산영역 밖으로 물을 방출할 수 있다. 매개변수 NQCTYP는 상류 셀과 하류 셀의 수위 차에 의존하는 흐름형식을 지정한다(현재 옵션 0만 작동). 매개변수 NQCTLQ는 수리구조물의 특성을 나타내는 제어표 ID 번호를 나타낸다. 제어표 들은 qctl.inp 파일 속에 입력된다.

Card Image 33

```
C33 FLOW WITHDRAWAL, HEAT OR MATERIAL ADDITION, AND RETURN DATA
C IWRU:      I INDEX OF UPSTREAM OR WITHDRAWAL CELL
C JWRU:      J INDEX OF UPSTREAM OR WITHDRAWAL CELL
C KWRU:      K INDEX OF UPSTREAM OR WITHDRAWAL LAYER
C IWRD:      I INDEX OF DOWNSTREAM OR RETURN CELL
C JWRD:      J INDEX OF DOWNSTREAM OR RETURN CELL
C KWRD:      J INDEX OF DOWNSTREAM OR RETURN LAYER
C QWRE:      CONSTANT VOLUME FLOW RATE FROM WITHDRAWAL TO RETURN
C NQWRSERQ: ID NUMBER OF ASSOCIATED VOLUMN WITHDRAWAL-RETURN FLOW AND
C           CONCENTRATION RISE TIME SERIES
C NQWRMFU:  IF NON ZERO ACCOUNT FOR WITHDRAWAL FLOW MOMENTUM FLUX
C         = 1 MOMENTUM FLUX ON NEG U FACE
C         = 2 MOMENTUM FLUX ON NEG V FACE
C         = 3 MOMENTUM FLUX ON POS U FACE
C         = 4 MOMENTUM FLUX ON POS V FACE
C NQWRMFD:  IF NON ZERO ACCOUNT FOR RETURN FLOW MOMENTUM FLUX
C         = 1 MOMENTUM FLUX ON NEG U FACE
C         = 2 MOMENTUM FLUX ON NEG V FACE
C         = 3 MOMENTUM FLUX ON POS U FACE
C         = 4 MOMENTUM FLUX ON POS V FACE
C BQWRMFU:  UPSTREAM MOMENTUM FLUX WIDTH (M)
C BQWRMFD:  UPSTREAM MOMENTUM FLUX WIDTH (M)
C                                        23.1
C33 IWRU JWRU KWRU IWRD JCWRD KWRD QWRE NQW_RQ NQWR_U NQWR_D BQWR_U BQWR_D
```

카드이미지 33은 I와 J인덱스에 의해 지정된 상류 셀과 하류 셀의 위치정보와 함께, NQWR개의 체적 소스-싱크에 대한 정보를 제공한다. 나머지 매개변수는 일정한 유량과 시간에 따라 변하는 유량의 농도증가를 지정한다. 유량과 시간에 따라 일정한 농도증가의 조합은 카드이미지 34에서 보는 것처럼 지정된다.

Card Image 34

```
C34 TIME CONSTANT WITHDRAWAL AND RETURN CONCENTRATION RISES
C
C SAL:    SALTINITY RISE
C TEM:    TEMPERATURE RISE
C DYE:    DYE CONCENTRATION RISE
C SFL:    SHELLFISH LARVAE CONCENTRATION RISE
C TOX#:   NTOX TOXIC CONTAMINANT CONCENTRATION RISES
C
C34 SALT TEMP DYEC SFLC TOX1
```

배출-반환 유량에 대한 시간에 따라 일정한 염도, 온도, 염료, 갑각류, 독성물질의 농도 증가는 여기서 지정된다.

Card Image 35

```
C35 TIME CONSTANT WITHDRAWAL AND RETURN CONCENTRATION RISES
C
C SED#: NSEDC COHESIVE SEDIMENT CONCENTRATION RISE
C SND#: NSEDN NONCOHESIVE SEDIMENT CONCENTRATION RISE
C
C35 SED1 SND1 SND2
```

배출-반환 유량에 대한 시간에 따라 일정한 점착성과 비점착성 유사의 농도증가가 여기서 지정된다.

Card Image 36

```
C36 SEDIMENT INITIALIZATION AND WATER COLUMN/BED REPRESENTATION OPTIONS
C DATA REQUIRED EVEN IF ISTRAN(6) AND ISTRAN(7) (CARD 6) ARE 0
C
C ISEDINT:   0 FOR CONSTANT INITIAL CONDITIONS
C            1 FOR SPATIALLY VARIABLE WATER COLUMN INITIAL CONDITIONS
C              FROM sedw.inp AND sndw.inp
C            2 FOR SPATIALLY VARIABLE BED INITIAL CONDITIONS
C              FROM sedb.inp AND sndb.inp
C            3 FOR SPATIALLY VARIABLE WATER COL AND BED INITIAL CONDITIONS
C ISEDBINT:  0 FOR SPATIALLY VARYING BED INITIAL CONDITIONS IN MASS/AREA
C            1 FOR SPATIALLY VARYING BED INITIAL CONDITIONS IN MASS FRACTION
C              OF TOTAL SEDIMENT MASS (REQUIRES BED LAYER THICKNESS
C              FILE bedlay.inp)
C ISEDWC:    0 COHESIVE SED WC/BED EXCHANGE BASED ON BOTTOM LAYER CONDITIONS
C            1 COHESIVE SED WC/BED EXCHANGE BASED ON WAVE/ CURRENT/ SEDIMENT
C              BOUNDARY LAYERS EMBEDDED IN BOTTOM LAYER
C ISMUD:     1 INCLUDE COHESIVE FLUID MUD VISCOUS EFFECTS USING EFDC
C              FUNCTION CSEDVIS(SEDT)
C ISNDWC:    0 NONCOH SED WC/BED EXCHANGE BASED ON BOTTOM
```

```
                 LAYER CONDITIONS
C              1 NONCOH SED WC/BED EXCHANGE BASED ON WAVE/CURRENT/SEDIMENT
C                BOUNDARY LAYERS EMBEDDED IN BOTTOM LAYER
C ISEDVW:      0 FOR CONSTANT OR SIMPLE CONCENTRATION DEPENDENT
C                COHESIVE SEDIMENT SETTLING VELOCITY
C             >1 CONCENTRATION AND/OR SHEAR/TURBULENCE DEPENDENT COHESIVE
C                SEDIMENT SETTLING VELOCITY. VALUE INDICATES OPTION TO BE USED
C                IN EFDC FUNCTION CSEDSET(SED,SHEAR,ISEDVWC)
C              1 HUANG AND METHA - LAKE OKEECHOBEE
C              2 SHRESTA AND ORLOB - FOR KRONES SAN FRANCISCO BAY DATA
C              3 ZIEGLER AND NESBIT - FRESH WATER
C ISNDVW:      0 USE CONSTANT SPECIFIED NONCHOESIVE SED SETTLING VELOCITIES
C                OR CALCULATE FOR CLASS DIAMETER IS SPECIFIED VALUE IS NEG
C             >1 FOLLOW OPTION 0 PROCEDURE BUT APPLY HINDERED SETTLING
C                CORRECTION. VALUE INDICATES OPTION TO BE USED WITH EFDC
C                FUNCTION CSNDSET(SND,SDEN,ISNDVW) VALUE OF ISNDVW INDICATES
C                EXPONENTIAL IN CORRECT (1-SDEN(NS)*SND(NS)**ISNDVW
C KB:            MAXIMUM NUMBER OF BED LAYERS (EXCLUDING ACTIVE LAYER)
C ISDTXBUG:    1 TO ACTIVATE SEDIMENT AND TOXICS DIAGNOSTICS
C 3
C36   ISEDINT   ISEDBINT   ISEDWC   ISMUD   ISNDWC   ISEDVW   ISNDVW   KB   ISDTXBUG
        0          0          0       0        0        5        0      1    1
```

Card Image 36A

```
C36a SEDIMENT INITIALIZATION AND WATER COLUMN/BED REPRESENTATION OPTIONS
C DATA REQUIRED EVEN IF ISTRAN(6) AND ISTRAN(7) = 0
C
C ISBEDSTR:  0 USE HYDRODYNAMIC MODEL STRESS FOR SEDIMENT TRANSPORT
C            1 SEPARATE GRAIN STRESS FROM TOTAL IN COHESIVE AND NON-COHESIVE
C              COMPONENTS
C            2 SEPARATE GRAIN STRESS FROM TOTAL. APPLY TO COHESIVE AND
C              NON-COHESIVE SEDIMENTS
C            3 USE INDEPENDENT LOG LAW ROUGHNESS HEIGHT FOR SEDIMENT
C              TRANSPORT. READ FROM FILE SEDROUGH.INP
C            4 SEPARATE GRAIN STRESS FROM TOTAL USING COHESIVE/NON-COHESIVE
C              WEIGHTED ROUGHNESS AND LOG LAW RESISTANCE (IMPLEMENTED
C              5/31/05)
C            5 SEPARATE GRAIN STRESS FROM TOTAL USING COHESIVE/NON-COHESIVE
C              WEIGHTED ROUGHNESS AND POWER LAW RESISTANCE (IMPLEMENTED
C              5/31/05)
C ISBSDIAM:  0 USE D50 DIAMETER FOR NON-COHESIVE ROUGHNESS
C            1 USE 2*D50 FOR NON-COHESIVE ROUGHNESS
C            2 USE D90 FOR NON-COHESIVE ROUGHNESS
C            3 USE 2*D90 FOR NON-COHESIVE ROUGHNESS
C ISBSDFUF:  1 CORRECT GRAIN STRESS PARTITIONING FOR NON-UNIFORM FLOW
C              EFFECTS. DO NOT USE FOR ISBEDSTR = 4 AND 5
C COEFTSBL:    COEFFICIENT SPECIFYING THE HYDRODYNAMIC SMOOTHNESS OF
C              TURBULENT BOUNDARY LAYER OVER COHESIVE BED IN TERMS OF
C              EQUIVALENT GRAIN SIZE FOR COHESIVE GRAIN STRESS
C              CALCULATION. FULLY SMOOTH = 4. FULLY ROUGH = 100.
```

```
C              NOT USED FOR ISBEDSTR = 4 AND 5
C VISMUDST:     KINEMATIC VISCOSITY TO USE IN DETERMINING COHESIVE GRAIN STRESS
C ISBKERO:   1 FOR BANK EROSION SPECIFIED BY EXTERNAL TIME SERIES
C            2 FOR BANK EROSION INTERNALLY CALCULATED BY STABILITY ANALYSIS
C
C36a   ISBEDSTR   ISBSDIAM   ISBSDFUF   COEFTSBL   VISMUDST   ISBKERO
         5          3          0          4.         1.E-6       1
```

Card Image 36B

```
C36B SEDIMENT INITIALIZATION AND WATER COLUMN/BED REPRESENTATION OPTIONS
C DATA REQUIRED EVEN IF ISTRAN(6) AND ISTRAN(7) = 0
C
C ISEDAL:  1 TO ACTIVATE STATIONARY COHESIVE MUD ACTIVE LAYER
C ISNDAL:  1 TO ACTIVATE NON-COHESIVE ARMORING EFFECTS
C          2 SAME AS 1 WITH ACTIVE-PARENT LAYER FORMULATION
C IALTYP:  0 CONSTANT THICKNESS ARMORING LAYER
C          1 CONSTANT TOTAL SEDIMENT MASS ARMORING LAYER
C IALSTUP: 1 CREATE ARMORING LAYER FROM INITIAL TOP LAYER AT START UP
C ISEDEFF: 1 MODIFY NON-COHESIVE RESUSPENSION TO ACCOUNT FOR COHESIVE
C            EFFECTS USING MULTIPLICATION FACTOR: EXP(-COEHEFF*FRACTION
C            COHESIVE)
C          2 MODIFY NON-COHESIVE CRITICAL STRESS TO ACCOUNT FOR COHESIVE
C            EFFECTS
C USING MULT FACTOR: 1+(COEHEFF2-1)*(1-EXP(-COEHEFF*FRACTION COHESIVE))
C HBEDAL:     ACTIVE ARMORING LAYER THICKNESS
C COEHEFF:    COHESIVE EFFECTS COEFFICIENT
C COEHEFF2:   COHESIVE EFFECTS COEFFICIENT
C
C36B   ISEDAL   ISNDAL   IALTYP   IALSTUP   ISEDEFF   HBEDAL   COEHEFF   COEHEFF2
         1        1        1        1         1         0.005    4.0       1.0
```

이 카드이미지는 수층(water column)과 하상(bed) 상태를 나타내는 옵션은 물론, 유사 초기화를 위한 매개변수를 지정한다.

Card Image 37

```
C37 BED MECHANICAL PROPERTIES PARAMETER SET 1
C DATA REQUIRED EVEN IF ISTRAN(6) AND ISTRAN(7) ARE 0
C
C IBMECH:  0 TIME INVARIANT CONSTANT BED MECHANICAL PROPERITES
C          1 SIMPLE CONSOLIDATION CALCULATION WITH CONSTANT COEFFICIENTS
C          2 SIMPLE CONSOLIDATION WITH VARIABLE COEFFICIENTS DETERMINED
C            EFDC FUNCTIONS CSEDCON1,2,3(IBMECH)
C          3 COMPLEX CONSOLIDATION WITH VARIABLE COEFFICIENTS DETERMINED
C            EFDC FUNCTIONS CSEDCON1,2,3(IBMECH). IBMECH > 0 SETS THE
C            C38 PARAMETER ISEDBINT=1 AND REQUIRES INITIAL CONDITIONS
C            FILES bedlay.inp, bedbdn.inp and bedddn.in
C IMORPH:  0 CONSTANT BED MORPHOLOGY (IBMECH=0, ONLY)
C          1 ACTIVE BED MORPHOLOGY: NO WATER ENTRAIN/EXPULSION EFFECTS
```

```
C          2 ACTIVE BED MORPHOLOGY: WITH WATER ENTRAIN/EXPULSION EFFECTS
C HBEDMAX:   TOP BED LAYER THICKNESS (M) AT WHICH NEW LAYER IS ADDED OR IF
C           KBT(I,J)=KB, NEW LAYER ADDED AND LOWEST TWO LAYERS COMBINED
C BEDPORC:   CONSTANT BED POROSITY (IBMECH=0, OR NSED=0)
C           ALSO USED AS POROSITY OF DEPOSITIN NONCOHESIVE SEDIMENT
C SEDMDMX:   MAXIMUM FLUID MUD COHESIVE SEDIMENT CONCENTRATION (mg/l)
C SEDMDMN:   MINIMUM FLUID MUD COHESIVE SEDIMENT CONCENTRATION (mg/l)
C SEDVDRD:   VOID RATIO OF DEPOSITING COHESIVE SEDIMENT
C SEDVDRM:   MINIMUM COHESIVE SEDIMENT BED VOID RATIO (IBMECH > 0)
C SEDVDRT:   BED CONSOLODATION RATED CONSTANT (1/SEC) (IBMECH = 1,2)
C
C37 IBMECH  IMORPH  HBEDMAX  BEDPORC  SEDMDMX  SEDMDMN  SEDVDRD  SEDVDRM  SEDVRDT
     0        0       2.0      0.5      1.1E5    4000.     20.      4        1.E-5
```

하상의 역학 속성치의 첫 번째 세트가 이 카드이미지에서 규정된다.

Card Image 38

```
C38 BED MECHANICAL PROPERTIES PARAMETER SET 2
C DATA REQUIRED EVEN IF ISTRAN(6) AND ISTRAN(7) ARE 0
C
C BMECH1: BED MECHANICS FUNCTION COEFFICIENT
C BMECH2: BED MECHANICS FUNCTION COEFFICIENT
C BMECH3: BED MECHANICS FUNCTION COEFFICIENT
C BMECH4: BED MECHANICS FUNCTION COEFFICIENT
C BMECH5: BED MECHANICS FUNCTION COEFFICIENT
C BMECH6: BED MECHANICS FUNCTION COEFFICIENT
C
C38   BMECH1   BMECH2   BMECH3   BMECH4   BMECH5   BMECH6
       0.0      0.       0.       0.       0.       0.
```

하상 역학 속성치의 두 번째 세트가 이 카드이미지에서 규정된다.

Card Image 39

```
C39 COHESIVE SEDIMENT PARAMETER SET 1 REPEAT DATA LINE NSED TIMES
C            DATA REQUIRED EVEN IF ISTRAN(6) AND ISTRAN(7) ARE 0
C
C SEDO:        CONSTANT INITIAL COHESIVE SEDIMENT CONC IN WATER COLUMN
C             (mg/liter=gm/m**3)
C SEDBO:       CONSTANT INITIAL COHESIVE SEDIMENT IN BED PER UNIT AREA
C             (gm/sq meter) IE 1CM THICKNESS BED WITH SSG=2.5 AND
C             N=.6,.5 GIVES SEDBO 1.E4, 1.25E4
C SDEN:        SEDIMENT SPEC VOLUME (IE 1/2.25E6 m**3/gm)
C SSG:         SEDIMENT SPECIFIC GRAVITY
C WSEDO:       CONSTANT OR REFERENCE SEDIMENT SETTLING VELOCITY
C             IN FORMULA WSED=WSEDO*( (SED/SEDSN)**SEXP )
C SEDSN:       NORMALIZING SEDIMENT CONC (COHESIVE SED TRANSPORT) (gm/m**3)
C SEXP:        EXPONENTIAL (COHESIVE SED TRANSPORT)
```

```
C TAUD:        BOUNDARY STRESS BELOW WHICH DEPOSITION TAKES PLACE ACCORDING
C              TO (TAUD-TAU)/TAUD
C ISEDSCOR:  1 TO CORRECT BOTTOM LAYER CONCENTRATION TO NEAR BED CONC
C ISPROBDEP: 0 KRONE PROBABILITY OF DEPOSITION USING COHESIV GRAIN STRESS
C            1 KRONE PROBABILITY OF DEPOSITION USING TOTAL BED STRESS
C            2 PARTHENIADES PROBABILITY OF DEPOSITION USING COHESIVE
C              GRAIN STRESS
C            3 PARTHENIADES PROBABILITY OF DEPOSITION USING TOTAL BED STRESS
C
C
C39 SEDO  SEDBO  SDEN   SSG   WSEDO  SEDSN  SEXP  TAUD   ISEDSCOR  ISPROBDEP
    65.0  1.0E4  4.4E-7 2.25  1.E-4  1.0    0     1.E-6  0         1
```

이것은 카드이미지 42a에서 검토한다.

Card Image 40

```
C40 COHESIVE SEDIMENT PARAMETER SET 2 REPEAT DATA LINE NSED TIMES
C DATA REQUIRED EVEN IT ISTRAN(6) AND ISTRAN(7) ARE 0
C
C IWRSP:  0 USE RESUSPENSION RATE AND CRITICAL STRESS BASED ON PARAMETERS
C           ON THIS DATA LINE
C        >1 USE BED PROPERTIES DEPENDEDNT RESUSPENSION RATE AND CRITICAL
C           STRESS GIVEN BY EFDC FUNCTIONS CSEDRESS,CSEDTAUS,CSEDTAUB
C           FUNCTION ARGUMENSTS ARE (BDENBED,IWRSP)
C         1 HWANG AND METHA - LAKE OKEECHOBEE
C WRSPO:    REF SURFACE EROSION RATE IN FORMULA
C           WRSP=WRSP0*( ((TAU-TAUR)/TAUN)**TEX ) (gm/m**2-sec)
C TAUR:     BOUNDARY STRESS ABOVE WHICH SURFACE EROSION OCCURS (m/s)**2
C TAUN:     NORMALIZING STRESS (EQUAL TO TAUR FOR COHESIVE SED TRANS)
C TEXP:     EXPONENTIAL (COH SED)
C VDRRSPO:  REFERENCE VOID RATIO FOR CRITICAL STRESS AND RESUSPENSION
            RATE IWRSP = 2,3
C COSEDHID: COHESIVE SEDIMENT RESUSPENSION HIDING FACTOR TO REDUCE
            COHESIVE RESUSPENSION BY FACTOR = (COHESIVE FRACTION OF
            SEDIMENT)**COSEDHID
C
C40   IWRSP  IWRSPB  WRSPO  TAUR    TAUN    TEXP  VDRRSPO  COSEDHID
      999    0       0.005  0.0002  0.0002  1.    1.       0.
```

이것은 카드이미지 42a에서 검토한다.

Card Image 41

```
C41 NON-COHESIVE SEDIMENT PARAMETER SET 1 REPEAT DATA LINE NSND TIMES
C DATA REQUIRED EVEN IT ISTRAN(6) AND ISTRAN(7) ARE 0
C
C SNDO:      CONSTANT INITIAL NON-COHESIVE SEDIMENT CONC IN WATER COLUMN
C            (mg/liter=gm/m**3)
C SNDBO:     CONSTANT INITIAL NON-COHESIVE SEDIMENT IN BED PER UNIT AREA
C            (gm/sq meter) IE 1CM THICKNESS BED WITH SSG=2.5 AND
C            N=.6,.5 GIVES SNDBO 1.E4, 1.25E4
C SDEN:      SEDIMENT SPEC VOLUME (IE 1/2.65E6 m**3/gm)
C SSG:       SEDIMENT SPECIFIC GRAVITY
C SNDDIA:    REPRESENTATIVE DIAMETER OF SEDIMENT CLASS
C WSNDO:     CONSTANT OR REFERENCE SEDIMENT SETTLING VELOCITY
C            IF WSNDO < 0, SETTLING VELOCITY INTERNALLY COMPUTED
C SNDN:      MAX MASS/TOT VOLUME IN BED (NON-COHESIVE SED TRANS) (gm/m**3)
C SEXP:      DIMENSIONLESS RESUSPENSION PARAMETER GAMMA ZERO
C TAUD:      DUNE BREAK POINT STRESS (m/s)**2
C ISNDSCOR: 1 TO CORRECT BOTTOM LAYER CONCENTRATION TO NEAR BED CONC
C
C41  SNDO  SNDBO  SDEN    SSG   SNDDIA  WSNDO  SNDN  SEXP   TAUD   ISNDSCOR
     1.0   1.E4   3.8E-7  2.65  1.8E-4  0.01   1.E6  1.E-3  7.E-5  0
```

이것은 카드이미지 42a에서 검토한다.

Card Image 42

```
C42 NONCOHESIVE SEDIMENT PARAMETER SET 2 REPEAT DATA LINES NSND TIMES
C DATA REQUIRED EVEN IF ISTRAN(6) AND ISTRAN(7) ARE 0
C
C ISNDEQ: >1 CALCULATE ABOVE BED REFERENCE NONCHOHESIVE SEDIMENT
C            EQUILIBRIUM CONCENTRATION USING EFDC FUNCTION
C            CSNDEQC(SNDDIA,SSG,WS,TAUR,TAUB,SIGPHI,SNDDMX,IOTP)
C            WHICH IMPLEMENT FORMULATIONS OF
C          1 GRACIA AND PARKER
C          2 SMITH AND MCLEAN
C          3 VAN RIJN
C ISBDLD:  0 BED LOAD PHI FUNCTION IS CONSTANT, SBDLDP
C          1 VAN RIJN PHI FUNCTION
C          2 OHTER PHI FUNCTION
C          3 OHTER PHI FUNCTION
C ISBDLD:  0 BED LOAD PHI FUNCTION IS CONSTANT
C TAUR:      CRITICAL SHIELDS STRESS IN (m/s)**2 (ISNDEQ=2)
C NOTE:      IF TAUR < 0, THEN TAUR, TAUN, AND TEXP ARE INTERNALLY
C            COMPUTED USING VAN RIJN'S FORMULAS
C TAUN:      EQUAL TO TAUR FOR NONCHOESIVE SED TRANS (ISNDEQ=2)
C TCSHIELDS: CRITICAL SHIELDS STRESS (DIMENSIONLESS)
C ISLTAUC: 1 TO IMPLEMENT SUSP LOAD ONLY WHEN STRESS EXCEEDS TAUC FOR EACH GRAIN
           2 TO IMPLEMENT SUSP LOAD ONLY WHEN STRESS EXCEEDS TAUCD50
           3 TO USE TAUC FOR NON-UNIFORM BEDS, APPLIES ONLY TO RESUSPENSION FORMULAS NOT
             CONTAINING CRITICAL SHIELDS STRESS SUCH AS GAR & PAR
C IBLTAUC: 1 TO IMPLEMENT BEDLOAD ONLY WHEN STRESS EXCEEDS TAUC FOR EACH GRAIN
           2 TO IMPLEMENT BEDLOAD ONLY WHEN STRESS EXCEEDS TAUCD50
```

```
          3 TO USE TAUC FOR NON-UNIFORM BEDS, APPLIES ONLY TO BEDLOAD FORMULASNOT
            EXPLICITLY
            CONTAINING CRITICAL SHIELDS STRESS SUCH AS ENG-HAN
C IROUSE:  0 USE TOTAL STRESS FOR CALCULATING ROUSE NUMBER
          1 USE GRAIN STRESS FOR ROUSE NUMBER
C ISNDM1:  0 SET BOTH BEDLOAD AND SUSPENDED LOAD FRACTIONS TO 1.0
          1 SET BEDLOAD FRACTION TO 1. USE BINARY RELATIONSHIP FOR SUSPENDED
          2 SET BEDLOAD FRACTION TO 1, USE LINEAR RELATIONSHIP FOR SUSPENDED
          3 USE BINARY RELATIONSHIP FOR BEDLOAD AND SUSPENDED LOAD
          4 USE LINEAR RELATIONSHIP FOR BEDLOAD AND SUSPENDED LOAD
C ISNDM2:  0 USE TOTAL SHEAR VELOCITY IN USTAR/WSET RATIO
          1 USE GRAIN SHEAR VELOCITY IN USTAR/WSET RATIO
C RSNDM:    VALUE OF USTAR/WSET FOR BINARY SWITCH BETWEEN BED AND
            SUSPENDED LOAD
C
C42 ISNDEQ  ISBDLD  TAUR     TAUN  TCSHIELDS  ISLTAUC  IBLTAUC  IROUSE  ISNDM1  ISNDM2  RSNDM
     1        2     -0.0005  .0005  .18         1         1        0        0       1      5.2
```

이것은 카드이미지 42a에서 검토한다.

Card Image 42a

```
C42A NON-COHESIVE SEDIMENT PARAMETER SET 3 (BEDLOAD FORMULA PARAMETERS)
C DATA REQUIRED EVEN IF ISTRAN(6) AND ISTRAN(7) = 0
C
  IBEDLD: 0 DISABLE BEDLOAD
          1 ACTIVATE BEDLOAD OPTION. MUST USE SEDBLBC.INP
  SBDLDA:   ALPHA EXPONENTIAL FOR BEDLOAD FORMULA,MPM=1.5,BAG=1,VR=2.1,EH=2.5
  SBDLDB:   BETA EXPONENTIAL FOR BEDLOAD FORMULA,BAG=1.0,MPM=VR=EH=WWJ=0.0
  SBDLDG1:  GAMMA1 CONSTANT FOR BEDLOAD FORMULA,BAG=MPM=VR=EH=WWJ=1.0
  SBDLDG2:  GAMMA2 CONSTANT FOR BEDLOAD FORMULA,EH=0.0,BAG=MPM=VR=WWJ=1.0
  SBDLDG3:  GAMMA3 CONSTANT FOR BEDLOAD FORMULA,BAG=MPM=VR=EH=WWJ=1.0
  SBDLDG4:  GAMMA4 CONSTANT FOR BEDLOAD FORMULA,BAG=1.0,MPM=VR=EH=WWJ=0.0
  SBDLDP:   CONSTANT PHI FOR BEDLOAD,BAG=CONST,MPM=7.6,VR=EH=WWJ=INTERNALY
  ISBLFUC:  BEDLOAD FACE FLUX: 0 FOR DOWNWIND PROJECTION, 1 FOR DOWNWIND
            WITH CORNER CORRECTION, 2 FOR CENTERED AVERAGING
  BLBSNT:   ADVERSE BED SLOPE (POSITIVE VALUE) ACROSS A CELL FACE ABOVE
            WHICH NO BEDLOAD TRANSPORT CAN OCCUR. NOT ACTIVE FOR BLBSNT=0.0
C
C42a IBEDLD SBDLDA  SBDLDB SBDLDG1  SBDLDG2 SBDLDG3 SBDLDG4 SBDLDP ISBLFUC BLBSNT
       1     2.5      0      1        0        1       0       1      1      0.05
```

카드이미지 39와 40은 점착성 유사(주 : 유사=소류사+부유사)의 유송에 관한 정보를 지정하고, 카드이미지 41 ~42a는 비점착성 유사의 유송에 대한 정보를 지정한다. EFDC 모델은 여러 토사입경 등급(NSED 등급)의 유송에 이 카드이미지 정보를 반복적으로 제공한다. 이 카드이미지의 여러 매개변수들은 점착성 유사와 비점착성 유사에 대해 각각 다른 의미를 갖는다. 두 종류 토사에 대해서, 수층 안의 부유사(suspended sediment, SS) 농도는 mg/l의 단위가 선택되고, 하상 소류사(bed sediment)의 단위 면적당 질량은 g/m²의 단위를 갖는다.

만일 속도 단위가 m/s 로 지정되고 전단응력 단위가 동역학 단위인 m^2/s^2로 표시된다면, 이 농도단위들은 일관성이 유지된다(즉, 전단응력은 마찰속도의 제곱근이다). 카드이미지 39와 41에 대해서, 두 종류 토사에 대한 처음 두 매개변수들은 수층 초기농도, 하상 소류사의 단위 면적당 초기질량을 나타낸다. 이것들은 모델을 콜드스타트 할 때, 계산영역 안의 모든 초기치들을 정하거나 콜드스타트를 위한 정보가 restart.inp 파일 속에 없이 재시작할 때 전체 계산영역을 초기화하는데 사용된다. 세 번째 매개변수는 토사의 비체적이고, 그것은 다음 식에 의해 다만 부력분포 속에 부유사의 영향을 도입하는 데만 사용된다.

$$B(L,K) = B(L,K) * (1. - SDEN * SED(L,K))$$
$$+ (SSG - 1.) * SDEN * SED(L,K)$$

여기서, B는 부력이고 SED는 단위가 mg/l인 부유사 농도이다. 매개변수 SSG는 토사비중이다. 비점착성 토사에 대해, WSEDO는 단위가 m/s인 일정한 침강속도를 나타낸다. 점착성 토사에 대해서, 농도에 의존하는 침강속도는 다음 식으로 계산한다.

$$WSED = WSDEO * ((SED/SEDN) * * SEXP)$$

여기서, SEDN은 기준농도나 표준 유사농도이다. 그리고 SEXP는 무차원량이다. 비점착성 토사에 대해서 SEDN은 하상/해저(단위가 mg/l인 토사밀도*하상공극)의 단위 총체적 당 토사 질량으로 정의되는 최대 토사질량이다. 비점착성 토사에 대해, SEXP는 하상 근처 기준 유사농도를 위한 경험식 속의 무차원 계수이다. 점착성 토사에 대해서, TAUD는 아래 유사퇴적식에서 퇴적확률이다.

$$FLUXD = WSED * SED * \frac{(TAUD - TAU)}{TAUD} \quad when \ TAUL < TTAUD$$
$$FLUXD = 0 \quad when \ TAU \geq TAUD$$

여기서 TAU는 바닥 경계나 하상 마찰응력의 크기이다. 비점착성 토사에 대해서 TAUD는 사련 또는 모래언덕이 사라지기 시작하는 한계소류력이고, 이것은 그랜트와 매드슨(Grant and Madsen)(1982년)에 의한 쉴드즈(Shields)함수로부터 결정된다. 매개변수 WRSPO는 다음 식에 의해서 유사 재부유율을 정하기 위해 점착성 유사이송에만 사용 된다

$$WRSP = WRSPO * ((\frac{TAU - TAUR}{TAUN}) * * TEXP) \quad when \ TAU > TAUR$$
$$WRSP = 0 \quad when \ TAU \leq TAUR$$

여기서, WRSPO의 단위는 (m/s)*(mg/liter)이다. 점착성 유사이송에 대해서 다음 3개 매개변수들이 위의 재부유식으로 정의된다. 비점착성 토사에 대해서 TAUR과 TAUN은 둘 다

초기 유사이송에 대한 한계소류력과 같다. 이것은 쉴드즈의 한계소류력 공식으로부터 결정된다. 비점착성 토사이송에 대해서 TEXP는 쉴드즈의 한계소류력에 관한 매개변수이다. 두 종류의 토사에 대해 매개변수 SDBLV는 다음식에 의해서 퇴적과 부유율을 반영하여 바닥고 변화를 결정하는데 사용된다.

$$BELV(N+1) = BELV(N) - DT * SDBLV * SEDF(L,0)$$

여기서, BELV는 시간레벨 N+1이나 N에서 바닥고(bottom elevation)이고, 그리고 SEDF는 재부유에 대해 (+)값으로 정의되는 하상 유사퇴적량이다. 세사에 대해서, SDBLV=0.58E-6이고, BELV의 단위는 m이고, DT는 sec이고, 그리고 SEDF는 (m/s)*(mg/liter) 이다.

Card Image 43

```
C43 TOXIC CONTAMINANT INITIAL CONDITIONS AND PARAMETERS
C USER MAY CHANGE UNITS OF WATER AND SED PHASE TOX CONCENTRATION
C AND PARTITION COEFFICIENT ON C44 - C46 BUT CONSISTENT UNITS MUST
C MUST BE USED FOR MEANINGFUL RESULTS
C DATA REQUIRED EVEN IT ISTRAN(5) IS 0
C
C NTOXN:  TOXIC CONTAMINANT NUMBER ID (1 LINE OF DATA BY DEFAULT)
C ITXINT: 0 FOR SPATIALLY CONSTANT WATER COL AND BED INITIAL CONDITIONS
C         1 FOR SPATIALLY VARIABLE WATER COLUMN INITIAL CONDITIONS
C         2 FOR SPATIALLY VARIABLE BED INITIAL CONDITIONS
C         3 FOR SPATIALLY VARIABLE WATER COL AND BED INITIAL CONDITION
C ITXBDUT:  SET TO 0 FOR CONST INITIAL BED GIVEN BY TOTAL TOX (ug/liter)
C           SET TO 1 FOR CONST INITIAL BED GIVEN BY
C           SORBED MASS TOX/MASS SED(mg/kg)
C TOXINTW:  INIT WATER COLUMN TOT TOXIC VARIABLE CONCENTRATION (ug/liter)
C TOXINTB:  INIT SED BED TOXIC CONC SEE ITXBDUT
C RKTOXW:   FIRST ORDER WATER COL DECAY RATE FOR TOX VARIABLE IN 1/SEC
C TKTOXW:   REF TEMP FOR 1ST ORDER WATER COL DECAY DEG C
C RKTOXB:   FIRST ORDER SED BED DECAY RATE FOR TOX VARIABLE IN 1/SEC
C TKTOXB:   REF TEMP FOR 1ST ORDER SED BED DECAY DEG C
C           ck blw kevin uses 6.0
C43 NTOXN ITXINT ITXBDUT TOXINTW TOXINTB RKTOXW TKTOXW RKTOXB TRTOXB COMMENTS
      1     0      0       1.      1.      0.     0.      0.     0.   DUMMY
```

독성 오염물질의 매개변수들은 여기서 지정된다.

Card Image 44

```
C44 ADDITIONAL TOXIC CONTAMINANT PARAMETERS
C DATA REQUIRED EVEN IT ISTRAN(5) IS 0
C
C NTOXN:   TOXIC CONTAMINANT NUMBER ID (1 LINE OF DATA BY DEFAULT)
C VOLTOX:  WATER SURFACE VOLITALIZATION RATE MULTIPLIER (0. OR 1.)
C RMOLTX:  MOLECULAR WEIGHT FOR DETERMINING VOLATILIZATION RATE
C RKTOXP:  REFERENCE PHOTOLOYSIS DECAY RATE 1/SEC
```

```
C SKTOXP:  REFERENCE SOLAR RADIATION FOR PHOTOLOYSIS (WATTS/M**2)
C DIFTOX:  DIFFUSION COEFF FOR TOXICANT IN SED BED PORE WATER (M**2/S)
C DIFTOXS: DIFFUSION COEFF FOR TOXICANT BETWEEN WATER COLUMN
           ANDPORE WATER IN TOP LAYER OF THE BED (m**2/s)
C          > 0.0 INTERPRET AS DIFFUSION COEFFICIENT (m**2/s)
C          < 0.0 INTERPRET AS FLUX VELOCITY (m/s)
C PDIFTOX: PARTICLE MIXING DIFFUSION COEFF FOR TOXICANT IN SED BED (m**2/s)
           (if negative use zonal files PARTMIX.INP and PMXMAP.INP
C DPDIFTOX:DEPTH IN BED OVER WHICH PARTICLE MIXING IS ACTIVE (m)
C
C44 NTOXN ISTOC VOLTOX RMOLTX RKTOXP SKTOXP DIFTOX DIFTOXS PDIFTOX DPDIFTOX COMMENTS
     1     2     0      0      0      0      1.e-9  -1.736e-7 -1.  0.08    1.3
```

Card Image 44A

```
C44A POREWATER TOXICS ADVECTION AND DIFFUSION SOLUTION SWITCHES
C AND DIAGNOSTIC/MASS BALANCE FLUX SWITHCHES
C
  IADTOXDP:   0 FOR STANDARD SINGLE PRECISION SOLUTION
              1 FOR DOUBLE PRECISION SOLUTION
  IADTOXCOR:  0 NO CORRECTION OF SINGLE PRECISION SOLUTION
              1 MASS WEIGHTED CORRECTION OF SINGLE PRECISION SOLUTION
              2 MASS CHANGE WEIGHTED CORRECTION OF SINGLE PRECISION
            SOLUTION
    ISTOXALL:  1 TO ACTIVATE ACCUMULATION OF TOXIC FLUXES
    NSTOXALL:    NUMBER OF WRITES OF ACCUMULATED FLUXES PER REFERENCE
                 TIME PERIOD
C
C44A   IADTOXDP   IADTOXCOR   ISTOXALL   NSTOXALL
          1          0           0          1
```

추가 독성 오염물질의 매개변수들은 여기서 지정된다.

Card Image 45

```
C45 TOXIC CONTAMINANT SEDIMENT INTERACTION PARAMETERS.
C 2 LINES OF DATA REQUIRED EVEN IT ISTRAN(5) IS 0
C
C NTOXC:        TOXIC CONTAMINANT NUMBER ID. NSEDC+NSEDN LINES OF DATA
C               FOR EACH TOXIC CONTAMINANT (DEFAULT = 2)
C NSEDN/NSNDN: FIRST NSED LINES COHESIVE, NEXT NSND LINES NON-COHESIVE.
C               REPEATED FOR EACH CONTAMINANT
C ITXPARW:      EQUAL 1 FOR SOLIDS DEPENDENT PARTITIONING (WC) GIVEN BY
C               TOXPAR=PARO*(CSED**CONPAR)
C TOXPARW:      WATER COLUMN PARO (ITXPARW=1) OR EQUIL TOX CON PART COEFF
C               BETWEEN EACH TOXIC IN WATER AND ASSOCIATED SEDIMENT PHASES
                (liters/mg)
C CONPARW:      EXPONENT IN TOXPAR=PARO*(CSED**CONPARW) IF ITXPARW=1
C ITXPARB:      EQUAL 1 FOR SOLIDS DEPENDENT PARTITIONING (BED)
C TOXPARB:      SEDIMENT BED PARO (ITXPARB=1) OR EQUIL TOX CON PART COEFF
```

```
                 BETWEEN
C                EACH TOXIC IN WATER AND ASSOCIATED SEDIMENT PHASES (liters/mg)
C CONPARB:         EXPONENT IN TOXPAR=PARO*(CSED**CONPARB) IF ITXPARB=1
C                   1        0.8770   -0.943          0.025
C45  NTOXN  NSEDN  ITXPARW  TOXPARW  CONPARW  ITXPARB  TOXPARB  CONPARB  COMMENTS
      1      1       0       1.        0.        0       1.       0.       NSED=1
      1      2       0       1.        0.        0       1.       0.       NSND=1
```

Card Image 45A

```
C45A TOXIC CONTAMINANT ORGANIC CARBON INTERACTION PARAMETERS
C
ISTDOCW: 0 CONSTANT DOC IN WATER COLUMN OF STDOCWC (DEFAULT=0.)
         1 TIME CONSTANT, SPATIALLY VARYING DOC IN WATER COLUMN FROM docw.inp
ISTPOCW: 0 CONSTANT POC IN WATER COLUMN OF STPOCWC (DEFAULT=0.)
         1 TIME CONSTANT, SPATIALLY VARYING POC IN WATER COLUMN FROM pocw.inp
         2 TIME CONSTANT, FPOC IN WATER COLUMN, SEE C45C
         3 TIME CONSTANT, SPATIALLY VARYING FPOC IN WATER COLUMN FROM fpocw.inp
         4 FUNTIONAL SPECIFICATION OF TIME AND SPATIALLY VARYING
           FPOC IN WATER COLUMN
ISTDOCB: 0 CONSTANT DOC IN BED OF STDOCBC (DEFAULT=0.)
         1 TIME CONSTANT, SPATIALLY VARYING DOC IN BED FROM docb.inp
ISTPOCB: 0 CONSTANT POC IN BED OF STPOCBC (DEFAULT=0.)
         1 TIME CONSTANT, SPATIALLY VARYING POC IN BED FROM pocb.inp
         2 TIME CONSTANT, FPOC IN BED, SEE C45D
         3 TIME CONSTANT, SPATIALLY VARYING FPOC IN BED FROM fpocb.inp
         4 FUNTIONAL SPECIFICATION OF TIME AND SPATIALLY VARYING FPOC IN BED
STDOCWC: CONSTANT WATER COLUMN DOC (ISTDOCW=0)
STPOCWC: CONSTANT WATER COLUMN POC (ISTPOCW=0)
STDOCBC: CONSTANT BED DOC (ISTDOCB=0)
STPOCBC: CONSTANT BED POC (ISTPOCB=0)
C
C45A ISTDOCW ISTPOCW ISTDOCB ISTPOCB STDOCWC STPOCWC STDOCBC STPOCBC
       0       3       1       4       6.5     0.0     22.0    0.0
```

Card Image 45B

```
C45B TOXIC CONTAMINANT ORGANIC CARBON INTERACTION PARAMETERS
C REQUIRES NTOX*(NSED+NSND) OR 2*NTOX DATA LINES
C
 NTOXC:      TOXIC CONTAMINANT NUMBER ID. NSEDC+NSEDN LINES OF DATA
             FOR EACH TOXIC CONTAMINANT (DEFAULT = 2)
 NOC :       FIRST LINE FOR DISSOLVED ORGANIC CARBON, SECOND FOR PART OC
             REPEATED FOR EACH CONTAMINANT
 ITXPARW: -1 FOR NO ORGANIC CARBON, O FOR NORMAL PARTITION AND 1 FOR
              SOLIDS  DEPENDENT TOXPAR=PARO*(CSED**CONPAR)
 TOXPARW:     WATER COLUMN PARO (ITXPARW=1) OR EQUIL TOX CON PART COEFF
             BETWEEN EACH TOXIC IN WATER AND ASSOCIATED SEDIMENT PHASE (L/mg)
 CONPARW:     EXPONENT IN TOXPAR=PARO*(CSED**CONPARW) IF ITXPARW=1
 ITXPARB:    CONVENTION FOLLOWS ITXPARW (BED)
 TOXPARB:    SEDIMENT BED PARO (ITXPARB=1) OR EQUIL TOX CON PART COEFF
              BETWEEN EACH TOXIC IN WATER AND ASSOCIATED SEDIMENT PHASES (L/mg)
```

```
 CONPARB:   EXPONENT IN TOXPAR=PARO*(CSED**CONPARB) IF ITXPARB=1
C
C45B NTOXN NOC ITXPARW TOXPARW CONPARW ITXPARB TOXPARB CONPARB *CARBON*
      1     1   0       0.0316    0       0       0.316    0      Kdoc=0.1Koc
      1     2   0       3.16      0       0       3.16     0      Kpoc
```

Card Image 45C

```
C45C TOXIC CONTAMINANT POC FRACTIONAL DISTRIBUTIONS IN WATER COLUMN
C ONE LINE OF DATA REQUIRED EVEN IF ISTRAN(5) = 0. DATA USED WHEN
C ISTOC(NT) = 1 OR 2
  NTOXN:   TOXIC CONTAMINANT NUMBER ID. NSEDC+NSEDN 1 LINE OF DATA
           FOR EACH TOXIC CONTAMINANT (DEFAULT = 2)
  FPOCSED1-NSED: FRACTION OF ORGANIC CARBON ASSOCIATED WITH SED CLASSES 1,NSED
  FPOCSND1-NSND: FRACTION OF ORGANIC CARBON ASSOCIATED WITH SND CLASSES 1,NSND
C
C45C   NTOXN   FPOCSED1   FPOCSND1   FPOCSND2   FPOCSND3
        1      0.100      0.100      0.100      0.100
```

Card Image 45D

```
C45D TOXIC CONTAMINANT POC FRACTIONAL DISTRIBUTIONS IN SEDIMENT BED
C ONE LINE OF DATA REQUIRED EVEN IF ISTRAN(5) = 0. DATA USED WHEN
C ISTOC(NT) = 1 OR 2
  NTOXN: TOXIC CONTAMINANT NUMBER ID. NSEDC+NSEDN 1 LINE OF DATA
         FOR EACH TOXIC CONTAMINANT (DEFAULT = 2)
  FPOCSED1-NSED: FRACTION OF ORGANIC CARBON ASSOCIATED WITH SED CLASSES 1,NSED
  FPOCSND1-NSND: FRACTION OF ORGANIC CARBON ASSOCIATED WITH SND CLASSES 1,NSND
C
C45D   NTOXN   FPOCSED1   FPOCSND1   FPOCSND2   FPOCSND3
        1      0.0472     0.0104     0.0031     0.0031
```

독성 오염 토사의 상호작용 매개변수들은 여기서 지정된다.

Card Image 46

```
C46 BUOYANCY, TEMPERATURE, DYE DATA AND CONCENTRATION BC DATA
C
C BSC:   BUOYANCY INFLUENCE COEFFICIENT 0 TO 1, BSC=1. FOR REAL PHYSICS
C TEMO:  REFERENCE, INITIAL, EQUILIBRUM AND/OR ISOTHERMAL TEMP IN DEG C
C HEQT:  EQUILIBRUM TEMPERTURE TRANSFER COEFFICIENT M/SEC
C RKDYE: FIRST ORDER DECAY RATE FOR DYE VARIABLE IN 1/SEC
C NCBS:  NUMBER OF CONCENTRATION BOUNDARY CONDITIONS ON SOUTH OPEN BOUNDARIES
C NCBW:  NUMBER OF CONCENTRATION BOUNDARY CONDITIONS ON WEST OPEN BOUNDARIES
C NCBE:  NUMBER OF CONCENTRATION BOUNDARY CONDITIONS ON EAST OPEN BOUNDARIES
C NCBN:  NUMBER OF CONCENTRATION BOUNDARY CONDITIONS ON NORTH OPEN BOUNDARIES
C
C46   BSC   TEMO   HEQT   RKDYE   NCBS   NCBW   NCBE   NCBN
      1.    0      25.0   0.E-6   0.     0      0      0
```

이 카드이미지는 개방경계에서 부가적 스칼라 변수정보는 물론 스칼라 농도정보를 지정하는데 사용된다. 매개변수 BSC는 운동량 방정식에서 부력을 제어한다. 온도 TEMO(℃)는 처음 시작의 초기 온도나 등온도로 사용된다. 카드이미지 6의 온도 이동옵션 ISTOPT가 3으로 지정될 때, TEMO는 시간에 따라 변하지 않는 평형상태 온도이다.

매개변수 HEQT는 m^2/s 단위로 평형 수면 열전달계수이고, 그것은 오직 카드이미지 6에서 온도옵션 ISTOPT=3일 때만 사용된다. 매개변수 RKDYE는 추적물질 염료의 일차 감소율이고 1/second 의 단위를 가져야만 한다. 마지막 4개의 매개변수들(NCBS, NCBW, NCBE, NCBN)은 계산격자의 동쪽, 서쪽, 남쪽, 북쪽 개방경계 셀 농도의 수를 지정하고, 카드이미지 16의 처음 4개의 매개변수와 일치하여야 한다.

Card Image 47

```
C47 LOCATION OF CONC BC'S ON SOUTH BOUNDARIES
C
C ICBS:      I CELL INDEX
C JCBS:      J CELL INDEX
C NTSCRS:    NUMBER OF TIME STEPS TO RECOVER SPECIFIED VALUES ON CHANGE
C            TO INFLOW FROM OUTFLOW
C NSSERS:    SOUTH BOUNDARY CELL SALINITY TIME SERIES ID NUMBER
C NTSERS:    SOUTH BOUNDARY CELL TEMPERATURE TIME SERIES ID NUMBER
C NDSERS:    SOUTH BOUNDARY CELL DYE CONC TIME SERIES ID NUMBER
C NSFSERS:   SOUTH BOUNDARY CELL SHELLFISH LARVAE TIME SERIES ID NUMBER
C NTXSERS:   SOUTH BOUNDARY CELL TOXIC CONTAMINANT CONC TIME SERIES ID NUMBER
C NSDSERS:   SOUTH BOUNDARY CELL COHESIVE SED CONC TIME SERIES ID NUMBER
C NSNSERS:   SOUTH BOUNDARY CELL NONCOHESIVE SED CONC TIME SERIES ID NUMBER
C
C47 IBBS JBBS NTSCRS NSSERS NTSERS NDSERS NSFSERS NTXSERS NSDSERS  NSNSERS
```

카드이미지 66의 설명을 보라.

Card Image 48

```
C48 TIME CONSTANT BOTTOM CONC ON SOUTH CONC BOUNDARIES
C
C SAL: ULTIMATE INFLOWING BOTTOM LAYER SALINITY
C TEM: ULTIMATE INFLOWING BOTTOM LAYER TEMPERATURE
C DYE: ULTIMATE INFLOWING BOTTOM LAYER DYE CONCENTRATION
C SFL: ULTIMATE INFLOWING BOTTOM LAYER SHELLFISH LARVAE CONCENTRAION
C TOX: NTOX ULTIMATE INFLOWING BOTTOM LAYER TOXIC CONTAMINANT
C      CONCENTRATIONS NTOX VALUES TOX(N), N=1,NTOX
C
C48 SAL TEM DYE SFL TOX1
```

카드이미지 66의 설명을 보라.

Card Image 49

```
C49 TIME CONSTANT BOTTOM CONC ON SOUTH CONC BOUNDARIES
C
C SED: NSED ULTIMATE INFLOWING BOTTOM LAYER COHESIVE SEDIMENT
C         CONCENTRAIONS FIRST NSED VALUES SED(N), N=1,NSND
C SND: NSND ULTIMATE INFLOWING BOTTOM LAYER NONCOHESIVE SEDIMENT
C         CONCENTRATIONS LAST NSND VALUES SND(N), N=1,NSND
C
C49 SED1 SND1 SND2 SND3
```

카드이미지 66의 설명을 보라.

Card Image 50

```
C50 TIME CONSTANT SURFACE CONC ON SOUTH CONC BOUNDARIES
C
C SAL: ULTIMATE INFLOWING SURFACE LAYER SALINITY
C TEM: ULTIMATE INFLOWING SURFACE LAYER TEMPERATURE
C DYE: ULTIMATE INFLOWING SURFACE LAYER DYE CONCENTRATION
C SFL: ULTIMATE INFLOWING SURFACE LAYER SHELLFISH LARVAE CONCENTRATION
C TOX: NTOX ULTIMATE INFLOWING SURFACE LAYER TOXIC CONTAMINANT
C CONCENTRATIONS NTOX VALUES TOX(N), N=1,NTOX
C50 SAL TEM DYE SFL TOX1
```

카드이미지 66의 설명을 보라.

Card Image 51

```
C51 TIME CONSTANT SURFACE CONC ON SOUTH CONC BOUNDARIES
C
C SED: NSED ULTIMATE INFLOWING SURFAC LAYER COHESIVE SEDIMENT
C        CONCENTRAIONS FIRST NSED VALUES SED(N), N=1,NSND
C SND: NSND ULTIMATE INFLOWING SURFAC LAYER NONCOHESIVE SEDIMENT
C        CONCENTRATIONS LAST NSND VALUES SND(N), N=1,NSND
C
C51 SED1 SND1 SND2 SND3
```

카드이미지 66의 설명을 보라.

Card Image 52

```
C52 LOCATION OF CONC BC'S ON WEST BOUNDARIES AND SERIES IDENTIFIERS
C
C ICBW:     I CELL INDEX
```

```
C JCBW:     J CELL INDEX
C NTSCRW:  NUMBER OF TIME STEPS TO RECOVER SPECIFIED VALUES ON CHANGE
C            TO INFLOW FROM OUTFLOW
C NSSERW:  WEST BOUNDARY CELL SALINITY TIME SERIES ID NUMBER
C NTSERW:  WEST BOUNDARY CELL TEMPERATURE TIME SERIES ID NUMBER
C NDSERW:  WEST BOUNDARY CELL DYE CONC TIME SERIES ID NUMBER
C NSFSERW: WEST BOUNDARY CELL SHELLFISH LARVAE TIME SERIES ID NUMBER
C NTXSERW: WEST BOUNDARY CELL TOXIC CONTAMINANT CONC TIME SERIES ID NUM.
C NSDSERW: WEST BOUNDARY CELL COHESIVE SED CONC TIME SERIES ID NUMBER
C NSNSERW: WEST BOUNDARY CELL NON-COHESIVE SED CONC TIME SERIES ID NUMBER
C
C52 IBBW JBBW NTSCRW NSSERW NTSERW NDSERW NSFSERW NTXSERW NSDSERW NSNSERW
```

카드이미지 66의 설명을 보라.

Card Image 53

```
C53 TIME CONSTANT BOTTOM CONC ON WEST CONC BOUNDARIES
C
C SAL: ULTIMATE INFLOWING BOTTOM LAYER SALINITY
C TEM: ULTIMATE INFLOWING BOTTOM LAYER TEMPERATURE
C DYE: ULTIMATE INFLOWING BOTTOM LAYER DYE CONCENTRATION
C SFL: ULTIMATE INFLOWING BOTTOM LAYER SHELLFISH LARVAE CONCENTRATION
C TOX: NTOX ULTIMATE INFLOWING BOTTOM LAYER TOXIC CONTAMINANT
C       CONCENTRATIONS NTOX VALUES TOX(N), N=1,NTOX
C
C53 SAL TEM DYE SFL TOX1
```

카드이미지 66의 설명을 보라.

Card Image 54

```
C54 TIME CONSTANT BOTTOM CONC ON WEST CONC BOUNDARIES
C
C SED: NSED ULTIMATE INFLOWING BOTTOM LAYER COHESIVE SEDIMENT
C       CONCENTRAIONS FIRST NSED VALUES SED(N), N=1,NSND
C SND: NSND ULTIMATE INFLOWING BOTTOM LAYER NONCOHESIVE SEDIMENT
C       CONCENTRATIONS LAST NSND VALUES SND(N), N=1,NSND
C
C54 SED1 SND1
```

카드이미지 66의 설명을 보라.

Card Image 55

```
C55 TIME CONSTANT SURFACE CONC ON WEST CONC BOUNDARIES
C
C SAL: ULTIMATE INFLOWING SURFACE LAYER SALINITY
```

```
C TEM: ULTIMATE INFLOWING SURFACE LAYER TEMPERATURE
C DYE: ULTIMATE INFLOWING SURFACE LAYER DYE CONCENTRATION
C SFL: ULTIMATE INFLOWING SURFACE LAYER SHELLFISH LARVAE CONCENTRATION
C TOX: NTOX ULTIMATE INFLOWING SURFACE LAYER TOXIC CONTAMINANT
C       CONCENTRATIONS NTOX VALUES TOX(N), N=1,NTOX
C
C55 SAL TEM DYE SFL TOX1
```

카드이미지 66의 설명을 보라.

Card Image 56

```
C56 TIME CONSTANT SURFACE CONC ON WEST CONC BOUNDARIES
C
C SED: NSED ULTIMATE INFLOWING SURFACE LAYER COHESIVE SEDIMENT
C        CONCENTRATIONS FIRST NSED VALUES SED(N), N=1,NSND
C SND: NSND ULTIMATE INFLOWING SURFACE LAYER NON-COHESIVE SEDIMENT
C        CONCENTRATIONS LAST NSND VALUES SND(N), N=1,NSND
C
C56 SED1 SND1
```

카드이미지 66의 설명을 보라.

Card Image 57

```
C57 LOCATION OF CONC BC'S ON EAST BOUNDARIES AND SERIES IDENTIFIERS
C
C ICBE:     I CELL INDEX
C JCBE:      J CELL INDEX
C NTSCRE:   NUMBER OF TIME STEPS TO RECOVER SPECIFIED VALUES ON CHANGE
C           TO INFLOW FROM OUTFLOW
C NSSERE:   EAST BOUNDARY CELL SALINITY TIME SERIES ID NUMBER
C NTSERE:   EAST BOUNDARY CELL TEMPERATURE TIME SERIES ID NUMBER
C NDSERE:   EAST BOUNDARY CELL DYE CONC TIME SERIES ID NUMBER
C NSFSERE: EAST BOUNDARY CELL SHELLFISH LARVAE TIME SERIES ID NUMBER
C NTXSERE: EAST BOUNDARY CELL TOXIC CONTAMINANT CONC TIME SERIES ID NUM.
C NSDSERE: EAST BOUNDARY CELL COHESIVE SED CONC TIME SERIES ID NUMBER
C NSNSERE: EAST BOUNDARY CELL NON-COHESIVE SED CONC TIME SERIES ID NUMBER
C
C57 IBBE JBBE NTSCRE NSSERE NTSERE NDSERE NSFSERE NTXSERE NSDSERE NSNSERE
```

카드이미지 66의 설명을 보라.

Card Image 58

```
C58 TIME CONSTANT BOTTOM CONC ON EAST CONC BOUNDARIES
C
C SAL:  ULTIMATE INFLOWING BOTTOM LAYER SALINITY
```

```
C TEM:  ULTIMATE INFLOWING BOTTOM LAYER TEMPERATURE
C DYE:  ULTIMATE INFLOWING BOTTOM LAYER DYE CONCENTRATION
C SFL:  ULTIMATE INFLOWING BOTTOM LAYER SHELLFISH LARVAE CONCENTRTAION
C TOX:  NTOX ULTIMATE INFLOWING BOTTOM LAYER TOXIC CONTAMINANT
C       CONCENTRATIONS NTOX VALUES TOX(N), N=1,NTOX
C
C58 SAL TEM DYE SFL TOX1
```

카드이미지 66의 설명을 보라.

Card Image 59

```
C59 TIME CONSTANT BOTTOM CONC ON EAST CONC BOUNDARIES
C
C SED: NSED ULTIMATE INFLOWING BOTTOM LAYER COHESIVE SEDIMENT
C      CONCENTRATIONS FIRST NSED VALUES SED(N), N=1,NSND
C SND: NSND ULTIMATE INFLOWING BOTTOM LAYER NON-COHESIVE SEDIMENT
C      CONCENTRATIONS LAST NSND VALUES SND(N), N=1,NSND
C
C59 SED1 SND1
```

카드이미지 66의 설명을 보라.

Card Image 60

```
C60 TIME CONSTANT SURFACE CONC ON EAST CONC BOUNDARIES
C
C SAL: ULTIMATE INFLOWING SURFACE LAYER SALINITY
C TEM: ULTIMATE INFLOWING SURFACE LAYER TEMPERATURE
C DYE: ULTIMATE INFLOWING SURFACE LAYER DYE CONCENTRATION
C SFL: ULTIMATE INFLOWING SURFACE LAYER SHELLFISH LARVAE CONCENTRATION
C TOX: NTOX ULTIMATE INFLOWING SURFACE LAYER TOXIC CONTAMINANT
C      CONCENTRATIONS NTOX VALUES TOX(N), N=1,NTOX
C
C60 SAL TEM DYE SFL TOX1
```

카드이미지 66의 설명을 보라.

Card Image 61

```
C61 TIME CONSTANT SURFACE CONC ON EAST CONC BOUNDARIES
C
C SED: NSED ULTIMATE INFLOWING SURFACE LAYER COHESIVE SEDIMENT
C      CONCENTRATIONS FIRST NSED VALUES SED(N), N=1,NSND
C SND: NSND ULTIMATE INFLOWING SURFACE LAYER NON-COHESIVE SEDIMENT
C      CONCENTRATIONS LAST NSND VALUES SND(N), N=1,NSND
C
C61 SED1 SND1
```

카드이미지 66의 설명을 보라.

Card Image 62

```
C62 LOCATION OF CONC BC'S ON NORTH BOUNDARIES AND SERIES IDENTIFIERS
C
C ICBN:     I CELL INDEX
C JCBN:     J CELL INDEX
C NTSCRN:  NUMBER OF TIME STEPS TO RECOVER SPECIFIED VALUES ON CHANGE
C          TO INFLOW FROM OUTFLOW
C NSSERN:  NORTH BOUNDARY CELL SALINITY TIME SERIES ID NUMBER
C NTSERN:  NORTH BOUNDARY CELL TEMPERATURE TIME SERIES ID NUMBER
C NDSERN:  NORTH BOUNDARY CELL DYE CONC TIME SERIES ID NUMBER
C NSFSERN: NORTH BOUNDARY CELL SHELLFISH LARVAE TIME SERIES ID NUMBER
C NTXSERN: NORTH BOUNDARY CELL TOXIC CONTAMINANT CONC TIME SERIES ID NUMBER.
C NSDSERN: NORTH BOUNDARY CELL COHESIVE SED CONC TIME SERIES ID NUMBER
C NSNSERN: NORTH BOUNDARY CELL NON-COHESIVE SED CONC TIME SERIES ID NUMBER
C
C62 IBBN JBBN NTSCRN NSSERN NTSERN NDSERN NSFSERN NTXSERN NSDSERN
    NSNSERN
```

카드이미지 66의 설명을 보라.

Card Image 63

```
C63 TIME CONSTANT BOTTOM CONC ON NORTH CONC BOUNDARIES
C
C SAL: ULTIMATE INFLOWING BOTTOM LAYER SALINITY
C TEM: ULTIMATE INFLOWING BOTTOM LAYER TEMPERATURE
C DYE: ULTIMATE INFLOWING BOTTOM LAYER DYE CONCENTRATION
C SFL: ULTIMATE INFLOWING BOTTOM LAYER SHELLFISH LARVAE CONCENTRATION
C TOX: NTOX ULTIMATE INFLOWING BOTTOM LAYER TOXIC CONTAMINANT
C      CONCENTRATIONS NTOX VALUES TOX(N), N=1,NTOX
C
C63 SAL TEM DYE SFL TOX1-20
```

카드이미지 66의 설명을 보라.

Card Image 64

```
C64 TIME CONSTANT BOTTOM CONC ON NORTH CONC BOUNDARIES
C
4 - EFDC Master Input File (efdc.inp)
4-43
C SED: NSED ULTIMATE INFLOWING BOTTOM LAYER COHESIVE SEDIMENT
C      CONCENTRATIONS FIRST NSED VALUES SED(N), N=1,NSND
C SND: NSND ULTIMATE INFLOWING BOTTOM LAYER NON-COHESIVE SEDIMENT
C      CONCENTRATIONS LAST NSND VALUES SND(N), N=1,NSND
C
C64 SED1 SED2 SND1 SND2 SND3
```

카드이미지 66의 설명을 보라.

Card Image 65

```
C65 TIME CONSTANT SURFACE CONC ON NORTH CONC BOUNDARIES
C
C SAL: ULTIMATE INFLOWING SURFACE LAYER SALINITY
C TEM: ULTIMATE INFLOWING SURFACE LAYER TEMPERATURE
C DYE: ULTIMATE INFLOWING SURFACE LAYER DYE CONCENTRATION
C SFL: ULTIMATE INFLOWING SURFACE LAYER SHELLFISH LARVAE CONCENTRATION
C TOX: NTOX ULTIMATE INFLOWING SURFACE LAYER TOXIC CONTAMINANT
C       CONCENTRATIONS NTOX VALUES TOX(N), N=1,NTOX
C
C65 SAL TEM DYE SFL TOX1-20
```

카드이미지 66의 설명을 보라.

Card Image 66

```
C66 TIME CONSTANT SURFACE CONC ON NORTH CONC BOUNDARIES
C
C SED: NSED ULTIMATE INFLOWING SURFACE LAYER COHESIVE SEDIMENT
C       CONCENTRATIONS FIRST NSED VALUES SED(N), N=1,NSND
C SND: NSND ULTIMATE INFLOWING SURFACE LAYER NON-COHESIVE SEDIMENT
C       CONCENTRATIONS LAST NSND VALUES SND(N), N=1,NSND
C
C66 SED1 SED2 SND1 SND2 SND3
```

카드이미지 47~ 66은 남쪽, 서쪽, 동쪽, 북쪽의 개방경계의 스칼라 유입농도를 지정한다. 온도, 염도와 다른 이송 물질의 계방경계 조건은 유입농도의 지정에 기초한다. 유입농도는 시간에 따라 일정한 값이나 만일 개방경계에서 시계열농도가 이용 가능하다면, 시간에 따라 변하는 값으로 지정될 수 있다. 유출농도는 개방경계 바로 안쪽에서 업윈드 값을 사용하여 계산된다. 개방경계에서 흐름이 유출에서 유입으로 변할 때, 모델은 마지막 유출 농도와 최후 유입농도 사이를 사용자가 정하는 시간간격 수(카드이미지 47,52,57,62의 NTSCRx)로 유입농도를 선형보간 해주고, 이것은 개방경계에서 농도 천이를 자연스럽게 해준다. 최종 유입농도는 시간에 따라 일정한 농도와 시계열 유입농도의 합이다(이것들 중 하나는 0이 될 수 있다). 카드이미지 47, 52, 57, 62는 ICBx와 JCBx의 인덱스로 개방경계셀의 위치를 지정한다. 다음 4개 카드이미지의 매개변수, NTSCRx는 유출에서 유입으로 변한 후에 지정된 경계농도 변화를 회복하기 위한 시간간격 수를 정의한다. 조류에 대해서는, NTSCRx는 전형적으로 1시간에 상당하는 시간간격 수가 될 수 있다. 상황에 따라서는 NTSCRx는 모델이 검증과정에서 조정될 수 있다. 이 4개 카드들의 남아 있는 5개 매개변수는 만약 유입 농도들이 시계열로 지정되어 있다면, 스칼라 농도 시계열 인식 ID 번호를 지정한다. 유입농도의 시계열 지정은 경계셀의 각층에 유일한 농도를 지정할 수 있다. 개방경계에서 일정한 유입농도가 지정될 때, 계산영역의 4방향 경계의 바닥층 농도는 카드이미지 48-49, 53-54, 58-59, 63-64에서 지정되는 반면, 표층 농도는 카드이미지50-51, 56-57, 60-61, 65-66에서 지정된다. 만약 층수가 2층이 넘으면, 안쪽 층들의 농도는 바닥층과 표층 농도의 사이를 선형보간 한다.

Card Image 66A

```
C66a CONCENTRATION DATA ASSIMILATION
C
C NLCDA:   NUMBER OF HORIZONTAL LOCATIONS FOR DATA ASSIMILATION
C TSCDA:   WEIGHTING FACTOR, 0.-1., 1. = FULL ASSIMILATION
C ISCDA: 1 FOR CONCENTRATION DATA ASSIMILATION (NC=1,7 VALUES)
C
C66a    NLCDA    TSCDA    ISCDA
          0       0.5       0      0     0     0     0     0     0
```

농도 데이터의 동화(assimilation)을 위한 매개변수들은 여기서 지정된다.

Card Image 66B

```
C66b CONCENTRATION DATA ASSIMILATION
C
C ICDA: 1 FOR CONCENTRATION DATA ASSIMILATION
C JCDA:   NUMBER OF HORIZONTAL LOCATIONS FOR DATA ASSIMILATION
C NS:     WEIGHTING FACTOR, 0.-1., 1. = FULL ASSIMILATION
C
C66b ICDA JCDA NS NT ND NSF NTX NSD NSN
```

농도 데이터의 동화를 위한 매개변수들은 여기서 지정된다.

Card Image 67

```
C67 DRIFTER DATA (FIRST 4 PARAMETER FOR SUB DRIFER, SECOND 6 FOR SUB LAGRES)
C
C ISPD:   1 TO ACTIVE SIMULTANEOUS RELEASE AND LAGRANGIAN TRANSPORT OF
C           NEUTRALLY BUOYANT PARTICLE DRIFTERS AT LOCATIONS INPUT ON C44
C NPD:      NUMBER OF PARTICLE DIRIFERS
C NPDRT:    TIME STEP AT WHICH PARTICLES ARE RELEASED
C NWPD:     NUMBER OF TIME STEPS BETWEEN WRITING TO TRACKING FILE
C           drifter.out
C ISLRPD: 1 TO ACTIVATE CALCULATION OF LAGRANGIAN MEAN VELOCITY OVER TIME
C           INTERVAL TREF AND SPATIAL INTERVAL ILRPD1<I<ILRPD2,
C           JLRPD1<J<JLRPD2, 1<K<KC, WITH MLRPDRT RELEASES. ANY AVERGE
C           OVER ALL RELEASE TIMES IS ALSO CALCULATED
```

```
C          2 SAME BUT USES A HIGER ORDER TRAJECTORY INTEGRATION
C ILRPD1     WEST BOUNDARY OF REGION
C ILRPD2     EAST BOUNDARY OF REGION
C JLRPD1     NORTH BOUNDARY OF REGION
C JLRPD2     SOUTH BOUNDARY OF REGION
C MLRPDRT    NUMBER OF RELEASE TIMES
C IPLRPD     1,2,3 WRITE FILES TO PLOT ALL,EVEN,ODD HORIZ LAG VEL VECTORS
C
C67  ISPD NPD  NPDRT NWPD ISLRPD  ILRPD1 ILRPD2 JLRPD1  JLRPD2 MLRPDRT IPLRPD
       0    0    0     12     0      6      47     6       17      12       1
```

이 카드이미지는 두 종류의 라그란지언 표류입자(particle drifters) 추적계산을 활성화하고 제어한다. 첫 번째 라그란지언 계산은, ISPD=1로 작동되고, NPD개의 입자를 NPDRT 시간 간격에 풀어 놓는다. 풀린 입자들은 나머지 모델 수치모의 동안 가장 가까운 셀의 중앙점 (I, J, K)을 따라 추적되고, 매 NWPD 시간간격 마다 그 결과가 drifter.out 파일에 기록된다. NPD개 입자의 초기 위치는 카드이미지 68에서 지정된다. 두 번째 라그란지언 계산은, 0보다 큰 ISLRD에 의해 활성화되고, x나 I방향 (ILRD1≤I≤ ILRD2), y나 J의 방향 (JLRD1≤J ≤JLRD2)의 경계를 갖는 계산 격자 내 활성 물셀중앙의 모든 수직층에서 입자를 방출한다. 기준주기 시간을 균등하게 나눈 방출 회수 MLRPDRT는 마지막 모델 수치모의의 기준주기 시간 동안 발생한다(NTC≥2). 각 그룹의 방출입자들은 기준주기 동안 추적되고, 그들의 방출지점으로 부터 그들의 순 이동변위가 결정된다. 이동변위들은 기준시간에 의해 나누어 라그란지언 속도벡터가 된다.

여기서, 그 결과는 lmvvech.out 파일에 수록된다. 역시 MLRPDRT회의 평균 라그란지언의 유속이 계산되고 그 결과는 almvvech.out 파일에 수록된다. ISLRD가 1이나 2일 경우, 라그란지언 평균 유속벡터들은 플롯팅을 위해 그들의 방출지점과 관계된다. ISLRD가 3이나 4일 경우, 라그란지언 평균유속 벡터들은 입자 추적하는 동안 해당 입자의 평균위치와 관계된다. 플롯팅할 때 벡터의 균일한 분포를 보증하기 위해서, 궤도에 위치한 벡터들은 셀중심의 위치로 보간되고, 그 결과는 MLRPDRT 방출에 대해 almvech.out 파일에 수록되고 그 평균은 almvech.out 파일에 수록된다. ISLRD가 1이나 3이면 추적계산을 위해 1차 전방양해법(first order explicit forward)으로 오일러 적분을 수행하는 반면, 그것이 2나 4이면 계산시간이 증가되는 2차 음해적 사다리꼴 적분을 수행한다. 만약 추적계산이 10~ 12의 방출횟수로 전체 격자영역에서 실행된다면, 마지막 2주기를 계산하는 노력은 대개 20~40% 증가된다.

Card Image 68

```
C68 INITIAL DRIFTER POSITIONS (FOR USE WITH SUB DRIFTER)
C
C RI: I CELL INDEX IN WHICH PARTICLE IS RELEASED IN
C RJ: J CELL INDEX IN WHICH PARTICLE IS RELEASED IN
C RK: K CELL INDEX IN WHICH PARTICLE IS RELEASED IN
C
C68 RI RJ RK
```

NPD개의 표류입자의 초기 위치인덱스 I, J, K가 이 카드이미지에서 지정된다.

Card Image 69

```
C69 CONSTANTS FOR CARTESION GRID CELL CENTER LONGITUDE AND LATITUDE
C
C CDLON1: 6 CONSTANTS TO GIVE CELL CENTER LAT AND LON OR OTHER
C CDLON2: COORDINATES FOR CARTESIAN GRIDS USING THE FORMULAS
C CDLON3: DLON(L)=CDLON1+(CDLON2*FLOAT(I)+CDLON3)/60.
C CDLAT1: DLAT(L)=CDLAT1+(CDLAT2*FLOAT(J)+CDLAT3)/60.
C CDLAT2:
C CDLAT3:
C
C69   CDLON1   CDLON2   CDLON3   CDLAT1   CDLAT2   CDLAT3
      0.0      0.0      0.0      0.0      0.0      0.0
```

이 카드이미지는 직각격자(Cartesian grid)를 그리기 위한 셀 중심좌표를 생성하는데 필요한 상수들을 제공한다. 여기서 격자, 수심, 조도는 cell.inp 파일과 depth.inp 파일에서 지정된다.

Card Image 70

```
C70 CONTROLS FOR WRITING ASCII OR BINARY DUMP FILES
C
C ISDUMP:    GREATER THAN 0 TO ACTIVATE
C          1 SCALED ASCII INTEGER (0<VAL<65535)
C          2 SCALED 16BIT BINARY INTEGER (0<VAL<65535) OR (-32768<VAL<32767)
C          3 UNSCALED ASCII FLOATING POINT
C          4 UNSCALED BINARY FLOATING POINT
C ISADMP:    GREATER THAN 0 TO APPEND EXISTING DUMP FILES
C NSDUMP:    NUMBER OF TIME STEPS BETWEEN DUMPS
C TSDUMP:    STARTING TIME FOR DUMPS (NO DUMPS BEFORE THIS TIME)
C TEDUMP:    ENDING TIME FOR DUMPS (NO DUMPS AFTER THIS TIME)
C ISDMPP:    GREATER THAN 0 FOR WATER SURFACE ELEVATION DUMP
C ISDMPU:    GREATER THAN 0 FOR HORIZONTAL VELOCITY DUMP
C ISDMPW:    GREATER THAN 0 FOR VERTICAL VELOCITY DUMP
C ISDMPT:    GREATER THAN 0 FOR TRANSPORTED VARIABLE DUMPS
```

```
C IADJDMP:  0 FOR SCALED BINARY INTEGERS (0<VAL<65535)
C       -32768 FOR SCALED BINARY INTEGERS (-32768<VAL<32767)
C
C70   ISDUMP ISADMP NSDUMP TSDUMP TEDUMP ISDMPP ISDMPU ISDMPW ISDMPT IADJDMP
       0      0      864    0.     731.   0      0      0      1      -32768
```

아스키코드(ASCII)나 이진 덤프(dump) 파일을 쓰기 위한 제어변수는 여기서 지정된다.

Card Image 71

```
C71 CONTROLS FOR HORIZONTAL PLANE SCALAR FIELD CONTOURING
C
C ISSPH:   1 TO WRITE FILE FOR SCALAR FIELD CONTOURING IN HORIZONTAL PLANE
C NPSPH:      NUMBER OF WRITES PER REFERENCE TIME PERIOD
C ISRSPH:  1 TO WRITE FILE FOR RESIDUAL SALINITY PLOTTING IN
C             HORIZONTAL
C ISPHXY:  0 DOES NOT WRITE I,J,X,Y IN ***cnh.out and r***cnh.out FILES
C          1 WRITES I,J ONLY IN ***cnh.out and r***cnh.out FILES
C          2 WRITES I,J,X,Y IN ***cnh.out and r***cnh.out FILES
C DATA LINE REPEATS 7 TIMES FOR SAL, TEM, DYE, SFL, TOX, SED, SND
C
C71   ISSPH   NPSPH   ISRSPH   ISPHXY
       0       12      0        1        !SAL
       0       6       0        1        !TEM
       0       12      0        1        !DYE
       0       6       0        1        !SFL
       0       6       0        1        !TOX
       0       6       0        1        !SED
       0       6       0        1        !SND
```

이 카드이미지는 표층과 바닥층의 스칼라장 분포를 그리기 위한 평면 등농도선을 그리기 위한 출력파일 xxxconh.out과 rxxxconh.out(여기서 xxx는 sla, tem, dye, sfl, sed, or tox)의 생성을 활성화한다. 유사(sed, snd)와 갑각류 유충(sfl)에 대한 해저농도 역시 출력된다. 스위치 ISSPH는 모델실행의 마지막 주기(cycle) 동안 NPSPH번 이송장의 파일(접두어 r이 없는)을 출력한다. 스위치 ISRSPH는 NTSMMT 기준주기 동안 평균을 나타내는 시간평균이나 잔차변수의 출력을 활성화한다(카드이미지 7 참조). 만약 카드이미지 4에서 ISSSMMT =0 일 때, 주기 평균이송장은 모델실행의 각 주기에 대한 평균으로 구성되지만, ISSSMMT =1일 때, 그것은 마지막 주기에 대한 평균만으로 구성된다.

Card Image 71A

```
C71A CONTROLS FOR HORIZONTAL PLANE SEDIMENT BED PROPERTIES CONTOURING
C
  ISBPH:  1 TO WRITE FILES FOR SED BED PROPERTY CONTOURING IN HORIZONTAL
          2 WRITE ONLY DURING LAST REFERENCE TIME PERIOD
```

```
  ISBEXP: 0 ASCII FORMAT, 1 EFDC EXPLORER BINARY FORMAT
  NPBPH:     NUMBER OF WRITES PER REFERENCE TIME PERIOD
  ISRBPH: 1 TO WRITE FILES FOR RESIDUAL SED BED PROPERTY CONTOURING
  ISBBDN: 1 WRITE LAYER BULK DENSITY
  ISBLAY: 1 WRITE LAYER THICKNESSES
  ISBPOR: 1 WRITE LAYER POROSITY
  ISBSED: 1 WRITE COHESIVE SEDIMENT (MASS PER UNIT AREA)
          2 WRITE COHESIVE SEDIMENT (FRACTION OF TOTAL SEDIMENT)
          3 WRITE COHESIVE SEDIMENT (FRACTION OF TOTAL SEDIMENT+WATER)
  ISBSED: 1 WRITE NON-COHESIVE SEDIMENT (MASS PER UNIT AREA)
          2 WRITE NON-COHESIVE SEDIMENT (FRACTION OF TOTAL SEDIMENT)
          3 WRITE NON-COHESIVE SEDIMENT (FRACTION OF TOTAL SEDIMENT+WATER)
  ISBVDR: 1 WRITE LAYER VOID RATIOS
  ISBARD: 1 WRITES ACCUMULATED MASS/AREA RESUSPENSION AND DEPOSITION FOR
            EACH SEDIMENT CLASS TO ASCII FILE BEDARD.OUT FOR ISBEXP=0 OR 1
C
C71A ISBPH  ISBEXP NPBPH ISRBPH ISBBDN ISBLAY ISBPOR ISBSED ISBSND ISBVDR ISBARD
      0      0      1      0      1      1      1      1      1      1      1
```

Card Image 71B

```
C71B FOODCHAIN MODEL OUTPUT CONTROL
C
  ISFDCH: 1 TO WRITE OUTPUT FOR HOUSATONIC RIVER FOODCHAIN MODEL
  NFDCHZ:   NUMBER OF SPATIAL ZONES
  HBFDCH:   AVERAGING DEPTH FOR TOP PORTION OF BED (METERS)
  TFCAVG:   TIME AVERAGING INTERVAL FOR FOODCHAIN OUTPUT (SECONDS)
C
C71B   ISFDCH   NFDCHZ   HBFDCH   TFCAVG
         1        5        0.04     86400.
```

Card Image 72

```
C72 CONTROLS FOR HORIZONTAL SURFACE ELEVATION OR PRESSURE CONTOURING
C
C ISPPH:   1 TO WRITE FILE FOR SURFACE ELEVATION OR PRESSURE CONTOURING
C            IN HORIZONTAL PLANE
C NPPPH:     NUMBER OF WRITES PER REFERENCE TIME PERIOD
C ISRPPH:  1 TO WRITE FILE FOR RESIDUAL SURFACE ELEVATION CONTOURNG IN
C            HORIZONTAL PLANE
C
C72   ISPPH    NPPPH    ISRPPH
        0        6        0
```

이 카드이미지는 순간 수위장과 잔차류나 평균 수위장을 등고선으로 인쇄하기 위한 파일 surfconh.out과 rsurfconh.out의 출력을 제어한다. 제어 스위치는 카드이미지 73의 것과 비슷하다.

Card Image 73

```
C73 CONTROLS FOR HORIZONTAL PLANE VELOCITY VECTOR PLOTTING
C
C ISVPH:  1 TO WRITE FILE FOR VELOCITY PLOTTING IN HORIZONTAL PLANE
C NPVPH:     NUMBER OF WRITES PER REFERENCE TIME PERIOD
C ISRVPH: 1 TO WRITE FILE FOR RESIDUAL VELOCITY PLOTTING IN
C           HORIZONTAL PLANE
C
C73  ISVPH   NPVPH   ISRVPH
       0       12       0
```

이 카드이미지는 유속벡터를 그리기 위한 출력파일 velvech.out의 생성을 활성화한다. 그리고 이 파일에는 마지막 기준주기 동안 NPVPH 횟수로 스위치 ISVPH=1,2,3에 대한 표층과 바닥층의 순간 평면 유속벡터들을 그리기 위한 파일들이 포함된다. 스위치 ISRVPH=1,2,3은 xvelvech.out(여기서, x는 r,p,m이다)의 평면 벡터 그리기를 위한 세개 파일을 생성한다. 여기서 첫 번째 파일 rvelvech.out는 오일리언 평균유속에 해당하는 표층과 바닥층의 잔차류 유속벡터 출력파일이고, 두번째 pvelvech.out는 스톡스(Stokes)의 편류의 비발산 성분을 출력하는 파일이고, 세번째 mvelvech.out는 1차 정확도 평균 라그란지언 속도나 평균 질량 이송속도를 출력하는 파일이다. 만약 카드이미지 4에서 ISSSMMT=0이면, 잔차류는 모델 실행에서 매 주기마다 쓰이는 반면, ISSSMMT=1일 때는 마지막 평균주기의 결과가 쓰인다. ISVPH와 ISRVPH의 선택이 1일 경우 모든 셀의 유속벡터들을 그리고, 2인 경우에는 (I+J)가 짝수인 셀의 유속벡터를 그리고, 3인 경우는 (I+J)가 홀수인 셀의 유속벡터를 그린다. 수많은 셀들을 갖는 격자에서는 2와 3을 선택할 때 종종 유속벡터를 덜 조밀하게 그리기 때문에 눈으로 보기 편하다.

Card Image 74

```
C74 CONTROLS FOR VERTICAL PLANE SCALAR FIELD CONTOURING
C
C ISECSPV:  N AN INTEGER NUMBER OF VERTICAL SECTIONS (N.LE.9) TO WRITE
C           N FILES FOR SCALAR FIELD CONTOURING
C NPSPV:     NUMBER OF WRITES PER REFERENCE TIME PERIOD
C ISSPV:  1 TO ACTIVATE INSTANTANEOUS SCALAR FIELDS
C ISRSPV: 1 TO ACTIVATE FOR RESIDUAL SCALAR FIELDS
C ISHPLTV:1 FOR VERTICAL PLANE PLOTTING FOR MSL DATUMS, ZERO OTHERWISE
C           DATA LINE REPEATS 7 TIMES FOR SAL, TEM, DYE, SFL, TOX, SED, SND
C           ISECSPV IS DETERMINED FOR ALL 7 VARIABLES BY VALUE ON FIRST DATA
            LINE
C
C74  ISECSPV   NPSPV   ISSPV   ISRSPV   ISHPLTV

       1          6       0       0        1        !SAL
       1          6       0       0        1        !TEM
       1          6       0       0        1        !DYE
```

```
1      6      0      0      1      !SFL
1      6      0      0      1      !TOX
1      6      0      0      1      !SED
1      6      0      0      1      !SND
```

이 카드이미지는 ISCESPV개의 종단면이나 횡단면의 스칼라장의 수직분포를 그리기 위한 출력을 활성화한다. 스위치 ISSPV는 xxxcnvN.out 파일(여기서 xxx는 sal, tem, dye, sed, 또는 sfl이고, N은 최대 9까지 갖는 단면번호를 나타낸 것이다)에 마지막 주기 동안 NPSPV 횟수로 순간 스칼라의 출력을 활성화한다. 스위치 ISRSPV는 카드이미지 7의 NTSMMT에 의해 매 주기마다 평균을 내거나(ISSSMMT=0), 마지막 주기만 평균을 낸 후 (ISSSMMT=1), r-접두어 파일과 유사한 시간평균이나 잔차변수의 출력을 활성화한다. 마지막 매개변수는 조석이나 다른 기준에 대한 그리기 정보를 설정한다. 추가적인 정보는 카드이미지 75와 76에서 지정된다.

Card Image 75

```
C75 MORE CONTROLS FOR VERTICAL PLANE SCALAR FIELD CONTOURING
C
C ISECSPV:  SECTION NUMBER
C NIJSPV:   NUMBER OF CELLS OR I,J PAIRS IN SECTION
C SEC ID:   CHARACTER FORMAT SECTION TITLE
C
C75   ISECSPV    NIJSPV    SEC    ID
        0           0       '0'
```

이 카드이미지는 스칼라장의 수직 횡단면 분포를 정하기 위한 정보를 제공한다. 한 라인의 데이터가 각 수직 단면에 필요하다. 수직단면의 최대 번호는 현재 9로 제한된다. 첫 번째 매개변수는 단면 번호를 나타내고, 2번째 매개변수는 단면에 포함된 셀의 수를 지정하고, 마지막 문자열은 출력파일에 수록될 식별자(ID)를 제공한다.

Card Image 76

```
C76 I,J LOCATIONS FOR VERTICAL PLANE SCALAR FIELD CONTOURING
C
C ISECSPV:  SECTION NUMBER
C ISPV:     I CELL
C JSPV:     J CELL
C
C76 ISECSPV ISPV JSPV
```

이 카드이미지는 사용자 식별을 위한 첫 번째 매개변수를 가지고 그 단면을 포함하는 일련의 셀들을 정의한다. 두 번째와 세 번째 매개변수는 일련의 I와 J에 의해 단면위치를 정의한다. 주의해야 할 점은 일련의 셀들이 근접할 필요가 없고, 그것들이 직선일 필요도 없다. 예를 들면, 그들은 종단면으로 지정된 관측위치나 관심있는 유동장의 횡단면이나 하구의 전형적인 종단면의 관측기구 위치(instrument locations)를 나타낸다.

Card Image 77

```
C77 CONTROLS FOR VERTICAL PLANE VELOCITY VECTOR PLOTTING
C
C ISECVPV:  N AN INTEGER NUMBER (N.LE.9) OF VERTICAL SECTIONS
C           TO WRITE N FILES FOR VELOCITY PLOTTING
C NPVPV:     NUMBER OF WRITES PER REFERENCE TIME PERIOD
C ISVPV:  1 TO ACTIVATE INSTANTANEOUS VELOCITY
C ISRSPV: 1 TO ACTIVATE FOR RESIDUAL VELOCITY
C
C77   ISECVPV    NPVPV    ISVPV    ISRSPV
      0          6        0        0
```

이 카드이미지는 ISECVPV(현재 9까지 사용) 수직단면에서 세 유형의 벡터 그리기에 대한 정보 출력을 활성화한다. 스위치 ISVPV는 기준주기 동안 NPVPV횟수로 순간 데이터의 출력을 활성화하는 반면, ISRSPV는 카드이미지 7에서 NTSMMT로 정의된 매 주기평균(ISSSMMT=0) 후나 마지막 주기평균(ISSSMMT=1) 후에 시간평균이나 잔차 데이터의 출력을 활성화한다. 첫 번째 출력파일은 수직면에 경사진 벡터들을 플롯팅하기 위한 데이터를 제공한다. 순간 데이터는 velvcvN.out 파일에 기록되고, 나머지 데이터는 rvelvcvN.out, pvelvcvN.out, mvelvcvN.out, lmvvcvN.out, almvvcvN.out에 기록된다. 여기서 N은 단면번호를 나타낸다. 나머지 2파일들은 ISLRD가 0이 아닐 때만 기록된다. 두 번째 출력 파일은 수직면에 연직한 수평 유속벡터을 그리는 데이터를 제공한다. 순간 데이타는 velcnvN.out 파일에 기록되는 반면, 잔차 데이터는 rvelcnvN.out, pvelcnvN.out, mvelcnvN.out, lmvcnvN.out, almvcnvN.out에 기록된다. 마지막 두 파일들은 ISLRD가 0이 아닐 때만 기록된다. 세 번째 출력파일은 수직면에 경사진 수평 잔차 유속벡터을 그리기 위한 데이터를 제공한다. 시간평균이나 잔차 데이터는 rvelcvtN.out, pvelcvtN.out, mvelcvtN.out, lmvcvtN.out, almvcvtN.out 파일에 기록되고, 마지막 두 파일들은 또다시 ISLRD가 0이 아닐 때 기록된다.

Card Image 78

```
C78 MORE CONTROLS FOR VERTICAL PLANE VELOCITY VECTOR PLOTTING
C
C ISCEVPV: SECTION NUMBER
C NIJVPV:  NUMBER IS CELLS OR I,J PAIRS IN SECTION
C ANGVPV:  CCW POSITIVE ANGLE FROM EAST TO SECTION NORMAL
C SEC ID:  CHARACTER FORMAT SECTION TITLE
C
C78 ISECVPV NIJVPV ANGVPV SEC ID
```

이 카드이미지는 유속벡터와 등고선을 그리기 위한 수직면을 지정하는 추가적인 정보를 제공한다. 첫 번째 매개변수는 단면번호를 나타내고, 두 번째 매개변수는 단면을 구획하는 수평 셀의 수를 지정하고, 세 번째 매개변수 ANGVPV는 수직단면에 대해 동쪽으로 부터 반시계방향의 각을 정의한다. 의미 있는 결과를 얻기 위해서 수직면을 나타내는 셀의 배열은 거의 일직선에 가까워야 한다. 동쪽으로부터 45도 기울어진 단면에 대해, 수직각은 135나 -45도로 정의될 수 있다. 이 두 가지 선택에 대해서, 연직과 접선 방향의 정의는 반대가 된다. 나머지 문자 매개변수는 출력파일 머릿글에 써지는 제목을 나타낸다.

Card Image 79

```
C79 CONTROLS FOR VERTICAL PLANE VELOCITY PLOTTING
C
C ISECVPV:  SECTION NUMBER (REFERENCE USE HERE)
C IVPV:     I CELL INDEX
C JVPV:     J CELL INDEX
C
C79  ISECVPV   IVPV   JVPV
       1       117    52
       1       118    53
       1       119    54
       1       120    55
       1       121    56
       1       122    57
       1       123    58
       1       124    59
       1       125    60
       1       126    61
       1       127    62
       1       128    63
       1       129    64
       1       130    65
       2       141    39
       2       142    40
       2       143    41
       2       144    42
       2       145    43
       2       146    44
       2       147    45
       2       148    46
       2       149    47
       2       150    48
```

이 카드이미지는 도면 그리기를 위해서 사용자가 선택한 수직단면을 구획하는 인덱스 I와 J를 지정한다.

Card Image 80

```
C80 CONTROLS FOR 3D FIELD OUTPUT
C
C IS3DO:    1 TO WRITE TO 3D ASCI INTEGER FORMAT FILES, JS3Dvar.LE.2 SEE
C           1 TO WRITE TO 3D ASCI FLOAT POINT FORMAT FILES, JS3Dvar.EQ.3 C57
C           2 TO WRITE TO 3D CHARACTER ARRAY FORMAT FILES (NOT ACTIVE)
C           3 TO WRITE TO 3D HDF IMAGE FORMAT FILES (NOT ACTIVE)
C           4 TO WRITE TO 3D HDF FLOATING POINT FORMAT FILES (NOT ACTIVE)
C ISR3DO:     SAME AS IS3DO EXCEPT FOR RESIDUAL VARIABLES
C NP3DO:      NUMBER OF WRITES PER LAST REF TIME PERIOD FOR INST VARIABLES
C KPC:        NUMBER OF UNSTRETCHED PHYSICAL VERTICAL LAYERS
C NWGG:       IF NWGG IS GREATER THAN ZERO, NWGG DEFINES
C            THE NUMBER OF !2877
C            WATER CELLS IN CARTESIAN 3D GRAPHICS GRID OVERLAY OF THE
C            CURVILINEAR GRID. FOR NWGG>0 AND EFDC RUNS ON A CURVILINEAR
C            GRID, I3DMI,I3DMA,J3DMI,J3DMA REFER TO CELL INDICES ON THE
C            ON THE CARTESIAN GRAPHICS GRID OVERLAY DEFINED BY FILE
C            gcell.inp. THE FILE gcell.inp IS NOT USED BY EFDC, BUT BY
C            THE COMPANION GRID GENERATION CODE gefdc.f. INFORMATION
C            DEFINING THE OVERLAY IS READ BY efdc.for FROM THE FILE
C            gcellmp.inp. IF NWGG EQUALS 0, I3DMI,I3DMA,J3DMI,J3DMA REFER
C            TO INDICES ON THE EFDC GRID DEFINED BY cell.inp.
C            ACTIVATION OF THE REWRITE OPTION I3DRW=1 WRITES TO THE FULL
C            GRID DEFINED BY cell.inp AS IF cell.inp DEFINES A CARTESIAN
C            GRID. IF NWGG EQ 0 AND THE EFDC COMP GRID IS CO, THE REWRITE
C            OPTION IS NOT RECOMMENDED AND A POST PROCESSOR SHOULD BE USED
C            TO TRANSFER THE SHORT FORM, I3DRW=0, OUTPUT TO AN APPROPRIATE
C            FORMAT FOR VISUALIZATION. CONTACT DEVELOPER FOR MORE DETAILS
C I3DMI:     MINIMUM OR BEGINNING I INDEX FOR 3D ARRAY OUTPUT
C I3DMA:      MAXIMUM OR ENDING I INDEX FOR 3D ARRAY OUTPUT
C J3DMI:     MINIMUM OR BEGINNING J INDEX FOR 3D ARRAY OUTPUT
C J3DMA:      MAXIMUM OR ENDING J INDEX FOR 3D ARRAY OUTPUT
C I3DRW:   0 FILES WRITTEN FOR ACTIVE CO WATER CELLS ONLY
C          1 REWRITE FILES TO CORRECT ORIENTATION DEFINED BY gcell.inp
C            AND gcellmp.inp FOR CO WITH NWGG.GT.O OR BY cell.inp IF THE
C            COMPUTATIONAL GRID IS CARTESIAN AND NWGG.EQ.0
C SELVMAX:    MAXIMUM SURFACE ELEVATION FOR UNSTRETCHING (ABOVE MAX SELV )
C BELVMIN:    MINIMUM BOTTOM ELEVATION FOR UNSTRETCHING (BELOW MIN BELV)
C
C80 IS3DO ISR3DO NP3DO KPC NWGG I3DMI I3DMA J3DMI J3DMA I3DRW SELVMAX BELVMIN
      0     0      0    1    0     1    42     1   132     0    15.0    -315.
```

이 카드이미지는 도면 그리기와 시각화를 위한 3차원 데이터의 출력을 제어한다. 스위치 IS3DO와 ISR3DO는 각각 마지막 기준주기 동안 NP3DO번째 순간 데이터와 시간평균이나 잔차 데이터의 출력을 활성화한다. 잔차 데이터는 카드이미지 7의 NTSMMT에 의해서 각 주기 평균(ISSSMMT=0)나 마지막 주기만 평균(ISSMMT=1)후에 출력이다. 그러나 현재 설정은 24개 주기의 평균 파일이 출력될 수 있고, 만약 평균주기 수가 24를 초과하면 마지막 24번째 주기만 출력된다. 단지 현재 가능한 옵션(IS3D=1과 ISR3D=1)은 8비트 ASCII정수(0~255)로 출력된다. 이것은 유연성과 디스크 저장의 최소화를 위해 선택되었다. 후처리 프로그램은 ftp를 통해서 얻을 수 있는데, 이것은 8비트 ASCII정수 데이터를 여러 시각화 소프트웨어에 적합한 8비트 ASCII문자 데이터, 8비트 2진 데이터, HDF이미지, 또는 소수형 데이터를 포함하여 여러 가지 형태의 데이터로 변환하는데 사용된다. 비록 8비트 3차원 정수배열 파일은 매우 클 수 있지만, 그들은 대부분의 시스템에서 효율적으로 압축될 수 있다. 유닉스 시스템의 압축버전 UNIX .Z는 파일을 10배 정도 작게 만들어 출력할 수 있다. 출력형식은 최대 수면에서 최소 바닥고까지 모델 영역을 일정한 두께로 나눈 조각/층(slices)을 KPC층 쌓아놓은 것으로 생각되는 3 차원 배열을 갖는다. 각 층은 진동과 진북 축의 2차원 배열로 구성된다. 2차원 평면에서 행배열은 스프레드시트(spread sheet)의 열과 유사하게 서쪽에서 동쪽으로 기록되고, 열배열은 스프레드시트의 행과 유사하게 북쪽에서 남쪽으로 기록된다. 그래서 만약 한 층의 행렬(matrix)이 스프레드시트의 형태로 표시되면, 그것은 알맞은 지리적 방향을 나타내게 된다.

KPC개 일정한 두께 층들은 모델 내부의 스트레치드나 시그마 좌표계의 언스트레칭(unstretching)과 같은 일정한 고도 보간법에 의해서 생성된다. 첫 번째 층의 위쪽 경계고도는 SELVMAX에 의해 규정되고, 이것은 전체 데이터 수집하는 기간 동안 얻은 최대 표층수보다 약간 더 커야한다. 마지막 층의 아래 경계고도는 BELVMIN에 의해 규정되고, 이것은 모델 영역에서 가장 깊은 셀의 바닥고 조금 아래에 해당된다. 위 카드 데이터 라인에서 보듯이 SELVMAX와 BELVMIN값은 기준 해수면과 관련되고, BELVMIN은 (-)값이다. 일정한 간격의 직각격자에 대해서, 일정한 고도층에 해당하는 직사각형 2차원 배열이나 행렬은 바로 모델 격자와 동일하다. 곡선이나 간격이 변하는 직각격자에 대해서, 직각 그래픽 오버레이격자는 GEFDC 전처리 코드에 의해서 생성될 수 있고, gcellmap.inp 파일에 의해서 EFDC에 입력되고, 수평층을 정하는데 사용된다. 매개변수 NWGG는 직각 그래픽 격자에서 물셀의 수를 정한다. NWGG가 0이면, 계산격자는 직각격자로 가정되는 반면, 0이 아니면 오버레이격자를 나타내고 gcellmap.inp 파일 읽기를 활성화한다. 입력파일 gcellmap.inp는 곡선격자 데이터를 직각 그래픽 격자로 보간하는 정보를 포함한다. 3차원 데이터가 추출되는 수평영역의 경계는 I3DMI<IG<I3DMA, J3DMA<JG<J3DMA로 정의된다. 여기서 IG와 JG는 직각 그래픽 격자에서 동쪽과 북쪽 인덱스이거나 등간격의 직각 계산 격자의 인덱스 I와 J이다. 매개변수 I3DRW는 3차원 출력파일이 일시적인 압축 형태로 기록되도록 한다. 만약 I3DRW가 1이면, 출력파일은 위에서 설명한 3차원 배열 구조이다. 그러나 불규칙한 지역의 많은 모델 적용에 의하면, 3차원 출력행렬의 거의 대부분은 육지를 나타냈다.

I3DRW를 0으로 설정하는 것은 그래픽 오버레이 또는 계산격자에서 활성 물셀을 위한 출력정보를 결과적으로 나타낸다. 이 출력파일은 ftp에 의해서 얻을 수 있고, 나중에 후처리 유틸리티에 의해 완전히 3차원 포맷으로 확장될 수 있다.

Card Image 81

```
C81 OUTPUT ACTIVATION AND SCALES FOR 3D FIELD OUTPUT
C
C VARIABLE:       DUMMY VARIABLE ID (DO NOT CHANGE ORDER)
C IS3D(VARID): 1 TO ACTIVATE THIS VARIABLES
C JS3D(VARID): 0 FOR NO SCALING OF THIS VARIABLE
C              1 FOR AUTO SCALING OF THIS VARIABLE OVER RANGE 0<VAL<255
C                AUTO SCALES FOR EACH FRAME OUTPUT IN FILES out3d.dia AND
C                rout3d.dia OUTPUT IN I4 FORMAT
C              2 FOR SCALING SPECIFIED IN NEXT TWO COLUMNS WITH OUTPUT
C                DEFINED OVER RANGE 0<VAL<255 AND WRITTEN IN I4 FORMAT
C              3 FOR MULTIPLIER SCALING BY MAX SCALE VALUE WITH OUTPUT
C                WRITTEN IN F7.1 FORMAT (IS3DO AND ISR3DO MUST BE 1)
C
C81  VARIABLE      IS3D(VARID)  JS3D(VARID)  MAX SCALE VALUE  MIN SCALE VALUE
     'U VEL'       0            3            100.0            -1.0
     'V VEL'       0            3            100.0            -1.0
     'W VEL'       0            0            1000.0           -1.0E-3
     'SALINITY'    0            3            1.0              0.0
     'TEMP'        0            3            1.0              10.0
     'DYE'         0            0            1000.0           0.0
     'COH SED'     0            3            1000.0           0.0
     'NCH SED'     0            3            1000.0           0.0
     'TOX CON'     0            3            1000.0           0.0
```

Output Variable	Instantaneous	Residual
U VEL	uuu3dNN.asc	ruuu3dNN.asc
V VEL	vvv3dNN.asc	rvvv3dNN.asc
W VEL	www3dNN.asc	rwww3dNN.asc
SALINITY	sal3dNN.asc	rsal3dNN.asc
TEMP	tem3dNN.asc	rtem3dNN.asc
DYE	dye3dNN.asc	rdye3dNN.asc
SEDIMENT COHESIVE	sed3dNN.asc	rsed3dNN.asc
SEDIMENT NON-COHESIVE	snd3dNN.asc	rsnd3dNN.asc
TOXIC	tox3dNN.asc	rtox3dNN.asc

카드이미지 81은 3차원 데이터 장 출력을 제어한다. 위 데이터 라인에 해당하는 출력을 위한 유속장은 진동과 진북 수평 유속벡터를 포함하고, 물리적 연직 유속벡터(내부적으로

사용되는 스트레치드 좌표계 연직속도에 대응한)를 포함하고, 염도, 온도, 염료농도, 점착성유사 농도, 비점착성유사 농도, 독성농도 스칼라장을 포함한다. 스위치 IS3D는 지정된 변수 출력을 활성화 하는 반면, 스위치 JS3D는 8비트 정수 형태의 변환을 정의한다. JS3D 옵션이 2이면, 최소치와 최대치는 1과 255(추천)가 된다. 3차원 배열에서 육지는 자동적으로(by default) 0으로 설정된다. 이 카드이미지에서 데이터 라인에 해당하는 출력파일 이름은 다음과 같다.

여기서, NN은 1과 24사이의 시간을 나타내는 두 자리 번호이다. 두 개의 추가된 파일 out3d.dia와 rout3d.dia는 출력파일을 위한 각 변수의 실질적인 최대치와 최소치를 포함하고 요약정보도 제공한다.

Card Image 82

```
C82 INPLACE HARMONIC ANALYSIS PARAMETERS
C
C ISLSHA: 1 FOR IN PLACE LEAST SQUARES HARMONIC ANALYSIS
C MLLSHA:   NUMBER OF LOCATIONS FOR LSHA
C NTCLSHA:  LENGTH OF LSHA IN INTEGER NUMBER OF REFERENCE TIME PERIODS
C ISLSTR: 1 FOR TREND REMOVAL
C ISHTA : 1 FOR SINGLE TREF PERIOD SURFACE ELEV ANALYSIS
C                     90
C82    ISLSHA   MLLSHA   NTCLSHA   ISLSTR   ISHTA
         0        0         7         0        0
```

카드이미지 83과 함께 이 카드는 최소자승법 조화분해 절차를 위한 제어정보를 제공한다. ISLSHA는 기준주기, NTCLSHA 동안 사용자가 지정한 수평위치, MLLSHA에서 최소자승 조화분해를 활성화시킨다. 만약 ISLSRT가 1로 설정되면, 이 분해는 정상적 성분이거나 선형적인 성분으로 가정된다. 스위치 ISHTA는 MTIDE가 1일 때만 작동되고, 이것은 전체 수위장과 수평면 유속장에 대한 한 주기 최소자승 조화분해를 작동시킨다.

Card Image 83

```
C83 HARMONIC ANALYSIS LOCATIONS AND SWITCHES
C
C ILLSHA:  I CELL INDEX
C JLLSHA:  J CELL INDEX
C LSHAP:   1 FOR ANALYSIS OF SURFACE ELEVATION
C LSHAB:   1 FOR ANALYSIS OF SALINITY
C LSHAUE:  1 FOR ANALYSIS OF EXTERNAL MODE HORIZONTAL VELOCITY
C LSHAU:   1 FOR ANALYSIS OF HORIZONTAL VELOCITY IN EVERY LAYER
C CLSL:      LOCATION AS A CHARACTER VARIABLE
C
C83 ILLSHA JLLSHA LSHAP LSHAB LSHAUE LSHAU CLSL
```

이 카드이미지는 여러 분조의 최소자승 조화분해를 수행하게 될 위치를 정하는 인덱스 I, J를 지정한다. 다음 4개의 스위치는 조위, 염도, 바로트로픽 혹은 수심평균 수평속도와 각층의 수평속도를 대한 분석을 활성화 한다. 문자열은 출력파일 lsha.out에 조화분해 위치를 나타낸다. 카드이미지 84는 시계열 파일의 작성을 활성화하고 제어한다. 매개변수 ISTMSR=1은 새로운 시계열 파일의 생성을 활성화하는 반면, ISTMSR=2는 기존 시계열 파일의 끝에 쓰고, 모델이 오랫동안 수치모의를 계속하기 위해 재시작 되는 경우에 유용하다. 다양한 모델변수에 대한 순간 데이터는 MLTMSR 위치에서 출력될 수 있다(현재 한계는 99곳까지이다).

Card Image 84

```
C84 CONTROLS FOR WRITING TO TIME SERIES FILES
C
C ISTMSR: 1 OR 2 TO WRITE TIME SERIES OF SURF ELEV, VELOCITY, NET
C          INTERNAL AND EXTERNAL MODE VOLUME SOURCE-SINKS, AND
C          CONCENTRATION VARIABLES, 2 APPENDS EXISTING TIME SERIES FILES
C MLTMSR:   NUMBER HORIZONTAL LOCATIONS TO WRITE TIME SERIES OF SURF ELEV,
C          VELOCITY, AND CONCENTRATION VARIABLES, MAXIMUM LOCATIONS = 9
C NBTMSR:   TIME STEP TO BEGIN WRITING TO TIME SERIES FILES
C NSTMSR:   TIME STEP TO STOP WRITING TO TIME SERIES FILES
C NWTSER:   WRITE INTERVAL FOR WRITING TO TIME SERIES FILES
C NTSSTSP:  NUMBER OF TIME SERIES START-STOP SCENARIOS, 1 OR GREATER
C TCTMSR:   UNIT CONVERSION FOR TIME SERIES TIME. FOR SECONDS, MINUTES,
C          HOURS,DAYS USE 1.0, 60.0, 3600.0, 86400.0 RESPECTIVELY
C IDUM:   2 DUMMY INTEGER VARIABLES REQUIRED, BOTH = 0
C
C84 ISTMSR  MLTMSR  NBTMSR  NSTMSR  NWTMSR  NTSSTSP  TCTMSR  IDUM  IDUM
     1        9       1     2000000   60       1     86400.   0     0
```

매개변수 NBTMSR과 NSTMSR은 데이터가 매 NWTMSR 시간간격으로 출력되는 간격의 시작과 끝 시간을 지정한다. 변환계수 TCTMSR은 시계열 출력파일에서 시계열을 위한 시간단위를 지정한다. 매개변수 NTSSTSP는 시작과 종료의 시나리오 수를 지정한다. 다른 말로 하면, 시계열 데이터가 지정된 기간 동안 출력파일에 쓰일 수 있고, 그다음 기록이 다른 주기 동안 멈쳐 질 수도 있고 다시 재개될 수도 있다. 시작과 종료 시각은 카드이미지 85와 86에서 제어된다.

Card Image 85

```
C85 CONTROLS FOR WRITING TO TIME SERIES FILES
C
C ITSSS:    START-STOP SCENARIO NUMBER 1.GE.ISSS.LE.NTSSTSP
C MTSSTSP:   NUMBER OF STOP-START PAIRS FOR SCENARIO ISSS
C
C85   ITSSS    MTSSTSP
        1       1          !FULL SAVE
```

시계열 파일을 쓰기 위한 시작과 종료의 시나리오가 여기서 지정된다.

Card Image 86

```
C86 CONTROLS FOR WRITING TO TIME SERIES FILES
C
C ITSSS:   START-STOP SCENARIO NUMBER 1.GE.ISSS.LE.NTSSTSP
C MTSSS:   NUMBER OF STOP-START PAIRS FOR SCENARIO ISSS
C TSSTRT:  STARTING TIME FOR SCENARIO ITSSS, SAVE INTERVAL MTSSS
C TSSTOP:  STOPING TIME FOR SCENARIO ITSSS, SAVE INTERVAL MTSSS
C
C86   ISSS    MTSSS    TSSTRT    TSSTOP    USER      COMMENT
        1       1       -1000.    10000.    ! FULL    SAVE
```

시계열 파일을 쓰기 위한 시작과 종료의 제어가 여기서 지정된다.

Card Image 87

```
C87 CONTROLS FOR WRITING TO TIME SERIES FILES
C
C ILTS:    I CELL INDEX
C JLTS:    J CELL INDEX
C NTSSSS:  WRITE SCENARIO FOR THIS LOCATION
C MTSP:  1 FOR TIME SERIES OF SURFACE ELEVATION
C MTSC:  1 FOR TIME SERIES OF TRANSPORTED CONCENTRATION VARIABLES
C MTSA:  1 FOR TIME SERIES OF EDDY VISCOSITY AND DIFFUSIVITY
C MTSUE: 1 FOR TIME SERIES OF EXTERNAL MODE HORIZONTAL VELOCITY
C MTSUT: 1 FOR TIME SERIES OF EXTERNAL MODE HORIZONTAL TRANSPORT
C MTSU:  1 FOR TIME SERIES OF HORIZONTAL VELOCITY IN EVERY LAYER
C MTSQE: 1 FOR TIME SERIES OF NET EXTERNAL MODE VOLUME SOURCE/SINK
C MTSQ:  1 FOR TIME SERIES OF NET EXTERNAL MODE VOLUME SOURCE/SINK
C CLTS:    LOCATION AS A CHARACTER VARIALBLE
C
C87 ILTS JLTS NTSSSS MTSP MTSC MTSA MTSUE MTSUT MTSU MTSQE MTSQ  CLTS
     7    3    1      1    0    0    0     0     1    0     0    'station 1'
     16   3    1      1    0    0    0     0     1    0     0    'station 2'
     23   3    1      1    0    0    0     0     1    0     0    'station 3'
     7    12   1      1    0    0    0     0     1    0     0    'station 4'
     16   12   1      1    0    0    0     0     1    0     0    'station 5'
     23   12   1      1    0    0    0     0     1    0     0    'station 6'
     7    20   1      1    0    0    0     0     1    0     0    'station 7'
     16   20   1      1    0    0    0     0     1    0     0    'station 8'
     23   20   1      1    0    0    0     0     1    0     0    'station 9'
```

카드이미지 87은 시계열 데이터와 데이터 종류를 쓰기 위한 수평위치의 인덱스 I, J를 지정한다. 모델에서 출력 스위치가 활성화될 때 만들어지는 출력파일의 이름은 일반적으로 다음과 같다.

Switch	Filename
MTSP	seltmsrNN.out
MTSC	saltmsrNN.out
	.temtmsrNN.out
	.dyetmsrNN.out
	.sedtmsrNN.out
	.sfltmsrNN.out
MTSA	avvtmsrNN.out
	.avbtmsrNN.out
MTSUE	uvetmsrNN.out
MTSUT	uvttmsrNN.out
MTSU	u3dtmsrNN.out
	.v3dtmsrNN.out
MTSQE	qqetmsrNN.out
MTSQ	q3dtmsrNN.out

여기서, NN은 01에서 99사이의 값으로 위치를 표시한다. 마지막 열(CLTS)은 출력파일 머릿글에 쓰는 것으로 위치에 대한 문자 인식자로 사용된다.

Card Image 88

```
C88 CONTROLS FOR EXTRACTING INSTANTANEOUS VERTICAL SCALAR FIELD PROFILES
C
C ISVSFP: 1 FOR EXTRACTING INSTANTANEOUS VERTICAL FIELD PROFILES
C MDVSFP: MAXIMUM NUMBER OF DEPTHS FOR SAMPLING VALUES
C MLVSFP: NUMBER OF HORIZONTAL SPACE-TIME LOCATION PAIRS TO BE SAMPLED
C TMVSFP: MULTIPLIER TO CONVERT SAMPLING TIMES TO SECONDS
C TAVSFP: ADDITIVE ADJUSTMENT TO SAMPLING TIME BEFORE CONVERSION TO SEC
C          200max 1600max
C88  ISVSFP    MDVSFP    MLVSFP    TMVSFP    TAVSFP
       0         0       86400.     0.         0
```

카드이미지 88은 지정된 시간과 장소에서 순간 수직 스칼라장 분포를 뽑아내기 위해 제공한다. 이 옵션은 현장 샘플링(sampling) 탐사를 모방하기 위해 설계되었고, 시계열 출력 옵션보다도 더 작은 부피의 출력데이터를 생산한다. 스위치 ISNSFP=1은 이 옵션을 활성화한다. 매개변수 MDVSFP는 수심의 최대 수(샘플링을 위해 순간 자유수면 아래서 측정되는)를 지정하는 반면, MLVSFP는 샘플링을 위한 이산 시간과 공간 장소의 수를 지정한다. 매개변수 TMVSFP는 카드이미지 89에서 지정된 샘플링 시간을 초 단위로 변환한다. 샘플링을 위한 기준시점은 카드이미지 8에서 지정된 정보와 일치해야 한다. 매개변수 TAVSFP는 카드이미지 90의 샘플링 횟수에 대한 추가적인 조정자이고, 낮 시간 동안 기록되는 샘플링 횟수를 취급하기 위해 유용하다. 이 옵션의 출력파일은 vsfp.out이다.

Card Image 89

```
C89 SAMPLING DEPTHS FOR EXTRACTING INST VERTICAL SCALAR FIELD PROFILES
C
C MMDVSFP:  Mth SAMPLING DEPTH
C DMSFP:    SAMPLING DEPTH BELOW SURFACE, IN METERS
C
C89   MMDVSFP   DMVSFP
        1         1.0
        1         3.0
```

카드이미지 89는 지정된 시간과 장소에서 수면 아래 샘플링 수심 MDVSFP를 지정한다. 만약 바닥에 대한 지역수심이 샘플링 수심보다도 작으면, 그 수심은 출력데이터로 기록되지 않는다.

Card Image 90

```
C90 HORIZONTAL SPACE-TIME LOCATIONS FOR SAMPLING
C
C MMLVSFP:  Mth SPACE TIME SAMPLING LOCATION
C TIMVSFP:  SAMPLING TIME
C IVSFP:    I HORIZONTAL LOCATION INDEX
C JVSFP:    J HORIZONTAL LOCATION INDEX
C
C90  MMLVSFP   TIMVSFP   IVSFP  JVSFP
       1        3221.60   151    42
       2        322.00    140    46
```

카드이미지 90은 샘플링을 위한 시간과 장소를 나타내는 셀 인덱스 I, J를 지정한다.

Card Image 91

```
C91 Reference settling velocity and concentration above which concentration
C enhanced occurs and below which constant settling velocity
C ISHOUSATONIC=1 ONLY
C
  SED_CRIT
     CONSTWS1
     CONSTWS2
C
C   SED_CRIT    CONSTWS1    CONSTWS2
    5.0         0.100       30.0
```

Card Image 92

```
C92 MAINTAIN minimum TSS in SELECTED cells
C ISHOUSATONIC=1 ONLY
C
    LABKWTR
    SED_MIN
C
C   LABKWTR   SED_MIN
    939       1.0
```

Card Image 93

```
C93 Spatially varying coefficient and exponent for cohesive erosion function
C ISHOUSATONIC=1 ONLY
C
     COEFF_US
     EXPO_US
     COEFF_DS
     EXPO_DSC
C Reach 5A and 5B Reach 5C, 5D and 6
C   COEFF_US   EXPO_US   COEFF_DS   EXPO_DS
    6.98       1.59      9.98       0.949
```

Card Image 94

```
C94 Spatially varying foodchain exposure depths
C ISHOUSATONIC=1 ONLY
C
     FCMHBDUS
     FCMHBDDS
     FCMHBDWP
C Reach 5A Reach 5B,5C,5D and 6
C   FCMHBDUS     FCMHBDDS     FCMHBDWP
    0.04         0.07         0.1524
```

05 부가적인 입력 파일

이 장은 EFDC 모델을 실행하기 위해 필요한 부가적 입력파일을 설명한다. 수질과 부영양화에 대한 파일들은 다음 장에서 설명한다. 여러 파일들을 설명하기 전에, 모델이 실행을 위해 필요로 하는 조건과 옵션에 주목하면서 파일들을 다시 요약해보는 것이 유용하다.

파일 이름	설명
lxly.inp	efdc.inp파일의 카드이미지 9에서 ISCLO=1이고 (LC-LVC) .GT. 2이면, 이 파일이 요구됨.
mappns.inp	efdc.inp파일의 카드이미지 9에서 ISPGNS=1이면, 이 파일이 요구되지 않음.
mask.inp	efdc.inp파일의 카드이미지 9에서 ISMASK=1이면 이 파일이 요구됨.
mochan.inp	efdc.inp파일의 카드이미지 14에서 ISCHAN=1이면 이 파일이 요구됨.
moddxdy.inp	efdc.inp파일의 카드이미지 11에서 IMD=1이면, 이 파일이 요구됨.
pser.inp	efdc.inp파일의 카드이미지 16에서 NPSER .GE.1이면, 이 파일이 요구됨.
qctl.inp	efdc.inp파일의 카드이미지 23에서 NQCTL .GE.1이면, 이 파일이 요구됨.
qser.inp	efdc.inp파일의 카드이미지 23에서 NQSER .GE.1이면, 이 파일이 요구됨.
restart.inp	efdc.inp파일의 카드이미지 2에서 ISRESTI =1이면 이 파일이 요구됨.
restan.inp	efdc.inp파일의 카드이미지 4에서 ISLTMT = 1이면, 이 파일이 요구됨.
salt.inp	efdc.inp파일의 카드이미지 6에서 ISTOPT = 1이면, 이 파일이 요구됨.
sdser.inp	efdc.inp파일의 카드이미지 22에서 NSDSER .GE.1이면 요구됨.
show.inp	efdc.inp파일의 카드이미지 2에서 ISHOW 〉 1이면, 이 파일이 요구됨.
sser.inp	efdc.inp파일의 카드이미지 22에서 NSSER .GE.1이면, 이 파일이 요구됨.
sfser.inp	efdc.inp파일의 카드이미지 22에서 NSFSER .GE.1이면 요구됨.
sfbser.inp	efdc.inp파일의 카드이미지 6에서 ISTRAN .EQ. 1이면 요구됨.
tser.inp	efdc.inp파일의 카드이미지 22에서 NTSER .GE.1이면 요구됨.
vege.inp	efdc.inp파일의 카드이미지 5에서 ISVEG .GE.1이면 요구됨.
wave.inp	efdc.inp파일의 카드이미지 14에서 ISWAVE .GE.1이면 요구됨.

2장에서 cell.inp, celllt.inp, dxdy.inp, lxly.inp 파일들에 대해 예를 들어 설명하였으므로, 독자는 2장을 참고하면 그들을 잘 이해할 수 있다. depth.inp 파일은 이전 버전의 모델에서 사용되었고, 현재 그것의 기능은 dxdy.inp에 의해 대신하게 되었다. 그러므로 그것은 여기서 설명하지 않을 것이다. 나머지 입력파일의 예는 알파벳의 순서로 제시되고 설명될 것이다.

5.1 입력파일 aser.inp

입력 파일 aser.inp는 강수와 증발산은 물론, 기압, 온도를 지정한다. 카드이미지 6의 3번째 라인의 ISTOPT=1인 경우, 모델 내부에서 온도의 소스와 싱크를 계산하기 위해 환경적인 매개변수들의 모든 값들을 지정한다. aser.inp 파일에 대한 예는 다음과 같다.

```
# ASER.INP: Mashapaug Pond, 01/01/2001 - 12/31/2001 (hourly data)
# solar radiation based on 1960-91 observations at Providence, RI (WBAN14765)
# SRadj = SRmin + (SRmax - SRmin)*(1.0-CL) where CL=cloud cover (0-1)
# ATMOSPHERIC FORCING FILE, USE WITH 28 JULY 96 AND LATER VERSIONS OF EFDC
# MASER     =NUMBER OF TIME DATA POINTS
# TCASER    =DATA TIME UNIT CONVERSION TO SECONDS
# TAASER    =ADDITIVE ADJUSTMENT OF TIME VALUES SAME UNITS AS INPUT TIMES
# IRELH     =0 VALUE TWET COLUMN VALUE IS TWET, =1 VALUE IS REL. HUMIDITY
#RAINCVT          =CONVERTS   RAIN   TO   M/SEC,   inch/day=0.00254/86400   =2.94E-7m/d
    =7.0556E-6m/h
# EVAPCVT   =CONVERTS EVAP TO UNITS OF M/SEC, IF EVAPCVT<0 EVAP IS INTERNALLY
             COMPUTED
# SOLRCVT   =CONVERTS SOLAR SW RADIATION TO JOULES/SQ METER
# CLDCVT    =MULTIPLIER FOR ADJUSTING CLOUD COVER
# IASWRAD=O DISTRIBUTE SW SOL RAD OVER WATER COL AND INTO BED, =1 ALL TO
             SURF LAYER
# REVC      =1000*EVAPORATIVE TRAN. COEF, REVC<0 USE WIND SPD DEPD DRAG COEF
# RCHC      =1000*CONVECTIVE HEAT TRANSFER COEF, REVC<0 USE WIND SPD DEPD DRAG
    COEF
# SWRATNF   =FAST SCALE SOLAR SW RADIATION ATTENUATION COEFFICIENT 1./METERS
# SWRATNS   =SLOW SCALE SOLAR SW RADIATION ATTENUATION COEFFICIENT 1./METERS
# FSWRATF   =FRACTION OF SOLSR SW RADIATION ATTENUATED FAST 0<FSWRATF<1
# DABEDT    =DEPTH OR THICKNESS OF ACTIVE BED TEMPERATURE LAYER, METERS
# TBEDIT    =INITIAL BED TEMPERATURE
# HTBED1    =CONVECTIVE HT COEFFICIENT BETWEEN BED AND BOTTOM WATER LAYER NO
    DIM
# HTBED2    =HEAT TRANS COEFFICIENT BETWEEN BED AND BOTTOM WATER LAYER M/SEC
# PATM      =ATM PRESS MILLIBAR
# TDRY/TEQ =DRY ATM TEMP ISOPT(2)=1 OR EQUIL TEMP ISOPT(2)=2
# TWET/RELH=WET BULB ATM TEMP IRELH=0, RELATIVE HUMIDITY IRELH=1
```

```
# RAIN        =RAIN FALL RATE LENGTH/TIME
# EVAP        =EVAPORATION RATE IF EVAPCVT>0.
# SOLSWR      =SOLAR SHORT WAVE RADIATION AT WATER SURFACE ENERGY FLUX/UNIT
   AREA
# CLOUD       =FRACTIONAL CLOUD COVER
#
#  MASER  TCASER  TAASER  IRELH  RAINCVT  EVAPCVT  SOLRCVT  CLDCVT
#
#  IASWRAD REVC RCHC SWRATNF SWRATNS FSWRATF DABEDT TBEDIT HTBED1 HTBED2
#
#  TASER(M) PATM(M) TDRY(M) TWET(M)  RAIN(M)  EVAP(M) SOLSWR(M) CLOUD(M)
#                   /TEQ    /RELH                     /HTCOEF
   8761     86400.    0.      1    7.05556E-06   -1.     1.0      1.00
   2      1.5    1.5    1.0      0.0      1.0    10000.0    2.0    0.000   2.0E-6
   0.00000    1007.79  0.30    0.68     0.000     0.000       0.0     0.25
   1.03542    1007.79  0.30    0.68     0.000     0.000       0.0     0.25
   1.07708    1008.80  0.30    0.68     0.000     0.000       0.0     0.05
   1.11875    1009.82  0.30    0.71     0.000     0.000       0.0     0.05
...etc.
```

첫 번째 데이터 라인의 매개변수들은 시간 포인트 수(MASER), 시간을 sec로 변환하기 위한 계수(TCASER), 단위변환 전 부가되는 일정 시간(TASSER), 풍속을 m/s로 변환하는 계수(WINDSCT), 강수량과 증발율을 m/s로 변환하는 계수(RAINCVT, EVAPCVT)를 지정한다.

각 시간 데이터 라인은 순서대로: 시간(TASER), 풍속(WINDS), 바람이 부는 방위각인 풍향(WINDD):(기상학 부호와 반대인 해양학 부호), 단위가 millibar인 대기압(PATM), 단위가 ℃인 건온과 습온(TDRY, TWET), 강우량(RAIN), 증발율(EVAP)과 단위가 joule/sec/m^2 인 태양의 단파 복사열(SOLSWR)을 표시한다.

카드이미지 6의 3번째 라인의 ISTOPT=2이면, 비정상(time variable) 평형 표면열교환 공식이 모델에서 수행된다. 이 경우에 대한 aser.inp 파일의 형식은 위와 같고, 평형온도(℃)는 TDRY변수 아래 기입되고, m^2/sec 단위를 쓰는 순 표면열교환 계수는 SOLSWR변수 밑에 기입된다. PATM과 TWET 아래 기입된 데이터는 이 경우에 쓰이지 않는다. 카드이미지 6에서 3번째 라인의 ISTOPT=3이면, 정상(time-invariant) 표면열교환 공식이 efdc.inp의 카드이미지 46에서 준비된 일정한 평형 온도와 열교환 계수를 가지고 모델에서 수행된다.

이 경우에, 풍속과 풍향 데이터와 강우와 증발열 데이터가 모델에 의해 사용되는 aser.inp 파일을 구성한다.

5.2 입력파일 dser.inp, sser.inp, sdser.inp, sfser.inp, tser.inp

이 스칼라 성분 시계열 파일들은 모두 동일한 형식을 갖고 있어, 그들을 공통적인 내용으로 설명하면 충분하다. 그래서 시계열 파일 중 하나인 염도 입력파일 sser.inp를 예로 들어 설명하면, 그것은 다음과 같다.

```
C sser.inp file, salt is nc=1 conc, in free format across line,
C repeats ncser(1) times, test case
C
C ISTYP MCSER(NS,1) TCCSER(NS,1) TACSER(NS,1) RMULADJ(NS,1) ADDADJ(NS,1)
C
C if istyp.eq.1 then read depth weights and single value of CSER
C
C (WKQ(K),K=1,KC)
C
C TCSER(M,NS,1) CSER(M,NS,1) !(mcser(ns,1) sets ns=1,ncser(1) series)
C
C else read a value of qser for each layer
C
C TCSER(M,NS,1) (CSER(M,K,NS,1),K=1,KC) !(mcser(ns,1) pairs)
C
   0      7         86400.        0.0         1.0          0.0
   35.791668   29.57  29.57  29.57  29.57  29.57  29.57  29.57  29.57
   35.833336   29.93  29.93  29.93  29.93  29.93  29.93  29.93  29.93
   35.875000   29.88  29.88  29.88  29.88  29.88  29.88  29.88  29.88
   35.916668   30.89  30.89  30.89  30.89  30.89  30.89  30.89  30.89
   35.958336   31.24  31.24  31.24  31.24  31.24  31.24  31.24  31.24
   36.000000   31.12  31.12  31.12  31.12  31.12  31.12  31.12  31.12
   36.041668   31.28  31.28  31.28  31.28  31.28  31.28  31.28  31.28
```

시계열 농도 입력파일은 여러 개의 시계열을 포함할 수 있다. 각 시계열 세트는 ISTYP(시계열 형식 식별자), MCSER(데이터 시간 수), TCCSER(시간단위를 초로 변환하는 계수), TACSER(단위가 변환되기 전 적용되는 부가적 시간 조정치), RMULADJ(농도의 곱하는 변환계수), ADDADJ(곱하기 전 적용된, 농도에 대한 더하는 변환계수)로 구성된 데이터 라인을 시작으로 작성된다. 만약에 ISTYP가 0이면, MCSER 시간 데이터 포인트는 각 층에 대해서 농도 값을 가져야 한다. 만약 ISTYP가 1이면, MCSER는 각층에 대한 농도 값을 가져야 한다. 만일 ISTYP가 1이면, 보간 계수를 제공하는 추가 데이터 라인이 읽혀지고, 시간 데이터 라인들은 오직 한 개씩의 농도 값을 갖는다. ISTYP가 1인 파일의 예는 아래에서 보듯이 염료 시계열 파일인 dser.inp이다. 여기서 염료는 6층 중에서 표층에만 부하된다.

```
C dser.inp file, dye is nc=3 conc, in free format across line,
C repeats ncser(3) times, test case
C
C ISTYP MCSER(NS,3) TCCSER(NS,3) TACSER(NS,3) RMULADJ(NS,3) ADDADJ(NS,3)
C
5 - Additional Input Files
5-6
C if istyp.eq.1 then read depth weights and single value of CSER
C
C (WKQ(K),K=1,KC)
C
C TCSER(M,NS,3) CSER(M,NS,3) !(mcser(ns,3) sets ns=3,ncser(3) serseries)
C
C else read a value of dser for each layer
C
C TCSER(M,NS,3) (CSER(M,K,NS,3),K=1,KC) !(mcser(ns,3) pairs)
C
    1      10      3600.0      0.      1.      0.
    0.0    0.00    0.00        0.00    0.00    1.00
 -200.00           0.00
  713.39           0.00
  713.41      2263374.5
  726.89      2263374.5
  726.91           0.00
 7076.49           0.00
 7076.51     2657004.85
 7087.99     2657004.85
 7088.01           0.00
10000.00           0.00
```

이 예는 2번째 데이터 라인에 6개의 가중치가 지정되고, 이것은 ISTYP가 1일 때 읽혀진다. 그 가중치들은 바닥층(왼쪽)부터 표층(오른쪽)까지 6개로 구성되어 있다. 예를 들어 위에서 본 바와 같이, 염료는 표면층 안에 방출되고 있다(염료 방출량 공식에 관해서는 다음 qser.inp 파일을 참고하라).

5.3 입력파일 dye.inp and salt.inp

만약 적당한 ISTOPT 스위치가 efdc.inp 파일의 카드이미지 6에서 설정되면, 입력파일 dye.inp와 salt.inp은 콜드스타트를 실행하기 위해 염료장과 염도장을 초기화하는데 사용된다. 아래의 예에서 salt.inp 파일의 일부를 볼 수 있다.

```
C salt.inp file, in free format across line, for IRLTC Final Grid
C first data line ISALTYP =0 no L,I,J =1 read L,I,J
C L=2,LA rows of SALINIT(L,K),K=1,KC across columns
C
1
1 40 2 30.62 30.62 30.62 30.62 30.62 30.62 30.62 30.62
2 41 2 30.62 30.62 30.62 30.62 30.62 30.62 30.62 30.62
3 42 2 30.62 30.62 30.62 30.62 30.62 30.62 30.62 30.62
4 43 2 30.62 30.62 30.62 30.62 30.62 30.62 30.62 30.62
5 40 3 0.0 0.0 0.0 0.0 0.0 0.0 0.0 0.0
6 41 3 0.0 0.0 0.0 0.0 0.0 0.0 0.0 0.0
7 42 3 0.0 0.0 0.0 0.0 0.0 0.0 0.0 0.0
8 43 3 0.0 0.0 0.0 0.0 0.0 0.0 0.0 0.0
```

이 파일은 4개의 머리글을 갖는다. 뒤이은 라인은 ISALTYP 스위치 형식을 지정한다. 만약 ISALTYP이 1과 같다면, LC-2 데이터 라인들은 활성 물셀의 싱글 인덱스인 L=2, LA의 순서를 따라 구성된다. ISALTYP=1인 경우, 처음 3열들은 L(평면 단수 내부 인덱스))과 I, J(두 외부 인덱스)로 구성된다. 이들을 이어 염도의 KC(모델 층의 수)개 농도들이 바닥층부터 표층까지 수록된다. ISALTYP=0인 경우, L, I, J인덱스들은 데이터 라인에서 생략된다. ISALTYP=1인 형식의 salt.inp 파일의 표는 GEFDC에 의해 생성된다. 그러나 4개의 머릿글과 ISALTYP=1은 반드시 손으로 입력해야 한다. ISALTYP=0 형식은 구버전 모델에서 사용되었다. 구 버전을 신 버전으로 변환하면, EFDC모델은 ISALTYP=1의 형식을 갖는 newsalt.inp로 출력한다.

5.4 입력파일 efdc.wsp

efdc.wsp 파일은 EFDC와 WASP 수질모델의 연결을 제어하는 데이터를 제공한다 (Ambrose 등, 1993). 이것은 셀체적(cell volume), 유동과 확산 연결, 일반 또는 DYNHYD 형식의 유동파일을 지정하는 WASP의 입력파일을 작성해준다. 아래 예는 efdc.wsp 입력파일을 보여준다.

카드이미지 1과 2의 매개변수들은 WASP 사용자 설명서에서 정의된다. 카드이미지 3과 4는 흐름과 확산 이송장과 유사 종속모델에 대한 정보를 제공한다. WASP 연결 옵션에 대해 더 많은 정보와 안내를 받고자 할 때, 사용자는 개발자에게 연락해야 한다.

```
C1 CELL VOLUME PARAMETERS for WASP-EFDC Linkage
C1 IVOPT IBDEV SCALV CONVV VMULT VEXP DMULT DEXP
   2      0     1.0    1.0    1.0    0.   1.0   0.
C2 DIFFUSION AND DISPERSION PARAMETERS
C2 NRFLD SCALR CONVR ISNKH
   2      1.0    1.0    1
C3 ADVECTION PARAMETERS (iqopt=3 ASCII HYD, =4 for binary HYD file)
C3 IQOPT NFIELD SCALQ CONVQ  HYDFIL         ISWASPD ISDHD
   3      5     1.0    1.0   'NORWALK.HYD'    0       0
C4 DEPTH OF SEDIMENT LAYER (METERS)
C4 DEPSED  TDINTS   SEDIFF     WSS1   WSS2   WSS3
   0.1      366    2.315E-09  0.05   0.10   0.15
```

5.5 입력파일 fldang.inp

fldang.inp 파일은 창조(flood)의 방향을 지정하는데 사용되고, 그리고 이 파일은 조개 유충 이송 수치모의에 사용되고 유충의 유행 방향을 찾는데 사용된다. 이것은 LC-2 데이터 라인의 머리글이 없는 파일이다. 이 파일의 처음 몇 라인들은 아래 표와 같다.

```
 98   3   131.46   133.67
 99   3   166.15   165.82
100   3   173.50   175.51
101   3   210.48   211.48
 96   4   148.08   144.86
 97   4   166.50   161.98
 98   4   149.75   145.43
 99   4   169.05   167.36
```

각 데이터 라인은 바닥과 수면 층의 창조 방위각에 따른 I와 J의 수평셀 인덱스와 일치한다. 반시계 방향으로 측정된 각들은 최대 창조 방향을 지정하고 바닥층과 표층의 조류타원에 의해서 결정된다. 조류타원 방향들은 출력파일 tidelkb.out과 tidelkc.out로부터 예비모델의 실행에 의해 일반적으로 얻어진다. tidelkb.out과 tidelkc.out파일을 생성하기 위한 소프트웨어를 얻으려면 개발자에게 연락하라.

5.6 입력파일 gcellmap.inp

만약 efdc.inp 파일의 카드이미지 80의 NWGG이 0보다 크면, 입력파일 gcellmap.inp가 읽혀진다. gcellmap.inp 파일은 수평 곡선격자의 사각형셀 직각 그래픽 오버레이격자를 지정한다. 이 파일은 3차원 그래픽과 3차원 배열의 시각화 출력파일 생성을 하기 위해 사용된다. 이 파일은 GEFDC(역시 efdc.inp파일 카드이미지 80의 설명을 참고)에 의해 선택적으로 생성된다. 이 파일은 4라인 머리글을 갖고, 뒤이어 직각 그래픽 격자의 I와 J의 셀수, IG와 JG를 한 라인으로 지정한다. 이 라인에 아래 그래픽 격자의 NWGG개 물셀의 I, J 인덱스 IGRAPHIC, JGRAPHIC와 곡선 계산격자의 I, J인덱스 ICOMP, JCOMP를 지정한다. gcellmap.inp 파일의 부분적 예는 아래에서 보여준다.

```
C gcellmap.inp file, in free format across columns
C
C IGRAPHIC JGRAPHIC ICOMP JCOMP
C
  50   92
  40         3       16      2
  41         3       17      2
  39         4       16      2
  40         4       16      2
  41         4       17      2
  42         4       18      2
  43         4       19      2
```

5.7 입력파일 gwater.inp

단순 토양수분 모델(Hamrick & Moustafa, 1995a)은 아래에서 보는 것과 같이 입력파일 gwater.inp에 의해 활성화된다.

```
C gwater.inp file, in free format across columns
C ISGWIE
C gt.1 for on
C DAGWZ RNPOR RIFTRM
C dep act gw eff porosity max infilt rate
C
  1
  0.4       0.3       0.0001
```

토양수분의 모델은 일반적으로 습지대 수치모의를 위해 제공된다. ISGWIE 스위치는 수평흐름을 포함하지 않는 단순 토양수분 질량 평형식을 활성화한다. 토양수분 질량 평형식은 수평셀 바닥 아래 DAGWZ(m) 깊이의 활성지역 안에서 계산된다. 총체적 당 토양수분체적으로 나타내는 최대 수용가능 토양수분은 유효공극율 RNPOR에 의해 지정되고, 이것은 불포화상태에서 모세관현상을 고려한 계수에 의해 줄어든 물리적 공극율이다. 만약 얹혀있는 물셀이 젖어있고, 토양수분이 최대로 수용될 수 있는 값보다 작으면, 최대 비율 RIFTRM에서 침투가 일어난다. 만약 얹혀있는 물셀이 건조하고, 토양수분이 수용될 수 있으면, 토양수분은 증발산에 의해 각 시간간격마다 감소된다. 콜드스타트의 실행을 위해, 토양수분은 물셀 아래 최대 수용 가능치로 설정된다. 건조셀 아래에서 초기 값은 수치모의 지역의 물셀 평균 수면을 사용하여 설정된다.

5.8 입력파일 mappgns.inp

입력파일 mappgns.inp는 주기적이거나 y축 계산방향(북-남 방향)으로 무한하다고 가정되는 모의영역에 대해 EFDC모델을 구성하는데 사용된다. 이것의 주요 예는 공간적으로 주기적 부하를 받는 무한 대륙붕이나 연안 해역 같은 지역이 될 수 있다. 이 파일 예의 일부는 다음과 같다.

```
C ISPNS,JSPNS = I,J INDICES OF A SOUTH CELL
C INPNS,JNPNS = I,J INDICES OF A CORRESPONDING NORTH CELL
C NPNSBP
C ISPNS JSPNS INPNS JNPNS (REPEATED NPNSBP TIMES)
C
  4
  2       2       2      126
  3       2       3      126
  4       2       4      126
  5       2       5      126
```

매개변수 NPNSBP는 남-북 데이터 쌍의 수를 지정한다. 이것에 이어서 NPNSBP 라인의 남과 북의 I와 J인덱스가 쓰인다. 북과 남의 개방경계 조건이 efdc.inp파일에서 이들 셀 쌍에 대해 지정될 필요가 없다.

5.9 입력파일 mask.inp

mask.inp 파일은 지정된 셀 면을 흐름이 통과하는 것을 막는 얇은 경계벽을 삽입하는데 사용된다. 이 옵션은 모델격자를 지역적으로 정렬하여 방파제나 제방과 같은 장애물을 수치모의 실험하는데 유용하나. 그것은 한 방향의 셀 크기나 격자간격 폭보다 훨씬 작다. mask.inp 파일의 한 예는 다음과 같다.

```
C mask.inp file, in free format across line, MMASK LINES
C
C MMASK
C
C   I    J     MTYPE
C
    3
    53   5      1 ! Block flow across west ( u face )
    38   28     2 ! Block flow across south ( v face )
    36   56     3 ! Block flow across all four cell faces
```

매개변수 MMASK는 데이터 라인 수를 인식한다. 각 데이터 라인은 막힌 셀의 I와 J인덱스로 이루어져 있고, 반면에 매개변수 MTYPE는 막혀진 면을 인식한다. 이 옵션은 콜드스타트와 재시작에서 활성화될 수 있다.

5.10 입력파일 modchan.inp

입력파일 modchan.inp은 종속격자 수로모델을 활성화하고 그 데이터를 지정하는데 사용된다. 종속격자 수로모델(Hamrick & Moustafa, 1995 a,b)은 호스트 셀(host cells)이라고 불리는 크기가 보다 큰 셀(2차원 평면 수로)을 통해 지나가는 좁은 수로(1 차원 평면 수로)를 만들 수 있게 한다. 임의 방향으로 2개까지의 종속격자가 호스트 셀을 통과할 수 있을 것이다. 2개의 수로는 μ 와 υ 수로라고 불리어진다(μ 와 υ 의 부호는 임의적이고, 임의 방향으로 종속격자를 정렬하지 못한다). 종속격자 수로는 교환유량을 통해 호스트 셀과 상호작용을 한다. 만약 호스트 셀이 습하면, 교환유량은 호스트 셀과 수로셀의 수위가 같도록 결정된다. 만약 호스트 셀이 건조하면, 흐름은 종속수로에서 흐르도록 허용된다. modchan.inp파일의 예는 4개의 호스트 셀을 지나는 4수로 단면에 대해 보여준다.

```
C modchan.inp file, in free format across columns
C # host cells MDCHHD=1 wet host from chan MDCHHD2=1 dry ck first
C MDCHH      MDCHHD         MDCHHD2
C max iters MDCHHQ=1 int Q=0 QCHERR= abs error for flow cms
C MDCITM     MDCHHQ          QCHERR
C type i host j host i uchan j uchan i vchan j vchan
C MDCHTYP IMDCHH JMDCHH IMDCHU JMDCHU IMDCHV JMDCHH
C
   4          1              1
   40         2              0.001
   1          2       4       6       31       1       1
   1          3       4       7       31       1       1
   1          4       4       8       31       1       1
   1          5       4       9       31       1       1
```

매개변수 MDCHH는 호스트 셀의 수를 지정하고, 수로의 수위가 호스트 셀의 바닥고를 넘을 때 MDCHHD 스위치는 하나의 건조 호스트 셀을 습윤시킨다. MDCHHD2는 교환유량을 계산하기 전에 건조 반복횟수를 지정한다. 교환유량 풀이에서 최대 허용 반복횟수는 MDCITM에 의해 지정된다. MDCHHQ=2는 이전 시간단계의 값을 가지고 반복적인 교환유량을 초기화하는 반면, MDCHHQ=1는 교환유량을 0으로 초기화한다. QCHERR은 교환유량을 결정하기 위한 수렴 기준치이다. 두 라인의 제어 매개변수에 이어 MDCHH개 라인의 데이터가 호스트 셀과 종속수로 연결을 위해 정의 된다. 첫 번째 매개변수 MDCHTYP는 하나의 μ수로, 하나의 v수로 또는 두 수로에 대해 각각 1, 2 또는 3과 같다. IMDCHH와 JMDCHH는 각각 호스트 셀의 I와 J 인덱스이다. IMDCHU와 JMDCHU는 u형 수로의 I와 J의 인덱스이다. IMDCHV와 JMDCHV는 u형 수로의 I와 J 인덱스이다. MDCHTYP가 1이나 2인 경우, 인덱스 (1, 1)은 무효(null)인 μ 형 또는 u형 수로로 지정된다. 예의 데이터 라인은 4인 J상수에 I가 2에서 5까지 실행하는 한 세트의 호스트 셀을 보여준다. 이 셀들은 상수 J=31에 I=6,9 실행하는 u형 수로의 주인 역할을 한다. u형 종속격자 수로는 일반적으로 계산격자에서 상수 J인덱스를 따라 놓여지는 반면, v형 수로는 계산격자에서 상수 I 인덱스를 따라 놓여진다.

5.11 입력파일 moddxdy.inp

moddxdy.inp파일은 dxdy.inp파일에서 dx와 dy로 지정되는 신속한 셀 크기의 변경을 허용한다. 그것의 주요 사용목적은 종속격자 수로 길이와 폭를 신속하게 조정하는데 있다. 아래의 예는 별도의 설명이 필요 없다.

```
C moddxdy.inp file, in free format across columns
C NMDXDY = # of cells for DX(I,J)=RMDX*DX(I,J) & DY(I,J)=RMDX*DX(I,J)
C I    J    RMDX RMDY
C
  4
  6   31    1.0    2.5
  7   31    1.0    2.5
  8   31    1.0    2.5
  9   31    1.0    2.5
```

5.12 입력파일 pser.inp

입력파일 pser.inp는 개방경계에서 주로 수위 시계열 지정에 사용된다. 이 파일은 복수 시계열을 포함할 수 있고, 각 시계열은 한 라인의 제어와 변환 데이터에 이어 MPSER 라인의 데이터를 연속적으로 쓸 수 있다. 예는 다음과 같다.

```
C pser.inp file, in free format across line, repeats npser times
C
C MPSER(NS) TCPSER(NS) TAPSER(NS) RMULADJ(NS) ADDADJ(NS)
C
C TPSER(M,NS) PSER(M,NS) !(mpser(ns) pairs for ns=1,npser series)
C
   4            86400.        0.          1.0           0.0
   265.00         4.90
   270.00         4.90
   273.00         4.90
   275.00         2.06
```

매개변수 MPSER은 시간 데이터 라인 수를 지정한다. TCPSER과 TAPSER은 시간 데이터를 초 단위로 조정 및 변환하기 위한 정보를 제공한다. RMULADJ와 ADDADJ는 수위 데이터를 미터단위로 조정 및 변환하기 위한 정보를 제공한다.

5.13 입력파일 qctl.inp

입력파일 qctl.inp은 수리구조물이나 유량곡선에 의해 제어되는 셀 쌍 사이에서 흐름을 유발하는 데이터를 지정한다. 흐름은 상류와 하류의 셀 사이에서 일정한 방향으로 흐른다. 양 방향의 흐름은 구조물의 방향제어로 이행된다. 임의의 수리구조물에 대한 연속데이터는 아래의 예와 같다.

```
C qctl.inp file, in free format across line, repeats nqctl times
C
C ISTYP MQCTL(NS) HCTLUA HCTLUM HCTLDA HCTLDM RMULADJ ADDADJ
C
C if istyp.eq.1 then read depth weights and single value of QCTL
C
C (WKQ(K),K=1,KC)
C
C HDIFCTL(M,NS) QCTL(M,1,NS) !(mqctl(ns) pairs for ns=1,nqser series)
C
C else read a value of qser for each layer
C
C HDIFCTL(M,NS)     (QCTL(M,K,NS),K=1,KC)   !(mqctl(ns) pairs)
C
   1        5        0.0      1.0      0.0      1.0     1.76E-05    0.0
   1.0
   0.0      0.0
   0.0001   2.0
   5.0     12.485
   5.0001   0.0
   1.E+12   0.0
```

ISTYPE=0일 때 모델 각층에 대해 한 유량을 배정하고, ISTYPE=1일 때 여러 층에 걸쳐서 하나의 유량을 배정하고 이 때 일련의 가중치를 사용한다. MQCTL은 제어유량표(control table)의 자료 수를 지정하고, 그것은 본질적으로 유량 대 수두차 유량곡선이다. HCTLUA와 HCTLDA는 각각 상류와 하류 셀에서 수위를 조정하는 부가적인 값이다. HCTLUM과 HCTLDM은 각각 조정된 상류와 하류 수위에 적용되는 곱하기 계수이다. ADDADJ와 RMULADJ는 유량데이터에 직접 적용되는 더하거나 곱하는 변환계수이고 단위를 변환하는데 유용하다. MQCTL개 유량데이터 라인이 두 개의 제어 라인에 이어진다. 두 개가 한 쌍으로 된 자료들은 수위차와 유량이다. 위 예의 데이터는 다음 식으로 계산한다.

$$\frac{Q}{L} = (1.7595E-5)(2.0+0.9(0.3048)(H_u + B_u - H_d - B_d))$$
$$H_u + B_u > H_d + B_d$$

여기서 Q/L 은 단위 길이 당 유량이고, H 와 B는 상류(첨자 u)와 하류(첨자 d) 셀의 수심과 바닥표고이다.

수위나 압력 유량제어 옵션의 능력을 예를 들어 설명하기 위해, 상류와 하류 셀 사이 유량을 계산하는데 관련되는 일련의 단계들을 요약하는 것이 편리하다. 일련의 포트란 문들이 NQCTL, 모든 제어 구조물에 대해 반복 수행되고, 그것은 그림 5-1에서 보는 바와 같다. 상류 셀에서 하류 셀로 흐르는 유량은 - HCTLUA에 상대적인 HCTLUM을 곱하여 조정된 상류 압력과 위치수두합 HUP와 -HCTLDA에 상대적인 HCTLDM을 곱하여 조정된 하류 압력과 위치수두합 HDP 사이 차, DELH 의해 결정된다. 수위차에 의해 전적으로 제어되는 유동에 대해서, HCTLUA와 HCTLDA는 두 변수 모두 0이 된다. 여수로 또는 위어에 대해, -HCTLUA는 여수로나 위어정의 높이가 된다. 상류만의 제어를 위해, HCTLDM은 0으로 설정된다. 0보다 커야 하는 조정된 수두차 DELH가 주어졌다면, 유량이나 단위 폭당 유량 QCTLT는 보간 표로부터 결정된다, 마지막 곱하는 조정계수 RQCMUL이 요구될 때 단위 폭당 유량을 일반 유량으로 변환하는데 적용된다. 수리제어 구조물 옵션은 역시 수위에 의해서 제어되는 펌프의 운영을 수치모의 하는데 적합하다.

표 5-1. 제어구조물의 포트란 실행

```
DO NCTL=1,NQCTL
RQDW=1.
IU=IQCTLU(NCTL) ! I CELL INDEX UPSTREAM
JU=JQCTLU(NCTL) ! J CELL INDEX UPSTREAM
LU=LIJ(IU,JU) ! L CELL INDEX UPSTREAM
HUP=HP(LU)+BELV(LU)+HCTLUA(NCTL) ! UPSTREAM SUF ELEV + HCTLUA
ID=IQCTLD(NCTL) ! I CELL INDEX DOWNSTREAM
JD=JQCTLD(NCTL) ! J CELL INDEX DOWNSTREAM
IF (ID.EQ.0.AND.JD.EQ.0) THEN
LD=LC ! FLOW OUT OF MODEL DOMAIN
HDW=0. ! WITH UPSTREAM FLOW
RQDW=0. ! CONTROL
ELSE
LD=LIJ(ID,JD) ! L CELL INDEX DOWNSTREAM
HDW=HP(LD)+BELV(LD)+HCTLDA(NCTL) ! UPSTREAM SUF ELEV + HCTLDA
END IF
DELH=HCTLUM(NCTL)*HUP-HCTLDM(NCTL)*HDW ! ADJUSTED DIFFERENCE
IF (DELH.LE.0.) THEN ! NO FLOW
DO K=1,KC
QCTLT(K,NCTL)=0.
END DO
ELSE ! ENTER INTERPOLATION TABLE
M1=0 ! TO DETERMINE FLOW IN
M2=1 ! EACH LAYER AS A FUNCTION
500 M1=M1+1 ! OF DELH
M2=M2+1
IF(DELH.GE.HDIFCTL(M1,NCTL).AND.DELH.LE.HDIFCTL(M2,NCTL))THEN
TDIFF=HDIFCTL(M2,NCTL)-HDIFCTL(M1,NCTL)
WTM1=(HDIFCTL(M2,NCTL)-DELH)/TDIFF
WTM2=(DELH-HDIFCTL(M1,NCTL))/TDIFF
DO K=1,KC
QCTLT(K,NCTL)=WTM1*QCTL(M1,K,NCTL)+WTM2*QCTL(M2,K,NCTL)
```

```
END DO ! FLOW ASSIGNED TO LAYERS,K
ELSE
GO TO 500
END IF
END IF
DO K=1,KC ! ADD CONTROL FLOW TO OTHERS
QSUM(LU,K)=QSUM(LU,K)-RQCMUL(NCTL)*QCTLT(K,NCTL)
QSUM(LD,K)=QSUM(LD,K)+RQCMUL(NCTL)*RQDW*QCTLT(K,NCTL)
END DO
END DO
C
HP( ): CELL CENTER DEPTH
BELV( ): CELL CENTER BOTTOM ELEVATION
NQCTL: NUMBER OF CONTROLLED FLOW SETS
MQCTL: NUMBER OF DEPTH FLOW PAIRS IN SET NS
HCTLUA: CONSTANT ADDED TO UPSTREAM ELEVATION
HCTLUM: UPSTREAM MULTIPLIER
HCTLDA: CONSTANT ADDED TO UPSTREAM ELEVATION
HCTLDM: DONWSTREAM MULTIPLIER
HDIFCTL: DEPTH AND
QCTL: VOLUMETRIC FLOW PAIRS
```

5.14 입력파일 qser.inp

qser.inp 파일의 예는 아래서 보는 바와 같다. 첫 번째 시계열 유량은 앞에 dser.inp 파일에서 나온 표층 염료 방출량에 해당한다.

```
C qser.inp file, in free format across line, repeats nqser times
C
C ISTYP MQSER(NS) TCQSER(NS) TAQSER(NS) RMULADJ(NS) ADDADJ(NS)
C
C if istyp.eq.1 then read depth weights and single value of QSER
C
C (WKQ(K),K=1,KC)
C
C TQSER(M,NS) QSER(M,1,NS) !(mqser(ns) pairs for ns=1,nqser series)
C
C else read a value of qser for each layer
C
C TQSER(M,NS)      (QSER(M,K,NS),K=1,KC)      ! (mqser(ns) pairs)
C
  1      10     3600.0       0.       1.       0.       0
  0.000     0.000  0.000     0.000    0.000    1.000
```

```
 -200.00            0.00
  713.39            0.00
  713.41            0.001
  726.89            0.001
  726.91            0.00
  7076.49           0.00
  7076.51           0.001
  7087.99           0.001
  7088.01           0.00
  10000.00          0.00
1     11    3600.0      0.0       1.0      0.       0
0.166   0.167   0.167   0.167   0.167   0.166
  -200.0          260.3
   708.0          260.3
   732.0          243.3
   756.0          230.2
   780.0          215.9
   804.0          202.3
   828.0          192.9
   852.0          181.1
   876.0          182.9
   900.0          173.5
 10000.0          173,5
```

5.15 입력파일 restart.inp

restart.inp 파일은 재시작 모드에서 EFDC모델을 운영하기 위한 초기조건을 정하는데 사용된다(즉 efdc.inp 파일의 카드이미지 2에서 ISRESTI=1인 경우). 이 파일은 restart.out 파일을 개명(주: restart.out→restart.inp)하여 얻을 수 있다.

5.16 입력파일 restran.inp

EFDC모델이 이송모드만으로 실행될 때 restran.inp 파일은 이류와 확산 이송파일을 지정하는데 사용된다. 이 파일은 restran.out 파일을 개명하여 얻을 수 있다.

5.17 입력파일 show.inp

아래에서 보듯이 show.inp 파일은 수평셀 지수 ISHOWC와 JSHOWC에 의해 지정된 수평위치의 정보를 화면출력하기 위해 사용된다. efdc.inp파일에서 카드이미지 2의 변수 ISHOW는 show.inp를 읽을지 안 읽을지를 제어한다. 만약에 ISHOW=0이면, show.inp는 읽혀지지 않고, 사용자의 화면에 아무 정보도 표시되지 않는다. 80칼럼보다 더 큰 용량을 갖는 매킨토시, 유닉스, 또는 다른 시스템들에 대해서 사용자는 ISHOW=1로 설정할 수 있다. 80칼럼 도스 윈도우즈 사용자가 ISHOW=1로 설정하면 보다 만족하는 형식의 화면을 볼 수 있다. 매개변수 NSTYPE는 화면 출력형식을 결정한다. NSTYPE=1이면, 화면은 수위, 수면과 바닥 염도를 스트립차트로 출력한다. 이 모드에서 수위의 하한치와 상한치는 ZSSMIN와 ZSSMAX에, 염도의 상한치 SSALMAX에 지정되어야 한다. 머릿글이 매 NSHOWR 시간간격으로 화면에 출력된다.

머릿글 정보를 다시 쓰는 사이, 사용자가 ISHOWC와 JSHOWC의 위치를 수정하거나 NSTYPE를 수정하고 싶다면 show.inp파일은 다시 편집되어야 한다. NSTYPE=2,3,4일 때 시간 또는 시간간격, 표층과 바닥층의 유속, 염도 또는 토사 농도, 연직확산 계수가 표시된다. NSTYPE=2일 때 시간간격과 염도가 표시되고, NSTYPE=3일 때 날짜와 염도가 표시되고, NSTYPE=4일 때 시간간격과 유사 농도를 표시한다. 이 옵션의 활성화는 새로운 모델의 적용에 대한 진단을 위해서 일반적으로 추천이 되고, 느린 입출력을(I/O) 가진 시스템에서 모델 실행속도가 현저하게 감소될 수 있다. 변수 NSHFREQ는 모델 결과가 화면에 써지는 빈도를 제어한다(시간간격). 느린 입출력을 갖는 시스템에서 실행속도를 증가시키기 위해, 큰 NSHFREQ의 값을 사용할 것을 추천한다.

```
C show.inp file, in free format across line
C
C NSTYPE NSHOWR ISHOWC JSHOWC NSHFREQ
C
C ZSSMIN ZSSMAX SSALMAX
C
  3      22     10     12     60
 -500.   500.   35.
```

5.18 입력파일 sfbser.inp

sfbser.inp는 갑각류 조개의 치어 이동이 활성화될 때, 조개 치어의 거동 정보를 지정한다. 머릿글은 여러 시간에 따른 거동제어 정보에 대한 의미를 설명한다.

```
C sfbser.inp file, shellfish larvae behavior time series in free format
C MSFSER=no of time data points. TCSFSER=converts time values to sec
C TASFSER=additive adjustment to time values
C TSRSF,TSSSF=times of sunrise and sun set as a fraction of 24 hours
C ISSFLDN=1 to activate daylight,darkness dependent behavior
C ISSFLFE=1 to activate flood,ebb dependent behavior
C TSFSER=time of data RKDSFL=first order decay rate in 1/sec
C WSFLST=settling velocity in m/s WSFLSM=vert swim velocity in m/s
C DSFLMN=minimum depth below surface in daylight, meters
C DSFLMX=maximum depth below surface in daylight, meters
C SFNTBE=restricts advection in bottom layer during ebb
C            0. equals full restriction, 1. equals no restriction
C SFATBT=1. allows larvae to settle to bottom and attach
C
C  MSFSER   TCSFSER   TASFSER   TSRSF   TSSSF   ISSFLDN   ISSFLFE
C
C  TSFSER   RKDSFL    WSFLST    WSFLSM  DSFLMN  DSFLMX    SFNTBE   SFATBT
C
    4        86400.    0.        0.25    0.84    1         1
  -10000.    0.        0.        0.      0.      0.        0.       0.
    0.       0.        0.        0.      0.      0.        0.       0.
    0.01     0.        0.        0.      0.      0.        0.       0.
    10000.   0.        0.        0.      0.      0.        0.       0.
```

5.19 입력파일 vege.inp

이 파일은 식생저항에 대한 정보를 정한다. 한 예는 다음과 같다.

```
C vege.inp file, in free format across line, WCA2A
C
C MVEGTYP(# vege classes) MVEGOW(open water class) UVEGSCL(vel scale)
C
C after reading MVEGTYP, MVEGOW and UVEGVSCL read MVEGTYP lines of vars
C
C M RDLPSQ BPVEG HPVEG ALPVEG BETVEG GAMVEG SCVEG
C typ# 1/m**2 meters meters no dim no dim no dim nodim
C
```

```
20    17    0.01
 1  32.0  0.1E-0  2.5  0.7854  1.0  0.0  0.50
 2  18.0  0.1E-0  2.5  0.7854  1.0  0.0  0.50
 3   8.0  0.1E-0  2.5  0.7854  1.0  0.0  0.50
 4  26.0  0.1E-0  2.5  0.7854  1.0  0.0  0.50
 5  12.0  0.1E-0  2.5  0.7854  1.0  0.0  0.50
 6  32.0  0.1E-0  2.5  0.7854  1.0  0.0  0.50
 7  32.0  0.1E-0  2.5  0.7854  1.0  0.0  0.50
 8  18.0  0.1E-0  2.5  0.7854  1.0  0.0  0.50
 9  12.0  0.1E-0  2.5  0.7854  1.0  0.0  0.50
10  32.0  0.1E-0  2.5  0.7854  1.0  0.0  0.50
11  18.0  0.1E-0  2.5  0.7854  1.0  0.0  0.50
12   8.0  0.1E-0  2.5  0.7854  1.0  0.0  0.50
13  26.0  0.1E-0  2.5  0.7854  1.0  0.0  0.50
14  18.0  0.1E-0  2.5  0.7854  1.0  0.0  0.50
15  26.0  0.1E-0  2.5  0.7854  1.0  0.0  0.50
16  32.0  0.1E-0  2.5  0.7854  1.0  0.0  0.50
17  0.25  0.1E-0  2.5  0.7854  1.0  0.0  0.50
18  32.0  0.1E-0  2.5  0.7854  1.0  0.0  0.50
19  32.0  0.1E-0  2.5  0.7854  1.0  0.0  0.50
20   8.0  0.1E-0  2.5  0.7854  1.0  0.0  0.50
```

매개변수 MVEGTYP는 식생등급 수를 지정한다. 식생등급은 평방미터 당 RDLPSQ 저항 요소의 공간 밀도를 갖는 원통요소 높이 HPVEG와 폭이나 입경 BPVEG로 표시된다. 매개변수 ALPVEG, BETVEG, GAMVEG, SCVEG는 전형적인 쇠뜨기(cattail)나 억세풀(sawgrass)에서 나타나는 무차원 형상계수이다(Hamrick과 Moustafa, 1995a 참고)

5.20 입력파일 wave.inp

wave.inp는 파랑류(wave induced current) 모델링과 파-조류 경계층을 모델링하기 위한 외력을 정하는데 사용된다. 머리글은 여러 가지 자료 형식을 정의하고 설명한다. 여러 가지 파의 예측과 변환모형의 출력을 사용하여 이 파일에서 요구되는 2층 데이터를 생성하기 위한 전처리 프로그램은 개발자로부터 얻을 수 있다.

```
c file wave.inp to specify information for wave-current boundary layer
c and wave induced flow
c
c *first line data
c NWVDAT=number of cells receiving wave data
```

```
c WVPRD=wave period in secs
c CVTWHA=mult convert wave height to amplidute in m
c ISWCBL=1 activates wave current boundary layer model
c ISWRSR=1 activates inclusion of rotational component of rad stress
c ISWRSI=1 activates inclusion of irrotational component of rad stress
c NWUPDT=number of time steps between updating wave forcing
c NTSWV=number of time steps for gradual introduction of wave forcing
c WVDISV=fraction of wave dissipation as source in vertical TKE closure
c WVDISH=fraction of wave dissipation as source in horiz SSG closure
c WVLSH=weight for depth as the horiz SSG eddy viscosity length scale
c WVLSX=weight for sqrt(dxdy) as the horiz SSG eddy vis length scale
c ISWVSD=1, include nondiverg wave stokes drift in mass transport
c ISDZBR=1,write diagnos for effect wave current bndry layer roughness
c
c *second NWVDAT lines data
c I,J cell indices
c HMP,HMC cell center & corner depths for consistent disper evaluation
c WVENE wave energy 0.5*g*abs(amp)*abs(amp)
c SXX rotational depth integrated wave radiation stress <huu>
c SYY rotational depth integrated wave radiation stress <hvv>
c SXY rotational depth integrated wave radiation stress <huv>
c WVDISP wave energy dissipation in (m/s)**3
c
c *third NWVDAT lines data
c I,J cell indices
c HMU,HMV cell u and v face depths for consistent disper evaluation
c UWVRE real part of u component of wave orbital velocity magnitude
c UWVIM imag part of u component of wave orbital velocity magnitude
c VWVRE real part of v component of wave orbital velocity magnitude
c VWVIM imag part of v component of wave orbital velocity magnitude
c
c NWVDAT WVPRD CVTWHA ISWCBL ISWRSR ISWRSI NWUPDT NTSWV WVDISV WVDISH
continuation of first head (not sep line)\ WVLSH WVLSX ISWVSD ISDZBR
c  I J     HMP HMC    WVENE      SXX       SYY          SXY      WVDISP
c  I J     HMU HMV    UWVRE      UWVIM   VWVRE        VWVIM
c
   5500 10.9 1.0    1         1        1      1000000    120      1.0    1.0
   2  2  .001 .001 .5845E-05  .0000E+00  .1288E-09   .0000E+00 .0000E+00
   3  2  .001 .001 .2276E-04  .1472E-04  .9844E-09   .8752E-07 .0000E+00
```

06 수질과 부영양화 입력파일

이 장은 EFDC 모델의 수질과 부영양화 구성인자에 대한 입력파일을 기술한다. 파일구조는 주입력파일, 시계열 경계조건 파일, 여러 모델변수에 대한 공간적 변화를 지정하는 파일들이 포함된다.

6.1 수질 주입력파일 wq3dwc.inp

이 장은 수질 주입력파일 wq3dwc.inp를 기술하고 있으며, 이것은 51개의 카드이미지를 가지고 있고, EFDC에서 수질이 활성화(주: 카드이미지 6에서 cwq 8의 ISTRAN=1)될 때 항상 요구된다. wq3dwc.inp 내 정보는 모델 실행 제어변수, 출력 제어변수, efdc.inp 파일에 의해 지정된 영역의 수질모의 실험에 대한 외부 부하함수를 제공한다. 이 파일은 내부적으로 수질 모의실험 준비를 위해 문서화된 표를 제공한다.

이 파일은 적절한 입력변수를 정의한 머리글을 가진 카드이미지 단락으로 구성된다. 여러 카드이미지의 기능은 각 단락의 일련의 논의를 통해 가장 잘 설명될 수 있다. 앞으로 나가기 전에 많은 규약이 먼저 논의되어야 한다. 코드에서 많은 옵션은 정수 스위치에 의해 활성화되고, 다른 말이 없으면, 그들은 0으로 설정되어 비활성화 된다. 0이 아닌 정수값은 카드이미지 설명에서 지정된 것처럼 다른 옵션을 활성화할 것이다.

Card Image 1

```
C01 MAIN TITLE CARDS
C
C TITLE(M), M=1,3
C
C01 THREE TITLE CARDS FOLLOW:
'Rectangular Basin -- Test 001'
```

```
'2004 Dataset'
'4-layers'
```

이 3라인의 제목은 적용모델의 수질 특성을 명확하게 밝힌다. 만약 3라인의 제목이 필요 없다면, 빈 제목 라인으로 두어라. 그렇지 않으면 모델은 읽기오류(read error)를 맞게 된다.

Card Image 2

```
C02 I/O CONTROL VARIABLE CARD
C
C02 ONE TITLE CARD FOLLOWS:
$$ C02 I/O control variables $$
C02
C ISWQLVL = kinetic complexity level
C         0 WASP5 LEVEL KINETICS (SINGLE ORGANIC CARBON, PHOSPHOROUS, AND
C           NITROGEN CLASSES + REACTIVE DOC/CBOD VARIABLE)
C         1 INTERMEDIATE LEVEL KINETICS (TOTAL REFRACTORY AND TOTAL LABILE
C           ORGANIC CARBON, PHOSPHOROUS, AND NITROGEN CLASSES
C           + REACTIVE DOC/CBOD)
C         2 CE-QUAL-ICM (ORIGINAL CHES BAY VARIABLES)
C         3 EXTENDED CE-QUAL-ICM (4 ORGANIC CARBON, PHOSPHOROUS, AND
C           NITROGEN CLASSES + REACTIVE DOC/CBOD VARIABLE)
C NWQV = number of water quality water column variables
C NWQZ = max. number of spatial zones having varying water quality parameters
C NWQPS = max. number of water quality point source locations
C NWQTD = number of data points in the temperature lookup table
C NWQTS = max. number of water quality time-series output locations
C NTSWQV = max. number of water quality time-series output variables
C NSMG = number of sediment model groups (= 3)
C NSMZ = max. number of sediment model spatial variation zones
C NTSSMV = max. number of sediment model time-series output variables
C NSMTS = not used
C NWQKDPT = number of kinetic updates per transport update
C
C02 ISWQLVL NWQV NWQZ NWQPS NWQTD NWQTS NTSWQV NSMG NSMZ NTSSMV NSMTS NWQKDPT
      3       21    3   168  1824    15     8     3    1    3     0     1
```

카드이미지 2는 수질모델 준비를 위해 설정한다. ISWQLVL 스위치는 모의실험에서 동역학의 복합 수준을 제어한다. ISWQLVL=0 인 경우, 모델은 유기탄소, 유기인, 유기질소를 포함하는 동역학 수준으로 WASP5와 유사한 동역학 수준을 이용한다. ISWQLVL=1의 중간 수준 동역학은 유기탄소, 유기인, 유기질소에 대한 난분해성과 분해성의 해석을 포함한다. ISWQLVL=2의 동역학 수준은 체서피크만에 대한 원래의 설정인 CE-QUAL-ICM의 것과 동일하다.

ISWQLVL=3의 동역학 수준은 용존성과 입자성 유기탄소, 유기인, 유기질소에 대한 난분해성과 분해성의 해석을 포함한 CE-QUAL-ICM의 확장버전과 같다. NWQV는 수층(water column) 모의실험에 있어 수질변수의 수이다.

모의실험 영역은 kinetics.inp 파일에 지정된 여러 수질변수를 가진 지대(zone)으로 나눌 수 있다. NWQZ는 영역이 가질 수 있는 최대 수질지대의 수를 나타낸다. NWQPS는 수질 부하점의 최대수를 나타낸다. NWQTD는 온도조사표의 자료지점의 수를 나타낸다. NWQTS는 수질의 시계열 출력위치의 최대수를 나타낸다. NTSWQV는 수질 시계열 출력에 있어 변수의 최대수를 나타낸다. NSMG는 퇴적 모델그룹의 수를 나타낸다(일반적으로 3개). 모의실험 영역은 여러 퇴적물의 특성을 가진 지역으로 나누워 진다. NSMZ는 퇴적물의 공간적 지대의 최대수를 지정한다. NTSSMV는 시계열 출력이 가능한 퇴적물 변수의 최대수를 나타낸다. NSMTS는 사용되지 않고, 0의 값이 사용된다. NWQKDPT는 이송 최신 정보당 운동학 최신 정보의 수를 나타낸다.

Card Image 2A

C02A TRANSPORT BYPASS FLAGS

C	B	B	B	R	L	D	R	L	D	P	R	L	D	N	N	S	S	C	D	T	F
C	c	d	g	P	P	O	P	P	O	O	P	P	O	H	O	U	A	O	O	A	C
C				O	O	C	O	O	P	4	O	O	N	4	3			D		M	
C				C	C		P	P		t	N	N									
	0	0	1	1	0	1	1	0	1	1	1	0	1	1	1	0	0	0	1	0	1

21개 각 수질변수는 해당 변수를 모의(flag=1)하거나 또는 통과(flag=0)하는 플래그(flag)로 정의된다. 이들 변수는 아래와 같다.

1) 남조류(cyanobacteria)
2) 규조류(diatom algae)
3) 녹조류(green algae)
4) 난분해성 입자상 유기탄소(refractory particulate organic carbon)
5) 분해성 입자상 유기탄소(labile particulate organic carbon)
6) 용존 탄소(dissolved carbon)
7) 난분해성 입자상 유기인(refractory particulate organic phosphorus)
8) 분해성 입자상 유기인(labile particulate organic phosphorus)
9) 용존 유기인(dissolved organic phosphorus)
10) 총인(total phosphorus)
11) 난분해성 입자상 유기질소(refractory particulate organic nitrogen)

12) 분해성 입자상 유기질소(labile particulate organic nitrogen)
13) 용존 유기질소(dissolved organic nitrogen)
14) 암모니아질소(ammonia nitrogen)
15) 질산질소(nitrate nitrogen)
16) 입자상 생물기원 규소(particulate biogenic silica)
17) 허용 용존 규소(dissolved available silica)
18) 화학적 산소 요구량(chemical oxygen carbon)
19) 용존산소(dissolved oxygen)
20) 총 활성금속(total active metal)
21) 분변성 대장균군(fecal coliform bacteria)

Card Image 3

```
C03
C IWQDT    = number of water quality time steps per hydrodynamic time step
C           =1 for 2 time level hydrodynamic and =2 for three time level
C IWQM     = full or reduced model switch (1=full model; 2=reduced model)
C IWQBEN   = benthic flux model switch (0=specified flux; 1=predictive flux)
C IWQSI    = switch to activate silica state variables (0=off; 1=activated)
C IWQFCB   = switch to activate fecal coliform bacteria (0=off; 1=activated)
C IWQSRP   = switch for sediment sorption (1=TAM sorption; 2=sediment sorption)
C IWQSTOX  = cyanobacteria salinity toxicity switch (0=no toxicity; 1=toxicity)
C IWQKA    = reaeration option
C          = 0, constant reaeration (WQKRO), no wind reaeration
C          = 1, constant reaeration (WQKRO) plus wind reaeration
C          = 2, use O'Connor-Dobbins (1958) formula
C          = 3, use Owens & Gibbs (1964) formula
C          = 4, modified Owens & Gibbs (1964) formula (for Christina River)
C IWQVLIM = option for velocity limitation of macroalgae growth
C         = 0, macroalgae growth is not limited by stream velocity
C         = 1, macroalgae growth limited using Michaelis-Menton formula
C         = 2, macroalgae growth limited using 5-parameter Logistic Function
C
C03  IWQDT  IWQM  IWQBEN  IWQSI  IWQFCB  IWQSRP  IWQSTOX  IWQKA  IWQVLIM
     1      1     2       0      1       0       0        2      0
```

카드이미지 3의 입력정보는 수질 모의실험의 일반적인 설정에 대한 확대된 제어부분이다. IWQDT는 동역학 시간간격 당 수질 시간간격을 지정하는 플래그이다. 시간 2단계 동역학에서는 IWQDT=1이고, 시간 3단계 동역학에서는 IWQDT=2이다. IWQM은 더 이상 활성화되지 않는다. IWQBEN 플래그는 모의실험에 있어 저서생물 부하의 형태를 지정한다. 이것이 0인 경우는 공간적이나 시간적으로 일정한 부하를 카드이미지

47에서 읽는다. 이것이 1인 경우는 저질처리모델(sediment process model)이 활성화된다. 이것이 2인 경우는 공간적이나 시간적으로 변화하는 저서생물 부하를 나타낸다. 여러 저질지대들에 대한 시계열 저서생물부하는 카드이미지 51에 나타낸 저서생물부하(BENFN)에 대한 입력파일이 주어진다. 저질지대는 wqbenmap.inp 파일에서 정의된다. IWQSI 플래그는 규소 상태변수와 변수 16, 17을 활성화한다. 0의 플래그 값에서는 변수가 비활성화 되고, 1의 플래그 값에서는 두 변수가 활성화된다. 이 플래그는 변수 16과 17을 활성화하기 위해서 카드이미지 2a에 해당 플래그가 모두 1이 되어야 한다. IFQFCB 플래그(0=off, 1=activated)는 분변성대장균군과 변수 21을 활성화한다. 이 플래그는 변수 21 즉, 분변성대장균군을 활성화하기 위해서 카드이미지 2a에 있는 해당 플래그가 모두 1이 되어야 한다. IWQSRP 플래그는 총활성금속(IWQSRP=1)과 총부유퇴적물(IWQSRP=2)에 의한 인산염과 용존규소의 흡착를 나타낸다. IWQSTOX 플래그는 남조류에 대한 염분의 독성을 활성화한다(0=무독성, 1=독성). IWQKA 플래그는 모의실험에 사용된 재폭기 옵션을 나타낸다. 0의 값은 카드이미지 28에서 변수 Kr0에 주어진 일정한 재폭기계수를 규정한다. 이 일정한 재폭기는 총재폭기로 가정된다. 1의 값은 카드이미지 28에서 변수 Kr0에 주어진 일정한 수리학적 재폭기를 나타낸다. 계산된 바람 재폭기는 일정한 수리학적 재폭기에 더해진다. IWQKA=2인 경우, 모델은 수리학적 재폭기를 계산하는데 O'Connor-Dobbins(1958) 방정식을 사용한다. IWQKA=4인 경우, 모델은 수리학적 재폭기 계산을 위해 Owens and Gibbs(1964)의 수정 버전의 방정식을 사용한다. IWQVLIM은 대형조류의 성장속도 제한을 위한 옵션이다. IWQVLIM=0인 경우, 대형조류 성장이 하천유속에 의해 제한되지 않는다. IWQVLIM=1인 경우, 대형조류의 성장이 Michaelis-Menton 방정식에 의해 제한된다. IWQVLIM=2인 경우, 대형조류의 성장이 5가지 인자의 함수로 제한된다.

Card Image 4

```
C04
C IWQZ      = number of zones for spatially varying WQ parameters
C IWQNC     = switch to save negative concentrations to WQ3DNC.LOG (0=OFF; 1=ON)
C IWQRST    = switch to save WQ restart data to WQWCRST.OUT (0=OFF; 1=ON)
C NDMWQ     = number of horizontal spatial domains for decomposition calc. (=1)
C LDMWQ     = number of horizontal cells in the WQ computational domain (=LC-2)
C NDDOAVG = no longer used
C NDLTAVG   = no longer used
C IDNOTRVA = ID number of macroalgae water quality variable
C
C04  IWQZ   IWQNC  IWQRST  NDMWQ  LDMWQ  NDDOAVG  NDLTAVG  IDNOTRVA
       3      1       0       1     1487     0        0        22
```

카드이미지 4는 카드이미지 3의 수질모의실험의 일반적인 설정를 계속하는 카드이다. IWQZ 플래그는 여러 수질변수를 가진 영역 내 지대의 수를 나타낸다. 지대는 wqwcmap.inp로 지정되고, 여러 지대들의 변수는 kinetics.inp에서 지정된다. IWQNC 플래그는 음의 농도가 발생하는 시간과 장소를 하나의 파일에 저장하므로써 모의실험에서 음의 농도 디버깅을 활성화한다(0=OFF, 1=ON). 이 값은 카드이미지 51에 지정된 파일(NCOFN)에 저장된다. IWQRST 플래그는 모의 후 수질모델을 재시작하는 파일로 사용되는 wqwcrst.out 파일에 수질자료의 저장을 활성화한다(0=OFF, 1=ON). NDMWQ 플래그는 병렬 다중처리시스템으로 나누워 계산하기 위한 수평 공간 영역의 수를 지정한다. NDMWQ=1로 설정되면, 이 버전에서 비활성화 된다. LDMWQ는 수질 계산영역 내 수평 셀의 수를 지정하며, LC-2와 같다. NDDOAVG와 NDLTAVG 플래그는 더 이상 사용되지 않으며, 둘 다 0의 값을 사용한다. IDNOTRVA는 대형조류의 ID 번호를 나타낸다.

Card Image 5

```
C05
C IWQICI   = initial condition switch
C          0=spatially constant initial conditions (card C44)
C          1=read initial condition file ICIFN (see card C51)
C          2=read initial conditions from restart file WQWCRST.INP
C IWQAGR = algae growth kinetics switch
C          0=use constant kinetics on card C45
C          1=read spatial/time-varying kinetics from file AGRFN (card C51)
C IWQSTL  = settling velocity switch
C          0=use spatially/temporally constant settling velocities (card C46)
C          1=use spatial/time-varying settling vel. from STLFN (card C51)
C IWQSUN = solar radiation switch
C           0=use constant solar radiation (I0) and FD from card C10
C           1=use daily average solar rad. and FD from file SUNDAY.INP
C           2=use hourly solar rad. from ASER.INP file
C IWQPSL   = point source load switch
C           0=use constant point source loads
C           1=use time-variable point source loads from file WQPSL.INP
C IWQNPL   = not used
C isDIURDO = switch for saving diurnal DO data
C           0=do not save diurnal DO data to file
C           1=save diurnal DO data to binary file WQDIURDO.BIN
C              if WQDIURDO.BIN already exists, delete it
C           2=save diurnal DO data to binary file WQDIURDO.BIN
C              if WQDIURDO.BIN already exists, append to it
C WQDIUDT = time interval for writing to diurnal DO file (hours)
C IWQKIN   = switch for using spatially-varying kinetic rate constants
C           0=do not use spatially-varying kinetics
C           1=use spatially-varying kinetics in file KINETICS.INP
C             Only applies to IWQKA, KRO, KTR, REAC, KDC, KDCALGm, KHRm
```

```
C         DOPTm, KCD, and KHCOD.
C
C05 IWQICI   IWQAGR  IWQSTL  IWQSUN  IWQPSL  IWQNPL  isDIURDO WQDIUDT IWQKIN
      0       1        0       2       1       0       0       1.0      1
```

이 카드이미지는 수질 모의실험의 일반적인 설정을 계속한다. IWQICI 플래그는 초기조건의 종류를 지정한다. 0인 경우, 수질 초기조건의 공간적 상수가 카드이미지 44에 지정된다. 1인 경우, 카드이미지 51의 ICIFN 파일로부터 초기조건을 읽는다. 2인 경우, 재시작파일 wqwcrst.inp로부터 초기조건을 읽는다. IWQAGR 플래그는 모의실험에 사용된 조류성장 동역학을 나타낸다. 0인 경우, 카드이미지 45에 주어진 일정한 동역학이 모든 영역에서 사용된다. 1인 경우, 공간적 시간적으로 변화하는 동역학이 카드이미지 51의 AGRFN 파일에 주어진다.

공간적 지대의 수는 카드이미지 4에 있는 IWQZ에 의해 지정되고, wqwcmap.inp 파일에서 정의된다. IWQSTL 플래그는 모의실험에 사용된 침강속도의 종류를 나타낸다. 0인 경우, 공간적 시간적으로 일정한 침강속도가 카드이미지 46에서 지정된다. 1인 경우, 공간적 시간적으로 변하는 침강속도가 카드이미지 51의 STLFN파일에서 지정된다. 공간적 지대들은 카드이미지 4에 있는 IWQZ와 wqwcmap.inp 파일에 의해 정의된 동역학과 조류성장에 대한 것과 동일하다. IWQSUN 플래그는 수질모델에 있어 태양복사 조건, 특히 광합성 작용을 표시한다. 0인 경우, 모델은 카드이미지 10에서 지정된 일정한 태양복사(Io)와 일주간 분율(FD)을 사용한다. 1인 경우, 모델은 일평균태양복사와 주간분율(FD)를 sunday.inp 파일에서 읽는다. 2인 경우, 모델은 Aser.inp에 주어진 시간 태양복사를 사용한다. IWQPSL 플래그는 모델로 입력되는 점오염부하의 종류를 나타낸다. 0인 경우, 모델은 카드이미지 48에 주어진 일정한 점오염부하를 사용한다. 1인 경우, 시간적으로 변하는 점오염부하를 Wqpsl.inp파일로부터 읽는다. IWQNPL 플래그는 더 이상 사용되지 않는다. isDIURDO 플래그는 주간의 용존산소 출력자료의 저장을 제어한다. 0인 경우, 주간의 DO 자료가 파일로 저장되지 않는다. 1인 경우, 주간의 DO 자료가 새로운 이진 파일인 Wqdiurdo.bin에 저장된다. 2인 경우, 주간의 DO 자료가 binary 파일인 Wqdiurdo.bin에 추가된다. 매개변수 WQDIUDT는 시간단위의 주간 DO 파일을 쓰는 시간간격이다. IWQKIN 플래그는 모델에 사용된 동역학 속도상수의 종류를 표시한다. 0인 경우, 전체 모의영역에 유효한 상수와 이 수질파일의 다른 여러 상수가 사용된다. 1인 경우, 공간적으로 변하는 동역학 속도상수가 사용된다. 이러한 상수들은 Wqwcmap.inp 파일에 지정된 여러 지대들에 대한 Kinetics.inp파일에서 지정된다. 단지 여러 동역학 속도상수는 이 설명의 다음에 나오는 Kinetics.inp파일의 설명과 같이 공간적으로 달라질 수 있다.

Card Image 6

```
C06
C IWQTS   = number of time-series locations to output to ASCII file WQWCTS.OUT
C TWQTSB = beginning time for recording time-series data (Julian Day)
C TWQTSE = ending time for recording time-series data (Julian Day)
C WQTSDT = write interval (hours), also averaging interval for binary files
C            use 24.0 hours for daily averages (solar day)
C            use 24.8412 hours to average over the M2 tide period (lunar day)
C isWQAVG = switch to save WQ averages to binary file WQWCAVG.BIN
C          0=OFF; 1=ON, overwrite existing file; 2=ON, append to existing file
C isWQMIN  = switch to save WQ minimums to binary file WQWCMIN.BIN
C          0=OFF; 1=ON, overwrite existing file; 2=ON, append to existing file
C isWQMAX = switch to save WQ minimums to binary file WQWCMAX.BIN
C          0=OFF; 1=ON, overwrite existing file; 2=ON, append to existing file
C isCOMP = switch to save DO components to file WQDOCOMP.BIN
C          0=OFF; 1=ON, overwrite existing file; 2=ON, append to existing file
C          17 28.0
C06   IWQTS   TWQTSB   TWQTSE   WQTSDT   isWQAVG   isWQMIN   isWQMAX   isCOMP
        1     28.0     9999.    6.0      0         0         0         0
```

카드이미지 6의 입력정보는 수질모의에 대한 일반적인 출력을 제어한다. 매개변수 IWQTS는 ASCII 파일(Wqwcts.out)로 출력하는 시계열 위치의 수를 지시한다. 매개변수 TWQTSB는 율리우스력으로 시계열 자료를 기록할 시작시간을 나타낸다. 매개변수 TWQTSE는 율리우스력으로 시계열 자료를 기록할 끝 시간을 나타낸다. WQTSDT는 다음 문단에서 기술되는 이진 파일의 평균을 내는 기간뿐만 아니라 시간(hour) 단위로 ASCII 출력파일의 기록간격을 지정한다. WQAVG 플래그는 이진 파일(Wqwcavg.bin)의 출력을 제어한다. 0인 경우, Wqwcavg.bin 파일이 생성되지 않는다. 1인 경우, WQTSDT 기간 동안 평균된 수질변수를 가진 Wqwcavg.bin이 생성된다. 동일 이름을 가진 어떤 기존 파일이 있으면 덮어쓴다. 2인 경우, 수질 평균이 기존 Wqwcavg.bin에 추가된다. isWQMIN 플래그는 이진 파일(Wqwcmin.bin)의 출력을 제어한다. 0인 경우 Wqwcmin.bin을 생성하지 않고, 1인 경우 Wqwcmin.bin을 생성한다. 이 파일은 WQTSDT 기간 동안 수질변수들의 최소값을 포함한다. 동일 이름을 가진 어떤 기존 파일이 있으면 덮어쓴다. 2인 경우, 수질의 최소값이 기존 Wqwcmin.bin 파일에 추가된다. isWQMAX 플래그는 이진 파일(Wqwcmax.bin)의 출력을 제어한다. 0인 경우 Wqwcmax.bin을 생성하지 않고, 1인 경우 Wqwcmax.bin을 생성한다. 이 파일은 WQTSDT 기간 동안 수질변수들의 최댓값을 포함한다. 동일 이름을 가진 어떤 기존 파일이 있으면 덮어 쓰게 된다. 2인 경우, 수질의 최댓값이 기존 Wqwcmin.bin 파일에 추가된다. COMP플래그는 이진 파일(Wqdocomp.bin)의 출력을 제어한다. 0인 경우 Wqdocomp.bin을 생성하지 않고, 1인 경우 Wqdocomp.bin을 생성한다. 이 파일은 재폭기, 광합성, 퇴적물 산소요구량 등과 같은 여러 동역학 항목에 대한 특유의 DO 값을 포함한다. 동일 이름을 가진 어떤 기존 파일이 있으면 덮어쓴다. 2인 경우, DO 값은 기존 Wqdocomp.bin 파일에 추가된다.

Card Image 7

```
C07 TIME-SERIES WRITE CONTROLS
C CHL  = total chlorohyll
C TOC  = total organic carbon
C DOC  = dissolved organic carbon
C TP   = total phosphorus
C DOP  = dissolved organic phosphorus
C PO4t = total orthophosphate
C PO4d = dissolved orthophosphate
C APC  = algae phosphorus-to-carbon ratio
C TN   = total nitrogen
C DON  = dissolved organic nitrogen
C NH4  = ammonia nitrogen
C NO3  = nitrite + nitrate nitrogen
C TSI  = total silica
C SU   = unavailable dissolved silica
C SA   = total available biogenic dissolved silica
C SAd  = dissolved available biogenic dissolved silica
C COD  = chemical oxygen demand
C TAM  = total active metal
C TAMp = total active metal
C FCB  = fecal coliform bacteria
C Fm   = macroalgae
C
C ICWQTS(NW,M), NW=1,NTSWQV, M=1,IWQTS
C
C07 Two title cards follow:
$ I  J  CHL  TOC  DOC  TP   DOP   PO4t  PO4d  APC  TN  DON  NH4  NO3  TSI
$ SU SA SAd  COD  O2   TAM  TAMp  FCB   Fm
 52 16 1    1    1    1    1     1     1     1    1   1    1    1    0
 0  0  0    0    1    0    0     1     0
```

카드이미지 7의 입력정보는 수질변수들의 시계열 출력을 ASCII로 저장하는 것을 제어한다. 카드이미지 6에서 지정된 위치 수 IWQTS에 대해, 그 위치 및 변수의 출력은 이 카드에서 주어진다. 각 위치에 해당 셀의 I와 J가 주어진다. 아래의 출력변수 목록에서 플래그는 변수가 출력 시계열로 저장되는지 않는지를 나타낸다. 1의 플래그 값은 변수를 출력파일로 저장할 것이고, 반면 0의 값은 저장하지 않는다. 출력 가능한 변수의 목록은 다음과 같다.

- total chlorohyll
- dissolved organic carbon
- dissolved organic phosphorus
- dissolved orthophosphate
- total nitrogen
- ammonia nitrogen
- total silica
- total available biogenic dissolved silica
- dissolved available biogenic dissolved silica
- chemical oxygen demand
- total active metal
- total active metal
- fecal coliform bacteria
- macroalgae
- total organic carbon
- total phosphorus
- total orthophosphate
- algae phosphorus-to-carbon ratio
- dissolved organic nitrogen
- nitrite + nitrate nitrogen
- unavailable dissolved silica

Card Image 8

```
C08 ONE TITLE CARD FOLLOWS:
$$ C08 constant parameters for ALGAE (see Table 3-1) $$
C08
C KHNc = nitrogen half-saturation for cyanobacteria (mg/L)
C KHNd = nitrogen half-saturation for algae diatoms (mg/L)
C KHNg = nitrogen half-saturation for algae greens algae (mg/L)
C KHNm = nitrogen half-saturation for macroalgae (mg/L)
C KHPc = phosphorus half-saturation for cyanobacteria (mg/L)
C KHPd = phosphorus half-saturation for algae diatoms (mg/L)
C KHPg = phosphorus half-saturation for algae greens algae (mg/L)
C KHPm = phosphorus half-saturation for macroalgae (mg/L)
C KHS  = silica half-saturation for algae diatoms (mg/L)
C STOX = salinity at which microsystis growth is halved for cyanobacteria
C
C08  KHNc  KHNd  KHNg  KHNm  KHPc   KHPd   KHPg   KHPm   KHS    STOX
     0.01  0.01  0.01  0.01  0.001  0.001  0.001  0.001  0.035  1.0
```

카드이미지 8은 조류(algae) 동역학과 관계된 매개변수들을 지정한다. KHNc, KHNd, KHNg와 KHNm은 남조류, 규조류, 녹조류와 대형조류 각각에 대한 질소섭취의 반포화상수이고, 단위는 mg/L이다. KHPc, KHPd, KHPg와 KHPm은 남조류, 규조류, 녹조류와 대형조류 각각에 대한 인섭취의 반포화상수이고, 단위는 mg/L이다. 이러한 상수는 Tetra Tech(2007c)의 식 2.7에 나타낸 것처럼 조류 성장에서 영양염 제한에 영향을 준다. KHS는 규조류에 대한 규소섭취의 반포화상수이고, 단위는 mg/L이다. 식 2.7에 나타낸 것처럼, 규조류는 영양염 뿐만 아니라 규소에 의해서도 또한 성장에 제한을 받는다. 남조류는 담수 조류이고, 그것의 성장은 Tetra Tech(2007c)의 식 2.26에 나타낸 것처럼 염수에 의해 제한을 받는다. STOX는 남조류의 microsystis 성장이 담수의 염분으로부터 반감되는 염분이다.

Card Image 9

```
C09 constant parameters for ALGAE (see Table 3-1)
C KeTSS = light extinction fr total suspended solids (1/m per g/m3)
C KeCHL = light extinction for total suspended chlorophyll (1/m per g/m3)
C     Note: if KeCHL is negative, the Riley (1956) formula is used to
C           compute the extinction coefficient due to chlorophyll:
C           KeCHL = 0.054*CHL^0.6667 + 0.0088*CHL
C           where CHL = total chloryphyll concentration (ug/L)
C CChlc = carbon-to-chlorophyll ratio for cyanobacteria (mg C / ug Chl)
C CChld = carbon-to-chlorophyll ratio for algae diatoms (mg C / ug Chl)
C CChlg = carbon-to-chlorophyll ratio for algae greens (mg C / ug Chl)
C CChlm = carbon-to-chlorophyll ratio for macroalgae (mg C / ug Chl)
C DOPTc = optimal depth (m) for cyanobacteria growth
C DOPTd = optimal depth (m) for algae diatoms growth
C DOPTg = optimal depth (m) for algae greens growth
C DOPTm = optimal depth (m) for macroalgae growth
C
C09   KeTSS   KeChl   CChlc   CChld   CChlg   CChlm   DOPTc   DOPTd   DOPTg   DOPTm
      0.0     -0.017  0.060   0.060   0.060   0.060   1.0     1.0     1.0     0.10
```

카드이미지 9는 조류 동역학과 관계된 매개변수들을 지정한다. Tetra Tech(2007c)의 식 2.11에서 나타낸 것처럼, 수층에서의 빛의 소멸은 모델에서 3부분으로 구성된다. : 수색에 의존하는 배경 값, 부유입자에 의한 소멸, 주변 엽록소에 의한 빛의 흡수에 기인한 소멸. Ke_{TSS}는 총 부유물질에 의한 빛 소멸계수이고, 단위는 $m^{-1}perg/m^{-3}$이다. Ke_{CHL}은 총 부유엽록소에 의한 빛 소멸계수이고, 단위는 $m^{-1}perg/m^{-3}$이다. 만약 음의 값의 Ke_{CHL}이 주어지면, 모델은 총부유 엽록소에 대한 빛 소멸계수를 계산하기 위하여 Riley(1956)의 방정식을 이용한다.

$$Ke_{CHL} = 0.054 * CHL^{0.6667} + 0.0088 * CHL$$

여기서, CHL=총엽록소 농도(μg/L)

CChlc, CChld, CChlg와 CChlm은 남조류, 규조류, 녹조류와 대형조류 각각에 대한 carbon : chlorophyll의 비율이고, 단위는 mgC/μgChl이다. 최대 조류성장은 Kremer and Nixon(1981)에 의해 보고된 것처럼 일정한 수심(대략 1m)에서 발생한다.

이 방법은 식 2.12에서 채택된다. 여기서 (DOPT)c, (DOPT)d, (DOPT)g, (DOPT)m은 남조류, 규조류, 녹조류와 대형조류 각각에 대한 최대 조류성장 수심(m)이다.

Card Image 10

```
C10 constant parameters for ALGAE (see Table 3-1)
C  I0      = initial solar radiation (Langley/day) at water surface
C IsMIN   = minimum optimum solar radiation (Langley/day)
C FD      = fraction of day that is daylight
C CIa     = weighting factor for solar radiation at current day
C CIb     = weighting factor for solar radiation at (-1) days
C CIc     = weighting factor for solar radiation at (-2) days
C CIm     = not used
C Rea     = global reaeration adjustment factor
C PARadj = solar radiation multiplied by this factor to get the
C           photoactive available radiation (PAR) for algae growth
C
C10  I0     IsMIN   FD    CIa   CIb   CIc   CIm   Rea   PARadj
     28.0   40.0    0.6   0.7   0.2   0.1   0.7   1.0   0.43
```

카드이미지 10은 조류 동역학에 대한 빛의 영향과 관련된 여러 매개변수들을 지정한다. Io는 수표면에서의 태양복사 상수이며, 단위는 Langley/day이고, 카드이미지 5에서 IWQSUN=0일 때 Tetra Tech(2007c)의 식 2.16-2.18을 사용한다.

최소 태양복사 (Is)min은 식 2.11에 지정되며, 조류는 가장 낮은 태양강도에서 번성하지 않는다. FD는 카드이미지 5에서 IWQSUN=0일 때, 식 2.16-2.18에 사용되는 하루 중 주간의 비율상수이다. 빛의 강도의 변화에 적응하기 위해 조류가 필요로 하는 시간은 매일의 빛 강도에 대한 평균 시간가중치에 근거한 조류성장에 대한 유효한 빛의 강도를 추정함으로서 인식된다.

$$(I_o)_{avg} = CI_a \cdot I_o + CI_b \cdot I_1 + CI_c \cdot I_2$$

여기서, I_0 = 모델링하는 현재 시점에서 매일의 빛의 강도(Langley/day)

I_1 = 모델링 시점 1일전 매일의 빛의 강도(Langley/day)

I_2 = 모델링 시점 2일전 매일의 빛의 강도(Langley/day)

CI_a, CI_b, CI_c= I_0, I_1, I_2 각각에 대한 가중치

이 카드이미지에 지시된 CI_a, CI_b, CI_c는 $CI_a+CI_b+CI_c=1$이 되어야 한다. CIm은 더 이상 사용되지 않는다. Rea는 총괄적인 재폭기 조정인자(global reaeration adjustment factor) (비활성화, 카드이미지 46에 REAC에서 사용)이다. PARadj는 조류성장을 위해 총 태양복사를 감광성에 이용 가능한 복사(Photoactive available radiation, PAR)로 전환하는데 사용되는 인자이다.

Card Image 11

C11 constant parameters for ALGAE (see Table 3-1)
C TMc1 = lower optimal temperature for cyanobacteria growth (degC)
C TMc2 = upper optimal temperature for cyanobacteria growth (degC)
C TMd1 = lower optimal temperature for algae diatoms growth (degC)
C TMd2 = upper optimal temperature for algae diatoms growth (degC)
C TMg1 = lower optimal temperature for algae greens growth (degC)
C TMg2 = upper optimal temperature for algae greens growth (degC)
C TMm1 = lower optimal temperature for macroalgae growth (degC)
C TMm2 = upper optimal temperature for macroalgae growth (degC)
C TMp1 = lower optimal temperature for diatom predation (degC)
C TMp2 = upper optimal temperature for diatom predation (degC)
C 25.0

C11	TMc1	TMc2	TMd1	TMd2	TMg1	TMg2	TMm1	TMm2	TMp1	TMp2
	20.	20.	20.0	20.0	25.0	35.0	20.0	20.0	20.0	20.0

카드이미지 11은 조류 동역학에 대한 온도의 영향과 관련된 여러 매개변수들을 지정한다. Tetra Tech(2007c)의 식 2.25에 있는 가우시안 확률곡선은 조류성장에 대한 온도 의존성을 나타내는데 사용한다. (TMc)1, (TMd)1, (TMg)1, (TMm)1은 남조류, 규조류, 녹조류와 대형조류 각각에 대한 가장 낮은 최적온도이다. (TMc)2, (TMd)2, (TMg)2, (TMm)2은 남조류, 규조류, 녹조류와 대형조류 각각에 대한 가장 높은 최적온도이다. (TMp)1, (TMp)2는 규조류 포식자에 대한 가장 낮고, 가장 높은 최적 온도이다. 모든 온도는 ℃로 주어진다.

Card Image 12

C12 constant parameters for ALGAE (see Table 3-1)
C KTG1c = suboptimal temperature effect coef. for cyanobacteria growth
C KTG2c = superoptimal temperature effect coef. for cyanobacteria growth
C KTG1d = suboptimal temperature effect coef. for algae diatoms growth
C KTG2d = superoptimal temperature effect coef. for algae diatoms growth
C KTG1g = suboptimal temperature effect coef. for algae greens growth
C KTG2g = superoptimal temperature effect coef. for algae greens growth
C KTG1m = suboptimal temperature effect coef. for macroalgae growth
C KTG2m = superoptimal temperature effect coef. for macroalgae growth
C KTG1p = suboptimal temperature effect coef. for diatom predation growth
C KTG2p = superoptimal temperature effect coef. for diatom predation growth
C 0.008 0.01

C12	KTG1c	KTG2c	KTG1d	KTG2d	KTG1g	KTG2g	KTG1m	KTG2m	KTG1p	KTG2p
	0.01	0.01	0.01	0.01	0.005	0.008	0.01	0.01	0.01	0.01

카드이미지 12는 조류 동역학에 대한 온도의 영향과 관련된 여러 매개변수들을 지정한다. KTG1c, KTG1d, KTG1g, KTG1m은 남조류, 규조류, 녹조류와 대형조류 각각에 대한 계수로써, Tetra Tech(2007c)의 식 2.25에 있는 가장 낮은 최적온도 아래의 온도에 대한 온도

의 영향을 나타낸다. KTG2c, KTG2d, KTG2g, KTG2m은 각각 남조류, 규조류, 녹조류와 대형조류의 계수로써, 식 2.25에 있는 가장 높은 최적온도 이상의 온도에 대한 온도의 영향을 나타낸다. KTG1p와 KTG2p는 규조류 포식자에 대한 가장 낮고, 가장 높은 최적 온도 이하와 이상의 온도에 대한 온도의 영향을 나타내는 계수이다.

Card Image 13

```
C13 constant parameters for ALGAE (see Table 3-1)
C TRc  = reference temperature for cyanobacteria metabolism (degC)
C TRd  = reference temperature for algae diatoms metabolism (degC)
C TRg  = reference temperature for algae greens metabolism (degC)
C TRm  = reference temperature for macroalgae metabolism (degC)
C KTBc = temperature effect coef. for cyanobacteria metabolism
C KTBd = temperature effect coef. for algae diatoms metabolism
C KTBg = temperature effect coef. for algae greens metabolism
C KTBm = temperature effect coef. for macroalgae metabolism
C 0.069
C13   TRc     TRd     TRg     TRm     KTBc    KTBd    KTBg    KTBm
      20.0    20.0    20.0    20.0    0.069   0.069   0.032   0.069
```

카드이미지 13은 조류 동역학의 기초대사에 대한 온도의 영향과 관계된 매개변수들을 지정한다. 기초대사는 Tetra Tech(2007c)의 식 2.27에서 표현된 것처럼 온도의 지수증가함수로 나타내어진다. TRc, TRd, TRg, TRm은 남조류, 규조류, 녹조류와 대형조류 각각의 기초대사에 대한 기준온도이고, 단위는 ℃이다. KTBc, KTBd, KTBg, KTBm은 각각 남조류, 규조류, 녹조류와 대형조류의 기초대사에 대한 온도의 영향을 지수함수로 표현하는 계수이다.

Card Image 14

```
C14 ONE TITLE CARD FOLLOWS:
$$ C14 constant parameters for CARBON (see Table 3-2) $$
C14
C FCRP = carbon distribution coef. for algae predation: refractory POC
C FCLP = carbon distribution coef. for algae predation: labile POC
C FCDP = carbon distribution coef. for algae predation: DOC all to DOC for wasp
         mode
C FCDc = carbon distribution coef. for cyanobacteria metabolism
C FCDd = carbon distribution coef. for algae diatoms metabolism
C FCDg = carbon distribution coef. for algae greens metabolism
C KHRc = half-sat. constant (gO2/m3) for cyanobacteria DOC excretion
C KHRd = half-sat. constant (gO2/m3) for algae diatoms DOC excretion
C KHRg = half-sat. constant (gO2/m3) for algae greens DOC excretion
C        Note: FCRP + FCLP + FCDP = 1.0
C14   FCRP    FCLP    FCDP    FCDc    FCDd    FCDg    KHRc    KHRd    KHRg
      0.2     0.0     0.8     0.0     0.0     0.0     0.5     0.5     0.5
```

카드이미지 14는 탄소 동역학과 관계된 매개변수들을 지정한다. FCRP, FCLP 그리고 FCDP는 각각 난분해성 입자상 유기탄소, 분해성 입자상 유기탄소, 용존유기탄소로서 만들어진 포식된 조류(Tetra Tech(2007c)의 식 2.29~2.31)의 분율이다. 이러한 세 부분의 포식분율의 합은 불변한다(FCRP+FCLP+FCDP=1.0). FCDc, FCDd, FCDg는 각각 남조류, 규조류, 녹조류에 대한 무한의 용존산소 농도에서 용존성 유기탄소로 용출된 기초대사의 분율이다(식 2.31). KHRc, KHRd, KHRg는 각각 남조류, 규조류, 녹조류에 대한 조류의 용존탄소 배설물에 대한 용존산소의 반포화 상수이다.(식 2.31).

Card Image 15

```
C15 ONE TITLE CARD FOLLOWS:
$$ C15 constant parameters for CARBON (macroalgae)
C15
C FCRPm = carbon distribution coef. for macroalgae predation: refractory POC
C FCRPm = carbon distribution coef. for macroalgae predation: labile POC
C FCRPm = carbon distribution coef. for macroalgae predation: DOC
C FCDm  = carbon distribution coef. for macroalgae metabolism
C KHRm  = half-sat. constant (gO2/m3) for macroalgae DOC excretion
C Note: FCRPm + FCLPm + FCDPm = 1.0
C
C15  FCRPm    FCLPm    FCDPm    FCDm    KHRm
     0.0      0.0      1.0      0.0     0.5
```

카드이미지 15는 탄소 동역학과 관계된 매개변수들을 지정한다. FCRPm, FCLPm 그리고 FCDPm는 각각 난분해성 입자상 유기탄소, 분해성 입자상 유기탄소, 용존유기탄소로서 만들어진 포식된 대형조류(Tetra Tech(2007c)의 식 2.29~2.31)의 분율이다. 이러한 세 부분의 포식분율의 합은 불변한다(FCRPm+FCLPm+FCDPm =1.0). FCDm은 무한의 용존산소 농도에서 용존성 유기탄소로 용출된 대형조류의 기초대사 분율이다(식 2.31). KHRm은 대형조류에 대한 조류 용존탄소 배설물에 대한 용존산소의 반포화 상수이고, 단위는 mg/L of O_2 이다(식 2.31).

Card Image 16

```
C16 constant parameters for CARBON (see Table 3-2)
C KRC       = minimum dissolution rate (1/day) of refractory POC
C KLC       = minimum dissolution rate (1/day) of labile POC
C KDC       = minimum dissolution rate (1/day) of DOC
C KRCalg    = constant relating refractory POC dissolution rate to total chla
C KLCalg    = constant relating labile POC dissolution rate to total chla
C KDCalg    = constant relating DOC dissolution rate to total chla
C KDCalgm   = constant relating DOC dissolution rate to macroalgae
C
C16  KRC     KLC    KDC     KRCalg   KLCalg   KDCalg   KDCalgm
     0.013   1.0    0.13    0.0      0.0      0.0      0.0
```

카드이미지 16은 탄소 동역학과 관계된 매개변수들을 지정한다. KPROC, KLPOC는 POC에서 DOC로 분해성과 난분해성에 대한 최소 분해속도(1/day)이다(식 2.54~2.55). KDOC는 무한한 용존산소농도에서 용존유기탄소의 종속영양성 호흡속도이고, 단위는 1/day이다(식 2.56). KRCalg. KLCalg는 각각 조류생체량으로 난분해성과 분해성 입자상 유기탄소의 분해와 관련된 상수이고, 단위는 mg/L/day of C이다(식 2.54와 2.55). KDCalg. KDCalg는 각각 조류와 대형조류 생체량에 대한 호흡과 관련된 상수이고, 단위는 mg/L/day of C이다(식 2.56).

Card Image 17

```
C17 constant parameters for CARBON (see Table 3-2)
C TRHDR  = reference temperature for hydrolysis (degC)
C TRMNL  = reference temperature for mineralization (degC)
C KTHDR  = temperature effect constant for hydrolysis
C KTMNL  = temperature effect constant for mineralization
C KHORDO = oxic respiration half-sat. constant for DO (gO2/m3)
C KHDNN  = half-sat constant for denitrification (gN/m3)
C AANOX  = ratio of denitrification rate to oxic DOC respiration rate
C
C17  TRHDR   TRMNL   KTHDR   KTMNL   KHORDO   KHDNN   AANOX
     20.0    20.0    0.069   0.069   0.5      0.1     0.5
```

카드이미지 17은 탄소 동역학과 관계된 매개변수들을 지정한다. TRHDR와 TRMNL은 각각 가수분해와 광화작용을 위한 기준온도이며, 단위는 ℃이다. KHORDO는 용존산소에 대한 산소호흡 반포화상수이며, 단위는 mg/L of O_2이다(식 2.39). KHDNN은 질산염에 대한 탈질산화 반포화상수이며, 단위는 mg/L of N이다(식 2.44). AANOX는 (식 2.44)의 호기성 용존유기탄소 호흡률에 대한 탈진산화 속도의 비이다.

Card Image 18

```
C18 ONE TITLE CARD FOLLOWS:
$$ C18 constant parameters for PHOSPHORUS (see Table 3-3) $$
C18
C FPRP = phos. distribution coef. for algae predation: refractory POP
C FPLP = phos. distribution coef. for algae predation: labile POP
C FPDP = phos. distribution coef. for algae predation: DOP
C FPIP = phos. distribution coef. for algae predation: Inorganic P
C FPRc = phos. distribution coef. of RPOP for cyanobacteria metabolism
C FPRd = phos. distribution coef. of RPOP for algae diatoms metabolism
C FPRg = phos. distribution coef. of RPOP for algae greens metabolism
C FPLc = phos. distribution coef. of LPOP for cyanobacteria metabolism
C FPLd = phos. distribution coef. of LPOP for algae diatoms metabolism
C FPLg = phos. distribution coef. of LPOP for algae greens metabolism
```

```
C Note, the following must sum to 1.0:
C       FPRP + FPLP + FPDP + FPIP = 1.0
C       FPRc + FPLc + FPDc + FPIc = 1.0
C       FPRd + FPLd + FPDd + FPId = 1.0
C       FPRg + FPLg + FPDg + FPIg = 1.0
C
C18   FPRP   FPLP   FPDP   FPIP   FPRc   FPRd   FPRg   FPLc   FPLd   FPLg
      0.12   0.0    0.48   0.40   0.0    0.0    0.16   0.0    0.0    0.0
```

카드이미지 18은 인 동역학과 관계된 매개변수들을 지정한다. FPRP, FPLP, FPDP와 FPIP는 각각 난분해성 입자상 유기인, 분해성 입자상 유기인, 용존유기인 그리고 무기인으로서 생성된 이전의 조류 분율이다(Tetra Tech (2007c)의 식 2.47-2.50). 이 4개의 포식 비율의 합계는 1이(FPRP+FPLP+FPDP+FPIP=1.0)되어야한다. FPRc, FPRd와 FPRg는 각각 남조류, 규조류, 녹조류에 의해 물질대사화된 인의 비율이며, 난분해성 입자상 유기인으로 생성된다(식 2.47). FPLc, FPLd와 FPLg는 각각 남조류, 규조류, 녹조류에 의해 물질대사화된 인의 분율로서, 분해성 입자상 유기인으로 생성된다(식 2.48). 다음 분율의 합이 1.0이 되어야 한다.

$$FPR_c + FPL_c + FPD_c + FPI_c = 1.0$$

$$FPR_d + FPL_d + FPD_d + FPI_d = 1.0$$

$$FPR_g + FPL_g + FPD_g + FPI_g = 1.0$$

이탤릭 글자로 쓰여진 부분은 카드이미지 20에서 정의된다.

Card Image 19

```
C19 ONE TITLE CARD FOLLOWS:
$$ C19 constant parameters for PHOSPHORUS (macroalgae)
C19
C FPRPM = phos. distribution coef. for macroalgae predation: RPOP
C FPLPM = phos. distribution coef. for macroalgae predation: LPOP
C FPDPM = phos. distribution coef. for macroalgae predation: DOP
C FPIPM  = phos. distribution coef. for macroalgae predation: Inorganic P
C FPRm   = phos. distribution coef. of RPOP for macroalgae metabolism
C FPLm   = phos. distribution coef. of LPOP for macroalgae metabolism
C APCM   = factor to modify APC for macroalgae
C Note, the following must sum to 1.0:
C          FPRPM + FPLPM + FPDPM + FPIPM = 1.0
C          FPRm + FPLm + FPDm + FPIm = 1.0
C
C19   FPRPM   FPLPM   FPDPM   FPIPM   FPRm   FPLm   APCM
      0.40    0.40    0.1     0.1     0.2    0.3    0.50
```

카드이미지는 19는 인 동력학과 관계된 매개변수들을 지정한다. FPRPm, FPLPm, FPDPm과 FPIPm는 각각 난분해성 입자상 유기인, 분해성 입자상 유기인, 용존 유기인, 무기인으로써 생성된 이전의 대형조류의 분율이다(Tetra Tech(2007c)의 식 2.47-2.50).

이 4개의 포식 분율의 합은 일치(FPRPm+FPLPm+FPDPm+FPIPm=1.0)되어야 한다. FPRm과 FPLm은 각각 난분해성과 분해성 입자상 유기인으로써 생성된 대형조류에 의해 물질대사화된 인의 분율이다. 다음 분율은 합이 1.0이 되어야한다.

$$FPR_m + FPL_m + FPD_m + FPI_m = 1.0$$

이탤릭글자로 쓰인 부분은 카드이미지 20에서 정의된다. APCm은 대형조류에 있어 조류의 인을 탄소로 변환시키는 계수이다.

카드이미지 20은 인 동력학에 관계된 매개변수의 수를 지정한다. FPDc, FPDd, FPDg, FPDm은 각각 남조류, 규조류, 녹조류와 대형조류에 의한 물질대사화된 인의 분율이고, 용존유기인으로 생성된다(식 2.49 in Tetra Tech , 2007c). FPIc, FPId, FPIg, FPIm은 각각 남조류, 규조류, 녹조류와 대형조류에 의해 물질대사화된 인의 분율이며, 무기인으로 생성된다(식 2.50). 다음 분율은 합이 1.0이 되어야한다.

Card Image 20

```
C20 constant parameters for PHOSPHORUS (see Table 3-3)
C FPDc  = phosphorus distribution coef. of DOP for cyanobacteria metabolism
C FPDd  = phosphorus distribution coef. of DOP for algae diatoms metabolism
C FPDg  = phosphorus distribution coef. of DOP for algae greens metabolism
C FPDm  = phosphorus distribution coef. of DOP for macroalgae metabolism
C FPIc  = phosphorus distribution coef. of P4T for cyanobacteria metabolism
C FPId  = phosphorus distribution coef. of P4T for algae diatoms metabolism
C FPIg  = phosphorus distribution coef. of P4T for algae greens metabolism
C FPIm  = phosphorus distribution coef. of P4T for macroalgae metabolism
C KPO4p = partition coefficient for sorbed/dissolved PO4
C
C Notes, the following must sum to 1.0:
C       FPRc + FPLc + FPDc + FPIc = 1.0
C       FPRd + FPLd + FPDd + FPId = 1.0
C       FPRg + FPLg + FPDg + FPIg = 1.0
C
C20  FPDc  FPDd  FPDg  FPDm  FPIc  FPId  FPIg  FPIm  KPO4p
     1.0   1.0   0.64  1.0   0.0   0.0   0.2   0.0   1.00
```

$$FPR_c + FPL_c + FPD_c + FPI_c = 1.0$$

$$FPR_d + FPL_d + FPD_d + FPI_d = 1.0$$

$$FPR_g + FPL_g + FPD_g + FPI_g = 1.0$$

$$FPR_m + FPL_m + FPD_m + FPI_m = 1.0$$

이탤릭 글자로 쓰여진 부분은 카드이미지들 18과 19에서 정의된다. KPO4p은 총부유물질(per mg/L) 또는 입자상 총 활성금속 농도(per mol m^{-3})로 흡착된 인산염과 관계되는 경험적 계수이다.

Card Image 21

```
C21 constant parameters for PHOSPHORUS (see Table 3-3)
C KRP     = minimum hydrolysis rate (1/day) of RPOP
C KLP     = minimum hydrolysis rate (1/day) of LPOP
C KDP     = minimum hydrolysis rate (1/day) of DOP
C KRPalg  = constant relating hydrolysis rate of RPOP to algae
C KLPalg  = constant relating hydrolysis rate of LPOP to algae
C KDPalg  = constant relating hydrolysis rate of DOP to algae
C CPprm1 = constant used in determining algae Phos-to-Carbon ratio
C CPprm2 = constant used in determining algae Phos-to-Carbon ratio
C CPprm3 = constant used in determining algae Phos-to-Carbon ratio
C
C21   KRP    KLP    KDP    KRPalg   KLPalg   KDPalg   CPprm1   CPprm2   CPprm3
      0.01   0.0    0.1    0.0      0.0      0.5      30.0     20.0     350.0
```

카드이미지 21은 인의 동역학과 관련된 매개변수들을 지정한다. KLPOP는 각각 난분해성과 분해성 입자상 유기인의 최소 가수분해속도(1/day)이다(식 2.47 and 2.48 in Tetra Tech (2007c)). KDOP는 용존유기인의 최소 광물화 속도(1/day)이다(식 2.49). KLP_{alg}와 KLP_{alg}는 각각 조류 생체량에 대한 난분해성과 분해성 입자상 유기인의 가수분해와 관계된 상수이고, 단위는 1/day/mg C/L이다(식 2.54 and 2.55 in Tetra Tech ,2007c). KLP_{alg}는 조류 생체량에 대한 인 광물화와 관계된 상수이고, 단위는 1/day/mg C/L이다(식 2.56). CPprm1는 최소 탄소/인의 비(g C/g P), CPprm2는 최소와 최대 탄소/인의 비 사이의 차(g C/g P), CPprm3는 탄소/인의 비에 대한 용존 인산염 농도의 영향이다(1/mg P/L)(식 2.53).

Card Image 22

```
C22 ONE TITLE CARD FOLLOWS:
$$ C22 constant parameters for NITROGEN (see Table 3-4) $$
C22
C FNRP = nitrogen distribution coef. for algae predation: RPON
```

```
C FNLP = nitrogen distribution coef. for algae predation: LPON
C FNDP = nitrogen distribution coef. for algae predation: DON
C FNIP = nitrogen distribution coef. for algae predation: Inorganic N
C FNRc = nitrogen distribution coef. of RPON for cyanobacteria metabolism
C FNRd = nitrogen distribution coef. of RPON for algae diatoms metabolism
C FNRg = nitrogen distribution coef. of RPON for algae greens metabolism
C FNLc = nitrogen distribution coef. of LPON for cyanobacteria metabolism
C FNLd = nitrogen distribution coef. of LPON for algae diatoms metabolism
C FNLg = nitrogen distribution coef. of LPON for algae greens metabolism
C
C22  FNRP   FNLP   FNDP   FNIP   FNRc   FNRd   FNRg   FNLc   FNLd   FNLg
     0.2    0.0    0.7    0.1    0.0    0.0    0.2    0.0    0.0    0.0
```

카드이미지 22는 질소 동역학과 관련된 매개변수들을 지정한다. FNRP, FNLP,FNDP, FNIP는 각각 난분해성 입자상 유기질소, 분해성 입자상 유기질소, 용존유기질소, 그리고 무기질소로써 생성되는 포식된 조류(Tetra Tech(2007c)의 식 2.63-2.65)의 분율이다.

이들 네 포식 분율의 합은 일치(FNRP+FNLP+FNDP+FNIP=1.0)해야 한다. FNRc, FNRd, FNRg는 각각 난분해성 입자상 유기질소로 생성된 남조류, 규조류, 녹조류에 의해 물질대사화된 질소의 분율이다(식 2.63). FNLc, FNLd, FNLg는 각각 분해성 입자상 유기질소로 생성된 남조류, 규조류, 녹조류에 의해 물질대사화된 질소의 분율이다(식 2.64). 다음의 분율은 합이 1이 되어야 한다.

$$FNR_c + FNL_c + FND_c + FNI_c = 1.0$$

$$FNR_d + FNL_d + FND_d + FNI_d = 1.0$$

$$FNR_g + FNL_g + FND_g + FNI_g = 1.0$$

이탤릭체로 쓰여진 분율은 카드이미지 24에서 정의된다.

카드이미지 23은 질소 동역학과 관련된 매개변수들을 지정한다. FNRPm, FNLPm, FNDPm, FNIPm의 P는 각각 난분해성 입자상 유기질소, 분해성 입자상 유기질소, 용존유기질소, 그리고 무기질소로써 생성되는 포식된 조류(Tetra Tech(2007c)의 식 2.63-2.64)의 분율이다.

Card Image 23

```
C23 ONE TITLE CARD FOLLOWS:
$$ C23 constant parameters for NITROGEN (MACROALGAE)
C23
C FNRPM = nitrogen distribution coef. for marcoalgae predation: RPON
C FNLPM = nitrogen distribution coef. for marcoalgae predation: LPON
C FNDPM = nitrogen distribution coef. for marcoalgae predation: DON
```

```
C FNIPM  = nitrogen distribution coef. for marcoalgae predation: Inorganic N
C FNRm  = nitrogen distribution coef. of RPON for macroalgae metabolism
C FNLm  = nitrogen distribution coef. of LPON for macroalgae metabolism
C
C23   FNRPM     FNLPM     FNDPM     FNIPM     FNRm      FNLm
      0.4       0.5       0.1       0.0       0.2       0.4
```

이들 네 포식 분율의 합은 일치(FNRPm+FNLPm+FNDPm+FNIPm=1.0)해야 한다. FNRm과 FNLm는 각각 난분해성과 분해성 입자상 유기질소로 생성되는 대형조류에 의해 물질대사화된 질소의 분율이다. 다음의 분율의 합은 1.0이 되어야 한다.

$$FNR_m + FNL_m + FND_m + FNI_m = 1.0$$

이탤릭체로 쓰여진 분율은 카드이미지 24에서 정의된다.

Card Image 24

```
C24 constant parameters for NITROGEN (see Table 3-4)
C FNDc = nitrogen distribution coef. of DON for cyanobacteria metabolism
C FNDd = nitrogen distribution coef. of DON for algae diatoms metabolism
C FNDg = nitrogen distribution coef. of DON for algae greens metabolism
C FNDm = nitrogen distribution coef. of DON for macroalgae metabolism
C FNIc  = nitrogen distribution coef. of DIN for cyanobacteria metabolism
C FNId  = nitrogen distribution coef. of DIN for algae diatoms metabolism
C FNIg  = nitrogen distribution coef. of DIN for algae greens metabolism
C FNIm = nitrogen distribution coef. of DIN for macroalgae metabolism
C ANCc = nitrogen-to-carbon ratio for cyanobacteria
C ANCd = nitrogen-to-carbon ratio for algae diatoms
C ANCg = nitrogen-to-carbon ratio for algae greens
C ANCm = nitrogen-to-carbon ratio for macroalgae
C Note: FNRx + FNLx + FNDx + FNIx = 1.0
C
C24 FNDc  FNDd  FNDg  FNDm  FNIc  FNId  FNIg  FNIm  ANCc   ANCd   ANCg   ANCm
    1.0   1.0   .7    1.0   0.0   0.0   0.1   0.0   0.167  0.167  0.167  0.167
```

카드이미지 24은 질소 동역학과 관련된 매개변수들을 지정한다. FNDc, FNDd, FNDg, FNDm는 각각 용존 유기질소로 생성되는 남조류, 규조류, 녹조류, 대형조류에 의해 물질대사화된 질소의 분율이다(Tetra Tech(2007c)의 식 2.65). FNIc, FNId, FNIg, FNIm은 각각 무기질소로 생성되는 남조류, 규조류, 녹조류, 대형조류에 의해 물질대사화된 질소의 분율이다(Tetra Tech(2007c)의 식 2.66) 다음 분율은 합이 1.0이 되어야 한다.

$$FNR_c + FNL_c + FND_c + FNI_c = 1.0$$

$$FNR_d + FNL_d + FND_d + FNI_d = 1.0$$

$$FNR_g + FNL_g + FND_g + FNI_g = 1.0$$

$$FNR_m + FNL_m + FND_m + FNI_m = 1.0$$

이텔릭체로 보여진 분율은 카드이미지 22와 23에서 정의된다.

ANCc, ANCd, ANCg, ANCm은 각각 남조류, 규조류, 녹조류, 대형조류에서 질소/탄소의 비(g N/g C)이다(식 2.63-2.66).

Card Image 25

```
C25 constant parameters for NITROGEN (see Table 3-4)
C ANDC    = mass NO3 reduces per DOC oxidized (gN/gC)
C rNitM   = maximum nitrification rate (gN/m3/day)
C KHNitDO = nitrification half-sat. constant for DO
C KHNitN  = nitrification half-sat. constant for NH4
C TNit    = reference temperature for nitrification (degC)
C KNit1   = suboptimal temperature effect constant for nitrification
C Knit2   = superoptimal temperature effect constant for nitrification
C
C
C25  ANDC   rNitM   KHNitDO   KHNitN   TNit   KNit1    KNit2
     0.933  0.35    1.0       1.0      55.0   0.0012   0.0012
```

카드이미지 25은 질소 동역학과 관련된 매개변수들을 지정한다. ANDC는 산화된 용존 유기탄소양에 대한 환원된 질산질소의 양이다(Tetra Tech (2007c)의 식 2.43으로부터 0.933g N/g C). Nitm은 온도 TNit에서 최대 질산화속도(mg/L/day)이다(식 2.74). KHNitDO는 용존산소에 대한 질산화 반포화상수(mg O_2/L)이다(식 2.74). KHNitN은 암모니아에 대한 질산화 반포화상수(mg N/L)이다(식 2.74). TNit는 질산화에 대한 최적의 온도(℃)이고, 여기서 질산화는 최대이다(식 2.77). KNit1는 질산화속도(℃-2)에서 TNit 이하의 온도의 영향이고, KNit2는 질산화속도(℃-2)에서 TNit 이상의 온도의 영향이다(식 2.77).

Card Image 26

```
C26 constant parameters for NITROGEN (see Table 3-4)
C KRN    = minimum hydrolysis rate (1/day) of RPON
C KLN    = minimum hydrolysis rate (1/day) of LPON
C KDN    = minimum hydrolysis rate (1/day) of DON
C KRNalg = constant relating hydrolysis rate of RPON to algae
C KLNalg = constant relating hydrolysis rate of LPON to algae
```

```
C KDNalg = constant relating hydrolysis rate of DON to algae
C    0.0085          0.085
C26   KRN       KLN       KDN       KRNalg    KLNalg    KDNalg
      0.008     0.0       0.08      0.0       0.0       0.0
```

카드이미지 26은 질소 동역학과 관련된 매개변수들을 지정한다.

KRPON, KLPON는 각각 난분해성과 분해성 입자상 유기질소의 최소 가수분해속도(1/day)이다(Tetra Tech(2007c)의 식 2.63-2.64). KDOP는 용존유기질소의 최소 광물화속도(1/day)이다(식 2.65). KRNalg와 KLNalg는 각각 조류 생체량으로 난분해성과 분해성 입자상 유기질소의 가수분해와 관계된 상수이고, 단위는 1/day/mg C/L이다(Tetra Tech(2007c)의 식 2.69-2.70). KDNalg는 조류 생체량에 대한 질소 광물화와 관계된 상수이고, 단위는 1/day/mg C/L이다(식 2.71).

Card Image 27

```
C27 ONE TITLE CARD FOLLOWS:
$$ C27 constant parameters for SILICA(see Table 3-5) $$
C27
C FSPP  = silica distribution coef. for diatom predation
C FSIP  = silica distribution coef. for diatom predation
C FSPd  = silica distribution coef. for diatom metabolism
C FSId  = silica distribution coef. for diatom metabolism
C ASCd  = silica-to-carbon ratio for algae diatoms
C KSAp  = partition coef. for sorbed/dissolved SA
C KSU   = dissolution rate(1/day) of particulate silica(PSi)
C TRSUA = reference temperature(degC) for PSi dissolution
C KTSUA = temperature effect on PSi dissolution
C
C27   FSPP   FSIP   FSPd   FSId   ASCd   KSAp   KSU    TRSUA   KTSUA
       1.0    0.0    1.0    0.0    0.36   0.16   0.05   20.0    0.092
```

카드이미지 27은 규소 동역학과 관계된 매개변수들을 지정한다. FSPP와 FSIP는 각각 생물기원 입자상 규소와 이용 가능한 규소로서 생성되는 포식된 규조류 규소의 분율이다(Tetra Tech(2007c)의 식 2.80-2.81). FSPd and FSId는 각각 생물기원의 입자상 규소와 이용 가능한 규소로 생성되는 규조류에 의해 물질 대사화된 규소의 분율이다(식 2.80-2.81). ASCd는 규조류의 규소/탄소의 비(g Si/g C)이다. KSAp는 총부유물질(g/m^3) 또는 입자상 총활성 금속(1/mol/m^3)농도로 흡착되는 이용가능 한 규소와 관계된 경험계수이다(Tetra Tech(2007c)의 식 2.82-2.83). KSUA는 생물기원 입자상 규소의 분해속도(1/day)이다(식 2.80 and 2.81). TRSUA는 생물기원 입자상 규소의 분해에 대한 기준온도(℃)이고, KTSUA는 생물기원 입자상 규소의 분해에 대한 온도(℃)의 영향이다(식 2.84).

Card Image 28

```
C28 ONE TITLE CARD FOLLOWS:
$$ C28 constant parameters for COD & DO (see Table 3-6) $$
C28
C AOCR    = stoichiometric algae oxygen-to-carbon ratio (gO2/gC)
C AONT    = stoichiometric algae oxygen-to-nitrate ratio (gO2/gN)
C KRO     = reaeration constant (3.933 for OConnor-Dobbins; 5.32 for Owen-Gibbs)
C KTR     = temperature rate constant for reaeration
C KHCOD   = oxygen half-saturation constant for COD decay (mg/L O2)
C KCD     = COD decay rate (per day)
C TRCOD   = reference temperature for COD decay (degC)
C KTCOD   = temperature rate constant for COD decay
C AOCRpm = macroalgae photosynthesis oxygen-to-carbon ratio
C AOCRrm  = macroalgae respiration oxygen-to-carbon ratio
C
C28  AOCR   AONT   KRO    KTR    KHCOD  KCD   TRCOD  KTCOD  AOCRpm  AOCRrm
     2.67   4.33   3.933  1.028  1.5    1.00  20.0   0.041  2.67    2.67
```

카드이미지 28은 화학적 산소요구량와 용존산소 동역학과 관계된 매개변수들이다. AOCR는 호흡에 대한 용존산소/탄소의 비이다(2.67g O_2/g C; Section 2.4.7.1 in Tetra Tech, 2007c). AONT는 질산화된 암모니아질소의 단위질량 소모된 용존산소의 질량이다(4.33g O_2/g N; Section 2.4.7.2). Kr0는 재폭기계수(1/day)이다. 만약 카드이미지 3에서 IWQKA=0이면, Kr0는 20℃에서 총괄 재폭기다. 만약 카드이미지 3에서 IWQKA=1이면, Kr0는 20℃에서의 총 수리학적 재폭기다. 만약 카드이미지 3에서 IWQKA=2이면, O'Connor Dobbins식이 수리학적 재폭기를 계산하기 위해 사용되며, Kr0는 3.933과 같다. 만약 카드이미지 3에서 IWQKA=3이면, Owen Gibbs식이 수리학적 재폭기를 계산하기 위해 사용되며, Kr0는 5.32와 같다. KTr은 DO 재폭기속도의 온도 조정을 위한 상수이다. KHCOD는 화학적 산소요구량의 산화를 위해 요구된 용존산소의 반포화상수((g O_2/m^3)이다(식 4-67). KCD 는 기준온도 TRCOD에서 화학적산소요구량의 산화속도(1/day)이고, KTCOD는 화학적 산소요구량의 산화에 대한 온도의 영향(1/℃)이다(Tetra Tech(2007c)의 식 2.86). AOCRpm와 AOCRrm는 대형조류에 대한 각각 광합성과 호흡에서의 용존산소/탄소의 비이다(2.67g O_2/g C).

Card Image 29

```
C29 ONE TITLE CARD FOLLOWS:
$$ C29 constant parameters for TAM & FCB (see Table 3-7) $$
C29
C KHbmf  = DO concentration where TAM release is half the anoxic rate
C BFTAM  = anoxic release rate of TAM (mol/m2/day)
C Ttam   = reference temperature for TAM release (degC)
C Ktam   = temperature effect constant for TAM release
```

```
C TAMdmx = TAM solubility at anoxic conditions (mol/m3)
C Kdotam  = constant relating TAM solubility to DO
C KFCB     = first-order fecal coliform bacteria decay rate (1/day)
C TFCB     = temperature effect constant for KFCB decay rate
C
C29   KHbmf   BFTAM   Ttam    Ktam    TAMdmx   Kdotam   KFCB   TFCB
      0.5     0.1     20.0    0.2     0.015    1.0      0.0    1.0
```

카드이미지 29는 총 활성 금속과 분변성 대장균 박테리아의 동역학과 관계된 매개변수들을 지정한다. KHbmf는 총 활성 금속 용출이 무산소 용출율의 절반일 때의 용존산소 농도이고, 단위는 mgO_2/L이다. BFTAM은 총 활성 금속의 무산소 저질 용출율이고, 단위는 $mol\ m^{-2}day^{-1}$ 이다. Ktam은 온도(℃$^{-1}$)의 영향이고, Ttam(℃)은 총 활성금속의 저질 용출에 대한 기준온도이다. TAMdmx는 무산소 조건(mol m^{-3})에서의 총 활성금속의 용해도이고, Kdotam는 용존산소($g\,O_2m^{-3}$당)에 대한 총 활성금속 용해도와 관계된 상수이다(식 2.96).

KFCB는 20℃(/day)에서의 일차함수의 분변성 대장균 사멸(분해)률이고, FCB는 배설물 대장균 박테리아(℃$^{-1}$)의 사멸에 대한 온도의 영향이다.

Card Image 30

```
C30 SIX TITLE CARDS FOLLOW:
$$ C30 CONCENTRATION TIME SERIES DATA $$
$$ NUMBER OF TIME SERIES FOR EACH STATE VARIABLE
$  B B B R L D R L D P R L D N N S S C D T F
$  c d g P P O P P O O P P O H O U A O O A C
$        O O C O O P 4 O O N 4 3     D   M
$        C C   P P   t N N
   0 0 0 0 0 0 0 0 0 0 0 0 0 0 0 0 0 0 1 0 0
```

카드이미지 30에서는 각 변수의 경계조건에 대한 시계열 농도의 수를 지정한다.

각 변수에 해당하는 시계열 입력 파일들은 다음과 같다.

1) 남조류(Bc): cwqsr01.inp.

2) 규조류(Bd): cwqsr02.inp.

3) 녹조류(Bg): cwqsr03.inp.

4) 난분해성 입자상 유기탄소(RPOC): cwqsr04.inp.

5) 분해성 입자상 유기탄소(LPOC): cwqsr05.inp.

6) 용존탄소(DOC): cwqsr06.inp.

7) 난분해성 입자상 유기인(RPOP): cwqsr07.inp.

8) 분해성 입자상 유기인(LPOP): cwqsr08.inp.

9) 용존유기인(DOP): cwqsr09.inp.

10) 총인산염(PO4): cwqsr10.inp.

11) 난분해성 입자상 유기질소(RPON): cwqsr11.inp.

12) 분해성 입자상 유기질소(LPON): cwqsr12.inp.

13) 용존 유기질소(DON): cwqsr13.inp.

14) 암모니아 질소(NH4): cwqsr14.inp.

15) 질산 질소(NO3): cwqsr15.inp.

16) 입자상 생물기원 규소(SU): cwqsr16.inp.

17) 허용 용존규소(SA): cwqsr17.inp.

18) 화학적 산소 요구량(COD): cwqsr18.inp.

19) 용존산소(DO): cwqsr19.inp.

20) 총 활성금속(TAM): cwqsr20.inp.

21) 분변성 대장균 박대리이(FC): cwqsr21.inp.

이 파일들 역시 설명서에서 설명된다.

Card Image 31

```
C31 ONE TITLE CARD FOLLOWS:
$$ C31 parameters for OPEN BDRY CONDITIONS $$
C31
C NWQOBS = number of WQ open boundary cells on SOUTH boundary
C NWQOBW = number of WQ open boundary cells on WEST boundary
C NWQOBE = number of WQ open boundary cells on EAST boundary
C NWQOBN = number of WQ open boundary cells on NORTH boundary
C
C31   NWQOBS    NWQOBW    NWQOBE    NWQOBN
         1         0        24         0
```

이 카드이미지는 개방경계에서 농도정보를 지정하는데 사용된다. 4개의 변수(NWQOBS, NWQOBW, NWQOBE, NWQOBN)는 남, 서 ,동, 북의 계산격자에서 수질 개방경계 셀의 수를 지정하고, efdc.inp 파일의 가드이미지 16에서 첫 번째 4개 매개변수의 값과 일치해야 한다.

Card Image 32

C32 SIX TITLE CARDS FOLLOW:
$$ C32 SOUTH OPEN BOUNDARY $$
$$ TIME SERIES ID'S FOR EACH STATE VARIABLE

$	I	J	B	B	B	R	L	D	R	L	D	P	R	L	D	N	N	S	S	C	D	T	F
$			c	d	g	P	P	O	P	P	O	O	P	P	O	H	O	U	A	O	O	A	C
$						O	O	C	O	O	P	4	O	O	N	4	3			D		M	
$						C	C		P	P		t	N	N									
	2	13	0	0	0	0	0	0	0	0	0	0	0	0	0	0	0	0	0	0	0	0	0

카드이미지 32는 남쪽 개방경계 NWQOBS에 해당하는 1개 셀에 시계열 농도를 지정한다. 개방경계 셀의 위치는 I와 J에 의해 지정된다. 각 변수에 대해서 정의된 위치에 대응하는 입력파일 cwqsrNN.inp의 시계열 수는 주어진다.

Card Image 33

C33 FIVE TITLE CARDS FOLLOW:
$$ C33 SOUTH OPEN BOUNDARY $$
$$ CONSTANT BOTTOM CONCENTRATION BC'S

$	I	J	Bc	Bd	Bg	RPOC	LPOC	DOC		
$			RPOP	LPOP	DOP	PO4t	RPON	LPON	DON	
$			NH4	NO3	SU	SA	COD	DO	TAM	FCB
	2	13	0	0	0.06	0.1	0	0.4		
			0.006	0	0.024	0.02	0.075	0	0.3	
			0.025	0.01	0	0	0	6.0	0	1

카드이미지 남쪽 개방경계 NWQOBS 개의 셀에 일정한 저층 농도값(mg/L)을 지정한다.

Card Image 34

C34 FIVE TITLE CARDS FOLLOW:
$$ C34 SOUTH OPEN BOUNDARY $$
$$ CONSTANT SURFACE CONCENTRATION BC'S

$	I	J	Bc	Bd	Bg	RPOC	LPOC	DOC		
$			RPOP	LPOP	DOP	PO4t	RPON	LPON	DON	
$			NH4	NO3	SU	SA	COD	DO	TAM	FCB
	2	13	0	0	0.06	0.1	0	0.4		
			0.006	0	0.024	0.02	0.075	0	0.3	
			0.025	0.01	0	0	0	6.0	0	1

카드이미지 34는 남쪽 개방경계 NWQOBS 개의 셀에 일정한 표층농도 mg/L)을 지정한다. 만약 층의 수가 2개를 초과하면, 내부층에 대한 값은 표층과 저층값 사이를 선형 보간한다.

Card Image 35

```
C35 SIX TITLE CARDS FOLLOW:
$$ C35 WEST OPEN BOUNDARY $$
$$ TIME SERIES ID'S FOR EACH STATE VARIABLE
$  I  J  B  B  B  R  L  D  R  L  D  P  R  L  D  N  N  S  S  C  D  T  F
$        c  d  g  P  P  O  P  P  O  O  P  P  O  H  O  U  A  O  O  A  C
$                 O  O  C  O  O  P  4  O  O  N  4  3        D     M
$                 C  C     P  P     t  N  N
```

서쪽 개방경계 NWQOBW 개의 셀에 시계열 농도 지정은 카드이미지 32와 같다.

Card Image 36

```
C36 FIVE TITLE CARDS FOLLOW:
$$ C36 WEST OPEN BOUNDARY $$
$$ CONSTANT BOTTOM CONCENTRATION BC'S
$  I  J       Bc     Bd     Bg      RPOC    LPOC    DOC
$     RPOP    LPOP   DOP    PO4t    RPON    LPON    DON
$     NH4     NO3    SU     SA      COD     DO      TAM     FCB
```

서쪽 개방경계 NWQOBW 개의 셀에 일정한 저층농도 지정은 카드이미지 33과 같다.

Card Image 37

```
C37 FIVE TITLE CARDS FOLLOW:
$$ C37 WEST OPEN BOUNDARY $$
$$ CONSTANT SURFACE CONCENTRATION BC'S
$  I  J  Bc      Bd      Bg      RPOC    LPOC    DOC
$        RPOP    LPOP    DOP     PO4t    RPON    LPON    DON
$        NH4     NO3     SU      SA      COD     DO      TAM     FCB
```

서쪽 개방경계 NWQOBW 개의 셀에 일정한 표층농도 지정은 카드이미지 34와 동일하다.

Card Image 38

```
C38 SIX TITLE CARDS FOLLOW:
$$ C38 EAST OPEN BOUNDARY $$
$$ TIME SERIES ID'S FOR EACH STATE VARIABLE
$  I  J  B  B  B  R  L  D  R  L  D  P  R  L  D  N  N  S  S  C  D  T  F
$        c  d  g  P  P  O  P  P  O  O  P  P  O  H  O  U  A  O  O  A  C
$                 O  O  C  O  O  P  4  O  O  N  4  3        D     M
$                 C  C     P  P     t  N  N
  69 3  0  0  0  0  0  0  0  0  0  0  0  0  0  0  0  0  0  0  1  0  0
```

동쪽 개방경계 NWQOBE 개 셀에 시계열 농도 지정은 카드이미지 32와 동일하다.

Card Image 39

```
C39 FIVE TITLE CARDS FOLLOW:
$$ C39 EAST OPEN BOUNDARY $$
$$ CONSTANT BOTTOM CONCENTRATION BC'S
$   I   J   Bc      Bd      Bg      RPOC    LPOC    DOC
$           RPOP    LPOP    DOP     PO4t    RPON    LPON    DON
$           NH4     NO3     SU      SA      COD     DO      TAM     FCB
    69  3   0       0       0.06    0.3     0       0.2
            0.006   0       0.024   0.02    0.2     0       0.13
            0.016   0.01    0       0       0       0       0       1
```

동쪽 개방경계 NWQOBE개 셀에 일정한 저층농도 지정은 카드이미지 33과 동일하다.

Card Image 40

```
C40 FIVE TITLE CARDS FOLLOW:
$$ C40 EAST OPEN BOUNDARY $$
$$ CONSTANT SURFACE CONCENTRATION BC'S
$   I   J   Bc      Bd      Bg      RPOC    LPOC    DOC
$           RPOP    LPOP    DOP     PO4t    RPON    LPON    DON
$           NH4     NO3     SU      SA      COD     DO      TAM     FCB
    69  3   0       0       0.06    0.3     0       0.2
            0.006   0       0.024   0.02    0.2     0       0.13
            0.016   0.01    0       0       0       0       0       1
```

동쪽 개방경계 NWQOBE개 셀에 일정한 표층농도 지정은 카드이미지 34와 동일하다.

Card Image 41

```
C41 SIX TITLE CARDS FOLLOW:
$$ C41 NORTH OPEN BOUNDARY $$
$$ TIME SERIES ID'S FOR EACH STATE VARIABLE
$ I J B B B R L D R L D P R L D N N S S C D T F
$     c d g P P O P P O O P P O H O U A O O A C
$           O O C O O P 4 O O N 4 3     D   M
$           C C   P P   t N N
```

북쪽 개방경계 NWQOBN개 셀에 시계열 농도 지정은 카드이미지 32와 동일하다.

Card Image 42

```
C42 FIVE TITLE CARDS FOLLOW:
$$ C42 NORTH OPEN BOUNDARY $$
```

```
$$ CONSTANT BOTTOM CONCENTRATION BC'S
$   I   J   Bc     Bd     Bg     RPOC   LPOC   DOC
$           RPOP   LPOP   DOP    PO4t   RPON   LPON   DON
$           NH4    NO3    SU     SA     COD    DO     TAM    FCB
```

북쪽 개방경계 NWQOBN개 셀에 일정한 저층농도 지정은 카드이미지 33과 동일하다.

Card Image 43

```
C43 FIVE TITLE CARDS FOLLOW:
$$ C43 NORTH OPEN BOUNDARY $$
$$ CONSTANT SURFACE CONCENTRATION BC'S
$   I   J   Bc     Bd     Bg     RPOC   LPOC   DOC
$           RPOP   LPOP   DOP    PO4t   RPON   LPON   DON
$           NH4    NO3    SU     SA     COD    DO     TAM    FCB
```

북쪽 개방경계 NWQOBN개 셀에 일정한 표층농도 지정은 카드이미지 34와 동일하다.

Card Image 44

```
C44 ONE TITLE CARD FOLLOWS:
$$ C44 constant ICs (g/m^3): TAM(mol/m^3), FCB(MPN/100mL) $$
C44
C Definitions:
C Bc = cyanobacteria
C Bd = algae diatoms
C Bg = algae greens
C RPOC = refractory particulate carbon
C LPOC = labile particulate carbon
C DOC  = dissolved organic carbon
C RPOP = refractory particulate organic phosphorus
C LPOP = labile particulate organic phosphorus
C DOP  = dissolved organic phosphorus
C PO4t = total orthophosphate
C RPON = refractory particulate organic nitrogen
C LPON = labile particulate organic nitrogen
C DON  = dissolved organic nitrogen
C NH4  = ammonia nitrogen
C NO3  = nitrite + nitrate nitrogen
C SU   = unavailable silica
C SA   = available biogenic silica
C COD  = chemical oxygen demand
C DO   = dissolved oxygen
C TAM  = total active metal
C FCB  = fecal coliform bacteria
C Bm   = macroalgae
C Bmin = minimum macroalgae biomass
C
```

C	Bc	Bd	Bg	RPOC	LPOC	DOC				
C	RPOP	LPOP	DOP	PO4t	RPON	LPON	DON		2.0	2.0
C	NH4	NO3	SU	SA	COD	DO	TAM	FCB	Bm	Bmin
	0.000	0.000	0.358	0.840	0.000	0.560				
	0.004	0.000	0.018	0.028	0.150	0.000	0.100			
	0.049	0.123	0.000	0.000	0.000	8.00	0.0	0.000	0.00	0.00

카드이미지 44는 초기조건 농도(mg/L)에 대한 상수 값을 지정한다. 이 값은 카드이미지 5에서 IWQICI =0일 때 사용된다.

Card Image 45

```
C45 ONE TITLE CARD FOLLOWS:
$$ C45 spatially/temporally constant ALGAL PARAMETERS (/d except Keb in /m) $$
C45
C PMc   = max. growth rate for cyanobacteria (1/day)
C PMd   = max. growth rate for algae diatoms (1/day)
C PMg   = max. growth rate for algae greens (1/day)
C PMm   = max. growth rate for macroalgae (1/day)
C BMRc  = basal metabolism rate for cyanobacteria (1/day)
C BMRd  = basal metabolism rate for algae diatoms (1/day)
C BMRg  = basal metabolism rate for algae greens (1/day)
C BMRm  = basal metabolism rate for macroalgae (1/day)
C PRRc  = predation rate on cyanobacteria (1/day)
C PRRd  = predation rate on algae diatoms (1/day)
C PRRg  = predation rate on algae greens (1/day)
C PRRm  = predation rate on macroalgae (1/day)
C Keb   = background light extinction coefficient (1/m)
C                                                                  0.17
C45 PMc  PMd  PMg   PMm  BMRc  BMRd  BMRg  BMRm  PRRc  PRRd  PRRg  PRRm  Keb
    0.0  0.0  2.00  0.0  0.0   0.0   0.02  0.0   0.0   0.0   0.1   0.0   0.4
```

카드이미지 45는 공간적 시간적으로 일정한 조류 성장과 사멸 매개변수를 나타내고, 카드이미지 5에서 IWQAGR=0일 때 사용된다. PMc, PMd, PMg와 PMm는 각각 남조류, 규조류, 녹조류, 대형조류에 대한 최적의 조건하에서 최대 성장속도이며, 단위는 1/day이다 (Tetra Tech(2007c)의 식 2.6) BMRc, BMRd, BMRg, BMRm은 각각 남조류, 규조류, 녹조류, 대형조류에 대한 카드이미지13에서 지정된 기준온도에서의 기초 신진대사 속도이고, 단위는 1/day이다(식 2.27). PRRc, PRRd, PRRg, PRRm은 각각 남조류, 규조류, 녹조류, 대형조류에 대한 카드이미지 13에서 지정된 기준온도에서의 포식속도이다(식 2.28). Keb는 배경빛 소멸계수이다(식 2.11).

Card Image 46

```
C46 ONE TITLE CARD FOLLOWS:
$$ C46 spatially/temporally constant SETTLING VELOCITIES (m/d) $$
C46
C WSc = settling velocity for cyanobacteria (m/day)
C WSd = settling velocity for algae diatoms (m/day)
C WSg = settling velocity for algae greens (m/day)
C WSrp = settling velocity for refractory POM (m/day)
C WSlp = settling velocity for labile POM (m/day)
C WSs = settling velocity for particles sorbed to TAM (m/day)
C WSM = settling velocity for macroalgae (m/day = 0.0)
C REAC = reaeration adjustment factor
C
C46   WSc    WSd    WSg    WSrp   WSlp   WSs    WSM    REAC
      0.0    0.0    0.25   0.25   0.0    0.0    0.0    1.0
```

카드이미지 46는 공간적 시간적으로 일정한 침강속도를 나타내며, 카드이미지 5에서 IWQSTL=0일 때 사용된다. WSc, WSd와 WSg는 각각 남조류, 규조류, 녹조류에 대한 침강속도이고, 단위는 m/day이다(Tetra Tech(2007c)의 식 2.5). WSRP와 WSLP는 각각 난분해성과 분해성 입자상 유기물질의 침강속도이고, 단위는 m/day이다(식 2.95). WSm은 대형조류의 침강속도이고, 단위는 m/day이며, 0.0으로 정해진다. REAC은 총괄 재폭기 조절계수이다.

Card Image 47

```
C47 ONE TITLE CARD FOLLOWS:
$$ C47 constant benthic flux rates (g/m^2/d) $$
C47
C FPO4 = benthic flux rate of phosphate
C FNH4 = benthic flux rate of ammonia nitrogen
C FNO3 = benthic flux rate of nitrite+nitrite nitrogen
C FSAD = benthic flux rate of silica
C FCOD = benthic flux rate of chemical oxygen demand
C SOD  = sediment oxygen demand rate
C 0.018 0.059
C47  FPO4    FNH4    FNO3    FSAD    FCOD    SOD
     0.0     0.0     0.000   0.000   0.000   -1.0
```

카드이미지 47는 공간적, 시간적으로 일정한 저층부하를 나타내고, 카드이미지 3에서 IWQBEN=0일 때 사용된다. FPO4, FNH4, FNO3, FSAD와 FCOD는 각각 인산염, 암모니아, 질산-아질산, 규소와 화학적 산소요구량의 저층부하속도이고, 단위는 g/m^2/day이다. 양의 값은 퇴적물에서 수층으로의 부하(source)를 나타내고, 음의 값은 수층에서 퇴적물로의 부하(sink)를 나타낸다. SOD는 저질 산소요구속도이고, 단위는 $g/m^2/day$이다. 이것은 항상 음의 값이며, 수층으로부터 용존산소의 침강을 나타낸다.

Card Image 48

```
C48 ONE TITLE CARD FOLLOWS:
$$ C48 const PS (kg/d): PSQ(m^3/s),DO(g/m^3),TAM(kmol/d),FCB(MPN/100mL)
C48
C IWQPS    = number of point sources
C NPSTMSR = number of point source time series
C
C48 const PS (kg/d): PSQ(m^3/s),DO(g/m^3),TAM(kmol/d),FCB(MPN/100mL)
C   IWQPS   NPSTMSR
    1        1
C   I      J      K      N      PSQ    Bc     Bd     Bg     RPOC   LPOC   DOC
C                 S             RPOP   LPOP   DOP    PO4t   RPON   LPON   DON
C                 R             NH4    NO3    SU     SA     COD    DO     TAM    FCB
    36     73     0      1      0.0    0.0    0.0    0.0    0.0    0.0    0.0
                                0.0    0.0    0.0    0.0    0.0    0.0    0.0
                                0.0    0.0    0.0    0.0    0.0    0.0    0.0    0.0
```

카드이미지 48은 점오염부하를 나타낸다. WQPS는 점오염원의 수이며, NPSTMSR는 wqpsl.inp 파일내 시계열 점오염원의 수이다. 다음으로 IWQPS 위치는 색인 I 와 J에 의해 지정된다. KSR는 영역으로 들어가는 부하가 어떤 층인지를 지시한다. 만약 KSR=0 이라면 부하가 모든 층에 균등 하게 분배된다. N은 I와 J위치에 대응하는 wqpsl.inp 파일 내 시계열의 수를 나타낸다. 모든 구성요소에 대해 일정한 부하가 주어진다. PSQ는 부하에 대응하는 일정한 흐름이고, 단위는 m^3/s이다. 만약 PSQ가 0보다 크면, 용존산소는 이 흐름에 대응하여 농도(mg/L)로 주어진다. 모든 다른 부하는 kg/day이고, 총 활성금속은 kmol/day이고, 분변성 대장균군은 MPN/100mL이다.

Card Image 49

```
C49 FOUR TITLE CARDS FOLLOW:
$$ C49 Constant Dry Atmospheric Deposition (g/m2/day; MPN/m2/day)
$   DSQ      Bc      Bd      Bg      RPOC      LPOC    DOC
$   RPOP     LPOP    DOP     PO4t    RPON      LPON    DON
$   NH4      NO3     SU      SA      COD       DO      TAM       FCB
    0.0      0.0     0.0     0.0     0.00035   0.0     0.00035
    0.0      0.0     0.0     0.0     0.0       0.0     0.0
    0.0003   0.002   0.0     0.0     0.0       0.0     0.0       0.0
```

카드이미지 49는 모든 변수에 대해 일정한 건조한 날씨의 대기 침적을 나타내며, 단위는 $g/m^2/day$이다.

Card Image 50

```
C50 FOUR TITLE CARDS FOLLOW:
$$ C50 Wet Atmospheric Deposition concentrations (mg/L; MPN/L)
$   DSQ    Bc     Bd     Bg     RPOC   LPOC   DOC
$   RPOP   LPOP   DOP    PO4t   RPON   LPON   DON
$   NH4    NO3    SU     SA     COD    DO     TAM    FCB
    0.0    0.0    0.0    0.3    0.0    0.3
    0.0    0.0    0.0    0.0    0.0    0.0    0.0
    0.11   0.73   0.0    0.0    0.0    7.0    0.0    0.0
```

카드이미지 50은 모든 변수에 대해 일정한 습한 날씨의 대기 침적을 나타내며, 단위는 mg/L이다. 이들 농도는 aser.inp 파일 내 나타낸 우량과 관계된다.

Card Image 51

```
C51 ONE TITLE CARD FOLLOWS:
$$ C51 File names for spatially/temporally varying parameters: lower case only $$
Restart file for end spatial distribution      = NONE
File for initial conditions (ICIFN)            = NONE
File for algal growth, resp, pred (AGRFN)  - algaegro.inp
File for settling of algae, POM (STLFN)     = NONE
Input file for Io, FD, KT, Te (SUNFN)       = NONE
Input file for benthic fluxes (BENFN)        = benticflux.inp
Input file for point source input (PSLFN)  = NONE
File for NPS input inc/atm input (NPLFN ) = NONE
Diagnostic file-negative conc. (NCOFN)     = wq3dnc.log
```

카드이미지 51는 공간적, 시간적으로 변화하는 매개변수에 대한 파일의 이름을 지정한다. 재가동 출력 파일에 대한 첫째 파일이름은 더 이상 활성화되지 않는다. 만일 카드이미지 4의 IWQRST=1 이라면, 재가동 정보는 Wqwcrst.out 파일로 저장될 것이다. ICIFN은 카드이미지 5에서 IWQICI=1일 때, 초기조건을 가진 파일의 이름이다. AGRFN은 카드이미지 5에서 IWQAGR=1일 때, 공간적, 시간적으로 변화하는 매개변수를 가진 파일의 이름이다. STLFN은 카드이미지 5에서 IWQSTL=1일 때, 공간적, 시간적으로 변화하는 침전속도를 가진 파일의 이름이다. SUNFN은 카드이미지 5에서 IWQSUN=1일 때, 일태양복사와 일광의 분율을 가진 파일의 이름이다. BENFN는 카드이미지 3에서 IWQBEN=2일 때, 공간적, 시간적으로 변화하는 저층부하를 가진 파일의 이름이다. 저층영역은 wqwcbenmap.inp 파일내 정의된다. PSLFN와 NPLFN는 더 이상 사용되지 않는다. NCOFN는 진단목적으로 음의 농도가 저장되는 출력파일의 이름이다.

6.2 입력파일 wqpsl.inp

이 파일은 점원부하에 대한 시계열을 정의한다. 이것은 wq3dwc.inp의 카드이미지 5에서 IWQPSL=1일 때 요구된다. 부하는 MPN/day의 단위를 가진 분변성대장균을 제외하고 kg/day로 주어진다. 조류군 부하의 단위는 kg Carbon/day로 주어진다.

```
C WQPSL.INP, time-variable point source loads for EFDC
C
C Loads are in kg/day except coliform var=21 which is mpn/day
C Bc, Bd, Bg groups are in kgC/day
C
C WQPSR(NS) TCWQPSR(NS) TAWQPSR(NS) RMULADJ(NS) ADDADJ(NS)
C 1st line TWQPSER(M,NS) WQPSSER(M,NWV= 1: 7,NS)
C 2nd line WQPSSER(M,NWV= 8:14,NS) 3rd line WQPSSER(M,NWV=15:22,NS)
C
C      1)Bc     2)Bd     3)Bg     4)RPOC   5)LPOC    6)DOC    7)RPOP
C      8)LPOP   9)DOP   10)PTO4  11)RPON  12)LPON   13)DON   14)NH4
C     15)NO3   16)SU    17)SA    18)COD   19)DO     20)TAM   21)FCB   22)Malg
C
   365        86400.0         0.0            1.0             0.0
0.0     0.000   0.000   0.160   15.550   0.000   10.370   0.010
        0.000   0.030   0.040    0.540   0.000    0.360   0.060
        0.050   0.000   0.000    0.000  23.670    0.000   2.590   0.000
200.0   0.000   0.000   0.160   15.550   0.000   10.370   0.010
        0.000   0.030   0.040    0.540   0.000    0.360   0.060
        0.050   0.000   0.000    0.000  23.700    0.000   2.590   0.000
```

점원부하의 시계열 입력파일은 다수의 시계열을 가질 수 있다. 각 시계열 세트는 WQPSR (이 시계열에 대한 시간데이터 점의 수), TCWQPSR(초로 입력 시간단위를 바꾸기 위해 곱하는 변환계수), TAWQPSR(단위 변환전에 적용되어진 부가적인 시간 조정), RMULADJ(부하에 대해 곱하는 변환계수), ADDADJ(곱함수 전에 적용된 부하에 대한 부가적인 변환)로 분류되어진 한줄의 데이터라인으로 시작한다. 3개 라인의 WQPSR 세트가 주어진다. 첫 번째 라인은 남조류, 규조류, 녹조류, 난분해성 입자상 유기탄소, 분해성 입자상 유기탄소, 용존탄소, 난분해성 입자상 유기인에 대한 부하와 시간을 지정한다. 두 번째 라인은 분해성 입자상 유기인, 용존유기인, 총인산염, 난분해성 부분의 유기질소, 분해성 부분의 유기질소, 용존유기질소, 암모니아성 질소에 대한 부하를 지정한다. 세 번째 라인은 질산성 질소, 생물기원의 입자상 규소, 허용 용존규소, 화학적 산소요구량, 용존산소, 총 활성금속, 분변성 대장균 박테리아와 대형조류에 대한 부하를 지정한다.

6.3 입력파일 cwqsr01.inp – cwqsr21.inp

wq3dwc.inp의 카드이미지 30에 지정된 경계 농도 시계열 파일은 명확한 포맷을 가지므로, 이것은 일반적인 판단으로 그들을 논의하는 것이 가능하다. cwqsr01.inp의 예를 보면, 한 시계열 내 포함된 시계열 파일을 아래에서 볼 수 있다.

```
C cwqsr01.inp, Cyanobacteria (mg/L as C)
C
C
C  ISTYP MCSER(NS,8) TCCSER(NS,8) TACSER(NS,8) RMULADJ(NS,8) ADDADJ(NS,8)
C
C if istyp.eq.1 then read depth weights and single value of CSER
C
C (WKQ(K),K=1,KC)
C
C TCSER(M,NS,8) CSER(M,NS,8) !(mcser(ns,8) pairs for ns=8,ncser(8) series)
C
C else read a value of dser for each layer
C
C TCSER(M,NS,8) (CSER(M,K,NS,8),K=1,KC) !(mcser(ns,8) pairs)
C
   1      2               86400.0         0.              0.060         0
   1.0    1.0    1.0    1.0
   1.0    0.02
 365.0    0.03
   0      2               86400.0         0.              0.060         0
   1.0    0.02   0.02   0.02    0.02
 365.0    0.03   0.03   0.03    0.03
```

농도 시계열 입력파일은 다수의 시계열을 포함할 수 있다. 각 시계열 세트는 ISTYP(시계열 포맷 확인자), MCSER(시간 데이터 포인트들의 수), TCCSER(초로 입력 시간단위를 바꾸기 위해 곱하는 변환계수), TACSER(단위 변환전에 적용되는 부가적인 시간 조정), RMULADJ(부하에 대해 곱하는 변환계수), ADDADJ(곱함수 전에 적용되는 부하에 대한 부가적인 변환)로 지정된 한 데이터라인으로 시작한다. 만약 ISTYP 매개변수가 0이라면, MCSER 시간 데이터 포인트는 각 층에 대한 농도 값을 가져야 한다. 만약 ISTYP 매개변수가 1이라면 승수를 제공하는 자료의 부가 라인이 읽혀지고, 그리고 시간 데이터라인들은 1개의 농도만을 가진다. 시간과 농도 값의 MCSER 라인이 주어진다. 예의 첫 번째 시계열은 4층 모델에 대해 ISTYP=0 경우를 보여준다. 4개의 가중치는 두 번째 라인에 주어지고, 시계열 내 1개의 농도 값이 주어진다. 두 번째 시계열은 ISTYP=1일 때 시계열의 예를 보여준다. 가중치 라인은 지정되어있지 않고, 각 시간에 대해 4층 모델에 대한 4개의 농도가 주어졌다. 가중치와 농도는 저층부터 표층까지 읽는다.

6.4 입력파일 wqbenmap.inp

이 파일은 공간적으로 변하는 저층부하에 대한 저층 퇴적물 영역을 정의한다. 각 영역 셀에 대해서는 색인 I와 J로 정의되며, 그 셀에 대해 펄 퇴적물의 백분율(0-100)이 할당된다. 다음으로, 색인 IZMUD와 IZSAND는 각각 셀의 펄과 모래의 분율에 대한 지대의 번호를 지시한다. 지대의 총수와 부하의 시간 변화 값은 wq3dwc.inp의 카드이미지 51에서 정의된 파일(BENFN)에서 지정된다. 각 셀에서의 실제 부하는 펄과 모래 분율 부하 사이의 합성 값으로 결정된다.

```
c
c
c with channel changed from zone 3 to 1
c
#  I   J   XMUD   IZMUD   IZSAND
   2   2    0       0       2
   3   2    0       0       2
   4   2    0       0       2
   5   2    0       0       2
   6   2    0       0       2
   7   2    0       0       2
   8   2    0       0       2
   9   2    0       0       2
  10   2    0       0       2
   9   3    0       0       4
  10   3    0       0       4
  11   3    0       0       4
  12   3    0       0       4
  13   3    0       0       4
  14   3    0       0       4
  15   3    0       0       4
  59   3    0       0       1
  60   3    0       0       1
```

6.5 입력파일 wqwcmap.inp

이 파일은 공간적으로 변화하는 수층 동역학에 대한 지대를 정의한다. 각 영역 셀은 인덱스 I, J와 K로 정의되며, 수질지대는 지대 인덱스 IWQZX에 의해 할당된다. IWQZX는 수질제어 파일 wq3dwc.inp의 카드이미지 4에 정의된 IWQZ와 1 사이이다.

```
c WQWCMAP.INP - maps I,J,K water column cells to a water quality zone
c maps spatially-variable kinetics
c 1=MAIN CHANNELS; 2=MARSHES 3=upper ashley 4=harbor and offshore
c   i    j    k      IWQZX
    2    2    1    1
    3    2    1    1
    4    2    1    1
    5    2    1    1
    6    2    1    1
    7    2    1    1
    8    2    1    1
    9    2    1    1
   10    2    1    1
   11    2    1    1
    9    3    1    2
   10    3    1    2
   11    3    1    2
   12    3    1    2
   13    3    1    2
   14    3    1    2
   15    3    1    2
   59    3    1    4
   60    3    1    4
```

6.6 입력파일 kinetics.inp

이 파일은 수질제어파일 wq3dwc.inp의 카드이미지 4에서 나타낸 IWQZ 영역에 대한 공간적으로 변화하는 수층 동역학 매개변수가 주어진다.

공간적으로 변화할 수 있는 매개변수는 : IWQKA, 재폭기 옵션플래그이다. IWQKA=0 : 변수 Kr0에 의해 주어진 일정한 재폭기를 나타낸다. 이 일정한 재폭기는 총재폭기로 가정한다. IWQKA=1 : 변수 Kr0에 의해 주어진 일정한 수리학적 재폭기를 나타낸다.

```
C KINETICS.INP
C Spatially-varying kinetic rate constants
C
C IWQKA   = reaeration option
C         = 0, constant reaeration (WQKRO), no wind reaeration
C         = 1, constant reaeration (WQKRO) plus wind reaeration
C         = 2, use O'Connor-Dobbins (1958) formula
C         = 3, use Owens & Gibbs (1964) formula
C         = 4, modified Owens & Gibbs (1964) formula (for Christina River)
```

```
C             = 5, Melching & Flores (1999) for pool and riffle streams
C             = 6, Melching & Flores (1999) for channel control streams
C KRO         = reaeration constant (3.933 for OConnor-Dobbins; 5.32 for Owen-Gibbs)
C KTR         = temperature rate constant for reaeration
C REAC        = reaeration adjustment factor (applied to the sum of the wind
C                 and velocity reaeration terms)
C KDC         = minimum dissolution rate (1/day) of DOC
C KDCalgm = constant relating DOC dissolution rate to macroalgae
C KHRm        = half-sat. constant (gO2/m3) for macroalgae DOC excretion
C DOPTm       = optimal depth (m) for macroalgae growth
C KCD         = COD decay rate (per day)
C KHCOD       = oxygen half-saturation constant for COD decay (mg/L O2)
C SLOPE       = stream slope for reaeration equation option IWQKA = 5 or 6
C
C Zone 1      = MAIN CHANNELS
C       2       = MARSHES
C       3       = UPPER ASHLEY
C       4       = HARBOR AND OFFSHORE
C       5       =
C       6       =
C       7       =
C       8       =
C       9       =
C      10      =
C      11      =
C
CZONE IWQKA KRO KTR REAC KDC KDCalgm KHRm DOPTm KCD KHCOD SLOPE
  1    2     3.933 1.024 1.00 0.13  0.015    2.0     1.00    0.0   1.0      0.001
  2    0     0.8    1.024  1.00 0.13  0.025    2.0     1.00    0.0   1.0      0.001
  3    0     0.8    1.024  1.00 0.13  0.025    2.0     1.00    0.0   1.0      0.001
  4    2     3.933 1.024  1.00 0.13  0.015    2.0     1.00    0.0   1.0      0.001
```

계산된 바람 재폭기는 수리학적으로 일정한 재폭기에 더해진다. IWQKA=2 : 모델이 수리학적 재폭기를 계산하기 위해 O'Connor-Dobbins(1958) 식을 사용한다. IWQKA=3 : 모델이 수리학적 재폭기를 계산하기 위해 Owens와 Gibbs(1964) 식을 사용한다. IWQKA=4 : 모델이 수리학적 재폭기를 계산하기 위해 Owens와 Gibbs(1964)의 변형된 식을 사용한다. IWQKA=5와 6 : 더 이상 사용되지 않는다. Kr0는 재폭기 계수이다(1/day). IWQKA=0이라면, Kr0는 20 ℃에서의 총재폭기이다. IWQKA=1이라면, Kr0는 20℃에서의 총 수리학적 재폭기다. IWQKA=2이라면, O'Connor Dobbins식이 수리학적 재폭기를 계산하기 위해 사용되고, kro는 3.933와 같다. IWQKA=3 또는 4이라면, Owen Gibbs식이 수리학적 재폭기를 계산하기 위해 사용되고, Kro는 5.32와 같다. KTr는 DO 재폭기속도의 온도 조정을 위한 상수이다. REAC는 총괄 재폭기 조정 인자이고, KDOC는 무한한 용존산소 농도(1/day)에서 용존 유기탄소의 종속영양 호흡속도이다.(Tetra Tech(2007c)의 식 2.39). KDCalgm는 대형조류 생체량에 대한 호흡과 관련된 상수이고, 단위는 1/day/mg C/L이다(식 2.42). KHRm은 대형조류에서 조류의 용존 유기탄소 배출에 대한 용존산소의 반포화 상수이고, 단위는 mg O_2/L이다(식 2.31). (DOPT)m은 대형조류에 대한 최대 조류 성장을 가지는 깊이(m)다. KCD는 기준온도 TRCOD (wq3dwc.inp의 카드이미지 28에 주어진다)에서 화학적 산소요구량의 산화속도다(식 2.86). KHCOD는 화학적 산소요구량(g O_2/m^3)의 산화에 필요한 용존 산소의 반포화상수이다(식 2.85). SLOPE는 더 이상 쓰이지 않는다.

6.7 입력파일 BENFN

이 파일 이름은 wq3dwc.inp의 카드이미지 51에서 주어진다. 이 파일은 저층부하 지대와 총인산염, 암모늄, 질산질소, 용존규소, 화학적 산소요구량 그리고 퇴적물 산소요구량의 부하(산소 부하로써)에 대한 시간에 따라 변하는 값을 지정한다.

```
# Time and spatially varying benthic fluxes
# PO4 NH4 NOx SAD COD SOD
# IZ
 4
 0.000
 1   0.003   0.025   -0.002   0.0    0.0   -0.8 !dominate sand
 2   0.005   0.01     0.001   0.0    0.0   -0.7 !scoured sand
 3   0.003   0.04     0.0     0.0    0.0   -1.2 !sand and mud
 4   0.0     0.0      0.0     0.0    0.0   -1.2 !marshes
 20000.000
 1   0.003   0.025   -0.002   0.0    0.0   -0.8 !dominate sand
 2   0.005   0.01     0.001   0.0    0.0   -0.7 !scoured sand
 3   0.003   0.04     0.0     0.0    0.0   -1.2 !sand and mud
 4   0.0     0.0      0.0     0.0    0.0   -1.2 !marshes
```

이 파일은 세 라인의 제목을 가지며, 네 번째 라인은 저층지대(IZ)의 수를 지정한다. 다음 라인은 뒤 이은 부하가 활성화되는 일 수(day)이다. 저층부하의 IZ 라인이 뒤따른다. 각 라인은 지대의 번호와 총인산염, 암모늄, 질산질소, 용존규소, 화학적 산소요구량, 퇴적물 산소요구량에 대한 부하 값을 가진다. 부하 값은 구성요소가 퇴적물에서 수층으로 이동할 때 양의 값이다. 퇴적물 산소요구량은 수층에서 퇴적물속으로 산소의 부하가 있을 때, 항상 음의 값이다.

6.8 입력파일 AGRFN

이 파일 이름은 wq3dwc.inp의 카드이미지 51에 주어진다. 이 파일은 공간적으로 변화하는 조류성장 매개변수를 제공한다.

```
c ALGAEGRO.INP -
c Time and spatially varying ALGAL GROWTH PARAMETERS
c
c
c IZ PMc PMd PMg PMm BMRc BMRd BMRg BMRm PRRc PRRd PRRg PRRm Keb
   1  0.0  0.0  1.8  0.0  0.0   0.0  0.03  0.0    0.0  0.0  0.07  0.0  0.400
   2  0.0  0.0  1.0  0.0  0.0   0.0  0.03  0.0    0.0  0.0  0.1   0.0  0.600
   3  0.0  0.0  1.8  0.0  0.0   0.0  0.03  0.0    0.0  0.0  0.07  0.0  0.400
   4  0.0  0.0  1.8  0.0  0.0   0.0  0.03  0.0    0.0  0.0  0.07  0.0  0.400
```

IWQZ 지대 각각에 대해서는 wq3dwc.inp의 카드이미지 4에서 결정되고, wqwcmap.inp 파일내 할당되며, 조류성장 매개변수가 정의된다. PMc, PMd, PMg와 PMm는 각각 남조류, 규조류, 녹조류와 대형조류에 대한 최적의 조건에서의 최대 성장속도(1/day)이다(Tetra Tech(2007c)의 식 2.6). BMRc, BMRd, BMRg와 BMRm는 각각 남조류, 규조류, 녹조류와 대형조류에 대한 카드이미지 13에 제시된 기준온도에서의 기초대사속도(1/day)이다(식 2.27). PRRc, PRRd, PRRg와 PRRm는 각각 남조류, 규조류, 녹조류와 대형조류에 대한 카드이미지 13에 제시된 기준온도에서의 포식속도(1/day)이다(식 2.28). Keb는 배경 빛 소멸계수(1/m)이다(식 2.11).

6.9 입력파일 STLFN

이 파일 이름은 wq3dwc.inp의 카드이미지 51에서 주어진다. 이 파일은 공간적으로 변화하는 침강속도를 제공한다.

```
c ALGAESET.INP
c Time and spatially varying ALGAL SETTLING RATES (m/day)
c
c
c  IZ   WSc   WSd   WSg   WSrp   WSlp   WSs   WSM
    1   0.0   0.20  0.20  1.00   1.00   0.50  0.0
    2   0.0   0.25  0.25  1.00   1.00   0.50  0.0
    3   0.0   0.25  0.20  1.00   1.00   0.50  0.0
    4   0.0   0.25  0.20  1.00   1.00   0.50  0.0
```

wq3dwc.inp의 카드이미지 4에서 지정되고 wqwcmap.inp 파일에서 할당되는 각 IWQZ 지대에 대해 침강속도가 정의된다. WSc, WSd와 WSg는 각각 남조류, 규조류, 녹조류들의 침강속도(m/day)이다(Tetra Tech(2007c)의 식 2.5). WSRP와 WSLP는 각각 난분해성과 분해성 입자상 유기물질의 침강속도(m/day)이다. WSs는 입자상 금속의 침강속도(m/day)이다(식 2.95). WSm은 대형조류의 침강속도(m/day)이고, 0.0으로 설정된다.

07 EFDC 프로그램의 컴파일과 실행방법

EFDC모델을 컴파일하기 위해 FORTRAN 77 원시코드 efdc.for와 공통적인 컴먼블록을 포함한 파일 efdc.com, 공통적인 매개변수를 포함한 efdc.par이 필요하고, 이들은 동일한 디렉토리 안에 있어야 한다. EFDC 모델의 교차 적용을 위해서 많은 노력을 해왔으나, 다양한 플래트폼을 위해서는 사소한 수정들이 요구된다. 원시코드 efdc.for는 VMS 시간 유틸리티인 secnds 콜을 포함한다. 시스템 라이브러리를 통한 scends 함수를 지원하는 컴파일러(DEC와 HP 유닉스시스템과 Absoft와 LSI 매킨토시 FORTRAN 컴파일러)에 대해 컴파일러 옵션이 적절하게 지정이 되면, 표준 원시파일인 efdc.for를 수정할 필요가 없다(만일 여러분의 컴파일러가 scends 함수를 지원하면 컴파일러 설명서에서 scends 함수나 VMS 호환성을 찾아보라). scends 함수를 지원하지 않은 컴파일러(Cray cf77, Sun UNIX)에 대해 실함수 부프로그램 scends.f는 표준 원시 코드 끝에 첨부되어야 한다. scends 함수문을 콜하기 위해 설명문 나타내는 C를 지울 필요가 있다. efdc.for 원시코드에서 많은 IO연산들은 다음 형식의 오픈파일문을 사용한다.

```
OPEN(1,FILE='fname', STATUS='UNKNOWN',ACCESS='APPEND')
```

저자가 알기로는 ACCESS='APPEND' 수정자(modifier)를 지원하지 않는 시스템들은 Cray와 IBM Rice6000 UNIX 시스템이다. Cray 컴파일을 위해서 ACCESS='APPEND'는 POSITION = 'APPEND'로 일반적으로 치환되어야 한다. Cray에 적합한 원시코드 efdc.for의 버전은 이 보고서 앞에서 기술한 바와 같이 ftp에 의해 계속적으로 유지 관리되고 얻을 수 있다.

선택적 함수 부프로그램인 secnds.f를 제외하고 거의 110개의 부프로그램으로 구성되는 원시코드는 efdc.for 또는 cefdc.for를 하나의 문서파일로 되어있다. Cray와 Silicon 그래픽 유닉스 컴파일러 그리고 Lahey 인텔 PC 컴파일러를 포함하는 많은 컴파일러들은 예를 들면 다음과 같은 Cray와 SGI 명령문을 사용하여 전체 소스에 대하여 운영함으로써 최적화된 실행파일을 만들 수 있다.

```
cf77 -Zv cefdc.for
f77 -O3 efdc.for
```

여기서 이들은 실행이 가능한 a.out 파일을 생성한다(Cray 컴파일 하는데 옵션 -Zv는 최적 벡터계산을 수행하고 -Zp를 사용하는 것은 최적 벡터계산과 스스로 일을 처리한다). HP와 SUN 유닉스 컴파일러 그리고 Absoft와 LSI 매킨토시 컴파일러와 같은 다른 컴파일러들은 전체 원시코드를 가지고 일하는 최적화되지 않는 실행파일을 생성한다. HP에 대한 명령문의 예는 다음과 같다.

```
f77 -K +E1 -C -o hpefdcnopt efdc.for
```

여기서, 이것은 최적화되지 않는 실행파일인 hpefdcnopt 파일을 생성한다. -K +E1옵션은 secnds 함수 지원 하도록 하고, 반면에 -C 옵션은 배열 검토를 수행한다. 이 시스템들에서 최적화된 코드를 생성하기 위해 각각의 서브루틴을 별도로 컴파일 하는 메이크파일들이나 혹은 뱃치 명령 파일들이 필요하다. HP와 SUN UNIX 컴파일러를 위한 뱃치파일들과 Absoft와 LSI 매킨토시 컴파일들을 위한 메이크파일들은 ftp를 통해서 얻을 수 있다.

특정 적용을 실행하기 위해 최소한의 필요한 용량을 취득하기 위해 매개변수 파일은 그 적용을 위해 설정을 바꿀 필요가 있다. 매개변수 파일 efdc.par은 다음 형식과 같다.

```
C**********************************************************************C
C
C **    EFDC PARAMETER FILE
C **    FOR USE WITH 31 August 2001 EFDC HYDRO CODE RELEASE
C
C **    THIS FILE IS CONFIGURED FOR
C       Lake Tenkiller (MRM 02/27/2002)
C**********************************************************************C
C **    RELDATE = release date
C       COMPDATE = compile date
C       COMPDESC = compile description, i.e., application notes
C
C       HARACTER*30 RELDATE, COMPDATE, COMPDESC
C                                    1         2         3
C                           '123456789012345678901234567890'
        PARAMETER (RELDATE = '31-AUG-2001 (Hydro version) ')
        PARAMETER (COMPDATE = '28-FEB-2002 ')
        PARAMETER (COMPDESC = 'Lake Tenkiller, Oklahoma ')
C
C **    HYDRODYNAMIC AND TRANSPORT PARMETER BLOCK
C
       PARAMETER (KSM=10,KCM=11,KGM=11,KBM=11, LCM=200, ICM=30, JCM=50,
```

```
     $              IGM=31, JGM=51, KPCM=10, NWGGM=200,NTSM=86400, NPDM=1,
     $              NPBSM=4, NPBWM=4, NPBEM=4, NPBNM=4, NPFORM=38,
     $              NBBSM=4, NBBWM=4, NBBEM=4, NBBNM=4, NLDAM=12,
     $              NVBSM=1, NVBNM=1, NUBWM=1, NUBEM=1,
     $              NGLM=2, LCGLM=2, LCMW=200, NPSERM=2, NDPSER=184,
     $              NQSIJM=50, NQSERM=366, NDQSER=1400, NQINFLM=66,
     $              NQCTLM=10, NQCTTM=10, NDQCLT=45, NDQCLT2=45,
     $              NQWRM=30, NQWRSRM=30, NDQWRSR=1400, NVEGTPM=1,
                              NCHANM=1,
     $              NCSERM=20, NDCSER=1400, NASERM=2, NDASER=10400,
     $              NWSERM=1, NDWSER=10400,NQJPM=1, NJPSM=1,
     $              NJUNXM=1, NJUNYM=1, NXYSDATM=2,
     $              MTM=11, MLM=12, MGM=22, MLTMSRM=60,
     $              NTSSTSPM=99,MTSSTSPM=32, MDVSM=10, MTVSM=10,
     $              NSCM=1, NSNM=1, NSTM=2, NTXM=5, NSTVM=12)
C
C ** NSTVM=5+NSCM+NSNM+NTXM
C
C**********************************************************************C
C
C ** WATER QUALITY/EUTROPHICATION PARMETER BLOCK
C
C ** USE PARAMETER STATEMENT BELOW FOR INACTIVE WATER QUALITY
C
      PARAMETER (NWQVM=22,NWQZM=2,NWQPSM=2,NWQTDM=2,NWQTSM=2,
     $                   NTSWQVM=22,LCMWQ=2,NSMGM=2,NSMZM=2,NTSSMVM=2,NSMTSM=2,
     $   NWQCSRM=2,NDWQCSR=2,NWQPSRM=2,NDWQPSR=2)
C
C
C ** USE PARAMETER STATEMENT BELOW FOR ACTIVE WATER QUALITY
C
c     PARAMETER (NWQVM=22,NWQZM=2,NWQPSM=2,NWQTDM=2,NWQTSM=2,
c    $     NTSWQVM=22,LCMWQ=2,NSMGM=3,NSMZM=2,NTSSMVM=2NSMTSM=2,
c    $     NWQCSRM=4,NDWQCSR=2,NWQPSRM=2,NDWQPSR=2)
C
C**********************************************************************C
C
C       ICM= MAXIMUM X OR I CELL INDEX TO SPECIFIC GRID IN FILE cell.inp
C       IGM= ICM+1
C       JCM= MAXIMUM Y OR J CELL INDEX TO SPECIFIC GRID IN
C            FILE cell.inp
C       JGM= JCM+1
C       KBM= MAXIMUM NUMBER OF BED LAYERS, MAX LOOP INDEX KB
C       KCM= MAXIMUM NUMBER OF LAYERS, MAX LOOP INDEX KC
C       KGM= KCM
C       KSM= KCM-1
C       KPCM= MAXIMUM NUMBER OF CONSTANT ELEVATION LEVELS FOR
C       THREE-DIMENSIONAL GRAPHIC OUTPUT
C       LCM= MAXIMUM NUMBER OF WATER CELLS + 2
```

```
C            OR 1 + THE MAX LOOP INDEX LA
C       LCMW= SET TO LCM IF ISWAVE.GE.1 OTHERWISE =2
C       LCGLM= SET TO LCM IF ISLRD.GE.1 OTHERWISE =2
C       LCMWQ= SET TO LCM IF WATER QUALITY TRANSPORT ISTRAN(8).EQ.1
C       MDVSM= MAXIMUM DEPTHS FOR VERTICAL SCALAR PROFILE SAMPLING
C       MTVSM= MAXIMUM NUMBER OF SPACE-TIME LOCATIONS FOR VERTICAL
C              SCALAR FIELD PROFILING
C       MGM= 2*MTM
C       MLM= MAXIMUN NUMBER OF HARMONIC ANALYSIS LOCATION
C       MTM= MAXIMUM NUMBER OF PERIODIC FORCING CONSTITUENTS
C       MLTMSRM= MAXIMUM NUMBER OF TIME SERIES SAVE LOCATIONS
C       MTSSTSPM= MAX NUMBER OF TIMES SERIES START-STOP TIME PAIRS
C       NASERM= MAX NUMBER OF ATMOSPHERIC DATA TIME SERIES
C       NBBEM= NPBEM
C       NBBNM= NPBNM
C       NBBSM= NPBSM
C       NBBWM= NPBWM
C       NCSERM= MAXIMUM NUMBER OF CONCENTRATION TIME SERIES FOR
C               ANY CONCENTRATION VARIABLE
C        NCHANM= MAXIMUM NUMBER OF HEC-TYPE 1D CHANNEL CELLS
C        NDASER= MAX NUMBER OF TIME DATA PTS IN ATMOSPHERIC TIME SERIES
C        NDQSER= MAXIMUM NUMBER OF TIME POINTS IN THE LONGEST TIME SERIES
C        NDQCLT= MAXIMUM NUMBER OF DATA PAIRS IN FLOW CONTROL TABLE
C        NDQCLT2= MAXIMUM NUMBER OF 2ND DATA PAIRS IN FLOW CONTROL TABLE
C        NDQWRSR= MAX NUMBER OF TIME DATA PTS IN WITH-RETURN TIME SERIES
C        NDWQCSR= MAX NUMBER OF TIME DATA PTS IN WQ CONCENTRATION SERIES
C        NDWQPSR= MAX NUMBER OF TIME DATA PTS IN WQ PSL TIME SERIES
C        NDWSER= MAX NUMBER OF TIME DATA PTS IN WIND TIME SERIES
C        NGLM= NUMBER OF ISLRD PARTICLE RELEASE TIMES
C        NJUNXM= MAX NUMBER OF X DIR 1D CHANNEL JUNCTIONS
C        NJUNYM= MAX NUMBER OF Y DIR 1D CHANNEL JUNCTIONS
C        NLDAM= MAXIMUM NUMBER OF LOCATIONS FOR CONCENTRATION DATA
C               ASSIMILATION
C        NPBEM= MAXIMUM NUMBER OF EAST OPEN SURFACE ELEV BOUNDARIES
C        NPBNM= MAXIMUM NUMBER OF EAST OPEN SURFACE ELEV BOUNDARIES
C        NPBSM= MAXIMUM NUMBER OF EAST OPEN SURFACE ELEV BOUNDARIES
C        NPBWM= MAXIMUM NUMBER OF EAST OPEN SURFACE ELEV BOUNDARIES
C        NPDM= MAXIMUM NUMBER OF ISPD TYPE PARTICLE DRIFTERS
C        NPFORM= MAXIMUM NUMBER OF PERIODIC FORCING FUNCTIONS
C        NPSERM= MAXIMUM NUMBER OF SURFACE ELEVATION TIME SERIES
C        NQCTLM= MAXIMUM NUMBER OF FLOW CONTROL STRUCTURE LOCATION
C        NQCTTM= MAXIMUM NUMBER OF FLOW CONTROL STRUCTURE TABLES
C        NQSERM= MAXIMUM NUMBER OF FLOW TIME SERIES
C        NQSIJM= MAXIMUM NUMBER OF NQSIJ VOLUMETRIC SOURCE-SINKS
C        NQJPM= MAXIMUM NUMBER OF JET/PLUME VOLUME AND MASS SOURCES
C        NJPSM= MAXIMUM NUMBER OF JET/PLUME SAVE POSITIONS
C        NQWRM= MAXIMUM NUMBER OF FLOW WITH-RETURN PAIRS
C        NQWRSRM= MAXIMUM NUMBER OF FLOW WITH-RETURN TIME SERIES
C        NSMGM=
```

```
C       NSMTSM= MAX SED DIAGENSIS MODEL TIME SERIES OUTPUT LOCATIONS
C       NSMZM= MAXIMUN NUMBER OF SEDIMENT DIAGENSIS MODEL ZONES
C       NTSM= MAXIMUM NUMBER OF TIME STEP PER REFERENCE TIME PERIOD
C       NTSSMVM=
C       NTSWQVM= MAX NUMBER OF WATER QUALITY TIME SERIES OUTPUT VARIABLES
C       NTSSTSPM= MAXIMUM NUMBER OF TIME SERIES START-STOP SCEARIOS
C       NUBEM= 1
C       NUBWM= 1
C       NVBNM= 1
C       NVBSM= 1
C       NSCM = MAXIMUM NUMBER OF COHESIVE SEDIMENT SIZE CLASSES
C      NSNM = MAXIMUM NUMBER OF NON-COHESIVE SEDIMENT SIZE CLASSES
C      NSCM = TOTAL NUMBER OF SEDIMENT SIZE CLASSES NSCM+NSNM
C      NTOXM= MAXIMUM NUMBER OF TOXIC CONTAMINANTS
C      NVEGTPM= MAXIMUM NUMBER OF VEGETATION TYPE CLASSES
C      NWGGM= NUMBER OF WATER CELLS IN CARTESIAN GRAPHIC OVERLAY
C              GRID, EQUAL TO LCM-2 FOR CARTESIAN GRIDS
C      NWQCSRM= MAX NUMBER OF WQ STATE VARIABLE TIME SERIES
C      NWQPSM= MAX NUMBER OF WQ POINT SOURCES
C      NWQPSRM= MAX NUMBER OF WQ POINT SOURCE LOAD TIME SERIES
C      NWQTDM= MAX NUMBER OF PTS IN WQ MODEL TEMPERATURE
                FUNCTION TABLES
C      NWQTSM= MAX NUMBER OF WQ MODEL TIME SERIES OUTPUT LOCATIONS
C      NWQVM= MAXIMUM NUMBER OF WQ VARIABLES
C      NWQZM= MAXIMUM NUMBER OF SURFACE WATER QUALITY ZONES
C      NWSERM= MAX NUMBER OF WIND TIME SERIES
C      NXYSDATM= MAXIMUM NUMBER OF DATA POINTS DEFINING HEC TYPE 1D
C              CHANNEL CROSS SECTION PROPERTIES
C
C***********************************************************************C
```

모델 적용을 위해서, efdc.com에서 디멘젼배열(dimension arrays) 크기를 나타내는 파라미터선언 값은 그 적용을 위한 격자와 자료를 수용하는 최솟값으로 설정되어야 한다.

새로운 적용 실행을 시작할 때, 배열 변수들이 그들의 파라미터선언 값에 의해 지정된 범위 안에 있는지 파악하기 위해 범위 검토옵션을 갖는 최적화되지 않은 컴파일러(보통 -C on UNIX compiler)를 사용할 것을 권장한다. 입력파일들이 알맞게 구성된 것이 확인된 후에, 그 모델은 실행 속도를 증가시키기 위해 범위검토 옵션을 없애고 컴파일할 수 있다.

우리나라에서 대중적으로 사용하고 있는 윈도우즈 시스템의 PC로 EFDC 소스 코드를 컴파일하는 방법에 대해서는 본 책의 제3편에서 자세히 설명한다. 우리나라 시중에 통용되고 있는 PC용 포트란 컴파일러 중, 저자의 사용경험으로 보아 인텔 포트란 컴파일러가 EFDC에 적합했다. 그래서 여러분이 EFDC의 소스를 컴파일 할 때, 인텔컴파일러의 사용을 권장한다. 참고로 MS 윈도우즈 컴파일러는 EFDC에 잘 맞지 않았으며, 컴팩 90 컴파일러는 디버깅 기능을 제외하면 사용가능했다.

08 EFDC 출력파일

8.1 진단기능과 출력파일

파일명	설명
adjmmt.dia	
bal.out	
balo.out	
bale.out	
buoy.dia	
disdia.out	
modchan.dia	
rbcm.dia	
sinval.out	
efdc.log	파일 efdc.inp 읽으면서 부딪히는 에러를 수록.
time.log	각 NTC 말에 컴퓨터 실행시간을 작성.
drywet.log	격자가 습하고 건조하는 과정의 진단사항을 작성.
lijmap.out	L-벡터 인덱스를 셀인덱스 I, J로 사상(mapping) 한 파일.
zvolbal.out	
cfl.out	각 격자셀에 대한 최대 시간간격 진단내용 작성.
eqcoef.out	
eqterm.out	
fp.out	
eqcoef1.out	
diaq.out	

8.2 시계열 출력과 분석파일

파일명	**설명**
lsha.out	최소자승 조화분해 출력파일.
saltmsr01.out	하나의 격자 셀 위치에 대한 염분 농도의 시계열 출력파일.
temtmsr01.out	하나의 격자 셀 위치에 대한 온도의 시계열 출력파일.
dyetmsr01.out	하나의 격자 셀 위치에 대한 염료 농도의 시계열 출력파일.
sedtmsr01.out	하나의 격자 셀 위치에 대한 점착성유사 농도의 시계열 출력파일.
sndtmsr01.out	하나의 격자 셀 위치에 대한 비점착성유사 농도의 시계열 출력파일.
sfltmsr01.out	하나의 격자 셀 위치에 대한 조개치어 시계열 출력파일.
avvtmsr01.out	
avbtmsr01.out	
uvetmsr01.out	
uvttmsr01.out	
u3dtmsr01.out	
v3dtmsr01.out	
qqetmsr01.out	
q3dtmsr01.out	
vsfp.out	수직 스칼라장 분포 출력파일(아래 예제를 보라).

```
INSTANTANEOUS VERTICAL SCALAR FIELD PROFILES
TIME = 3221.6001   N = 1665      I, J = 151      42
DEPTH BELOW SURFACE      MODEL SALINITY
      1.00                    16.70
      3.00                    17.27
      5.00                    17.79
      7.00                    18.09
      9.00                    18.21
     11.00                    18.24
     13.00                    18.25
TIME = 3222.0000   N = 1679      I ,J = 140      46
DEPTH BELOW SURFACE      MODEL SALINITY
      1.00                    17.36
      3.00                    17.37
      5.00                    17.37
      7.00                    17.37
      9.00                    17.39
     11.00                    17.42
     13.00                    17.43
     15.00                    17.44
     17.00                    17.44
     19.00                    17.45
TIME = 3222.3999   N = 1693      I, J = 124      59
```

DEPTH BELOW SURFACE	MODEL SALINITY
1.00	13.51
3.00	13.51
5.00	14.53
7.00	14.93
9.00	14.93

8.3 2차원 그래픽 출력과 시각화

8.3.1 2차원 수평평면 스칼라 형식

파일명	설명
belvcon.out	바닥고 등고선 출력파일.
wcustrh.out	파랑류 마찰속도 출력파일.
ccustrh.out	조류 마찰속도 출력파일.
zbreffh.out	
surfamp.out	
surfpha.out	
majaxis.out	
majapha.out	
salconh.out	어느 시각에 순간적인 염도의 등고선 출력파일.
temconh.out	어느 시각에 순간적인 온도의 등고선 출력파일.
dyeconh.out	어느 시각에 순간적인 염료의 등고선 출력파일.
sedconh.out	어느 시각에 순간적인 점착성 유사의 등고선 출력파일.
sflconh.out	어느 시각에 순간적인 조개치어의 등고선 출력파일.
rsalconh.out	잔차류의 염분 농도 등고선 출력파일.
rtemconh.out	잔차류의 온도 등고선 출력파일.
rdyeconh.out	잔차류의 염료 등고선 출력파일.
rsedconh.out	잔차류의 점착성 유사 등고선 출력파일.
rsflconh.out	잔차류의 조개 치어 등고선 출력파일.
surfcon.out	어느 시각에 순간적인 수위 등고선 출력파일.
rsurfcon.out	잔차류의 수위 등고선 출력파일.

8.3.2 2차원수평평면 벡터 형식

파일명	설명
tstvech.out	
stvech.out	

tauvech.out
tidelkc.out
tidelkb.out
velvech.out
rvelvech.out
pvelvech.out
mvelvech.out
lmvvech.out
almvvech.out

8.3.3 수직평면 스칼라 형식

파일명	설명
salcnv1.out	
temcnv1.out	
dyecnv1.out	
sedcnv1.out	
sflcnv1.out	
rsalcnv1.out	
rviscnv1.out	
rvefcnv1.out	
rsflcnv1.out	
velcnv1.out	
rvelcnv1.out	
pvelcnv1.out	
mvelcnv1.out	
lmvcnv1.out	
almvcnv1.out	
rvelcvt1.out	
pvelcvt1.out	
mvelcvt1.out	
lmvcvt1.out	
almvcvt1.out	

8.3.4 2차원 수직평면 벡터 형식

파일명	설명
velvcv1.out	
rvelvcv1.out	
pvelvcv1.outmv	

elvcv1.out
lmvvcv1.out
almvvcv1.out

8.4 3차원 그래픽 출력과 시각화

파일명	설명
sal3d01.asc	어느 시각에 대한 순각적인 염분농도(24개 파일까지).
tem3d01.asc	어느 시각에 대한 순각적인 온도.
dye3d01.asc	어느 시각에 대한 순각적인 염료.
sed3d01.asc	어느 시각에 대한 순각적인 점착성 유사.
uuu3d01.asc	어느 시각에 대한 순각적인 속도(u-방향).
vvv3d01.asc	어느 시각에 대한 순각적인 속도(v-방향).
www3d01.asc	어느 시각에 대한 순각적인 속도(w-방향).
out3d.dia	어느 시각에 대한 순각적인 3D 출력파일에 대한 진단사항.
rsal3d01.asc	잔차류에 의한 염분농도(24개 파일까지).
rtem3d01.asc	잔차류에 의한 온도.
rdye3d01.asc	잔차류에 의한 염료.
rsed3d01.asc	잔차류에 의한 점착성 유사.
ruuu3d01.asc	잔차류에 의한 속도(u-방향).
rvvv3d01.asc	잔차류에 의한 속도(v-방향).
rwww3d01.asc	잔차류에 의한 속도(w-방향).
rout3d.dia	잔차류에 의한 3D 출력파일에 대한 진단사항.

8.5 기타 출력 파일

파일명	설명
efdc.out	이것은 efdc.inp 파일의 출력파일.
avsel.out	
gwelv.out	
cell9.out	격자셀 사상정보를 포함하는 파일.
drifter.out	라그란지언 추적물질 출력파일.
restran.out	잔차류에 의항 이송장 출력파일.
restart.out	각 NTC 사이 끝에나 모델 실행 끝에 씌여 지는 재시작 파일.
waspp.out	WASP 수평위치와 층 정보 파일.
waspb.out	WASP 자료군 B.

waspb.mrm	WASP 자료군 B(Tetra Tech's 버전 WASP5를 위해서 사용).
waspc.out	WASP 자료군 C.
waspd.out	WASP 자료군 D.
waspd.mrm	WASP 자료군 D(Tetra Tech's 버전 WASP5를 위해 사용).
waspdhd.out	WASP 동역학 진단파일(ASCII 형식).
waspdh.out	WASP 외부모드 동역학 파일.
waspdhu.out	WASP 외부모드 동역학 파일(비형식화된 2진).
advmod.wsp	
disten.out	
uvtsc.out	
uverv.out	

▌참고문헌 ▌

권석재, 강태순, 2007, 남해안 조위 및 조류거동 수치모의, 한국해안해양공학회지 제19권 제3호 pp253-265

한국해양연구소, 2001, 경기만 연안 개발에 따른 수리 및 수질 통합평가 모델 개발

이정우, 2004, 3차원 수리 수질 모형 EFDC를 이용한 저수지의 수질모의에 관한 연구, 충남대학교 석사 학위논문

유하나, 2007, 3차원 수리동역학모델 EFDC 및 수질모델 WASP 7.2 동시 적용을 통한 정상상태 수질모델링 오차 원인 분석, 충남대학교 석사 학위논문

박희영, 2008, 대산항의 EFDC를 이용한 3차원 준설 부유사 이송에 관한 연구, 군산대학교 석사 학위논문

Ambrose, R. B., T. A. Wool, and J. L. Martin, 1993. The water quality analysis simulation program,

WASP5. U. S. Environmental Protection Agency, Environmental Research Laboratory, Athens, GA,210 pp.

Bennett, A. F., 1976. Open boundary conditions for dispersive waves. J. Atmos. Sci., 32, 176-182.

Bennett, A. F., and P. C. McIntosh, 1982. Open ocean modeling as an inverse problem: tidal theory. J.Phys. Ocean., 12, 1004-1018.

Bennett, J. R., and A. H. Clites, 1987. Accuracy of trajectory calculation in a finite-difference circulationmodel. J. Comp. Phys., 68, 272-282.

Blumberg, A. F., and L. H. Kantha, 1985. Open boundary condition for circulation models. J. Hydr.Engr., 111, 237-255.

Blumberg, A. F., and G. L. Mellor, 1987. A description of a three-dimensional coastal ocean circulationmodel. In: Three-Dimensional Coastal Ocean Models, Coastal and Estuarine Science, Vol. 4. (Heaps,N. S., ed.) American Geophysical Union, pp. 1-19.

Chikhliwala, E. D., and Y. C. Yortsos, 1985. Application of orthogonal mapping to some two-dimensionaldomains. J. Comp. Phys., 57, 391-402.

Galperin, B., L. H. Kantha, S. Hassid, and A. Rosati, 1988. A quasi-equilibrium turbulent energy modelfor geophysical flows. J. Atmos. Sci., 45, 55-62.

Cerco, C. F., and T. Cole, 1993. Three-dimensional eutrophication model of Chesapeake Bay. J.Environ. Engnr., 119, 1006-1025.

Glenn, S. M., and W. D. Grant, 1987. A suspended sediment stratification correction for combined waveand current flows. J. Geophys. Res., 92, 8244-8264.

Grant, W. D., and O. S. Madsen, 1982. Movable bed roughness in unsteady oscillatory flow. J. Geophys.Res., 87, 469-482.

Hamrick, J. M., 1991. Analysis of mixing and dilution of process water discharged into the PamunkeyRiver, a Report to the Chesapeake Corp. The College of William and Mary, Virginia Institute of MarineScience, 50 pp.

Hamrick, J. M., 1992a. A Three-Dimensional Environmental Fluid Dynamics Computer Code: Theoretical and Computational Aspects. The College of William and Mary, Virginia Institute of Marine Science.Special Report 317, 63 pp.

Hamrick, J. M., 1992b. Estuarine environmental impact assessment using a three-dimensional circulation and transport model. Estuarine and Coastal Modeling, Proceedings of the 2nd International Conference, M. L. Spaulding et al, Eds., American Society of Civil Engineers, New Yrok, 292-303.

Hamrick, J. M., 1992c. Preliminary analysis of mixing and dilution of discharges into the York River, a Report to the Amoco Oil Co. The College of William and Mary, Virginia Institute of Marine Science, 40pp.

Hamrick, J. M., 1994a. Linking hydrodynamic and biogeochemical transport models for estuarine and coastal waters. Estuarine and Coastal Modeling, Proceedings of the 3rd International Conference,

M. L. Spaulding et al, Eds., American Society of Civil Engineers, New York, 591-608.

Hamrick, J. M., 1994b. Evaluation of island creation alternatives in the Hampton Flats of the James River. a report to the U. S. Army Corps of Engineers, Norfolk District.

Hamrick, J. M., 1995a. Calibration and verification of the VIMS EFDC model of the James River, Virginia. The College of William and Mary, Virginia Institute of Marine Science, Special Report, in preparation.

Hamrick, J. M., 1995b. Evaluation of the environmental impacts of channel deepening and dredge spoil disposal site expansion in the lower James River, Virginia. The College of William and Mary, Virginia Institute of Marine Science, Special Report, in preparation.

Hamrick, J. M., and Z. Yang, 1995. Lagrangian mean descriptions of long-term estuarine mass transport. Proceeding of the 1994 International Conference on the Physics of Estuaries and Bays. D. Aubrey, Ed., American Geophysical Union, in press.

Hamrick, J. M., and M. Z. Moustafa, 1995a. Development of the Everglades wetlands hydrodynamic model: 1. Model formulation and physical processes representation. submitted to Water Resources Research.

Hamrick, J. M., and M. Z. Moustafa, 1995b. Development of the Everglades wetlands hydrodynamic model: 2. Computational implementation of the model. submitted to Water Resources Research.

Johnson, B. H., K. W. Kim, R. E. Heath, B. B. Hsieh, and H. L. Butler, 1993. Validation of threedimensional hydrodynamic model of Chesapeake Bay. J. Hyd. Engrg., 119, 2-20.

Knupp, P. M., 1992. A robust elliptic grid generator. J. Comp. Phys., 100, 409-418.

Mellor, G. L., and T. Yamada, 1982. Development of a turbulence closure model for geophysical fluid problems. Rev. Geophys. Space Phys., 20, 851-875.

Mobley, C. D., and R. J. Stewart, 1980. On the numerical generation of boundary-fitted orthogonal Curvilinear coordinate systems. J. Comp. Phys., 34, 124-135.

Moustafa, M. Z., and J. M. Hamrick, 1994. Modeling circulation and salinity transport in the Indian River Lagoon. Estuarine and Coastal Modeling, Proceedings of the 3rd International Conference, M. L. Spaulding et al, Eds., American Society of Civil Engineers, New York, 381-395.

Moustafa, M. Z., and J. M. Hamrick, 1995. Development of the Everglades wetlands hydrodynamic model: 3. Model application to South Florida water conservation area 2a. submitted to Water Resources Research.

Moustafa, M. Z., J. M. Hamrick, and M. R. Morton, 1995. Calibration and verification of a limited area circulation and transport model of the Indian River Lagoon. submitted to Journal of Hydraulic Engineering.

Park, K., A.Y. Kuo, J. Shen, and J.M. Hamrick, 1995. A three-dimensional hydrodynamic -eutrophication model (HEM-3D): Description of water quality and sediment process submodels. Special Report in Applied Marine Science and Ocean Engineering No. 327. School of Marine Science, Virginia Institute of Marine Science, College of William and Mary, Gloucester Point, VA.

Rennie, S., and J. M. Hamrick, 1992. Techniques for visualization of estuarine and coastal flow fields. Estuarine and Coastal Modeling, Proceedings of the 2nd International Conference, M. L. Spauldinget al, Eds., American Society of Civil Engineers, New York, 48-55.

Rosati, A. K., and K. Miyakoda, 1988. A general circulation model for upper ocean simulation. J. Phys.Ocean., 18, 1601-1626.

Ryskin, G. and L. G. Leal, 1983. Orthogonal mapping. J. Comp. Phys., 50, 71-100.

Smogorinsky, J., 1963. General circulation experiments with the primative equations, Part I: the basic experiment. Mon. Wea. Rev., 91, 99-152.

Smolarkiewicz, P. K., 1984. A fully multidimensional positive definite advection transport algorithm with small implicit diffusion. J. Comp. Phys., 54, 325-362.

Smolarkiewicz, P. K., and T. L. Clark, 1986 The multidimensional positive definite advection transport algorithm: further development and applications. J. Comp. Phys., 67, 396-438.

Smolarkiewicz, P. K., and W. W. Grabowski, 1990. The multidimensional positive definite advection transport algorithm: nonoscillatory option. J. Comp. Phys., 86, 355-375.

Smolarkiewicz, P. K., and L. G. Margolin, 1993. On forward-in-time differencing for fluids: extension to a curvilinear framework. Mon. Weather Rev., 121, 1847-1859.

Zalesak, S. T. , 1979. Fully multidimensional flux-corrected transport algorithms for fluids. J. Comp. Phys., 31, 335-362.

PART 2

DFDC Explorer 사용자 설명서

01 개 론

EFDC_Explorer(그림1-1)는 Microsoft Windows™에서 동작하는 3차원 동수역학 모델(EFDC)를 위한 전처리/후처리기이다. 환경유체동역학코드(EFDC)는 버지니아 해양연구소에서 처음 개발했으며(Hamrick 1992 & 1996), 미국 환경보호국(US EPA)이 그 개발을 계속 지원해 왔다. EFDC코드는 사회공유재산(public domain)으로써 환경보호와 규제를 위해 규칙적인 적용을 위해 미국 EPA(www.epa.gov/ceampubl/swater/efdc)에서 추천한 모델들 중 일부이다.

그림 1-1. EFDC Explorer 시작화면

EFDC는 강, 호수, 습지, 하구, 저수지, 연안 해역 등을 포함한 수표면계에서 3차원 흐름과 질량이송, 그리고 생화학적 처리와 같은 일반적인 목적을 위한 수학모델이다. EFDC는 점착성과 비점착성 토사의 이송, 여러 소스로부터 가까운 해역과 먼 해역으로 나가는 플룸방출량(plume discharge), 그리고 물과 유사[1] 속에 독성오염 물질의 이송과 소멸을 모의(simulation)할 수 있다. 용존산소/영양분처리(부영양화)모델(HEM-3D)이 나중에 추가되었다

1) 보통 하천에서 소류사와 부유사를 합하여 유사라 함.

(Park, 등 2000). 현재 이 동수역학 코드는 식생저항, 조간대, 수공구조물에 대한 저항, 파와 조류의 경계층의 상호작용 그리고 파랑류와 관련된 기능들을 특별히 향상 시켜왔다. 이 EFDC코드는 광범위하게 검증되어 왔으며 대학과 정부, 설계회사와 환경 자문기관들에 의해 현재 사용되고 있다.

EFDC모델은 여러 형태와 버전으로 공개되었다. 본 책에서는 단지 두 가지 버전, 즉 EPA 버전 1.01(EFDC_EPA) 2007.9. (Tetra Tech 2007a, 2007b)와 EFDC_DS 2008.02.28버전에만 초점을 맞추고 있다. 그러나 여러분은 특히 향후 업그레이드되고 있는 EFDC_DS버젼에 관심 갖기를 권한다. 현재 거의 완성판인 EFDC_EPA버전은 일반화된 수직좌표(GVC)계 (Stacey 등, 1995 : Adcroft와 Campin, 2004, Tetra Tech, 2006)가 지원되는 현재 EFDC_Explorer3 버전으로 작동할 수 있다.

이 사용자 설명서는 EFDC_Explorer3의 사용법을 다루고 있다. 이 설명서는 EFDC에 대한 사용자 설명서가 아니다. 사용자는 EFDC에 의해 요구되는 자료와 정보에 익숙하다고 가정한다. EFDC_Explorer는 모델을 개발, 검토, 교정, 해석, 분석하는 능력을 갖춘 기술자와 과학자를 돕는 일종의 도구(tool)이다.

1.1 EFDC_Explorer의 능력

다음 목록은 EFDC_Explorer의 주요 기능을 요약한 것이다. 이 목록은 각 기능의 일반적인 사용목적에 따라 크게 3가지 그룹으로 나뉘어 있다. 첫 번째 그룹은 일반적인 목적을 다루고 있고, 나머지 두 그룹은 주요 전처리와 후처리 기능들이 요약되어 있다.

앞으로 EFDC_Explorer에는 많은 옵션과 기능들이 추가될 수 있다. 그래서 이용 가능한 자원들만큼 새로운 기능들이 많이 추가될 것으로 기대된다.

일반적 기능

- 대부분 공통으로 사용되는 EFDC기능에 그래픽 인터페이스
- EFDC(Sigma & GVC 버전) 종속 모델에 관한 그래픽 인터페이스:
  - 동수역학
  - 밀도류 상태 변수: 염도/온도
  - 추적물질(tracer)
  - 유사이송

- 독성
- 유사 속성작용(diagenesis)으로 인한 수질

• 풍부한 시각화와 마우스 포인트/클릭을 이용한 입출력 데이터 확인
• 사용자의 입력을 도와주는 풍부한 풍선도움말
• 사용자의 입력 값에 대한 광범위한 에러와 범위 체크
• 달력/율리우스력 날짜와 관련된 많은 작업
• 연속적인 지원과 유틸리티의 개발
• 미터법 혹은 영국계 단위로 된 도면과 표

전처리기 기능 – 일반

• EFDC 2D - 3D 버전에 대한 전처리
• 여러 이전 버전의 주입력파일(efdc.inp) 불러오기
• Courant #과 Courant-Friedrichs-Lewy (CFL) 계산 도구
• 실행 결과 기록

전처리기 기능 – 모델생성

• 직각이나 단순한 곡선격자 모델 제작
• 직각격자 모델은 격자를 회전하고, 격자 폭을 조절.
• 연직 층을 쉽게 증가하거나 감소 가능.
• 제3의 유틸리티에 의해서 생성된 복잡한 곡선격자 모델 불러오기.
  - Delft RGFGrid형식(format)의 파일(즉 GRD파일)
  - Grid95
  - SEAGrid
  - 교점좌표 파일에 기초한 일반적인 셀
• 다른 동수역학 모델로 부터 격자 불러오기:
  - CH3D-WES
  - CH3D-IMS
  - ECOMSED
  - EFDC 이전 버전

전처리기 기능 - 일반적인 격자 생성도구

- 격자 직교성의 통계와 도면
- RGFGrid형식의 GRD파일로 EFDC모델 격자를 내보내기
- XY파일(P2D 형식)형태로 모델 영역의 윤곽을 내보내기
- XY파일(P2D 형식)형태로 모델 셀을 내보내기
- I 와 J 인덱스를 전치.

전처리기 기능 - 초기조건

- 특정 보기 옵션으로 모델영역 도면을 쉽고 빠르게 보기.
- 디지털 지형 모델(DTM)이나 불규칙한 간격으로 작성된 표고자료로 부터 수심을 작성/편집
- 독성을 가진 하상유사 작성/편집
- 모델 격자에서 마우스 클릭으로 셀 속성을 설정하고 편집
- 편집을 위한 사용자 정의 셀 다중선택
- 한 개 이상의 셀을 편집하기 위하여 간단한 연산자 사용.
- 식생지도(vegitation mapping) 보기/설정(사용된다면)
- 지하수지도 보기/설정(사용된다면)
- 셀 지도로부터 셀들을 활성화/비활성화 하여 직접 격자를 정리
- 수위나 수심의 초기 값을 빠르게 설정.
- 초기조건을 설정하는데 도움을 주기위해 3D 폴리라인의 사용.
- 모델 실행을 위해 작은 바이너리 "아카이브(archive)" 파일을 생성하고 읽기.
- 측정하거나 추측한 공간적으로 변하는 수직분포를 사용하여 초기조건의 할당.
- 조도계수의 보기/할당/편집
- Courant # / CFL 지도보기
- "수로 변경자(Channel Modifier)"정보/설정의 보기/할당/편집(사용된다면)

전처리기 기능 - 경계조건

- 모델 격자에서 마우스 클릭으로 경계조건을 설정하고 편집
- 지능적인 경계조건 시계열 편집기와 원-버튼(one-button) 도면 그리기.
- 경계 셀과 입력 시계열 자료를 확인하고 표시하기 위해 친숙한 이름의 사용.

• 신속하게 HSPF결과를 EFDC에 불러오기 위한 HSPF모델 경계조건 인터페이스.
• 개방경계조건에 대해 공간적으로 보간(interpolation)한 시계열 값의 생성.

전처리기 기능 – 물질수지/경계 하중

• 도면과 표로 출력된 시계열 값을 가지고 다양한 모델 성분의 물질수지를 계산
• 다양한 모델 성분이나 총유황, 총질소, 총탄소와 같은 유도변수에 대한 경계조건의 하중을 도면으로 표시.
• 시계열 그리기 유틸리티의 "Averaging"과 "Integration"기능을 사용하여 평균과 누가하중을 계산.

전처리기 기능 – 유틸리티

• 추적물질 설정 유틸리티
• 비트맵 지형정보(geo-referencing)를 넣는 도구
• EFDC출력파일 관리 유틸리티
• 모델실행에 앞서 입력 자료에 대한 검토(QA)를 수행
• 다중 연속실행을 하나의 데이터 세트로 통합
• 이전 모델실행 결과로 부터 새로운 모델을 제작.
• 유닉스에서 윈도우즈로 CR/LF변환

후처리기 기능 – 일반

• 3D(시그마 좌표)EFDC버전을 위한 후처리 기능
• 도면들과 애니메이션들에 달력/율리우스력 날짜를 표시
• 고해상도 결과들의 스냅숏을 표준 EFDC 스냅숏 주파수에 넣기 위한 새로운 고주파 스냅숏 능력

후처리기 기능 – ViewPlan(2D도면)

• 셀 지도 보기/라벨달기
• 모델결과들 가운데 많은 것을 애니메이션으로 화면에 출력하거나 AVI파일로 만들 수 있음
• 모델결과들을 상용 그래픽 패키지 TECPlotⓖ에 내보내기

- 현재 도면이나 폴리곤에 대해 모델결과의 통계내기
- 모델 위에 선을 그리거나 라벨 붙이기.
- 좌표정보를 가진 하나 이상의 비트맵들을 모델 격자의 배경으로 출력
  - 몇몇 도면들은 투명한 격자 셀들 위에 배경과 모델 결과들이 보이도록 한다.
- 다음과 같은 경계조건에 대한 결과를 임시로 참고하기 위해 "Timing Frame"을 화면에 출력한다.
  - 시계열 조석
  - 유입유량/유출유량
  - 바람
- 여러 단위로 공간축적을 화면에 출력
- 임의로 선택된 시간에 대한 기존모델의 결과로부터 새 모델 생성
- 수위/수심 지도, 애니메이션, 시계열 값 보기
  - 수심/표고 그리고 다른 수층(water column)의 계산 결과에 대한 투명한 셀
  - 범람 지도
  - 지정 최소 수심과 지속기간에 기초하여 지역범위 계산/화면 표시
  - 수심*유속 홍수위험 계수에 기초한 지역범위 계산/화면출력
  - 지역범위를 표시하는 같은 도면에서 3개의 모델까지 비교
  - 에너지 매핑.
- 총수두(total head) 계산/화면 출력(수면고 + $v^2/2g$)
- FEMA 범람 매개변수 계산(수심 + v^2)
- 임의의 시간 출력이나 애니메이션으로 소류사의 계산결과 값 보기 (층별, 또는 유사층수에 걸쳐 평균/합에 의해):
  - 바닥지형 표고
  - 바닥 쇄굴/퇴적
  - 바닥 입경분포
  - 소류사 질량 분포(층별이나 KB에 걸쳐 합)
  - 소류사 질량 분율(층별이나 KB에 걸쳐 평균)
  - 소류사의 공극(층별이나 KB에 걸쳐 평균)
  - 바닥 전단응력
- 어느 시각에 대한 출력이나 동영상으로 수층 결과 보기(층별 또는 수층 층수에 걸쳐 평균/합):

- 염도
- 온도
- 염료 또는 계산된 물의 나이(단지 EFDC에서 사용)
- 독성물질
  총량
  복합 DOC
  용해된 POC
  흡수된 POCo 유사 (등급별로나 총합에 의한)
- 수질 변수
  EFDC모델화된 22개의 성분
  염녹소, 해조류 성장 억제물질 그리고 TSI와 같은 유도변수
- 산소 결핍 체적(사용자가 정의한 DO 차단)
- 빛 침투(Secchi 수심, 소멸계수, 발광(%))

• 경계 조건의 지도 보기와 경계 조건의 시계열 값 보기
  - 유사의 측면도와 시간에 따른 수층의 물성치 보기
  - 시계열 검정(calibration) 비교를 신속하게 화면에 출력하고 저장
  - 다른 모델 실행과 유속데이터나 혹은 현장데이터(즉 ADCP)를 비교
  - 서로 다른 두 모델들로부터 결과를 비교

• 유사 진단 농도와 영양분 플럭스 보기
  - 등급별이나 PON, POP와 POC 총 농도 보기
  - 진단을 위한 층별이나 전체로 농도 보기
  - 영양분 플럭스 보기

• 모델 체계
  - 격자 직교분포 지도와 통계
  - 셀 방향각 지도
  - Courant 수
  - Courant Friedrichs Lewy 시간간격 제한
  - Froude 수
  - 밀도 Froude 수
  - 예민성
  - Richardson 수

• 종단면도 보기
  - 부유사와 소류사 계산결과의 종단면도 작성
  - 사용자가 지정하는 층의 평균(즉 "3"은 바닥 3개의 층의 평균을 구한다.)
  - 부유사와 소류사 자료는 바닥의 지형과 수위/ 수심/바닥 전단력을 오버레이할 수 있다.
• 다음의 검정 데이터/정보를 도면위에 표시:
  - 지점 ID
  - 날짜/시간이 공통인 자료 값
  - 날짜/시간이 공통인 잔차(residual)
  - 데이터와 잔차는 모델결과를 구하기 위해 지정된 같은 수심평균이나 지정된 층옵션을 사용할 수 있다.

후처리기 기능 - 수직 단면도

• I나 J인덱스를 따라 2D 수직면이나 사용자가 정의한 폴리라인 보기
• 어떠한 수직단면 보기/동영상 만들기
  - 유속
  - 염도
  - 온도
  - 염료나 물의 계산나이(EFDC_DS만 사용)
  - 독성
  - 유사
  - 수질변수

후처리기 기능 - 기타

• 층별 또는 모든 층에 대한 총 유출량 계산 기능
• 유사 질량 수지 평형/유사 질량 하중

후처리기 기능 - 검정치 비교

• 어떤 층, 평균수심이나 최소-평균-최대 모델결과에 대해 측정 수층 데이터와 모델의 계산 데이터를 시계열로 비교
• 수직면 비교

• 도면 그리기 준비를 위한 보고서 작성
• RMS오차, 평균오차, 절대오차, 상대오차와 Nash-Sutcliffe 효율 계수를 사용한 보정 값의 통계
• 검정 도면의 자동 생성
• 여러 실행 모델 사이의 모델 결과 비교

1.2 규약

1.2.1 윈도우즈 인터페이스

EFDC_Explorer의 일반적인 기능들은 Windows® 운영체제의 표준화된 사용자 인터페이스로 이루어져 있다. 사용자들의 이해를 돕기 위해 여기서는 몇 가지 기본적인 것들에 대해 설명하도록 하겠다.

표 1-1 EFDC_Explorer 사용자 인터페이스 규약

# Cols: 95	녹색 글씨와 검은색 상자는 오직 정보만 제공하고, 이 위치에서는 편집할 수 없다. 이 정보와 데이터는 다른 위치에서 수정될 수 있다.
J: 75	검은 글씨와 함께 하얀색 상자는 중요한 데이터/텍스트를 입력하는 인터페이스다.
◉ I ○ J	원형 버튼은 선택해야하는 옵션들을 표현한 것이다. 이 옵션들 가운데 오직 하나만 선택할 수 있다.
☒ JIT	상자 안에 검은색 "x" 가 표시되어 있을 때 그 상자의 값은 참(true)이다. (즉, 현 표시는 이 옵션이 선택된 상태다).
Browse	"Browse" 버튼은 사용자가 근처의 텍스트박스에 글자를 타이핑하지 않고, 원하는 파일을 찾아 입력할 수 있도록하는 것으로 프로그램에서 널리 사용된다.

사용자는 EFDC_Explorer에서 비활성화되거나 회색으로 표시된(grayed out) 기능들에 주의해야한다. 이것은 현재 적용된 EFDC버전에서는 사용할 수 없는 특별한 기능이거나 사용자의 옵션 선택에 따라 사용할 수 없게 된 기능을 의미한다. 회색으로 표시된 옵션들은 사용자들이 선택할 수 없다.

1.2.2 메시지박스와 클립보드

EFDC_Explorer를 사용하는 동안 다양한 정보 메시지박스들이 어떤 계산 결과나 메시지

를 표시하면서 화면에 나타날 것이다. 대부분의 메시지들은 다른 프로그램으로 쉽게 옮길 수 있도록 윈도우즈 클립보드에도 저장된다. 클립보드로 들어가는 자료들은 일반적으로 탭(tab)으로 구분되어 있다.

1.2.3 풍선도움말

마우스 커서가 버튼이나 입력이 가능한 곳 위를 통과할 때 EFDC_Explorer는 그것들을 설명해주는 풍선도움말을 종종 표시한다.

1.2.4 연산자

사용자는 EFDC_Explorer의 곳곳에서 어떤 입력 매개변수(예: 바닥고)의 현재 값을 바꾸거나 "연산자(operator)"를 사용할 수 있다. 후자는 현재 매개변수 값에 적용되는 간단한 수학적 기능이다. 연산자 입력이 가능한 곳에서는 표 1-2에 설명된 입력을 인식한다. 연산자를 입력한 다음 반드시 한 칸 띄고 값을 입력해야 한다. 그렇지 않으면 그것은 단순한 치환 값으로 인식된다.

표 1-2 연산자 설명

입력 형식	설명	예제		
		현재값	입력 연산자"	결과
A Number	값 치환	300	310	310
+ Number	더하기 연산자	300	+ 1	301
− Number	빼기 연산자	300	− 20	280
* Number	곱하기 연산자	300	* 1.1	330
/ Number	나누기 연산자	300	/ 1.1	272.73

1.2.5 단위

EFDC는 공간과 농도변수를 정의하기 위해 미터법을 사용한다. 미터는 길이에 관련된 모든 변수에 대해 사용되고 g/m^3는 농도에 대해 사용된다. 그러나 염도(kg/m^3)와 독성은 예외이다. 독성에 대해서 그 단위는 수층 농도와 소류사 흡착변수 사이에 일관성이 있어야 한다. 일반적으로 이것들은 mg/m^3 또는 g/m^3이다.

EFDC가 내부적으로 사용하는 시간단위는 초(sec)이다. EFDC에 관하여 대부분의 입력파일은 입력단위를 초로 변환하기 위한 변환계수를 가지고 있으므로 임의의 단위도 사용가능하다. 사용자 입력단위를 일(days)로 고정하였다. 모든 시간에 관한 입력은 일 단위가 되고, EFDC_Explorer는 초로 바꾸는데 필요한 변환계수를 가지고 있다.

1.2.6 용어와 약어

다음은 이 문서에서 사용되는 공통적인 용어와 약어에 대한 설명이다:

LMC	왼쪽 마우스 클릭, 표준마우스에서 이것은 왼쪽 버튼을 말한다. 윈도우즈 구성을 통해 왼쪽과 오른쪽 마우스 기능을 바꿀 수 있다.
RMC	오른쪽 마우스 클릭 표준마우스에서 이것은 오른쪽 버튼을 말한다.
Ctrl	키보드의 Control 키
Alt	키보드의 ALT 키

02 설치와 시작

2.1 설치

1) 여러분은 Dynamic Solution, LLC의 홈페이지 (http:\www.ds-intl.biz)로부터 무료로 보급판 EFDC_Explorer3(Web)의 Setup 파일을 다운 받을 수 있다. 만일 여러분이 zip 파일(EFDC_Explorer.ZIP)로 된 EFDC_Explorer를 다운 받았다면, 여러분의 하드디스크에 임시 폴더를 만들고, 그 곳에 압축을 풀도록 하자. 이후에 파일들을 간단히 제거하기 위해 압축을 풀기 전에 임시 폴더를 비워둘 것을 권장한다.

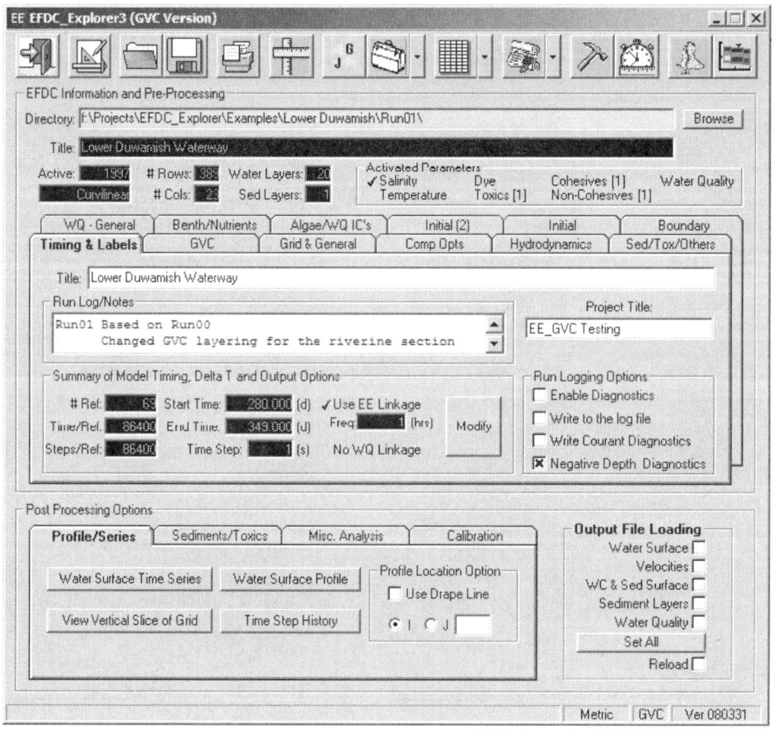

그림 2-1 메인 EFDC Explorer 폼

2) 여러분은 a) [시작] - [실행] 메뉴를 통해 EFDC_Explorer의 설치 프로그램(SETUP.EXE)을 실행하거나, b) 탐색기에서 압축을 풀어둔 폴더로 이동한 뒤 SETUP.EXE 파일을 더블클릭하는 방법으로 설치를 시작할 수 있다.
3) EFDC_Explorer를 설치할 폴더를 지정하고, EFDC_Explorer를 설치한다.
4) 만일 임시 폴더를 사용했다면 압축을 풀었던 파일들은 지우도록 하자. 그리고 재설치를 해야 할 경우에 대비하여 zip 파일의 사본 하나를 잘 보관하도록 하자.
5) Vista™ 사용자들은 모델의 운영을 위해 설치된 EFDC_Explorer3.exe를 "관리자 권한으로 실행"으로 변경할 필요가 있을 수 있다.

2.2 일반적인 프로그램 운영

EFDC_Explorer를 시작하자 마자 사용자는 그림 2-1과 같은 메인 폼을 맞이하게 된다. 이 폼은 기본적으로 세 부분으로 나뉘어있다. 폼의 최상부에 기본 도구상자(toolbar)가 보이는데 이것은 EFDC_Explorer의 주요 기능들을 빠르게 실행할 수 있도록 마련된 것이다. 그 아래에 메인 폼은 크게 두 부분으로 나뉘어있다. 윗부분은 전처리 기능들이고, 아랫부분은 후처리 기능들이다. 각 부분에 대한 운영방법과 자세한 지시사항은 다음 절에 설명될 것이다.

2.3 EFDC_Explorer 파일

모든 경우에 있어서 EFDC를 사용하는데 필요한 주 제어 파일은 EFDC.INP이다. EFDC.INP는 일반적으로 동일한 기본목적을 지닌 카드그룹으로 구성된 아스키(ASCII)파일이다. 예를 들어 카드이미지 8(C8)은 실행시간을 위한 설정들을 포함하고 있을 뿐만 아니라 기타 매개변수들도 포함하고 있다.

이 파일은 거의 모든 계산을 위한 옵션과 데이터 설정들을 포함하고 있다. EFDC 모델은 각 파일이 갖는 정보의 형태에 기초하여 고정된 파일 이름[2]을 사용한다. 모델 적용을 위해 요구되는 파일들은 선택된 계산옵션과 격자옵션에 의해 달라진다. 예를 들면 카드이미지 5의 플래그 ISVEG가 >0이면 흐름 저항을 기초한 식생저항을 계산하기 위한 정보를 포함하는 VEGE.INP 파일이 제공되어야 한다. EFDC_Explorer는 이러한 종류의 파일들을

2) DXDY.INP, LXLY.ILP, CELL.INP, EFDC.1NP, 등

읽고 써서 사용자가 어느 파일이나 어느 카드이미지가 어떤 플래그의 설정을 갖는지 정확히 기억해야할 수고를 덜어준다.

EFDC_Explorer는 전처리와 후처리를 수행하기 위한 부가적인 정보와 자료를 요구한다. 기존 프로젝트나 새로운 프로젝트를 저장할 때 EFDC_Explorer는 프로젝트 설정을 토대로 이 파일들을 자동으로 생성한다. 다음은 EFDC_Explorer의 지정파일들과 그들의 기능을 제시한다.

EFDC.DS	이것은 메인 EFDC_Explorer 프로젝트 파일이다. 이 파일은 많은 라벨, 포맷, 경계조건과 모델데이터 연관정보를 담고 있다. 이 파일은 EFDC가 경계그룹을 정확히 관리하는데 필요하다.
CORNERS.INP	이 파일은 각 셀에 대한 구석 좌표를 포함한다. EFDC_Explorer는 셀 중앙 좌표, DX, DY, 그리고 셀 회전각을 사용하여 이것들을 계산 한다. 그것은 셀 구석를 맞추고 교차점 목록을 작성한다. 기본적으로 EFDC_Explorer는 이들 구석 좌표를 이용하여 2차원 셀 도면을 보여준다. 그러나 사용자가 원한다면 직사각형 범위의 셀들을 보기 위해 선택할 수 있다.
EFDC_LOG.DS	이 파일에는 메인 EFDC_Explorer 폼에 표시되는 실행 기록이 담겨있다. 이 파일은 아스키(ASCII)이고 어떤 아스키 편집기로나 볼 수 있다.
CalForm_TS.DS	이 파일은 시계열 교정 그래프를 그리기 위한 형식과 라벨 정보를 담고 있다.
CalForm_VP.DS	이 파일은 연직면 교정 그래프를 위한 형식과 라벨정보를 포함한다.

EFDC_Explorer가 데이터를 후처리하려면 다음 파일들이 EFDC에 의해 생성되어야 한다.

EE_WS.OUT	필수. 이 파일은 수심을 담고 있다.
EE_VEL.OUT	추천. 이 파일은 3D 유속장 담고 있다.
EE_WC.OUT	이 파일은 하상 소류사이동의 최상층은 물론, 수층의 계산결과들을 담고 있다.
EE_BED.OUT	이 파일은 각 층과 관련된 독성농도를 포함하고 각 층에 대한 소류사 데이터를 담고 있다.
EE_ARRAYS.OUT	이것은 EFDC의 서브루틴 EEXPOUT 이 선택적으로 생성하는 파일이다. 이것은 대부분의 필요한 내부 EFDC배열의 스냅숏을 포함하고 있다. 이것이 존재한다면 EFDC_Explorer는 이 파일을 자동으로 불러와 시각화한다 (더 자세한 설명보고 싶다면 부록 A를 보라).
EE_WQ.OUT	이 파일은 모의되는 수질성분에 관한 수층 계산결과를 담고 있다.
EE_SD.OUT	모든 유사 진단옵션이 켜져 있다면 이 파일은 유사 진단결과들을 담고 있다.

03 EFDC_Explorer 기본 도구상자

EFDC_Explorer를 시작하면 사용자는 그림 2-1과 같은 폼을 보게 된다. 이 폼은 기본적으로 세 부분으로 나뉘어있다. 윗부분에는 전처리 기능이 있고, 아랫부분에는 후처리 기능이 있다. 또 다른 EFDC_Explorer의 중요한 부분은 폼의 최상단에 위치하고 있는 도구상자(그림 3-1)다. 여기에는 프로그램 환경설정과 주요 모델 보기 기능 등에 접근할 수 있는 버튼들이 있다. 이번 장에서는 EFDC_Explorer의 기본 도구상자를 통해 사용할 수 있는 몇 가지 기능들에 대해 설명하도록 하겠다.

그림 3-1 메인 폼 도구상자

3.1 파일관리

EFDC 입력파일의 이름은 고정되어 있다. 따라서 각각의 실행/프로젝트는 서로 다른 폴더에 저장되어야만 한다. EFDC_Explorer도 마찬가지다. EFDC_Explorer는 지정된 하위폴더(EFDC_Explorer가 "Project"라 말하는 폴더)에서 약속된 이름의 파일들을 읽고 쓴다. 그림 3-2는 메인 파일을 관리할 수 있는 도구상자와 프로젝트를 불러오거나 저장하기 위한 찾아보기(Browse) 버튼을 보여주고 있다.

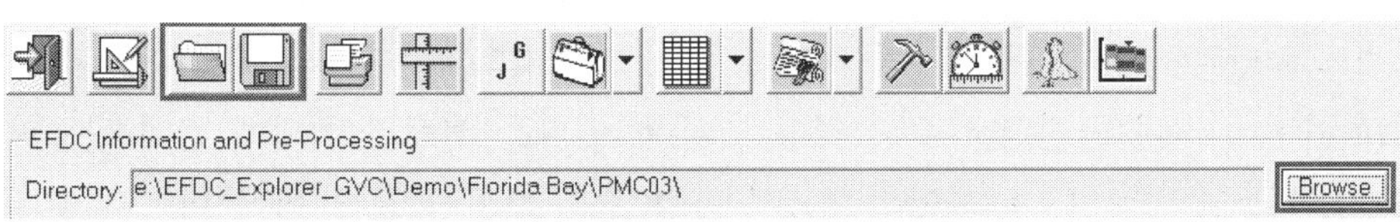

그림 3-2 프로젝트 열기 (메인 폼)

표 3-1 기본 도구상자 기능 요약

아이콘	기능
	EFDC_Explorer 종료하기. 프로젝트는 저장하지 않고, 전/후처리기 설정만 저장.
	템플릿을 이용하여 EFDC 모델을 생성하기.
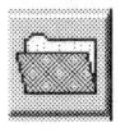	EFDC 모델을 불러오기.
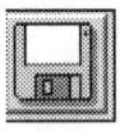	현재 EFDC 모델을 현재 폴더나 새로운 폴더에 저장하기.
	프린터 설정하기.
	EPA 버전과 DS 버전의 EFDC 실행파일 경로 등을 설정하기.
	율리우스력과 그레고리력 사이의 변환을 수행하기.
	기타 기능들과 유틸리티들의 도구 모음.
	현재 프로젝트의 EFDC.INP 파일을 보거나 편집하기.
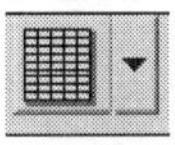	격자를 분석과 조정할 수 있는 다양한 도구들.
	현재 프로젝트를 EFDC로 실행하기. 실행에 앞서 프로젝트를 저장하지는 않는다.
	실행이 완료된 모델의 실행시간과 기타 시간에 관한 정보들을 표기.
	수평면도 보기. 이것은 몇몇 전처리 작업(예: 경계조건 설정과 셀 속성 편집)과 후처리 결과(예: 유속벡터도, 농도분포도 등)를 보기 위해 사용된다.
	종단면도. I나 J, 또는 사용자 정의 섹션에 따라 모델의 종단면도를 보여준다. 이것은 후처리 결과들을 보기 위해 사용된다.

3.1.1 열기

기존 프로젝트를 불러오기 위해 도구상자에서 폴더 그림이 그려진 버튼을 클릭하거나 붉게 표시된 찾아보기(Browse) 버튼을 클릭해보자. 그러면 그림 3-3과 같이 "Select Directory: open operation" 폼이 나타날 것이다. 화면에 표시된 경로는 과거 열었던 마지막 프로젝트 폴더의 경로일 것이다. 폼 하단에 있는 콤보박스의 목록을 열어 최근 20개의 프로젝트 가운데 하나를 선택할 수도 있다. 오른쪽 패널은 선택된 폴더에 존재하는 파일들을 보여준다. 프로젝트를 불러오기 위해서 EFDC.INP 파일이 폴더 안에 반드시 존재해야 한다.

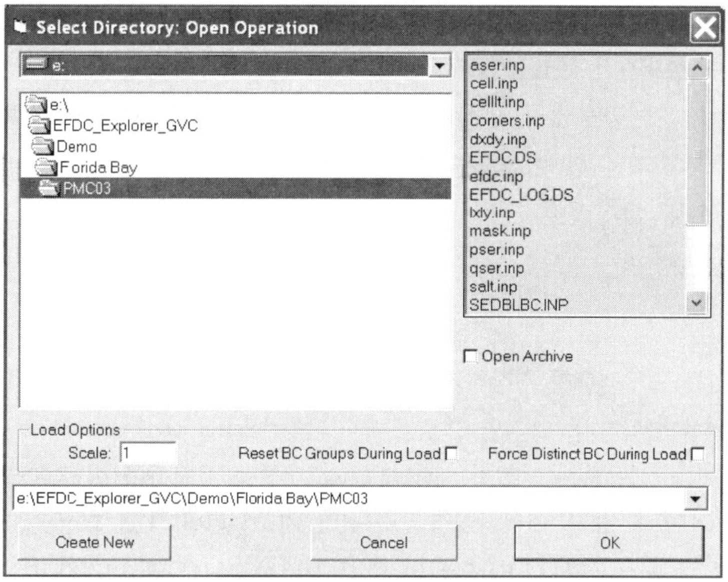

그림 3 3 폴더 선택: 열기

이전에 EFDC_Explorer를 통해 저장한 아카이브(archive) 파일을 열기 위한 옵션도 있다. 이 파일들은 "CedarRiver.efdc"와 같이 모두 ".efdc"라는 확장자를 갖는다. "Open Archive"라는 체크박스를 선택하면 오른쪽 패널에는 선택된 폴더 내에서 사용가능한 아카이브 파일만 표시된다.

"Scale" 텍스트박스로 사용자는 LXLY 파일에서 사용되는 센티미터 단위에 변환계수를 적용할 수 있다. EFDC_Explorer는 단위를 지정하지 않으면 미터(m)를 기본 단위로 한다. 많은 경우 LXLY 파일의 기본단위로 킬로미터(km)나 UTM, 마일(mile)을 사용한다. 모델의 정확한 출력을 위해 사용자는 이들 단위를 미터로 변환해야만 한다. 이것은 맨 처음 모델을 불러올 때 "Scale" 상자에 변환계수를 입력하는 것으로 이루어진다. 주의: 어떤 모델을 불러온 뒤 그림으로 보았을 때 꼭대기에 서로 쌓여 커다란 셀 뭉치처럼 보인다면 LXLY단위변환 문제일 가능성이 있다.

그동안 EFDC의 다양한 버전들은 서로 다른 형식의 CELL.INP 파일을 사용해왔다. EFDC_Explorer는 CELL.INP 파일을 정확히 읽어오기 위해 파일의 형식을 자동으로 바로잡는다. 마찬가지로 EFDC.INP 파일과 다른 입력파일 역시 EFDC의 개발 과정에 따라 바뀌어왔다. EFDC_Explorer는 최신버전의 작업들을 지원하고, 표준으로 삼는 한편 대부분의 과거 입력파일들도 읽을 수 있도록 노력하고 있다.

경계조건 재설정에 관한 체크박스들은 EFDC_Explorer로 관리되어온 기존 프로젝트들에 적용된다. 프로젝트를 처음 불러올 때 “Reset” 체크박스가 선택되어 있다면, EFDC_Explorer는 자동적으로 경계조건 셀들을 유형과 위치에 따라 논리적으로 그룹을 만든다. 그리고 EFDC_Explorer는 이 그룹 접근 방식을 이용하여 경계조건을 관리한다. 만일 사용자가 경계조건을 수정해왔고, 다른 식으로 논리적 그룹을 만들고 싶다면 이러한 옵션들 가운데 하나를 선택해야만 한다.

3.1.2 쓰기

현재 열려있는 프로젝트를 저장하기 위해, 그림 3-2에서 볼 수 있는 디스켓 그림의 버튼을 도구상자에서 클릭하자. 그러면 그림 3-4와 같이 “Select Directory: Write Operation” 폼이 나타날 것이다. 사용자는 적절한 “Save Option”버튼을 선택하여 어떤 파일로 저장할 것인지 결정할 수 있다. 모든 입력파일들을 완전히 저장하려면 “Full Write”옵션을 선택하도록 하자. 만일 여러분이 EFDC_Explorer의 형식에 관한 옵션들만 변경하고, 저장하길 원한다면 “Save Profile”옵션을 선택하면 된다. 이 프로파일은 다른 옵션을 선택하더라고 언제나 저장된다.

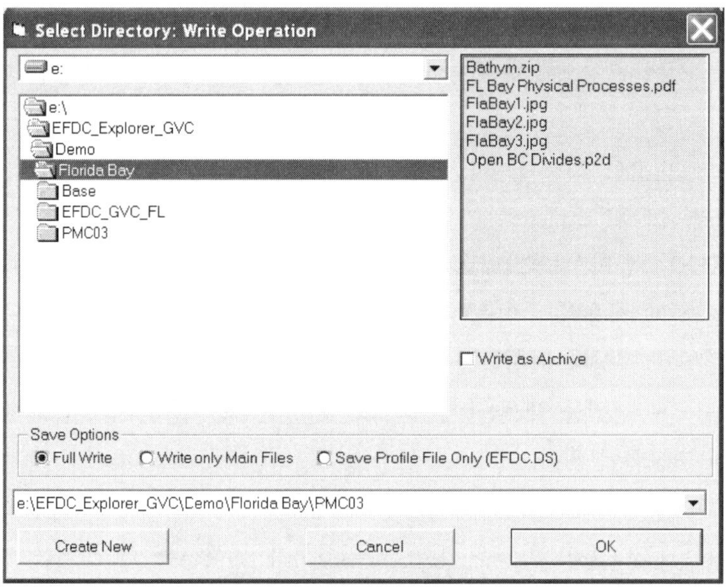

그림 3-4 폴더 선택: 저장

사용자가 “.efdc” 아카이브 파일만 가지고 있고, EFDC가 그 프로젝트를 실행하는데 필요한 일련의 파일들을 생성하고 싶다면 “Full Write”옵션을 선택하여 필요한 모든 입력파일들을 생성해야만 한다.

기존의 프로젝트를 사용하여 새로운 프로젝트를 만들려면 "Create New"버튼을 눌러 현재 선택된 폴더의 하위폴더를 만들자. "Write Operation"폼에서 사용자가 [OK]를 선택하면 모든 .INP파일들이 새로운 폴더로 복사될 것이다. 사용자가 EFDC_DS모델의 형식보다 EPA_GVC 모델에 따라 저장을 하고 싶다면 EFDC_Explorer 메인 폼에서 "EFDC Information and Pre-Processing" 프레임의 "GVC" 탭에서 선택하면 된다. 이것은 다른 모델용 EFDC.INP 파일을 빠르게 작성할 수 있는 방법이다. 모델이 바뀔 때는 모든 매개변수들이 원하는 값을 갖도록 충분히 주의를 기울이도록 하자. (4.2절을 참고)

주 의 사 항

크로스 플랫폼(Cross Platform)

많은 사용자들이 EFDC를 사용할때, PC와 유닉스 컴퓨터의 호환을 원할 수 있다. 입력파일을 유닉스기계에서 PC로 옮길 때, 캐리지 컨트롤을 Windows/DOS 용으로 재설정되어야 한다. EFDC_Explorer는 Windows/DOS가 아닌 캐리지컨트롤도 도구상자를 통해 Window/DOS 용으로 변환 하는 기능을 가지고 있다. 또 물론 사용자는 이 기능을 가지고 있는 몇몇의 ASCII 편집기 중 하나를 사용할 수 있다.

3.2 프린트 설정

EFDC_Explorer는 자동으로 운영체제에 설정되어 있는 기본 프린터를 사용한다. 그림 3-5는 붉게 표시된 도구상자의 버튼이 눌려졌을 때 나타나는 프린터 설정 폼의 모습이다. EFDC_Explorer가 시작할 때 사용가능한 프린터가 없다면 경고가 표시된 뒤 진행될 것이다. 이 폼에서 설정한 내용들은 인쇄뿐만 아니라 출력되는 그래픽에도 영향을 준다. 주로 페이지의 방향을 세로로 설정하거나 가로로 설정하기 위한 옵션이 사용된다.

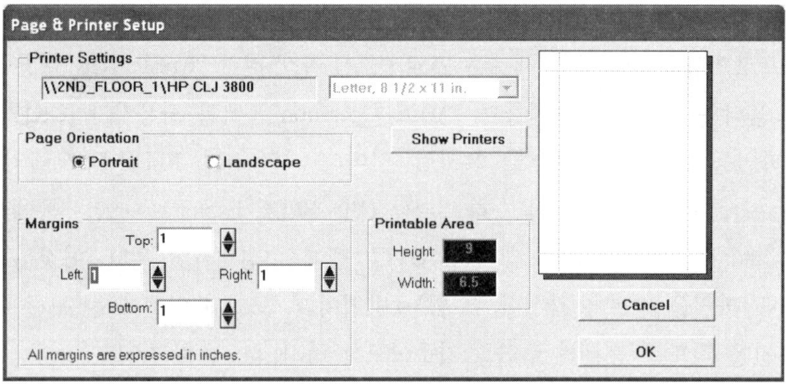

그림 3-5 프린터 설정

3.3 EFDC_Explorer 설정

여러분은 이 도구상자 버튼을 눌러 프로젝트의 기본 정밀도의 설정은 물론 사용할 EFDC 실행파일의 위치등을 설정할 수 있다. 그림 3-6은 이 설정 폼을 보여주고 있다.

숫자 정밀도 설정을 하는 이유는 모델 데이터들의 저장/출력의 표시 정확도를 규정하기 위해서다. 보이는 기본 설정들은 대부분의 경우 적절하다. 그러나 특별한 경우들(플룸의 흐름 등의 연구에 적용하는 경우)에는 사용자가 기본 값을 알맞게 바꿔야 한다. 이 정보는 해당 프로젝트의 EFDC.DS파일에 저장된다. 또 EFDC_Explorer의 기본 설정들은 EFDC_Explorer의 실행파일과 같은 위치의 EFDC_EXPLORER.INI 파일에 저장된다.

다양한 설치/기계에 따른 EFDC_Explorer 기본설정들은 EFDC_EXPLORER.INI 파일에 저장된다. 이 파일은 손상되지 않도록 주의해야하지만 아스키(ASCII)파일이므로 편집가능하다. 파일구조는 그룹과 태그를 사용하는 윈도우즈의 표준 INI파일의 형식을 따르고 있다.

EFDC 모델이 사용하지 않는 정보/데이터에 대한 설정이면서 해당 프로젝트에 관한 설정들(라벨이나 도면 형식 등)은 그 프로젝트의 경로에 위치한 EFDC.DS 파일에 저장된다. 만일 사용자가 완전한 데이터 집합(모든 아스키 .INP 파일이나 바이너리 아카이브 파일을 포함한)을 유지하고 싶다면 반드시 EFDC.DS 파일을 저장해둬야 한다. 이것은 그 모델을 다른 사람에게 보낼 때도 마찬가지다. 이 EFDC.DS 파일도 일반적인 텍스트 편집기로 편집할 수 있는 아스키(ASCII)파일이다.

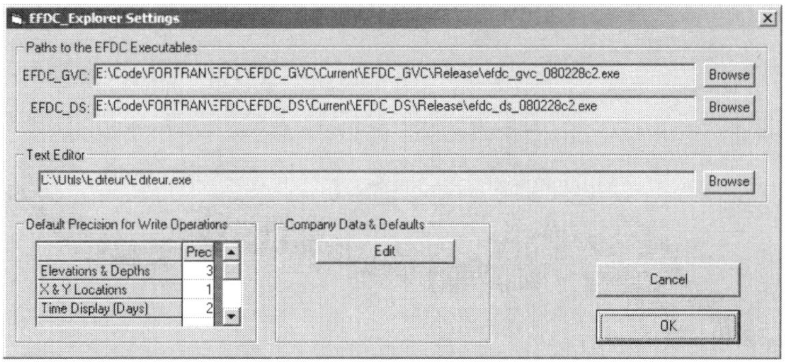

그림 3-6 EFDC Explorer 설정 폼

3.4 율리우스력에서 태양력으로 변환

이 도구상자 버튼으로 달력 변환기능(그림 3-7)을 불러올 수 있다. 이 기능은 기준시각(Base Date)으로부터 특정한 그레고리력 (주: 표준 양력) 시각까지의 일수(the number of days)를 계산한다. 만일 입력된 그레고리력 날짜가 기준시각 이전이라면 음(negative)의 율리우스력 일수가 주어진다. 이 도구는 주어진 기준시각으로부터 임의의 일수 이전(<0)이나 이후(>0)의 그레고리력 날짜를 얻는 것에도 사용할 수 있다. 기본으로 주어지는 기준시각은 프로젝트의 기준시각이다. 그러나 사용자가 이 유틸리티에서 기준시각을 바꾸는 것은 프로젝트의 기준시각에 영향을 주지 않는다.

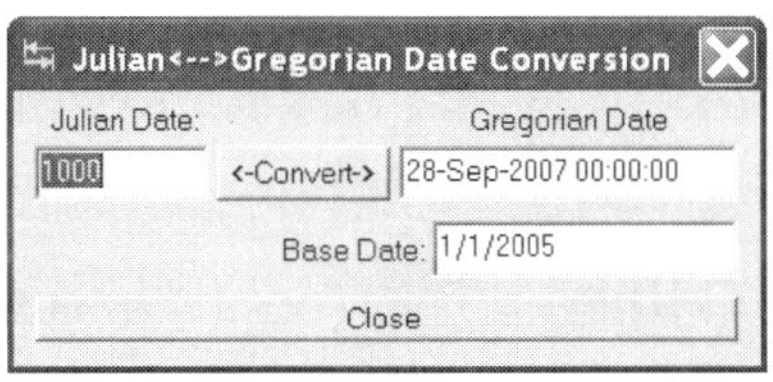

그림 3-7. 율리우스력-그레고리력 변환

3.5 도구가방: 일반적인 유틸리티

그림 3-8 도구가방 기능

이 도구가방(Tool bag)은 EFDC 모델과 직접적인 연관은 없지만 모델링 과정에서 쓰일법한 일반적 유틸리티들에 접근할 수 있도록 해준다. 그림 3-8은 현재 도구가방에서 사용가능한 기능들을 보여주는 스크린 샷이다. 다음 목록은 이들 기능에 대한 요약이다.

Bitmap Georeferencing: 이 유틸리티는 EFDC_Explorer가 ViewPlan으로 모델들을 보여줄 때 배경처럼 쓰일 비트맵 이미지와 지도를 제공하기 위해 사용하는 환경설정 파일을 만들거나 편집하는데 쓰인다. 비트맵을 사용하기 위해 여러분은 먼저 “geo”파일을 생성해야 한다. 이것은 픽셀과 프로젝트 좌표정보를 포함하는 “geo”확장자의 아스키(ASCII)파일이다. 이것은 Mapinfo의 TAB형식과 매우 유사하다. 하나의“geo”파일은 필요하다면 모자이크를 만들기 위해 여러 개의 비트맵을 참조할 수도 있다. 이 기능이 선택될 때, 비트맵 파일이름과 좌표정보가 표시된 폼이 나타난다. 어떤 변화가 있으면 이후에 ViewPlan에서 사용하기 위해 동일하거나 새로운 “geo” 파일에 그것들을 저장하지 않으면 안 된다.

Unix → Windows CRLF Conversion: 이 유틸리티는 지정된 폴더를 스캔하여 그 폴더의 파일 중 윈도우즈의 CRLF 표준을 사용하지 않는 것을 찾아낸다. 사용자는 자동으로 윈도우즈의 CRLF 파일이 아닌 것들을 표준 윈도우즈 파일로 변환하는 옵션을 선택할 수 있다. EFDC_Explorer는 윈도우즈 CRLF 부호를 사용한다. 그러므로 유닉스 플랫폼에서 생성하거나 편집한 파일들은 EFDC_Explorer에서 사용하기 전에 윈도우즈용으로 변환할 필요가 있다.

Delete EFDC Generated: 이 유틸리티로 삭제할 EFDC출력파일 그룹들을 선택할 수 있다. 이 기능의 주목적은 프로젝트의 모든 폴더들을 청소하고, EFDC나 EFDC_Explorer가 필요로 하지 않는 프로젝트 폴더 내의 모든 파일을 삭제하여 디스크 공간을 절약하는 것이다. 이 유틸리티는 지정된 폴더와 지정된 폴더의 모든 하위 폴더에서 동작한다. 이 유틸리티는 폴더 구조를 스캔하고, 사용자가 “Delete Matched Files”버튼을 눌렀을 때 지워질 모든 파일의 목록을 보여준다. 목록에 지워지기를 원하지 않는 몇몇 파일들이 표시되어 있다면 사용자는 그것들을 목록에서 제거할 수 있다. 이것은 유틸리티가 사용할 파일들이 지워지는 것을 막아줄 것이다.

Merge Continuation Runs: 이 유틸리티는 두 개의 EFDC 실행들(run)로부터 얻은 EFDC_Explorer의 특정한 출력파일들을 하나로 합쳐준다. 여러 실행들은 최초의 실행을 시작으로 각각의 연속된 실행을 순차적으로 덧붙여 병합된다. 각각의 병합과정 끝에 기본실행(base run)으로 부터 나오는 EE_WS, EE_Vel, EE_WC, EE_WQ EE_BED는 기본실행 프로젝트 폴더에 저장되지만 “.org” 확장자를 갖게 될 것이다. 새롭게 병합된 파일들은 “.out” 확장자를 갖게 되며 EFDC_Explorer에서 쓰일 수 있다. 이 모델/프로젝트들은 반드시 동일한 모델영역을 가지고, 동일한 이산화(discretization)를 거쳐야 한다.

Re-sample Output: 이것으로 EFDC_Explorer 출력파일들(즉 EE_WS.out, EE_Vel.out, EE_WC.out, EE_WQ.out, EE_Bed.out)에 저장된 출력 스냅숏들의 수를 줄일 수 있다. 샘플링을 다시하면 원본 출력파일들은 프로젝트 폴더에 저장되어 있지만 “.org” 확장자를 가질 것이다. 새롭게 샘플링 된 파일들은 “.out” 확장자를 갖게 되고, 이것은 EFDC_Explorer에서 쓰일 수 있다. 출력파일들을 다시 샘플링하기 위해 이 유틸리티를 실행하고, 듬성듬성한 스냅숏을 넣어주자. 사용자가 다시 샘플링을 한 결과가 원하는 것과 같다는 것을 확인한 후에는 디스크 공간을 절약하기 위해 *.ORG파일들을 삭제하고 싶을 것이다. 이 기능은 지정된 시간 후의 모든 모델의 결과들을 삭제(truncate)하는데도 사용될 수 있다.

Modify ModChan File: 이것은 수로의 길이 재계산, U에서 V로 방향 변경 등을 하기 위한 수로 변경 편집기(channel modifier editor)다. 여기에는 유효한 셀들로부터 모든 상류와 하류의 I, J점을 확인(Q/A)할 수 있는 기능이 있다. ViewPlan기능을 통해 이들 "pipes"를 시각적으로 보며 마우스 포인터로 생성하고 편집할 수 있다.

Categorize Bottom Shears: 이 유틸리티는 전체 모의기간 동안의 EE_WC.out 파일을 스캔하고 미리 정해진 저장소(bins)에 범주화된 전단응력(shear) 목록을 만들어 넣는다. 결과들은 메시지박스로 출력되고 Excel ®이나 다른 화면/도면 출력 패키지에 붙여 넣을 수 있도록 클립보드에 저장된다.

Compute HSPF FTables: 이 유틸리티는 HSPF모델을 위한 FTable을 만드는데 필수적인 데이터를 계산한다. 현재 프로젝트가 FTable에 관한 필수적인 정보를 생성할 수 있도록 설계되어 있다고 가정한다. 이러한 종류의 프로젝트는 단지 기본 모델이지만 영역에 실질적인 유입량은 없다. 대신에 모든 흐름 경계들은 그 흐름에서 시스템이 정상상태를 이룰 수 있도록 단계적 흐름을 갖는다. 그리고 그 다음 모든 흐름은 적당한 레벨이 되도록 다시 단계를 올려야 한다. 일반적으로 이것은 상류 흐름 경계조건에서 수행될 수 있지만, 각 경우는 평가받을 필요가 있다. 실행이 끝난 후, EFDC결과들은 전 모델 영역에 걸쳐서 일련의 정상상태 체제를 가져야 한다. 그때 이 유틸리티는 FTable을 만들기 위해 리지 폴리곤과 함께 이 결과들을 사용한다.

3.6 격자도구와 유틸리티

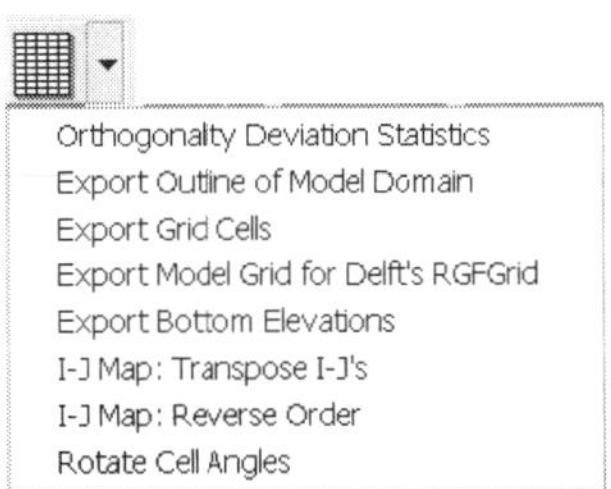

그림 3-9 격자 도구 기능

도구상자의 "격자도구(Grid Tools)"의 기능은 여러 기능들과 필요한 유틸리티를 포함하고 있다. 그림 3-9는 현재 격자도구에서 사용할 수 있는 기능들을 보여주는 스크린 샷이다.

Orthogonality Deviation Statistics: 이 유틸리티는 격자의 직교성에 관련된 통계를 요약하여 보여준다. 완벽하게 직교인 격자는 모든 격자 교차점들에서 0의 편각(deviation angle)을 가질 것이다. 격자를 나눌 때는 실용적인 낮은 편각(즉 < 3도)으로 이루어져 계산하기 좋고, 전형적인 격자를 모델 영역에서 만들어내는 것이 목표다. 사용자는 ViewPlan 기능을 통해 편각 지도를 볼 수 있다.

Export Grid of Model Domain: 이 기능은 모델에 사용될 경계 폴리곤 좌표를 출력하는데 사용한다. 그 폴리곤 좌표파일의 형식은 P2D다. 이 파일은 ViewPlan에서 오버레이로 쓰거나 지리정보시스템(GIS)에서 불러와 활용할 수 있다.

Export Grid Cells: 이 기능은 모델이 사용할 좌표계로 셀들을 셀 폴리곤들로 출력하는데 사용한다. 출력파일 형식은 역시 P2D다. 이 파일은 ViewPlan에서 오버레이로 쓰거나 지리정보시스템(GIS)에서 불러와 활용할 수 있다.

Export Model Grid for Delft's RGFGRrid: 현재 불러온 EFDC 모델의 격자를 Delft's RGFGrid 형식의 파일로 내보내기 위해 이 기능을 사용한다. 이 파일은 RGFGrid에서 직접 불러와 편집할 수 있다. RGFGrid로 편집한 격자는 EFDC_Explorer에서 "Generate New Model→Import Grid→Delft RGFGrid"를 선택하여 불러올 수 있다.

Export Bottom Elevations: 이 기능은 바닥고의 셀 중심 좌표 XYZ들의 데이터를 내보내는데 사용한다.

I-J Map: tranpose I-J's: 이들 "I-J Map" 기능들은 격자생성-불러오기 과정에서 어떤 모델의 I-J방향 문제를 바로 잡기 위해 사용한다. 이 기능은 I를 J로 바꾸고, J를 I로 바꾼다. 만일 경계조건이 이미 할당되어 있다면 IJ 매핑(mapping)은 새로운 IJ 공간으로 다시 매핑 된다.

I-J Map Reverse Order: 이들 "I-J Map" 기능들은 격자생성-불러오기 과정에서 어떤 모델의 I-J방향 문제를 바로 잡기 위해 사용한다. 이 기능은 I나 J인덱스의 넘버링 방향을 바꾼다. 만일 경계조건이 이미 할당되어 있다면 IJ 매핑은 새로운 IJ 공간으로 다시 매핑 된다.

Rotate Cell Angels: 이 기능은 셀 회전각으로 회전을 적용하기 위해 사용한다. 이것은 실제 셀을 회전시키지는 않는다. 만일 Corners.inp 파일을 사용한다면 그것은 바로 셀 회전행렬에 사용자정의 회전을 적용한다. EFDC에서 셀의 회전행렬은 유속벡터도와 바람장과의 상호작용에 사용된다.

3.7 문서 편집기

도구상자에서 이 버튼을 눌러 아스키(ASCII)편집기("EFDC_Explorer Settings"에서 설정한 것, 3.3절을 참고)를 실행하고, 현재 프로젝트에 관련된 입력파일들을 직접 불러올 수 있다. 사용자는 드롭다운 윈도우에서 불러올 입력파일들(EFDC.INP, DXDY.INP, LXLY.INP, CELL.INP, WQ3DWC.INP, WQPSL.INP, WQ3DSD.INP)을 쉽게 선택할 수 있다. 그리고 사용자는 현재의 프로젝트에서 그 밖의 입력파일들을 편집하기 위해 "Other INP"를 선택할 수도 있다.

3.8 모델 실행

이것이 실질적으로 EFDC 프로젝트/모델을 실행(run)하는 기능이다. 이것은 실행하기 전에 현재 불러온 EFDC 프로젝트를 디스크에 저장하지는 않는다. 그러므로 사용자가 뭔가를 바꿨고, 그것을 실행에 반영하길 원한다면, 반드시 그 프로젝트를 먼저 저장해야 한다. 이 기능은 실제로 배치파일(batch file)을 만들고, EFDC_Explorer의 폴더에 저장한 뒤 그것을 실행한다. 그 파일의 이름은 RunEFDC.Bat다. 이 도스(DOS) 배치파일은 제목 표시줄(title bar)에 현재 프로젝트의 경로가 적힌 도스 창에서 EFDC_DS나 EFDC_EPA를 실행한다. EFDC_DS 모델의 경우 모델의 도스 창이 활성화(focused)되어있을 때 사용자가 키를 눌러서 그 EFDC 모델을 멈추고, 재시작할 수 있다. EFDC_DS의 실행이 끝나면 모델은 계속하거나 마치기 위해 사용자가 키를 누르는 걸 기다린다. 그러나 사용자가 EFDC_DS를 사용하고, 배치 파일을 작성했으며 일시정지 기능을 원하지 않는다면 다음과 같이 "nopause" 명령어를 EXE 줄에 덧붙여야한다.

E:\Code\FORTRAN\EFDC_DS\Release\efdc_ds_080228c2.exe -nopause

3.9 실행시간

"clock" 버튼을 눌러 프로젝트의 실행시간을 시간(hour)단위로 요약하여 볼 수 있다. EFDC는 실행될 때 그 실행시간 계속 추적하고, 실행이 끝나면 TIME.LOG 파일에 그 정보를 기록한다. 이 버튼을 누르면, EFDC_Explorer는 TIME.LOG 파일을 읽고 정보를 요약하여 보여준다. 그림 3-10은 이러한 시간출력의 예를 보여준다. 이 기능은 EFDC_DS버전에서만 동작한다.

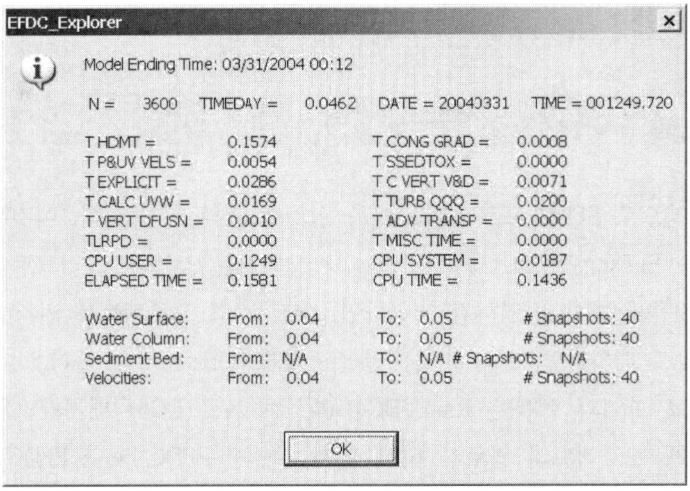

그림 3-10 모델 실행시간의 예

3.10 평면도 보기

기본 도구상자의 “ViewPlan” 버튼을 눌러 모델의 2차원(2D)도면을 볼 수 있다. 이 기능은 격자, 초기조건, 경계조건의 전처리 시각화와 편집을 위해 사용한다. 일단 모델이 실행되고 출력파일이 생성되면(7.1절을 참고하라) 이 버튼을 눌러 2D도면, 추출모델 셀 시계열과 수직단면도들, 여러 후처리 시각화와 분석들을 볼 수 있다. 7장에서 ViewPlan의 기능과 사용방법에 대해 보다 자세하게 설명할 것이다.

ViewPlan에는 배경 지형지도(georeferenced bitmaps), 선 기능(즉 해안선), 라벨, 측정데이터, 잔차 모델데이터 등 많은 데이터를 화면에 표시하기 위한 여러 옵션과 기능들이 있다. 도면의 예인 그림 3-11은 250K 축척의 USGS 지형도를 배경으로 하고, 타이밍 프레임으로 멕시코만의 조위를 보여주면서, 범례의 일/시간 단위로 수심을 표시한 페리디오(Perdido)만의 모습을 보여주고 있다.

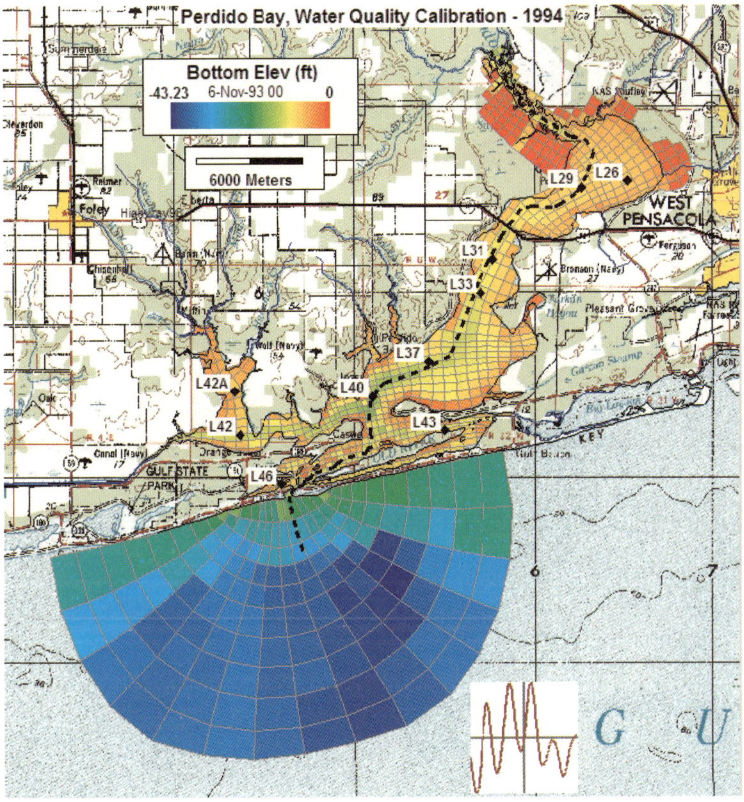

그림 3-11 페리디오만 수질모델의 예

3.11 단면도 보기

도구상자에서 “ViewProfile” 버튼을 눌러 EFDC_Explorer의 2D 단면의 후처리 시각화를 할 수 있는 유틸리티에 접근할 수 있다. 이용할 수 있는 도면의 한 예는 그림 3-12에서 보는 바와 같다. 이 도면은 그림 3-11(검정 점선을 참조)에 보는 바와 같이 사용자가 정의한 단면에 따른 페리디오만 2차원 용존산소 단면분포를 나타낸다. 8장에서는 ViewProfile의 기능과 사용방법에 대해서 보다 자세하게 설명할 것이다.

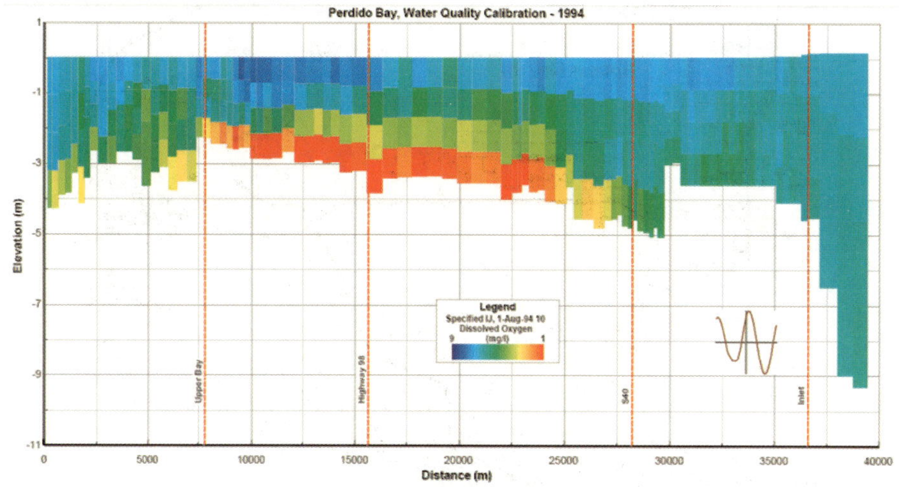

그림 3-12 페리디오만 수질모델의 용존산소 단면분포를 보여주는 ViewProfile 예

04 전처리

EFDC_Explorer 메인 폼의 전처리 부분에서 EFDC.INP에 저장될 EFDC의 많은 옵션들을 쉽게 조작할 수 있다. 몇몇 매개변수들과 설정들은 이 폼에서 바로 바꿀 수 있지만 대부분 메인 폼에 위치한 버튼을 눌러 하위그룹으로 이동해서 바꾸도록 되어있다.

대부분의 입력상자들은 사용자가 마우스포인터를 그 위에 가져갔을 때 튀어나오는 풍선도움말과 값들을 가지고 있다. 그리고 대부분의 입력상자들은 내부적으로 범위검사 기능을 가지고 있다. 하지만 그것들은 다양한 적용 가능성을 염두에 둔 것이기 때문에 사용자가 이것을 전적으로 믿고, 입력 값을 검증하는 도구로 사용해서는 안 된다.

ViewPlan은 7장에서 다루게 될 몇몇 후처리와 관련된 기능들을 제공한다.

4.1 타이밍, 라벨, 출력 옵션

그림 4-1은 “Timing & labels” 탭을 보여준다. 이 탭에서 사용자는 EFDC_Explorer에서 사용할 수 있는 출력옵션들을 설정할 수 있다. 모델 실행시간, 시간간격, 자동 시간간격 설정 등을 포함한 출력옵션들은 “Modify” 버튼을 클릭하여 조정한다.

Run Logging 옵션 프레임은 기본 도구상자에서 EFDC_Explorer의 “Get Runtime” 버튼을 눌러서 읽을 수 있는 로그파일을 사용자가 출력할 수 있게 해주는 다양한 체크박스 옵션을 보여준다. “Enable Diagnostic”을 체크하여 EFDC로 하여금 많은 추가 출력파일들을 만들도록 할 수 있다. 생성되는 진단 파일들은 EFDC옵션들에 따른다. 이들 파일의 내용을 결정하려면 소스코드를 참고해야 한다. 이것들은 보통 첫 모델 테스트 후에 종료된다.

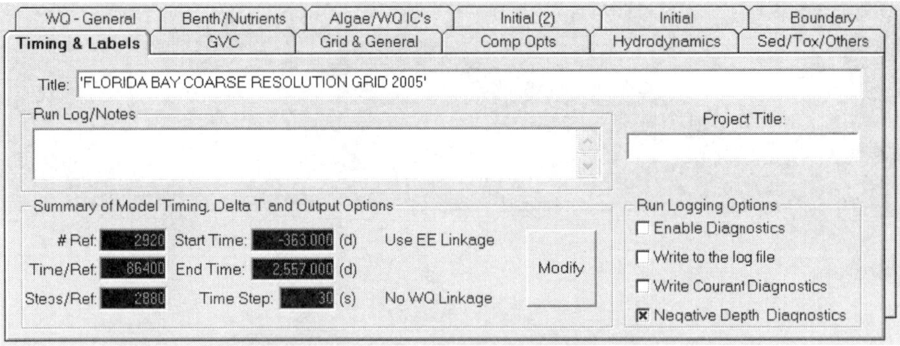

그림 4-1 모델 이름, 타이밍, 결과 탭

"Project Title"은 도면과 표에 표시할 수 있는 라벨이다. 많은 EFDC 입력파일들에는 Project Title과 파일 생성의 날짜/시각을 찍어둘 수 있다.

"Run Log/Notes" 텍스트 상자는 각각에 실행에 관한 변경들과 주의사항들을 기록하기 위한 쉽게 접할 수 있는 자유로운 형식의 메모장를 제공한다. 이것을 사용하면 측정하는 동안 완전한 실행내력을 얻을 수 있다. 각각에 실행에 대하여 여러분들이 현재 실행을 위해 사용하고 있는 이전 실행을 관심 갖길 바란다. 예를 들면 "Run012 based on Run011"은 명확한 실행경로를 제공한다. 입력 후에 사용자는 그다음 실행으로 만들어진 어떤 변경들을 주의해야 한다. 이 데이터는 "EFDC_LOG.DS"로 명명된 각 실행 폴더에 아스키 텍스트 파일로 저장된다.

이 탭에서 "Modify" 버튼을 선택하면 EFDC_Explorer(그림4-2)에 이용 가능한 모델에 관한 시간과 출력 옵션들을 화면에 출력한다. EFDC는 보다 많은 출력 옵션들을 가지고 있지만 그들에 대부분은 EFDC_Explorer에 성능 덕분에 쓸모없게 되었다.

"Time Options" 프레임에서 사용자는 계산기간의 옵션에 따라 그 실행을 시작하고 종료하는 시각을 정하지 않으면 안 된다. "Time of Start"는 그 모의를 시작하기 위한 "Beginning Date/Time"과 관련하여, 율리우스 날짜가 사용된다. "Duration of Reference Period"는 프로젝트에 특별한 의미가 있는 주기를 정하는데 사용된다. 이것은 가끔 1일 주기를 선택하기 위해 24시간으로 설정된다. 모의기간은 기준주기의 수를 정하여 설정한다. 종료 시간은 시작시간과 기간으로부터 계산된다.

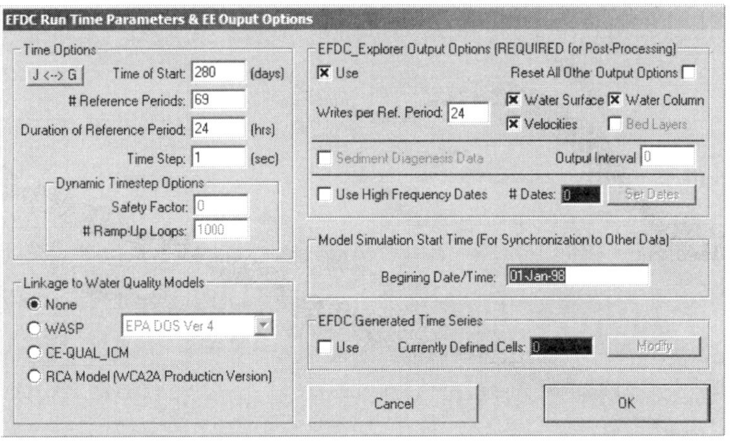

그림 4-2 실행시간, 결과, 이름

하위 프레임인 "Dynamic Timestep Options"에선 사용자가 "Safety Factor"를 0보다 크고 1보다 작은 양수로 설정하여 자동으로 간격내림을 할 수 있다. 일반적으로 안전율은 0.8보다 작아야지만 그러나 어떤 실행은 안전율이 1보다 큰 안전율에서 수행되고, 어떤 것은 0.3보다 작은 값을 요구한다. Ramp-up Loops 수 역시 사용자에 의해서 설정될 수 있다.

"Linkage to Water Quality Models" 프레임은 사용자로 하여금 예시와 같은 다양한 수질 모델로부터 데이터를 가져오도록 한다. WASP 모델은 사용자로 하여금 EPA DOS Ver 4, EPA DOS Ver 5.1, Tt DOS Ver 5 (Old), Tt DOS Ver 5 그리고 EPA Ver 6.1(Windows)로부터 선택하도록 한다.

4.1.1 EFDC_Explorer 출력 옵션

EFDC_Explorer가 모델결과를 후처리하기 위해선 "EFDC_Explorer Output" 옵션이 켜져 있어야 한다(즉 "Use" 체크박스를 선택해야한다). "Velocities"와 같은 체크박스를 선택하고, 그 하위 항목들을 선택하여 출력데이터를 고를 수 있다. Water Surface는 EFDC_Explorer가 어떤 모델 결과를 후처리하기 위하여 반드시 켜져 있어야 한다.

만일 유사를 가지고 수질을 모의할 때, 진단 옵션이 켜져 있다면, 즉 "Sediment Diagenesis Data" 체크박스가 활성화되어 있을 때 EFDC_ Explorer는 공간과 순간적인 유사량과 농도를 화면에 표시할 수 있다. 유사처리 과정은 수층에 비교해서 느리기 때문에 사용자는 보다 느린 주파수로 진단을 출력하는 옵션을 취한다. 만일 출력 간격이 1보다 크다면 그 때 유사 진단 데이터는 "Writes Reference Period" / "Output Interval" 주파수와 같이 출력될 것이다. 예를 들면 만일 기준 주기가 24시간이면 "Writes per Reference Period"는 24(매 시간

당 1 스냅숏)이고 "Output Interval"이 24일 때 유사 진단 결과는 매일 한 번씩 출력될 것이다.

4.1.2 고주파수 날짜

"Use High Frequency Dates"옵션은 위의 "Writes per Reference Period"필드에 정의된 기본 스냅숏 주파수 속에 보다 높은 주파수 출력을 스냅숏을 삽입하는 EFDC_DS옵션이다. 이것은 사용자로 하여금 보다 작은 출력파일을 만들고, 보다 빠른 후처리 시간을 갖도록 하고 또한 특정시간을 자세하게 캡처하는데 사용하도록 한다. 이것은 모델 결과를 특정 샘플링 이벤트에 맞출 때 매우 유용하다.

4.1.3 달력/율리우스 날짜 연결

만일 사용자가 모델 시간을 실제 달력날짜를 이용하고 싶다면 사용자는 모델 율리우스 날짜가 해당하는 그레고리오력 날짜를 계산하기 위해 가산되는 기본날짜를 넣도록 요청 받는다. 기본 날짜와 모델 율리우스 날짜의 사용은 EFDC_Explorer로 하여금 일정 범위의 도면과 통계에 대해 모델과 데이터를 비교하도록 한다.

기본 날짜는 "Model Simulation Start Time"프레임에 기입된다. 전형적으로 이 날짜는 달력의 첫 날이나 이것은 필수적이지 않고, 어떠한 날짜/시각이 받아 들여 질 수 있다. 사용자는 "J 〈-〉 G"버튼을 율리우스력에서 그레고리오력으로 변환하거나 그 반대로 변환하기 위해 사용될 수 있다. 만일 율리우스 날짜 계산하기 위해 마이크로 소프트 엑셀 날짜를 사용한다면 EFDC_Explorer의 기본 날짜는 "1-Jan-1900"로 설정되어야 한다. 이것은 엑셀에서 정의된 날짜가 조정 없이 직접 EFDC_Explorer에 의해서 사용되도록 한다. 그러나 큰 수의 율리우스 날짜, 즉 39234.375(01-Jun-2007 09:00)를 방지하기 위해 계획된 기본 날짜가 추천된다. 만일 01-Jan-2007이 기본 날짜로 사용되었다면 해당 율리우스 날짜는 151.375이다.

4.2 GVC 옵션

그림 4-3은 GVC(일반화된 수직 좌표)와 모델 선택옵션들을 보여준다. EFDC _Explorer는 두개의 EFDC모델들, EFDC_EPA 버전(GVC 포함)과 EFDC_DS버전을 지원한다. 기존 모델을 불러올 때 EFDC_Explorer는 EFDC.INP 파일속에 데이터를 토대로 모델의 형식을 확인

하고 자동으로 이 탭의 옵션들을 설정한다. 덧붙여서 사용자는 "Model Selection" 프레임에 모델 선택옵션을 사용하여 한 형식의 모델을 다른 형식의 모델로 바꿀 수 있다. 한 형식의 모델을 다른 형식의 모델로 바꿀 때 사용자는 입력들이 바른지 확인하기 위해 모델 층과 경계조건들을 체크해야 한다.

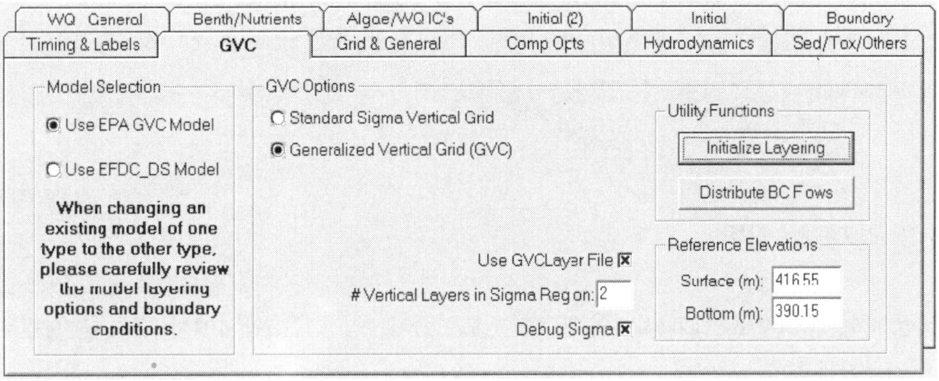

그림 4-3 GVC 탭

EPA_GVC모델이 사용될 때 GVC옵션들이 활성화된다. 사용자는 GVC모델을 사용하기 위해, 표준 시그마 수직 격자(pre-GVC) 층 옵션이나 일반화된 수직격자(GVC)옵션 중 어느 하나의 층 옵션을 지정해야 한다. GVC는 모델에서 층의 수를 다양하게 해준다. 만일 GVC층 옵션이 선택된다면 다음 종속 옵션들이 지정되지 않으면 안 된다:

- "Ues GVC Layer File": 매 셀마다 직접 손으로 층을 설정하기 위해 체크한다. 이것이 선택될 때, GVCLayer.INP 파일이 EFDC_Explorer에 의해서 작성되고, 그 다음 모델 실행 중에 EFDC_EPA에 의해서 사용된다. 만일 선택되어 있지 않다면 EFDC_EPA는 수면과 바닥 기준고를 사용하여 GVC층들을 자동적으로 할당한다. EFDC_Explorer는 GVC층들을 설정하고 화면에 표시할 수 있다. 수면과 바닥 기준고를 사용하여 자동으로 층을 설정하기 위해 "Initialize Layering"버튼을 사용하라. 여러분은 그 때 도면보기 기능에서 층을 보고, 수정하고 재설정할 수 있다.
- 하나의 GVC격자는 2가지 셀형식 시그마나 GVC 셀을 갖는다. 지역 시그마 셀들은 "Number of Vertical Layer in Sigma Region"에서 층수를 지정한다. 층수는 KC보다 작거나 같아야 한다.

유틸리티 옵션 프레임은 "Distribute BC Flows"버튼을 눌러서 모든 흐름형식의 경계조건을 대해 총 흐름량을 활성층 속에 재분배하도록 한다. GVC격자를 사용할 때 "Initialize Layering"버튼은 사용자로 하여금 기준고 폼에서 지정된 수면과 바닥고를 사용하여 GVC층을 초기화해준다.

수면과 바닥 기준고는 원래 최대 수면고와 최저 바닥고에 가까운 어떤 점에 각각 설정되어야 한다. EFDC_Explorer는 그들의 적합성을 입증하기 위해 다시 계산해보고 어느 시각, 어느 층에서도 그들의 변경이 가능하다. 층설정의 적합성은 "Fixed Params" 보기 옵션하에 ViewPlan 기능으로 볼 수 있다.

4.3 격자 & 일반

그림 4-4는 "Grid & General" 옵션 탭을 보여준다. 이 탭은 아래에서 검토될 일련의 여러 입력형식들을 갖고 있다.

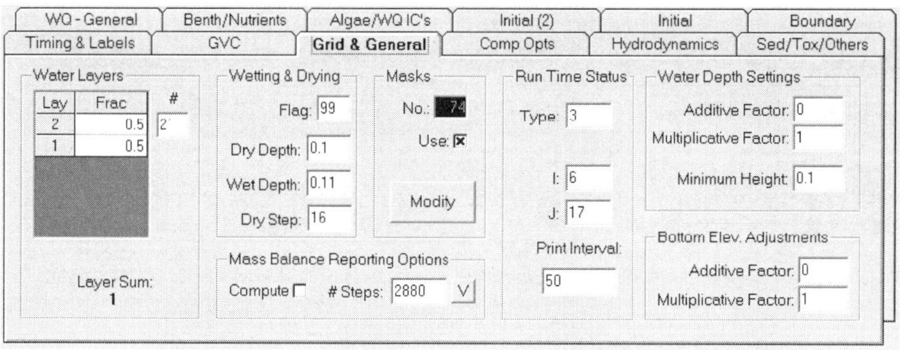

그림 4-4 격자, 수치해법, 기타 옵션 등

"Water Layers" 프레임은 초기 수층의 설정(KC=수층 수)과 상대적 층 두께의 분포를 보여준다. 상대적 층 두께들은 더하여 1이 되지 않으면 안 된다(또는 1에 매우 가까워야 한다). EFDC_Explorer는 사용자를 위해 이것을 검토한다. EFDC_Explorer는 사용자가 지정한 층수를 기초하여 수층들을 똑같은 분할로 자동적으로 나눌 것이다. 1 층은 대개 바닥층이고, 가장 높은 층은 표층(즉 KC)임을 주의하라.

모델적용을 예비 테스트하는 동안, 여기서 매우 유용한 기능은 층수의 변경에 의해서 간단하고 신속한 층조정이다. EFDC_Explorer는 새로운 KC층에 기초하여 간단하게 층을 다시 할당하고 그 다음 이 변경을 반영하여 모든 경계조건들을 조정한다. 조심스럽게 이 기능을 사용하여야 하나 그것은 여러 적용에 테스트된 바 있고 과업이 잘 수행됨이 검증되었다.

"Run Time Status"프레임은 모델을 실행하는 동안 EFDC 스크린에 EFDC의 피드백을 위한 설정들을 포함한다. 사용자는 원하는 I와 J를 간단하게 타자할 수 있고 사용자는 마우스를 사용하여 그들을 설정할 수 있다. 마우스를 사용하여 설정하기 위해 "ViewPlan/Cell Map"이나 "ViewPlan/Bottom Elev"보기를 선택한 다음 원하는 셀 위해 RMC하고 "Set as Show I J"를 선택하라. 스크린에 표시된 데이터는 다음 옵션들의 "Type"에 따른다: Salinity (1-special, 2-N, 3-time), 3-Temperature, 5-Cohesives, 6-Non-Cohesives, 7-TSS, 8-Dye/Age.

"Wetting and Drying"프레임은 다양한 옵션들을 선택하기 위해 플래그를 사용한다. 이들 옵션들은 모델의 설정에 따라 바꿀 수 있다. 일반적으로 플래그를 ISDRY=0으로 설정하면 습윤과 건조 기능이 꺼진다. ISDRY=1은 습윤과 건조 기능을 켠다(일정한 HWET값을 가지고), ISDRY=2는 습윤과 건조 기능을 켠다(변하는 HWET값을 가지고), ISDRY=11은 ISDRY=1과 같의나 비선형 반복을 갖지 않는다, ISDRY=12은 ISDRY=2와 같으나 비선형 반복을 갖지 않는다,

그리고 ISDRY=99는 다면의 습윤과 건조를 위한 가장 최근 일고리즘이다. 만일 ISDRY가 음의 플래그(즉-99)이면, 그 때 EFDC는 계산 속도를 개선하기 위해 셀 건너뛰기를 사용한다. 습윤과 건조를 필요로 하는 대부분의 적용들에서는 ISDRY=-99를 사용해야 한다.

주의사항

만약 수심이나 바닥고를 위한 어떤 "Multiplicative factor" 설정이 0(또는 공란)이면 EFDC는 초기조건을 위한 그 변수의 값을 0으로 계산할 것이다.

습윤/건조 기능을 사용할 때 "Water Depth Setting"프레임에서 "Minimum Height"는 "Dry Depth"보다 작아야 한다. 그렇지 않으면 모든 곳의 초기 수심은 그들이 건조할 지라도 모든 모델 셀을 "Wet"으로 놓아야 할 것이다.

"Mass Balance" 프레임은 EFDC를 위해 질량평형 검토와 보고를 가능하게 한다. 간격의 수는 보고하는 사이사이 축적된 시간간격 수와 관계된다. "V" 버튼은 질량 평형파일에 신속하게 접근토록 해준다. 고정된 명명부호를 가지고 일관되게 EFDC에 의해 쓰인 질량 평

형파일은 3단계 시간 해법에 대해서 BAL.OUT이고 2단계 시간 해법에 대해서 BAL2T.OUT이다.

"Mask"프레임에서 "Use" 체크박스는 사용자로 하여금 EFDC에서 가로막기(흐름벽의 두께가 0)를 가능케 한다.

그 때 MASK.INP는 EFDC에 의해서 요구될 것이다. EFDC_Explorer는 그림 4-5에서 보는 바와 같이 "Modify"버튼을 사용하여 마스크를 만들고 수정할 수 있다. "Create Masks" 유틸리티는 마스크 계산을 자동적으로 켜지 않고, 바로 마스크를 만들고 MASK.INP파일을 작성한다. 사용자는 직접 "Use MASK File" 체크박스를 클릭하여 생성된 마스크를 사용할 수 있게 해야 한다.

마스크는 도면보기 기능으로 첨가하고 그리고 삭제될 수 있다. 바닥고를 볼 때 셀에 대고 RMC("Enable Editing"이 먼저 체크되어 있을 때)하면 셀 속성들이 마스크 옵션들과 함께 표시된다.

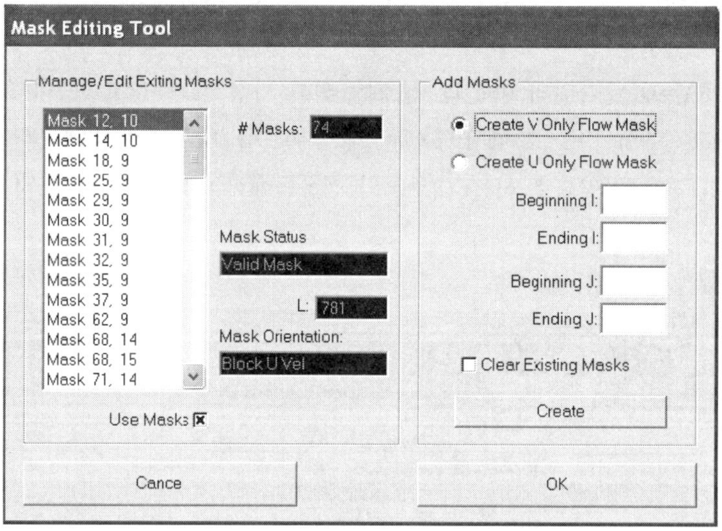

그림 4-5 마스크 편집 도구

4.4 계산 옵션

"Comp Opts" 탭은 그림4-6에서 볼 수 있다. 이 탭을 EFDC를 위한 주 계산 옵션들에 접근할 수 있다. "Computational Options" 프레임을 통해서 EFDC.INP의 카드이미지 6에 포함된 질량이송 계산과 그들의 스위치 및 옵션들에 접근할 수 있다. 이 스위치들은 EFDC에 의해서 모의될 상태변수들을 정하기 위한 주요 활성화 스위치들이다.

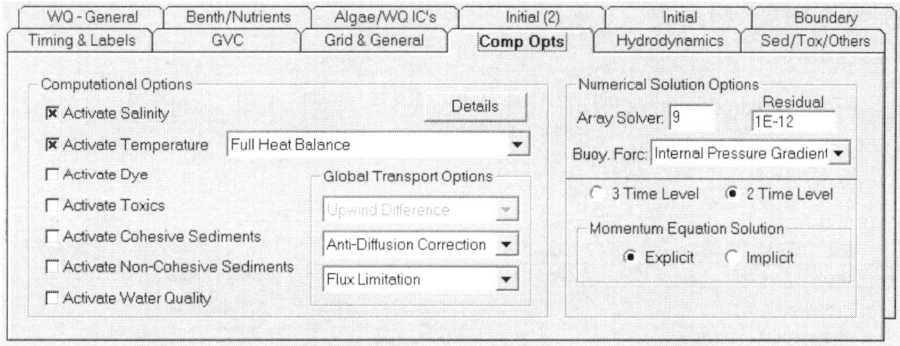

그림 4-6 계산 옵션 탭

사용자는 “Activate Temperature”를 선택하면 나오는 드롭다운 리스트로부터 몇 가지 옵션들을 선택할 수 있다. 이 리스트는 Atmospheric linkage, Full Heat Balance, External Equilibrium Temperature Constant Equilibrium Temperature, 그리고 Equilibrium Temperature (CE-QUAL-W2 method, EFDC_DS only). “Global Transport Options” 하위 프레임은 사용자가 Upwind Difference를 선택할 수 있도록 한다. Anti-Diffusion이나 Anti-Diffusion Correction methods를 사용토록 하는 것은 물론 Central Difference와 Experimental Upwind를 사용하도록 한다.

“Numerical Solution Options”프레임은 EFDC에서 사용가능한 몇 가지 수치해법에 접근하도록 한다. 최근 개발과 테스트 모형에서는 대부분 공액경사해법을 사용해왔다. 이용 가능한 해법으로는 Standardized (0), Ordered R/B Conjugate gradient (2), reduced R/B Conjugate gradient (3)과 Conjugate gradient for Wetting and Drying (9)가 있다. Internal Buoyancy 옵션들 또한 선택될 수 있다.

“3 Time Level”(3TL) 또는 “2 Time Level”(2TL)옵션들은 사용자로 하여금 수치모의를 위해 사용되는 방법을 선택하도록 한다.

만일 GVC층 분할을 사용하는 EFDC_EPA모델을 사용한다면 Time Level은 3 Time Level이 되어야 한다.

만일 2TL해법을 사용한다면 “Momentum Equations Solution”프레임에서 사용자는 양해법과 음해법 중에서 선택할 수 있다.

만일 3TL옵션을 사용하면 사용자는 Upwind, Central, 그리고 MOM 운동량 이류해법에 따른 Upwind와 같은 운동량 방정식 해법에 관한 옵션을 반드시 지정해야 한다. 실험적인 다른 해법들(ISCDMA>2)도 있다.

4.5 동수역학 전처리

그림 4-7은 "Hydrodynamics"탭과 사용자가 이용 가능한 여러 옵션들을 보여주고 있다. 각 항목들은 아래에 논의된다.

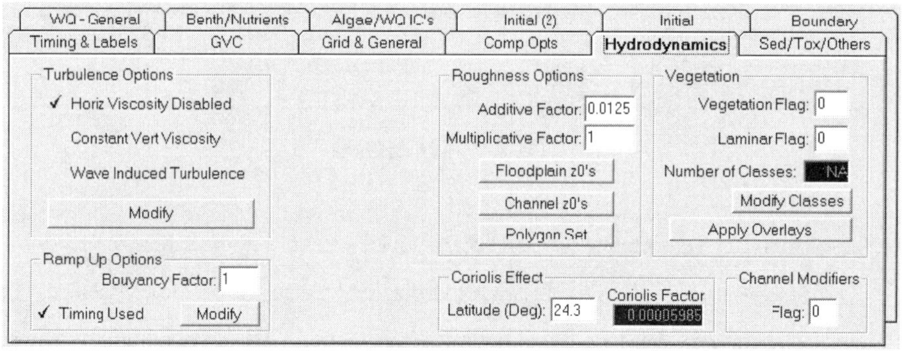

그림 4-7 Hydrodynamics 탭

"Ramp Up Options"프레임은 사용자가 완전 천이현상의 시각(timing)을 수정하도록 해준다. 부력은 0과 1사이의 부력계수로 조정할 수 있다. 0이면 부력의 영향이 없고, 1이면 부력이 완전하게 작용한다. 어떤 적용의 경우, 초기조건부터 자연상태까지의 부력 증가 시간은 부력의 위상조절과 비선형항들이 요구된다. 이것은 "Modify"버튼을 누르고 몇 가지 Ramp Up 설정들을 사용하여 성취될 수 있다.

"Coriolis Effect"프레임은 사용자로 하여금 모델영역 한 중앙의 위도인 "Latitude (Deg)"를 지정하여 코리올리스 수를 결정하도록 한다.

"Channel Modifiers"프레임은 사용자로 하여금 EFDC 수로 수정자의 사용을 선택하도록 한다. 이것들은 두 셀을 연결하는 파이프들과 유사하다. "Channel Modifier Flag"는 EFDC의 수로 수정기능을 활성화하기 위해 사용된다. "n"옵션은 플래그가 2로 설정될 때 표준이다. 이것이 설정됐을 때 EFDC는 입력을 위한 MODCHAN.INP파일을 요구한다. 수로를 만들고 편집하기 위한 가장 유연한 접근 방법은 1) 이 옵션(예: ISCHAN=2)을 켜고, 2) ViewPlan에 들어가고, 3) "Modchannel"을 선택하고, 4) 편집을 가능하게 하고, 그리고 5) RMC로 수로를 추가, 삭제, 수정하는 것이다(예: "pipes"). 때때로 모델 불안정이 증가되고 질량 평형 오류가 발생하기 때문에 수로수정자를 사용함에 있어서 주의해야 한다.

4.5.1 난류 옵션

"Turbulence Options"프레임은 "Modify"버튼을 클릭하여 선택하고 변경할 수 있는 와 확산(eddy diffusivities)과 파랑에 의해 발생되는 난류작용 같은 다양한 동역학 변수들을 보여준다. 이 옵션들은 아래에서 설명된다.

4.5.1.1 난류 확산

그림 4-8은 수평과 수직 와점성과 확산에 대한 계산 옵션을 나타내는 메인 폼이다. 매개변수들과 옵션들은 그들이 어느 디멘젼(수평적 또는 수직적)을 사용하는가에 따라 그룹화되어 있다.

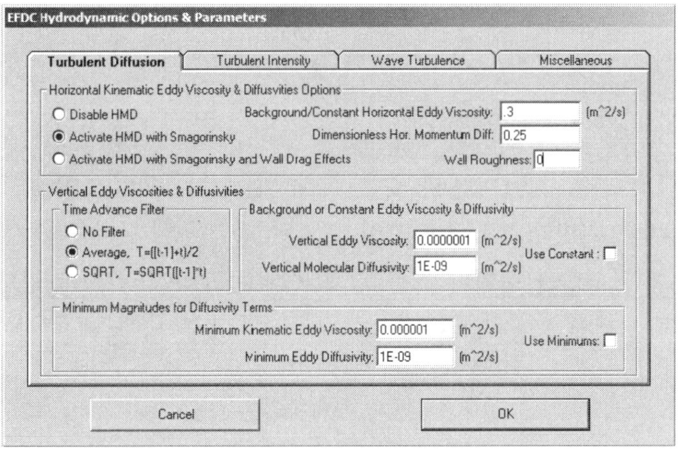

그림 4-8 와점성과 확산

만일 유속이 이용가능하다면, 이 옵션들로부터 나온 수평 확산의 결과는 ViewPlan으로 볼 수 있다. 만일 사용자가 이 배열들을 포함하도록 Internal Array Viewer(부록 C를 참고)를 설정한다면, EFDC에서 수직 와점성과 확산(EFDC의 AV & AD 각각의 배열)들을 볼 수 있다.

4.5.1.2 난류 강도

그림 4-9는 난류강도 탭을 보여준다. 일반적으로 수직 난류 옵션들만 변경하면 될 것이다. 현재, 프로덕션 실행에서는 "Advection Scheme"을 1로 설정해야 하고 "Sub-Option"은 0이나 1로 설정해야 한다. "Turbulence Closure Constants"는 정당한 이유 없이 변경되어서는 안 된다.

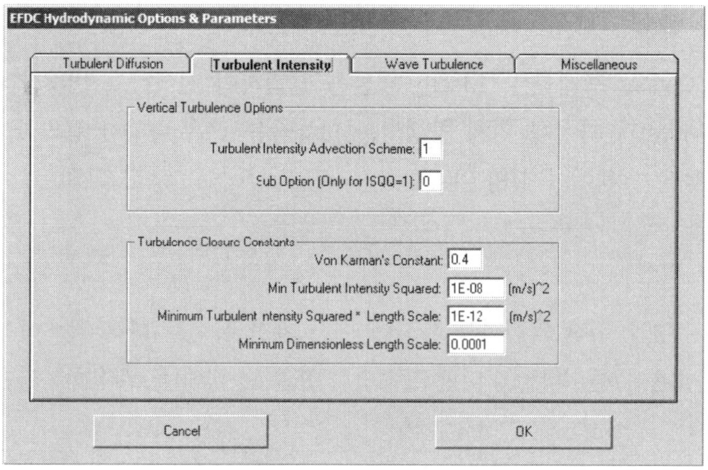

그림 4-9 난류강도 탭

4.5.1.3 파랑에 의해서 발생되는 난류

EFDC는 REF/DIF1 Ver 2.5 (1994)와 같은 파랑모델로부터 파랑에 의해서 발생되는 난류를 도입하는 능력을 가진다(그림 4-10). 이 도입된 응력들은 경계응력들(유사이동에 대해서, ISWAVE=1)에만 영향을 주거나 흐름 장과 경계층(ISWAVE=2) 에 영향을 줄 수 있다. DSLLC는 이안류 모델인 RefDif/ShoreCirc를 사용하여 EE와 EFDC에 대한 이 옵션을 테스트하고 검증해왔다(Svendsen 등, 2000).

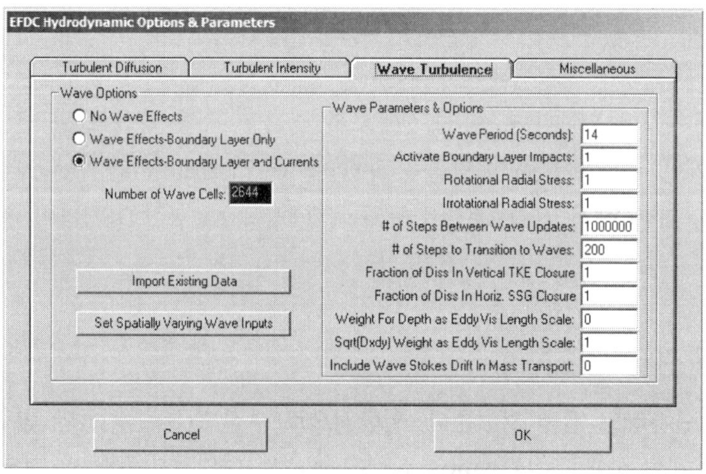

그림 4-10 파랑발생 난류 옵션

그림 4-11은 파랑 변수들을 위한 주요 불러오기/장 보간 폼이다. 사용자는 입력데이터파일(이것은 XYZ형식으로, 탭, 스페이스, 혹은 콤마로 구분되어야 한다)을 매개변수 드롭다운 리스트 "Wave Field Parameter"(불러오기 상자 주변의 옵션들)에 맞추지 않으면 안 된다.

사용자는 파고(2*파랑 진폭)나 파에너지나 다른 것으로부터 파에너지를 EE로 계산하여 취할 수 있다. 사용자는 EFDC셀들의 할당을 위해 폴리곤을 사용하는 옵션을 가지고 있다. 만일 폴리곤 파일이 선택되지 않는다면, 셀할당은 전체 모델 영역에 적용될 것이다. EE는 EFDC에서 필요로 하는 형식으로 파랑 모델 결과들을 보간 하고 변환한다. 보간방법에는 두 가지 옵션들, 최단입점 보간(nearest neighbor interpolation)이나 셀 평균 보간(cell averaging) 가운데 선택할 수 있다. 불러오기 자료가 EFDC모델 격자보다 조밀할 때는 셀 평균 보간이 사용되어야 한다(이것은 흔히 있는 일이다). 최단입점 보간법은 불러온 자료가 EFDC모델 격자보다 듬성듬성할 때 사용되어야 한다. 방사 전단응력 XX성분의 일례는 그림 4-12에서 보여주고 있다.

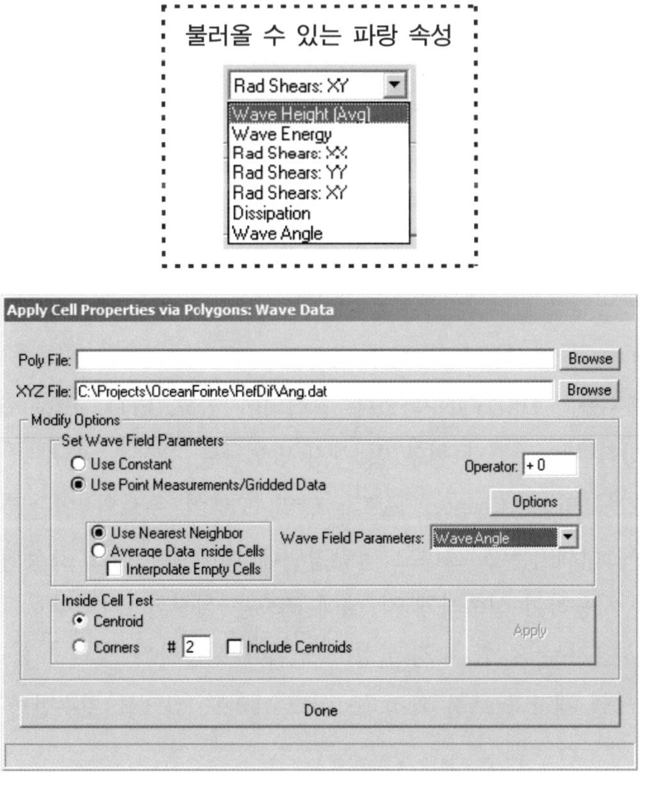

그림 4-11 파랑생성 난류, 데이터 불러오기 폼

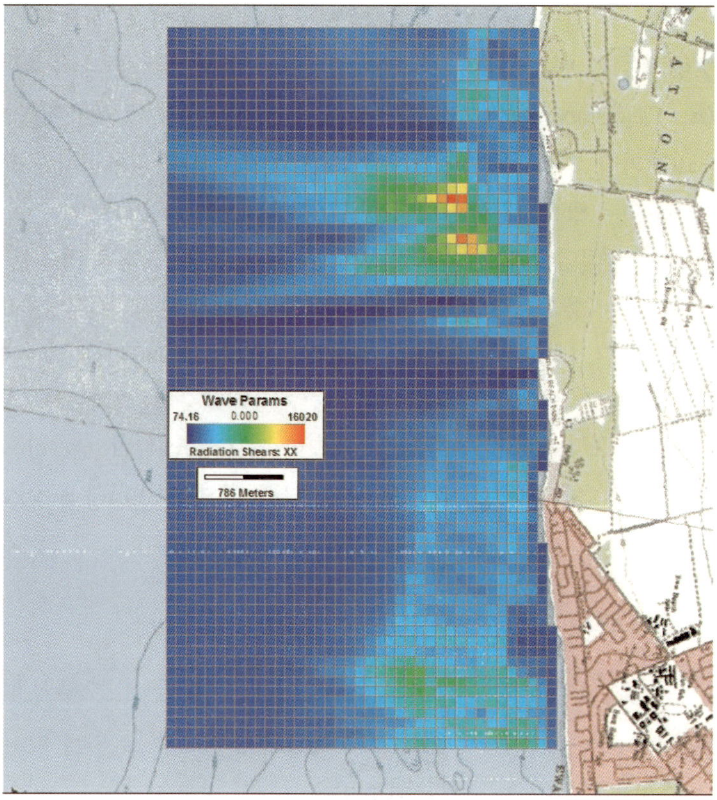

그림 4-12 파랑 변수들: Radiation shear stress XX component.

4.5.2 조도 옵션

"Roughness Options"하에, EFDC가 모든 조도계수 Z_0'에 적용하는 표준 더하기와 곱하기 계수들과 다른 계수들이 DXDY.INP파일에 입력되어 있고, EFDC_Explorer는 DXDY파일에 쓰일 Z_0'를 적용하거나 수정하기 위한 몇 가지 방법들을 가지고 있다.

"Floodplain Z_0'" 그리고 "Channel Z_0'" : 만일 모델이 수로와 범람평원 셀 ID'(셀파일 cell.inp에서 수로에 대해서는 5 그리고 범람평원에 대해서는 7)로 조성되었다면 그 때 사용자는 이 버튼을 사용하여 신속하게 각 셀에 조도를 설정할 수 있다.

"Polygon Set" 사용자는 Z_0'를 수정/설정하기 위해 사용자가 정의한 폴리곤을 사용할 수 있다. 이 도구는 모델 제작과 보정 과정 중 어느 때라도 필요한 횟수만큼 적용될 수 있다.

4.5.3 식생

메인 폼의 "Vegetation" 프레임에서 사용자는 기능과 어떤 수준을 활성화하기 위한 주요한 계산옵션을 설정할 수 있다(풍선도움말을 참고). 식생등급 설정은 VEGE.INP파일에 필요한 데이터를 사용자에게 인터페이스해주는 "Modify Classes"버튼을 거쳐 이용가능 하다(그림4-13). 먼저 사용자는 필요한 식생등급 수를 지정해야 된다. 입력상자 속에 "Number of Vegetation Classes"의 숫자를 넣고 리턴 키를 눌러라. 격자가 원하는 등급 숫자를 수용할 만큼 확대될 것이다. 우리는 EFDC에 의해서 요구되는 모든 입력들을 두 개의 예외들과 함께 볼 수 있다. Beta1과 Beta2 변수들은 실제로 사용되지 않고 목록에만 포함되어 있다. VEGE.INP파일은 그들의 칼럼에서 데이터를 가져야지만, 그러나 그들은 실제로 EFDC에 의해서 모두 사용되지 않는다. 다른 예외는 ID와 Description 필드이다. 그들은 단지 EFDC_Explorer에 의해서 사용될 뿐이다. ID 필드는 LXLY.INP 입력파일을 통해 요구되는 식생지도를 자동적으로 설정하기 위해 식생등급들을 폴리곤 ID'(다음에서 "Apply Overlays"에 대한 설명 참조)에 맞추기 위해 사용된다. Description 필드는 단지 라벨 달기를 위해 사용될 뿐이다.

"Apply Overlays"버튼은 식생등급 ID 필드를 사용해서 그것을 입력 폴리곤 ID'에 맞춘다. 그림 4-14는 식생지도를 모델 셀에 적용하기 위한 폼을 보여준다. 같은 파일(폴리곤 형식에 대해 부록 D 참소)에서 하나 이상의 폴리곤 들을 포함하고 있는 파일이 열려 있을 필요가 있다("Browse"버튼을 통해).

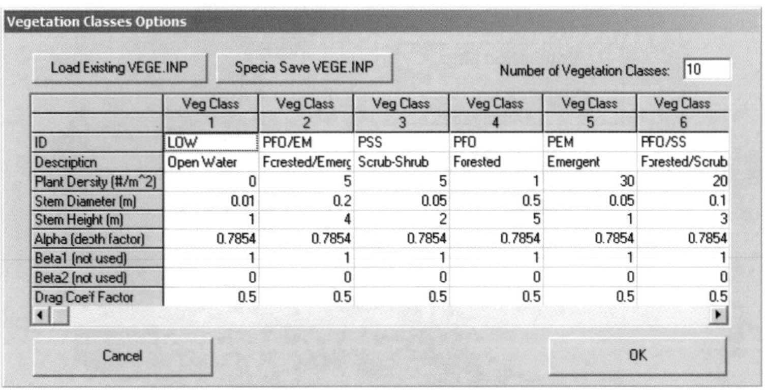

그림 4-13 식생 등급 변수

폴리곤 파일은 읽혀질 것이고 폴리곤 ID는 식생등급 ID에 맞춰질 것이다. 만일 어떤 식생등급들이 어떤 규정된 폴리곤을 갖지 않는다면, 사용자는 통보받을 것이다. 일단 초기 맞춤이 완성되면, 그 때 사용자는 실질적인 식생등급을 할당하기 위해 선택하지 않으면 안 된다. 만일 맞지 않는 식생등급이 있다면, 사용자는 어떻든 처리하기 위해 선택할 수 있지만, 그러나 그들은 폴리곤을 갖지 않는 어떠한 식생등급에도 맞지 않을 것임을 알아야 한다. 원한다면, 그 등급들을 항상 나중에 편집할 수 있다. 그림 4-15는 폴리곤/식생등급 할당으로부터 나온 식생지도를 나타낸다.

P2D 파일이 단지 하나에 폴리곤을 포함한다면, 보다 간편한 접근법이 하나에 식생등급을 폴리곤 지역에 할당하기 위해 사용될 수 있다.

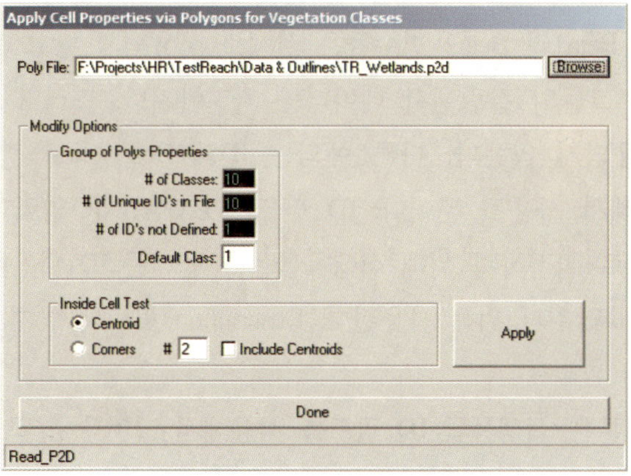

그림 4-14 셀 속성 할당: ID들로 구성된 식생지도

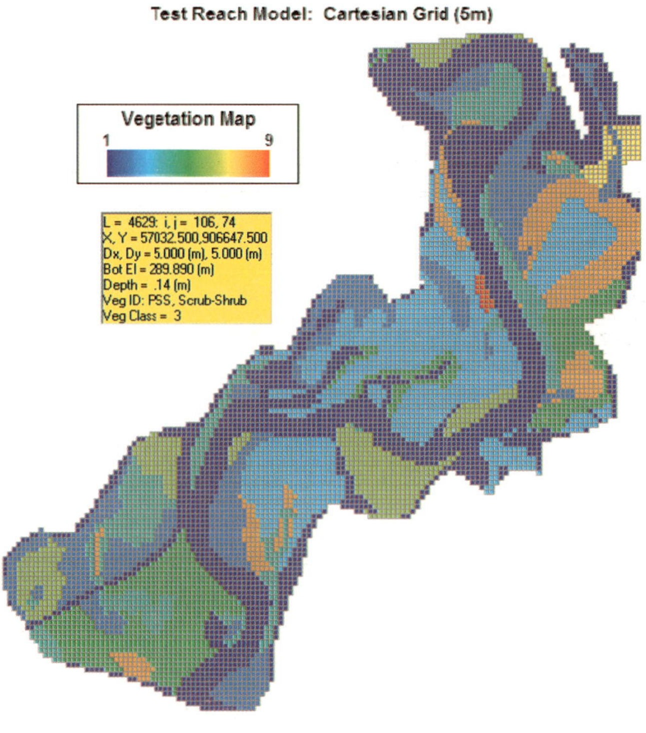

그림 4-15 식생지도 할당의 예

4.6 유사, 독성물질 그리고 다른 매개변수

그림 4-16은 유사/표사, 독성물질, 염료, 추적물질 그리고 열/온도를 설정 가능케 하는 "Sed/Tox/Others" 탭의 일예를 보여주고 있다. 각 항목들은 다음 종속절에서 논의 된다.

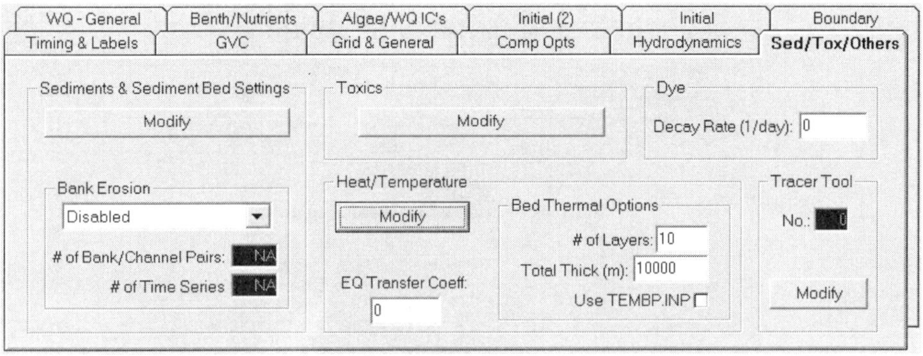

그림 4-16 Sed/Tox/Others 탭

4.6.1 유사/퇴적물

유사이송 변수와 옵션들은 그림 4-17부터 그림 4-22까지에서 볼 수 있는 폼을 사용하여 설정 된다. 유사등급과 하상 소류사층 수를 위한 주 설정들은 "Major Setting" 하에 맨 위 프레임에서 지정된다. 독성물질에 관해 이들 "Major Setting" 변수들은 오직 조심스럽게 변경해야 하고 보통 초기와 경계조건을 잃지 않도록 모델 보정과정에 앞서 변경되어야 한다.

그림 4-17은 "General" 탭을 가진 폼을 보여주고 있다. 이 탭에서 사용자는 점착성 유사를 모의할 것인지 비점착성 유사를 모의할 것인지 그리고 유사이송을 위해 하상 전단응력을 계산하기 위한 방법을 EFDC에게 알려 줄 수 있다. "Simulate Cohesive"와 "Non-Cohesive"체크박스를 체크하지 않으면 앞서 규정된 유사이송 변수들은 지워지지 않는다. "Sediment Timestep"은 각각 하상 소류사 이송(즉 퇴적, 쇄굴, 응고 등) 계산을 위해 동역학 시간간격의 배수가 된다. 하상 소류사 과정은 동역학에 비해 느리기 때문에 이 수는 가끔 10 또는 더 큰 값이 될 수 있다. 사용자는 작은 숫자를 가지고 테스팅을 시작해서 사용자가 모델 결과에서 주목할 만한 차이를 발견할 때까지 유사계산 시간간격을 증가 시켜야 한다. 그 숫자는 안전계수를 확보하기 위해 다소 줄여야 한다. 그 때 이것은 다음의 보정과 프로덕션 실행을 위해 사용될 수 있다.

“Bed Shear Calculation Options”는 사용자로 하여금 하상전단응력 계산을 위해 많은 다른 계산옵션들로부터 고루 선택하게 해준다.

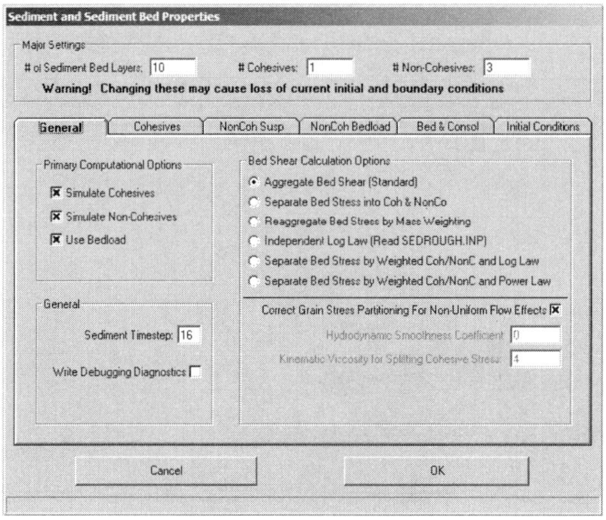

그림 4-17 유사이송 - General

그림 4-18은 유사이송 폼에서 “Cohesive”탭의 일례를 보여준다. “Erosion & Deposition Parameter”격자에서 여러 필드들을 위해 하나의 셀 위에 클릭하고 F1키를 누르면 그 필드 대한 도움 정보가 튀어 나온다.

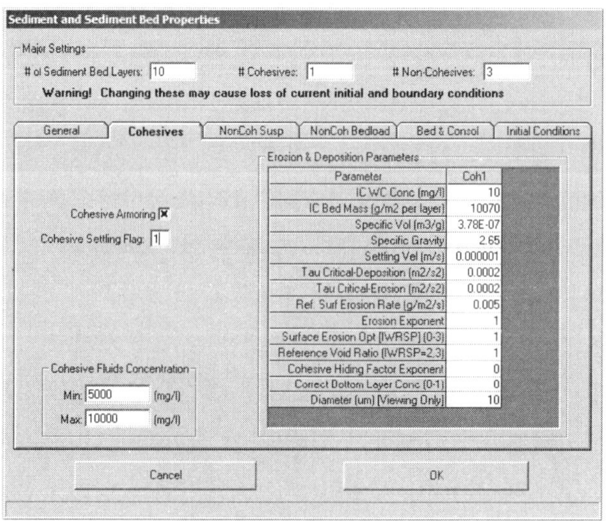

그림 4-18 유사이송 - Cohesive

입력 표에서 볼 수 있는 칼럼의 수는 모델화된 등급 수에 따라 달라진다. 표 맨 아래에 위치한 직경설정은 하상 소류사를 위한 d50'를 계산하는데 사용될 입경을 정한다. 그것은 어떤 다른 계산을 위해 사용되지 않는다.

그림 4-19는 “Non-Cohesives Suspended”탭을 가진 폼을 보여준다. 그것은 Cohesive탭의 기능과 작용에서 유사하다. 각각의 비점착성 등급에 대한 입경은 유사이송의 계산을 위해 요구된다. 이 값은 역시 d50 계산을 위한 입경으로서 사용된다. 평형농도 계산을 위한 많은 옵션들이 “Equilibrium Conc”프레임에서 이용가능하다. 이것은 한계 전단응력(역주: 한계 소류력)을 가지고 또는 없이 Sediflume 데이터로부터 계산되는 평형농도의 옵션을 포함하고 있다. 침강속도나 한계 전단응력을 0보다 작게 설정하면, EFDC는 Ven Rijn(1984a, 1894b)의 방정식을 사용하여 그들의 변수 값들을 계산한다.

도움을 위해 F1을 누르면 현재 입력필드에 관련된 정보가 튀어 나온다.

“Sediment Info” 버튼은 유사 물성치 계산 기능을 제공한다. 만일 유사입경이 버튼을 누르기에 앞서 지정되면, “Set Parameter”를 눌러서 Ven Rijn 방정식을 사용하여 유사 물성치를 초기화한다.

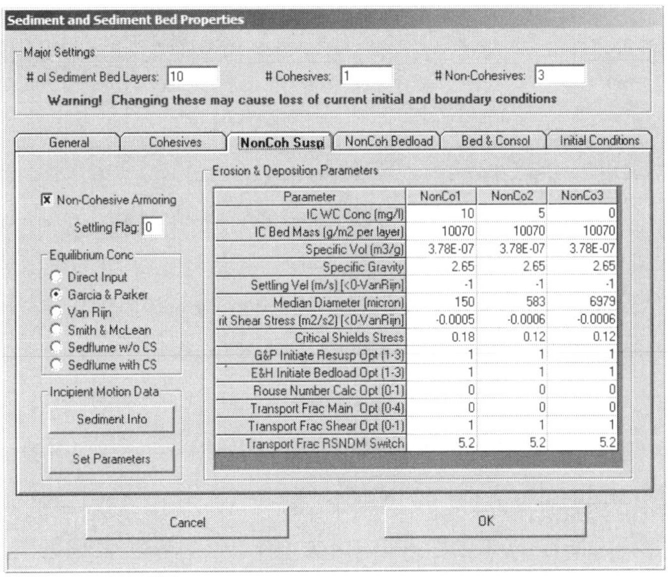

그림 4-19 **유사이송** - Non-cohesives suspended

그림 4-20은 “Non-Cohesivs Bedload”를 위한 탭을 보여주고 있다. 감마 변수들을 사용하면 여러 EFDC코드를 사이에 약간의 차이가 생긴다. 사용자는 원하는 입력들을 끝내기에

앞서 코드를 확인하여 어떻게 감마 변수가 사용되었는지 알아야 한다.

"Initialize Constants" 버튼을 누르면 이용할 하상유사량 계산법의 선택을 요청하는 대화상자가 나타날 것이다.

EFDC_Explorer는 선택된 계산법을 위해 하상 소류사 이송 상수를 표준문헌에 있는 값으로 설정 한다. 사용자는 원하는 입력을 끝내기에 앞서 코드를 확인함으로써 어떻게 감마 변수가 사용되는지 알아야 한다.

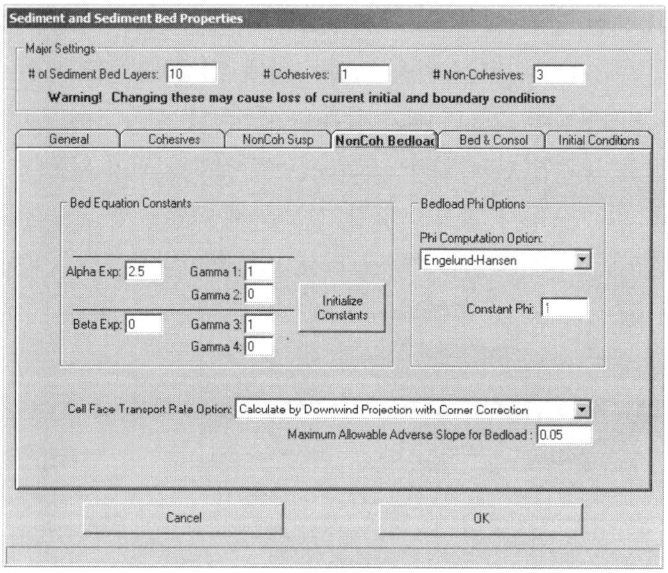

그림 4-20 **유사이송** - Non-cohesives Bedload

그림 4-21은 유사 물성치 옵션의 "Bed Consolidation"를 위한 탭을 나타낸다. 이 탭에서 사용자는 여러 가지 하상유사 응고와 하상지형을 설정할 수 있다.

"Bed Morphology Options" 폼은 사용자로 하여금 고정하상(옵션 0)과 이동하상(옵션 1) 중에서 고르도록 한다. "Max. Water Depth"는 "NEG DEPTH" 지형변화에 의한 "손실(lost)"에 대해 허용하는 최대수심이다 (단 EFDC_DS 버전에만).

하상응고와 동역학 옵션 프레임은 주요 하상유사 응고 옵션에 대한 입력을 가능케 한다. "Bed Mechanics" 옵션은 0-Non, 1-Simple 또는 2-Finite Strain이 되어야 한다. 옵션 2는 매우 특별한 접근방법이고 포트란 코드에서 Finite Strain 이행에 관한 상세한 이해를 요구한다. 응고율은 단위가 초(sec)이고, 보고된 EFDC.INP 초기버전들과 같이 1/초가 아니다. 응고율의 영향은 EFDC_Explorer의 "Single Column Sediment Layers" 후처리 기능을 사용하여 쉽게 시험해 볼 수 있다(5.2절 참고).

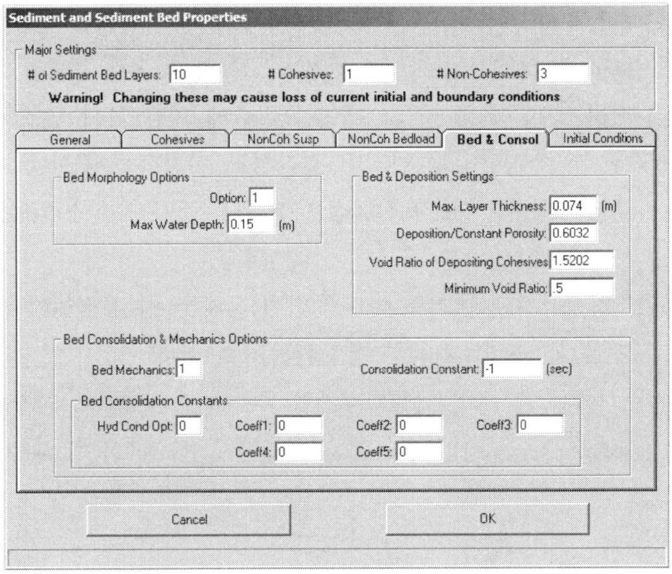

그림 4-21 유사이송 - Bed and Consolidation

그림 4-22는 선택된 "Initial Conditions" 탭을 가진 유사 내개변수 폼을 보여준다. 이 폼에서 사용자는 모델에 대한 하상유사를 초기화하고 싶은 방법을 선택한다. 이것은 "Sediment Initial Conditions Options" 프레임으로부터 옵션을 선택함으로써 시행 된다.

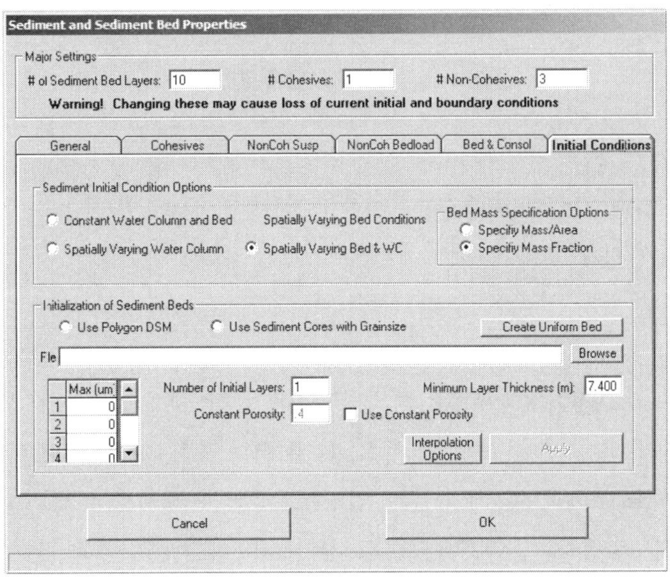

그림 4-22 유사이송 - Initial Conditions

모델에 대한 간단하고 균일한 하상유사를 설정하기 위해 사용자는 "Create Uniform Bed" 옵션을 선택할 수 있다. 이것은 사용자에게 층의 수, 유사의 수와 유형을 입력하도록 요구하는 대화 폼을 나타나게 하고, 사용자로 하여금 각층에 대한 유사 단편, 두께 그리고 체적밀도를 지정하도록 한다. 사용자는 아직도 점착성과 비점착성 토사에 쇄굴과 퇴적변수를 설정해야하나, 일단 사용자가 이 옵션설정을 마치면 소류사 환경설정은 EFDC를 위해 준비가 된다.

그림 4-23은 균일 하상유사 발생기를 나타낸다. 사용자는 이 유틸리티를 사용하여 두께, 물성치(그러니까 공극율)와 층별 질량분포를 정한다. 일단 하상유사가 생성되면 사용자는 필요한 만큼 도면보기에서 그 물성치들을 수정할 수 있다. 유사층의 환경설정들은 저장될 수 있고 나중에 "Bed Properties Definitions" 프레임에서 "Save"와 "Load"버튼을 사용하여 검색될 수 있다.

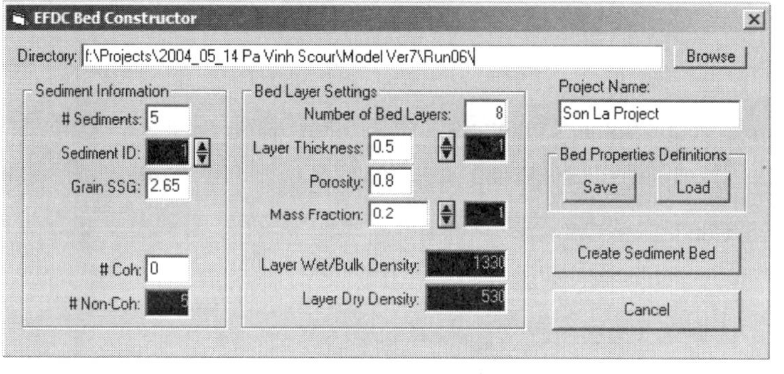

그림 4-23 균일 하상유사 발생 도구

Digital Sediment Model: EFDC_Explorer에서 한 가지 매우 유용한 기능은 어떤 제 3의 패키지(즉 Spatial Explorer)에 의해서 만든 EFDC 유사 파일들을 정의된 디지털 유사 모델(DSM)로 부터 만드는 능력이다. DSM 형식은 이용 가능한 각 수심에 대한 층두께, 체적밀도, 물성치 그리고 입경분포에 이어서 폴리곤을 필요로 한다(유사층의 깊이간격은 데이터에 기초한다). 데이터 구조에 대한 보다 많은 정보는 부록 D에서 찾아 볼 수 있다.

EFDC_Explorer는 요청된 입경등급 수, 각 등급에 대한 최대입경, 유사층 수와 EFDC 유사파일들을 만들기 위한 층 옵션들(즉 최소 층 두께)과 짝을 이룬 DSM을 사용한다. 각 유사등급에 대한 "Max(μm)" 유사입경들은 입경분포곡선을 해체하여 범위별로 나눌 필요가 있다. 이 입경들은 입경등급들이 아니고, 그 상한계와 하한계의 상하 평균에 해당 하는 유사등급의 입경인 브레이크 포인트를 표시한다.

사용자가 “Apply” 버튼에 클릭할 때 결국 모든 입력들이 준비된다.

EFDC_Explorer는 메모리에서 유사지도를 만들고 그 다음 파일에 쓴다. 현재 유사지도는 새로운 지도에 의해서 대체될 것이다. 상이한 버전들의 하상유사 환경설정을 저장하기 위해 이 옵션을 이행하기에 앞서 새로운 종속 폴더 속에 그 프로젝트가 저장되도록 추천하다.

그림 4-24는 유사 코어들로부터 파생된 디지털 유사모델의 한 예를 보여 준다. 데이터는 수심 간격에 의한 입경분포를 포함하고 있다. 검은 다이아몬드 부호들은 코어들의 위치를 나타낸다. 이 도면은 수심 평균된 d50 입경분포의 결과를 나타낸다.

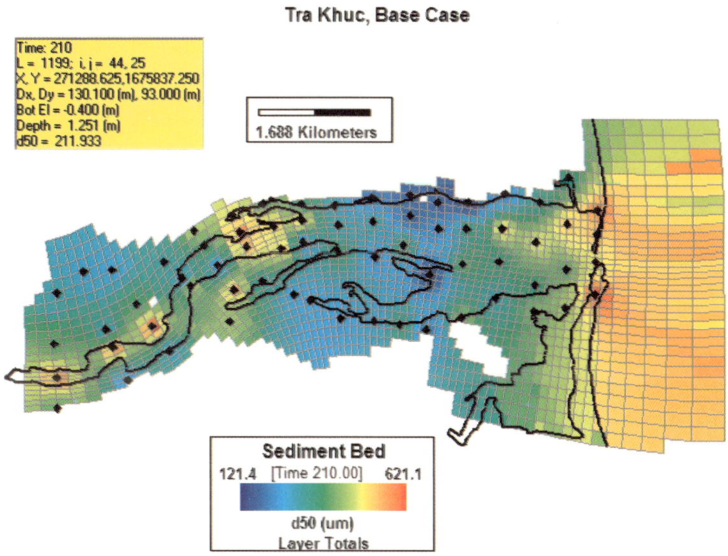

그림 4-24 유사 코어들로부터 파생된 디지털 유사모델의 예

4.6.2 독성물질

독성물질의 이송변수와 옵션들은 그림 4-25에서 보는 바와 같은 폼을 사용하여 설정된다. 모의에 포함된 독성물질의 수는 “Major Settings”라고 이름 붙여진 맨 위에 프레임에서 표시된다. 이것은 사용자에 의해 변경될 수 있으나, 경계와 초기 조건들이 독성물질의 수로 예측되기 때문에 이 수를 변경하는 것은 많은 독성물질 입력들을 재설정하게 된다. 그러므로 이것은 사용자가 모든 초기와 경계조건들을 재설정하기 위해 준비되어 있을 때만 변경되어야 한다. 여기에 특별한 경우가 있는데, 즉 사용자가 그 수를 0으로 설정하면, 그때는 독성물질 입력들은 그 시간부터 그 프로젝트에 대하여 건너뛰게 된다.

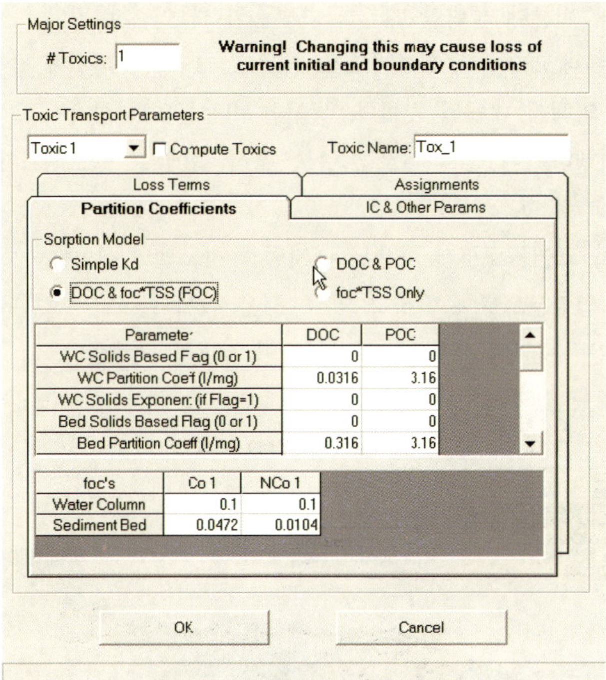

그림 4-25 독성물질 이송 옵션

독성물질의 모의를 활성화하기 위해 여러분은 "Compute Toxics" 체크박스를 선택하거나 "Grid & General"탭 하에 "Computational Options"버튼을 누르고 독성물질 모의(ISTRAN(5)) 플래그를 1로 설정할 필요가 있다.

각 독성물질은 많은 그 자신의 설정들을 가진다. 그래서 사용자는 먼저 "Toxics Transport Parameters"프레임의 좌상 구석에 드롭다운 목록을 사용하여 편집하거나 입력될 독성물질을 선택하지 않으면 안 된다. 일단 한 개의 독성물질이 선택되었다면 모든 적당한 정보가 폼에 표시된다. "Toxic Name" 필드는 라벨 붙이기와 정보를 위해 EFDC_Explorer에 의해서 단지 사용될 뿐이다. "Partition Coefficients"하에 필드의 내용은 선택된 분할모델에 기초하여 변경된다. 분할계수와 농도인수 단위는 일정해야 된다. 독성물질 농도를 위한 전형적인 단위들은 mg/kg또는 $\mu g/kg$이다.

4.6.3 염료

만일 염료계산 옵션이 선택되면 그 때 사용자는 다른 보존 추적물질에 대한 "감쇄(Decay)"율을 할당해도 된다. "감쇄"율 옵션들은 표 4-1에 나타냈다.

표 4-1 염료 감쇄율 옵션

염료 감쇄율	EFDC_DS 작업
〉0	1차 감쇄율
0	보존성 추적물질
〈0	1차 성장율 (EFDC_DS에서 만 사용)
1000	염료성분은 체류시간을 계산하고 영역/경계의 물혼합을 시각화하기 위해 물나이 함수로 사용된다.

감쇄율 옵션에 따라서 사용자는 ViewPlan에서 염료농도나 “물의 나이(Age of Water)”를 보고 동영상화할 수 있다. 재시작 옵션을 사용하면 사용자는 “Initial” 탭에서 “Dye Overwrite”를 선택하여 DYE.INP를 사용하여 염료장을 초기화할 수 있다.

4.6.4 열 온도

EFDC에서 열 종속모델을 활성화하기 위해 “Temperature” 성분이 반드시 활성화되어야 한다(“Comp Opts” 탭에서 “Computational Options”프레임). ASER.INP파일은 표면과 바닥의 열 교환과정을 계산을 하는 모든 온도 종속모델들을 위해 반드시 사용되어야 한다. 현재 모델이 EFDC_EPA인지 아니면 EFDC_DS인지에 따라 EFDC_Explorer폼은 “Heat/Temperature” 프레임에서 보는 바와 같은 다른 옵션들을 가지게 될 것이다. 다음은 개괄적인 접근방법을 제시한다.

EFDC_EPA 모델은 하상/수층 열 교환을 결정하기 위한 새로운 온도 하상모델을 사용한다(Tetra Tech. 2007c). 유사온도 두께는 전체 모델에 대해 할당된다. 이 두께는 하상유사 이송모델이나 하상유사 수질모델과 관련이 없다. 이 온도층은 그 때 KBH층들로 나누어진다(반드시 2보다 커야 한다). 일정한 초기 하상온도가 사용될 수 있거나 선택적으로 TEMBP.INP파일이 공간적으로 변하는 초기온도를 할당하기 위해 사용될 수 있다. 이 옵션을 사용하기 위해 “Sed Thermal Options”프레임에 “Use TEMPB.INP” 체크박스를 선택하라.

모델 중 EFDC_DS버전은 하상열 종속모델을 위한 두 가지 다른 접근방법을 가진다. 만일 표준 EFDC 완전 열평형(ISTOPT(2)=1)종속모델이 사용된다면 Pre-GVC버전의 하상유사 열교환 모델이 사용된다. 만일 사용자가 평형온도 종속모델(ISTOPT(2) =4)를 선택했다면 그 때 바닥 열교환은 열교환계수를 사용하여 계산되고 그리고 사용자는 TEMPB.INP파일을 사용하여 공간적으로 변하는 유사층 두께와 초기온도를 할당할 수 있다.

다양한 기상 변수들이 “Heat/Temperature”폼에 “Modify” 버튼을 사용하여 조정될 수 있다. "Atmospheric Parameters" 값의 일례는 그림 4-46에서 보는 박스 속의 자료와 같다. 그림 4-26에서 보는 변수들은 어느 열 종속모델이 사용되고 있느냐에 따라 약간 변한다.

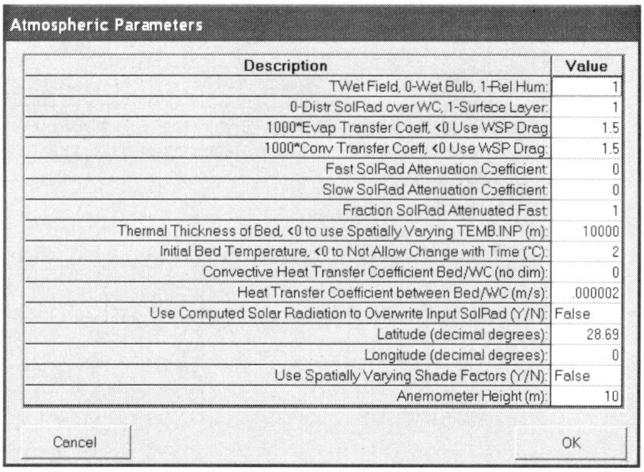

그림 4-26 기상 변수들

4.6.5 추적물질 도구

이 도구의 목적은 점 소스로 추적물질을 투입하기 위한 EFDC계산 옵션들과 경계조건들을 설정하는 빠른 방법을 제시하기 위함이다. 그림 4-27은 추적물질 도구의 하나의 예를 보여주고 있다. "Dye Injection Point"프레임의 좌 상단에 목록은 현재 정의된 추적물질들을 나타낸다. 오른쪽에 목록은 현재 정의된 모든 셀 흐름형식의 목록이다. 사용자는 기존 셀을 할당할 필요가 있거나 새로운 염료 투입점을 만든 다음 각점에 대해 유동과 염료농도를 할당할 필요가 있다.

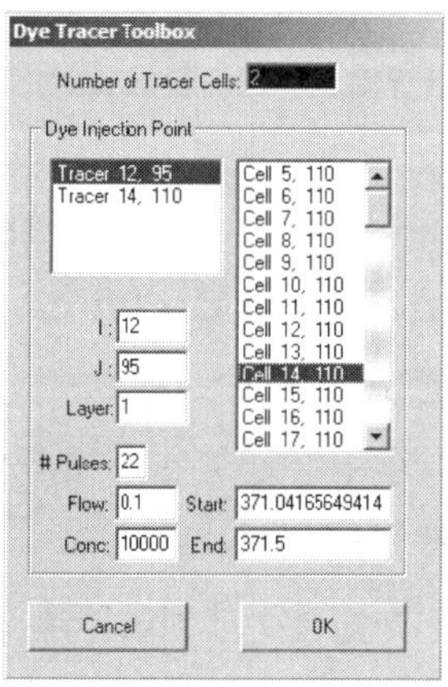

그림 4-27 추적물질 생성 도구

추적물질로써 기존 경계셀을 정하기 위해 오른쪽에 목록으로부터 셀을 선택하고 그것을 추적물질 목록에 추가 하기위해 INS를 눌러라. 여러분은 그 때 각 추적물질 셀에 대한 유동과 염료 투입 특성치들을 정하지 않으면 안 된다. 여러분은 왼쪽에 셀을 선택하여 DEL 키를 눌러서 추적물질을 지울 수 있다.

4.7 수질 – 일반

"WQ-Genenal", "Benth/Nitrients" 그리고 "Algae/WQ-ICs"의 수질 탭들은 때때로 HEM3D라 부르는 EFDC의 수질 종속모델에 대한 그래픽 인터페이스를 사용자에게 제공한다(Park. 등 2000). 수질모델은 EFDC 버전들에 따라 다르게 시행되고, 그래서 사용자는 그들의 특별한 EFDC 버전의 소스 코드에 무엇이 포함되어 있는지 깨달아야 한다.

"WQ-General"탭은 그림 4-28에서 보는 바와 같다. 몇 개의 사용자 옵션들은 여러 모듈 중 하나로부터 Global Kinetic Options를 설정하는 것을 포함한다. EFDC_EPA 버전에 대해서 표준 동역학 모델은 Module 3에 포함되어 있다(ISWQLVL=1). 다른 동역학 모듈들이 표준 시그마 모드에서 EFDC_EPA 버전을 사용할 때 주의해야 하지만, 한편 GVC옵션이 선택된다면 오직 모듈 3이 작동된다. EFDC_DS 버전에 대해서 표준 완전 모듈은 Module 1(ISWQLVL=1)이다. 일단 동역학 옵션이 선택되면 사용자는 선택된 동역학 옵션 안에 어느 변수들이 변경되고 모의될 것인가를 선택할 필요가 있다. "Params"버튼을 클릭하면 모의(즉 이류와 발산)를 켜거나 끌 수 있는 변수들의 목록이 튀어 나온다. 그러나 변수가 모의되지 않는다 할지라도 그것은 여전히 동역학의 일부이기 때문에 IC 농도가 모든 동역학 계산을 위해 사용된다.

수질 종속모델을 초기화하기 위한 최상의 방법은 다른 모델로부터 얻은 데이터를 사용하여 현재의 모델을 초기화하는 것이다. 이것은 "Miscellaneous"프레임에서 "Initialize WQ-Parameters from File"를 사용해서 수행된다. 이 작업은 수질모델을 만들 때 처음에 단지 한번으로 수행되어야 한다. 이 과정들은 모든 현재 모델의 설정들을 덮어쓰게한다. EFDC는 많은 수질변수들에 할당을 위한 수층 지대(zone)을 허용한다. 수질 지대들은 "Define Zones"버튼을 사용해서 설정될 수 있거나 ViewPlan(Water Column/Wtr Quality는 그 때 "Q Zones"체크박스를 선택)에서 설정될 수 있다. "Define Zones" 버튼을 클릭하면 "Apply Cell Properties via Polygons"폼이 튀어 나온다. 여러분은 "Number of Kinetics Zones" 박스에서 원하는 지대의 최대 수를 우선 기입해야 한다. 이 수는 모델 작성 동안 언제라도 변경될 수 있다.

지대들은 수층과 셀에 의해서 할당되고 그래서 만일 KC가 1보다 크다면, 같은 셀이 그 것에 할당된 하나의 지대보다 더 많은 셀을 갖는 것이 가능하다. 지대에 의해서 변하는 변수들은 "Water Quality Kinetics"프레임에서 보는 바와 같다. 지대에 의해서 달라질 수 있는 3개의 변수그룹들이 있다. 각 그룹들은 지대들을 사용하든지 안하든지 그 그룹에 대한 체크박스를 사용하여 분리하여 제어된다. 각 그룹에 대한 "Current Zone"의 특정변수들은 "Modify" 버튼을 클릭하여 수정된다.

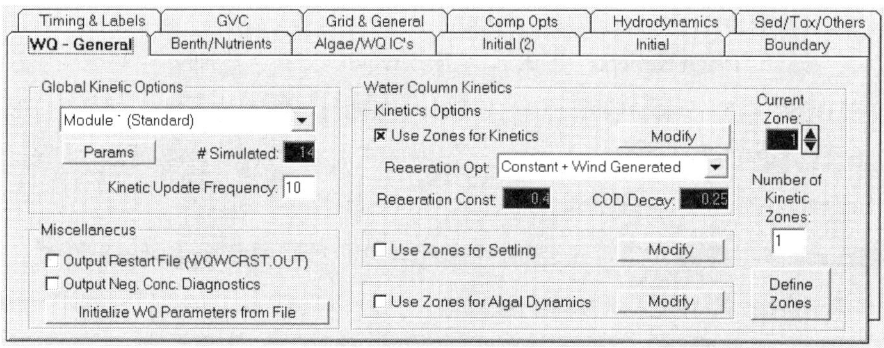

그림 4-28 수질 - 일반 탭

4.8 저서생물/영양물질

그림 4-29에서 보는 "Benth/Nutrients"탭은 많은 기초 영양물질 변수는 물론 유사진단/저서생물 플럭스(flux)의 설정을 하도록 한다. 영양물질 변수들은 영양물질의 형태에 의해서 그룹이 만들어져 왔으며 각자의 버튼을 클릭하여 편집될 수 있다. 예를 들면 질소 설정을 편집하기 위해 사용자는 "Nitrogen" 버튼을 클릭해야 한다.

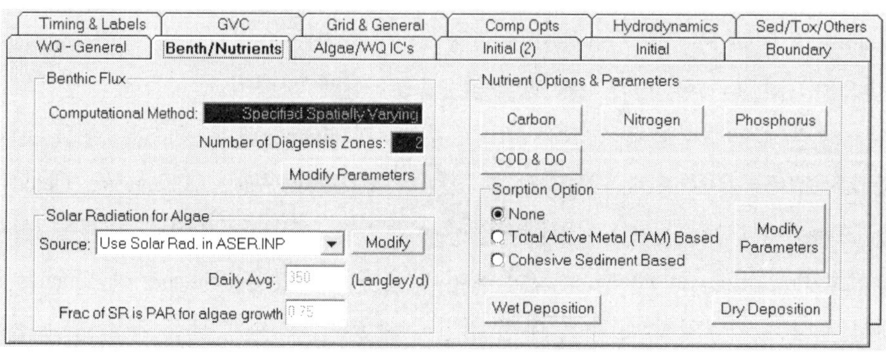

그림 4-29 저서생물/영양물질 탭

선택된 동역학 모듈을 가지고 모의되고 있는 성분들에 대한 기상학적 젖은 체적농도들은 "Wet Deposition" 버튼을 눌러 편집된다. 건조한 퇴적토 플럭스들은 "Dry Deposition"버튼을 눌러 편집된다.

영양물질과 저서생물 플럭스의 계산을 위한 옵션들은 "Benthic Flux"프레임에서 "Modify Parameters" 버튼을 사용하여 설정된다. 그 버튼을 클릭하면 그림 4-39에서 보는 바와 같은 폼이 튀어 나온다. 맨 위 프레임 "Benthic Nutrient Flux Method"는 EFDC의 저서생물 플럭스 계산법을 제어하는 옵션이다. 만일 영양물질 플럭스들이 시간과 공간에서 상수나 변수 중 하나로 지정된다면 그 때 진단 탭들이 사용되지 않는다. 만일 "Full Diageneseis Model"(DiToro & Fitzpatrick, 1993) 옵션이 선택된다면, 그 때 3개 진단 탭들이 사용자로 하여금 진단 변수들을 지정하도록 이용될 수 있다.

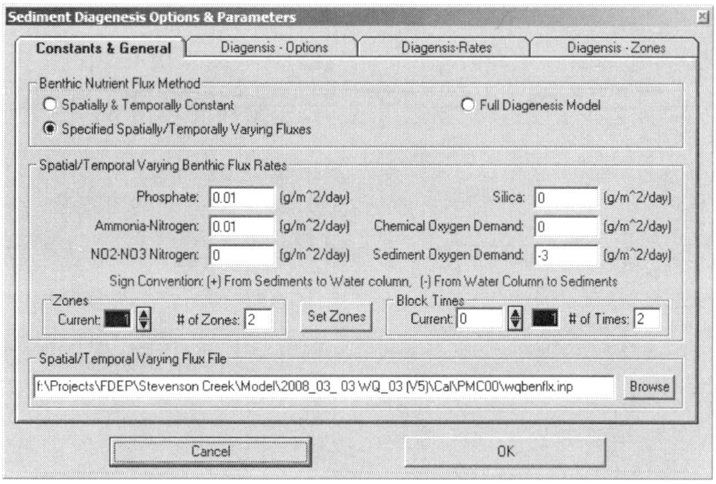

그림 4-30 유사 영양물질 플럭스 - 유사진단 옵션과 변수

그림 4-31은 진단 변수들을 정의하기 위한 진단 탭들 중 하나를 보여준다. 모든 진단 변수들을 초기화하기 위한 최선의 방법은 "Load Settings" 버튼을 사용하는 것이다. 이것은 또 다른 프로젝트로부터 기존 WQSD3D.INP 읽고 로드된 프로젝트의 설정들을 가지고 현재 프로젝트에 대한 설정들을 초기화할 것이다. 사용자가 변수들을 초기화한 후에 그들은 모델 개발단계 중에 설정들을 수정할 수 있다. 체서피크만 ICM 적용(Cerco & Cole, 1995)로부터 진단 값들은 진단모델의 변수화에 관한 좋은 출발점을 제시한다.

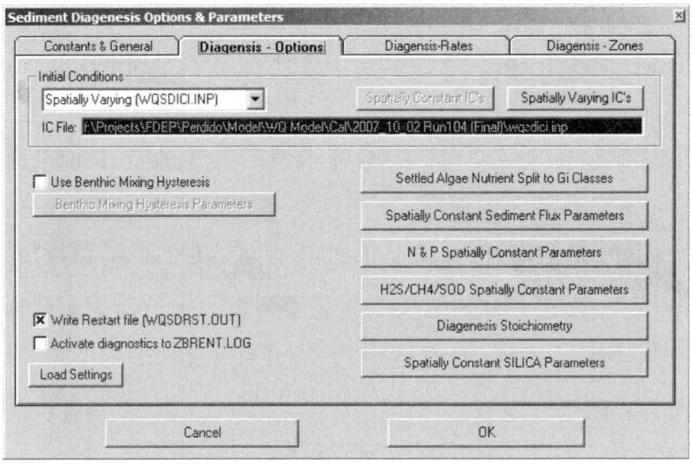

그림 4-31 유사진단 : 진단 - 옵션

진단 운동변수들에 부가하여 하상유사 진단 초기농도들은 역시 지정할 필요가 있다. 이것은 "Spatially Varying IC"'버튼을 사용하여 각 변수에 대한 측정 데이터를 적용하여 완성될 수 있다. 이 버튼을 누를 때, 그림 4-32와 같은 폼이 표시된다. 이 때 요구되는 변수들 각각에 대해 사용자는 모델에서 데이터를 보간할 수 있다. 각 영양물질 반응등급, 즉 G1(가장 높은 반응), G2와 G3(최소 반응이나 불활성)는 분리해서 지정하지 않으면 안 된다. "Operator"는 계수에 사용되거나 그렇지 않으면 보간된 데이터장을 수정하거나 앞서 정의된 초기조건 데이터장을 수정하는데 사용될 수 있다. 이 데이터는 한 번의 작동이나 "Poly File"을 지정하여 단지 선택된 셀만을 사용해서 전 모델에 대해 보간될 수 있다.

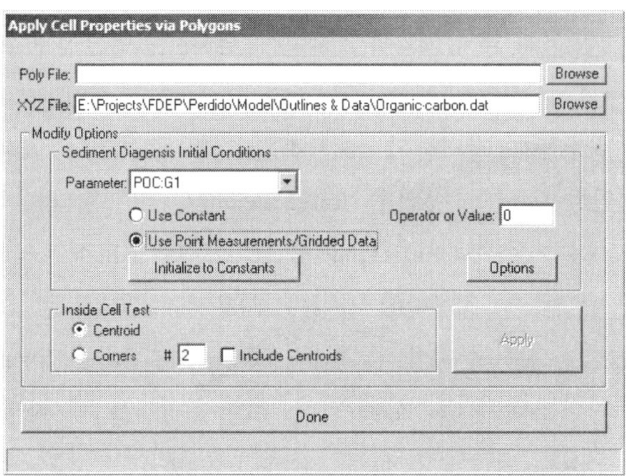

그림 4-32 유사진단: 초기조건 설정

사용자는 "Initialize to Constants"버튼을 사용하여 일련에 상수들에 대한 공간장(spatial field)를 초기화할 수 있다. 하상유사 진단은 하상유사 이송 종속모델 규정, 쇄굴, 퇴적 과정에 어떤 식으로든 연결되지 않음을 유의해야 한다.

진단 동역학 변수들은 지대들로 분할될 수 있다. 그림 4-33은 지대들을 설정하고 특정 변수들을 할당하도록 한다. 필요한 구역들의 최대 수는 "Maximum Number of Zones" 필드에서 적당한 수를 기입하여 설정된다. 특정 지대를 편집하기 위해 사용자는 up/down 화살표 제어키를 사용하여 원하는 지대를 스크롤해야 한다.

지대들과 지대의 특정변수들을 보기옵션인 "Diagenesis"를 선택한 다음 "Show Zone"옵션을 체크하여 ViewPlan을 이용하여 보면서 편집할 수 있다. 만일 "Enable Edit"가 체크 된다면 그 때 셀 위의 RMC는 사용자로 하여금 진단지대의 동역학 변수들에 해당하는 셀을 편집 가능하도록 한다. 셀의 진단지대 할당은 속성복사기능을 사용하여 편집될 수 있다.

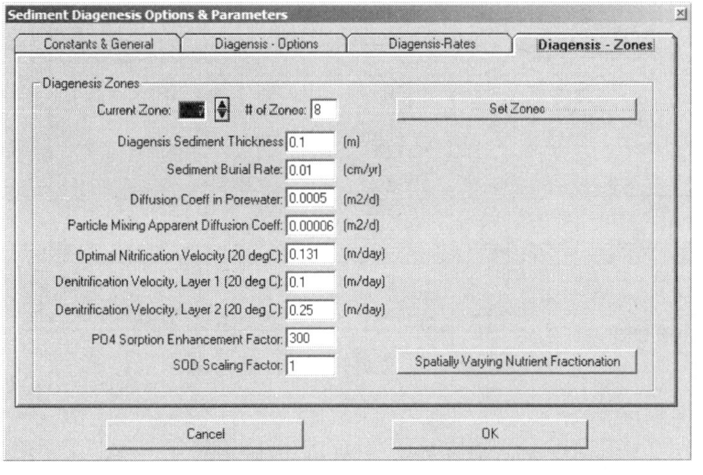

그림 4-33 유사진단: 진단 동역학 지대

4.9 조류/수질 초기조건

그림 4-34는 "Algae/WQ IC(조류/수질 초기조건)"을 위한 탭을 나타내고 있다. "Algae Options"프레임은 누르게 되면 사용자가 논리적 변수그룹의 조정을 가능하게 하는 몇 개의 버튼들이 나온다. 예를 들면 "Algae Dynamics"버튼은 그림 4-35에서 보는 바와 같은 폼을 출현시킨다. 이것은 사용자가 기본 조류나 "Background" 조류 성장률의 수정을 가능하게 한다.

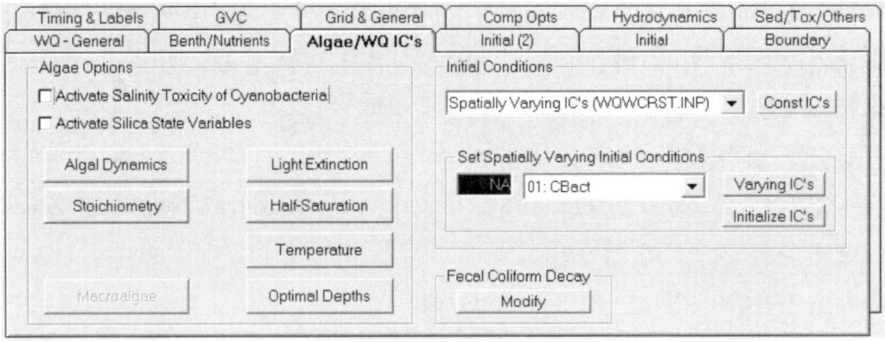

그림 4-34 Algae/WQ IC's 탭

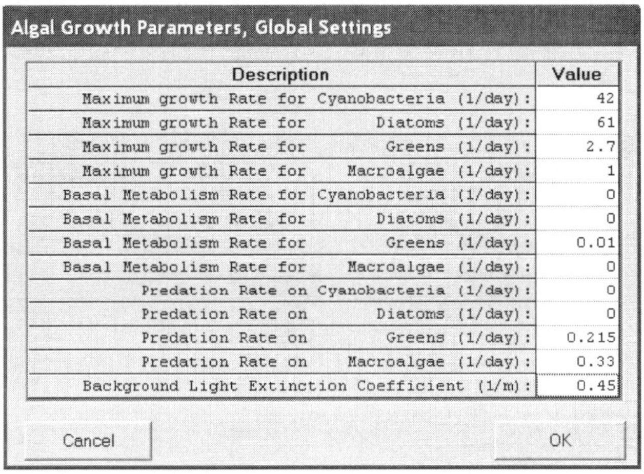

Description	Value
Maximum growth Rate for Cyanobacteria (1/day):	42
Maximum growth Rate for Diatoms (1/day):	61
Maximum growth Rate for Greens (1/day):	2.7
Maximum growth Rate for Macroalgae (1/day):	1
Basal Metabolism Rate for Cyanobacteria (1/day):	0
Basal Metabolism Rate for Diatoms (1/day):	0
Basal Metabolism Rate for Greens (1/day):	0.01
Basal Metabolism Rate for Macroalgae (1/day):	0
Predation Rate on Cyanobacteria (1/day):	0
Predation Rate on Diatoms (1/day):	0
Predation Rate on Greens (1/day):	0.215
Predation Rate on Macroalgae (1/day):	0.33
Background Light Extinction Coefficient (1/m):	0.45

그림 4-35 조류 동역학 변수 폼

"Initial Conditions"프레임에서 사용자는 각각의 수질변수에 대한 공간적으로 일정하거나 공간적으로 변하는 초기조건들을 선택할 수 있다. 수질변수들에 대한 공간적으로 변하는 초기조건들을 설정하기 위해 사용자는 "Apply Cell Properties via Polygons"유틸리티를 사용하여 모델 셀 상의 데이터를 보간 하지 않으면 안 된다. EFDC 모델이 공간적으로 변하는 초기조건을 사용한다면 그 때 사용자는 어떤 입력데이터 형식을, (즉 WQWCRST.INP나 WQICI 형식 중) 사용할 것인지 지정하지 않으면 안 된다. EFDC_Explorer는 지정된 형식으로 초기조건을 생성할 것이다. "Initialize IC"버튼을 누르면 공간적으로 변하는 초기조건과 같은 값들은 모든 변수들을 위한 전체 지역에 할당한다.

사용자는 후에 ViewPlan을 사용하여 이들 초기조건 데이터장의 어떤 값들을 편집할 수 있다 ("Enable Edit"가 체크 되어야 한다). 데이터를 접속하기 위해 사용자는 주 보기옵션으로서 "Water Column"을 선택하야 한다. 그 다음은 종속 옵션으로서 "Water Quality", 그 다음은 원하는 변수를 선택해야 한다.

4.10 초기 조건

그림 4-36은 초기조건들 중 하나를 보여주고 있다. 이것은 바닥고, 수심, 수층 변수("Algae/WQ IC" 탭에서 설정되는 수질 변수를 제외하고), 하상유사 이송과 하상 온도 종속 모델에 대한 초기조건을 할당하는 기능들을 포함하고 있다. 많은 이 기능들은 모델격자에서 데이터를 보간하기 위해 공통 접근법을 사용한다. 이 접근법은 다음 절에서 논의된다.

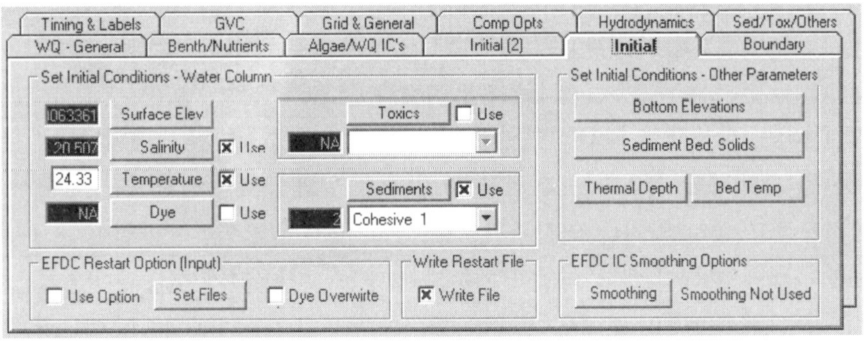

그림 4-36 초기조건 탭

4.10.1 폴리곤에 의한 셀 속성 적용

가끔 EFDC_Explorer는 전체 모델영역을 가로 지르거나 다양한 수층, 유사 그리고 다른 공간적으로 변하는 일부 변수들과 농도들에 일정하거나 공간적으로 변하는 값들을 할당을 필요로 한다. "Apply Cell Properties via Polygon"폼은 필요한 일반적 목적을 위해 수평 공간 할당기능을 제공한다. 이 유틸리티는 배경/변수에 민감하고 사용자가 데이터에 대해 요구하거나 지정하는 것을 토대로 여러 옵션들과 기능들을 가지고 있다.

"Poly File" 필드는 하나 이상의 많은 폴리곤들을 포함하는 폴리곤파일(P2D나 DAT형식)을 지정하기 위한 선택적 텍스트박스다. 폴리곤 속에 있는 셀들은 "Inside Cell Test"옵션들을 사용하여 "Modify Options"프레임에서 지정되는 옵션들에 의해 조정될 것이다. 만일 "Poly File"이 사라진다면, EFDC_Explorer는 모델의 모든 셀들을 사용할 것이다.

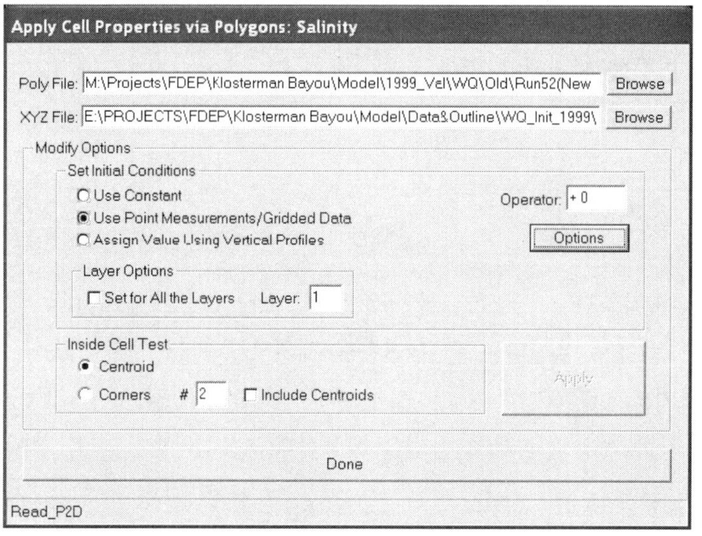

그림 4-37 폴리곤에 의해 셀 속성 적용

"XYZ File"는 사용자가 EFDC 셀들에 할당하기 원하는 측정된 데이터나 그렇지 않으면 계산된 데이터를 확인하는 선택적 파일이다. 일반적으로 사용자가 단순히 상수를 셀들에 적용하고 있지 않거나 연산자를 적용하고 있지 않으면 이 파일이 요구된다.

"Modify Options"프레임 하에 다양한 기능과 특징들은 사용자가 할당하거나 수정하고 있는 변수종류나 처리방법을 토대로 표시될 것이다. 이 경우로(그림 4-37) 염도가 할당되고 있다. 사용자는 현재 규정된 필드에 하나의 연산자를 적용하거나 선택된 셀("Poly File"을 통하여)에 대한 "XYZ File"속의 데이터의 보간 중 하나를 선택할 수 있다.

최 근접 접근법이 격자에서 수평 공간데이터를 보간 하기 위해 사용된다. 이것은 수층을 위한 방법이기 때문에 사용자는 이 할당이 어느 층을 위한 것인가를, (즉 한 층을 위한 것이거나 모든 층을 위한 것 중) 지정하지 않으면 안 된다.

이 "Options"버튼은 사용자로 하여금 보간옵션을 변경하도록 하는 폼을 출현시킨다. 수심이나 파랑 변수들이 설정됨에 따라 "Options"버튼은 역시 사용자로 하여금 로데이터(raw data) 지대 옵션들을 정하도록 한다. 요구받은 보간절차를 적용하기 전에 띠 모양의 지대 옵션들은 간단히 로데이터를 지정된 여러 X와 Y 지대(지대 가장자리를 취급하기 위한 오버레이를 가진)들로 자동적으로 나눈다. 이것은 현저하게 정확도에서 손실 없이 많은 적용을 신속히 처리한다. 만일 로데이터가 수많은 데이터점들을 가진다면 띠 모양의 배열(zonation)을 추천한다. EFDC_Explorer는 실질적인 할당을 하기 전에 각 지대에 데이터점 수의 범위를 알려준다.

수심과 파랑데이터들 위해 사용자는 셀 할당, 공간 보간을 위해 최 근접점이나 각 셀 안에 평균데이터 값을 이용하는 두 가지 선택을 가진다. 만일 XYZ데이터가 모델 셀 크기에 비해 매우 조밀하다면 그 때 최선의 접근법은 셀 평균법을 사용하는 것이다. 그러나 만일 XYZ데이터가 모든 이용가능 한 모델 셀에 대해 적어도 한 값을 완벽하게 할당할 만큼 조밀하지 않다면 그 때 최 근접점 보간옵션이 더 알맞다.

"Apply" 버튼을 누르면 EFDC_Explorer는 요구된 옵션들을 수행하게 한다. 여러분은 옵션을 변경하고 "Apply"를 누르면 일련의 연산들을 수행할 수 있다. 예들 들면 여러분은 센티미터(cm) 단위를 가진 데이터 파일로부터 수위를 설정할 수 있는데 그 때 "Constant"들을 변경하고 수위를 미터로 변환하기 위해 "Operator"를 "100"으로 변경한다. 현재 변수를 할당/편집을 마쳤을 때, EFDC_Explorer 메인 폼으로 돌아가기 위해 "Done"버튼을 누른다. "Done"버튼은 아무 일도하지 않고, EFDC_Explorer 메인폼으로 되돌아가게 한다.

4.10.2 초기조건 설정 – 수층

이 절은 수층 변수들을 위한 초기조건들을 할당하는데 사용자를 지원하는 방법들을 포함하고 있다. 각 변수에 대한 다음 체크박스들은 EFDC가 이들 초기조건 텍스트 박스들을 읽고 사용하도록 기호를 설정한다. 이 박스의 변수 버튼을 누를 때(예를 들면 "Salinity"), "Apply Cell Properties via Polygons" 폼이 그 변수를 위한 적당한 옵션들을 표시한다(즉 그림 4-37). 공간할당 폼에서 선택된 옵션들에 따라서 초기조건은 여러 번의 조작으로 초기화되거나 수정될 수 있다. 각각의 수층은 지정되어야 하거나 연직으로 균일한 초기조건들을 할당하기 위해 "Set for All Layers"을 선택할 수 있다.

"Apply Cell Properties via Polygons" 폼의 "Assign Value Using Vertical Profiles" 옵션은 사용자가 할당한 수질변수의 수직분포를 담고 있는 데이터 파일(부록 D에 데이터 형식)을 지정할 수 있게 한다. 이 경우에 "XYZFile"은 수직분포 데이터를 담고 있는 파일이 될 것이다. "Apply" 버튼을 누를 때, EFDC_Explorer는 수평과 수직으로(모든 활성층) 수층 초기조건에 대한 데이터를 보간 한다.

4.10.3 재시작 옵션

사용자는 "Ues Option" 체크박스를 선택하여 모델을 재시작(restart)하기 위해 RESTART. INP를 사용할 수 있다. 만일 사용자가 EFDC_Explorer가 재시작 파일들을 구성하기 원한다면 사용자는 "Set File"버튼을 눌러야 한다. 그 버튼을 누를 때, EFDC_Explorer는 필요한 파일들이 존재하는지 알아보기 위해 검토하고(현재 선택된 계산 옵션들을 기초하여), 그리고 만일 존재하지 않는다면 사용자에게 적절한 재시작 파일들을 지정하도록 요구한다. EFDC_Explorer는 현재 프로젝트 폴더에 그 파일을 복사하고 필요하다면 그 파일에 이름을 다시 붙인다(즉 RESTART.OUT→RESTART.INP).

4.10.4 초기치(2)탭

많은 초기조건 옵션들을 위해 현 EFDC_Explorer 버전은 두 번째 초기조건 탭을 가지고 있다. 이 탭의 초기조건 변수는 수위에 대한 "Global Adjustment"이다. 일반적으로 이 변수는 0이 될 것이다.

4.11 경계조건

그림 4-38은 경계조건 정보와 편집 특징들을 담고 있는 "Boundary"탭의 하나의 예들 보여주고 있다. 사용자는 역시 ViewPlan의 "Boundary Condition" 기능으로부터 경계조건들을 보고, 만들고 그리고 편집할 수 있다.

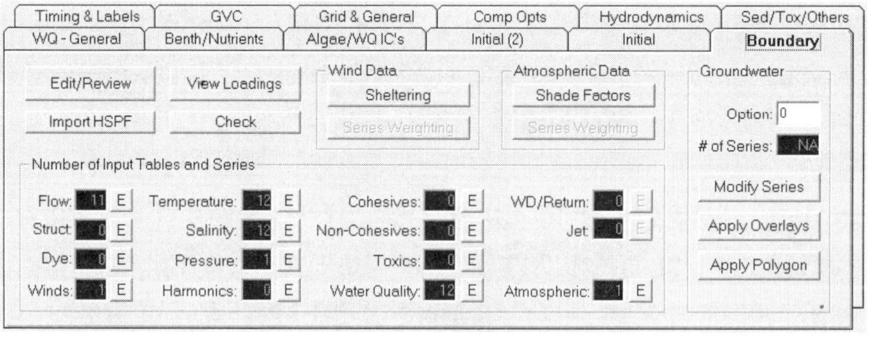

그림 4-38 경계조건 탭

EFDC는 셀 다음 셀 식으로 경계조건들을 적용한다. 그러나 EFDC_Explorer는 경계조건을 취급하기 위해 보다 물리적으로 기초한 접근법을 취한다. 그것은 경계 셀들을 논리적 그룹들(예를 들면 하천유입 유량, 지류, 혹은 한쪽 면의 개방경계 등)로 나누어 무리를 짓는다. 사용자는 이상적으로 그룹을 만들고, 프로젝트에 의미 있는 이름을 붙이고, 저 그룹에 포함된 모든 셀들을 이 그룹에 할당하고(이 작업은 손으로 하거나 폴리라인/폴리곤들을 통해 수행될 수 있다), 그리고 그 다음 경계조건을 설정하게 된다. 경계 그룹 정보는 프로젝트 폴더 내에 위치하고 있는 EFDC.DS 프로젝트 파일에 저장된다. 그러나 만일 EFDC_Explorer가 하나의 프로젝트(EFDC_Explorer를 가지고 관리되지 않는 기존 EFDC모델에 대한 경우)를 로드할 때 현재 그룹들이 없다면 그것은 경계조건 형식과 그들의 위치에 기초한 그룹들로 기존 경계 셀들을 무리 짓는다. 하나의 그룹 속에 유량, 수두, 압력 설정들은 셀과 셀에 따라 변할 수 있으나, 수질 변수들은 동일하지 않으면 안 된다. 이것은 EFDC가 마련한 각 셀에 완전한 지정을 제한하나 경계조건들을 관리하기 위해 보다 많은 논리적 방법을 제공한다. 만일 사용자가 셀 토대로 하나의 셀에 수층 변수들을 지정할 필요가 있다면 EFDC_Explorer 사용자는 하나의 분리된 그룹으로서 각각의 셀을 취급할 필요가 있다.

EFDC에서 사용가능한 경계조건 시계열 데이터는 “Number of Input Tables and Series”프레임에 표시된다(그림 4-38 참조). 현재 정의된 표와 시계열 데이터들의 수가 “E”가 붙은 버튼의 옆에 표시된다. 하나의 시계열 경계조건 편집기는 사용자가 “E”버튼을 클릭하면 표시된다(4.11.7절 참조). 현재 EFDC_Explorer는 “Withdrowal /Return 과 Jet형식의 경계조건을 위한 GUI 기능을 제공하지 않는다. 그러나 만일 사용자가 EFDC_Explorer 밖에서 이것들을 정의한다면, 그 기능들은 EFDC_Explorer가 프로젝트를 읽고 쓸 때 계속 유효하다.

4.11.1 WSER과 ASER을 위한 공간계수

“Wind Data” 프레임은 공간적으로 변하는 WSER옵션들에 접하도록 한다. 방풍계수는 “Sheltering”버튼을 사용하고 ViewPlan에서 편집되어 할당될 수 있다. 만일 여러분이 하나 이상의 WSER 시계열 자료를 사용하고 있다면 여러분은 바람 텍스트박스의 할당을 수행하지 않으면 안 된다. 이것은 “Series Weighting” 기능을 사용하여 수행된다. 공간적으로 변하는 바람지도를 만들기 위해 사용자는 각 지점의 위치(또는 원하는 최대 가중치를 표시하는 위치)가 표시된 XYZ좌표로 표시된 “DAT”파일을 필요로 한다. 그 지점이 현재 할당되어 있는 지점에 따라서 그 세 번째 열은 “0”이나 “1”로 표시되어 있다. 사용된 각 지점에 대한 바람 시계열 자료의 가중치(weight)가 할당되어야 한다. ViewPlan에서 EFDC_Explorer는 각 지점에 대한 바람의 가중치를 표시한 지도나 전체지도를 제공한다(그것이 1.0까지 가산 되도록 보장하기 위한 하나의 QC로써).

“Atmospheric Data”프레임은 공간적으로 변하는 ASER옵션들에 접하도록 해준다. 태양광 음영계수는 “Shade Factor”버튼을 사용하여 할당될 수 있거나 ViewPlan에서 편집될 수 있다. 만일 여러분이 하나 이상의 ASER 시계열 데이터를 사용하고 있다면 여러분들은 대기 시계열 데이터를 배분하지 않으면 안 된다. 이것은 "Series Weighting" 기능을 사용하여 시행된다. WSER시계열 가중치를 위해 논의된 동일한 접근법이 ASER 시계열 가중치의 배분을 위해 사용된다. 사용된 각 지점에 대한 대기의 시계열 데이터 가중치가 배분되지 않으면 안 된다. ViewPlan에서 EFDC_Explorer는 각 지점에 대한 대기 시계열 자료에 가중치 지도나 전체바람 가중치를 제공한다(그것이 1.0까지 가산 되도록 보장하기 위한 하나의 QC로서).

그림 4-39는 WSER 시계열 가중치 중 두개의 도면 예를 보여준다. 그림 4-39(a)는 "Inland "지점에 대한 시계열 가중치를 보여주고, 그림 (b)는 "Coastal" 지점에 대한 가중치를 보여주고 있다. 만일 NASER〉 1이라면 동일한 도면들이 ASER 가중치들에 대해 얻어질 수 있다.

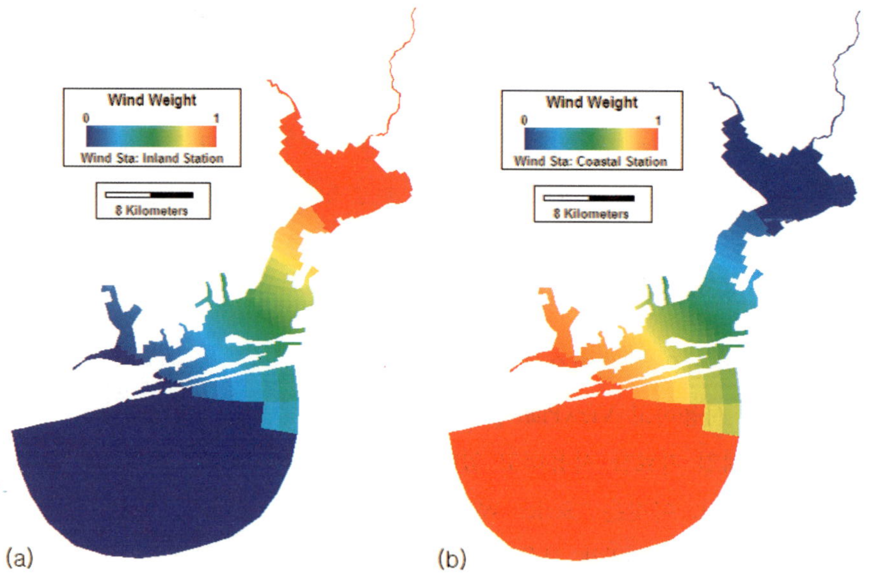

그림 4-39 두 지점에 대한 WSER 시계열 가중치 예

4.11.2 경계조건의 "Edit/Review"

"Edit/Review" 버튼을 누르면 그림 4-40에서 보는 바와 같은 일반적인 "Boundary Conditions Definition/Groups"폼을 접하게 된다. 이 폼은 그룹 ID의 의해서 정의된 경계그룹의 모든 목록을 제공한다. 경계그룹의 목록은 ID에 의해서 분류되거나 그들이 EFDC.INP파일에서 정의된 순서대로 목록에 수록될 수 있다. 맨 위 프레임에 "Number of Boundary Groups", 즉 형식에 의한 현재 정의된 경계 그룹의 수가 표시되어 있다.

하나 이상의 많은 경계그룹들을 신속하게 정하기 위한 하나의 방법(나중에 추가되는 경계조건 세부사항)은 "Batch Define"버튼을 사용하여 이용가능하다. 이 접근법은 단 하나의 파일속에 하나 이상의 많은 폴리라인/폴리곤들을 가진 하나의 P2D파일을 사용한다. 만일 하나의 폴리라인이 열려있다면(즉 첫 번째와 마지막점이 같지 않음), EFDC_Explorer는 한 그룹으로써 선이 교차하는 모든 셀들을 선택할 것이다. 만일 선분이 폐쇄되어 있다면(즉 첫 번째와 마지막점이 동일함), EFDC_Explorer는 한 그룹으로써 중심이 폴리곤 안에 있는 모든 셀들을 선택할 것이다.

사용자가 목록으로부터 경계그룹을 선택할 때, 경계그룹과 여러가지의 경계부하에 관한 정보의 요약이 표시된다. 경계그룹을 편집하기 위해 사용자는 그룹ID를 더블 클릭하거나 "Edit"버튼을 누를 수 있다(4.11.2 참조). 하나의 그룹ID에서 RMC하여 "Insert"(새로운 경계그룹을 추가), "Delete"(현재 선택된 그룹을 삭제) 또는 "View"(주요 부하에 대한 시계열 데이터를 그린 도면 보기)가 가능하도록 하는 팝업메뉴가 나올 수 있게 한다.

이 도구로부터 시계열 데이터의 도면그리기 기능을 사용할 때 모델 모의에 시작과 종료 시간들은 최소와 최대 날짜 범위로 정해진다. 만일 시계열 데이터가 보다 더 길다면 전체 시계열 데이터는 시계열 데이터 편집기를 가지고 볼 수 있다.

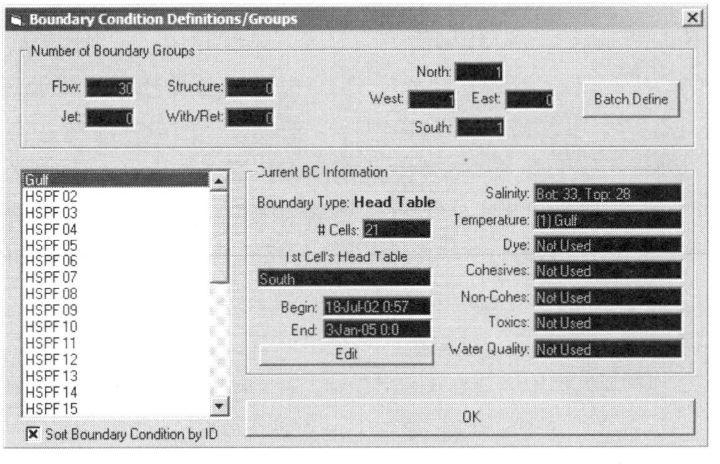

그림 4-40 경계조건 정의/구룹

4.11.3 HSPF 데이터 불러오기

"Import HSPF" 버튼을 누르면 포트란으로 써진 수문 모의 프로그램(HSPF)를 위한 불러오기 기능에 접할 수 있다(Bicknell 등, 2001). 이것은 흐름과 몇 가지 수질변수를 예측하기 위하여 보통 사용되는 하나의 수문 유역모델의 도구이다. 만일 이 도구가 EFDC 모델이 적용되고 있는 유역에 흐름을 예측하기 위해 사용된다면 그 때 이들 결과들은 EFDC를 위한 경계조건들로써 불러들여 올 수 있다.

HSPF 결과에 덧붙여서 "Import HSPF" 도구는 흐름이나 수질변수가 열에 포함되어 있는 어떤 시계열 데이터들을 불러 올 수 있다(즉 Excel 형식의 csv나 tab으로 구분되는 데이터). 그 날짜들은 율리우스력이나 그레고리오력 날짜들이 될 수 있다. 만일 율리우스력의 날짜라면 불러 오기한 시계열 데이터를 위해 사용된 기본 날짜는 EFDC 프로젝트에서 사용된 날짜와 같아야 한다.

그림 4-41에서 보는 바와 같은 불러 오기도구는 시계열 HSPF파일들을 특정 경계그룹에 연결하여 작동된다. HSPF 데이터를 그들에게 연결시킬 수 있는 그룹들은 오직 흐름경계들 뿐이다. 각 그룹은 자신에 HSPF를 가질 수 있고 옵션들을 불러 올 수 있다. 흐름, 온도, 고형물질과 수질은 불러오기 변수 프레임에서 옵션에 의해 선택된다. 각각의 변수의 옵션들을 보기 위해 "Import Parameters"에서 해당 방사상 옵션을 선택하라. 변수가 선택될 때 사용자에게 다음 사항이 가능하도록 옵션 프레임들이 나타난다.

- "Import" 체크박스를 사용하여 현재 그룹에 대한 변수를 불러올 것인가를 선택한다. 현재변수에 대한 모든 그룹들을 활성화하기 위해서 Ctrl-A키를 눌러라.
- 데이터를 담고 있는 열을 설정한다. Column 1은 시작 후에 첫 번째 열이다.
- 파일속에 어떤 단위들을 EFDC를 위한 적절한 단위로 변환하기 위해 변환계수를 정한다. (즉 유량에 대해서 m^3/s, 온도에 대해서 ℃, 그리고 고형물질에 대해 mg/l, 수질에 대해 mg/l 그리고 대장균에 대해 MPN/100ml) 게다가 변환계수는 하나의 성분을 여러 종속성분들로 나누기 위해 사용될 수 있다. 예를 들면 HSPF 실행으로부터 얻은 총 질소유기물은 용해된 질소 성분과 특수(비용해성의 그리고 불안정한)질소 성분으로 나눠질 수 있다.
- 시계열 데이터를 불러 오기위한 어느 시계열 번호를 선택한다. 사용자가 HSPF파일을 불러오는 맨 처음에 "Import into Existing" 체크박스가 선택되어서는 안 된다. EFDC_Explorer는 시계열 데이터를 도입하고, 새로운 시계열 데이터ID를 부가하고, 적절한 경계그룹에 그것을 할당할 것이다. 그러나 만일 HSPF결과들이 새로운 HSPF결과를 토대로 다시 불러오거나 업데이트 되고 있다면 그 때 사용자는 기존 EFDC 시계열 데이터 속에 그 데이터를 불러오고 싶을 것이다. EFDC_Explorer는 불러오기 위해 시계열 데이터 번호를 할당하는 현재 경계정보를 사용하나 그러나 사용자는 필요하다면 그것을 변경할 수 있다. "Import to Existing" 체크박스에 포커스가 있을 때 Ctrl-A키를 누르면 모든 경계그룹들이 현재 그룹과 같은 동일한 그룹을 사용토록 할 것이다. 기존 시계열 데이터를 불러오기 하면 전체 시계열 데이터들을 겹쳐 쓰지 않고, 오히려 그것은 "Begin" 와 "End" 날짜사이에 특정 시계열 데이터 속에 삽입된다.

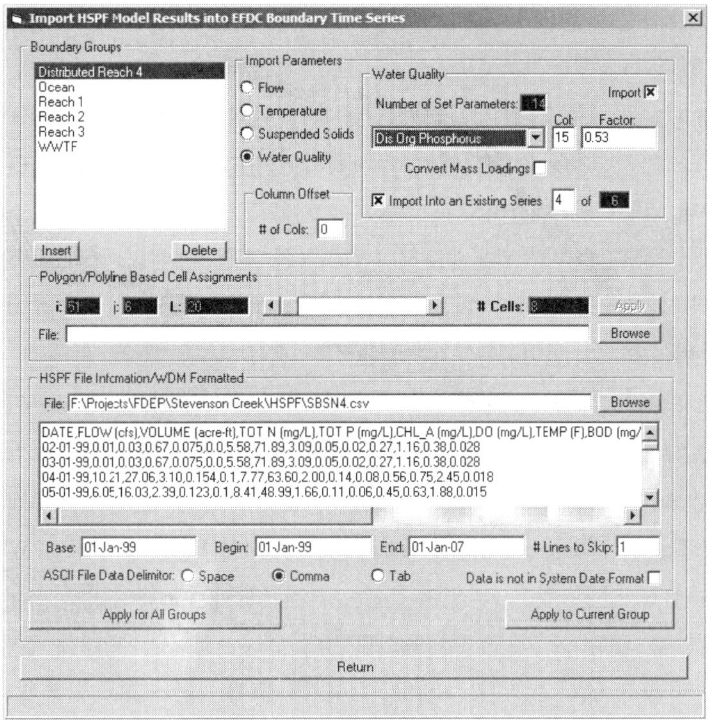

그림 4-41 HSPF 모델 결과 불러오기 유틸리티

- "Column Offset"프레임에 "# of Cols"는 일반적인 시작을 제공한다. 1열(어떤 HSPF 시계열 데이터는 이것을 사용함)에서 "E"가 있거나 날짜열 다음의 열 속에 어떤 다른 정보들이 있다면 이것이 필요하게 될 수 있다. EFDC_Explorer는 열의 시작을 설명한 후에 왼쪽으로부터 첫 번째 열을 날짜/시간의 열들로 사용한다.

고형물질들은 특별한 경우이다. 행으로 HSPF에 대한 고형물질 등급들이 표시된다. 첫 번째 격자열에서("Col") 사용자는 점토, 실트 그리고 모래를 포함하고 있는 데이터 열 번호를 지정한다. 그 다음 사용자는 데이터열에 EFDC 모델의 각 입경등급에 대한 가중치나 계수를 할당한다. 이런 식으로 사용자는 HSPF의 입경들을 그들이 원하는 어떤 EFDC의 입경 등급 속에 결합해도 된다. 만일 각각 행에 대해 합한 등급 가중치가 더해서 1이 되면 HSPF에 의해 예상되는 동일한 질량이 EFDC에 입력될 것이다. 더하여 1보다 큰 값이 되는 가중치를 사용하여 계산되는 HSPF의 입경등급보다 큰 HSPF의 등급의 할당이 가능하다. 같은 접근법이 물론 역으로 성립된다.

HSPF파일들로부터 추출된 주기는 HSPF 미리보기 패널에 밑에 위치하고 있는 입력상자 속에서 지정되는 "Begin"과 "End" 날짜에 의해 제어 된다.

HSPF파일 미리보기 패널은 사용자 참고를 위한 HSPF파일로부터 일부 데이터를 보여준다. 이 예에서 흐름은 2열(0.01cfs)에 포함되어 있고 용존산소는 7열(5.58mg/l)에 포함되어 있음을 알 수 있다.

EFDC_Explorer는 윈도우즈 날짜설정을 사용하여 달력 날짜를 번역한다. 만일 파일들이 다른 날짜설정을 가진 다른 컴퓨터에서 처리된다면 이것은 중요하다(즉 아시아로부터 온 파일들이 미국에 컴퓨터에서 처리되고 있음).

만일 날짜들이 MM-DD-YYYY나 DD-MM-YYYY와 같이 애매하게 작성되어 있다면 여기서 논란이 된다. "1-02-2008"날짜는 윈도우즈 날짜 형식에 따라 01-Feb-2008이나 02-Jan-2008로 번역될 수 있다. 윈도우즈 구성들 간에 날짜 번역 문제를 바로 잡기위해 "Date is not in System Date Format" 체크박스를 선택하라. 이것은 단지 처음 두개의 날짜 텍스트박스의 순서를 역으로 바꿀 뿐이다. 구획문자(delimiter)는 반드시 스페이스, 탭, 콤마로 지정하지 않으면 안 된다. 정확한 구획문자가 연결처리에 앞서 선택되지 않으면 안 된다. 현재 경계그룹에 연결될 시계열 HSPF파일은 "HSPF File Information/WDM Formatted" 프레임에 나타난다. 만일 같은 파일이 모든 경계그룹에 대해 사용될 거라면 사용자는 Crtl-A키를 누를 수 있고 그 때 HSPF 텍스트 박스 모든 그룹들에 대해 같은 파일을 할당하는데 초점을 맞추고 있다. 실제로 HSPF 데이터를 EFDC 경계그룹에 연결하기 위해 사용자는 다음의 하나를 눌러야 한다:

- "Apply to Current Group": 이 버튼은 현재 선택된 경계그룹만을 불러오기 위해 지정된 모든 변수들을 처리한다. 단지 불러오기 위해 선택한 그들 변수들만을 처리한다.
- "Apply for All Group": 이 버튼은 모든 흐름 형식의 경계그룹의 불러오기 위해 지정된 모든 변수들을 처리한다. 각 경계그룹을 위해 정의된 모든 옵션들이 사용된다.

그룹목록에 포커스를 맞추고, 적절하게 "INS"나 "Del"키를 눌러서 그룹들을 추가하고 삭제한다.

4.11.4 경계조건 체크

"Check Boundary Conditions" 버튼은 모든 현재 정의된 일련의 경계조건들의 체크를 수행한다. 정당성을 체크하는 몇 개의 항목들은 다음과 같다:

- I & J 셀 인덱스들은 활성 셀을 가리킴.
- 시계열 데이터 표는 타당함.
- 개방 경계들의 셀에 대한 수두/농도를 맞춤
- 기타사항

만일 오류들이 발견되면 그들은 보고되고 다른 보고서에 넘기기 위해 클립보드에 복사할 수 있다.

4.11.5 부하 보기

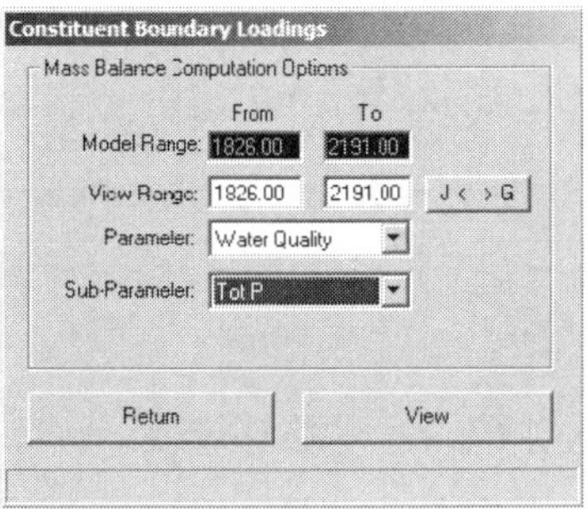

그림 4-42 부하 옵션 보기 폼

"View Loadings" 버튼은 그림 4-42에서 보는 바와 같이 부하옵션 폼이 발생하게 한다. 이 폼은 합당한 모델 시각(모델 시작과 종료시간을 근거한)을 보여주고 사용자로 하여금 모델 날짜 안에 처리하도록 날짜 범위를 선택하도록 한다. 역시 보기 기능으로 그 변수를 볼 수 있다. 이 목록은 계산 옵션들에 따라 변한다.

"View"버튼이 선택될 때 EFDC_Explorer는 모든 흐름 형식의 경계그룹에 대한 시계열 질량부하들을 계산하고 도면에 그들을 표시한다. 표시된 단위들은 사용자가 미터법(metric tons (MT) per day)으로 단위로 설정했는가나 영국단위계(tons (2000 lbs) per day)로 표시하도록 설정했는가에 따라 달라질 것이다. 그림 4-43은 총인에 대한 질량부하의 한 예를 보여주고 있다. 그 때 그래프에 표시된 주기에 대한 총 질량부하를 계산하기 위해 시계열 데이터를 적분하는데 Ctrl-I 키를 눌러라(보다 상세한 사항에 대해 9.1절 참조). 시간단위들이 day이고 질량부하의 단위는 MT/day이기 때문에 변환계수로 숫자 1을 대입하면 MT단위로 기록되는 질량부하가 된다.

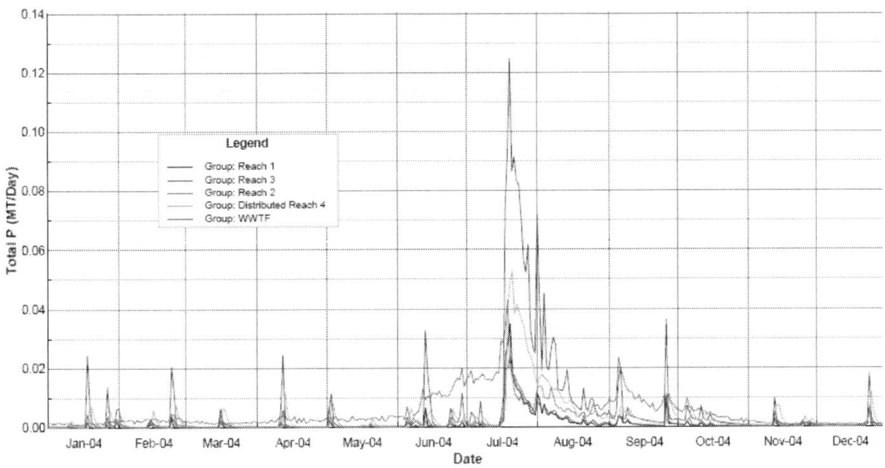

그림 4-43 총인(TP)에 대한 질량하중 보기 예

4.11.6 경계조건 그룹 편집폼

경계조건 그룹의 편집은 "Modify/Edit BC Properties"폼(그림 4-44)에 의해 취급된다. 동일한 폼이 모든 경계형식들에 대해 사용되나 그러나 폼에 포함된 특별한 정보는 경계형식에 따라 달라진다. 폼의 기본 윤각은 유사하다. 맨 위 프레임은 그룹의 수, 현재 그룹번호와 형식 그리고 현재 경계그룹의 ID에 대한 일반 정보를 포함하고 있다. 그 다음 프레임은 현재 그룹에 대한 셀의 사양 정보를 담고 있고 맨 밑의 프레임은 현재 그룹 속에 모든 셀에 대해 고정된 정보와 설정들을 포함하고 있다. 앞에 언급한 바와 같이 시계열 데이터와 상수 데이터 양쪽에 대한 수층 농도 설정은 같은 그룹에 대한 모든 셀들에 대해 고정된다.

"Edit" 버튼은 사용자로 하여금 관련 시계열 데이터를 편집하도록 해준다. 몇몇 텍스트 박스들 다음에 있는 "All" 버튼은 사용자로 하여금 인접 텍스트박스에 지정된 변수를 현재 그룹 속에 있는 모든 경계 셀들에 신속하게 할당하도록 해준다. 예를 들면 그림 4-44에서 보는 바와 같은 "Flow Table" 콤보박스 다음에 있는 "All"키를 누르면 현재 유량표 설정에 "QSER_28" 유량그룹의 모든 셀들에 대해 흐름 시계열 번호가 설정된다.

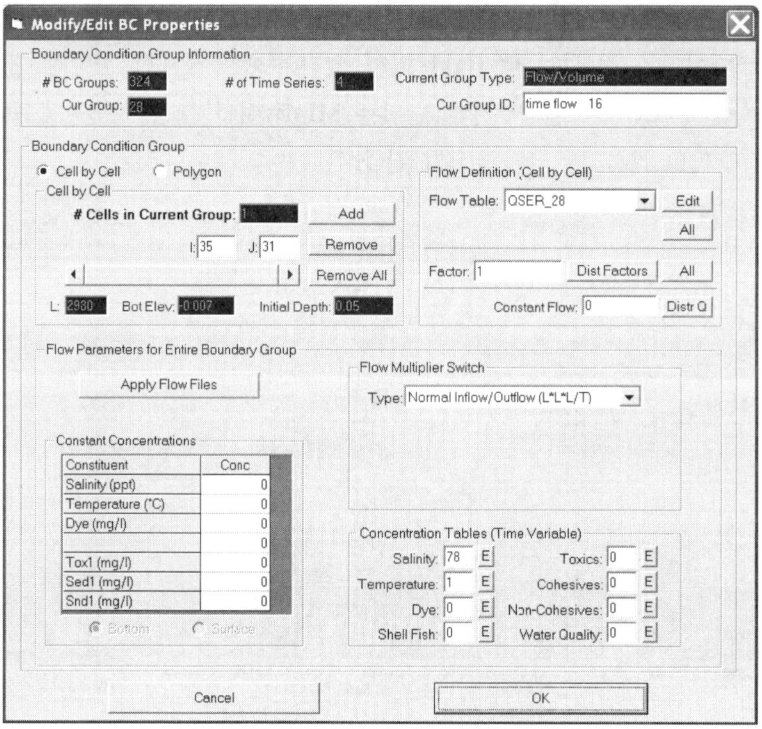

그림 4-44 경계 속성치 수정/편집

“Cell by Cell”옵션을 사용하여 셀은 추가되거나 경계그룹으로부터 옮겨질 수 있다. 초기에 사용자는 그룹에 포함되어야 하는 셀들을 처음 할당하기 위해 폴리곤이나 폴리라인을 선택하기 위해 “Polygon”옵션을 사용할 수 있다. 일단 설정되면 사용자는 정상적인 사용과 편집을 위해 “Cell by Cell”로 스위치를 되돌려 놓아야 한다.

4.11.6.1 유량 경계조건 사양

유량 경계조건을 위해 “Flow Definition” 프레임은 몇 가지의 유용한 기능들을 가지고 있다. 만일 사용자가 몇 개의 셀들을 가로질러 하천유량을 배분할 필요가 있는 강에 대한 하나의 시계열 입력 유량을 가지고 있다면 단 하나의 시계열 유량이 “Flow Table”에 지정될 수 있고 “Factor”가 셀들에게 적절하게 유량을 나누어 주기 위해 설정될 수 있다. 일정한 유입유량은 역시 “Constant Flow” 텍스트박스 다음 “Dist Q”버튼을 사용하여 비슷한 방법으로 분배될 수 있다.

“Constant Concentrations”프레임에 지정된 농도들은 단지 일정한 유량을 가지고 사용될 뿐이다. “Constant Concentrations” 프레임에 5ppt의 일정한 염분농도를 지정하고 그러나 0의 일정한 유량을 지정하면 비록 경계가 시계열 데이터에 의해 할당된 유량을 가지고 있다고 해도 모델에 입력되는 염분농도는 0이 될 것이다. 만일 하나에 시계열 유량을 사용한다면 사용자는 그들이 일정한 값일지라도 염분 농도들을 할당하기 위해 시계열 데이터를 사용하지 않으면 안 된다.

4.11.6.2 개방경계조건 사양

유량 경계조건과 같지 않게 개방경계조건을 위하여 “Constant Concentrations”프레임에 지정된 농도들은 항상 경계할당을 위해 사용된다. “Constant Concentrations”은 정의된 어떤 농도 시계열 데이터에 더해질 것이다. 예를 들면 만일 사용자가 5에서 10ppt까지 변하는 조석의 시계열 농도를 가지고 있고 “Contant Concentrations”프레임에 10ppt 염분 농도를 지정한다면 EFDC는 15에서 20ppt까지 범위를 갖는 시간에 따라 변하는 염분농도를 적용할 것이다.

“Interpolated Series”다음의 두 가지 기능을 접하도록 해준다.

- “Build” 이것은 “Build”키를 누르기에 앞서 할당된 경계를 따른 셀들로부터 보간 된 할당되지 않은 셀들에 대한 새로운 압력 시계열 데이터를 생성함. 보간 된 시계열 데이터는 항상 보간 된 시계열 데이터임을 확인하기 위해 “I:”을 가지고 시작하는 하나의 ID를 가진다. 각각 할당되지 않은 셀은 그 자신에 보간 된 시계열 데이터를 생성한

다음 그 시계열 데이터들은 그 셀에 할당된다. 기존 시계열 데이터에 앞서 할당된 두 개 혹은 그보다 많은 셀들이 요구된다. 개방경계에 끝에 있는 셀들이 이 처리를 알맞게 수행되도록 지정되어야 한다.

- "Reset" 이것은 현재 경계그룹을 스캔하고 "I:"을 가지로 시작하는 압력시계열 ID를 셀들을 찾는다. 만일 그것이 보간 된 시계열 데이터를 가진 셀들을 찾으면 그것은 그 시계열 데이터를 삭제하고 압력 시계열 데이터 인덱스를 0으로 설정한다(즉 할당을 재설정).

4.11.7 시계열 편집 폼

시계열 데이터를 부하하는 모든 경계를 위해 요구되는 공통 기능은 이들 시계열 데이터들을 편집, 보기 그리고 비교해야 할 필요성이다. 이들 처리 방법들과 다른 시계열 유틸리티들은 "Data series" 시계열 데이터 관리 폼을 사용하여 이용가능하다(그림 4-45). 이 폼은 몇 개의 단락들로 나누어진다.

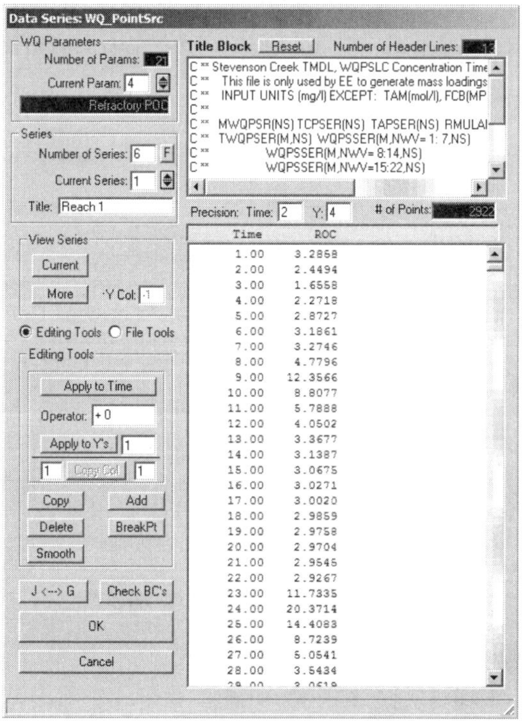

그림 4-45 시계열 경계조건 편집기

"Title Block"은 EFDC가 특정 경계파일을 요청하는 제목의 편집을 표시하고 가능하게 한다. 데이터 라인들의 수는 경계 부가파일들에 의해 변한다. EFDC_Explorer는 각 형식의 파일들을 위해 정확한 머리글의 라인 수가 사용되기를 확실히 요구한다. "Reset"을 누르면 프로젝트의 특정 라벨로 "Project Title"을 사용하여 그 파일형식에 대한 "Standard" 머리글을 현재 머리글에 덮어쓴다. 사용자는 역시 머리글을 손으로 편집해도 되고 EFDC_Explorer는 그 편집 글들을 보존할 것이다.

때때로 시계열의 형식은 주어진 시계열에 대해 고정된 그룹들이 있다. 이것은 유사, 독성 그리고 수질에 관한 경우이다. 시계열 데이터를 보고 편집하기 위해 사용자는 시계열(예를 들면 그림 4-45에서 "1")과 하나의 그룹(예를 들면 난분해성 유기탄소에 대해 4)을 지정하지 않으면 안 된다. 그 때 사용자는 현재 선택된 시계열/그룹을 편집, 그리기, 비교, 복사 등을 할 수 있다. 만일 시계열의 형식이 그룹(예를 들면 유량)을 사용하지 않는다면 그 때 그룹프레임은 표시되지 않을 것이다.

"View Series"프레임은 사용자에게 시계열 데이터들을 그리는 능력을 제공한다. "More" 버튼은 다른 정의된 시계열 데이터들을 서로 비교 하거나 선택된 필터들을 적용한 후에 시계열 데이디를 보여주는 거와 같은 부가적 그리기 기능들을 접하게 해준다. "Edit Tools"와 "File Tools"옵션 버튼들은 이 버튼들 밑에 프레임의 기능을 변경한다. "Edit Tools"는 기본 프레임이다. 이 옵션을 사용자로 하여금 "Operator"를 날짜 열이나 어떤/모든 데이터 열, 혹은 어떤 범위의 열들에 적용하도록 해준다.

- "Copy" 현재 데이터 열의 목록 끝의 새로운 데이터 열에 현재 데이터 열을 복사하기 위한 명령어.
- "Add" 이것은 지정된 데이터 열을 현재 데이터 열에 덧붙인다. 이 절차들은 그 결과들을 현재 데이터 열에 덮어씌우는 작업들이다. 그 때 시각을 맞출 필요는 없다. EFDC_Explorer는 현재 데이터 열의 시각을 사용하고 현재 데이터 열의 시간으로 두번째 시계열 값들을 계산한다.
- "Delete" 이것은 현재 데이터 열을 삭제한다. 현재 데이터열 위에 모든 데이터 열의 번호는 다음 보다 낮은 번호로 다시 번호를 부여하고 그리고 이들 데이터 열들을 사용하는 경계조건들이 업데이트 된다.
- "BreakPt" 이 기능은 현재 시계열 데이터를 중단한다. 중단절차는 동일한 값(사용자가 지정한 허용치 범위 안에)을 갖는 연속 점들을 제거한다. 그리고 똑같은 값을 가진 첫 번째와 마지막 점들은 지우지 않고 남겨 둔다. 중단점이 사용된 데이터 열의 한 예는 다음에서 보여준다.

Raw series		Breakpointed series	
X	Y	X	Y
1.0	0.2	1.0	0.2
2.0	0.3	2.0	0.3
3.0	0.3	5.0	0.3
4.0	0.3	6.0	0.4
5.0	0.3		
6.0	0.4		

- “Smooth” 이것은 현재 시계열을 스무딩(smoothing) 처리를 적용한다. 가중치들은 1/6, 2/3과 1/6이다. 단 하나의 패스가 적용된다. 사용자는 원하는 스무딩을 얻기 위해 반복적으로 스무딩 처리를 적용할 수 있다. 현재 데이터 열에 스무딩 처리의 결과를 덮어쓰기 때문에 우선 스무딩 처리가 안 된 시계열 데이터를 내보내기(시계열 그리기 기능을 가지고)하는 것이 유용하다. 스무딩 처리가 적용될 때 사용자는 비교를 위해 원래 시계열 데이터를 불러오기 할 수 있다.

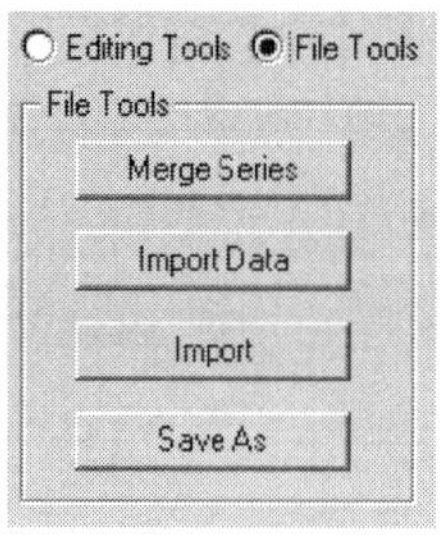

“File Tools” 옵션 프레임을 여기서 보는 프레임으로 변경한다. 옵션의 목적은 기존 데이터 파일들로부터 시계열 데이터들을 거치하는 방법을 제공하는데 있다. 기존 파일들로 부터 불러오는 것에 덧붙여서 사용자는 형식들이 서로 맞는 한 데이터를 또 다른 운용 프로그램(예를 들면 엑셀)으로부터 얻은 시계열 데이터 속에 붙여 넣기 할 수 있다.

- “Merge Series” 이것은 존재하는 ASCII데이터 파일을 불러오고 그 다음 현재 데이터 열 시각에서 그 데이터 열들을 보간 한다. 이것은 특별히 같은 데이터 열에 대한 복수 그룹들을 같은 시계열 데이터에 대해 유용하다(즉 유사, 독성 그리고 수질). 그림 4-46은 ASCII 시계열 데이터의 불러오기 폼의 하나의 예를 보여주고 있다.
- “Import Data” 이것은 존재하는 ASCII데이터 파일을 불러오고 현재 데이터 열을 새로운 데이터로 대체한다. “Merge Series”를 위해 사용된 같은 불러오기 폼(그림 4-46)이 바로 이 기능을 위해 사용된다.
- “Import” 이것은 현재 시계열 형식에 맞는 EFDC의 시계열 데이터를 불러온다(즉 유량을 편집한다면 이것은 QSER.INP파일을 불러올 것이다). 현재 경계형식을 위한 모든

현재 정의된 데이터 열들은 불러 오기한 파일들의 내용으로 덮어 씌워질 것이다.

- "Save As" 이것은 사용자로 하여금 현재 모든 경계형식에 데이터 열을 EFDC의 형식의 파일에 쓰도록 한다. EFDC_Explorer는 프로젝트 저장과정 중에 이 파일들을 쓴다. 그러나 이 기능은 편집과정 중 백업을 위하거나 다른 사용자의 필요성을 위해 출력을 제공하는데 유용하다.

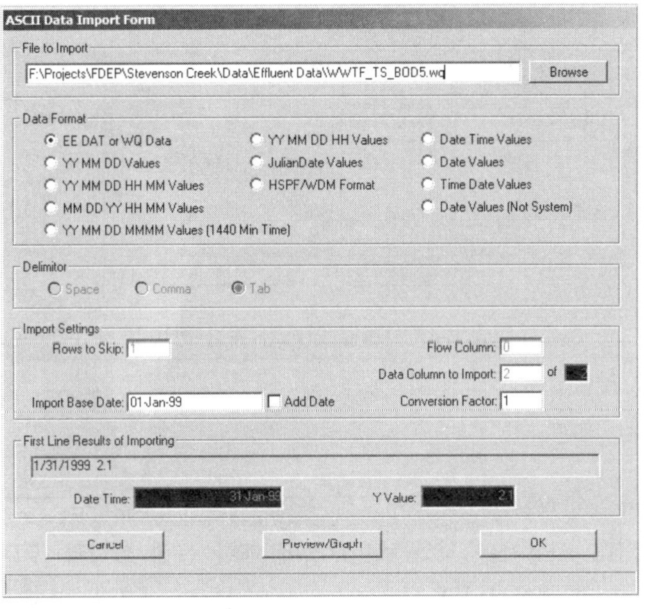

그림 4-46 시계열 ASCII 데이터 불러오기 폼

다음은 ASCII데이터 불러오기 폼에 대한 빠른 길잡이를 제공한다:

- "Browse" 버튼을 사용하여 불러오기 위한 데이터 파일을 선택한다.
- 구획문자를 선택한다.
- 선택된 "Data Format"에 따라 다른 옵션들이 역시 "Delimitor"와 "Import Setting"프레임에서 선택될 필요가 있을 것이다.
- "Data Column to Import"는 Y데이터 포함한 열 번호를 가리켜야 한다.
- 변경이 있을 때 "First Line Result of Importing"프레임 에서 정보는 현재 설정들의 결과를 제공한다.
- 불러오기 결과가 예상했던 대로 인지 알아보기 위해 현재 설정들의 결과를 미리보기/그래프를 그린다. 만약 아니면 그 데이터 불러오기 도면을 정확할 때까지 필요한 대로 좀 더 조정을 한다.

• 실질적인 불러오기 절차를 끝내기 위해 "OK"를 누른다.

최종적으로 시계열 데이터 폼은 몇 번에 키를 두드리는 기능을 갖는다. 그림 4-47은 도움말의 스크린 캡처를 보여주고 있다(F1).

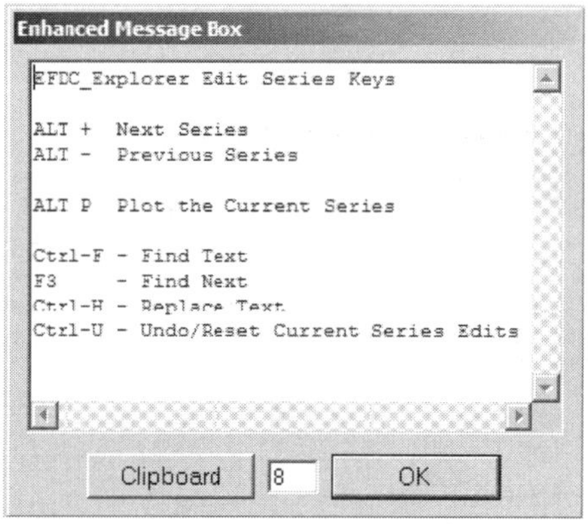

그림 4-47 시계열 단축키 기능 도움말

4.11.8 지하수

"Groundwater Interactions" 프레임에서(그림 4-38) 사용자는 지하수 상호작용 옵션들의 범위를 선택할 수 있다. 사용자는 지하수 변수들에 대한 옵션 설명과 EFDC 기능을 확실히 하기 위해 EFDC코드를 재확인해야 한다. 현재의 옵션들은 다음과 같다:

Option 0	지하수 상호작용의 비활성화
Option 1	흙의 습윤과 건조를 허용
Option 2	지하수 상호작용 허용(GWMAP과 GWSER), 그리고
Option 3	지역들에 의해 모델 밖으로 일정한 지하수 유량을 적용(EFDC_DS에서만 적용)

"Modify Series"지하수등급 데이터에 접하도록 한다(Option 3). 데이터 열의 수는 적절한 상자 속에 입력되고 그 다음 격자는 사용자가 지하수 등급데이터를 지정하도록 해준다. 식생등급 데이터와 함께, ID와 Description이 EFDC_Explorer에 의해서 오직 사용된다.

식생등급과 함께, ID는 "Apply Overlays"버튼을 사용하여 지하수 등급을 EFDC 셀에 일치시키기 위해 다시 사용된다. 식생등급에 대해 논의된 바와 같은 동일한 절차가 여기에 적용된다. "Apply Polygon"버튼은 "Apply Overlays"와 기능면이 유사하나 그러나 폴리곤 파일과 일치하는 ID를 요구하지 않는다. 폴리곤 속에 있는 모든 셀들에 지하수 등급을 배정하기 위해, 폴리곤 파일을 열고 그 다음 지하수 등급을 정하고 그리고 "Apply"버튼을 눌러라.

05 후처리의 메인 폼

EFDC_Explorer의 대부분의 후처리 시각화 기능들을 사용하기 위해서는 ViewPlan과 ViewProfile의 도구상자들을 누르면 되고 그들은 후에 논의된다. 그러나 여기서 후처리 모델 실행을 위한 몇 가지 색다른 기능들이 메인 폼으로부터 이용가능하다(그림 2-1 참조). 후처리 기능들의 관련 프레임은 메인폼의 하단부분에 위치하고 있다. 그 곳의 4개의 탭들은 그 기능들에 접속하도록 해주고(그림 5-1) 그리고 각 탭은 아래에서 논의된다.

탭의 오른쪽에 “Output File Loading” 프레임이 있다. 이것은 모델의 결과를 분석하기 위해 어떤 출력데이터를 로드해야 할 것인가를 선택하는데 사용될 수 있다. “Reload” 체크박스는 파일들이 이미 로드되었을 지라도 EFDC_Explorer로 하여금 출력파일들을 다시 로드하도록 한다. 어떤 오류가 발생하거나 사용자가 실행의 진행을 검토할 때, 이 작업이 필요하다.

사용자는 다음의 절차로 후처리 실행을 검토할 수 있다:

- EFDC실행을 멈춤(EFDC_DS 버전의 경우 아무키나 누르면 실행이 멈출 것이다).
- “Reload” 체크박스를 선택함.
- ViewPlan이나 ViewProfile을 사용해서 모델 진행을 검토한다.
- 만일 모델 실행을 멈추고 조정을 하고 저장하고 재실행하기를 원하면 모델을 다시 시작한다.
- 위 과정을 필요한 만큼 반복한다.

5.1 단면도/시계열 후처리

몇 가지의 단면도와 시계열 옵션들에 접속은 “Profile/Series” 탭에서 가능하다(그림 5-1). 각 주요 옵션이나 기능은 아래에서 논의 될 것이다.

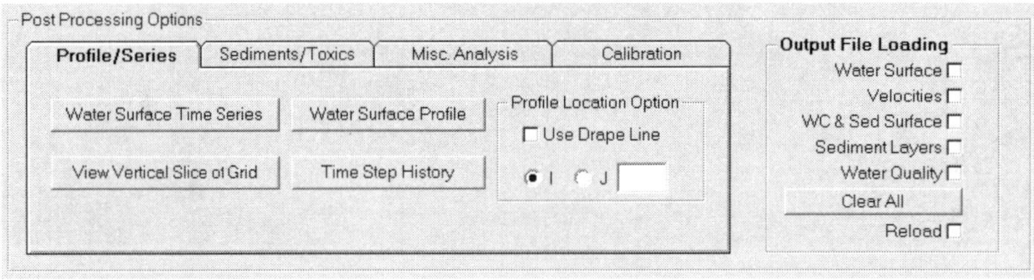

그림 5-1 Profile/Series 탭

"Profile Location Option" 프레임은 미리 설정되어 있어야 ViewProfile이나 또는 그림 5-1에 있는 단면도 보기 옵션을 통해 사용자가 원하는 도면을 출력할 수 있다. 여기서 3개의 단면도 내보내기 옵션들이 있다. 첫째는 사용자는 I인덱스를 설정하여 J축 방향의 활성셀들을 내보내기하던가, 둘째는 하나의 J인덱스를 설정하고 I축방향의 활성 셀들의 단면도를 내보내기 하던가 둘 중 하나를 선택할 수 있다. 그리고 3번째 옵션은 LXLY데이터와 같은 좌표계로 구성된 하나의 폴리라인인 "Drape Line"을 사용하는 것이다. 그 선을 따라 I와 J는 조립이 되고, 그 슬라이스에 대한 단면도가 출력될 것이다. "Water Surface Time Series"의 출력버튼을 누르면, 사용자가 수위나 수심 중 하나의 도면을 얻고 싶은 셀에 대한 최대 10까지의 I와 J인덱스(또는 X와 Y로부터)를 선택할 수 있는 팝업 창이 튀어 나온다.

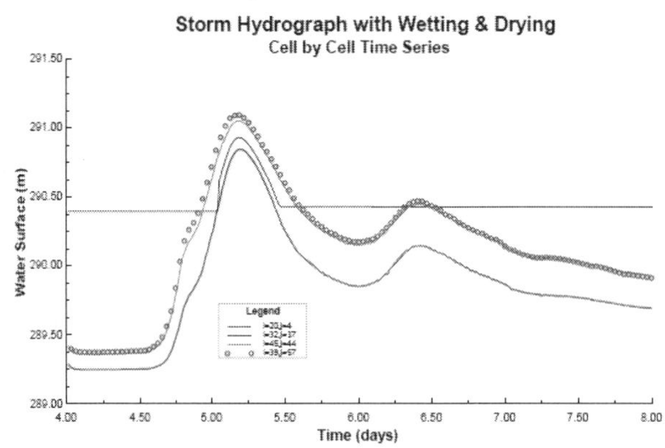

그림 5-2 시계열 수위 그래프의 예

그림 5-2는 범람원의 한 셀에 대한 수위 그래프의 한 예를 보여주고 있다. 이 도면보기의 기능은 수위보기를 할때 도구상자로부터 "Time series" 옵션을 선택하여 ViewPlan을 통해서도 가능하다.

"View Vertical Slice of Grid" 버튼은 "Profile Location Option"프레임의 설정들을 사용해

서 종단면도를 간단히 추출하고 그리고 수층과 소류사 층(만일 KB가 0보다 크다면)을 표시하는데 사용한다. 그림 5-3은 수직단면 슬라이스의 한 예를 보여주고 있다. 만일 드래이프선이나 I/J 추출 인덱스가 비활성 셀을 가로지른다면 그 부분은 빈 간격으로 표시될 것이다. 표시된 수위는 초기 수심에 기초한다.

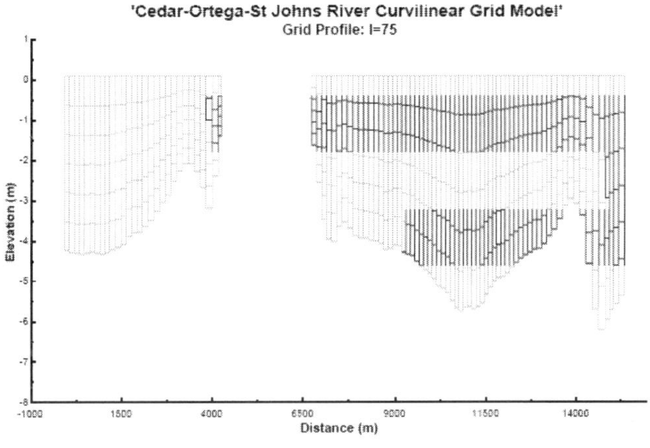

그림 5-3 격자 종단면도의 예

"Time Step History" 버튼은 EFDC가 검토 중인 모의를 위해 사용한 내부 시간 간격의 시계열 그래프를 제공한다. 이것은 모의를 위해 동역학 시간간격을 사용할 때만 특별한 관심을 갖는다.

"Water Surface Profile" 버튼은 "Profile Location Option" 프레임의 설정을 사용해서 수위 종단면도를 추출하고 그 다음 그 결과를 표시한다. 두 선분들이 나타나는데 하나는 수위이고 다른 하나는 바닥고다. 사용자는 1의 스냅숏 증분을 사용하여 PgUp과 PgDn키를 눌러서 모든 스냅숏 시간에 따라 스크롤 업-다운을 할 수 있다. 보다 큰 스냅숏의 증분들은 10의 증분을 위해 Shift키를 사용하고 100의 증분을 위해 Ctrl키를 사용해서 이용 가능하다. 다른 많은 기능들이 F1키를 눌러서 이용 가능하다. XY시계열 그래프의 체제를 잡고, 사용하는 방법에 관한 상세한 설명을 보려면 9절을 보라. 수위 종단면도의 한 예는 그림 5-4와 같다.

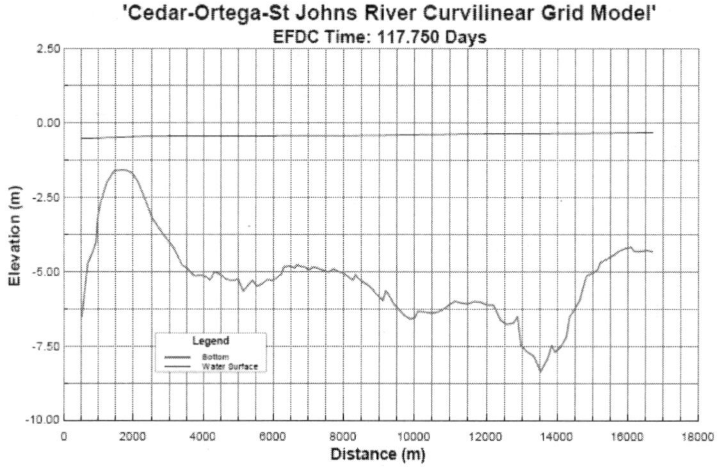

그림 5-4 수심과 함께 수위 종단면도 예

5.2 유사와 독성물질

몇 가지 유사 이송 결과의 후처리 기능들에 접근하기 위해서는 "Sediments/Toxics"탭(그림 5-5)을 누른다. 각각의 주요 옵션이나 특징은 아래에서 논의될 것이다.

"Single Column Sediment Layers"의 모든 프레임에 속하는 특징들은 하나의 셀에 대한 시간에 따라 변하는 유사량을 상세하게 분석하는 기능을 갖고 있다.

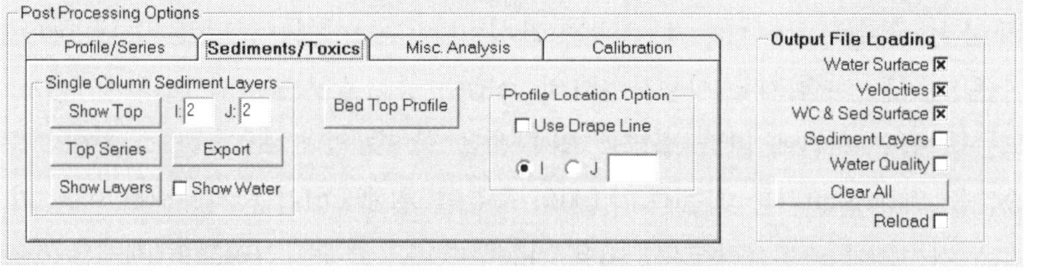

그림 5-5 유사/독성물질 후처리 탭

이 옵션들은 단면도와 유사한 스타일의 단수의 셀 도면을 만드나 그러나 단 하나의 셀에 대해서만 만든다. 여러분은 시간대에 맞추어 때 스크롤 업과 다운하기 위해 PgUp과 PgDn 키를 사용할 수 있고, 시간대에 맞추어 응고정도를 보기위해 도구상자의 애니메이션 버튼을 누를 수 있다.

그림 5-6은 선택된 체크박스 "Show Water"를 가진 "Show Layers"옵션을 사용해서 나온 결과의 예들을 보여주고 있다. 이 예는 바닥고 변화(IMOPH=1)로 인한 단순한 하상응고(IBMECH=1)의 경우이다. 이 때 응고율(SEDVRDT)은 100.000sec로 설정되었다.

유사가 응고할 때(그림 5-6(a)에서 그림 5-6(b)로 변경) 수심은 유사 공극으로부터 물의 유출을 반영하여 수심은 증가한다는 것에 주의하라.

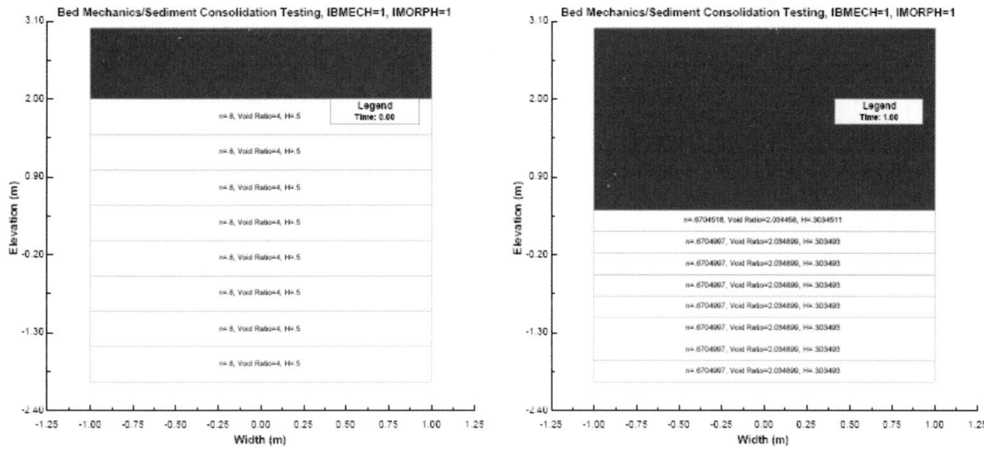

(a) 초기조건 (b) 1일 후

그림 5-6 유사 응고 예

"Bed Top Profile" 기능은 모델을 통해 2D의 수직 슬라이스의 유사농도 분포도를 제공한다. 그림 5-7은 Pa Vinh(Son LA Provinc, 베트남)댐의 방수로 유사 이송해석을 한 하나의 예를 보여 준다. 각각의 막대는 모델 셀을 나타낸다. 보다 두꺼운 위 막대는 총 부유사량의 수층 농도(TSS)를 표시하고 수평으로 배열되어 있는 보다 두꺼운 위 막대는 수층의 총 부유사농도(TSS)를 표시하고, 얇은 밑의 막대는 바닥 유사를 나타낸다. 수층 막대의 높이는 수심을 표시한다. 수층 막대의 색은 범례에 나타나고 있는 시간에서 셀의 TSS농도를 나타낸다. 범례 속에 위쪽 컬러막대의 색의 범위는 색조로 나타낸 TSS값들에 해당된다.

유사막대의 높이는 수층과 상호 작용하고 있는 최상부의 유사층의 두께를 나타낸다. 모의되고 있는 각각의 입경등급에 대한 분리된 유사막대들이 있다. 범례에서 아래쪽 컬러막대는 색조로 질량크기를 나타낸다. 만일 셀이 주어진 등급의 유사를 포함하고 있지 않으면 그 등급막대는 채워져 있지 않다. 다음의 유사 입경등급은 각 유사막대에 대한 범례에 라벨로 붙어있다.

범례에서 RMC하거나 도구상자의 범례버튼을 누르면 도면 환경설정에 대한 조정이 가능하게 된다.

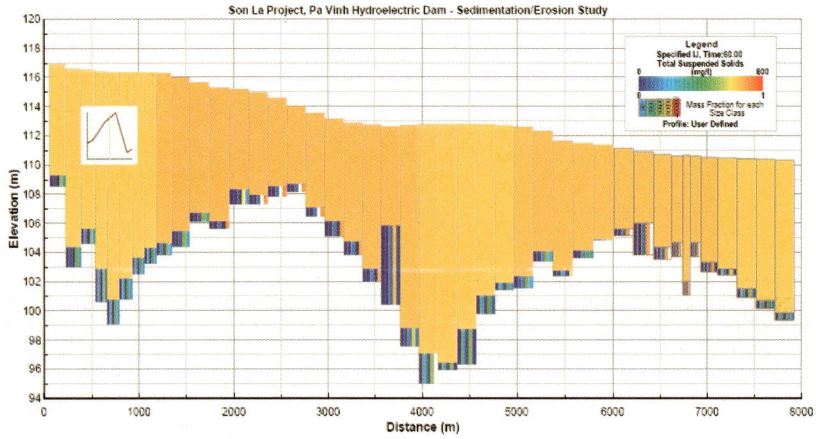

그림 5-7 부유사와 소류사의 “Bed Top Profile” 예

5.3 기타 분석

“Misc. Analysis” 탭에 일반적인 목적의 시계열과 단면도 유틸리티에 접하는 기능이 있다(그림 5-8). 현재 EFDC_Explorer 버전에서 간단하고 제한된 유틸리티만 이용 가능할 뿐이다.

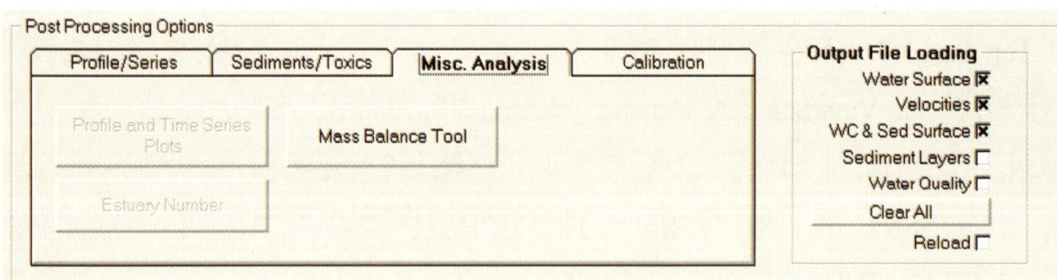

그림 5-8 기타 시계열

5.3.1 질량평형 도구

질량평형 도구(그림 5-9)는 사용자가 각 경계를 통하는 질량 플럭스를 결정함은 물론 모델의 총유사와 독성의 평형을 평가하도록 해준다. 흐름형식의 경계에 질량부하의 시계열 그래프가 역시 얻어질 수 있다(그림 4-43 참조). 질량부하 그래프는 질량평형을 계산하지 않고 사용될 수 있다.

이 도구는 모델 출력 스냅숏을 토대로 질량 평형을 계산하고 있다. 출력 스냅숏 인터벌이 작으면 작을수록 보고되는 결과들은 보다 정확할 것이다.

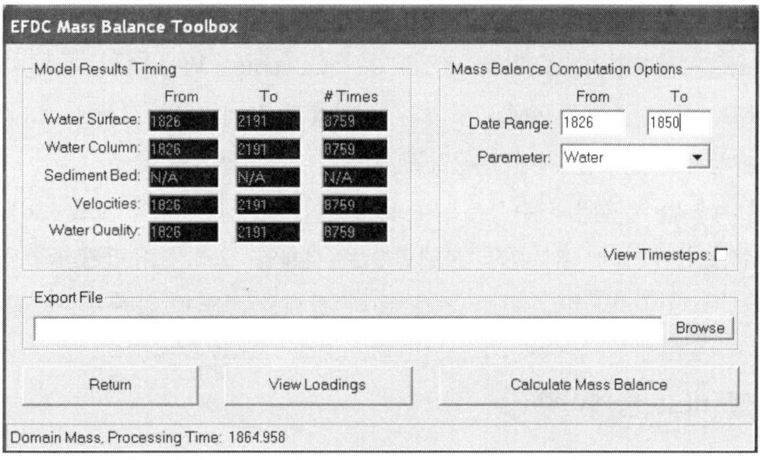

그림 5-9 질량 평형 도구의 옵션 폼

5.4 검정

그림 5-10은 EFDC_Explorer에서 사용가능한 몇 가지 검정(calibration)작업에 접하도록 해주는 "Calibration"탭을 표시한다. "Time Series Comparisons"와 "Vertical Profile Comps"는 수층 모델 결과를 측정데이터에 연결을 가능하게 해준다.

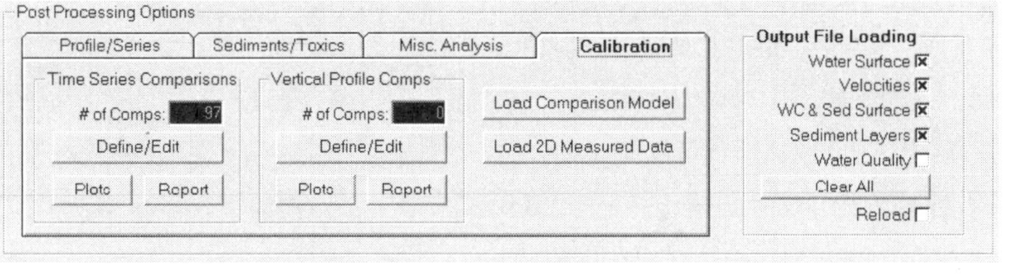

그림 5-10 검정 탭

일단 모델/데이터 연결이 한번 정해지면 검정 그래프와 통계치는 각 모델 실행 후에 신속하게 생성될 수 있다. "Calibration"탭은 역시 모델 입력치(현재 수심에 대해 제한적인)와 모델 결과(현재 수면과 유속에 제한적인)를 비교하도록 해준다.

일단 모델/데이터 연결이 시계열과 수직분포를 위해 "Define/Edit"버튼을 사용해서 설정되었다면 모델 대 데이터의 그래프와 통계 값들은 각 모델 실행에 대해 매우 신속하게 만들어 질 수 있다. "Plots"을 누르면 사용자는 스크린 상에서 그래프들을 검토할 수 있고 각 그래프 스타일을 설정할 수 있다. 그래프 스타일들은 시계열과 수직 분포에 대해 각각 EFDC_Explorer 구성파일인 "CalForm_TS.ds"와 "CalForm_ VP.ds"에 저장된다. 덧붙여서 "CalForm_MMA.ds"는 "Min-Avg-Max"도면의 시계열 옵션에 대한 그래프 스타일을 포함하고 있다(보다 상세한 설명을 위해 5.4.2절을 참조).

이 절에서 제공된 시계열과 수직분포와 모델데이터 연결은 단지 모델데이터 비교를 하는 하나의 수단일 뿐이다. 대부분의 모델변수는 시계열 그리기 유틸리티의 "Import Data" 특징을 사용해서 데이터와 비교될 수 있다. 보다 상세한 설명을 위해 9절을 참고하라.

5.4.1 모델 비교 통계이론

모델 데이터의 통계적 보고를 위해 이용 가능한 4개의 미리 정해진 통계이론들이 있다. 그들은 다음과 같다 :

평균 에러(AE)

$$AE = \frac{\sum_{i=1}^{N}(O_i - X_i)}{N}$$

여기서, AE - 평균 에러 통계

O 관측치

X 공간과 시간에 의한 해당 모델 값

N 다른 데이터/모델 짝의 수

상대적 에러(RE) $$RE = \frac{\sum_{i=1}^{N}|O_i - X_i|}{\sum_{i=1}^{N} O_i} * 100$$

평균의 절대적인 에러(AAE) $$AAE = \frac{\sum_{i=1}^{N}|O_i - X_i|}{N}$$

평균 제곱근(RMS)에러 $$SE = \sqrt{\frac{\sum_{i=1}^{N}(O_i - X_i)^2}{N}}$$

Nash-Sutcliffe 효율성 계수 $NSEC = 1 - \dfrac{\sum_{i=1}^{N}(O_i - X_i)^2}{\sum_{i=1}^{N}(O_i - O_M)^2}$

여기서 O_M은 관측데이터의 평균이다.

에러 통계는 각 통계보고 작성 과정의 시작할 때 선택된다. 변수 복합통계는 물론 각 변수와 지점의 통계가 보고된다. 그림 5-11은 염도와 온도에 대한 통계보고의 일례를 보여주고 있다. 2개의 지점들은 데이터 기록기(BR31과 CCORAL)로 부터 시계열 기록들을 취했고 한 지점 데이터들은 수동으로 수집된 데이터(CES09)이다. 보고 내용은 지점과 층의 정보, 모델 실행시간 안에 측정데이터에 시간간격, 모델데이터 짝의 수, 다만 짝으로 된 데이터에 대한 선택된 통계와 평균을 포함하고 있다. 만일 원한다면 "Data Averege"에서 "Model Averege" 감해서 모델 편차가 계산될 수 있다.

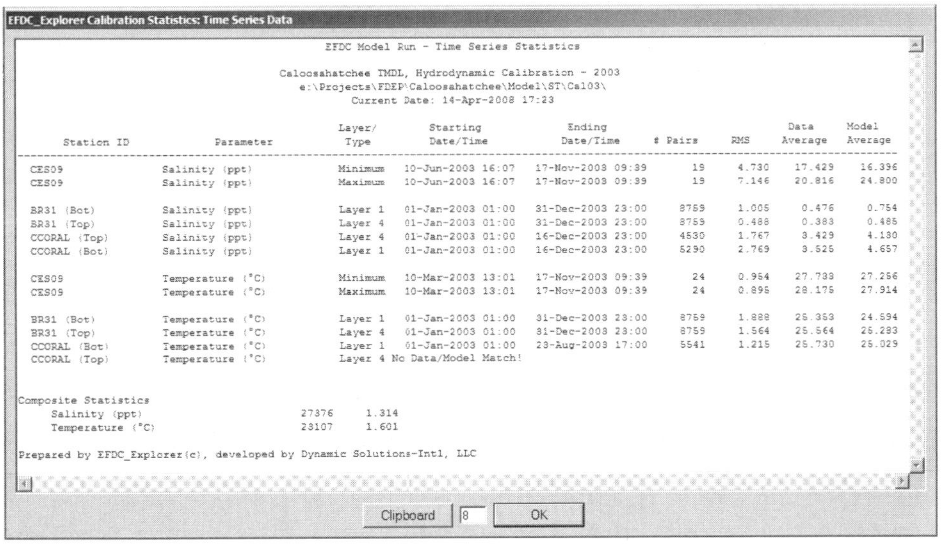

EFDC_Explorer Calibration Statistics: Time Series Data

EFDC Model Run - Time Series Statistics

Caloosahatchee TMDL, Hydrodynamic Calibration - 2003
e:\Projects\FDEP\Caloosahatchee\Model\ST\Cal03\
Current Date: 14-Apr-2008 17:23

Station ID	Parameter	Layer/ Type	Starting Date/Time	Ending Date/Time	# Pairs	RMS	Data Average	Model Average
CES09	Salinity (ppt)	Minimum	10-Jun-2003 16:07	17-Nov-2003 09:39	19	4.730	17.429	16.396
CES09	Salinity (ppt)	Maximum	10-Jun-2003 16:07	17-Nov-2003 09:39	19	7.146	20.816	24.800
BR31 (Bot)	Salinity (ppt)	Layer 1	01-Jan-2003 01:00	31-Dec-2003 23:00	8759	1.005	0.476	0.754
BR31 (Top)	Salinity (ppt)	Layer 4	01-Jan-2003 01:00	31-Dec-2003 23:00	8759	0.488	0.383	0.485
CCORAL (Top)	Salinity (ppt)	Layer 4	01-Jan-2003 01:00	16-Dec-2003 23:00	4530	1.767	3.429	4.130
CCORAL (Bot)	Salinity (ppt)	Layer 1	01-Jan-2003 01:00	16-Dec-2003 23:00	5290	2.769	3.526	4.657
CES09	Temperature (°C)	Minimum	10-Mar-2003 13:01	17-Nov-2003 09:39	24	0.954	27.733	27.256
CES09	Temperature (°C)	Maximum	10-Mar-2003 13:01	17-Nov-2003 09:39	24	0.895	28.175	27.914
BR31 (Bot)	Temperature (°C)	Layer 1	01-Jan-2003 01:00	31-Dec-2003 23:00	8759	1.888	25.353	24.594
BR31 (Top)	Temperature (°C)	Layer 4	01-Jan-2003 01:00	31-Dec-2003 23:00	8759	1.564	25.564	25.283
CCORAL (Bot)	Temperature (°C)	Layer 1	01-Jan-2003 01:00	23-Aug-2003 17:00	5541	1.215	25.730	25.029
CCORAL (Top)	Temperature (°C)	Layer 4 No Data/Model Match!						

Composite Statistics

Salinity (ppt)	27376	1.314
Temperature (°C)	23107	1.601

Prepared by EFDC_Explorer(c), developed by Dynamic Solutions-Intl, LLC

Clipboard | 8 | OK

그림 5-11 시계열 검정 통계 보고

보고서의 아랫부분은 구성된 변수들에 대한 전체 모델 실행에 대한 합성통계의 목록을 포함하고 있다. 변수 다음에 마련된 숫자는 모델/데이터 짝의 전체 수이고 마지막 숫자는 그 실행에 대한 그 변수의 합성통계이다. 이들 결과들은 엑셀이나 어떤 문장 편집기로 붙이기 위해 클립보드에 복사 되어야한다. 하나의 좋은 실행은 장래에 빠른 참고를 위해 각각의 실행 폴더에 이들 통계사항을 저장하는 것이다.

5.4.2 시계열 비교

5.4.2.1 모델 데이터 구성

"Time Series Comparisons" 프레임은 일련의 EFDC 셀과 측정된 시계열 데이터를 구성("Define/Edit")하고 그리기("Plot")하는 버튼들을 포함하고 있다. 일단 구성이 되면 EFDC 셀들과 데이터 사이 연결은 자동적으로 가능하고 사용자는 다만 각각의 실행에 대한 모델과 데이터를 비교하기 위해 "Plot"버튼을 누르기만 하면 된다. 그림 5-12는 셀과 데이터와 다른 변수들을 연결하기 위해 사용되는 폼을 표시하고 있다. 추가적인 입력옵션들이나 안내사항을 얻으려면 셀들 위에서 RMC하자.

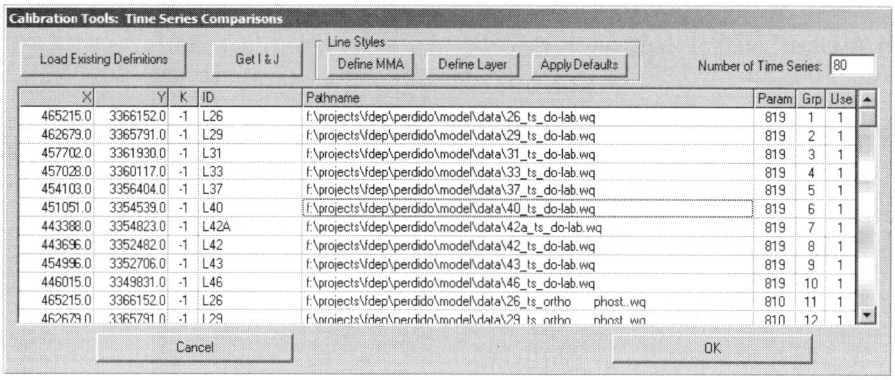

그림 5-12 시계열 검정 EFDC 셀과 데이터 연결 정의

처음 모델 데이터 연결을 시도할 때 "Number of Time Series" 텍스트박스는 "0"이 될 것이다. 처음으로 연결을 정의하거나 첨가/제거하기 위해 원하는 연결에 번호를 기입하라. 사용자가 "Enter"를 누를 때 데이터 격자에는 요구된 데이터의 라인번호가 표시될 것이다. 모델 데이터 연결번호는 아무 때나 적용될 수 있다. 그러나 연결들의 최대 번호를 초과하는 연결은 삭제될 것이다. 사용자는 "Get I&J"버튼을 사용하여 I 와 J에 해당 값들을 정하기 위해 X 와 Y값들을 LXLY속에 넣을 수 있다. "Line Styles"프레임은 정의 방법을 제공하고(즉 "Define MMA" 그리고 "Define Layer") 그다음 현재 정의된 모든 모델데이터의 연결에 대한 공통형식을 적용("Apply Defaults"를 통해)하는 방법을 제공한다. 각 모델 데이터 짝에 대해 사용자는 각 열에 수록된 정보를 열람하지 않으면 안 된다.

X & Y 데이터 지점의 위치에 미터단위로 X와 Y를 넣는다. 그 좌표계는 모델에서 사용된 좌표와 같지 않으면 안 된다. 이들 좌표계를 사용하면 대응모델 셀이 결정된다.

K 이것은 층을 지정하는 옵션이다. 아래에서 보듯이 3개의 옵션들이 있다. 최소-평균-최대(MMA)옵션은 수층 층의 계산결과를 토대로 셀에 대한 3개의 모델 시계열을 생성한다.

Water Layers	
1 to KC	Specific Layer
0	Depth Averaged
-1	Min-Avg-Max

ID ID 텍스트박스는 도면과 통계보고서들을 라벨을 붙이기 위해 사용된다.

Pathname 이 텍스트박스는 특정변수, 위치와 층 옵션에 대한 DAT나 WQ형식으로 된 데이터 파일에 대한 완전한 경로를 포함하고 있다. 사용자는 모델 시계열을 표시하기 위해서만 이 텍스트박스에 "one" 이나 "skip" 을 넣을 수 있다.

Param 해당 데이터 파일에 포함된 데이터를 비교하기 위해 모델로부터 얻게 될 변수코드를 넣는다. 현재 이용할 수 있는 변수들의 목록은 그림 5-13에서 볼 수 있다. 이 텍스트박스에서 RMC하여 사용자가 파일을 선택하거나 변경할 수 있는 검색(Browes)기능이 화면에 뜨도록 할 수 있다.

Group 이것은 플롯트 번호이다. 각 줄이 독특한 Group #을 사용한다면 그때 각 모델데이터 짝은 분리된 도면위에 표시될 것이다. 만일 두개이상의 모델데이터 라인들이 같은 Group #을 사용한다면 그들은 같은 도면위에 표시될 것이다.

Use 이것은 각 데이터모델 짝들에 대한 도면과 통계계산을 선택적으로 켜거나 끄기 위한 기호이다.

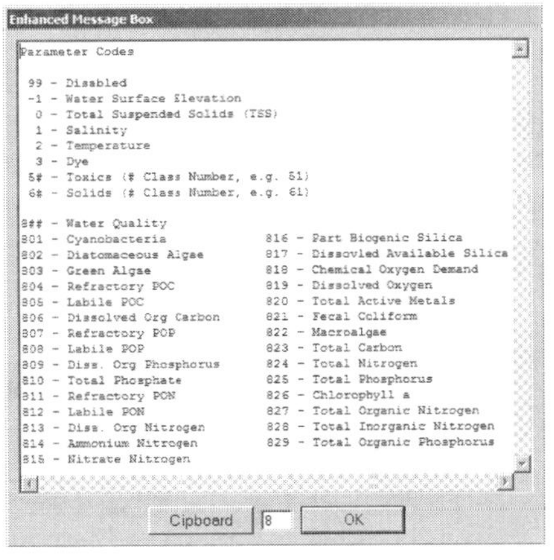
Enhanced Message Box

Parameter Codes

99 - Disabled
-1 - Water Surface Elevation
0 - Total Suspended Solids (TSS)
1 - Salinity
2 - Temperature
3 - Dye
5# - Toxics (# Class Number, e.g. 51)
6# - Solids (# Class Number, e.g. 61)

8## - Water Quality
801 - Cyanobacteria
802 - Diatomaceous Algae
803 - Green Algae
804 - Refractory POC
805 - Labile POC
806 - Dissolved Org Carbon
807 - Refractory POP
808 - Labile POP
809 - Diss. Org Phosphorus
810 - Total Phosphate
811 - Refractory PON
812 - Labile PON
813 - Diss. Org Nitrogen
814 - Ammonium Nitrogen
815 - Nitrate Nitrogen
816 - Part Biogenic Silica
817 - Dissovled Available Silica
818 - Chemical Oxygen Demand
819 - Dissolved Oxygen
820 - Total Active Metals
821 - Fecal Coliform
822 - Macroalgae
823 - Total Carbon
824 - Total Nitrogen
825 - Total Phosphorus
826 - Chlorophyll a
827 - Total Organic Nitrogen
828 - Total Inorganic Nitrogen
829 - Total Organic Phosphorus

Cipboard 8 OK

그림 5-13 이용 가능한 검정 변수코드

5.4.2.2 시계열 도면

"Plots"기능은 사용자가 현재 정의되어 있고 활성화된 도면을 화면에서 보거나 내보내기 하도록 해준다(즉 flag=1을 사용). "Plot"기능은 EFDC모델 연결파일들을 불러오고(예를 들면 EE*.out), 관측데이터 파일을 읽고 그리고 그다음 모델데이터 도면을 만들기 위해 모델 연결파일들을 스캔한다. 사용자는 불러오기와 그리기를 중단하기 위해 모델 출력 로딩 도중에 ESC키를 누를 수 있다. 데이터가 로드되었을 때 시계열 그리기 유틸리티가 표시된다. 이것은 다른 모든 시계열과 X-Y 도면을 위해 사용되는 동일한 유틸리티이다. 그러나 시계열 검정도면을 볼 때 3개의 부가적 기능이 도구상자에서 이용가능하다. 다음 그림은 붉은색으로 둘러쳐진 특별한 검정의 기능들을 가진 3개의 시계열 그리기 도구상자를 보여주고 있다.

이 모든 버튼들은 현재 검정 도면을 닫고 보이는 버튼들의 순서에 따라 준비도면에 이동하고, 다음 검정 도면으로 이동하거나 시계열 검정 뷰어를 빠져나온다. 사용자가 마지막 도면을 보게 될 때 사용자는 도면보기를 계속할 것인지 뷰어를 빠져 나올 것인지에 대해 대답을 요구 받는다.

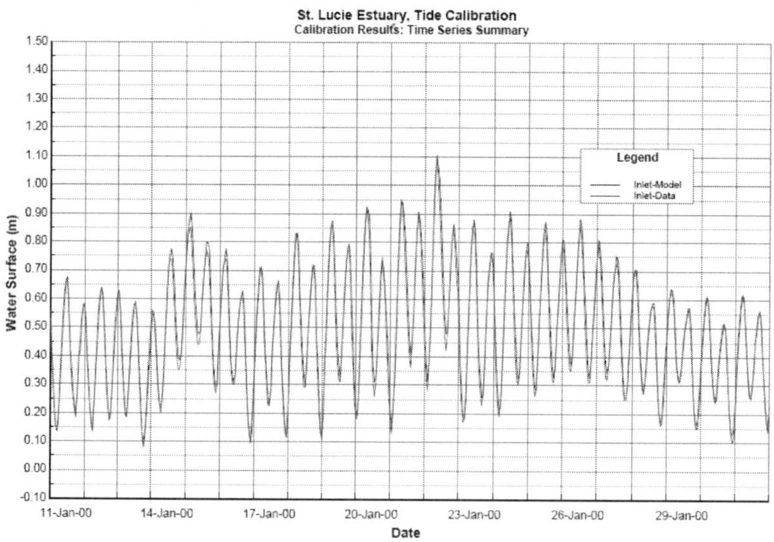

그림 5-14 시계열 수위에 대한 모델계산치-관측데이터 비교 예

그림 5-14와 그림 5-15는 시계열 검정 도구에 의해 만들어진 도면 예를 나타내고 있다. 그림 5-14는 수위의 비교를 위한 것이다(층 옵션 K=1). 그림 5-15는 용존산소(layer option =-1) 의 MMA 시계열 도면("Average" 시계열은 이 예제에 대해 작동하지 않는다)을 보여주고 있다.

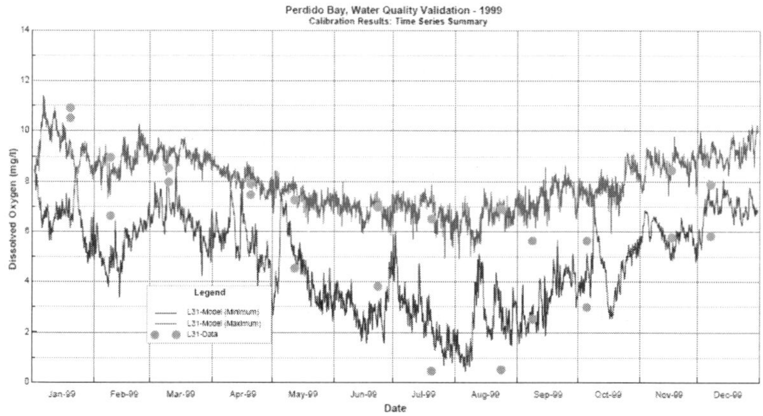

그림 5-15 용존산소에 대한 모델계산치-측정데이터 비교 예

5.4.3 수직분포 비교

"Vertical Profile Comparisons" 프레임은 EFDC 셀들의 수직분포 데이터와 측정된 수직분포 데이터의 환경을 설정하고("Define/Edit") 그리는("Plot") 버튼들을 가지고 있다. 일단 환경이 설정되면 EFDC 셀과 데이터 간의 연결은 자동적으로 가능하고 사용자는 간단하게 각 실행에 대한한 모델과 데이터를 비교하기 위해 "Plot"버튼을 누를 필요가 있다. 그림 5-16은 셀과 데이터 및 다른 변수들을 연결하기 위해 사용되는 폼을 표시한다. 부가적인 입력 옵션들이나 안내사항들을 얻으려면 셀들 위에서 RMC하자.

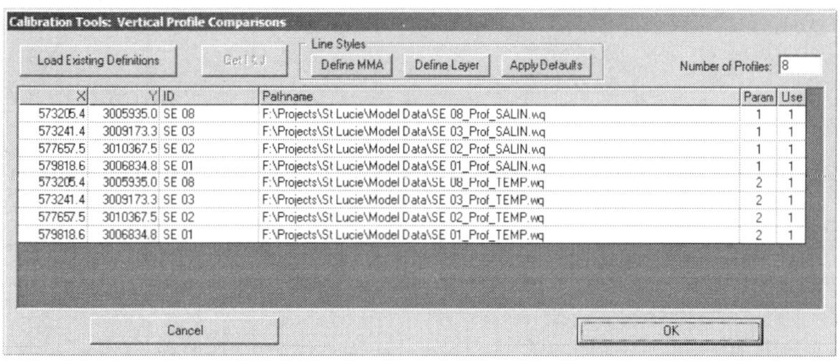

그림 5-16 수직분포 검정을 위한 EFDC 셀과 데이터 연결 설정

이 정보는 시계열 데이터 연결 폼과 매우 유사하다. 그러나 "Group" 열은 종단면도 구조가 미리 정해져 있을 때 사라진다. 하나의 다른 두드러진 차이는 "Pathname" 필드에 포함된 데이터의 형식이다. 부록 D(Format D-8)는 이 형식에 대해 안내 해준다. 이 파일은 동일한 지점과 변수에 대해 하나 이상의 스냅숏을 포함할 수 있다.

5.4.3.1 수직분포도

"Plots" 기능은 사용자가 현재 정의되어 있고 활성화된 도면을 화면으로 보거나 내보낼 수 있도록 해준다(즉 flag=1 사용). "Plots"기능은 EFDC모델 연결파일(즉 EE*.out)를 불러오고, 관측데이터 파일들을 읽고 그다음 모델 데이터 도면을 작성하기 위한 모델 연결 파일들을 스캔한다. 사용자는 불러오기와 그리기를 중단하기 위해 모델출력 불러오기 도중에 ESC를 누를 수 있다. 데이터가 로드되었을 때 연직 단면 그리기 유틸리티가 표시된다. 이 유틸리티는 페이지 당 8개의 모델데이터 수직분포도까지 표시할 수 있다. 다음 그림은 도구상자 기능들을 보여주고 있다.

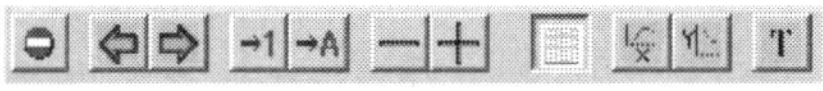

왼쪽과 오른쪽 버튼의 첫 번째 그룹은 각각 이전과 다음의 수직단면으로 이동한다. →1과 →A버튼은 각각 현재 지점에 대한 현재, 혹은 모든 정의된 날짜들을 윈도우즈 EMF파일에 보낸다. - 와 + 버튼은 현재 지점 쪽으로 앞과 뒤로 알맞게 이동 시킨다. PgUp과 PgDn 키는 같은 기능을 갖고 있다. 나머지 버튼들은 도면의 체제 제어기능을 갖고 있다.

연직 단면 그리기 기능의 한 예로서 그림 5-17은 5층 모델에 대한 한 지점의 염도 데이터에 대한 일부분의 시간 스냅숏의 일부분을 보여주고 있다.

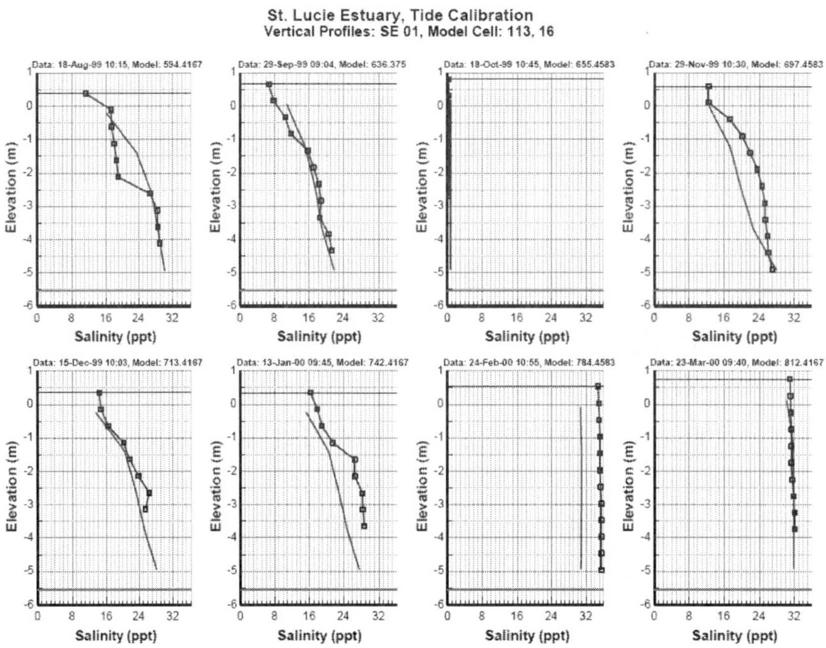

그림 5-17 염도에 대한 모델계산치 - 관측데이터의 수직분포도 예

5.4.4 2D 측정데이터 불러오기

"Load 2D Measured Data" 버튼을 누르면 그림 5-18에 표시된 폼이 나타난다. 현재로서는 단지 유속만을 여기에 불러올 수 있으나 이 기능은 자원이 이용 가능한 만큼 확대될 것이다. 이 옵션은 불러 오기를 위해 선택된 옵션에 민감하다.

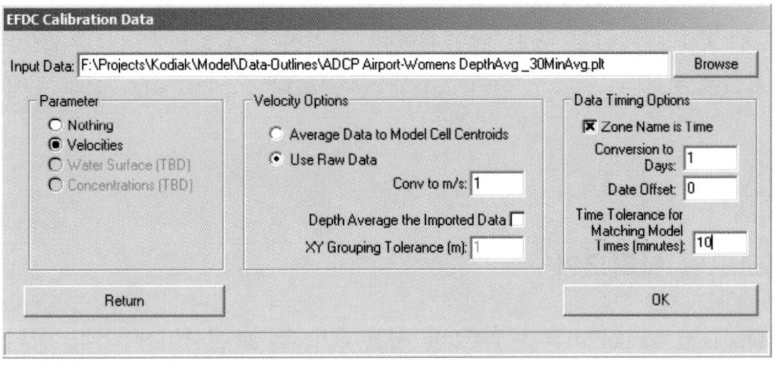

그림 5-18 2D 측정데이터 불러오기

현재 2D데이터를 위해 사용되는 데이터 형식은 Tecplot® 에 의해서 사용된 ASCII PLT 형식이다. 하나의 I, J 그리고 K 3D 정규 격자나 일련의 이산화 된 측정 3D 벡터(X, Y, Z, Vx,Vy, Vz)가 입력될 수 있다. 데이터와 모델 결과를 직접 비교하기 위한 준비사항은 데이터의 전처리가 완성되는 것이다. 예를 들면 만일 음속 도플러유속계(ADCP)데이터가 사용되고 있다면 공간과 시간의 평균계산이 레이놀즈 응력(즉 난류 파동)의 평균을 계산하기 위해 불러오기를 하기에 앞서 수행되지 않으면 안 된다. 이것의 하나의 예는 EFDC_Explorer가 대응하는 EFDC 셀 속의 데이터를 평균하는 능력을 가지고 있다는 점이다.

만일 Tecplot 형식의 데이터가 하나의 위치에 대한 복수 수심을 가진다면 이들 데이터들은 ViewPlan 층옵션을 사용해서 표시될 수 있거나 사용자가 각 시간에 대해 모든 데이터들을 하나의 X와 Y의 성분으로 나누기 위해 "Depth Average the Import Data"옵션을 선택할 수 있다. 복수 지점들이 동일한 파일속에 포함될 수 있다. EFDC_Explorer는 불러온 데이터에 대해 보고한다. 그것이 기대하는(즉 Tecplot파일속의 데이터에 대한 사용자의 이해) 데이터에 해당되는 것인가 확인하기 위해 다음 요약을 검토하라.

"Data Timing Options"프레임은 어떻게 EFDC_Explorer가 불러온 데이터를 번역하고 EFDC 기준시간으로 변환할 것인가에 대한 몇 가지 옵션들을 제공한다. 만일 시간에 의해 변하는 데이터가 입력되고 있다면 Tecplot Zone ID가 데이터 시간을 포함하기 위해 사용되어야 한다(예를 들면 Zone ="15- Mar -2008 14:45"). 만일 ViewPlan으로 도면을 보는 동안 Tecplot 데이터 파일속에 하나 이상의 지역이 있다면 그 데이터는 EFDC 모델의 시간이 측정데이터의 시간허용치(Time Tolerance)안에 있을 때 만 표시될 것이다.

일단 불러오게 되면 이 데이터들은 ViewPlan / "Velocity" 옵션을 통해 그리기와 통계 분석을 위해 이용 가능하다. 모델과 데이터 양쪽에 대해 보고 통계를 내기 위해 "Show Comparisons" 체크박스가 선택되어 있는지 확인하라. 그림 5-19는 EFDC모델결과(파란색으로 표시된 모델 벡터)를 비교 중인 연안지역에 위치한 2 ADCP지점(붉은색으로 표시된 데이터) 에 대한 한 예를 보여주고 있다. 이 모델 데이터 비교는 원한다면 동영상으로 상영될 수 있다.

5.4.5 비교모델 불러오기

"Load Comparison Model"버튼을 누르면 사용자가 두 모델사이에 일정 범위의 비교결과를 그리기 위해 EFDC_Explorer속에 비교 모델을 불러올 수 있게 해준다. 그림 5-20은 모델비교 옵션 폼을 나타내고 있다. 현재 이 옵션은 바닥고, 유속 그리고 범람범위를 비교하기 위한 기능을 가지고 있다. 어떠한 모델 비교의 결과도 ViewPlan의 적절한 보기옵션으로 볼 수 있다.

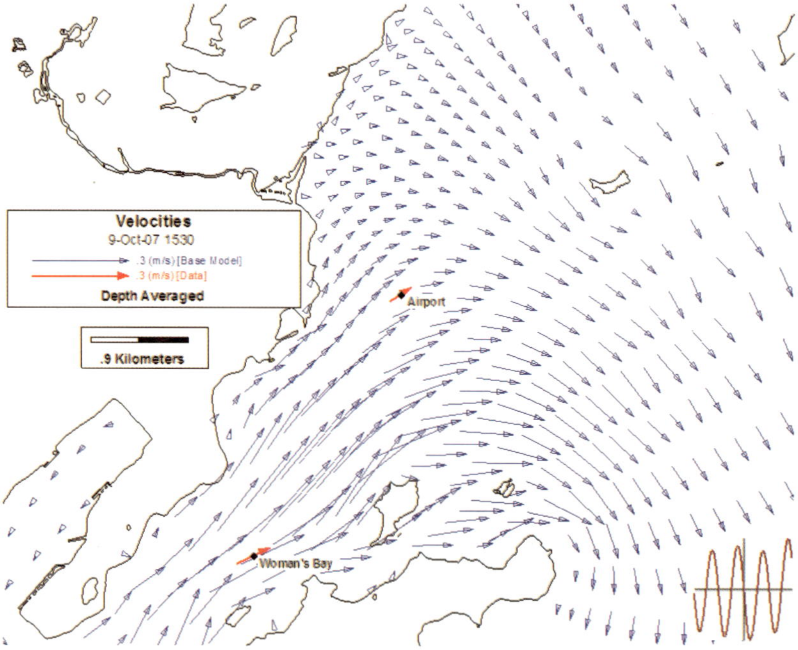

그림 5-19 2D 유속 비교의 예

프로젝트 폴더를 찾기 위해 검색(browse)을 사용하고 그리고 그 다음 원하는 모델에 대해 "Compare"를 선택하라.

단지 모델들 사이의 수심을 비교하기 위해서만 현재 프로젝트의 출력은 불러올 필요가 없다. 그러나 2개의 모델사이의 수심과 유속장을 비교하기 위해서는 현 프로젝트에 대한 출력 데이터들을 불러와야 한다. 만일 현 프로젝트의 데이터가 로드되면 EFDC _Explorer는 사용자가 "Compare"모델로부터 수심과 유속을 불러오도록 해준다.

"Time Tolerance"입력상자는 모의 중 스냅숏 시간을 비교할 때, 현 모델과 비교 모델과 출력시간의 약간의 차이를 허용한다.

일단 모든 옵션들이 설정되면 사용자는 "Load Compare"버튼을 눌러야 한다. 이 버튼이 눌러질 때까지 비교 모델에 대한 입력이나 출력데이터가 로드되지 않는다.

"Load 3rd Model"은 오직 ViewPlan으로 수심과 수위를 비교하는 데만 사용된다. 사용자는 Water Depth/Areal Extents보기 옵션을 가지고 3개까지의 시나리오에 대해 면적과 수심(지속기간과 수심의 함수로서)을 겹칠 수 있다. 만일 이 옵션을 사용하면 기본 모델은 최소 유역으로 된 두 번째, 혹은 세 번째 모델을 포함하는 가장 큰 유역면적을 가져야 한다. 하나의 전형적인 예는 100년 홍수(기본모델), 50년 홍수("Compare"모델) 그리고 10년 홍수("3rd Model")의 유역 면적을 표시하는 것이다.

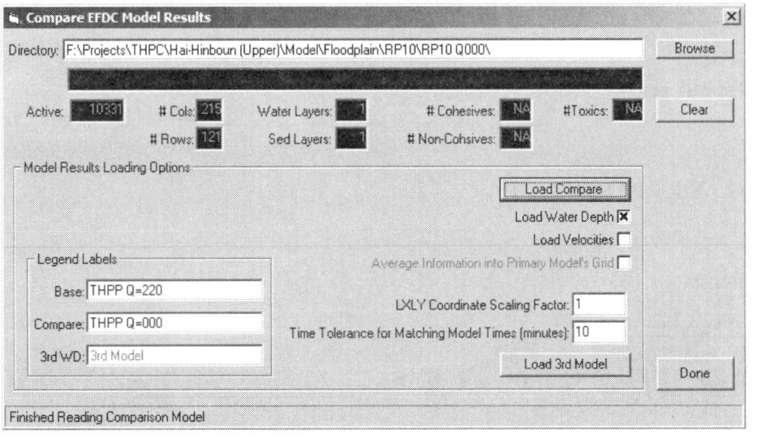

그림 5-20 비교 EFDC 모델 불러오기

06 새 모델생성

EFDC_Explorer는 새로운 격자를 생성할 수 있고, 하나의 응용모델의 제작을 시작하기 위해 필수적인 EFDC모델 파일들을 디스크에 쓸 수 있다. 그림 6-1은 하나의 모델생성 옵션 폼의 예를 보여주고 있다.

EFDC_Explorer는 간단한 것에서부터 복잡한 확대 직각격자(Cartesian grid)를 신속하게 생성할 수 있다. 물리적인 영역에 맞추기 위해 이 격자들을 균일하게 하고, 확장하고, 회전하고 절삭할 수 있다. 보다 복잡한 격자에 대해서 EFDC_Explorer는 다음의 프로그램을 가지고 만든 격자를 불러오기 할 수 있다:

- Delft RDFGrid (Delft, 2006)
- Grid 95
- SEAGRID (Signell, 2007)

EFDC_Explorer는 다음 모델들로부터 격자를 불러올 수 있다:

- GEFDC (Hamrick, 2007)
- CH3D (WES버전과 플로리다 대학버전)
- ECOMSED

이들 격자생성/불러오기 옵션들에 덧붙여서 EFDC_Explorer는 일반적인(다른 적용에 참고할 수 있는) 일련의 교차점(nodal points)들을 불러 오기할 수 있다.

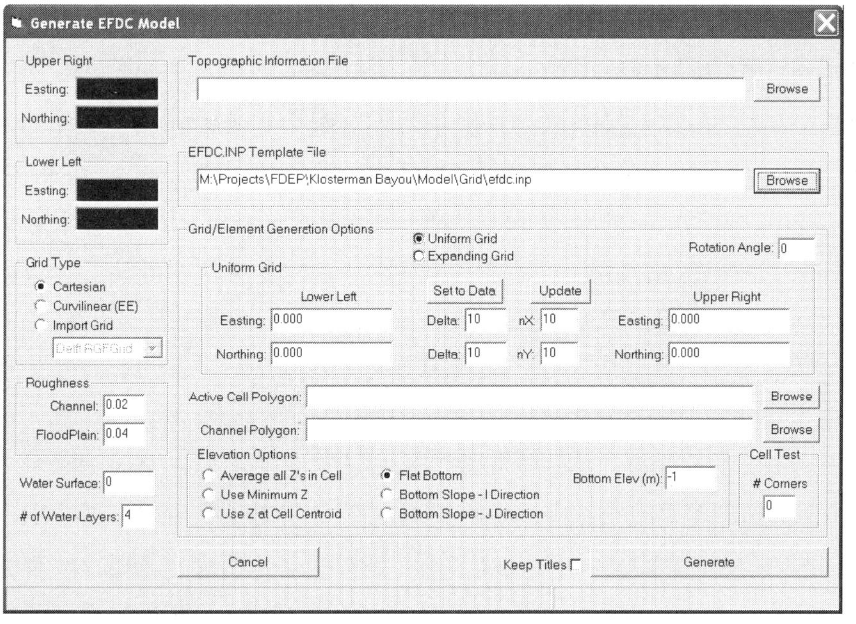

그림 6-1 확대 직각격자 옵션을 가지고 새 모델 생성 폼

6.1 모델 생성절차

모델생성 절차는 다음과 같다:

1. EFDC_Explorer가 많은 표준 계수들과 변수들을 설정하기 위해 사용할 EFDC.INP 본보기 파일을 비치하라. 사용자는 모델 생성과정에서 후에 이 파일 설정들 중 어떤 것을 변경할 수 있다. 아무튼 EFDC.INP 본보기 파일이 반드시 필요하다. 간단한 EFDC.INP파일은 원래 EFDC_Explorer의 셋업 패키지에 공급된다.
2. 모델 생성절차를 위해서 수심이 반드시 필요하나 그러나 격자 나누기를 하는 데는 필요하지 않다. 격자생성 절차는 가끔 반복 작업이기 때문에 “Topographic Information File”의 지정을 건너뛰고 대신에 “Elevation Options”프레임의 밑에 있는 옵션을 사용하기를 추천한다.
3. 모델 셀들을 다듬기 위해 폴리곤들을 포함하는 파일을 선택하라(선택적). 이 파일속에 첫 번째 폴리곤은 주 모델영역의 외곽선이 되어야 한다. 파일속 이어지는 폴리곤들은 차폐공간/섬들이 된다.
4. 층 수를 설정하라.

5. 초기 수면고를 설정하라. 이것은 맨 밑바닥 위의 높이 이어야 한다.
6. 기본 바닥조도를 설정하라.
7. 격자 나누기 방법을 선택하고 격자를 불러오기 하거나 생성하라.
8. 이 시점에서 "Generate"버튼은 활성화되어 있어야한다. 만일 그것이 아직 사용할 수 없게 되어 있다면 그 때는 설정되지 않은 필수적인 일부의 정보가 아직 존재함을 의미한다. 요구되는 입력들은 선택된 격자나누기 옵션에 따라 달라진다. 지정된 옵션들을 사용하여 새로운 EFDC모델을 만들기 위해 "Generate"버튼을 눌러라. 비록 하나의 프로젝트 폴더가 요구될 지라도 이 과정에서는 파일들을 디스크에 쓰지 못하고 단지 메모리 속에서 모델을 만들 뿐이다.
9. 모델 생성절차가 완성되었을 때 EFDC_Explorer는 얼마나 많은 활성 셀들이 만들어졌는지, 그리고 I와 J의 최대치가 얼마인가에 대해 사용자에게 알리는 메시지를 띄운다.
10. 마지막 표시된 팝업창은 모델을 검토해서 I와 J방향이 합당한 것인가를 확인하여 사용자에게 정보를 알려준다. 어떤 뒤얽힌 격자들에 대해 L=2보다 낮은 오른쪽 셀들은 현재 배정되지 않는다. ViewPlan으로 격자를 검토하고 IJ 맵핑(mapping)이 조정될 필요가 있음을 결정한 후에, 사용자는 I나 J 둘 중 하나를 훑어보거나 I와 J의 맵핑을 전치하기 위해 주 EFDC_Explorer폼으로 부터 IJ맵핑 도구를 사용할 수 있다.
11. ViewPlan으로 생성된 격자를 검토하라. 격자를 시각적으로 확인하기 위해 배경 이미지와 선분 오버레이를 불러오라. 격자 직교성을 도면으로 보고 확인하라.
12. 만일 격자가 적절하다고 인정되면, 주 EFDC_Explorer폼 상의 "Initial"조건 탭의 "Bottom Elevations"버튼을 사용해서 수심을 이 새로운 격자에 적용하라.
13. 중요한 수심의 특징들이 잘 나타내져 있음을 확인하기 위해 부가된 수심을 가진 모델 격자를 확인하라. CFL 시간간격의 합리성을 확인하라.
14. 격자 해상도, 계산속도 그리고 다른 프로젝트의 특정 인자들의 알맞은 균형을 얻을 때까지 위 단계들을 반복하라.

6.2 지형정보 파일

어떤 모델에 대한 근본적인 것은 지역의 지형/수심을 이해하는 것이다. 만일 수심이 이 단계에서 제공되어야 한다면 모델화되고 있는 지역의 지형데이터를 포함하는 하나의 파일이 반드시 선택되지 않으면 안 된다. 이 파일형식은 부록 D에 준비되어 있다. 일단 파일이 선택되면, EFDC_Explorer는 그 파일을 불러오고 "Upper Right"와 "Lower left"프레임에 구석좌표들을 표시한다. 표시된 단위들은 LXLY파일에 대해 좌표와 일치하게 미터단위로 가정된다. 표고의 범위를 색으로 나타낸 지형데이터의 한 예는 그림 6-2이다.

사용자는 이 파일이 새로운 모델을 만들기 위해 꼭 필요하지 않음을 주목해야 한다. EFDC_Explorer는 사용자가 메인 폼의 "Initial" 조건 탭에 "Bottom Elevations"를 사용하여 기존 모델에 개정되거나 새로운 지형정보를 다시 적용할 수 있도록 해준다.

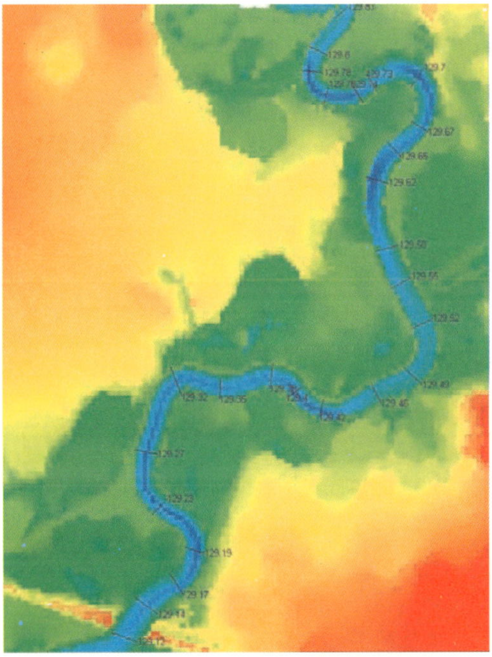

그림 6-2 지형정보 데이터의 예

6.3 EFDC.INP 본보기 파일

새로운 모델을 만들 때 지정되어야 할 많은 환경설정들이 있다. EFDC_Explorer에 의한 접근방법은 사용자가 원하는 기본 특징들을 가지고 있는 EFDC.INP 본보기 파일에 그들을 입력하는 것이다. 이 작업은 다만 계산 옵션들, 동역학 설정들 그리고 한 범주의 기타 설정들에 한할 뿐이다. 격자 설정, 수층, 셀 지도 그리고 모의과정들과 같은 주요한 환경설정은 모두 EFDC_Explorer에 의해 다시 설정된다. 우리는 알맞은 EFDC.INP를 선택한 다음에 새로운 모델을 만들 수 있다.

6.4 고도옵션

EFDC_Explorer는 사용자에게 입력지형 데이터로부터 셀 바닥고를 만드는 몇 가지 방법들을 제공한다. 다음은 각 옵션들에 대한 논의이다.

다음의 3가지 옵션들이 지정되기 위해 지형데이터 파일을 요구한다:

Average all z's in Cell : 지형데이터가 격자에 비해 매우 조밀하다면 이 옵션을 사용하라.

Use Minimum Z : 이 옵션은 데이터를 스캔하고 모델 셀 내부에 위치하는 어떠한 점에 대한 최저 고도에 적용된다.

Use Z at Cell Centroid : 지형데이터가 상대적으로 격자와 비교해서 드문드문하다면 이 옵션을 사용하라. 이 방법은 셀 중앙점(X, Y)의 고도를 계산하기 위해 인버스 디스턴스 보간법 (inverse distance interpolation scheme) 을 사용한다.

다음의 3가지 옵션은 지형데이터 파일을 요구하지 않는다. 그들은 보다 빠른 모델 생성이나 테스트 모델 제작, 또는 모델평가를 하기 위해 사용될 수 있다.

Flat Bottom : 이것은 지정된 일정한 바닥고를 모든 셀들에 적용한다.

Bottom Slope-I Direction : 이것은 지정된 초기 바닥고로 부터 시작하여 I방향으로 일정한 하상경사를 셀들에 적용한다. 만일 입력된 경사가 양(+)이라면 바닥고는 I가 클수록 증가할 것이다. 만일 입력된 경사가 음(–)이라면 그 반대도 성립된다.

Bottom Slope-J Direction : 이것은 지정된 초기 바닥고로부터 시작하여 J방향으로 일정한 하상경사를 셀들에 적용한다. 만일 입력된 경사가 양(+)이라면 바닥고는 J가 클수록 증가할 것이다. 만일 입력된 경사가 음(–)이라면 그 반대도 성립된다.

6.5 격자 형식

“Grid Type” 프레임은 격자 생성기능의 주요한 선택사항을 포함하고 있다. 중앙 프레임의 내용, “Grid/Element Generation Options”은 선택된 옵션에 따라 달라질 것이다. 직각격자 옵션에 대한 프레임 내용은 그림 6-1에서 보는 바와 같다.

6.5.1 직각격자

지각격자의 생성을 위한 두 가지 옵션, 즉 균일간격격자와 가변간격격자의 옵션이 있다. 사용자는 원하는 옵션을 선택하고 그 다음 아래에서 약술한 대로 적절한 환경설정을 한다.

지형파일, 만일 사용된다면 경계 폴리곤들에 사용되는 좌표계와 여러 요구되는 좌표변수들로 지정된 좌표계는 같지 않으면 안 된다.

대체적으로 사용자는 직사각형모델 영역을 만들지 못한다. 그렇기 때문에 사용자는 모델영역의 윤곽을 지정하는 폴리곤 파일을 넣는 옵션을 선택한다. 폴리곤 내에 있는 어떤 셀들도 모델을 위해 활성화된 것으로 설정될 것이다. "Cell Test"프레임은 사용자가 셀이 모델영역 내에 있는지, 그렇지 않은지를 결정하기 위한 내부 폴리곤 테스트 옵션을 설정하도록 해준다. 하나에 "0"옵션 값은 내부 셀 테스트를 할 때 셀 중앙 점만을 사용하도록 강요할 것이다. 만일 "#Corners"가 1에서 4사이 값이라면 내부 셀 테스트는 "Inside" 가 고려되어 그로 인해 활성 셀이 되기 위해 폴리곤 내부에 있어야할 지정된 셀 구석 수를 요구할 것이다.

만일 사용자가 모래무지/범람원을 가진 하천을 모델링하고 있다면 사용자는 "Channel Polygon"파일을 준비해도 된다. 이 파일은 폴리곤 밖에 모든 범람원 셀을 배정하나 그러나 모델영역 내부에 범람원 셀로 배정한다(Cell type=7). 폴리곤 안의 셀들은 표준 계산 셀 유형을 갖는다(Cell type=5). 이것은 EFDC_Explorer속의 몇 가지 도구들(예를 들면 Roughness Options)이 신속하게 적용되도록 해준다.

"Rotation Angle"은 직각격자를 그 중심을 기점으로 회전하기 위해 기입될 수 있다. 만일 격자가 회전되어야 한다면 다음 절에서 기입될 좌표는 회전되지 않은 격자상의 값이다. 그러나 "Active Cell Polygon"과 "Channel Polygon"의 적용은 셀 회전 후에 작동된다.

6.5.1.1 균일 격자

직각격자 옵션에 대해 사용자는 모델 구석좌표들과 간격을 정하지 않으면 안 된다. 몇 개의 유틸리티들이 이 절차를 빠르게 하기 위해 준비되어 있다. "Set to Data"버튼을 눌러 간단하게 구석지형 데이터를 구석격자에 복사한다. 사용자는 원하면 후에 그들을 편집할 수 있다. 두 번째로 "Update"버튼을 눌러 빈 공간들을 계산한다. 예를 들면 사용자가 왼쪽 하단(LL)구석좌표, DX, DY 그리고 NX(IC-2) 및 NY(JC-2)를 기입한 다음 "Update"버튼을 누른다면 오른쪽 상단(UR) 좌표가 설정된다. 유사하게 만일 LL과 UR좌표가 설정되고 NX 및 NY값이 설정된다면 DX 및 DY값이 계산된다.

만일 사용자가 모델영역(dimension) 당 4개의 입력치 중 3개를 지정했다면, 필요한 필드에서 Ctrl-U키를 눌러 EFDC_Explorer가 요구하는 입력치를 계산할 수 있을 것이다.

6.5.1.2 확대격자

확대격자는 단순히 하나의 초점으로부터 모든 방향으로 확대되어 가는 가변간격 직각격자이다. 그림 6-3에서 보는 폼이 확대격자를 개발하기 위해 필요한 변수들을 보여주고 있다. 사용자는 초점의 좌표, 초기(최소)ΔX와 ΔY, 사용자가 그들을 확대하기를 원하는 비율 그리고 최대 셀 크기를 정하지 않으면 안 된다. 원하는 모델영역의 셀들을 다듬기 위해 "Active Cell Polygon"을 지정하라. 격자의 공간적 제한은 지형데이터나 활성 폴리곤 셀 가운데 하나에 의해 설정된다.

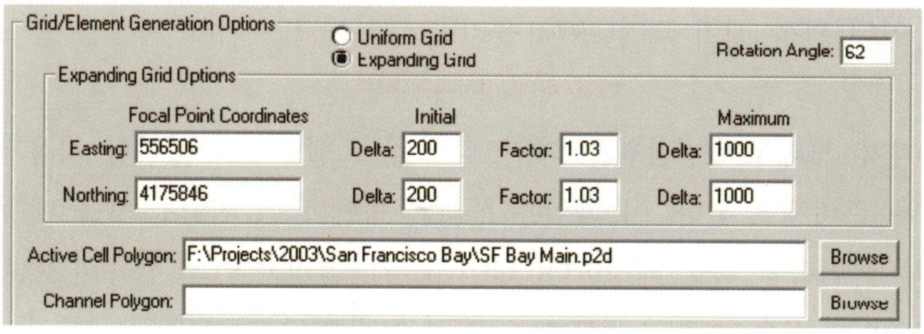

그림 6-3 직각격자 나누기: 격자 확대와 회전

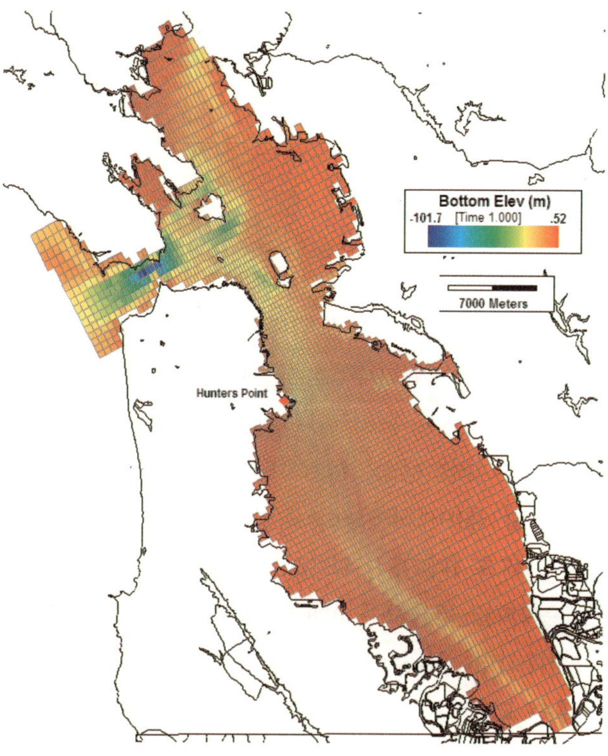

그림 6-4 샌프란시스코만의 확대 직각격자 예

그림 6-4는 샌프란시스코만에 대해 개발된 확대격자의 한 예를 보여주고 있다. 초점은 바로 Hunters Point의 해안에 위치한다.

6.5.2 하천 곡선 격자

그림 6-5는 요구되는 입력파일들을 나타내고 있고 선택된 곡선격자 옵션을 가지고 있는 격자 생성 폼이다. 하나의 모델을 만들기 위해 지형 데이터 파일들과 EFDC.INP 파일과 함께 세 개의 격자점의 파일들이 요구된다. 이 세개의 파일들은 일련의 횡단 위치들을 포함하는 단면/횡단 파일들이다. 이것은 종단면을 정의한다. 중앙선/요선(thalweg) 파일은 격자 중앙선의 곡률과 단면간의 유선을 정의한다. 마지막으로 사용자는 중앙선으로부터 나온 셀들의 측면 성장을 제한하는 모델 영역 경계의 폴리곤 파일을 지정한다. 그 다음 사용자는 격자 생성과정 동안 몇 가지 추가적인 옵션을 지정하지 않으면 안 된다.

폼의 맨 아래 근처에 있는 원형 옵션은 곡선 셀들이 경계 파일 속에 삽입되는 방법을 지정하는데 사용된다(예를 들면 해안신). 이 옵션들은 다음과 같다:

Center Dominant - 이 옵션은 각 측면의 나머지 공간 속에 짜 맞춰진 양측의 셀들을 가지고 중앙 셀의 중간선(하천을 가로지르는 셀의 수가 홀수인 경우)이나 중앙 2셀 사이의 가장자리선 중 둘 중 하나를 중앙선으로 삼고자 한다.

Equi-Distance Widths - 이 옵션은 수로 단면을 가로지르는 폭을 계산하고 그 다음 지정된 수로를 가로지르는 셀의 수로 그 폭을 나눈다. 그 다음 셀들은 수로 속에 짜 맞추어진다.

Maximum Width - 이 방법을 위해 사용자는 수로를 횡단하는 최대 셀의 수를 정해야 하고 그 다음 어떤 단 하나의 셀을 위해 허용되는 최대 폭을 정해야 한다. 그 때 Centerline Dominant 방법은 계산된 폭이 최대 폭을 초과할 때까지 사용된다. 그 때 폭은 최대로 설정되고 추가적인 셀들이 수로를 채우기 위해 양변에 더해진다.

Uniform (Fixed) Width - 이 방법은 고정된 셀의 폭을 사용하고 일반적으로 수로 상태를 유지하는데 필요한 만큼 많은 셀들로 수로를 채우는 방법이다.

일단 파일들이 지정되고 옵션들이 선택되면 사용자는 “Generate” 버튼을 클릭해서 하나의 새로운 모델이 만들어진다. 그림 6-6은 Cedar 강에 대해 개발된 곡선 모델의 한 예를 보여주고 있다.

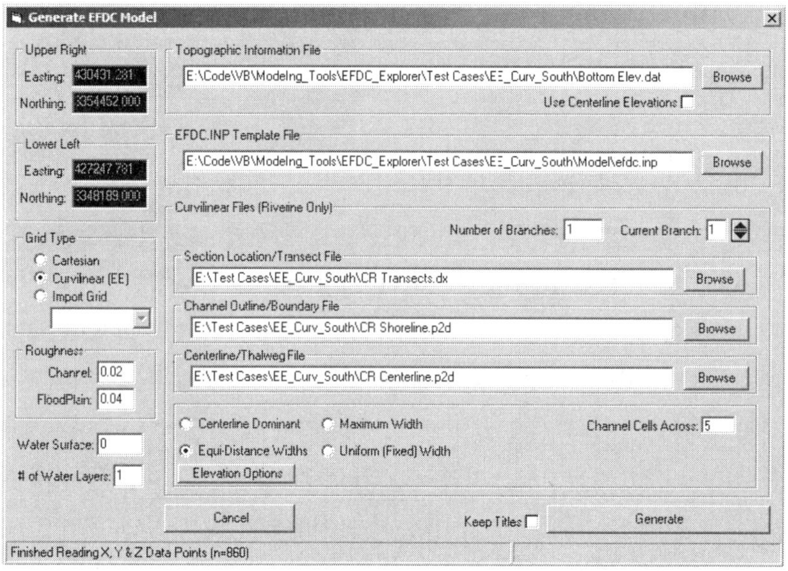

그림 6-5 곡선 격자 옵션을 보여주는 새모델 생성 옵션 폼

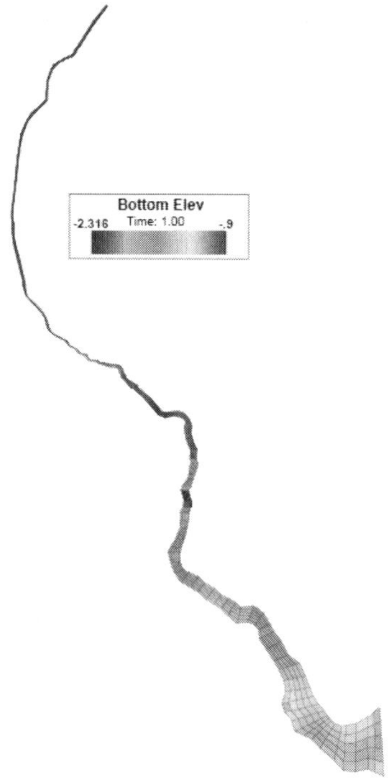

그림 6-6 Cedar 강에 대한 곡선격자 생성 예

6.5.3 격자 불러오기

이 기능은 사용자가 다른 동수역학 모델에서 사용된 기존 모델 격자나 지원되는 제3의 격자 발생기를 사용하여 생성된 격자를 불러오도록 해준다. 불러올 수 있는 제3의 격자 형식은 다음과 같다:

• Delft RDFGrid (Delft, 2006)

• Grid 95

• SEAGRID (Signell, 2007)

불러오기 가능한 모델 격자 파일 형식은 다음과 같다:

• GEFDC (Hamrick, 2007)

• CH3D (WES버전과 플로리다 대학버전)

• ECOMSED

"Grid Type" 프레임에서 사용자는 "Import Grid" 옵션을 선택해야 한다. 그 때 옵션 아래에 드롭다운 목록이 활성화된다. 그 다음 사용자는 적절한 불러오기 형식을 선택할 필요가 있다. 그 다음 옵션에 따른 불러오기 형식이 표시될 것이다. 사용자는 파일들을 지정하고 요구되는 어떤 옵션들을 넣어야 한다. 선택적인 불러오기 파일들은 아래와 같이 라벨이 붙어있다. 그림 6-7은 Delft RGFGrid 옵션을 이용하는 불러오기 폼의 한 예를 보여주고 있다. 기존 모델 격자 불러오기를 위해, 셀 바닥 데이터가 모델 격자 파일에 이미 존재할 때 지형 데이터는 분리해서 처리될 필요가 없다.

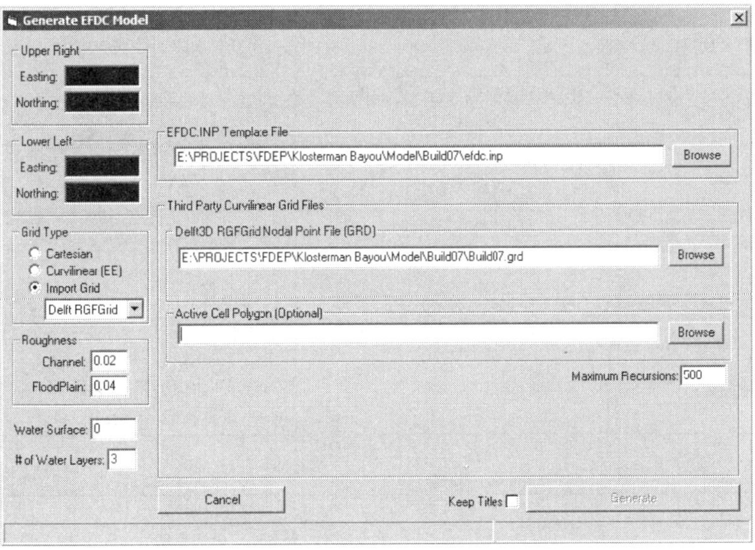

그림 6-7 격자 생성: Delft's RGFGrid 불러오기

07 ViewPlan

기본 도구상자의 ViewPlan(도면보기) 버튼은 주요 후처리 유틸리티에는 물론 전처리 시각화와 맵(map) 바탕의 인터페이스 기능을 위한 중요한 유틸리티에 접근하도록 해 준다.

표 7-1은 ViewPlan을 사용해서 표시될 수 있는 주요 변수들의 목록을 포함하고 있다. Sub-Options 열은 단지 주된 종속 옵션들을 수록하고 있을 뿐이다. 대부분 기능마다 여러 가지 다른 방법으로 데이터를 결합하고 나누는 많은 종속 옵션들이 갖추어져 있다. 이 종속 옵션들은 다음 절에서 보다 상세하게 탐색될 것이다.

표 7-1 ViewPlan의 주요 기능들

ViewPlan Option	Description	Sub-Options	Time Variable
Cell Indicies	EFDC 모델의 I, J, L 인덱스 화면표시	NA	No
Cell Map	CELL.INP 파일에 저장된 계산 셀맵의 화면표시	NA	No
Bottom Elev	바닥고 화면표시	NA	Yes
Water Levels	수위를 사용한 다양한 도면 화면표시	Depth Elevation Wet/Dry Total Head, Overtopping Areal Extents (FEMA) Areal Extents (Depth)	Yes
Boundary C's	유형별 경계셀을 가진 모델영역의 화면표시	NA	Yes

ViewPlan Option	Description	Sub-Options	Time Variable
Fixed Params	시간에 따라 일정한 모델 입력변수의 화면표시	Roughness Cell Angles Wind Shelter Shading Factors GVC Layers Groundwater Map Wind Weightings Atm Weightings	No
Model Metrics	몇 개의 모델 메트릭의 화면표시. 하위 옵션중 어떤 것은 시간에 따라 변하고 다른 것은 고정이다.	CFL Time Step Courant # Orthogonal Deviation Celerity Froude # Richardson # Densimetric Froude #	Yes
Velocities	유속벡터도와 플럭스 도구 화면표시.유속벡터는 여러 "Viewing Opt' 's" 에 의해 오버레이될 수 있다.	2D Velocity Vectors Magnitudes, Vertical Velocities Flux Tool	Yes
Sediment Bed	선택된 하위옵션에 대한 소류사 변수 값의 화면표시.	Top layer Layer Thickness Sediment mass Sediment fraction Porosity Computed d50 Delta (scour/deposition) Bed Shear Stress	Yes
Bed Heat		Temperature Thermal Thickness	Yes
Water Column	선택된 하위 옵션에 대한 수층 변수값 화면표시	Salinity Temperature Water Density Toxics Dissolved, POC bound, DOC Complexed Sediments Water Quality 21 EFDC Parameters Trophic State Index Other Derived Params WQ Kinetic Zones Secchi Depth % Irradiance	Yes

ViewPlan Option	Description	Sub-Options	Time Variable
Diagenesis	유기 영양분 플럭스와 토사농도 화면표시.	Concentrations of PON, POP, POC, NH4HN, NO3-N, PO4-P, H2S, Silica Benthic Stress Sediment Temperature Flux Rates PON, POP, POC, SOD, COD, NH4, NO3, PO4, Silica	Yes
Vegetation Map	식생등급 지도 화면표시	NA	Yes
ModChannel	컨넥티비티를 보여주는 수로수정자의 화면표시	NA	No
Wave Params	선택된 하위옵션에 대한 파랑변수 값을 화면표시	Energy Height Radiations Shear Stress XX, YY, XY Dissipation Angle	No
Computed Vars	선택된 하위옵션에 대한 내부 EFDC를 화면표시	Horizontal diffusivities Other User Defined	Yes

7.1 모의 결과 불러오기

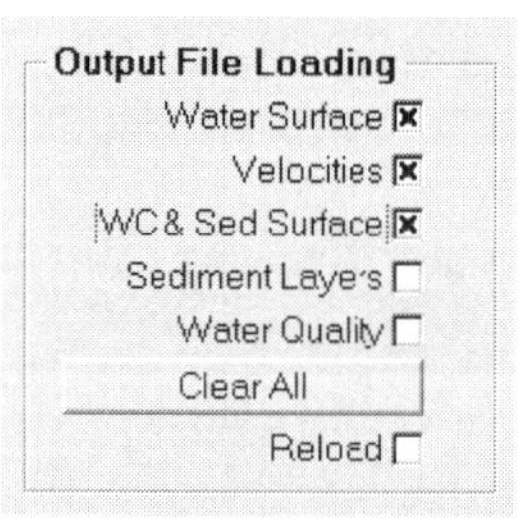

그림 7-1 모델결과 불러오기 옵션

후처리할 때, ViewPlan은 입력 데이터는 물론 출력 데이터의 로드를 요구한다. ViewPlan 버튼을 누르기 전에, 주 EFDC_Explorer 폼의 후처리 구역에 위치하고 있는 "Output File Loading" 프레임의 체크박스들을 선택하라(그림 7-1). 이 옵션들에는 그 사용자가 그림보기를 원하는 변수들을 선택할 수 있도록 준비되어 있다. 일단 적절한 출력 파일들이 로드되었다면 사용자가 "Reload" 체크박스를 체크하고, 새로운 프로젝트를 로드하거나 EFDC_Explorer를 빠져 나와서 그 다음 재시작할 때까지 그 파일들은 그 프로젝트를 위해 다시 로드할 필요가 없을 것이다.

"Clear All" 버튼을 누르면 어떤 선택된 상자들도 빠르게 선택으로부터 해제할 수 있다. 만일 출력 데이터 파일이 로드되어 있다면, 여러분은 이 데이터들을 언로드(unload)하지 못한다. 체크박스가 제거된 후에 버튼 캡션은 "Set All" 로 변경된다. 만일 원하는 파일이 존재하면 이 버튼을 눌러서 EFDC_Explorer가 프로젝트 폴더를 스캔하고 출력 데이터 상자를 체크하도록 한다. 이것은 그 파일이 그 프로젝트와 현재 환경설정에 대해 타당한가를 알아보기 위해 체크하지 않는다.

"Reload" 버튼은 EFDC 모델이 실행하고 있는 동안 그 사용자가 그 결과를 불러올 때 유용하다(5절 참조). 파일 조작 에러들을 방지하기 위해 여러분은 데이터를 로드하기 전에 EFDC를 중단하는 것이 더 좋겠으나, 그러나 EFDC가 드물게 EFDC_Explorer 파일들에 기록하고 있는 중이라면 특별히 그럴 필요가 없을 것이다. 만일 "Reload" 버튼이 ViewPlan 옵션이 눌러져 있을 때 체크되어 있다면 그것은 그 당시에 요구되는 모델 결과를 다시 불러오도록 EFDC_Explorer에게 강요한다.

수심은 수행되고 있는 어떠한 후처리를 위해서도 반드시 로드되어야 한다. 그 수심은 EE_WS.OUT 파일에 저장되어 있다. 이 파일은 모든 셀들에 대한 수심을 포함한다. 이 파일은 후처리할 때 메모리 속에 완전히 로드된다. 만일 수심 파일이 로드되지 않았다면 후처리는 불가능하다.

모든 다른 모델 결과들에 대해, 현재 시간만이 로드될 뿐이다. 이 방법은 보다 빠르게 파일 로딩과 그림보기를 해주고 매우 큰 모델의 결과 파일들(>4 GB)이 저장되고 사용되도록 해준다. 그러나 어떤 시계열 데이터 형식을 처리할 때 각 스냅숏은 원하는 모든 시간들에 대해 로드되어야 한다. 대부분의 하드디스크들은 보다 빠르게 데이터를 로드하기 위해 빈번하게 파일을 접속할 수있는 캐시 메모리를 가지고 있다. 그러기 때문에 하나의 시계열 데이터가 처리되는 맨 처음에는 그 데이터가 천천히 로드된다. 그러나 다음 처리는 훨씬 더 빨라질 수 있다.

파일로드 과정 중 ESC를 누르면 파일 로딩 과정을 빠져나오고 주 EFDC_Explorer 폼으로 되돌아간다.

7.2 ViewPlan 메인 폼 기능

ViewPlan 폼 보기옵션은 어떤 변수가 모의되는가, 어떤 데이터가 로드됐는가와 어떤 옵션이 사용자에 의해서 요구되었는가를 토대로 조정된다. 그림 7-2는 선택된 "Water Column" 옵션을 가진 ViewPlan 폼의 한 예를 보여주고 있다. 이 도면은 Timing Frame, Legend 그리고 Horizontal Scale을 포함하여 ViewPlan의 몇 가지 표준 기능들을 보여준다. Legend를 제외하고, 이 기능들은 작동이 될 수 있거나 작동이 안 될 수도 있다.

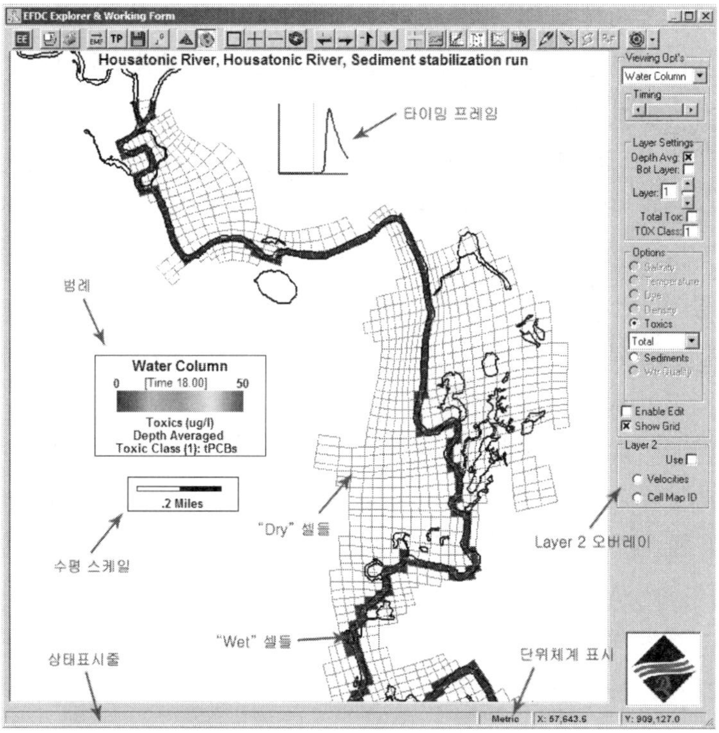

그림 7-2 ViewPlan 메인 폼

"Viewing Opt's" 프레임은 모든 이용 가능한 보기, 편집 그리고 후처리 주요 토픽들의 드롭다운 목록을 포함하고 있다. 이 목록의 항목들은 사용자가 전처리 기능에서 변수들을 변경하거나 다른 모델 결과 파일들을 로드할 때마다 변경할 수 있다(7.1절 참조).

그림 7-3은 "Viewing Opt's"의 대안으로 ViewPlan과 관련된 관심 지점 정보를 보여주고 있다. 주 옵션에서 "Water Column" 을 선택해 보면, 이용가능한 여러 옵션들이 나타난다. 관련 지역 내에서 오직 사용가능한 종속 옵션만이 나타날 것이다.

폼의 꼭대기에 위치하고 있는 도구상자는 선택된 현재 "Viewing Opt's"를 가지고 작용하는 기능들을 제공한다. 예를 들면 도구 상자 "Animate" 버튼을 클릭하면, 표시되고 있는 변수를 동영상으로 만든다. 표 7-2는 도구상자로부터 이용 가능한 다양한 자세한 기능들을 담고 있다. 7.8절에는 이용 가능한 다양한 "Viewing Opt's"에 대해 보다 상세하게 설명된다.

"Timing" 프레임에는 모델 출력 스냅숏에 직접 접속해주는 스크롤바가 준비되어 있다. 슬라이더 바가 왼쪽으로 완전히 스크롤될 때(Timer = 0) 표시된 데이터는 모델 입력데이터에서 정해진 초기조건이다. 현재 시간은 법례 속에 율리우스력의 날짜로 표시된다. 시간 표시 해상도는 시간 해상도를 위한 EFDC_Explorer 환경설정에 의해 제어된다.

폼은 크기가 다시 조정될 수 있으며(그것을 너무 작게 줄이면 EFDC_Explorer 가 크기를 제한할 것이다), 최대화할 수 있고 최소화할 수도 있다. 그러나 만일 너무 최소화 된다면 그것은 EFDC_Explorer 로 어떤 일을 하기에 앞서 다시 정상으로 복구되지 않으면 안된다.

7.2.1 마우스 기능

도구상자는 몇 가지 다른 마우스 클릭 기능을 가지나, 일반적으로 기본적인 마우스 클릭 기능을 요약하면 다음과 같다.

7.2.1.1 범례 및 다른 대상의 재배치

EFDC_Explorer 팝업, 범례, 라벨, 주의, 대화창 그리고 프레임들을 재배치하기 위해 사용자는 LMC하고, 그것을 클릭한 상태를 유지해서 그 대상을 도면에서 다른 위치로 옮기기 위해 그 마우스를 드래그 한다. 만일 범례가 더 이상 보이지 않을 정도로 화면과 재구성된 폼 밖으로 이동된다면, 그것은 현재 보기 창의 중앙에 재배치될 것이다.

7.2.1.2 셀 정보

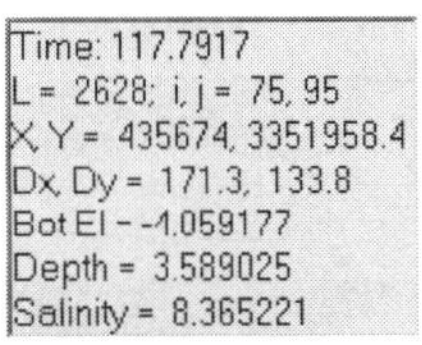

그림 7-3 셀 정보의 예

특정 셀에 마우스 포인트를 놓고, 그 다음 현재 선택된 데이터와 하위 옵션에 관한 셀의 일반정보를 표시하기 위해 LMC 한다. 그리고 RMC하는 것은 윈도우즈 클립보드에 이 정보를 복사하는데 사용된다. 그림 7-3은 염도에 대한 셀 정보 표시의 한 예를 보여준다.

7.2.1.3 오른쪽 마우스 클릭(RMC)

다음을 수행하기 위해 대상에 RMC하라 :

Legend 이것을 Display Options 폼에 올린다.

A Cell(BC) 이것은 셀 편집, 셀 비활성화, 또는 "Set as show I,J" 의 옵션들을 사용가능하게 하는 팝업창을 띄운다. 이것은 "Grid & General" 탭의 "Run Time Status" 에서 I와 J를 설정한다. 클릭된 경계조건의 형식에 따라 셀 보기는 해당 농도는 물론 주요한 경계조건 변수를 표시할 것이다. 그룹보기는 전체의 흐름그룹이나 플럭스그룹을 표시한다.

A Cell(Edit) 선택된 "Enable Edit" 체크박스와 함께 모델영역을 표시할 때, "Modify Cell" 폼(그림 7-4)이 표시되는데 이것은 사용자가 경계조건을 제외하고 한 위치에서 많은 셀 속성들을 수정할 수 있게 해준다.

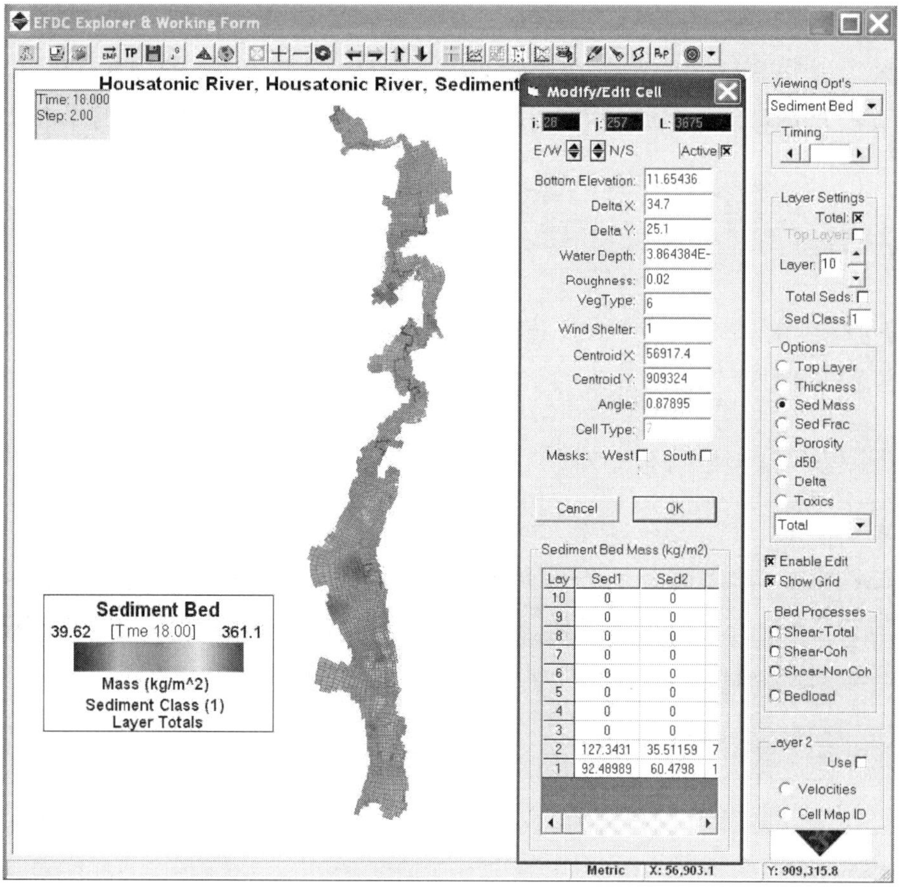

그림 7-4 소류사 질량 종속 옵션을 가진 셀 수정 옵션

이들 기능에 더하여 수질, 진단 그리고 식생을 위한 지대들에 RMC하면, 사용자는 전체 지역에 대한 데이터를 편집할 수 있다.

수질을 후처리하는 동안 만일 시계열 용존산소보기가 켜져 있다면, 사용자는 일련의 미리 정해 놓은 영양분 묶음(bundles)으로부터 선택할 수 있다.

7.2.2 단축키

단축키에 대한 도움말을 얻기 위해 F1 키를 눌러라. 실질적으로 도움 창에 나타나는 것은 어떤 데이터/모델결과가 로드되었는가와 현재 선택된 보기옵션에 따라 달라진다. 표 7-2에는 ViewPlan에서 사용되는 단축키의 목록이 수록되어 있다.

표 7-2 ViewPlan 단축키 일람

	Panning & Zooming
F2	팬과 줌의 증가를 수정. 여기서 패닝과 줌밍 폭이 조정된다.
F5	현재 그림을 다시 표시하기.
left	동쪽으로 패닝(panning)
right	서쪽으로 패닝
up	북쪽으로 패닝
down	남쪽으로 패닝
+	확대
−	축소
Ctrl−E	모델의 확대 줌.
	Cell Property Copy Editing
Ctrl−LMC	속성치 준비. 셀 위에 Ctrl−LMC하면, 셀의 현재 속성치가 연산자 박스에 복사된다.
Ctrl−RMC	속성치 설정. 셀 위에 Ctrl−RMC하면, 그 셀에 연산자 박스 속의 값이나 연산자가 적용된다.
	Smoothing of Initial Conditions Field
Ctrl−S	현재 선택된 IC 데이터를 스무딩하기. 이것은 오직 바닥고와 수층에만 적용된다.
	Rectangular Cell Selection (for Editing Cell Properties)
	직사각형으로 셀들을 선택하기 위해 ALT를 누른 채 오른편 마우스를 드래그 한다. 이때 'Enable Edit' 체크박스가 반드시 선택되어 있어야 한다.
	Polyline Editing Keys
1	처음 점으로 이동하기.
L	마지막 점으로 이동하기.
N	다음 점으로 이동하기.
P	앞의 점으로 이동하기.
DEL	현재의 점을 삭제하기.
INS	현재 점 다음에 새 점을 삽입하기.
Ctrl−D	현재 선택된 폴리라인을 삭제하기.
Shift−LMC	새 폴리라인을 시작하기.
	Post Processing − Time Selection
PgDn	다음 스냅숏을 보여주기.
PgUp	앞의 스냅숏을 보여주기.
Shift−PgDn	다음 스냅숏을 보여주기 − 증분:12
Shift−PgUp	앞의 스냅숏을 보여주기 − 증분:12
Ctrl−PgDn	다음 스냅숏을 보여주기 − 증분:120
Ctrl−PgUp	앞의 스냅숏을 보여주기 − 증분:120
Ctrl−G	특정 날짜로 가기. 기입하기 위한 날짜 형식은 사용자가 율리우스 날짜로 표시할 것인가 그레고리 날짜로 표시할 것인가에 따른다.
	Specific View: Water Levels, Inundation Extents
Ctrl−O	P2D파일로 표시된 범람원의 윤곽선을 내보내기.

	Specific View: Sediment Bed, Bed Shear Stress
Alt-P	하상 전단응력이나 흐름 동력의 화면표시를 위한 스위치 작동하기.
	Specific View: Bottom Elevation/Comparison Model
Alt-V	두 모델 간의 토사체적 차이를 계산하고 표시하기.
	Calibration Data Display
Ctrl-<	앞의 스냅숏 데이터로 가기. 만일 보정데이터가 구성되었고 현재 도면이 수층이라면, 이 키를 치면 EFDC_Explorer는 다음 측정 데이터로 넘어가 라벨이 붙은 데이터나 잔차데이터와 함께 모델결과를 표시해준다.
Ctrl->	다음 스냅숏 데이터로 가기.
	Miscellaneous Functions
Ctrl-B	회색스케일 칼라램프의 On/Off 스위치 작동하기.
Ctrl-T	제목표시 스위치 작동하기.
Ctrl-W	지정된 크기로 ViewPort 설정하기.
Alt-W	지정된 스케일로 ViewPort 설정하기.
Alt-E	현재 그림을 Metafile로 내보내기.
Alt-M	미터/영국단위계 변환 스위치 작동하기.
Alt-K	배치도(폼 크기, 스케일, 범례위치, etc.)를 파일에 저장하기.
Alt-L	파일로 부터 배치도를 로드하고 현재 그림에 그것을 적용하기.
Alt-LMC	셀 데이터를 클립보드에 복사하기.

7.2.3 도구상자 요약

ViewPlan의 도구상자는 일련의 다른 기능들과 유틸리티에 접속하게 해준다(그림 7-5). 이들 몇 가지 기능들은 현재 환경에 따르는 반면, 몇 가지는 그렇지 못하다. 표 7-3에는 각 기능의 요약을 포함하고 있다.

그림 7-5 ViewPlan 도구상자

표 7-3 ViewPlan 도구상자의 기능

	ViewPlan 나가기.
	프린터 옵션 설정.
	현 도면을 현재 프린터로 인쇄하기.
	현 도면을 EMF에 내보내기.
	현 주요 옵션을 Tecplot에 내보내기.

	초기조건에 할당된 현재 시간을 이용하여 새 EFDC 모델을 만들기.
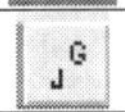	율리우스 날짜와 그레고리 날짜의 상호 변환.
	칼라 램프, 벡터,격자선, 오버레이 등을 위한 화면출력 옵션 설정.
	지형도 배경 스위치.
	확대 줌(zoom).
	고정 증분으로 확대.
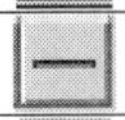	고정 증분에서 축소.
	도면 다시보기.
	왼쪽으로 패닝(panning)
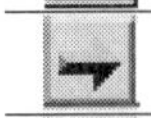	오른쪽으로 패닝
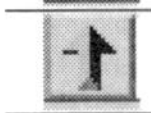	위로 패닝
	아래로 패닝
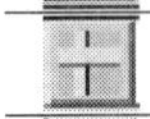	거리재기 자. 거리는 상태 줄에 표시.
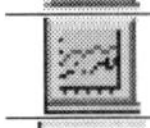	시계열 도구. 구룹셀을 만들기 위해 셀들 위에 포인트 & 클릭함.
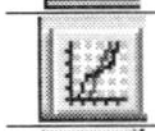	수직분포도 도구. ViewProfile 의 수층 옵션에서 이용가능.
	일반적인 통계 도구. 결과는 클립보드에 복사.
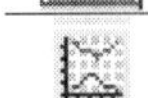	종단면분포도 도구
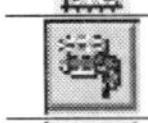	애니메이션 도구. 스크린이나 AVI파일에 출력하는 도구.
	폴리라인/폴리곤 생성/편집 도구.
	포인트 앤 클릭으로 데이터 내보내기.
	Modify Cell을 사용하여 일반 편집 목적을 위한 복수 셀 선택 도구.
	연산자를 사용하여 셀에서 셀의 조정을 빠른 포인트 앤 클릭으로 처리하는 도구.
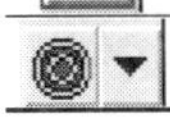	측정 위치,데이터, 모델 잔차 데이터 보기를 위한 도구.

7.2.3.1 EMF 파일로 내보내기

대부분의 모델링 작업은 결국 공학과 과학보고서로 마무리되기 때문에, EFDC_Explorer는 가장 대중적인 모든 문서작성 프로그램에서 직접 사용할 수 있는 고품질의 그림을 작성하는 능력을 갖는 것이 매우 중요하다. 이 필요성은 강화된 메타파일(EMF)을 내보내기 하는 능력으로 충족된다. EMF는 거의 모든 문서작성과 상영 패키지 속에 쉽게 불러들일 수 있는 윈도우즈가 기초인 그림이다.

메타파일의 크기와 모양은 EFDC_Explorer에서 두 가지 일에 달려있다. 만일 당신이 "Show Border"체크박스를 사용해서 결과들을 내보내기하고 있다면, 그 때 크기와 모양은 프린터 환경설정에 영향을 줄 것이다. 만일 체크박스가 표시되어 있지 않다면 그 때 크기와 모양은 현재 ViewPlan창에 영향을 미칠 것이다.

7.2.3.2 TP파일 내보내기

EFDC_Explorer가 매 프로젝트의 모든 후처리 희망사항과 필요사항을 취급하지 못한다는 것이 인정되고 있다. 그렇기 때문에 ASCII파일로 제3의 패키지에 데이터를 내보내기하는 능력이 도구상자에 TP기능을 포함시켜 준비되어 있다. 이것은 Tecplot® 내보내기 유틸리티이다. 이것이 선택될 때 ViewPlan은 그림 7-6에 나타낸 폼을 표시한다. 여기서 사용자는 건너뛰기 간격은 물론 내보내기하는 시작과 끝시간을 선택할 수 있다.

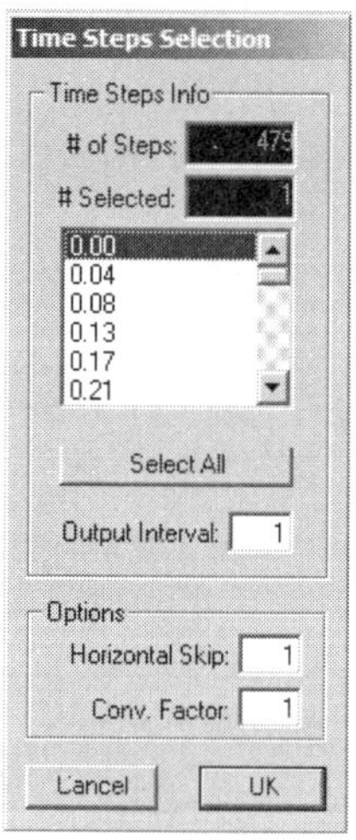

그림 7-6 Tecplot 내보내기 시간 옵션

사용자는 내보내기하는 시간을 반드시 선택해야 한다. 사용자는 하나 이상의 시간을 선택하기 위하여 윈도우즈 표준 LMC, Ctrl-LMC, 그리고 Shift-LMC 사용해서 수동으로 선택해도 좋다. 또 다른 시간 선택을 하기 위해서는 "Select All"을 누르고(그 다음 버튼은 "Select None"으로 변환) 그리고 "Output Interval"을 설정하면 된다. Output Interval이 1이면 모든 선택된 시간들을 출력할 것이고, 그 값이 2이면 모든 다른 스냅숏을 출력할 것이다 등등. 내보낼 스냅샷의 수는 "Select"상자에 표시된다.

"Horizontal Skip"은 모델 셀들을 내보내기 동안에 건너뛰기 횟수를 설정하는데 사용된다. 건너뛰기 횟수가 1이라는 것은 모든 셀들이 내보내기됨을 의미한다.

7.2.3.3 새로운 EFDC모델 제작

이 기능은 초기조건과 같이 현재 시간보기(범례에 표시된 바와 같이)에서 모델결과를 사용하여 새로운 프로젝트를 디스크에 저장한다. 이것이 선택되었을 때 사용자가 새로운 모델을 저장할 새로운 프로젝트 폴더를 선택하도록 재촉한다. 모든 적당한 기호와 환경설정들은 사용자가 새롭게 저장된 모델(원래 모델은 여전히 현 프로젝트이다)과 EFDC실행을 로드할 수 있도록 현재 모델에서 조정된다. 모의되고 있는 모든 변수들은 공간적으로 변하는 초기조건 파일을 사용한다.

이 기능은 정한 날짜가 지난 후에 모델 입력에 대한 여러가지 조정이나 보정을 검토하는데 유용하다. 어느 정도 시간이 지난 후에 경계를 조정하거나 습윤/건조 옵션과 연속모델을 실행하여 왜 모델이 망가졌는가를 테스트하는 것은 하나의 예가 되겠다. 만일 적당하다면 연속모델로부터 결과들은 플로팅과 분석을 위해 하나의 모델출력을 만들기 위해 원래 모델에 통합될 수 있다.

7.2.3.4 폴리라인/폴리곤 제작도구

이 도구는 사용자가 경계 셀, 유출라인, 모델주석, 유속분포 등을 정하기 위해 도움이 될 수 있는 다양한 폴리라인/ 폴리곤을 만들고 편집하는 EFDC_Explorer에서 중요한 유틸리티이다. 도구상자의 버튼을 누를 때 EFDC_Explorer는 존재하고 있는 데이터를 편집하기 위해 로드할 파일을 사용자에게 요구한다. 사용자는 편집한 파일을 선택하거나 존재하지 않은 선분을 가지고 시작하기 위해 취소를 누를 수 있다.

새로운 선분을 시작하기 위해 Shift키를 누른 채 첫 번째 점에 LMC하라. 점들을 추가하기 위해 끝날 때까지 원하는 각 점들에 LMC하라. 폴리라인/폴리곤을 끝내기 위해 Shift키를 누른 채 LMC하라. Shift키를 누른 채 마지막의 LMC는 정의된 선분에 포함되지 않는다. 선분정의가 끝날 때 사용자는 그 선분에 대한 제목을 요청받을 것이다. 이 제목은 라벨달기를 위한 몇몇의 유틸리티들에 의해 사용된다.

폴리곤 편집을 마치기 위해 다시 도구상자의 버튼올 누를 때 사용자에게 데이터를 디스크에 쓰기 위한 파일이름을 요구한다. 기본 파일형식은 P2D이다. DX파일들은 파일확장자를 DX로 붙여서 명시적으로 수록될 수 있다.

폴리라인/폴리곤 편집도구가 활성화되어 있을 때 다른 많은 표준마우스 작동을 사용할 수 없다.

7.2.3.5 검정 데이터 보기

시계열(5.3.2절)이나 수직분포(5.4.3절)의 검정 데이터가 설정되었을 때 사용자는 선택된 도면에 대한 검정의 정보를 표시하기 위해 "View Calibration Data"기능을 사용할 수 있다. 부호, 폰트 그리고 시간허용치를 정하기 위해서는 Display Options폼(7.3절)의 데이터 송부 옵션들이 사용된다. 이 기능의 데이터 성분들은 다만 "Water Column"보기에 적용될 뿐이다. 수층에 대해 계산결과를 그림으로 볼 때 EFDC_Explorer는 보기변수를 데이터변수에 맞춘다. 만일 현재 그림보기 변수에 대한 설정된 데이터가 없다면 하나의 메시지가 표시될 것이다.

View Calibration Data 도구상자의 기능은 다음의 화면을 켜거나 끄는 것이다:

Show Data Stations: 이것은 지점의 ID들을 가지고 현재 도면에 라벨을 단다. 이 정보는 비록 검정 데이터속에 맞는 변수가 없을지라도 대부분의 그림보기에 표시될 것이다.

Show Data Values: 이것은 만일 데이터에 맞는 변수가 있고 그 데이터가 현재 그림보기의 허용시간 안에 든다면 검정 데이터를 가지고 현재 도면에 라벨을 붙인다.

Show Data Residuals: 이것은 만일 데이터에 맞는 변수가 있고 그 데이터가 현재 그림보기의 허용시간 안에 든다면 잔차류(모델데이터)를 가지고 현재 도면에 라벨을 붙인다.

Use Layer Option/Show All Layers: 이 옵션은 현재 그림보기에 대한 검정의 데이터층 옵션을 시행하게 한다. 만약 체크되어 있지 않다면 데이터와 잔차류는 수심평균을 기본으로 표시하게 될 것이다.

Set Model/Data Time Tolerance: 이것은 사용자가 모델스냅숏 시간과 데이터 시간사이에 허용되는 분단위의 시간을 설정하도록 해준다. 만약 절대 시간차이가 적거나 같다면 그 때 EFDC_Explorer는 같은 두 개의 시간을 고려하고 적절한 데이터나 잔차데이터를 표시할 것이다.

Show Previous Data: 이 기능은 현재에 변수에 대해 앞의 모델데이터에 일치시키기 위해 알맞게 현재의 그림을 뒤로 후퇴하게 한다. 만일 일치가 발견되지 않거나 현재 모델시간이 맨 처음 데이터기록보다 작다면 일치가 없음을 표시하는 하나의 메시지가 상태막대에 표시될 것이다. Ctrl - 〈 키는 동일한 기능을 수행한다.

Show Next Data: 이 기능은 현재에 변수에 대해 다음의 모델데이터에 일치할 때까지 현재의 그림을 앞으로 나가게 한다. 만일 일치가 발견되지 않거나 현재 모델시간이 마지막 데이터기록보다 크다면 일치가 없음을 표시하는 하나의 메시지가 상태막대에 표시될 것이다. Ctrl -〉 키는 동일한 기능을 수행한다.

7.2.4 그림 찾기

ViewPlan 도구상자는 일련의 서로 다른 그림 찾기의 기능들을 가지고 있다. 그러나 마우스와 마우스-키보드의 조합은 역시 몇 가지의 매우 유용한 찾기 능력들을 가진다. 다음은 도구상자에 없는 두 가지 주요 찾기 기능들을 요약하고 있다.

Zooming: 사용자는 오른쪽마우스 클릭(RMC)로 마우스를 누른 채 끌면서 간단하게 볼 그림의 어떤 지역도 확대/축소할 수 있다. 사용자가 마우스버튼을 놓을 때 스크린은 선택된 면적위에 확대/축소되고 중앙에 위치할 것이다.

Panning: 사용자는 Shift키를 누른 채 RMC하고 마우스를 원하는 방향과 거리로 잡아끌어서 어떠한 방향으로도 그림을 좌우로 이동할 수 있다.

도구상자에 준비된 다른 확대/축소와 좌우 이동기능들도 역시 이용 가능하다. 때때로 확대/축소 한도를 위한 버튼은 이미 그림이 완전히 확대/축소되어 있기 때문에 사용 불가능하다.

7.2.5 기록 단위

EFDC_Explorer는 미터법(기본 값)이나 영국단위계 중 하나로 도표들을 작성할 수 있다. 이 기능은 Alt-M키를 사용하여 개폐된다. 현재 사용하고 있는 단위계는 폼의 하단에 상태표시줄에 표시된다. 사용자는 단위를 개폐하기 위해 상태표시줄에 있는 단위라벨을 왼쪽 마우스의 클릭을 사용할 수 있다.

EFDC와 EFDC_Explorer는 미터단위계로 된 모델제작과 입력 값들을 요구한다. 영국단위계는 단지 화면출력을 위해서만 사용된다. 모델 입력 값들을 편집하거나 변경하기 위해서 기록단위는 미터로 설정되지 않으면 안 된다.

7.2.6 두 번째 층

많은 그림보기 옵션들은 "2nd Layer" 프레임의 옵션들을 사용하여 유속벡터들이나 셀 인덱스들 중 하나를 이용하여 오버레이 할 수 있다. 두 번째 층 변수의 화면출력 형식은 그 변수에 대한 현재 환경설정에 의해서 제어된다. 예를 들면 만일 유속벡터들이 수층 TSS와 오버레이 되고 사용자가 유속의 형식과 플롯팅 위치를 변경하길 원한다면 사용자는 유속 그림보기로 가서 원하는 변경을 하고 그 다음 수층 그림보기로 돌아가서 TSS농도들을 다시 화면에 출력한다. 그 때 유속벡터들은 새 형식으로 TSS도면 위에 오버레이 될 것이다.

7.3 ViewPlan 화면표시옵션

ViewPlan을 위한 주요한 화면표시 옵션 폼은 몇 가지 접근방법들 중 하나에 의해 작동된다. 그들은 도구상자의 버튼을 누르거나 범례, 수평축척이나 또는 시간 프레임 중 하나에 RMC를 한다. 화면표시 옵션 폼은 그림 7-7에서 그림 7-9까지의 그림에서 보듯이 3개

의 탭들로 구성된다.

특별한 옵션을 위하여 선분 형식이나 색을 변경하기 위해 형식을 표시하는 그림상자위에 LMC하라. 형식 폼은 사용자가 원하는 것으로 조정될 것이다. 그림 7-7에 "Timing Frame"은 ViewPlan에서 프레임을 보여줄 것인지, 그리고 만일 그렇다면 무엇을 보여줄 것인지를 선택하는데 사용된다. 단위 척도(unit scale) 필드의 값은 어떤 형식의 경계 시계열 데이터가 선택되었는가에 따른다. 바람에 대해서 단위척도는 m/sec이고 흐름과 압력에 대해서는 그 척도가 days이다.

칼라램프(color ramp)의 파랑 끝단과 빨강 끝단을 표시하는 값들이 지정될 수 있다. 칼라램프의 방향은 파란 값이 빨간 값보다 크거나(>)이거나 작거나 (<)에 따른다. 만일 "Autoscale with View" 옵션이 선택된다면 그 때 파랑과 빨강범위는 현재 뷰포트(viewport) 안에 있는 현재변수에 대한 최소와 최대치로 재설정될 것이다.

"E/N Scale Modifiers"는 모델을 더 잘 보기 위해 1차원모델의 축척을 높이는데 사용된다. 이것은 단지 축척을 필요로 하는 영역을 가로지르는 하나의 활성 셀만을 갖는 모델들에 대해서만 사용되어야 한다. 예를 들면 길이가 100km(I성분)이고 넓이가 100m(J성분)인 직선 하천에 대한 테스트 경우를 보자.

만일 그 하천을 수평축척 1 : 1로 해서 본다면, 그것은 모델 셀 색깔들을 보기가 어려울 것이다. 이 경우에 5인 축척계수를 사용한다면 보다 보기 좋은 그림을 만들 수 있다. 이 수평축척의 화면표시는 선택적이다. 단위는 "Unit"드롭다운 목록에서 설정된다. 축척단위는 현재 기록단위들로부터 독립하여 설정된다(7.2.5절).

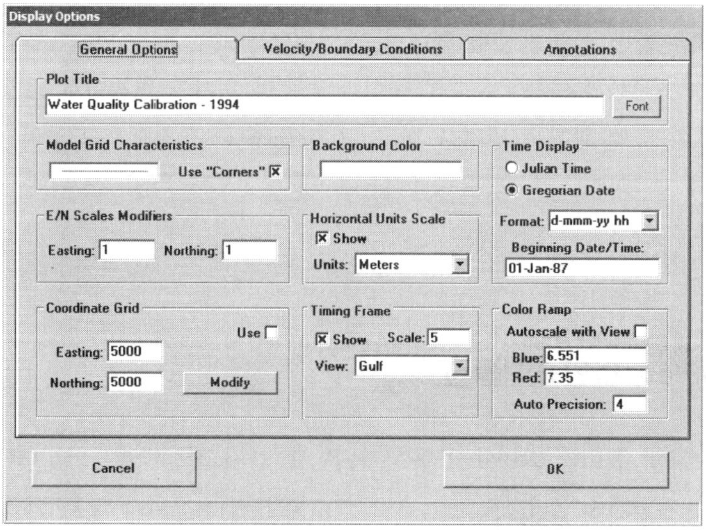

그림 7-7 도면보기 화면 옵션: 일반 옵션

격자는 "Coordinate Grid" 옵션을 사용해서 모델에 오버레이 할 수 있다. 그 원하는 ΔX와 ΔY 간격은 Easting과 Northing 필드에 각각 입력되어야 한다. 라벨과 선분의 형식들은 "Modify"버튼을 눌러서 조정될 수 있다. 형식 폼에서 사용자는 X와 Y양쪽에 대해 같은 형식을 할당하기 위해 "Link"체크박스를 선택할 수 있다.

그림 7-8은 "Display Options"폼의 "Velocity/Boundary Conditions" 탭을 보여준다. 이 탭은 축척, 화면표시 단위 그리고 여러 형식 옵션들을 포함하여 유속벡터 형식 옵션을 접속하게 해준다. 만일 "Scale Vector"체크박스가 선택된다면 그 때 유속벡터의 길이가 "Scale"계수에 비례할 것이다. 만일 이 체크박스가 선택되지 않으면 그 때 정확한 회전을 한 일정한 길이의 벡터가 나타날 것이고 그 크기는 벡터 다음에 라벨로 붙게 될 것이다.

"Primary"벡터는 현재 로드된 EFDC모델의 유속들의 벡터표시 형식을 제어한다. "Secondary"벡터는 2번째 모델의 유속들(5.4.5절 참조)이나 데이터(5.4.4 참조)중 하나를 제어한다. 벡터의 형식을 변경하기 위해 표시된 벡터에 LMC하라.

유속 벡터를 그릴 때, 일반적으로 EFDC_Explorer는 제시된 스텝으로 I와 J성분을 반복한다(예를 들면" i Step"). 만약에 보다 많은 제어가 프로젝트를 위해 필요하다면 사용자는 "Velocity Labeling Locations"파일을 선택할 수 있다. 이 파일은 XY좌표의 목록을 포함한 ASCII파일(DAT나 P2D형식)이다. 만약 그것이 선택된다면 EFDC_Explorer는 XY의 좌표를 로드하고 해당 셀의 목록을 결정한다. 벡터 점들이 모델영역 밖에 있다면, 그들은 무시된다. 그 때 유속벡터들을 그릴 때, 목록에 있는 그 셀들만 그려질 것이다.

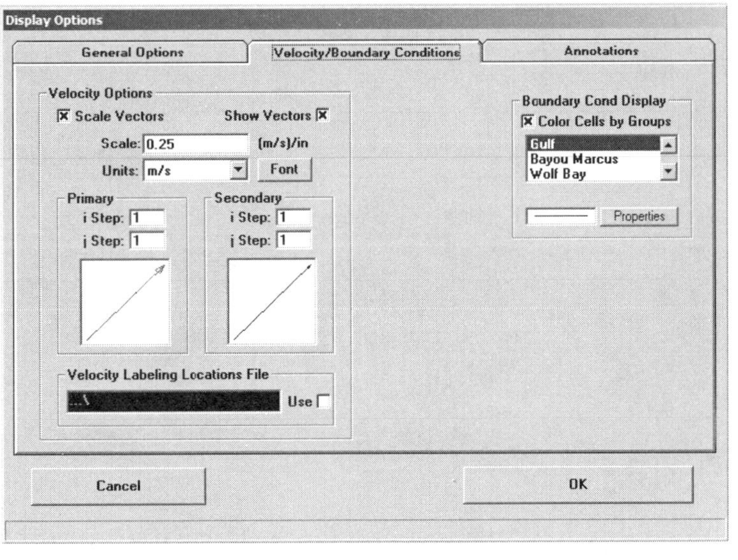

그림 7-8 도면보기 화면표시 옵션:유속/경계조건

Display Option폼의 3번째 탭에서 주요 사용자의 라벨달기와 오버레이들이 제어된다(그림 7-9). 라벨파일과 데이터 위치파일은 필수적으로 동일한 형식(X Y라벨)을 가진다. 데이터 위치 파일속에 라벨들은 모두 단 하나의 형식을 사용하는 반면, 라벨파일속에 라벨들은 독립적으로 표시될 수 있는 것이 주된 차이이다. 라벨에 대해서 EFDC_Explorer는 라벨을 붙인 파일과 같은 이름을 가진 파일을 사용한다. 그러나 개개의 라벨 형식을 저장하기 위해 파일명에 LBF확장자를 붙인다.

Time Series(5.4.2절)이나 Vertical Profile(5.4.4절)에서 검정 데이터가 설정되었을 때 사용자는 선택된 도면에 대한 검정 정보를 표시하기 위해 "View Calibration Data"(7.2.3.5절)의 도구상자의 기능을 사용할 수 있다. "Data Posting File"프레임 속의 부호들, 폰트들과 시간 허용치에 의해 검정 데이터의 화면 형식이 제어된다.

"Global View"체크박스는 사용자가 전체 해당기능들을 켜거나 끄도록 해준다. 라벨과 오버레이 양쪽에 대해 개개의 항목들을 역시 켜거나 끌 수 있다.

오버레이 선의 화면표시를 변경하기 위해 선분에 LMC하라.

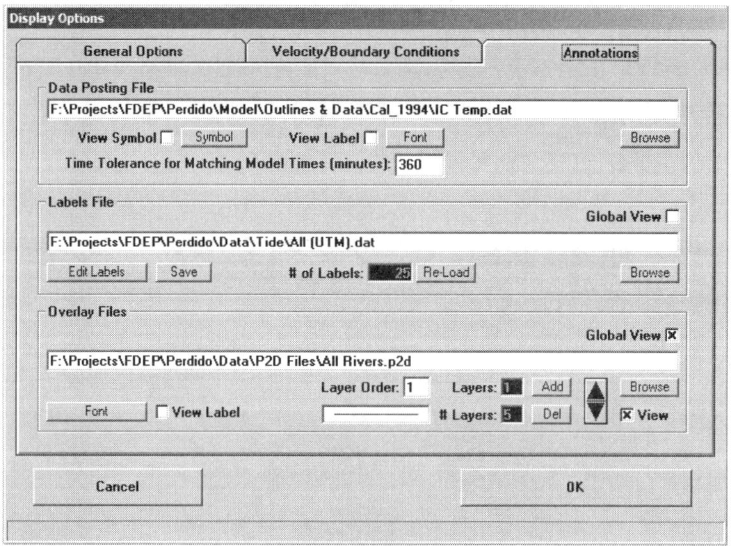

그림 7-9 도면보기 화면 옵션: 주석

7.4 전처리 기능

ViewPlan은 EFDC_Explorer의 시각적/지점의 클릭-편집하는 기능들에 접속하도록 해준다. 이 절에서 논의되는 특징과 기능은 한 가지 이상의 Viewing Opt와 관련된다. 도면상에서 세부 전처리 기능들은 아래의 각 절에서 논의된다.

ViewPlan은 전처리와 후처리, 양자를 위해 사용된다. 그렇기 때문에 만일 모델의 결과가 로드되면 사용자는 현재시간이 0시 또는 초기조건으로 설정되어 있음을 확인할 필요가 있다. 물론 단지 초기조건 데이터만은 편집될 수 있고 모델 결과 값들은 편집될 수 없다. 사용자가 초기조건을 편집하기를 원할 때 시간 스크롤바가 멀리 왼쪽으로 이동되어 있음을 확인하라. 그때 "Enable Edit"체크박스는 표시되고 활성화되어야 한다. 경솔한 데이터수정을 방지하는 파수꾼과 같이 여러분은 오직 "Enable Edit"체크박스가 선택되어 있다면 데이터를 편집할 수 있다. 다음은 위의 두 조건들이 충족되었다는 가정 하에 논의된다.

7.4.1 단수 셀 편집

단수 셀의 속성들을 편집하기 위해서는 원하는 셀 위에 RMC하라. Viewing Opt에 의해 셀 속성 폼이 표시되거나 팝업메뉴가 표시될 것이다. 만일 메뉴가 표시된다면 "Edit"를 선택하라. 그때 "Modify/Edit"폼이 표시될 것이다(그림 7-4 참조). 여러분은 표시된 어떠한 변수들에 대해서도 새로운 값을 넣거나 연산자를 사용할 수 있다(1.2.4절 참조).

7.4.2 복수 셀 편집

셀 그룹이 동일한 "Modify/Edit Cell"폼을 사용해서 동시에 편집될 수 있다. 셀 그룹들은 두 가지 방법 중 하나로 선택될 수 있다. 가장 간단한 방법은 Alt-RMC로 셀 그룹을 직사각형 상자 속에 선택하는 드래그법이다. 셀 중심이 상자 속에 속해있는 모든 셀들을 그룹편집에 포함될 것이다. 두 번째 방법은 도구상자로부터 선택 도구에 의한 폴리곤을 사용하는 것이다. 도구상자의 버튼을 클릭하라 그러면 여러분은 폴리곤 파일을 요청받을 것이다. 이 옵션은 여러분들이 간단한 직사각형보다 선택될 셀들에 대해 보다 많은 제어를 가능하게 한다. 여러분에 파일과 선택방법을 선택하고 그리고 그 다음에 "Apply"버튼을 눌러라. 기준에 맞는 셀들의 하나의 목록이 편집할 셀 그룹 속에 포함될 것이다.

Edit/Modify폼은 사용자가 변수에 대해 그룹변경을 허락하면서 나타날 것이다. 속성들은 선택된 셀들에 따라 다르기 때문에 몇몇의 속성들은 입력상자 속에 하나의 값을 갖지 못한다. 만일 고정된 값이 나타나면 그때 그 값은 선택된 셀들에 대해 일정한 값이다. 속성을 새로운 값으로 대체하기 위해 적절한 입력상자 속에 새로운 값을 넣어라.

처음에 "Operator"기능을 사용하거나 그렇지 않으면 선택된 지역속의 모든 속성들을 조정하기 위해 한 칸을 띄고 그 다음 첫 번째 문자로서 "+", "-", "*", "/"를 넣고 그 다음 적용할 값을 넣어라. 예를 들면 사용자가 지역의 바닥고를 0.5m 낮추고 싶다고 가정하자. 원하는 지역을 선택한 다음 "Bottom Elev"입력상자에 "-0.5"를 입력하라.

그때 EFDC_Explorer는 정해진 양만큼 그룹에 속한 셀들의 모든 바닥고를 낮출 것이다. 이 방법은 바닥고 외에 어떠한 셀 속성에 대해서도 사용될 수 있다.

7.4.3 셀에서 셀로 복사/할당

이 기능은 사용자가 "Sources Cell" 선택한 다음 현재 속성을 다음의 셀("Target Cell")들 속에 복사하도록 해준다. 우선 사용자는 도구상자에 있는 "Copy Cell Properties" 버튼을 켜지 않으면 안 된다. 그다음 "Sources Cell" Ctrl-LMC로 선택한다. 그때 하나의 입력상자가 표시되고 소스 셀들의 속성들로 채워진다.

사용자는 값을 변경하거나 위에 기술된 연산 방법을 사용할 수 있다. 그 다음 사용자는 Ctrl-RMC로 "Sources Cell" 속성을 적용할 수 있다. 사용자는 원하는 셀 위에 Ctrl-RMC를 계속하여 그 값이나 연산자를 계속 적용할 수 있다.

사용자는 역시 이 기능을 사용하여 연산자들을 적용할 수 있다. 예를 들면 편집되고 있는 어떤 변수에 현재 값을 50%증가시키기 위해 다음 단계들을 따라라.

원하는 "Viewing Opt's"를 선택한다.

- 만일 출력데이터가 현재 로드되어 있다면 현재 시간을 시작시간으로 되돌려서 설정하라. 만일 사용자가 초기조건(IC)의 시점에 있다면 "Enabled Edit"는 활성화 될 것이다.
- "Enable Edit"를 체크한다.
- 도구상자 위의 P→P버튼을 누른다. 이것은 토글 버튼이다. 이 기능은 다시 버튼을 누르거나 "Viewing Opt's"를 변경하여 그것을 끌 때까지 작동될 것이다.
- "Cur Value" 필드에 "1.5"를 넣는다(*과 1.5사이에 공간을 넣는다).
- 컨트롤키를 누른 채 셀들 위에 RMC하는 셀들의 값에 150%계수가 적용될 것이다. 예를 들면 만일 바닥조도가 편집 중이고 초기 값이 0.02m라면 Ctrl-RMC 후 최신 값이 0.03m가 될 것이다. 셀의 색은 갱신될 것이다.

7.4.4 데이터 필드 스무딩

수심, 염도 그리고 온도데이터는 부속 셀들에 폴리곤을 사용하여 전체 영역에 대해 매끄럽게 만들 수 있다. Ctrl-S를 누르면 스무딩(smoothing) 제어 폼이 표시된다. "Polygon"프레임의 "Load"버튼은 폴리곤 파일을 입력하는데 사용될 수 있고 그렇지 않으면 전체 영역이 사용될 것이다. "Smoothing Foctor" 텍스트 박스에 가중치를 기입한 다음 원하는 횟수만큼 "Apply"를 클릭하라. 각 클릭은 데이터 속으로 한 번의 패스(pass)를 수행한다. 각 패스 후에 또 다른 스무딩 패스를 적용하기에 앞서 사용자가 결과들을 볼 수 있도록 데이터가 다시 표시된다.

7.5 일반 후처리 기능

EFDC_Explorer의 ViewPlan 후처리기능은 사용자 지정한 때에 여러 변수에 대한 2차원(2D)지도에 기본적으로 사용된다. 보기옵션들은 환경에 따라 많은 다양성을 가진다. 예를 들면 수층정보에 대해 사용자는 수심평균 값을 지정할 수 있거나 수층의 각 층에 대한 값을 검토할 수 있다. 또 다른 예는 사용자가 질량가중치에 의한 수심평균결과(예를 들면 d50'), 모든 층의 질량이 합해진 총질량이나 매 층의 질량으로부터 계산한 결과를 볼 수 있는 하상유사에 대한 것이다.

"Timing" 스크롤바를 사용하면 원하는 시간이 스크롤되고 PgUp/PgDn의 키를 적절하게 조작하거나 Ctrl-G를 사용하면 특정날짜로 직접 건너뛴다. 출력 환경설정은 도구상자로부터, 혹은 범례, 시간프레임, 수평스케일에 RMC에 의해 접속할 수 있는 'Display Option"을 사용해서 설정된다.

후처리의 몇몇 일반적인 기능은 다음 절에서 논의될 것이다.

7.5.1 시계열

동일한 변수를 가진 한 종류의 시계열 곡선을 빠르게 표시할 수 있다. 도구상자 위의 "Time Series" 버튼을 누른 다음 원하는 각 셀에 LMC하라. 유도된 수심변수를 제외한 모든 변수들에 대해 사용자가 셀을 선택할 때 마다 그들이 시계열로 표시되기를 원하는지 사용자는 질문을 받을 것이다. 10개의 시계열까지 한 번에 나타낼 수 있다.

질문에 '예'라고 답하면 선택된 변수와 셀에 대해 시계열 데이터를 로드되고 표시되게 한다. 사용자는 최대 10개까지의 시계열을 닫을 수 있고 새로운 셀을 선택 할 수 있다. 9절에서 시계열 유틸리티에 대한 사용법과 옵션들에 대한 논의가 마련되어 있다. 시계열 목록을 재설정하거나 보기옵션을 변경하기 위해 "Time Series"버튼을 조작하라. 그러면 시계열 그림보기가 재설정된다.

7.5.2 일반적 통계

EFDC_Exlporer/ViewPlan은 현재의 변수와 스냅숏 시간에 대한 몇 가지 일반적 통계를 계산하는 능력을 가지고 있다. “General Statistics”버튼을 클릭하라. 그러면 사용자는 찾기창에서 폴리곤 파일을 선택하도록 재촉 받을 것이다. 만일 사용자가 “Cancel”선택하면 EFDC_Explorer는 현재창(전체영역이 아닌)을 사용할 것이다. 만일 사용자가 폴리곤파일을 선택하면 그때 그 폴리곤 내의 셀들이 사용될 것이다.

선택된 셀 목록으로부터 현재 표시된 일련의 스냅숏 시간의 일반적 통계가 계산될 것이다. 정확한 통계는 변수에 의해 달라진다. 이 절은 자원이 이용 가능한 만큼 앞으로 보강될 것으로 예상된다.

7.5.3 결과의 동영상

어떤 시간에 의존하는 결과도 스크린이나 AVI파일에 하나의 동영상으로 출력할 수 있다. 만일 동영상이 AVI파일로 저장되어 있다면 사용자는 그 파일이 출력되기 위해 초당 프레임 수에 대한 질문을 받는다.

이것은 특별한 적용이 될 것이나 초당 4프레임은 상당히 스무딩한 동영상을 제공할 것처럼 보이지만 그다지 빠른 동영상을 제공하지 않는다. 이 파일들은 빠르게 매우 커질 수 있기 때문에 주의하라. 동영상의 프레임 크기는 ViewPlan의 크기와 일치할 것이다. 동영상을 멈추기 위해서는 아무키나 눌러라.

7.6 ViewPlan의 주요 보기옵션

앞에서 언급했듯이 ViewPlan의 “Viewing Opt”폼은 사용자에 의해 특정시간에 무슨 변수가 모의되고 있는가, 무슨 데이터가 로드되었는지 그리고 무슨 옵션이 요구되었는지를 토대로 조정된다.

7.6.1 셀 인덱스

Viewing Opt은 I와 J의 EFDC 인덱스들과 LXLY좌표를 기초한 셀 지도에 선형인덱스 “L”을 표시한다. 데이터 배치 라벨 형식이 인덱스를 표시하는데 사용된다.

만일 라벨들이 너무 번잡하다면 “i Skip”과 “j Skip”텍스트 박스들이 라벨빈도를 줄이기

위해 사용될 수 있다. 어떤 셀들에 라벨을 달기 위한 작업은 다음과 같다:

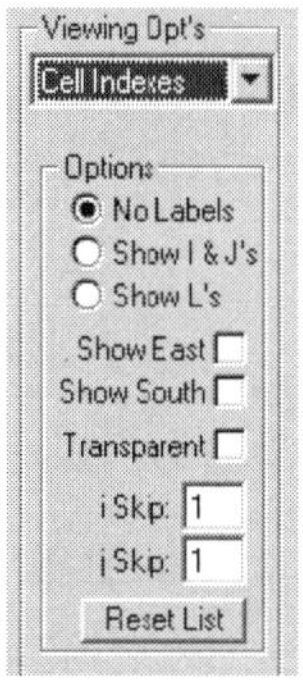

- i와 j 두 인덱스에 대해 매우 큰 건너뛰기 값을 넣는다.
- 라벨을 달려고 하면 셀들에 대한 오른쪽마우스 클릭을 한다.
- 그림을 갱신한다. "Reset List"를 누를 때까지 사용자가 셀 인덱스들을 볼 때마다 단지 사용자가 정의한 셀들만 라벨을 달 것이다.

"Transparent"체크박스는 표시된 격자가 속을 비워서 단지 격자 윤곽만이 표시되도록 한다. 만일 셀들이 "dry"하다면 이 특징은 수층 셀에 대해 역시 적용된다. 이 특징은 밑 배경을 나타내기 위한 지형 좌표 정보가 있는(geo-referenced) 비트맵 배경을 사용할 때 필요하다.

7.6.2 셀 지도

Cell Map Viewing Opt는 컴퓨터 메모리에 저장된 셀을 표시한다. 그림 7-10은 "Uniform Grid"옵션을 사용해서 셀 맵의 일례를 보여주고 있다. I와 J 축은 라벨이 붙을 수 있고 이 예제에서 마찬가지로 라벨이 붙어 있다.

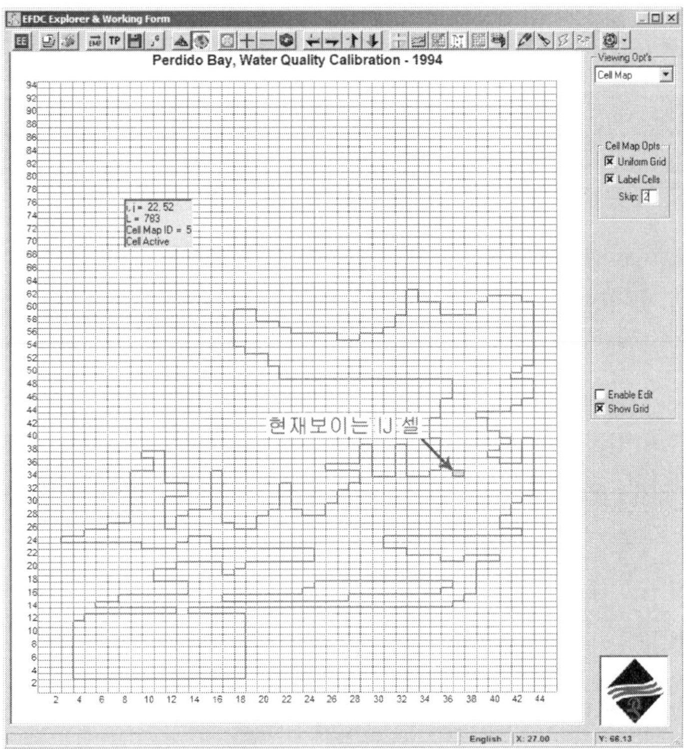

그림 7-10 셀 지도의 예

셀들은 그림을 사용해서 활성화되거나 비활성화 될 수 있다. 하나의 셀 위에 RMC하면 사용자가 편집, 활성화, 비활성화 또는 Show IJ의 설정을 하도록 하는 메뉴가 나타난다. 사용자는 몇몇의 Viewing Opt들로부터 셀들을 비활성화 할 수 있다. 비활성화 된 셀들은 여전히 정의되어 있고 메모리 속에 존재한다. 활성 셀의 수는 사용자가 프로젝트를 저장할 때가지 변하지 않는다. 사용자가 프로젝트를 재 로드할 때 비활성화 된 셀들은 완전히 제거될 것이다.

메모리에 비 활성화된 셀들의 보존은 사용자가 필요하다면 셀을 편집하는 동안 정보를 잃지 않고 셀을 다시 활성화하도록 해준다. 비 활성화된 셀이나 원래 비활성화 된 셀을 재활성화하기 위해 셀 위에 RMC하고 Activate를 선택하라. 만일 셀이 전에 활성화되었다면 그것은 바로 활성 셀의 기호로 변경될 것이다. 한편 만일 셀이 활성화되어 있지 않다면 EFDC_Explorer는 적당한 셀 크기, 수심, 회전 등을 설정하려고 바로 이웃 활성 셀들을 조사한다. EFDC_Explorer가 속성을 배정하기 위해 인접 셀들을 사용하기 때문에 사용자는 활성 셀들에 인접한 가장 활성화된 셀들을 취하는 방식으로 셀들을 추가해야 한다. 셀 속성들이 사용자에게 활성화 전의 셀 속성으로 조정하기 위한 기회를 주기위해 화면에 표시된다.

셀들이 IJ공간의 가장자리 근처에서 활성화된다면 EFDC_Explorer는 적당한 셀 차원을 추가하고 새로운 IJ공간을 반영하기 위해 모델을 바꾼다.

7.6.3 바닥고

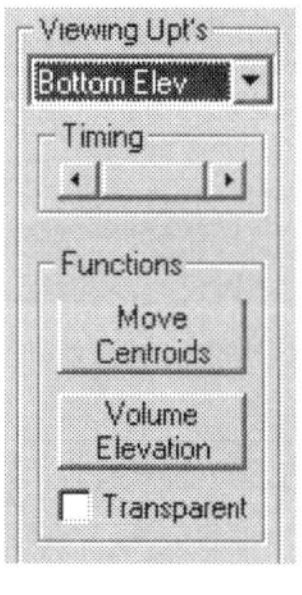

"Bottom Elev" Viewing Opt는 모델 수심의 도면을 표시한다. 축척은 원한다면 해상도를 보여주는 Display Option폼에서 변경될 수 있다.

셀 중심을 바꾸는 옵션은 "Move Centroids"를 눌러서 이용 가능하다. "Volume evaluation"버튼은 체적-면적 관계와 면적-고도 관계의 XY도면을 표시하는데 사용된다. 지형정보가 담긴 비트맵을 보기 위해 "Transparent" 기능을 사용하라. 만일 "Show Grid" 옵션이 체크되지 않았다면 격자 윤곽선은 채색될 것이나 셀들은 메워지지 않을 것이다.

7.6.3.1 수심비교

만일 "Comparison"모델이 로드되었다면(5.4.5절 참조) "Show Compare" 체크박스가 표준 "Bottom Elev" 옵션프레임 밑에 나타날 것이다. 이 기능의 목적은 두 모델들, 현재모델과 비교모델 사이의 수심을 비교하는 것이다. "Show Compare"가 체크되어 있을 때 수심차이 (Base - Compare)가 고도 대신에 표시될 것이다. 체적 차이는 Alt-V키를 눌러서 계산될 수 있다. 총 절삭/채움/순체적(net volume)은 표시된 다음 클립보드에 놓이게 될 것이다.

7.6.4 수위

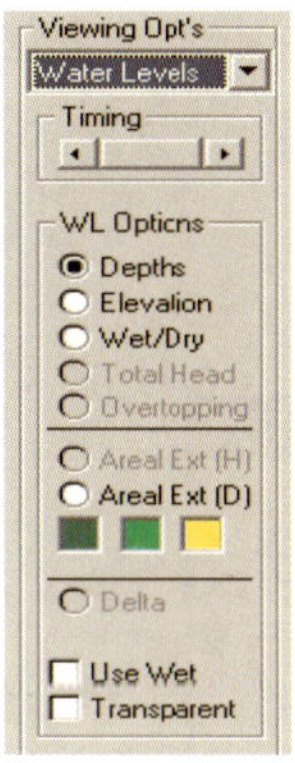

"Water Levels"옵션은 일련의 수심으로부터 파생된 변수들을 제공한다. 두 가지 이 옵션의 사용처는 수심과 수위를 그리는 것이다. 몇 가지 기능들은 단지 항상 이용 가능한 수심과 수심측량을 사용하나 몇 가지 기능은 역시 로드된 유속을 요구한다. 오른쪽 그래픽은 유속이 이용불가능하기 때문에 사용불가로 되어있는 몇몇의 수위옵션들을 나타내고 있다. 다음은 다른 옵션들을 요약한다.

Wet/Dry: 이것은 습윤셀(파랑색) 그리고 건조셀(회색)을 위한 두 가지 색깔표시를 제공한다. 습윤/건조 결정은 습윤수심이 사용될 경우에 "Use Wet"옵션이 체크되어 있지 않다면 건조수심을 사용하여 정해진다. 습윤/건조 셀의 면적과 개수 들은 보고된다.

Total Head: 이것은 총수두, 수위+ 유속수두($v^2/2g$)를 표시한다. 이것은 유속이 로드되어있을 때만 사용가능할 뿐이다.

Overtopping: 이것은 수심+ 유속수두($v^2/2g$)로 정의된 연방 긴급사태관리국(FEMA)에 의해 정해진 범람(overtopping)수심을 표시한다. 이것은 유속이 로드되어있을 때만 사용가능할 뿐이다.

Areal Ext (H): 이 옵션은 수심* 유속수두($v^2/2g$)로 정의된 FEMA의 유속 위험수준(hazard level)을 나타낸다. 표시된 면적과 계산된 면적들은 특정 최소치 상에 계산된 위험수준에 기초한다. 사용자는 최소 수위을 변경시킬 수 있고 EFDC_Explorer의 면적을 다시 계산하고 그 결과치를 표시할 수 있다.

Areal Ext (D): 이 옵션은 특정한 최소 수심과 지속기간을 사용해서 범람지도를 표시하고 면적을 계산한다. 사용자는 최소수심과 지속기간을 변경할 수 있고 EFDC_Explorer는 면적을 다시 계산하고 그 결과 값을 나타낼 것이다. 만일 비교모델이나 비교모델과 세 번째 모델이 로드되었다면(5.4.5절) 그 때 각 모델의 결과들은 기본모델, 비교모델, 그리고 3번째 모델 순서로 그려질 것이다. 각 모델에 대해 표시된 색들은 "Areal Ext"체크박스 밑에 채색된 박스위해 왼쪽마우스버튼에 클릭에 의해 변경될 수 있다. 그림 7-11은 기본과 비교모델을 사용하는 한 예를 보여준다. 노란 정보상자에 계산되고 표시된 면적을 주목하라.

Delta: 이것은 기본모델과 비교모델 사이 수위의 차이를 표시한다(즉 Delta = Base - Compare). 수심을 가진 비교모델은 이 옵션이 사용이 가능하도록 로드되지 않으면 안 된다.

기본 값은 "Wet"와 "Dry"셀 사이의 차단으로 "Dry depth"값이 사용된다. 만일 "Wet depth"가 체크되어 있다면 그때 "Wet depth" 수위가 사용될 것이다. 습윤수심을 사용하면 보다 적은 수의 셀들을 습윤으로 생각할 수 있다. 이 옵션은 단지 습윤/건조 옵션을 사용하는 모델에 대해서만 적용 가능할 뿐이다.

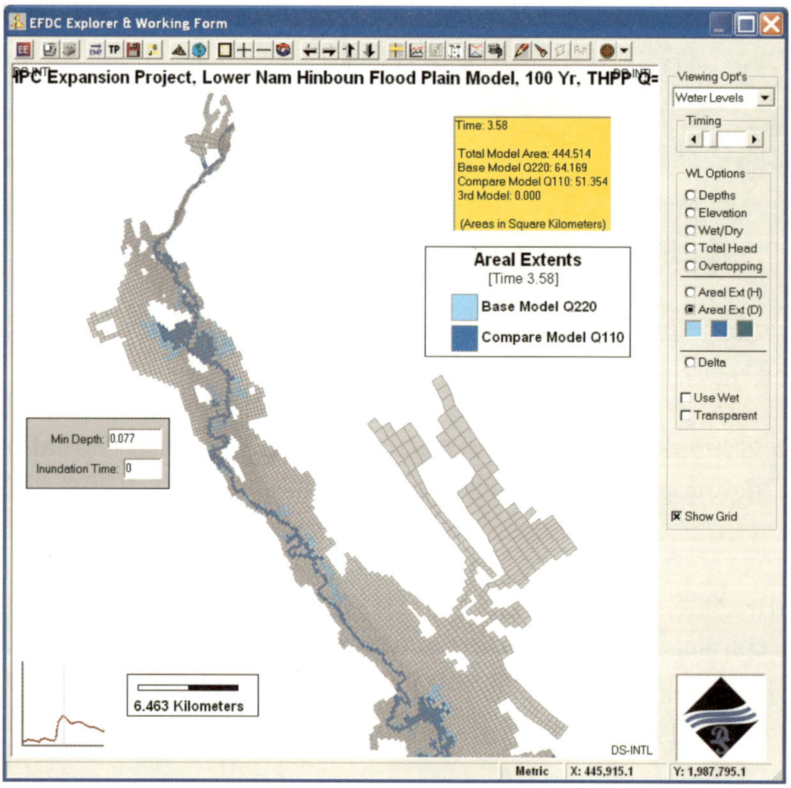

그림 7-11. 수심-지속기간을 토대로 Areal Extents를 보여주는 수위 예

7.6.5 경계조건

경계조건의 Viewing Opt는 사용자가 현재 정의된 위치와 경계조건 형식을 표시하도록 해준다. 그리고 사용자는 시계열 부하 값과 관련된 것들을 볼 수 있다.

Options Area

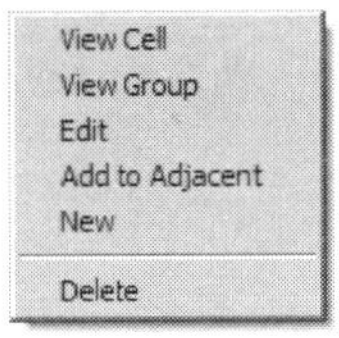

Popup Menu

만일 편집이 가능하다면 사용자가 셀 위에 RMC 할 때 메뉴가 표시된다. 사용자는 다음 명령을 선택할 수 있다:

"Edit" 이것은 경계조건 그룹을 편집하기 위해 선택한다.

"New" 이것은 새로운 경계조건 그룹을 추가하기 위해 선택한다. 새로운 그룹은 셀 위에 RMC 할 필요가 없다.

"Delete" 이것은 경계조건 그룹을 삭제하기 위해 선택한다.

"Add to Adjacent" 이것은 부근 셀들과 같은 하나의 현재 셀들을 기존 경계조건 그룹에 오른쪽 마우스클릭을 해서 추가한다. 현재 그 셀에 할당된 하나 이상의 경계조건을 갖는 셀 위에 LMC하면 경계그룹의 목록이 나타나고 Option Area에 표시된 시간에 부과된 경계값이 보고된다. 사용자는 표시된 최소와 최대값 사이의 새로운 시간을 입력할 수 있고 경계부과치가 표시될 것이다.

7.6.6 고정변수

고정변수의 Viewing Opt의 시간에 따라 변하지 않는 변수들을 보고 편집하는 기능에 접속해준다. 이 변수들은 다음과 같다 :

- 조도
- 셀 각도
- 바람막이(WSER〉 0이면 나타남)
- 음영계수(이것은 음영이 사용될 때만 나타남)
- 일반수직좌표 층(GVC모델이 사용될 때만 나타남)
- 지하수 지도(지하수가 활성되어 있을 때만 나타남)
- 바람 시계열 가중치(NWSER〉 1만 나타남)
- 기압 시계열 가중치(NASER〉 1만 나타남)

대부분의 고정변수들은 하위 옵션들을 갖지 않는다. 다만 GVC층의 옵션만 하위 옵션들을 가진다. GVC층이 선택되었을 때 인접 그래픽은 선택영역을 나타낸다.

GVC층의 도면을 볼 때 모델위에 RMC 하면 지정수면과 바닥표고를 사용해서 층나누기를 재설정하거나 층높이를 계산하기 위한 몇몇의 옵션들을 사용자에게 제공된다. GVC층의 형식은 할당과정에 영향을 미친다. 수직층나누기의 형식은 GVC에 대해서는 1로 설정할 필요가 있고 국소 시그마에 대해서 2로 설정할 필요가 있다. 자동 층나누기를 사용할 때 ,"Bad Layers"옵션은 SELVREF에 비해 바닥고가 불량한 셀들을 표시해 줄 것이다.

7.6.7 모델 메트릭

"Model Metrics"에 드롭다운 메뉴에서 사용자에게 이용 가능한 옵션들은 다음과 같다 :

CFL Time Step	이것은 각 셀에 대해서 계산되고 표시되는 CFL시간간격이다. 이것은 특히 2시간 단계 해법을 사용할 때 적당한 시간간격을 정하는데 좋은 길잡이이다.
Courant#	Courant수는 모델의 시간간격 환경설정에 기초하여 모델에 대해 표시된다. 만일 채택한 시간간격이 정해지면 Courant수의 초기 디스플레이를 위해 사용되는 시간간격은 0sec가될 것이다. "Courant Calculator" 는 도면에 중심을 설정한 다음 "T" 를 눌러서 이용 가능하다. 이것은 사용자가 Courant수를 위해 사용되는 새로운 시간 간격을 정하도록 해준다.
Orthgonal Deviation	이것은 모델 격자에 대해 직교편차를 나타낸다. 계산을 하기 위해서는 4개의 셀이 요구되기 때문에 맨 위와 오른쪽 가장자리 셀들은 건너뛴다. 절대 편차의 평균은 범례 속에 기록된다.
Celerity	이것은 각 셀에 대해 계산된 파속를 표시한다.
다음 옵션들이 이용 가능하기 위해서는 유속이 반드시 로드되어야 한다.	
Froude#	이것은 각 셀에 대해 계산된 Froude수를 표시한다.
Richarson#	이것은 각 셀에 대해 계산된 Richardson수를 표시한다.
Desimetric Froude#	이것은 각 셀에 대해 계산된 Densimetric Froude수를 표시한다.

7.6.8 유속

"Velocities" Viewing Opt는 모델에 대한 유속 데이터와 크기를 표시한다. 실행으로부터 계산된 유속들은 EFDC_Explorer 연결파일, EE_VEL.OUT에 저장된다. 사용자가 선택할 필요가 있는 첫 번째 옵션은 층 나누기 옵션이다. 층들을 취급하는 세 가지 방법들이 있다:

수심평균, 특정 층이나 모든 층, "All Layers" 옵션에서 각 셀에 대한 유속들은 1층에 대해서는 파란색, KC층에 대해서는 빨간색으로 표시한다. "Velocity Opts" 프레임은 표시할 유속 플롯의 형식을 제어한다. 이 옵션들은 결합 될 수 있다" 예를 들면 사용자는 수직 유속 크기에 기초하여 채색된 셀들 위에 2차원 유속을 플롯할 수 있다. 칼라램프와 벡터 양식의 상세한 형식은 Display Options 폼을 사용해서 조정된다.

"Show Flow" 체크박스가 선택되어 있다면 EFDC_Explorer는 폼 위에서 LMC할 때나 단면을 자를 때 유속 대신 유량을 보고한다(7.6.8.1절).

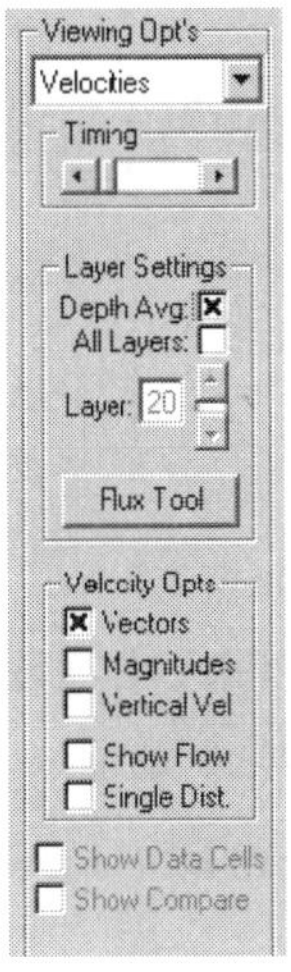

EFDC는 셀의 남쪽과 서쪽 면의 유속을 계산한다. 이것들은 연결파일에서 저장된 유속들이다. 유속장을 표시할 때 EFDC_Explorer는 IJ 공간의 셀측면 유속을 XY 공간의 셀 중앙 유속으로 변환한다. 플럭스를 계산할 때 EFDC_Explorer는 IJ 공간의 셀 측면 유속을 사용한다.

7.6.8.1 유속 단면도 도구

EFDC_Explorer는 "Show Flows" 옵션이 체크되면 유속 단면도나 유량 단면도를 표시하기 위한 신속한 방법을 제공한다. 유속 보기 중에 원하는 단면 위치의 한 변에 위치한 셀 위에 RMC하라. 하나의 팝업 메뉴가 그들이 "Profile"를 만들고 싶은지 사용자에게 물을 것이다. "Starting I,J = ?,?" 메시지가 클릭 됐을 때 바로 오른쪽 버튼을 가지고 끝점을 선택한다. 그리고 계속하기 위해서 OK를 누른다. 만일 다음에 RMC하면 EFDC_Explorer 는 포괄적으로 선택된 두 셀 사이 셀들로부터 유속이나 유량을 추출할 것이다. 많은 단면도들이 추출될 수 있으나 그들은 모두 현재 시간에 대한 것이다.

7.6.8.2 유량 도구

어떤 셀 경계를 가로지르는 유량(water flux)을 추출하기 위한 또 하나의 방법은 "Flux Tool" 에 제공된다.

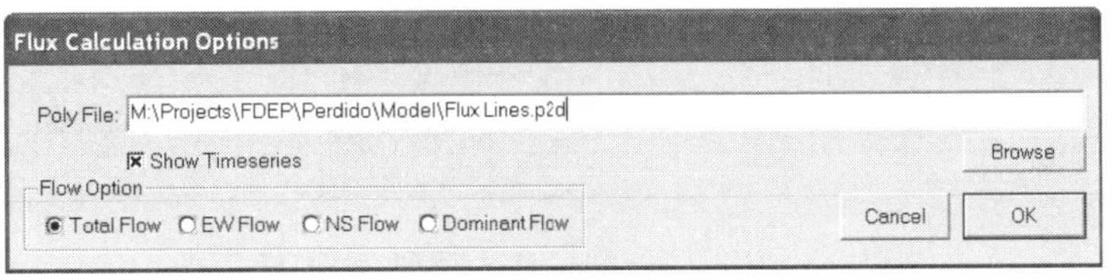

그림 7-12 물 유량도구 제어 옵션

이 방법은 P2D 파일 속에 포함된 하나 이상의 "Flux lines"를 가로지르는 유량을 계산한다. "Flux Tool" 버튼을 선택하면 그림 7-12에서 보는 옵션 폼이 표시된다.

"Water Flux Tool"은 ViewPlan에서 선택된 옵션들을 기초로 단면을 가로지르는 총유량이나 층별유량을 계산한다. 만약 단 하나의 스냅숏이 선택된다면 그 때 결과 값들은 대화상자 속에 표시되며 역시 클립보드 속에 포함될 것이다. 만일 "Show Timeseries" 가 선택되면 그 때 사용자는 어떤 유량성분이 필요한지 정해야 한다. 다음은 각 형식에 대한 설명이다:

- Total Flow: 이것은 단면을 가로지르는 총 유량의 절대치이다.
- EW Flow: 이것은 EW 방향으로 유량의 합계이다(셀 지도에 기초하여 즉 EW = I 유량성분).
- NS Flow: NS 방향으로 유량의 합계이다(셀 지도에 기초하여 즉 NS = J 유량성분).
- Dominant Flow: 이것은 단면을 가로지르는 총 유량을 계산하고 우세성에 근거하여 부호를 배정한다.

"Dominant Flow" 옵션은 대부분의 응용에 대해 가장 유용하다. 만일 "Poly File"이 정해진 하나 이상 단면/유량 라인을 갖는다면 EFDC_Explorer는 모든 정해진 라인들에 대해 유량을 계산한다(최대 10라인까지). 그림 7-13은 샌프란시스코만 적용이 된 Dominant Flow 옵션을 사용한 총 유량의 일례를 보여주고 있다.

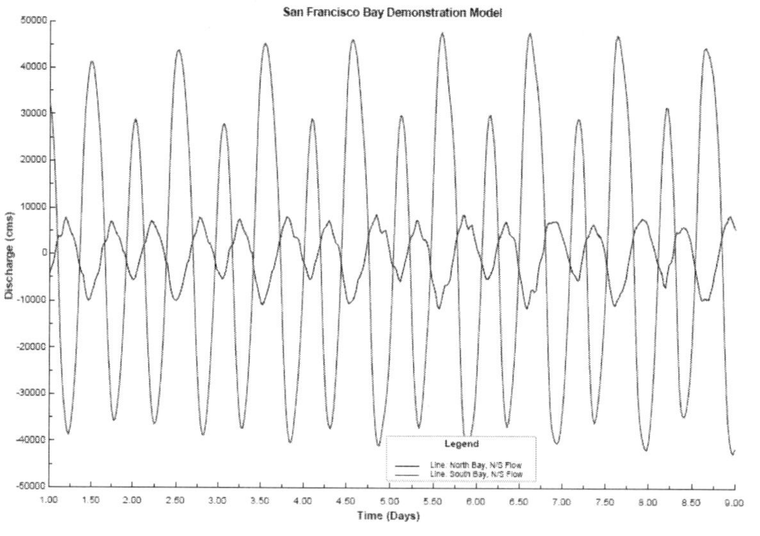

그림 7-13 Dominant Flow를 이용한 유량 도구 예

주의사항

Flux Lines을 그릴 때 EFDC 유속은 남쪽과 서쪽 면에서 계산된다는 사실을 알아라. 가장 정확한 유량을 얻기 위해 셀 면에 따라 Flux Lines을 그리도록 노력하라. 셀 선택은 셀의 일부를 가로지르는 Flux Lines에 기초한다. 전체 셀 면이 그 셀의 유량을 계산하기 위해 사용될 것이다.

7.6.9 소류사

"Sediment Bed"의 Viewing Opt는 점착성과 비점착성 소류사의 이동 물성치들에 접속하도록 해준다. 부유사 플롯팅과 분석 능력은 Water Column Viewing Opt.에서 이용가능하다. 그림 7-14는 선택된 Sediment Bed Viewing Opt를 사용한 ViewPlan을 보여준다. 그림 7-14에서 볼 수 있는 셀 편집 폼은 역시 유사질량을 편집할 때 전형적인 그림이다(이 모델은 KB=10을 사용했다). 비록 유사이송이 모의되고 있지 않을지라도 Sediment Bed 옵션은 항상 이용가능하다. 하상전단능력이 항상 계산되고 후처리에 이용가능하기 때문에 이 옵션은 항상 사용가능하다.

유사 데이터에서 설정해야 할 첫 번째 옵션은 층 설정(Layer Settings)이다. EFDC는 유사-수층 인터페이스 층 번호가 셀마다 달라지는 소류사층 해법(sediment bed layering scheme)을 사용한다. 층의 최대수(즉 KB) 는 유사변수 폼에서 설정된다(4,6,1 절). 사용자는 유사 데이터를 보기 위한 3개 옵션을 가진다. "Total"(즉 모든 층의 합계), 특정 층 혹은 "Top Layer". 수층과 접하는 층수는 달라질 수 있고 그래서 Top Layer 옵션은 물 층과 접하는 소류사 층을 보기 위한 쉬운 방법이다.

유사는 한 번에 단 하나의 등급으로 그려질 수 있거나 총유사로 함께 뭉뚱그려 그려질 수도 있다. 사용자는 모든 등급을 선택하기 위해 "Total Seds" 체크박스를 정할 필요가 있다. 만일 단 하나의 등급이 요구된다면 Total Seds 옵션을 체크 해제하고 "Sed Class"장에서 등급을 지정하라.

"Delta" 기능은 초기 바닥고와 현재시간의 바닥고 사이의 차를 표시한다. 그 계산법은 BotElcur - $BotEl_{IC}$이고, 그러기 때문에 delta < 0은 세굴을 나타내고 delta > 0은 퇴적을 나타낸다.

Delta 옵션이 하상 지형 옵션을 수행하도록 그것을 1로 설정할 필요가 있는데("Sediments" 폼의 "Sed & Consol" 탭에서 "Sed Morphology Options"), 이것은 바닥고가 유사이송에 따라 변하도록 해준다.

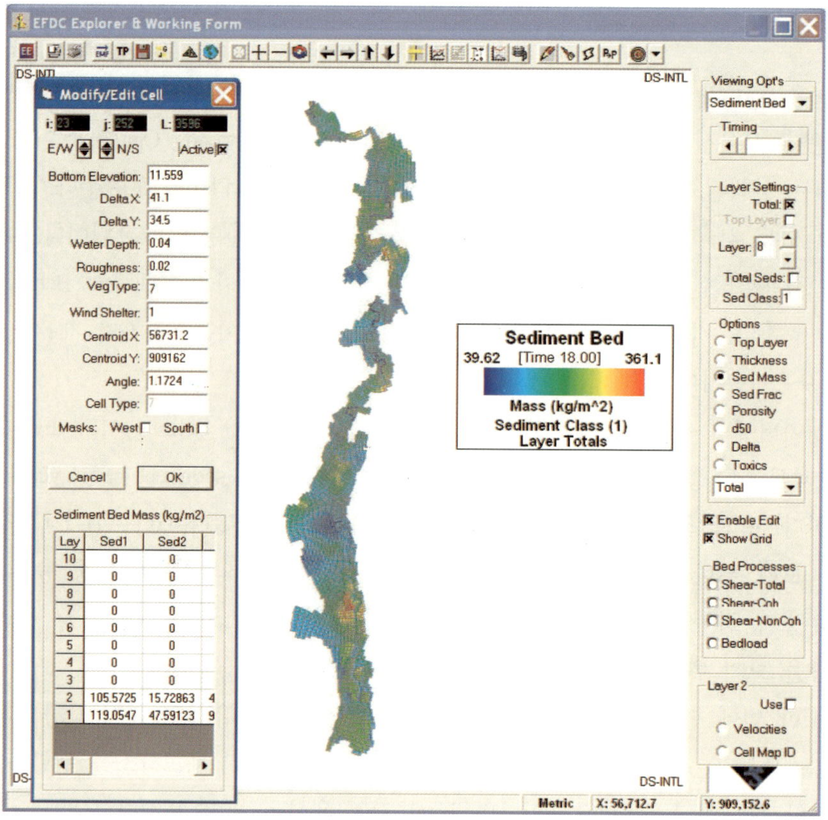

그림 7-14 Viewing Options: 소류사의 셀 편집

7.6.9.1 독성 물질

"Toxics" 옵션은 독성물질의 모의를 활성화한다. 이것이 선택될 때 Layer Settings 프레임의 라벨이 변경된다. 즉 "Total Seds" "Total Tox"가 되고 "Sed Class"는 "Tox Class"가 된다. 그들 기능은 같으나 그들은 유사등급 대신에 독성등급에 적용된다. 덧붙여서 사용되는 독성의 상태를 선택할 수 있다:

Total	선택된 등급옵션에 대한 총 독성농도
Tox (Diss)	선택된 등급 옵션에 대한 용존 농도
Tox (DOC)	용존 유기물 탄소의 독성 농도(DOC)
Tox (POC)	선택된 등급 옵션에 대한 복합 상태, 특이 유기물 탄소의 독성 농도(POC) 선택된 등급 선택에 대한 흡수 상태
POC	유사에 할당된 POC 농도
DOC	유사에 할당된 DOC 농도

7.6.9.2 하상처리

"Bed Processes" 프레임에서 몇몇의 옵션들이 하상전단응력을 표시하기 위해 사용될 수 있다: 총 하상전단력, 점착성 하상전단력과 비점착성 하상전단력, 하상전단응력 옵션의 이용 가능성은 4.6.1절에서 지정된 하상전단응력 계산 옵션에 의해서 영향을 받는다. 하상전단응력을 볼 때, 사용자는 Alt-P를 눌러서 흐름 동력(Watts/m^2)과 하상전단응력(N/m^2)간에 토글할 수 있다. 도면에서 LMC로 도면의 중심을 설정하라. 하상 소류사가 모의되고 있다면, 그것은 "Bedload" 옵션을 선택함으로써 표시될 수 있다.

7.6.10 하상 온도

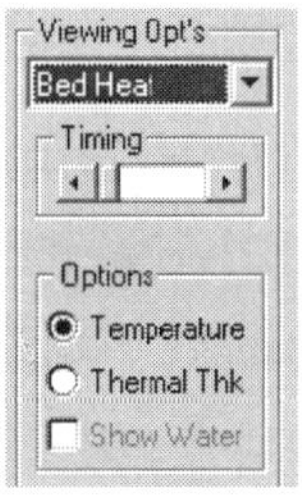

"Bed Heat" Viewing Opt 는 사용자가 온도나 열두께의 항으로 하상온도를 보도록 해준다. 표시된 정보의 성질은 모델이 EFDC_EPA인지 EFDC_DS인지에 따라 달라진다.

온도 옵션을 볼 때, 다만 맨 위층(즉 수층과 접하는 층)이 표시된다. 만일 "Time Series" 도구상사의 기능이 켜져 있다면 그 때 "Show Water" 체크박스가 활성화되고 사용자는 시계열 유사 온도와 바닥 수층 온도를 함께 볼 수 있다. (GVC 모델에서 달라지는).

7.6.11 수층

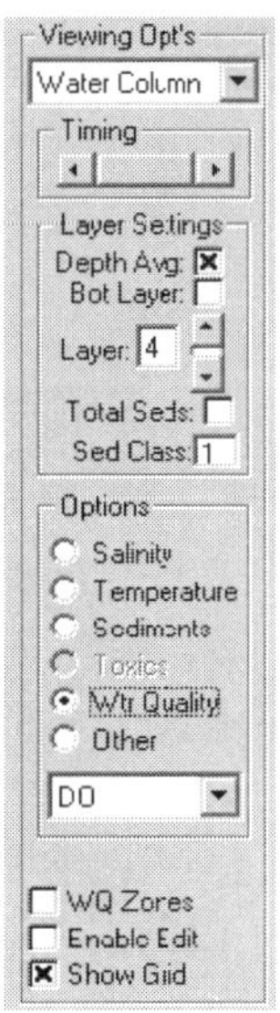

"Water Column" Viewing Opt은 모든 수층에 관련된 변수들에 대한 주요 2D 뷰어(viewer)이다. 설정해야 할 첫 번째 옵션들은 "Layer Settings"이다. 수층 데이터를 처리하기 위한 3개 층옵션이 있다. 그들은 수심평균 결과에 대한 "Depth Avg", 바닥 활성 수층(이것은 GVC 모델에서 다르고, 표준 시그마 모델에서 이것은 1층)을 보기 위한 "Bot Layer"와 지정된 층이다.

유사나 독성에 관하여 "Total Seds" "Total Tox"와 "Sed Class" "Tox Class"는 총합 또는 등급에 따라 화면 처리하는 방법을 결정하기 위해 사용된다. 2D 도면에 표시된 데이터는 현재 시간이 초기조건으로 설정되어 있다면 이용 가능한 편집도구를 사용해서 편집될 수 있다.

"Options" 프레임에 수록된 옵션들은 단지 정확한 계산 플래그가 설정되어 있을 때만 활성화될 것이다. "Density" 옵션은 염도/온도가 모의되고 있을 때만 이용가능하다. 만일 염도만 모의된다면, 온도는 일정한 20℃로 취한다.

대부분의 "Viewing Opt's"에 대해서 도구상자 위의 "Statistics"도구는 현재 도면에 대한 일련의 통계를 계산하기 위해 이용가능하다. 수층 옵션에 대해 통계 도구는 부가적인 능력을 제공한다. 통계 도구는 모든 모델이나 종속 모델에 대한 변수에 대해 시계열의 질량 가중 평균을 계산할 수 있다.

7.6.11.1 수층 종단면도

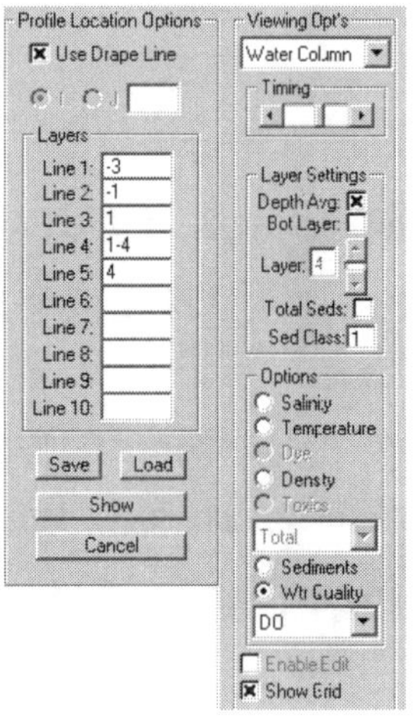

수층에 대한 종단면도 도구가 도구상자에서 이용가능하다. 이 기능은 2D 단면 ViewProfile과 유사하나 어떤 단면에 따라 현재 변수의 XY 종단면도를 제공한다. 데이터 추출 위치를 정하는 방법은 ViewProfile에 의해 사용되는 2D "Slice/ Extraction Options" 와 동일하다 (8-1절 참조).

도면당 10줄까지 허용된다. 선택된 수층 데이터는 플롯될 주요변수이다. 그러나 층 옵션들은 "Layer Settings" 프레임의 환경설정에 의해서가 아니고 종단면 도구에 의해 제어된다. 디스플레이를 위해 이용 가능한 몇 가지 특별한 케이스들이 있다.

다음 목록은 각 줄에 대한 이용 가능한 옵션을 제공한다.

Layer #	평균하기 위한 특정 층수나 일련의 층들, 인근 그래픽에서 "Line 4" 필드는 " 1 – 4 " 를 넣는다. 그렇기 때문에 그 라인에 대해 플롯되고 있는 DO는 그들의 층들에 대한 평균 DO이다.
0	만일 "0" 이 기입될 때 추출된 값은 수심평균값이 될 것이다.
–1	특별한 경우 : 수위
–2	특별한 경우 : 수심
–3	특별한 경우 : 바닥고
–4	특별한 경우 : 하상전단응력

만일 층필드가 어떤 라인에서 비어있다면 그것은 건너뛰게 될 것이다.

스크린 캡처 그래픽은 1층, 1-4층의 평균 그리고 4층에 대한 용존산소(DO)를 추출하는 3개의 라인들과 함께 정의되고 있는 5개 라인들을 보여주고 있다. 일단 옵션들이 모두 설정되면 사용자는 단면도를 보기 위해 "Show"를 눌러야한다. 사용자는 "Save"와 "Load" 버튼을 각각 사용해서 일련의 라인 정의를 저장할 수 있고 그 다음에 다시 로드할 수 있다.

그림 7-15는 옵션을 선택하여 결과적으로 나온 수층 종단면도를 보여준다. 이 종단면들은 도구상자의 동영상 버튼을 사용해서 스크린이나 AVI 파일로 동영상화할 수 있다.

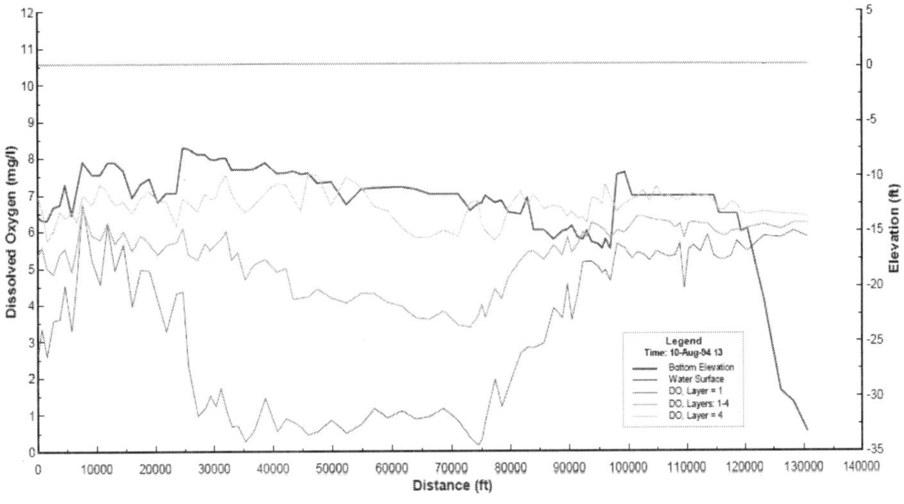

그림 7-15 수층 용존산소의 종단면분포

7.6.11.2 수질

만일 수질이 모의되고 있다면 "Wtr Quality" 옵션 버튼은 드롭다운 변수목록과 같이 활성화된다. 22개의 EFDC 수질변수에 추가해서 EFDC_Explorer는 역시 표시할 수 있는 26개의 유도변수를 가진다. 표 7-4는 EFDC와 EFDC_Explorer 유도변수들의 완전한 목록을 나타낸다.

표 7-4 화면표시에 이용하는 수질변수 목록

EFDC/HEM3D 변수		EFDC_Explorer 유도변수	
약어	이름	약어	이름
CBact	남조류	Tot C	총 유기탄소
Alg-D	규조류	Tot N	총 질소
Alg-G	녹조	Tot P	총인
RPOrg C	난분해성 입자상 유기탄소	Chi a	염록소
LPOrg C	분해성 입자상 유기탄소	TORN	총 유기질소
DOrg C	용존 유기탄소	TION	총 무기질소
RPOrg P	난분해성 입자상 유기인	TORP	초 유기인
LPOrg P	분해성 입자상 유기인	LimP-C	조류제한:인-남조류
DOrg P	용존 유기인	LimP-D	조류제한:인-대형조류

TPO4-P	총인	LimP-G	조류제한:인-녹조
RPOrg N	난분해성 입자상 유기질소	LimN-C	조류제한:질소-남조류
LPOrg N	분해성 입자상 유기질소	LimN-D	조류제한:질소-대형조류
DOrg N	용존 유기질소	LimN-G	조류제한:질소-녹조
NH4-N	암모니아 질소	LimNP-C	조류제한:질소&인-남조류
NO3-N	질산 질소	LimNP-D	조류제한:질소&인-대형 조류
PbioSi	입자상 생물기원 규소	LimNP-G	조류제한:질소&인-녹조
AvailSi	용존 허용 규소	LimL-C	조류제한:빛-남조류
COD	화학적 산소요구량	LimL-D	조류제한:빛-대형조류
DO	용존 산소	LimL-G	조류제한:빛-녹조
TActM	총 활성 금속	LimT-C	조류제한:온도-남조류
FColi	분변성 대장균군	LimT-D	조류제한:온도-대형조류
MacAlg	대형 조류	LimT-G	조류제한:온도-녹조
		LimA-C	조류제한:전계수-남조류
		LimA-D	조류제한:전계수-대형 조류
		LimA-G	조류제한:전계수-녹조
		TSI	Carlson 's Trophic 상태지수

EFDC에서 동역학 서브루틴들은 모델에서 세부항목에 의해 변수들이 켜지고 꺼지고 하도록 해준다. 그러나 변수가 켜져 있지 않을 때도 그것은 여전한 값(즉, 초기조건)을 가지며, 그리고 그것은 모의되고 있는 동역학 방정식의 변수로 사용될 수 있다. 그렇기 때문에 EFDC_Explorer는 항상 모든 EFDC변수들을 표시할 수 있도록 해준다. 그러나 어떤 변수들이 모의되고 어떤 변수들이 모의되지 않는가에 관해 명확히 표시하기 위해 모의되지 않는 그 변수들을 드롭다운 목록에서 알 수 있도록 변수약어의 끝에 "(NS)"를 붙인다.

EFDC_Explorer의 파생 변수들에 대해 그 변수가 파생되었다는 것을 명확히 나타내기 위해 약어 끝에 "(DP)"를 붙인다.

7.6.12 유사 진단/지정 플럭스

만일 완전한 유사진단 종속모델이 사용되고 있다면, 그 때 사용자는 "Diagenesis" Viewing Opt. 를 사용해서 농도/영양분 플럭스 결과를 볼 수 있다. 만일 사용자가 일정하거나 시간에 따라 변하는 지정된 영양분 플럭스를 적용하고 있다면, 그 때 사용자는 "Sediment Flux" Viewing Opt를 사용해서 영양분 플럭스 지대와 플럭스량을 볼 수 있다.

7.6.12.1 유사진단

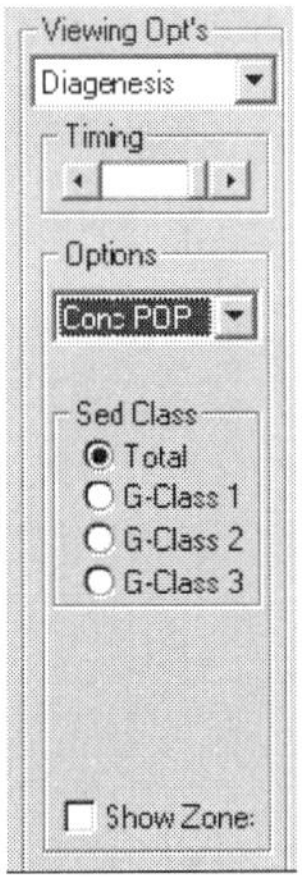

모든 진단 옵션이 선택되었을 때 Viewing Opt "Diagenesis"는 초기농도의 보기/편집을 할 수 있고 모델 실행 후에 농도와 영양분 플럭스를 후처리할 수 있다. "Options" 프레임의 일례는 옆의 그래픽에서 볼 수 있다. 진단변수를 위한 드롭다운 목록 아래에 선택된 변수를 변경하는 하위 옵션 영역이 있다.

"Show Zone" 체크박스는 현재변수를 무효로 하고 대신에 진단지대를 보여준다. 전처리를 위해 그 지대들은 셀 속성 복사기능을 사용해서 편집될 수 있고 진단 변수들은 셀 위에 RMC해서 편집할 수 있다("Enable Edit"가 체크되어 있다면).

도면보기를 위해 이용할 수 있는 진단 변수들은 표 7-5에 의해 준비되어 있다. 각 변수들을 이용할 수 있는 종속옵션들 또한 역시 그 표에 수록되어 있다.

표 7-5 유사 진단변수와 이용 가능한 종속 옵션의 목록

약어	이름	종속 옵션
Conc PON	입자상 유기질소 농도	총량 / G 등급에 의해
Conc POP	입자상 유기인 농도	총량 / G 등급에 의해
Conc POC	입자상 유기탄소 농도	총량 / G 등급에 의해
Conc NH4-N	암모니아 질소 농도	총량 / 수층에 의해
Conc NO3-N	질산 농도	총량 / 수층에 의해
Conc PO4-P	황산 농도	총량 / 수층에 의해
Conc H2S	황화수소 농도	총량 / 수층에 의해
Conc Silica	규소 농도	입자상 생물기원/수층에 의해
Benthic Stress	물 밑바닥 응력	
Sed Temp	토사 온도	
PON Flux	토사-물 사이 입자상 유기질소 플럭스	총량 / G 등급에 의해
POP Flux	토사-물 사이 입자상 유기인 플럭스	총량 / G 등급에 의해
POC Flux	토사-물 사이 입자상 유기탄소 플럭스	총량 / G 등급에 의해
SOD	토사 산소 요구량	총량/오직 남조류/질소의
COD	화학적 산소 요구량	
NH4 Flux	토사-물 사이 암모니아 플럭스	
NO3 Flux	토사-물 사이 질산 플럭스	
PO4 Flux	토사-물 사이 황산 플럭스	
Silica Flux	토사-물 사이 규소 플럭스	

7.6.12.2 유사량

2개의 지정된 유사량 옵션들이 있는데, 하나는 수평적으로 그리고 시간적으로 불변하는 유사량이고 또 하나는 펄/모래 분포와 관련된 지대에 의해 변하는 것이다(유사이송 종속 모델에 연결되지 않는). 화면표시를 위해 이용할 수 있는 변수들은 다음과 같다:

- 진흙 지대 (Mud Zone)
- 모래 지대 (Sand Zone)
- 진흙 비율 (Percent Mud)
- 유사산소 요구량 (SOD)
- 화학적 산소 요구량 (COD)
- 용존 이용 가능한 실리카 (SAD)
- 질산 (NO3) • 황산 (PO4) • 암모늄 (NH4)

만일 시간적으로 변하는 옵션이 선택된다면 "Time(days)" 필드가 그 날에 할당된 영양분 플럭스를 나타내기 위해 표시된다. 이것들은 EFDC에 의해서 계산된 플럭스가 아니고 입력 플럭스이다.

7.6.13 식생지도

만일 식생이 활성화되었다면, 그 때 "Vegetation Map" Viewing Opt이 이용가능하다. 이용 가능한 종속 옵션은 없다. 셀 위에 LMC할 때, 그 셀에 대한 식생 등급 정보가 표시된다. 셀 속성 복사 기능은 셀 등급 배정을 빠르게 편집하기 위해 사용 가능하다.

7.6.14 내부변수(EFDC_DS만 적용)

모델이 실행되고 EFDC_DS 소스코드가 알맞게 환경설정 된 후에 EFDC_Explorer 연결 파일인 EE_ARRAYS.OUT가 생성될 것이다. 모델 실행결과를 후처리할 때 이 파일이 존재하면 EFDC_Explorer는 연결파일에 포함된 데이터로부터 변수 목록을 만든다. 연결 파일 속에 포함된 어떤 변수들도 그 때 시계열 파일등으로 표시될 수 있다.

7.6.15 ModChannel

만일 EFDC의 수로 수정자(channel modifier) 기능이 활성화되어 있다면 그 때 "Modchannel"

Viewing Opt가 이용가능하다. "Channel Modifier Flag"는 매인 폼 전처리 프레임의 "Hydrodynamics" 탭에서 설정되어야 한다(4.5절 참조).

그것이 선택되었을 때 모델 격자는 그림으로 표시된 "pipes"나 수로 수정자를 나타내는 회색 선으로 표시될 것이다. 이 기능은 사용자가 수로 수정자를 만들고 편집 가능하도록 해준다. 사용자는 이 때 수로 수정자를 위한 시작점을 고르기 위해 RMC해서 편집해야 한다. 그 다음 사용자는 그림 7-16에서 보는 바와 같은 편집 폼에서 끝점을 넣도록 재촉 받는다. 이런 방법으로 사용자는 수로 수정자를 추가하고, 삭제하거나 수정할 수 있다. 때때로 모델 불안정성이 증가되고 물질수지 에러가 발생될 수 있기 때문에 수로 수정자를 사용함에 주의를 기울여야 한다.

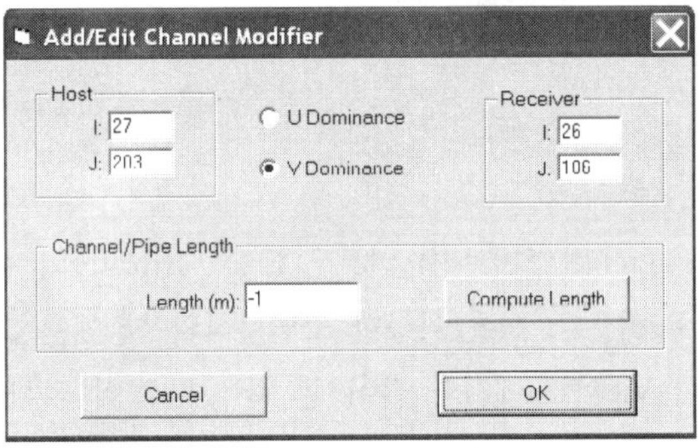

그림 7-16 더하기/편집 수로 수정자 옵션 폼

7.6.16 파랑변수

만일 파랑 옵션이 활성화되었다면(Hydrodynamics > Wave Turbulence), 그 때 "Save Parameter" Viewing Opt는 사용가능할 것이다. 이 기능은 파랑변수의 2차원 할당을 나타낸다. 표시될 수 있는 입력변수들은 다음과 같다:

- 파에너지
- 파고
- 라디에이션 전단응력 : XX 성분
- 라디에이션 전단응력 : YY 성분
- 라디에이션 전단응력 : XY 성분
- 소산손실

덧붙여 아래에 수록된 유도변수들이 이용가능하다:

- 총수심(파고를 포함한)
- 수위(파고를 포함한)

08 ViewProfile

8.1 개요

기본 도구상자의 ViewProfile(단면보기) 버튼은 EFDC_Explorer의 종단면도/횡단면도 후처리 유틸리티를 접하도록 해준다. 이용 가능한 도면형식의 한 예는 그림 8-1에서 보는 바와 같다. 현재 셀의 내용이 ViewPlan에서와 같이 셀 위에 LMC에 의해 표시될 수 있다. 여러 운용기능이 ViewPlan의 기능과 유사하다.

8.2 Slice/Profile 선택

"Slice/Extraction Options" 프레임은 EFDC로부터 종단면도가 뽑히기 전에 먼저 설정을 필요로 한다. 3가지 옵션들이 있다. 사용자는 I축 방향으로 활성 J셀을 뽑기 위해 I값을 선택하거나 J축 방향으로 활성 I셀을 뽑기 위해 J값을 선택할 수 있다. 세 번째 옵션은 LXLY 데이터와 같은 동일한 좌표계의 폴리라인인 "Drape Line"를 사용하는 것이다. 선을 따라 I와 J값은 앙상블되고 종단면도가 그 슬라이스(slice)로 출력될 것이다.

만일 I나 J 뽑기가 사용되면 사용자는 선택된 좌표를 스크롤 업-다운하기 위해 +/ -키를 사용할 수 있다. 예를 들면 15가 선택되었다면 +키는 16단면을 표시하게 되고, -키는 14단면을 표시하게 된다. 이 기능은 "Drape Line"에 적용하지 못한다.

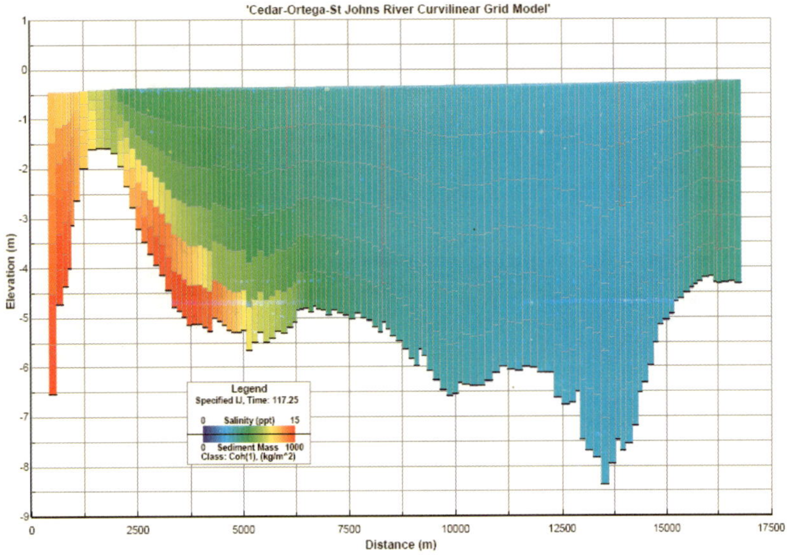

그림 8-1 1 조석주기 동안 한 순간에 염도의 종단분포 예

8.3 종단면도 도구상자 요약

ViewProfile 도구상자는 일련의 서로 다른 기능들과 유틸리티들에 접하게 해준다. 몇 가지 기능들은 현재 환경에 의존하나 몇 가지는 그렇지 않다. 표 8-1은 각 기능에 관한 요약을 담고 있다.

애니메이션이 나오는 동안 Y축을 고정시키는 것이 일반적으로 더 좋다(높이). 기본값은 자동축척이다. 애니메이션이 상영되는 동안 수면고는 조석이나 폭풍에 의해 변한다. 만일 좌표축이 자동축척으로 설정되어 있다면 도면은 서로 다른 시간에 서로 다른 축척에 의해 요리조리 뛰는 것처럼 보인다. 이 문제는 적절한 범위로 최소와 최대 높이를 설정하여 해결한다.

8.4 주요화면표시 옵션

사용자는 범례에서 RMC하고, Ctrl-O를 누르거나 도구상자를 사용해서 "Display Options" 폼에 접하여 표시되어야할 변수를 선택할 수 있다. 폼에 관한 일례는 그림 8-2에서 보여준다.

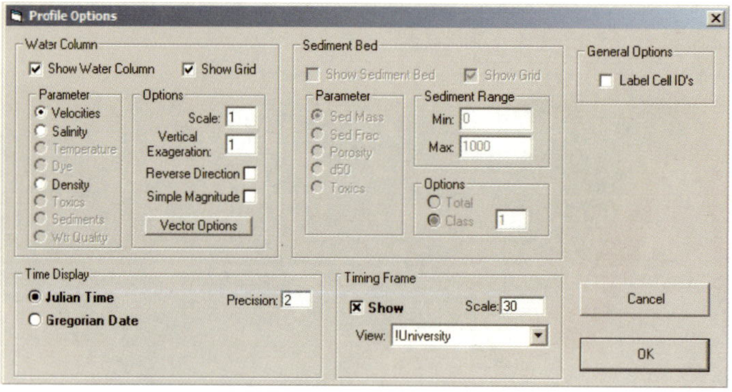

그림 8-2 단면도 화면표시 옵션

표 8-1 ViewProfile 도구상자 요약

General Function	
	ViewProfile 나가기.
	프린터 설정 옵션.
	현재 그림을 현재 프린터로 인쇄.
	현재 그림을 EMF에 내보내기.
Toggles & Option	
	격자 변환.
	설명 상자 보이기/편집.
	마커 보이기/숨기기.
	율리우스력 일/그레고리력 일 변환.
Plot Format and Labels	
	제목을 위한 문장과 폰트 편집.
	표시 옵션과 설정.
	X축 옵션 폼에 접속.
	왼쪽 Y축 옵션 폼에 접속.
	오른쪽 Y축 옵션 폼에 접속.
	모든 축의 포맷을 마지막에 편집한 것으로 설정.

	Navigation Functions
	고정 증분으로 확대
	고정 증분으로 축소
	왼쪽으로 패닝(panning)
	오른쪽으로 패닝
	위로 패닝
	아래로 패닝
	Utility Functions
	좌표의 표시 변환.
	애니메이션 도구. 스크린이나 AVI파일로 애니메이션 출력.

8.5 단축키

모델의 전처리와 후처리를 하는 동안 일련에 2차원 시계열그래프로 데이터를 편집하고 분석하는 것이 가끔 도움이 된다. 그래프를 편집하는데 사용될 수 있는 단축키는 그림 8-3에 수록되어 있다. 이 폼은 F1키로 접할 수 있다.

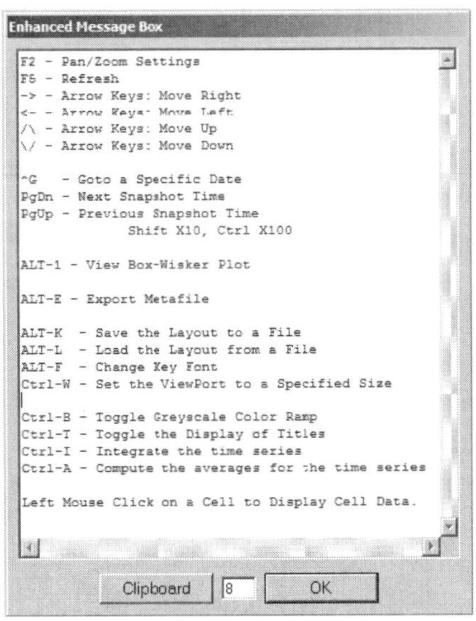

그림 8-3 ViewProfile 단축키 기능

09 시계열 그리기 유틸리티

EFDC_Explorer의 여러 그리기 기능들은 시계열 그리기(TSP)유틸리티를 사용한다. 시계열 그리기에 덧붙여 TSP도 ViewProflie(그러나 완전히 다른 그리기 서브루틴을 가진)은 물론 XY 도면들에 역시 사용된다. 그림 9-1은 TSP의 스크린 캡처를 보여준다. 대부분의 기능은 유틸리티의 맨 위의 도구상자에 준비되어 있으나 몇 가지의 기능은 키를 쳐서 접하게 된다(그림 8-3참조).

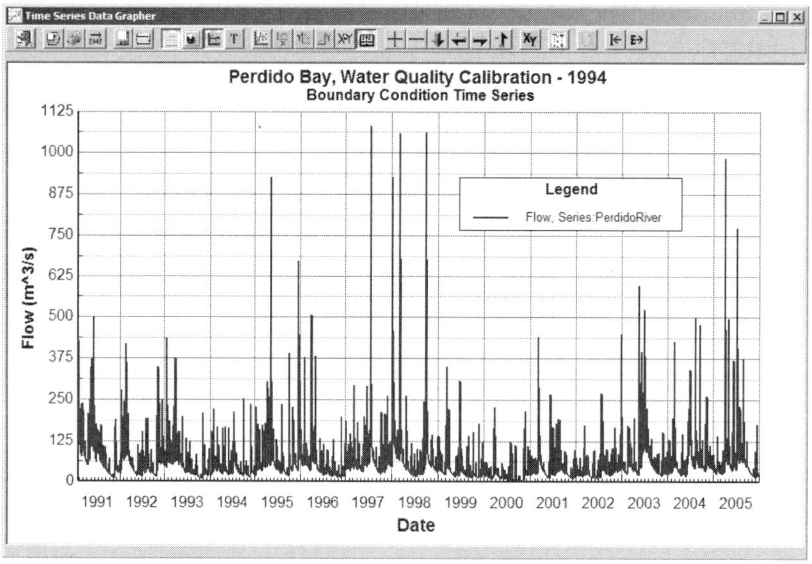

그림 9-1 시계열 그리기 (TSP) 유틸리티

표 9-1은 TSP 도구상자 기능의 간단한 요약이다. 이것은 ViewProflie 도구상자와 매우 비슷하다. 주요한 차이점은 데이터 시리즈(data series)의 불러오기(I←)와 내보내기(E→) 기능이다. 이들은 데이터 시리즈를 파일에 저장하는 것이 극히 유용하고, 그리고 나중에는

다른 모델이나 다른 시리즈를 검토할 때 비교를 위해 그것을 로드한다. 이 파일들의 형식은 부록 D에서 볼 수 있다. "DAT"파일(기본 확장자)은 10개까지의 데이터를 포함할 수 있다. TSP는 수층의 유사와 경계의 부하까지 모든 시계열을 보기 위해 사용되는 때문에 사용자는 검정이나 어떤 다른 비교목적을 위한 데이터로부터 그들 자신의 데이터를 개발할 수 있다.

내보내기 : 내보내기를 할 때 TSP는 다만 현재 도면(view)에서 데이터 시리즈를 내보낸다. 만일 시리즈가 로드되었으나 "Turned off"상태라면 그 시리즈는 내보내지 않을 것이다. 범례도 각 시리즈와 함께 내보내진다.

불러오기 : TSP유틸리티는 맨 먼저 불러올 파일을 요청한다. 그다음 그것은 파일속에 모든 데이터라인을 로드하고 범례와 함께 그들을 표시하고 불러올 데이터 시리즈를 사용자에게 묻는다. 일단 불러올 시리즈가 선택되면 사용자는 그 때 불러온 시리즈를 어느 데이터 속에 넣을 것인가 질문을 받는다. TSP는 초기 데이터를 배정하니 사용자는 1개에서 10개까지의 데이터 시리즈를 선택할 수 있다. 기존 데이터는 원한다면 불러오기 과정에서 덮어 쓰일 수 있다.

왼쪽과 오른쪽 Y축은 표 9-1에 수록된 도구상자 버튼을 사용해서 편집될 수 있거나, 그들은 축 라벨 위에 RMC으로 편집될 수 있다. 같은 방법이 X축 편집기에 적용된다.

표 9-1 ViewProfile 도구상자 요약

General Function	
	ViewProfile 나가기.
	프린터 옵션 설정.
	현재 그림을 현재 설정된 프린터로 인쇄.
	현재 그림을 EMF로 내보내기.
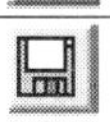	저장 설정.
	읽기 설정.
Toggles & Options	
	격자 변환.
	설명문 상자 보이기/편집.
	마커 보이기/숨기기.

	Plot Format and Labels
	제목의 문장과 폰트 편집.
	화면표시 설정.
	X축 옵션 폼에 접속.
	왼쪽 Y축 옵션 폼에 접속.
	오른쪽 Y축 옵션 폼에 접속.
	모든 축 포맷을 마지막으로 편집한 것으로 설정.
	율리우스력 일/그레고리력 일 상호 변환.
	Navigation Functions
	고정증분으로 확대.
	고정증분으로 축소.
	왼쪽으로 패닝(panning)
	오른쪽으로 패닝
	위로 패닝
	아래로 패닝
	Utility Functions
	좌표의 표시 변환.
	파일로 부터 시계열 불러오기.
	파일에 데이터 내보내기.
	애니메이션 도구. 애니메이션을 스크린이나 AVI파일에 출력.

9.1 데이터 시리즈 옵션

사용자는 범례위에 RMC나 도구상자를 사용해서 "Series Options"를 접하여 표시되어야 할 변수들을 선택할 수 있다. 그 폼의 일례가 그림 9-2에 표시되어 있다. 이 폼은 그리기 목적을 위한 데이터를 조정하는데 사용된다. 편집된 데이터는 직접 EFDC가 데이터를 업데이트하지 않는다. 만일 원한다면 편집된 데이터는 TSP로 부터 내보내질 수 있고 모델 입력데이터를 업데이트하기 위해 사용될 수 있다.

현재 한 도면에서 단지 10개의 라인들만이 한 번에 편집이 허용되고, 그래서 단지 10개의 데이터 속성만이 편집이 허용된다. 각각 정의된 데이터에 대해 사용자는 선/점의 모양, 각 라인이 사용해야할 축과 범례를 변경할 수 있다. 선은 해당 "Use"박스를 체크해제하면 투명해진다. 데이터 시리즈 형식설정과 축 형식설정은 도구상자의 저장과 읽기설정을 사용하여 다음의 검색을 위해 저장될 수 있다. 시리즈는 각 시리즈에 대해 "# Pts"필드 위에 RMC에 의해 조정될 수 있다. 이 폼에는 X와 Y성분을 구하기 위한 더하고 곱하는 조정계수를 갖고 있다. 이 폼에 OK버튼을 클릭하면 조정이 즉시 적용된다.

폼은 역시 한 시리즈로부터 다른 시리즈에 더하거나 빼는 수단을 제공하고 계산결과의 데이터를 지정된 시리즈 #속에 넣는다. 어떤 정의된 시계열에 대해 사용자는 박스와 세선 도면을 나타내기 위해 기능키(function key)를 사용할 수 있고, 최대 최소 X축 안에 데이터를 위한 각 시계열의 평균을 계산하고 시계열을 적분할 수 있고(X*Y*사용자가 지정한 변환계수), 기타 등등을 할 수 있다.

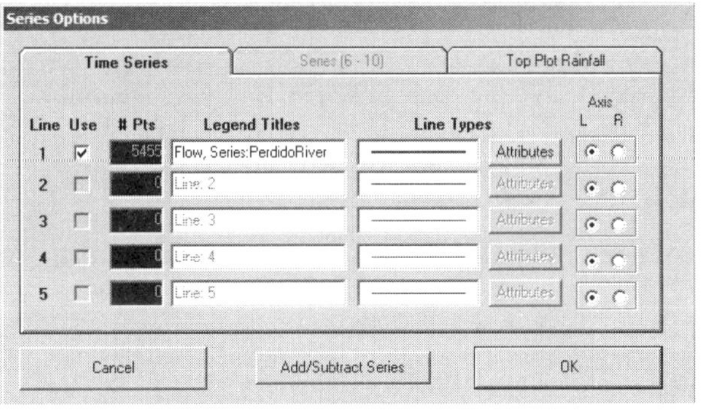

그림 9-2 TSP 유틸리티 시리즈 옵션 폼

좌표축 옵션 폼의 표준 값은 그림 9-3에서 보여준다.

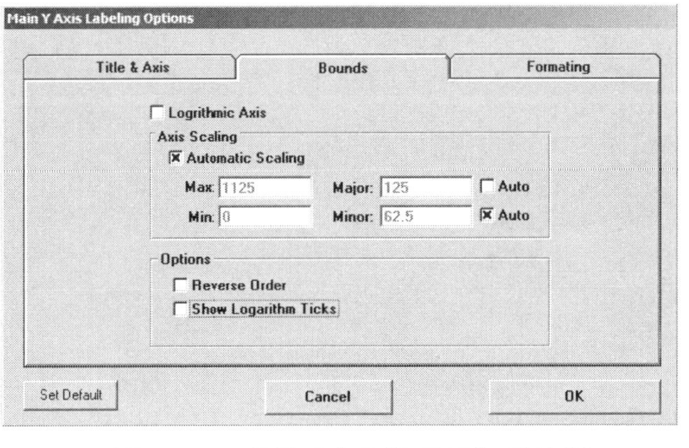

그림 9-3 TSP 유틸리티 표준 좌표축 옵션 폼

좌표축 옵션 폼의 날짜에 관한 표준 값은 그림 9-4에서 보여준다. 이 폼의 대부분의 옵션들은 직관적이다. 그러나 연(year)을 선택하는데 손쉬운 방법은 적절한 눈금과 함께 Min, Max 필드에 연도(예를 들면 2003)를 넣는 방법인데, 그때 엔터나 탭 키를 쳐서 날짜를 설정한다.

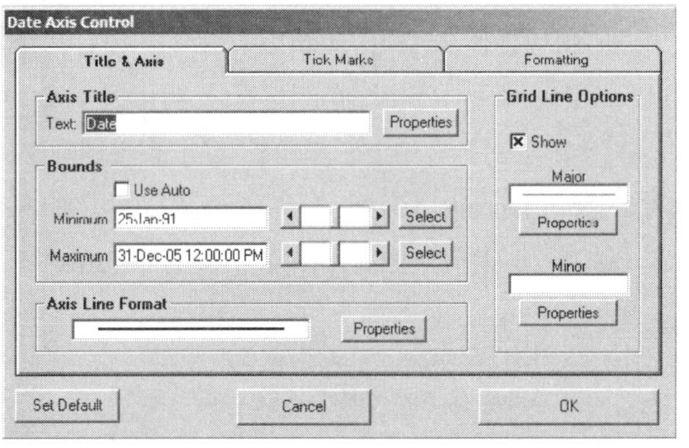

그림 9-4 TSP 유틸리티 날짜 옵션 폼

▌참고문헌▐

Adcroft, A. and J.M. Campin, 2004: Rescaled height coordinates for accurate representation of free-surface flows in ocean circulation models. Ocean Modelling, 7, 269-284.

Bicknell, B.R., J.C. Imhoff, J.L. Kittle Jr., T.H. Jobes, and A.S. Donigian, Jr. 2001. Hydrological Simulation Program - Fortran (HSPF). User's Manual for Release 12. U.S. EPA National Exposure Research Laboratory, Athens, GA, in cooperation with U.S. Geological Survey, Water Resources Division, Reston, VA.

Cerco, C.F. & Cole, T.M. 1994. Three-dimensional eutrophication model of Chesapeake Bay: Volume 1, main report. Technical Report EL-94-4, US Army Engineer Waterways Experiment Station, Vicksburg, MS.

Delft Hydraulics, 2006, Delft3D-RGFGRID, Generation and manipulation of curvilinear grids for FLOW and WAVE, User Manual, November, 2006, Delft, Netherlands.

DiToro, D.M. & Fitzpatrick, J.J. 1993. Chesapeake bay sediment flux model. Contract Report EL-93-2, US

Army Engineer Waterways Experiment Station, Vicksburg, MS, 316 pp.Haas, K. A. , I. A. Svendsen and M. C. Haller. 1998. "Numerical modeling of nearshore circulation on barred beach with rip channels," ASCE 26th Int. Conference on Coastal Engineering.

Hamrick, J.M., 1992. A Three-Dimensional Environmental Fluid Dynamics Computer Code: Theoretical and Computational Aspects. Special Report No. 317 in Applied Marine Science and Ocean Engineering, Virginia Institute of Marine Science, Gloucester Point, VA. 64pp.

Hamrick, J.M., 1996. User' 's Manual for the Environmental Fluid Dynamics Computer Code. Special Report No. 331 in Applied Marine Science and Ocean Engineering, Virginia Institute of Marine Science, Gloucester Point, VA.

Hayter, E.J., V. Paramygin, and C.V. John. 2003. "Three-Dimensional Modeling of Cohesive Sediment Transport in a Partially Stratified Micro-tidal Estuary to Assess Effectiveness of Sediment Traps," 7th International Conference on Nearshore and Estuarine Cohesive Sediment Transport Processes, Virginia Institute of Marine Science.

Kirby, J. T. & R. A. Dalrymple (1994) Combined refraction/diffraction model REF/DIF1, version 2.5. Res Report CACR-94-22, Center for Applied Coastal Research, University of Delaware.

Park, K., A.Y. Kuo, J. Shen and J.M. Hamrick. 2000. A three-Dimensional Hydrodynamic - Eutrophication Model (HEM-3D): Description of Water Quality and Sediment Process Submodels (EFDC Water Quality Model). Special Report in Applied Marine Science and Ocean Engineering No. 327, School of Marine Science, Virginia Institute of Marine Science, College of William and Mary, Gloucester Point, VA.

Signell, Richard P., 2007, "Seagrid" Matlab Oceanographic Grid Generator, USGS, Woods Hole, Ma.

Stacey, M. W., S. Pond, and Z. P. Nowak, 1995: A numerical model of circulation in Knight Inlet, British Columbia, Canada. J. Phys. Oceanogr. 25, 1037-1062.

Tetra Tech, 2007a, EFDC Technical Memorandum, Theoretical and Computational Aspects of the Generalized Vertical Coordinate Option in the EFDC Model, Tetra Tech, Inc, Fairfax, VA.

Tetra Tech, 2007b, The Environmental Fluid Dynamics Code, User Manual, US EPA Version 1.01, Tetra Tech, Inc. Fairfax, VA.

Tetra Tech, 2007c, EFDC Technical Memorandum, Thermal Bed Model, Tetra Tech, Inc. Fairfax, VA.

PART 3

EFDC 소스코드 활용하기

제1장 준비와 설치

제2장 소스코드 빌드

제3장 실행과 디버깅

제4장 그리기

01 준비와 설치

EFDC의 소스코드를 편집하고, 빌드하여 실행파일을 만들 수 있는 환경을 갖추어 보자. 당연한 이야기지만 일단 사용가능한 PC가 있어야 할 것이다. 필요한 운영체제와 하드웨어 사양은 표 1-1과 같다. 물론 이보다 좋으면 좋을수록 좋다.

표 1-1 필요한 PC환경

CPU	1.6GHz 이상
RAM	1GB 이상
Hard Disk	4GB 이상의 여유 공간
O/S	Windows Server 2003 Windows Vista Windows XP
Display	1024 × 768 이상
인터넷 연결	

우리가 설치할 소프트웨어는 소스코드 편집과 빌드를 위해 필요한 Microsoft Visual Studio 2008 Professional Edition[1]과 Intel® Visual Fortran Compiler for Windows 10.1이다. 그리고 유속벡터도 등을 그리기 위해서 Golden Software Surfer 8도 설치한다. 아쉽게도 세 가지 모두 돈을 주고 구입해야하는 상용소프트웨어이므로 사용기간에 제약이 있는 평가판(trial version)을 기준으로 설명을 진행한다. 그러나 평가판도 정식으로 구매한 소프트웨어와 기능이나 사용방법에서의 차이가 전혀 없으므로 실망할 필요는 없다.

1) Microsoft사에서 국제학생증을 가진 학생을 대상으로 Visual Studio 2008 Professional Edition을 무료로 제공하고 있다. 자세한 내용은 http://www.dreamspark.com

1.1 Microsoft Visual Studio 설치

우리에게 필요한 비주얼 스튜디오의 평가판은 MSDN(Microsoft Developer Network) 홈페이지에서 다운로드할 수 있다. 웹브라우저를 이용하여 아래의 주소에 접속하자.

> http://msdn.microsoft.com/ko-kr/evalcenter/bb633753.aspx

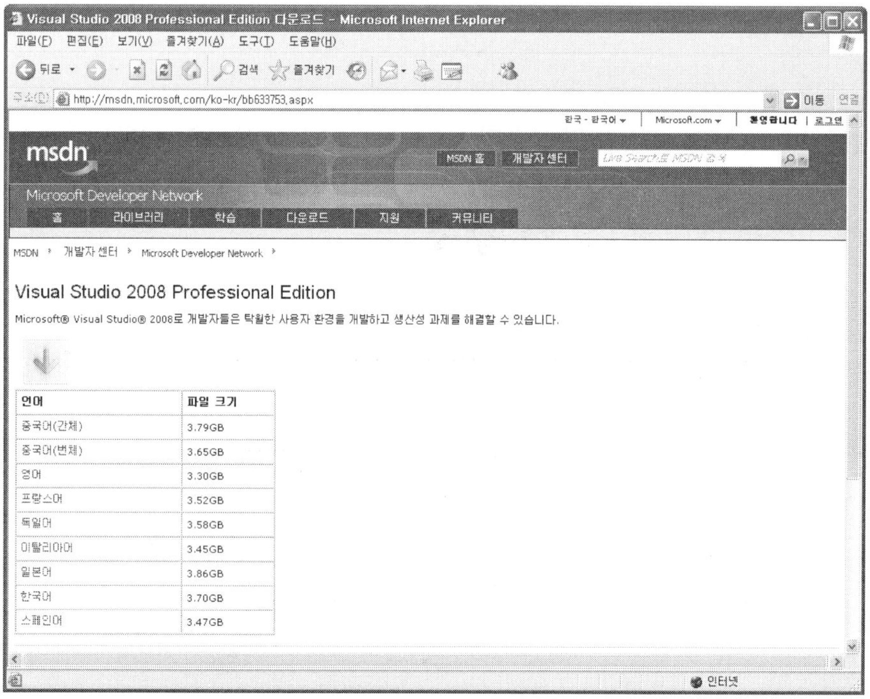

그림 1-1 비주얼 스튜디오 다운로드 페이지

언어별로 다운로드가 가능하지만 우리는 영어버전을 다운로드 하도록 하자. 여러분이 비주얼 스튜디오를 공부할 때 필요한 수많은 온, 오프라인의 자료들이 영어로 작성되어 있기 때문이다. 만일 위의 주소로 접속했는데 그림 1-1과 같은 다운로드 페이지가 나오지 않는다면 MSDN 홈페이지에서 아래와 같은 키워드로 검색하여 찾아보면 된다.

> Visual Studio 2008 Professional Edition 다운로드

이곳에서 제공하는 파일은 DVD이미지(ISO)다. 따라서 DVD-Writer를 이용하여 DVD로 제작해서 사용해야 한다. 그러나 DVD-Writer가 없는 경우가 많으므로 가상CD/DVD소프트

웨어를 사용하는 방법을 알아보자. 이 책에서는 무료로 사용할 수 있는 DAEMON Tools Lite를 이용하지만 다른 가상CD/DVD소프트웨어를 사용해도 문제는 없다. 이 소프트웨어는 아래의 주소에 접속하여 구할 수 있다.

http://www.disc-tools.com/download/daemon

만일 위의 주소로 접속했는데 그림 1-2와 같은 다운로드 페이지가 나오지 않는다면 아래의 주소로 접속하여 다운로드 페이지를 찾아가면 된다.

http://daemon-tools.cc/

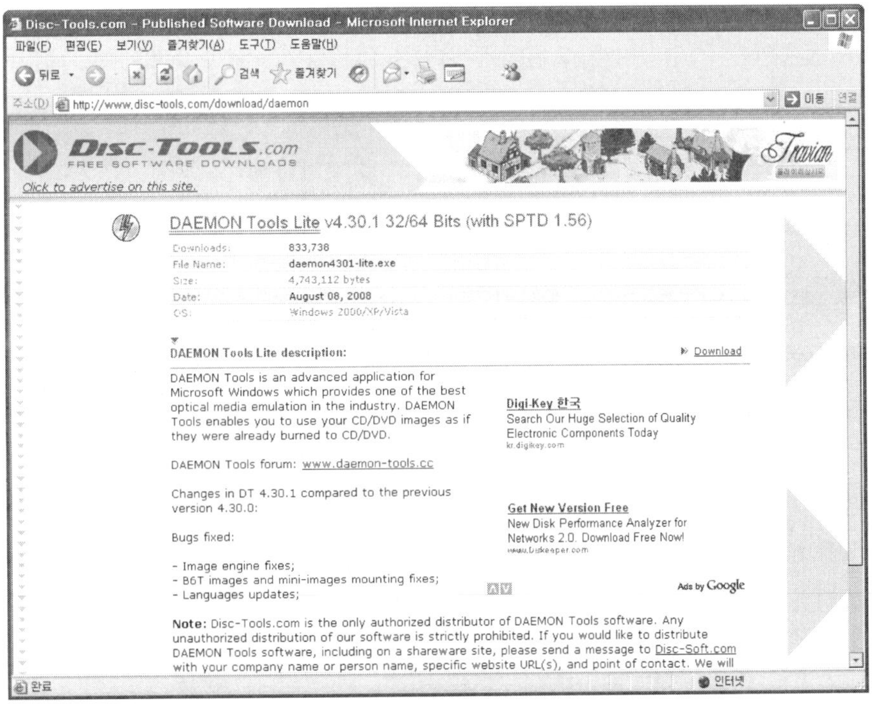

그림 1-2 데몬 다운로드 페이지

DAEMON Tools Lite를 다운로드 했으면 바로 설치를 시작하자. 안내에 따라 진행하다가 그림 1-3과 같이 설치 항목을 선택해야하는 상황에서는 코어 파일과 시작 메뉴 바로가기만 남기고 다른 항목은 선택해제 하는 것이 좋다. 필요하지 않은 항목들이다. 그림 1-4와 같이 시작페이지를 바꾸라는 선택사항도 해제하는 것이 좋다.

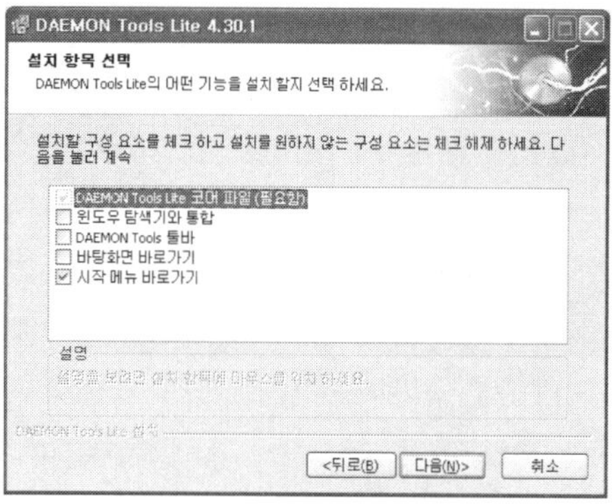

그림 1-3 설치 항목 선택

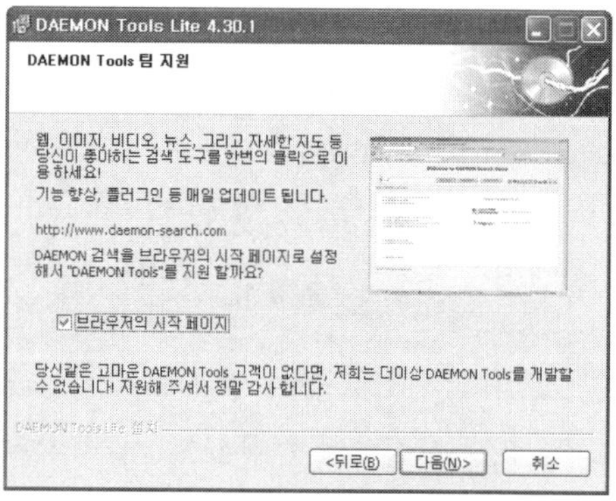

그림 1-4 시작 페이지 변경

나머지 사항은 그대로 두고 설치를 마치자. 컴퓨터를 재시작하면 DAEMON Tools Lite가 자동으로 실행된다. 작업표시줄 오른쪽에 위치한 알림영역(system tray)에는 그림 1-5와 같이 붉은색 번개 모양의 아이콘이 표시될 것이다.

그림 1-5 알림 아이콘(tray icon)

아이콘 위에 마우스 포인터를 위치시키고, 오른쪽 버튼으로 클릭하면 메뉴를 볼 수 있다. 아래와 같은 순서로 하위 메뉴를 선택하여 앞서 다운로드한 비주얼 스튜디오의 이미지 파일을 삽입하자.

가상 CD/DVD-ROM → 장치 → 이미지 삽입

아마도 그림 1-6과 같이 자동으로 비주얼 스튜디오의 설치화면이 나타날 것이다. 기다려도 나타나지 않는다면 아래의 경로로 가서 직접 설치 프로그램을 실행하면 된다.

가상 CD/DVD 드라이브 → SETUP.EXE

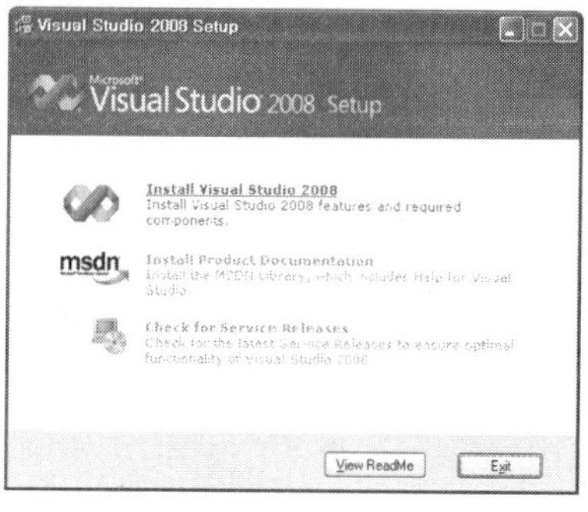

그림 1-6 설치 화면

Install Visual Studio 2008을 누르고, 이후에 등장하는 모든 선택사항은 고치지 않고 진행하는 것이 좋다. 설치 항목에 대해 잘 알고 있다면 고쳐도 되지만 Visual C++만큼은 반드시 설치해야한다.

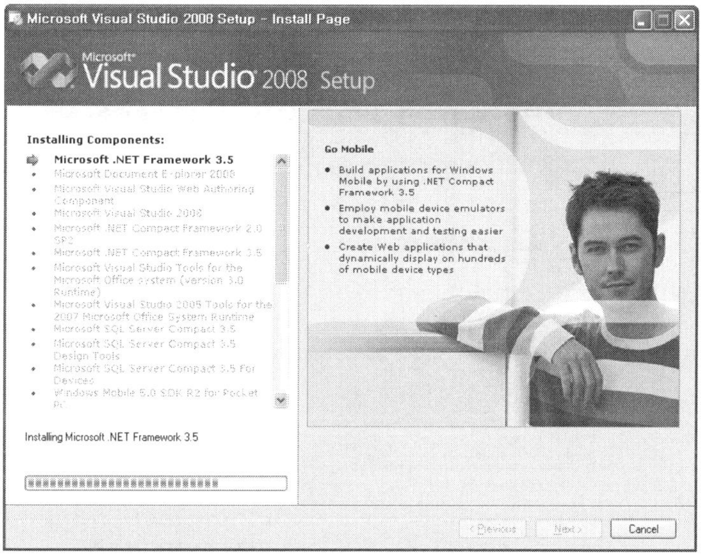

그림 1-7 시간이 오래 걸리는 비주얼 스튜디오 설치

설치가 끝나면 컴퓨터 재시작을 요구할 수 있다. 그리고 다시 그림 1-6과 비슷한 창이 열리면서 MSDN 라이브러리 등을 설치할 것인지 물어볼 것이다. MSDN 라이브러리는 우리에게 필요하지 않으므로 설치할 필요가 없다. 종료 버튼을 눌러서 설치를 마치도록 하자.

설치가 성공적으로 이루어졌는지 확인하기 위해서 다음과 같은 방법으로 비주얼 스튜디오를 실행시켜보자.

시작 → 모든 프로그램 → Microsoft Visual Studio 2008 → Microsoft Visual Studio 2008

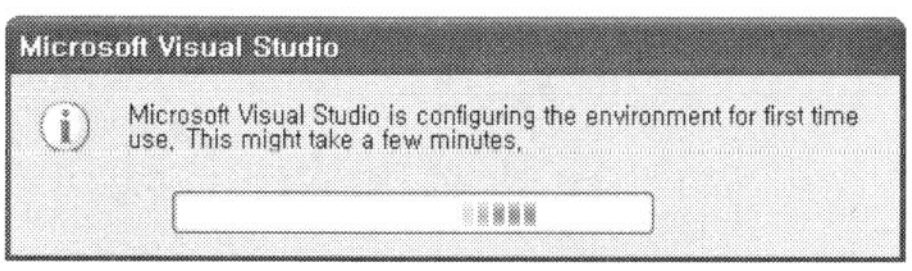

그림 1-8 처음 실행할 때만 나오는 창

처음 실행했다면 그림 1-8과 같이 비주얼 스튜디오의 개발 환경을 선택하도록 요구한다. 우리는 Visual C++ Development Settings를 선택하도록 하자. Online RSS content는 온라인으로 최신 정보를 수집해서 보여주는 선택사항이다. 그러나 우리에겐 필요가 없으므로 선택해제하고, 비주얼 스튜디오를 시작하자.

잠시 그림 1-8과 같은 창이 열리고, 곧이어 그림 1-9와 같은 비주얼 스튜디오 창이 여러분을 맞이할 것이다. 그러나 아직은 비주얼 스튜디오에 포트란 컴파일러가 설치되어 있지 않아서 할 수 있는 일이 없다. 포트란 컴파일러 설치하기 전에 비주얼 스튜디오를 꼭 닫아 두자.

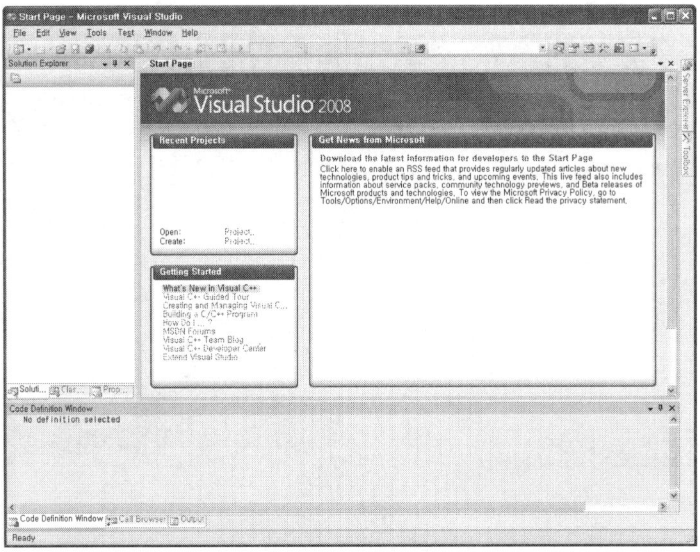

그림 1-9 앞으로 자주 보게 될 비주얼 스튜디오 창

1.2 Intel Fortran Compiler 설치

소프트웨어 개발환경인 비주얼 스튜디오에는 아쉽게도 포트란 컴파일러가 없다. 그래서 비주얼 스튜디오에서 동작하는 포트란 컴파일러를 따로 설치해줘야 한다. 우리가 설치할 것은 인텔 비주얼 포트란 컴파일러다. 먼저 아래의 주소로 접속하여 평가판(Evaluation)을 다운로드 하자.

http://www.intel.com/cd/software/products/asmo-na/eng/368973.htm

만일 위의 주소로 접속했는데 다운로드 할 수 있는 페이지로 연결되지 않는다면 인텔 홈페이지에서 아래의 키워드로 검색하여 찾아보면 된다. 어쩌면 더욱 최신버전을 찾을 수도 있을 것이다.

Intel Visual Fortran Compiler Evaluation

요구사항에 대해 동의하고, 자신의 개인정보를 입력하고 나면 그림 1-10과 같은 평가판

다운로드 페이지로 이동할 수 있다. 수학 커널 라이브러리(Math Kernel Library)는 필요하지 않으므로 다운로드 하지 않아도 좋다. 설치에 필요한 일련번호(serial number)를 반드시 적어두고 제품 다운로드에서 인텔 비주얼 포트란 컴파일러를 선택하자.

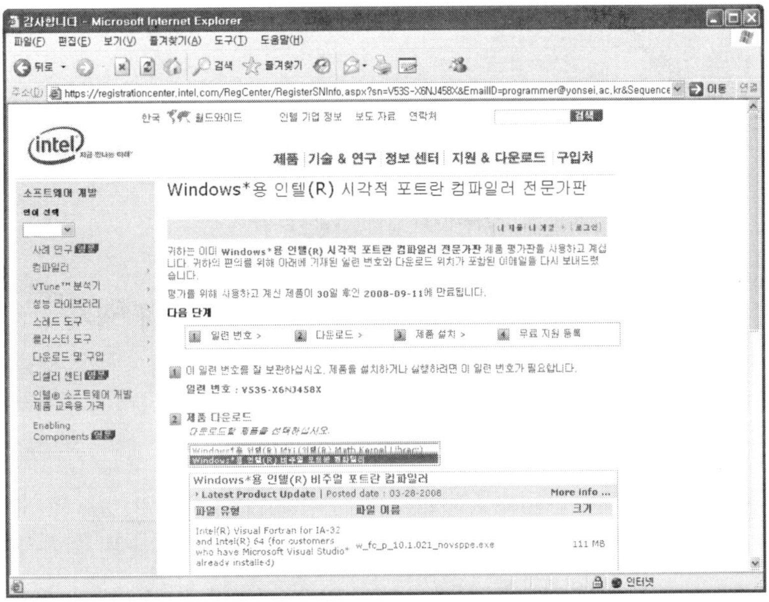

그림 1-10 인텔 포트란 컴파일러 다운로드 페이지

인텔 비주얼 포트란 컴파일러는 지원하는 플랫폼(Platform)에 따라 표 1-2와 같이 세 가지로 나뉘어 있다. 자신의 CPU와 운영체제에 맞추어 다운로드를 하면 된다. 자신의 프로세서가 64비트를 지원하는 Intel Core 2라 하더라도 운영체제가 32비트 버전이라면 포트란 컴파일러는 32비트 버전으로 동작하므로 주의하자.

표 1-2 인텔 비주얼 포트란 컴파일러의 종류

종류	설명
IA-32	Intel Pentium 4와 같은 32비트 프로세서
Intel② 64	Intel Core 2처럼 32비트와 64비트를 함께 지원하는 프로세서
IA-64	Intel Itanium와 같은 64비트 프로세서

설치 중간에 그림 1-11와 같이 일련번호를 요구할 수 있다. 이때는 앞서 적어두었던 일련번호를 입력해주자. 나머지 선택사항은 기본 값 그대로 두고 설치를 진행하면 된다.

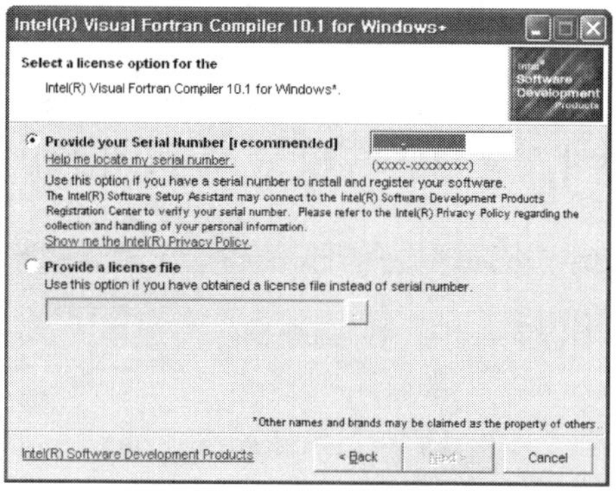

그림 1-11 일련번호 입력

설치가 끝났다면 정상적으로 설치가 됐는지 확인을 해봐야 한다. 앞서 설치했던 비주얼 스튜디오를 다시 실행시켜보자. 그리고 다음과 같이 메뉴를 선택하여 설치정보를 확인하자.

Help → About Microsoft Visual Studio

그림 1-12과 같이 Intel(R) Fortran Compiler Integration이란 항목이 있으면 설치가 성공적으로 이루어진 것이다. 항목이 보이지 않는다면 스크롤바를 위아래로 움직여보자. 그래도 찾을 수 없다면 설치가 정상적으로 이루어지지 않은 것이다. 그럴 때는 설치과정을 다시 한 번 꼼꼼하게 살펴보고 재설치를 해보자.

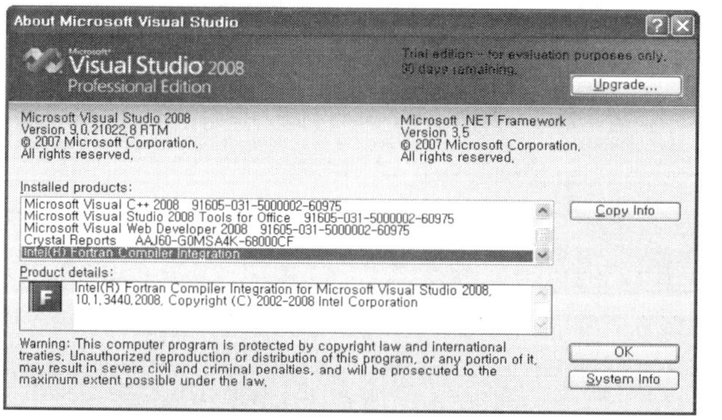

그림 1-12 설치정보 확인

여러분이 이 책을 보고 따라할 때는 인텔 포트란 컴파일러의 많은 점이 바뀌었을지도 모른다. 새로운 인텔 포트란 컴파일러는 비주얼 스튜디오 2008과 호환이 되지 않을 가능성도 있다. 의심스럽다면 다운로드한 인텔 포트란 컴파일러의 요구사항을 다시 한 번 살펴보도록 하자.

1.13 Golden Software Surfer 설치

EFDC Explorer를 사용하지 않고, 소스코드를 빌드하여 사용할 경우 우리가 얻을 수 있는 최초 결과물은 텍스트 파일 형태다. 따라서 이것을 우리가 원하는 그림으로 만들기 위해서는 적절한 처리를 해줘야 한다. 그 방법은 여러 가지가 있지만 우리는 Surfer는 소프트웨어를 이용하는 방법을 알아볼 것이다.

Surfer는 아래의 주소로 접속하여 그림 1-13과 같이 개인정보를 입력하고 평가판을 다운로드할 수 있다.

http://www.goldensoftware.com/demo.shtml

혹시 연결이 되지 않는다면 먼저 아래의 주소로 골든 소프트웨어 홈페이지에 접속한 뒤 다운로드 페이지를 찾아보자.

http://www.goldensoftware.com/

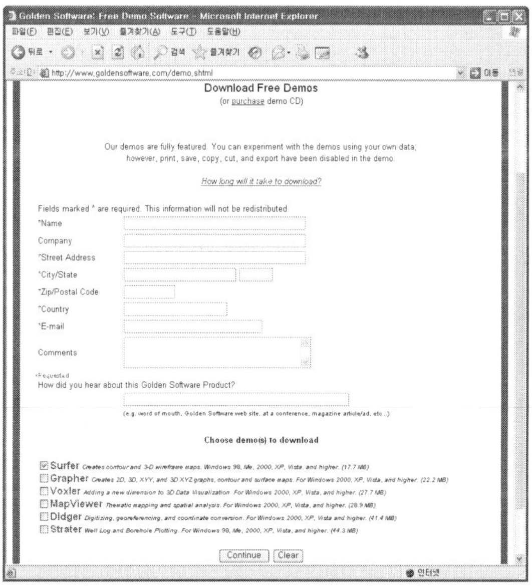

그림 1-13 다운로드할 데모로 Surfer를 선택해야 한다.

선택사항은 모두 기본 값으로 두고 설치를 하자. 설치가 끝났다면 다음과 같은 방법으로 실행할 수 있다.

시작 → 모든 프로그램 → Golden Software Surfer 8 → Surfer 8

설치 과정에 문제가 없었다면 그림 1-14와 같은 화면을 확인할 수 있을 것이다. 여러분이 설치한 Surfer의 버전에 따라 화면이 정확하게 일치하진 않을 수 있다.

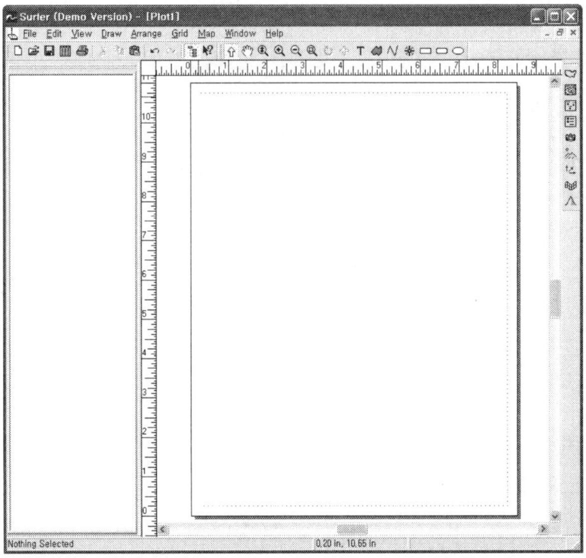

그림 1-14 Surfer의 실행화면

Surfer의 설치까지 성공적으로 이루어졌다면 필요한 소프트웨어의 준비는 모두 끝난 것이다. 세 가지의 소프트웨어가 모두 평가판이라서 30일 정도 밖에 사용을 못한다는 점이 아쉽다. 그러나 기간 내에는 기능상의 제약이 전혀 없기 때문에 EFDC의 소스코드를 맛보기에는 충분하다는 것이 필자의 판단이다.

관련 소프트웨어를 구입하기가 경제적으로 부담스러운 분들은 리눅스(Linux) 환경에서 개발하는 것도 좋은 방법이다. 비주얼 스튜디오는 사용할 수 없겠지만 리눅스용 인텔 포트란은 연구목적의 경우 무료로 사용할 수 있기 때문이다. 옥타브(Octave) 등과 같이 Surfer를 대체할 수 있는 소프트웨어들도 다양하게 마련되어 있으므로 리눅스는 환경이 열악하다는 선입견을 버려도 좋다.

거듭 강조하지만 지금까지 소개된 소프트웨어는 시시각각 발전해 나가고 있다. 따라서 여러분이 활용할 시점에는 많은 부분이 달라져 있을 수 있다. 예전에는 많은 사람들이 컴팩 포트란을 사용했지만 최근에는 인텔 포트란을 주로 사용하는 것처럼 개발 도구가 바뀔지도 모르는 일이다. 모르는 게 있을 때는 물론이고 새로운 것을 발견했을 때도 혼자만 알고 끝날 것이 아니라 저자의 홈페이지[2)]나 EFDC 사용자모임[3)] 등을 통해서 정보를 다른

2) 저자의 홈페이지 주소는 http://efdc.kr/이다.

사람과 공유해야하는 이유가 바로 여기에 있다.

EFDC는 오픈소스 소프트웨어다. 함께 노력해서 더욱 좋은 것을 만들어보자는 취지에서 출발한 프로젝트인 것이다. 이 책을 읽는 여러분들도 그 의미를 이해하고 적극적인 자세로 정보공유에 참여하길 바란다.

3) EFDC의 초기 개발자 Hamrick이 운영하는 곳으로 야후(Yahoo)의 계정과 모임의 회원가입이 필요하다. 주소는 http://tech.groups.yahoo.com/group/efdc-users/이다.

02 소스코드 빌드

기술적인 부분만 살펴본다고 했을 때 하나의 프로그램이 만들어지는 과정은 단순하게 표현해서 그림 2-1과 같다. 사람이 작성한 소스코드를 컴파일러를 사용해 목적코드(Object Code)로 바꾸고, 그것들을 다시 링커로 연결하여 실행파일을 만드는 작업이다.

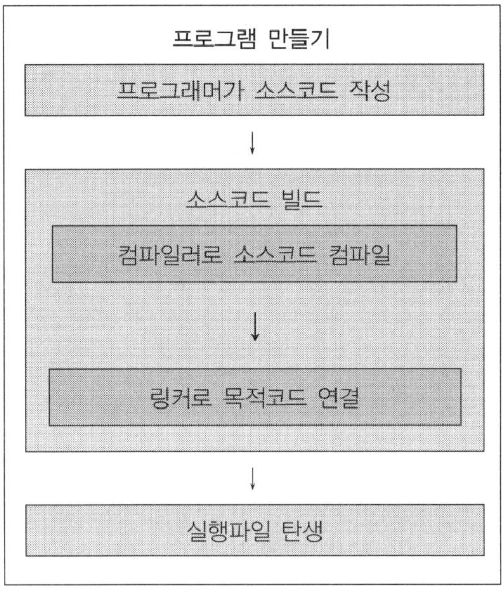

그림 2-1 프로그램이 만들어지는 과정

고맙게도 EFDC의 개발자들은 우리에게 소스코드를 공개하고 있다. 그러므로 우리는 전체 소스코드를 작성하지 않고, 필요한 부분만 고쳐서[4] 빌드[5]한 뒤 사용하면 된다. 더군다

4) 일반적으로 공개된 소스코드를 고쳐서 사용한 경우, 고친 부분 역시 공개하는 것이 예의다.
5) 과거에는 컴파일과 링크를 분리하여 이야기했지만 최근 윈도우즈 환경에서는 두 가지를 하나로 묶어 빌드라고 이야기한다. 소스코드를 실행파일로 만들어내는 일련의 작업이라고 이해하면 된다.

나 실제로 소스코드를 빌드하는 것은 우리가 앞서 설치한 비주얼 스튜디오와 인텔 포트란의 역할이다. 따라서 우리가 해야 하는 일은 그림 2-2와 같이 정리될 수 있다.

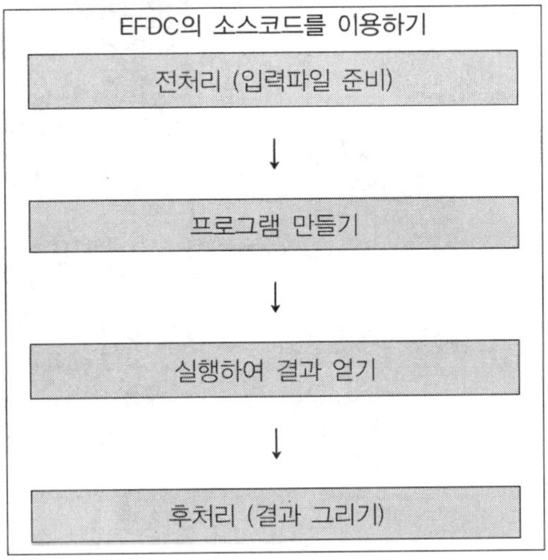

그림 2-2 EFDC의 소스코드를 이용하는 과정

2.1 소스코드 다운로드

EFDC의 소스코드는 2편에서 EFDC Explorer를 다운로드하기 위해 방문했던 다이내믹 솔루션(Dynamic Solutions)의 홈페이지에서 무료로 다운로드할 수 있다. EFDC Explorer의 경우와 마찬가지로 로그인을 해야만 다운로드할 수 있는 링크가 보이기 때문에 2편을 건너뛴 독자라면 먼저 계정을 만들어야 한다. 아래의 주소로 접속하여 로그인을 하도록 하자.

http://www.ds-intl.biz

그리고 그림 2-3과 같이 아래의 메뉴로 접근하여 EFDC의 소스코드를 다운로드할 수 있는 페이지로 이동하자.

EFDC_Explorer → Main Downloads → EFDC Model

메뉴는 바뀔 수도 있으므로 그림 2-3과 다르다고 당황하지 말자. 홈페이지의 이곳저곳을 살펴보면 결국 다운로드 페이지를 발견할 수 있을 것이다.

다운로드 할 수 있는 EFDC의 소스코드는 표 2-1에서 보는 바와 같이 두 종류가 있다. 우리는 업데이트가 잘 되고 있는 EFDC DS버전을 선택하도록 하자.

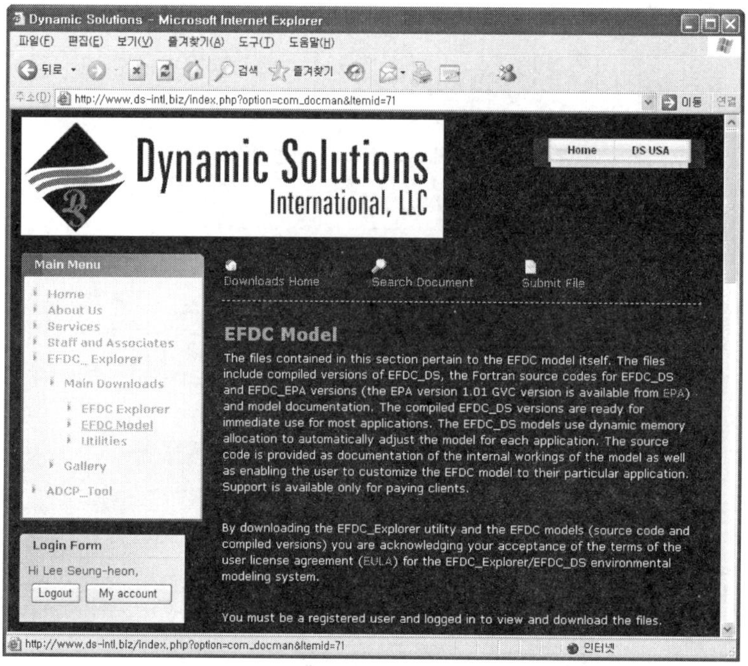

그림 2-3 EFDC모델 다운로드 페이지

표 2-1 EFDC 소스코드의 종류

종류	제작사	특징
EFDC DS	Dynamic Solutions	툴 제작을 위해 개발/수정되고 있는 버전
EFDC TT	Tetra Tech	EFDC의 모든 기능이 담겨있는 버전(2007)

압축파일 형태이므로 알집[6] 등의 소프트웨어를 이용하여 적당한 위치에 압축을 풀도록 하자. 앞으로의 내용에서는 여러분이 소스코드를 그림 2-4와 같이 아래의 경로에 풀었다고 가정하고 이야기를 하도록 하겠다. 특별한 이유가 없다면 처음에는 여러분도 이 경로를 이용하는 것이 좋을 것이다.

```
C:₩EFDC
```

6) 알집은 개인사용자가 무료로 사용할 수 있는 압축 소프트웨어다. http://www.alzip.co.kr에 접속하여 구할 수 있으며 학교 등의 기관에서 사용하려면 구입하여야 한다.

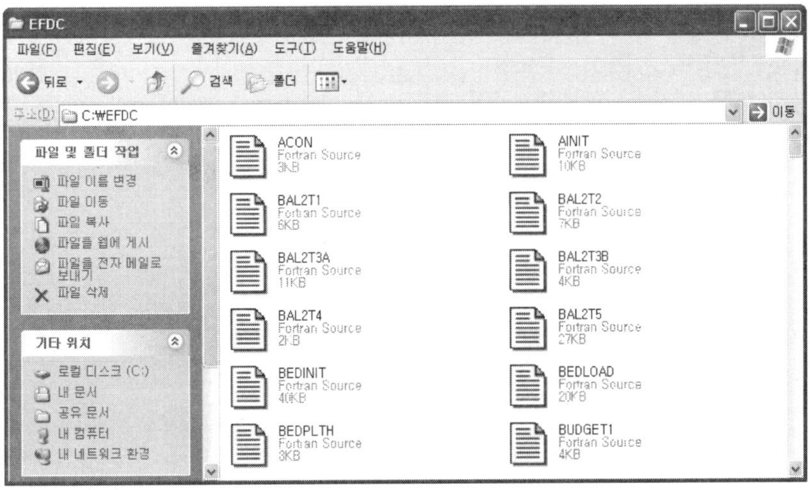

그림 2-4 C:\EFDC에 소스코드의 압축을 풀어놓은 모습

2.2 솔루션과 프로젝트 작성

소스코드가 있는 폴더를 살펴보면 확장자가 for인 파일들만 존재할 것이다. 이 상태로는 빌드하기가 어렵다. 비주얼 스튜디오를 이용하여 소스파일들을 하나의 프로젝트로 묶어야 한다.

일단 비주얼 스튜디오를 실행시키고 아래와 같이 메뉴를 선택하자. 그러면 그림 2-5와 같은 새 프로젝트 만들기 창을 열린다.

File → New → Project…

프로젝트 종류(Project Types)를 보면 Intel(R) Fortran항목이 있을 것이다. 이게 존재하지 않는다면 인텔 포트란의 설치가 정상적으로 이루어지지 않은 것이다. 설치 과정을 꼼꼼하게 검토해보자.

우리가 만들 EFDC 프로젝트는 포트란의 콘솔에서 동작한다. 아래의 항목들을 차례대로 선택하여 하자.

Intel(R) Fortran → Console Application → Empty Project

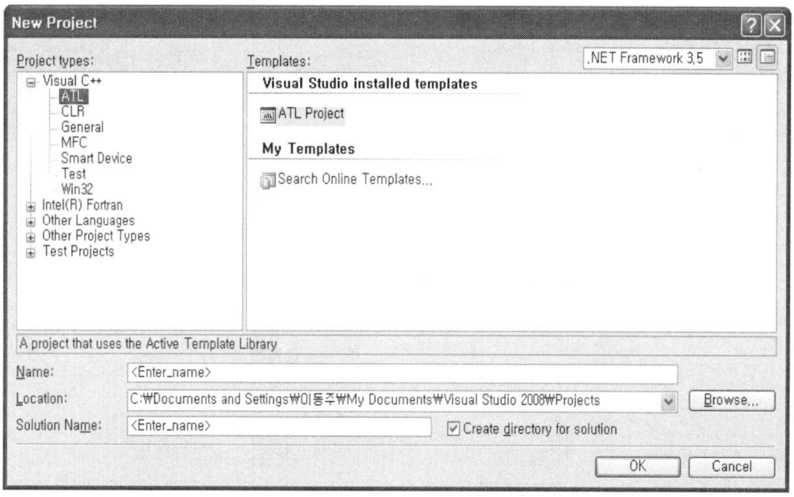

그림 2-5 새 프로젝트 만들기 창 (단축키: Ctrl+Shift+N)

그리고 창의 하단부에 입력하도록 되어 있는 이름과 위치는 표 2-2와 같이 입력해 주자. 솔루션 폴더 만들기는 선택을 해제하여 솔루션 이름을 입력하는 부분이 비활성화 되도록 하자. 확인(OK)버튼을 누르기 전 최종적인 모습은 그림 2-6과 같아야 한다.

표 2-2 새로운 프로젝트의 기본 설정

항목	값	비고
이름	Scripts	프로젝트 파일이 존재할 폴더와 프로젝트의 이름
위치	C:\EFDC	EFDC의 소스코드가 존재하는 위치, 다운 받은 소스코드 복사
솔루션 이름		솔루션 폴더 만들기(Create direction for solution) 선택 해제

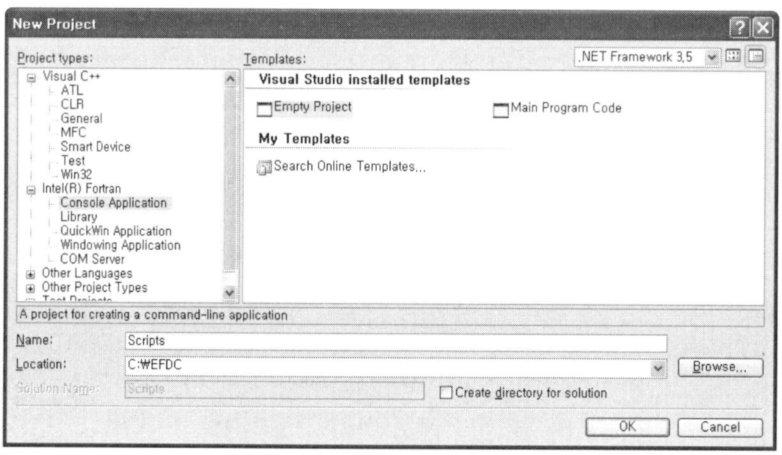

그림 2-6 새로운 프로젝트의 기본 설정

이제 확인 버튼을 누르면 그림 2-7과 같이 프로젝트가 생성된 것을 볼 수 있다.

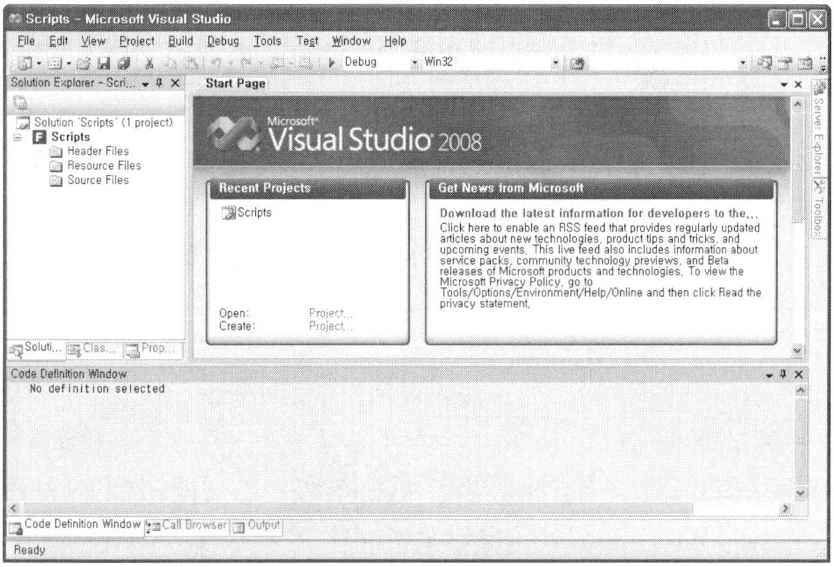

그림 2-7 Scripts라는 이름으로 솔루션과 프로젝트가 생성된 모습

이제 비주얼 스튜디오를 닫고, 윈도우즈 탐색기로 아래의 경로를 찾아가보자. 이 경로는 앞으로 작업폴더(Working Folder)가 될 것이므로 잘 기억해둬야 한다. 그림 2-8과 같이 몇 가지 파일이 생성되었다는 것을 확인할 수 있다. 이 파일들의 역할은 표 2-3과 같다.

```
C:₩EFDC₩Scripts
```

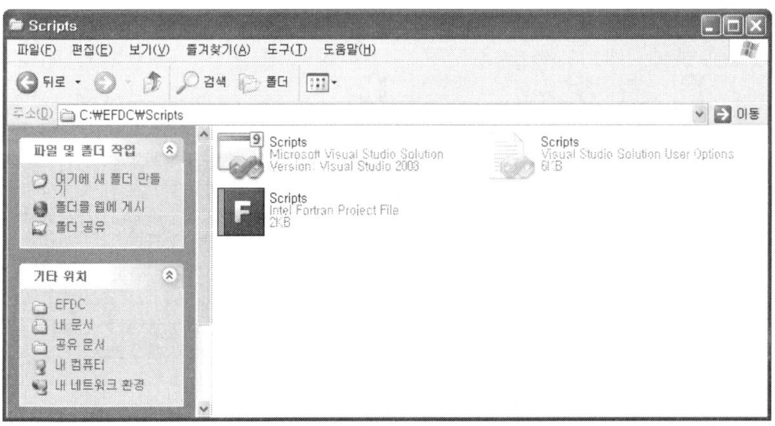

그림 2-8 비주얼 스튜디오를 통해 생성한 솔루션과 프로젝트 파일들

표 2-3 비주얼 스튜디오의 스크립트 파일들

파일 이름	아이콘	역할과 용도	비고
Scripts.sln		프로젝트파일(vfproj)을 묶어놓은 솔루션	
Scripts.vfproj		소스파일(f, for, f90)을 묶어놓은 프로젝트	
Scripts.suo		솔루션 파일의 선택사항이 저장된 파일	숨김 파일

중요한 건 솔루션 파일이다. 이 파일을 탐색기에서 더블클릭하는 등의 방법으로 실행하여 비주얼 스튜디오를 열어보자. 깔끔하게 솔루션과 프로젝트들이 열릴 것이다.

본격적으로 프로젝트를 구성하기에 앞서 개념적인 부분을 짚고 넘어가자. 비주얼 스튜디오의 솔루션은 그림 2-9와 같이 솔루션 안에 하나 이상의 프로젝트를 가지고 있다. 또 각각의 프로젝트가 하나 이상의 소스파일을 가지고 있는 구조를 이룬다. 하나의 프로젝트는 한 개의 라이브러리나 한 개의 실행파일을 만들 수 있으므로 솔루션은 한 개 이상의 라이브러리나 한 개 이상의 실행파일을 만들 수 있는 것이다.

우리는 EFDC 소스코드들을 하나의 프로젝트로 묶을 것이고, 그 프로젝트는 하나의 실행파일을 만들어낼 것이다. 따라서 앞서 생성했던 솔루션과 프로젝트만으로도 충분하다. 그러나 앞으로 여러분이 연구를 하다보면 프로젝트를 나누어 라이브러리도 만들고, 또 다른 실행파일도 만들고 싶을 수 있다. 그 때는 포트란 언어에 관한 지식 이외에도 비주얼 스튜디오에 관한 지식이 필요하므로 당장 필요하지 않더라도 비주얼 스튜디오 곳곳에 관심을 가지고 공부해놓도록 하자.

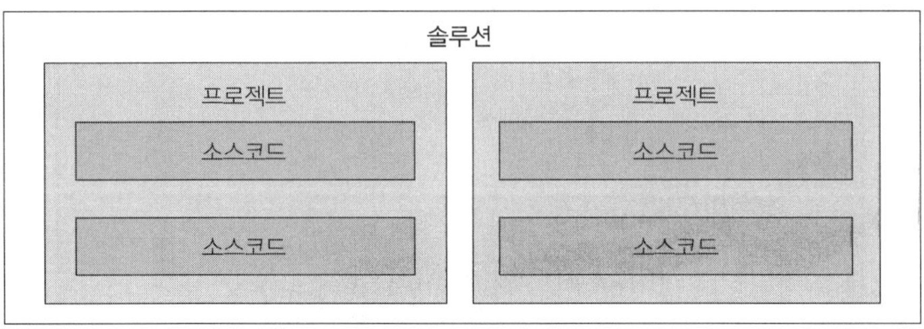

그림 2-9 비주얼 스튜디오 솔루션의 구조

이제 다시 비주얼 스튜디오로 돌아가자. 앞서 이야기한 것처럼 솔루션 파일을 탐색기 등에서 실행하여 비주얼 스튜디오를 열자. 그리고 다시 그림 2-7과 같은 화면이 나오면 그림 2-10과 같이 Source Files 폴더를 선택하고, 그 위치에서 마우스 오른쪽 버튼을 눌러 메뉴를 불러오자.

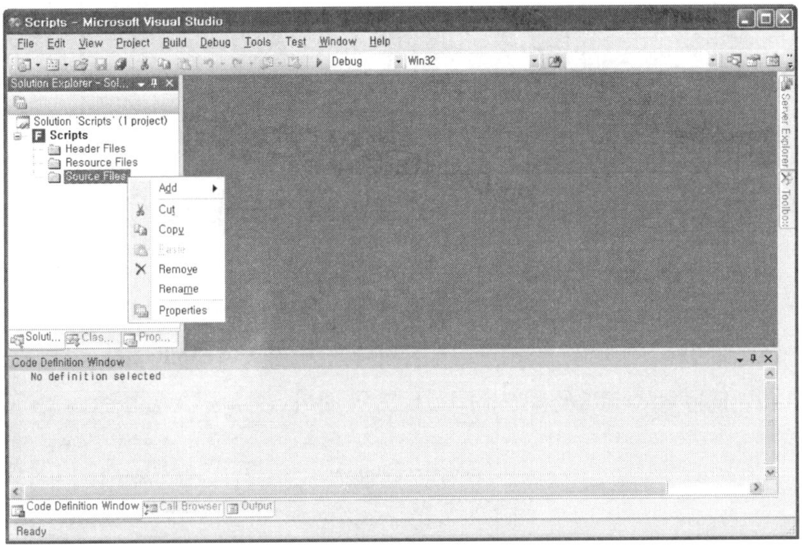

그림 2-10 솔루션 탐색기에서 Source Files를 선택하고 팝업메뉴를 불러온 모습

그리고 메뉴에서 아래와 같이 선택하여 기존 파일을 추가할 수 있는 창을 열어보자.

```
Add → Existing Item…
```

기존 파일을 추가할 수 있는 파일 선택창이 열리면 그림 2-11과 같이 아래의 위치로 찾아가자. 그리고 그곳에 존재하는 모든 포트란 소스코드 파일을 선택하고 추가버튼을 누르자.

```
C:₩EFDC
```

모든 파일을 선택하려면 시프트(Shift)키를 누른 상태에서 첫 파일과 마지막 파일을 선택하면 된다. 시프트키가 아닌 컨트롤(Ctrl)키를 누른 상태에서는 개별적으로 선택과 해제가 가능하므로 참고하도록 하자.

추가 버튼을 누르면 그림 2-12와 같이 소스파일(Source Files)폴더에 EFDC 소스코드들이 추가된다.

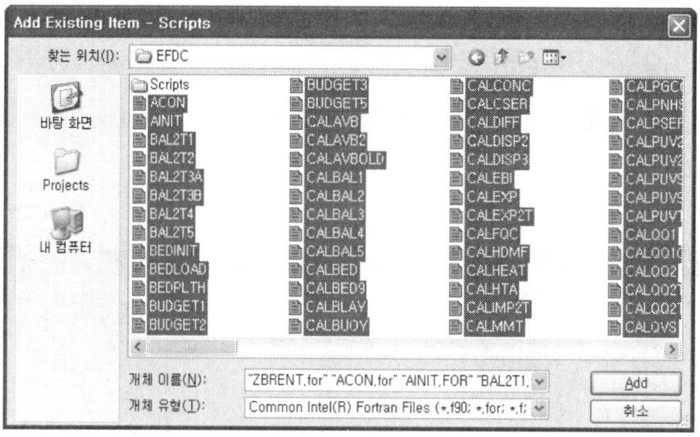

그림 2-11 Scripts폴더를 빼고 전부 선택한 모습

여기까지 문제없이 진행됐다면 소스코드를 편집하고 빌드해서 사용할 수 있는 첫 번째 관문은 넘어선 것이다. 아래의 메뉴를 실행하거나 단축키 Ctrl+Shift+S를 눌러 솔루션과 프로젝트, 그리고 모든 소스코드들을 저장[7]해두도록 하자.

File → Save All

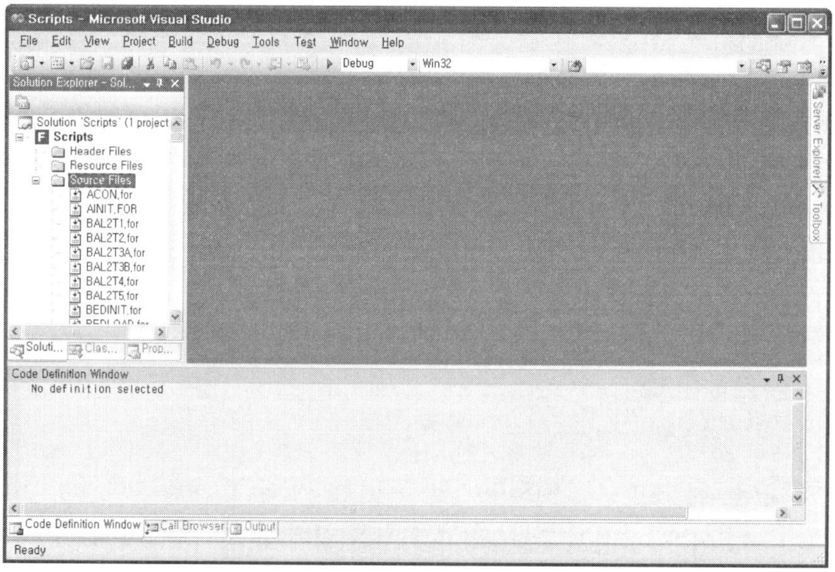

그림 2-12 마침내 EFDC 소스코드가 프로젝트에 추가된 모습

7) 저장은 아무리 강조해도 지나치지 않다. 생각날 때마다 저장하도록 하고, 중요한 작업이 끝날 때마다 다른 하드디스크나 인터넷 공간상에 백업(backup)을 해두도록 하자.

2.3 실행파일 생성

이제 드디어 실행파일을 생성해볼 때가 됐다. 우리가 생성할 솔루션 구성은 크게 두 종류로 표 2-4와 같다. 이것은 고정된 것이 아니고 솔루션과 프로젝트의 속성을 수정하여 고칠 수 있다. 그러나 일단은 기본으로 제공되는 두 종류의 특징만 알아보고 넘어가도록 하자.

표 2-4 EFDC 솔루션 구성의 종류

종류	설명
디버그 (Debug)	프로그램의 동작은 느리지만 실행 중에 변수의 값들을 정확하게 확인할 수 있는 등 문제를 해결하기에 유리한 실행파일 생성
릴리즈 (Release)	프로그램의 동작은 빠르지만 문제점이 발생했을 때 알 수 있는 정보가 적어 상대적으로 해결이 어려운 실행파일 생성

솔루션 구성의 기본 값은 디버그(Debug)로 되어 있을 것이다. 바꾸려면 그림 2-13과 같이 메뉴 바로 아래에 위치한 도구모음에서 콤보박스를 이용하면 바꾸면 된다. 도구모음을 이용하지 않고 아래의 메뉴를 통해서 변경할 수도 있다는 것을 알아두자.

Build → Configuration Manager…

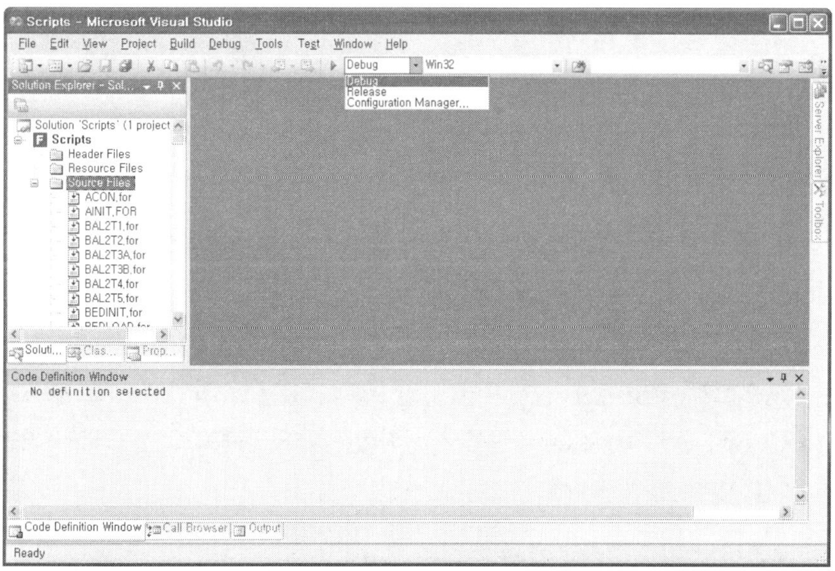

그림 2-13 도구모음에서 활성 솔루션 구성 바꾸기

이제 디버그 솔루션 구성을 선택해놓고 빌드를 해보자. 아래의 메뉴를 통해서 현재 선택되어 있는 솔루션 구성의 EFDC 실행파일을 만들 수 있다. 단축키는 F7이다.

```
Build → Build Solution
```

빌드가 시작되면 그림 2-14와 같이 현재 빌드중인 파일이 하단에 위치한 출력(Output)창에 표시된다. 빌드가 성공적으로 끝나면 다음과 같은 내용을 출력창의 마지막 부분에서 찾을 수 있을 것이다.

```
1)Scripts - 0 error(s), 0 warning(s)
========== Build: 1 succeeded, 0 failed, 0 up-to-date, 0 skipped ==========
```

빌드하다가 에러가 나면 오류가 난 위치와 원인이 간략하게 표시된다. 이곳을 마우스 포인터로 더블클릭하면 소스코드의 해당 위치로 자동으로 이동되므로 바로 확인하고 편집할 수 있다.

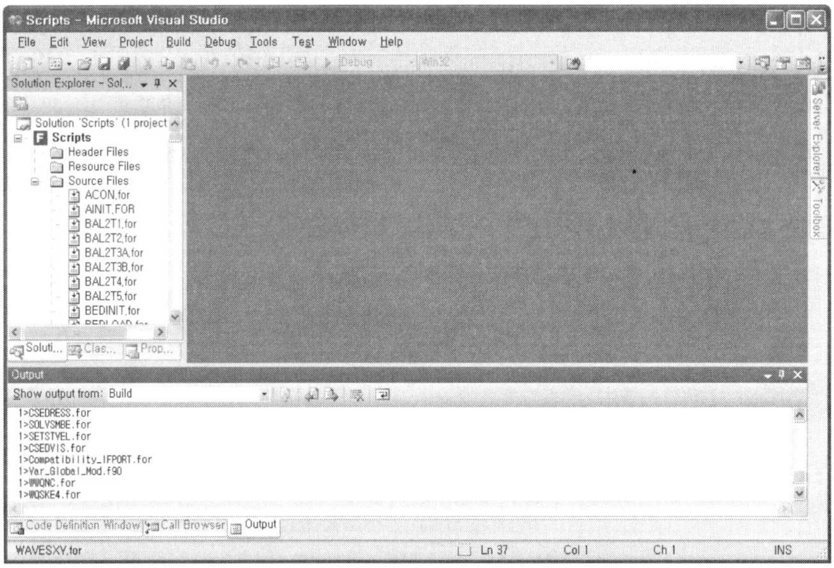

그림 2-14 빌드가 되는 모습

빌드가 성공적으로 끝났다면 실행파일이 잘 생성되었는지 확인해보자. 탐색기 등으로 아래의 경로를 찾아가서 Scripts.exe파일이 생성되었는지 확인해보자. 빌드하는 과정에서 제작된 여러 부산물들의 틈바구니에 분명히 존재할 것이다.

```
C:₩EFDC₩Scripts₩Debug
```

디버그 실행파일이 성공적으로 생성된 것을 확인했다면 솔루션 구성을 릴리즈(Release)로 바꾸고 빌드해보자. 빌드가 성공적으로 끝나면 역시 아래의 경로에서 릴리즈 실행파일을 발견할 수 있을 것이다.

```
C:₩EFDC₩Scripts₩Release
```

실행파일 이외의 여러 부산물들은 신경 쓰지 않아도 좋다. 실행파일만 복사해서 다른 폴더에 갖다 두더라도 잘 동작할 것이다.

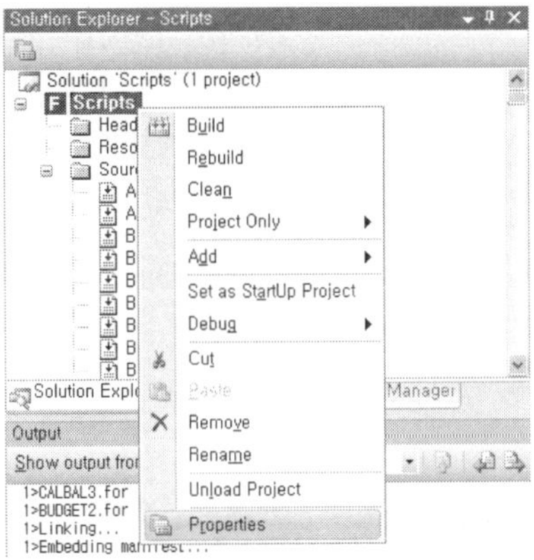

그림 2-15 프로젝트 속성 열기

실행파일 이외의 파일들이 존재하는 것이 지저분하다고 생각되는 여러분은 그림 2-15와 같이 프로젝트를 선택하고 마우스 오른쪽 버튼을 누르면 나오는 메뉴에서 속성(Properties)을 클릭하자. 그러면 프로젝트의 속성창이 열릴 것이다. 변경할 내용이 디버그와 릴리즈 구성 모두에 적용되도록 그림 2-16과 같이 모든 구성(All Configurations)로 바꿔주자.

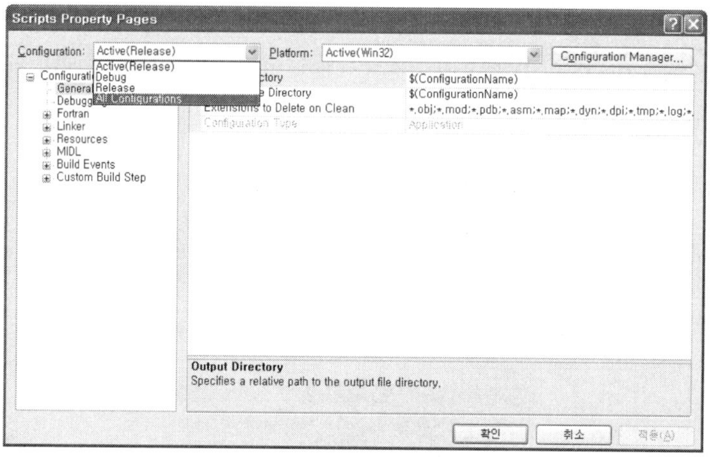

그림 2-16 프로젝트 속성에서 편집할 구성 선택

그리고 그림 2-17과 같이 General의 Intermediate Directory속성을 바꿔주어 부산물들이 각 솔루션 출력폴더의 하위폴더 안에 생성되도록 하자.

```
$(ConfigurationName)₩Obj
```

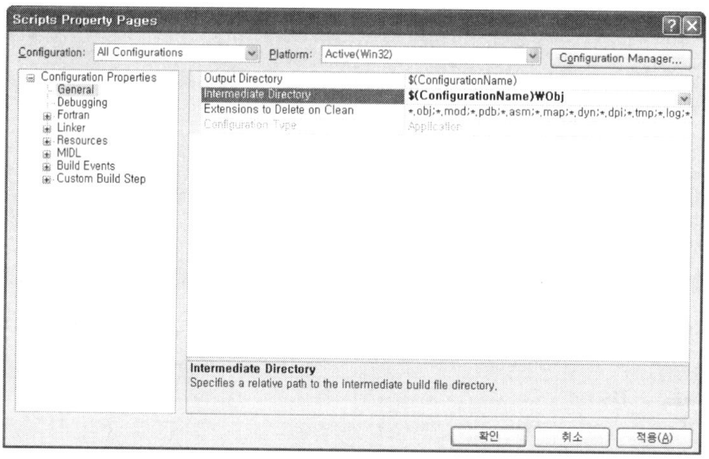

그림 2-17 중간 폴더 변경

이제 확인 버튼을 눌러 설정을 저장하고 창을 닫도록 하자. 그리고 기존 폴더(디버그 폴더와 릴리즈 폴더)의 내용을 모두 삭제하고, 빌드해보면 실행파일 이외의 많은 부산물들이 깔끔하게 하위폴더 쪽에 생성되는 걸 확인할 수 있을 것이다.

03 실행과 디버깅

EFDC를 실행하기 위해서는 1편에서 설명했던 바와 같이 입력 자료가 필요하다. 혹시 1편를 건너뛴 독자라면 지금이야말로 1편를 처음부터 끝까지 정독해야할 때다. 지금부터는 EFDC Explorer를 이용하지 않고, 전처리와 후처리를 여러분이 직접해보는 것이 목표이기 때문이다. 이 과정을 통해 여러분은 EFDC의 동작 과정에 대해 더욱 분명하게 이해하게 되고, EFDC와 가장 가까운 차원에서의 활용방법을 알게 될 것이다.

3.1 실행과 중단

여러분이 빌드를 마친 뒤 실행하는 방법 역시 어렵지 않다. 그림 3-1에서와 같이 도구모음에서 솔루션 구성을 변경하는 콤보박스 좌측에 위치한 ▶ 모양의 디버깅 시작버튼을 누르거나 그림 3-2와 같이 아래의 메뉴를 실행하면 된다. 단축키는 F5다.

Debug → Start Debugging

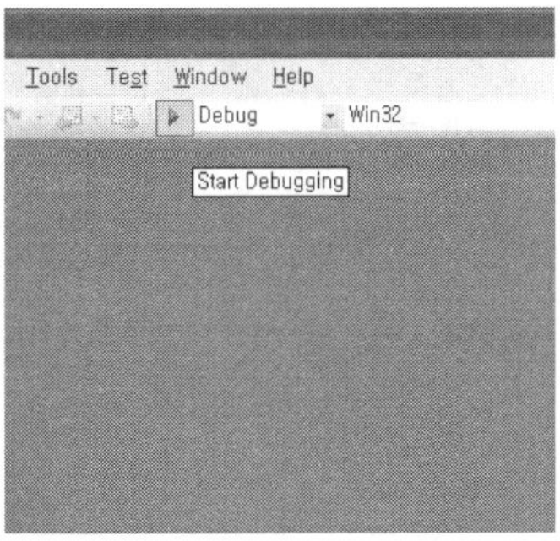

그림 3-1 디버깅 시작 버튼

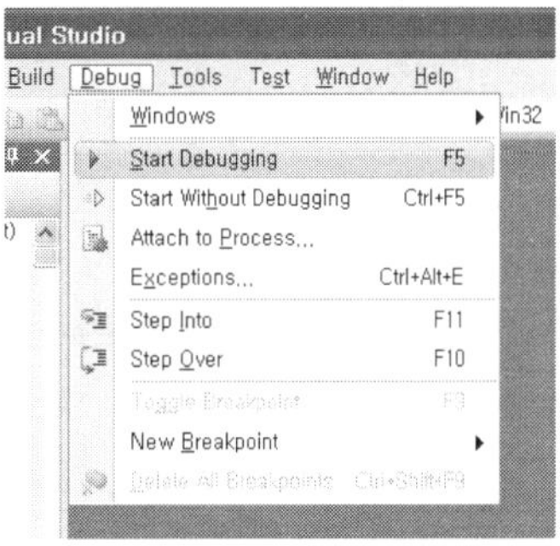

그림 3-2 디버깅 시작 메뉴

솔루션 구성이 릴리즈인 상태에서 실행하면 그림 3-3과 같이 경고 메시지가 나올 수 있다. 릴리즈라서 디버그 정보가 없다는 말이므로 놀라지 말고 네(Yes)를 눌러 진행하거나 솔루션 구성을 디버그로 바꿔서 실행하면 된다.

그림 3-3 릴리즈로 실행할 때 등장하는 경고메시지

실행해보면 작업폴더에 입력파일이 존재하지 않기 때문에 그림 3-4와 같은 오류 메시지를 보게 될 것이다. EFDC의 입력파일은 반드시 작업폴더 안에 존재해야 하며 실행파일이 존재하는 폴더와 작업폴더가 꼭 일치하지는 않는다는 것에 주의하자.

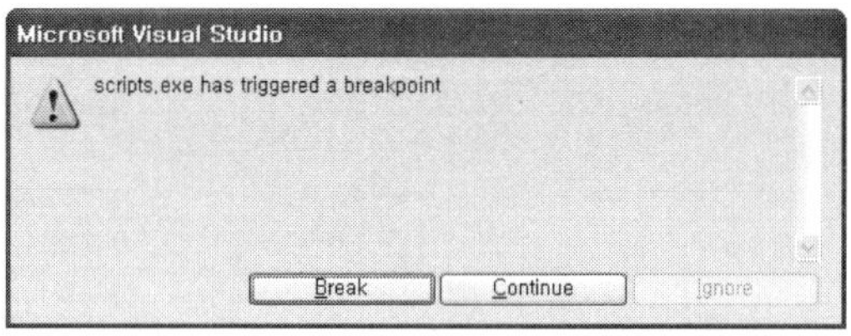

그림 3-4 진행 중 중단점에 걸렸다는 메시지

이제 이 책의 홈페이지(http://efdc.kr)에서 부록파일을 다운로드 한 뒤 압축을 풀고, 아래의 경로에 있는 예제 입력파일들을 모두 복사하여 작업폴더에 넣도록 하자.

앞으로는 여러분들이 1편의 내용을 바탕으로 목적에 맞게 입력파일을 작성해야하므로 입력파일들의 구성과 내용을 관심 있게 보도록 하자.

```
부록파일 ₩DAESAN_INTEL_T2001₩*.inp
```

작업폴더는 기본적으로[8] 비주얼 스튜디오 프로젝트 파일(vfproj)파일이 있는 곳이다. 지금까지의 과정을 그대로 따라한 독자라면 아래의 경로가 작업폴더가 된다.

```
C:₩EFDC₩Scripts
```

8) 작업폴더는 프로젝트 설정에서 바꿔줄 수 있다. 프로젝트 설정의 [Configuration Properties] – [Debugging] – [Working Directory] 항목이 바로 작업폴더를 설정하는 곳이다.

이제 실행해보면 오류메시지가 나타나지 않고, 계산이 잘 진행될 것이다. 결과파일들도 작업폴더 안에 생성된다. 당장 결과를 확인해보고 싶은 마음이 굴뚝같겠지만 잠시 뒤로 미루고 중단하는 방법을 알아보자.

실행중인 EFDC를 중단하려면 그림 3-5와 같이 도구모음에서 디버깅 시작버튼 우측에 위치한 ■모양 디버깅 중단버튼을 누르면 된다. 또는 그림 3-6과 같이 아래의 메뉴를 실행하면 된다. 단축키는 Shift + F5다.

Debug → Stop Debugging

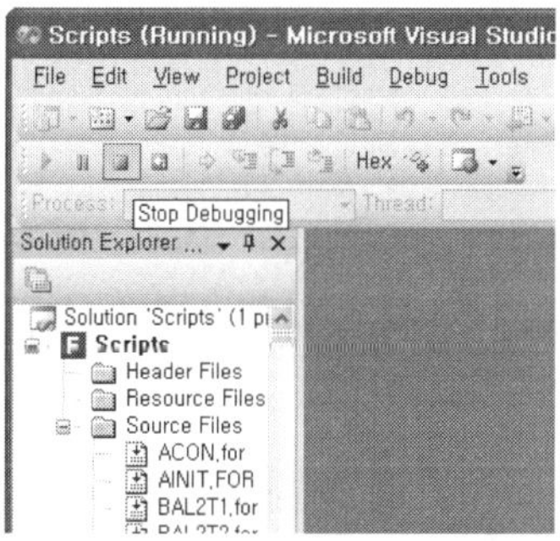

그림 3-5 디버깅 중단 버튼

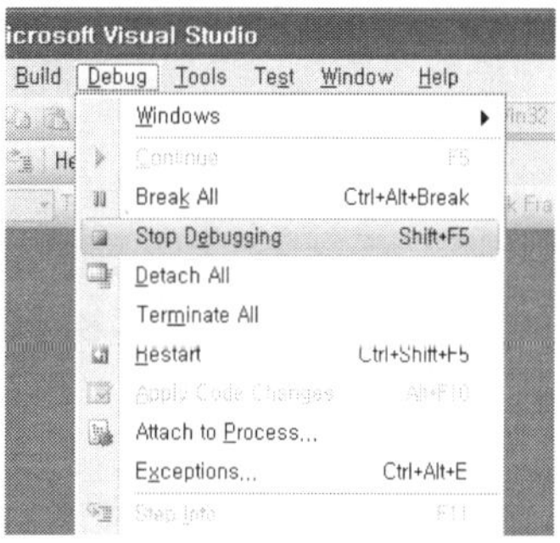

그림 3-6 디버깅 중단 메뉴

일시정지를 할 수도 있다. 일시정지를 하면 그림 3-7과 같이 지금까지 실행된 위치가 비주얼 스튜디오의 소스코드 라인 좌측에 ⇒로 표시되면서, 현재 각 변수의 값을 확인할 수도 있다. 또한 그림 3-8과 같이 도구모음에서 ▶ 모양의 실행(디버깅 중에는 계속)버튼을 누르거나 중단된 부분부터 실행하게 된다.

이처럼 중단점을 이용하지 않고 실행 도중에 직접 일시정지를 하는 경우는 흔하지 않지만 필요한 경우도 있으므로 기억해두자.

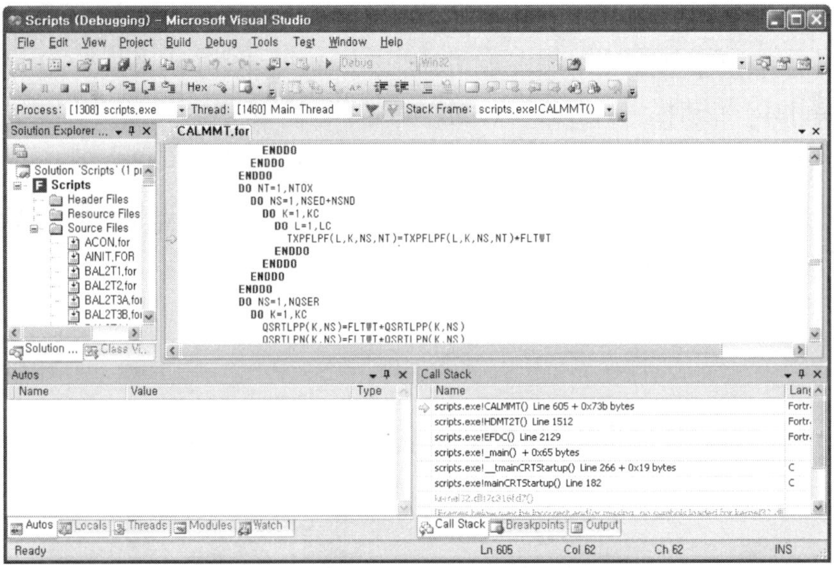

그림 3-7 일시 정지하여 현재 실행중인 소스파일의 편집창이 열린 모습

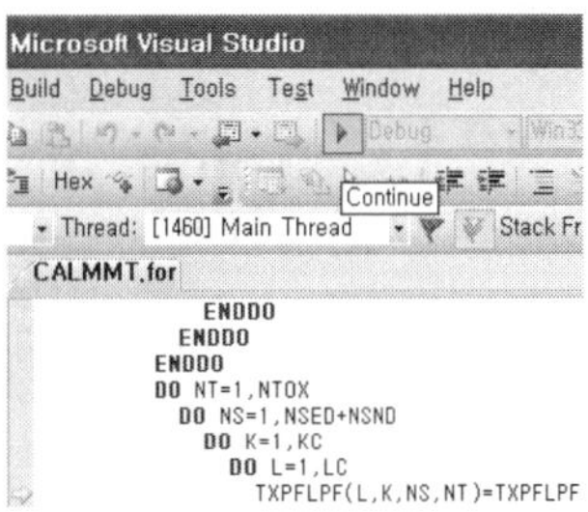

그림 3-8 실행(계속) 버튼

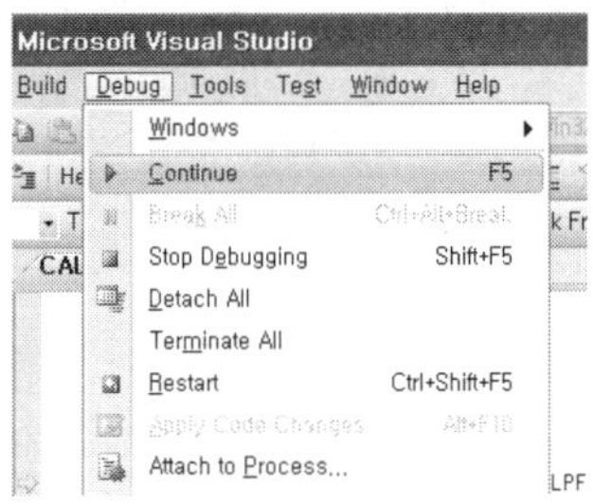

그림 3-9 계속 메뉴

3.2 중단점을 이용한 디버깅

소스코드를 분석, 수정, 개발하는 과정에 디버깅은 필수다. 가장 간단하면서도 많이 사용되는 디버깅 방법은 바로 중단점(break-point)을 이용하는 것이다. 중단점은 소스코드의 편집화면을 솔루션 탐색기(Solution Explorer)를 통해서 열고, 실행도중 멈추고 싶은 줄의 좌측부분을 클릭하여 설정할 수 있다.

먼저 그림 3-10과 같이 솔루션 탐색기에서 EFDC.FOR파일을 더블클릭 하여 EFDC.FOR 파일의 편집화면을 열어보자.

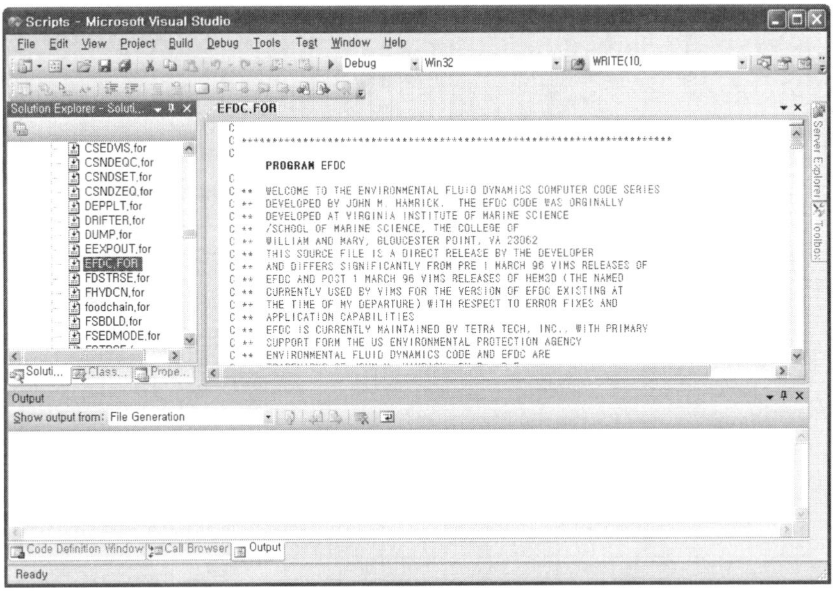

그림 3 10 EFDC.FOR파일을 더블클릭하여 편집화면 열기

그리고 아래의 메뉴를 실행하여 그림 3-11과 같은 검색창을 열자. 단축키를 좋아하는 독자라면 Ctrl +F를 눌러도 좋다.

Edit → Find and Replace → Quick Find

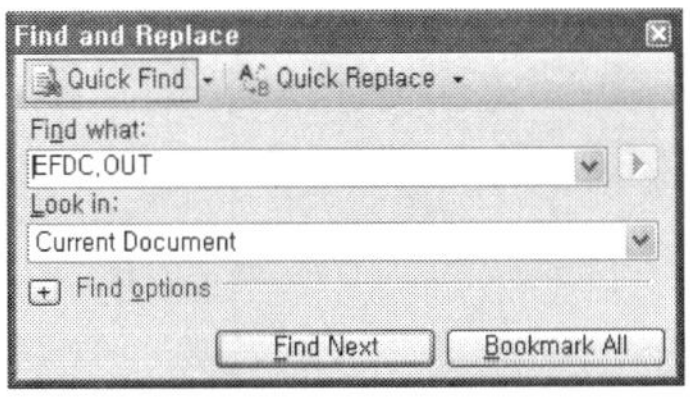

그림 3-11 검색창

그리고 찾을 것(Find what)에 'EFDC.OUT'을 입력하고, 찾을 범위(Look in)를 현재 문서(Current Document)로 선택한 뒤 다음 찾기(Find Next) 버튼을 누르자. 그러면 그림 3-12와 같이 커서가 EFDC.OUT부분이 있는 곳으로 이동하고, 블록지정이 된다. 또 한 번 다음 찾기 버튼을 눌러서 여섯 줄 아래에 있는 EFDC.OUT으로 이동해보자.

이와 같이 여러분은 특정 키워드로 원하는 부분이 나올 때까지 검색할 수 있다. 방대한 분량의 소스코드를 볼 때 검색은 필수적이므로 검색기능에 익숙해지도록 하자. 검색 범위는 선택된 범위 내로 한정지을 수도 있고, 모든 열려있는 문서나 프로젝트 전체를 지정할 수도 있다. 찾기 옵션을 지정하면 대소문자를 구분하여 찾을 수도 있고, 와일드카드나 정규표현식(Regular expressions)을 이용한 검색도 가능하므로 잘 활용하면 큰 도움이 된다.

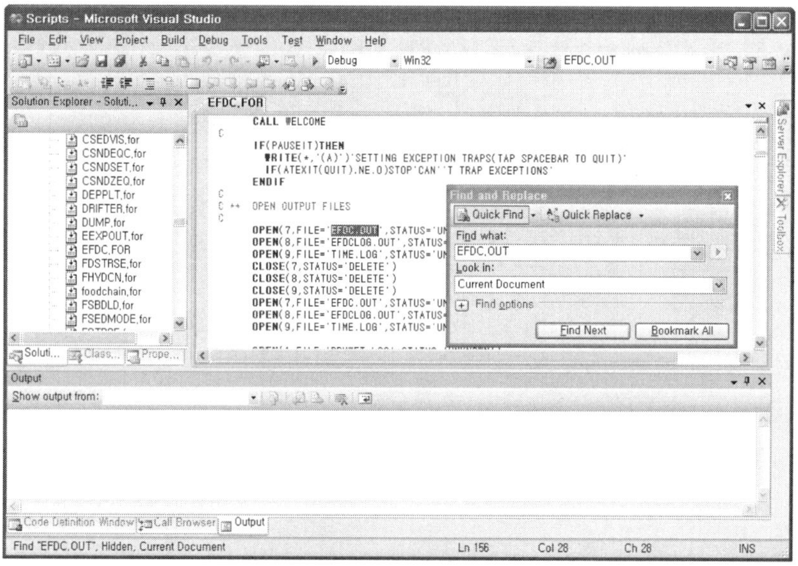

그림 3-12 첫 번째 EFDC.OUT을 찾은 모습

이제 검색창을 닫고, 방금 찾았던 두 번째 EFDC.OUT이 있는 줄에 중단점을 걸어보자. 그림 3-13과 같이 해당하는 줄의 가장 좌측의 여백 부분을 마우스 포인터로 클릭하면 ● 로 표시되면서 중단점이 설정된다. 다시 한 번 클릭하면 중단점이 해제되고 표시가 사라진다. 클릭하는 것이 불편하다면 단축키 F9를 이용해도 좋다. 모든 중단점을 해제하는 등의 디버그 메뉴에 있으므로 참고로 알아두도록 하자.

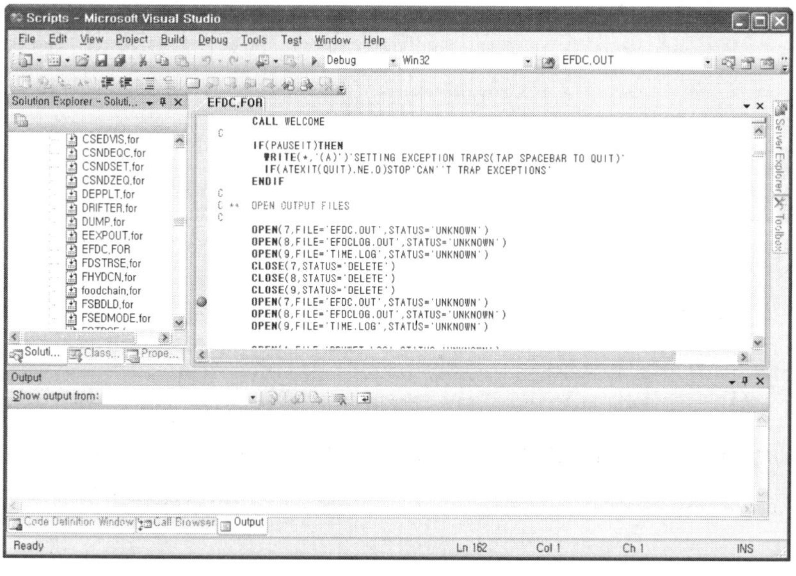

그림 3-13 중단점 설정

이제 F5키를 눌러 실행을 해보자. 그림 3-14와 같이 우리가 중단점을 걸어두었던 줄이 실행되기 직전까지 실행되고, 일시정지 상태가 될 것이다. 실행이 끝난 줄이 아니고 다음에 실행될 줄에 ⇒로 표시가 된다는 점을 주의하도록 하자.

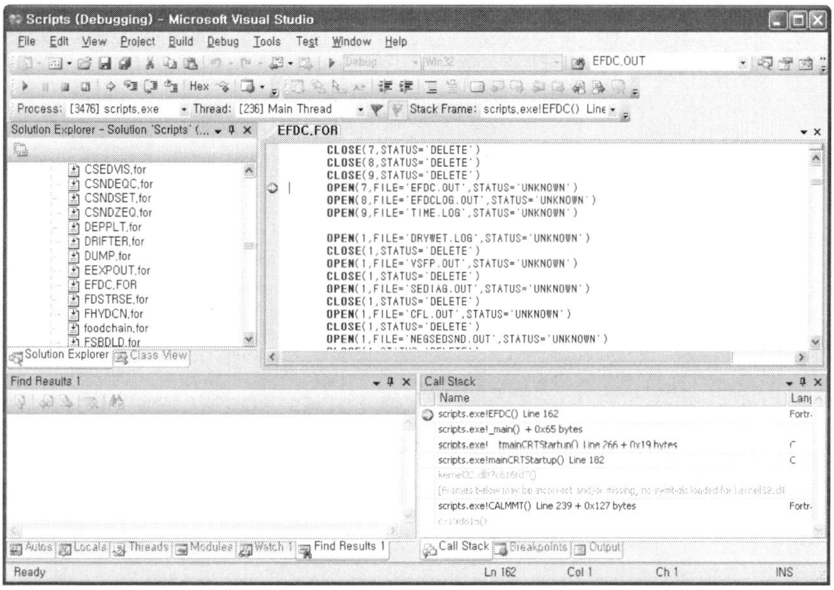

그림 3-14 중단점을 걸어둔 곳까지 실행된 모습

이 상태에서는 각 변수 위에 마우스 포인터를 올려두는 등의 방법으로 값을 확인할 수 있다. 그림 3-15는 중단점이 걸린 부분으로부터 약 10여줄 위에 있는 'PAUSEIT'라는 변수의 값을 확인하는 모습이다. 변수 위에 마우스 포인터를 위치시키고 잠시 기다리면 말풍선으로 '.FALSE.'라는 값이 나타날 것이다. 참고로 지금까지 실행이 된 시점에서의 변수의 값을 알려주는 것이므로 소스코드 어느 위치에 있는 'PAUSEIT'를 보아도 같은 값이 나올 것이다.

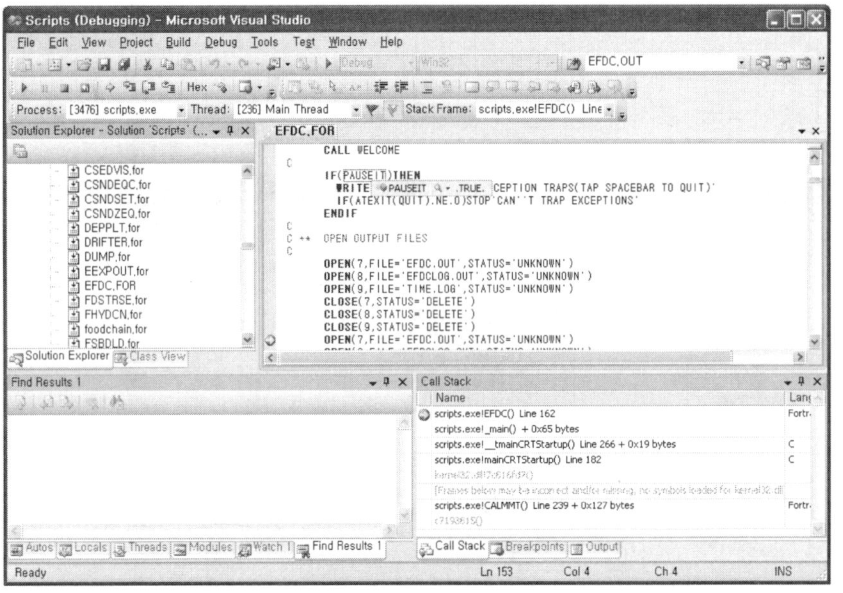

그림 3-15 마우스 포인터를 변수위에 올려보고 값을 확인하는 모습

마우스 포인터로 확인하는 방법 이외에도 그림 3-16과 같이 조사 식에 직접 'PAUSEIT' 라는 변수의 이름을 입력해서 값을 확인하는 방법이 있다. 동시에 여러 개의 변수의 값을 볼 수 있기 때문에 유용한 방법이다.

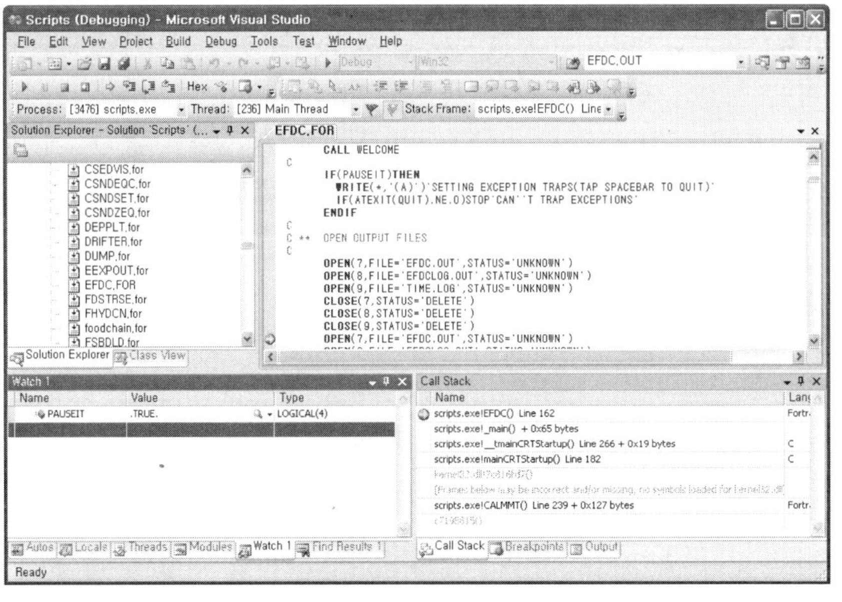

그림 3-16 조사(Watch)창에 변수의 이름을 입력하여 값을 확인하는 모습

일시정지 상태일 때는 물론이고 실행 중인 상태에서도 중단점을 추가하거나 제거하는 것이 가능하다. 그림 3-17과 같이 현재 중단점이 설정되어 멈춰있는 부분으로부터 두 줄 정도 아래에도 중단점을 걸어보자. 그리고 F5키를 눌러 진행하면 다음 중단점이 걸려있는 부분에서 정확하게 멈출 것이다. 이런 방법을 통해 프로그램을 조금씩 실행하면서 변수의 값들이 어떻게 변화하는지 확인하며 분석과 디버깅을 할 수 있는 것이다.

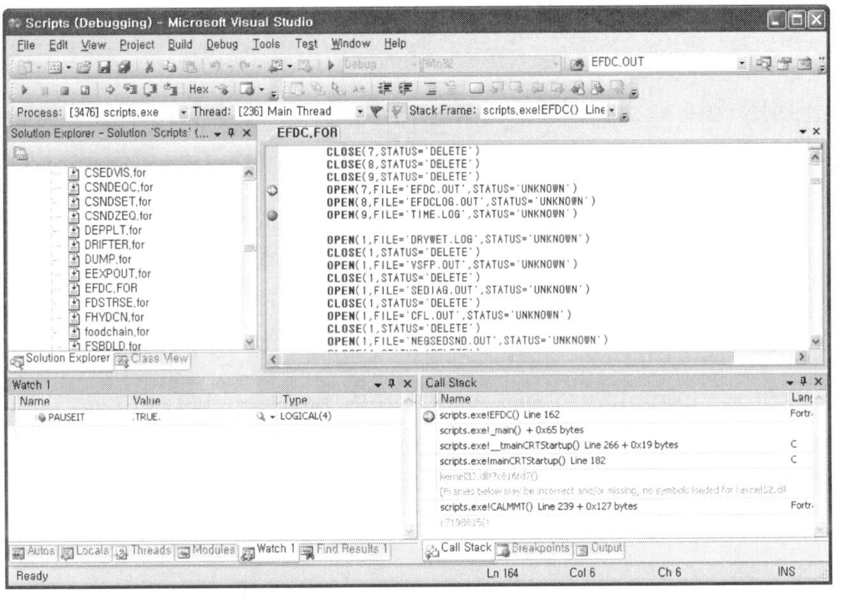

그림 3-17 중단점은 언제라도 설정하거나 해제할 수 있다.

실행될 위치를 표시하는⇒표시를 위로 드래그하면 해당 부분이 실행되기 이전 상태로 돌아갈 수 있다는 것도 참고로 알아두자.

3.3 단계적 실행을 이용한 디버깅

중단점은 강력하지만 한 줄씩 실행하기 위해 모든 줄에 중단점을 설정하는 것은 불편할 것이다. 다행스럽게도 비주얼 스튜디오는 표 3-1과 같은 단계적 디버깅 기능을 제공한다.

표 3-1 비주얼 스튜디오가 제공하는 단계적 디버깅 기능

종류	단축키	설명
Step Into	F10	다음 줄을 실행한다. 다음 줄이 함수 호출일 경우 함수 내부로 들어간다.
Step Over	F11	다음 줄을 실행한다. 다음 줄이 함수 호출이더라도 함수 내부로 들어가지 않고, 함수 전체를 실행한다.
Step Out	Shift + F11	함수 내부에서 함수를 호출한 외부로 탈출한다. 물론 그 사이의 코드는 전부 실행된다.

단계적 실행을 이용하여 디버깅 하다보면 함수 내부로 들어가게 되는 경우가 비일비재할 것이다. 현재 자신이 어떤 함수를 통해서 들어오게 되었는지를 알아보고 자신을 호출한 함수가 보고 싶다면 호출스택(Call Stack)을 사용하자.

그림 3-18은 앞서서 걸어두었던 중단점에서 F11키를 10여 차례 누르며 계속 진행하다가 VARINIT이라는 함수 내부로 진입한 모습이다. 우측 하단에 위치한 호출스택을 보면 가장 위에 'scripts.exe!VARINIT() Line 1'이라는 항목이 있다. 이것은 VARINIT()함수의 첫 번째 줄에 도착해 있다는 의미이다. 그 바로 아래를 보면 'scripts.exe!EFDC() Line 182'라는 항목이 있다. VARINIT()함수는 18번째 줄에 위치한 EFDC()함수 내의 호출코드 때문에 실행되었다는 의미다.

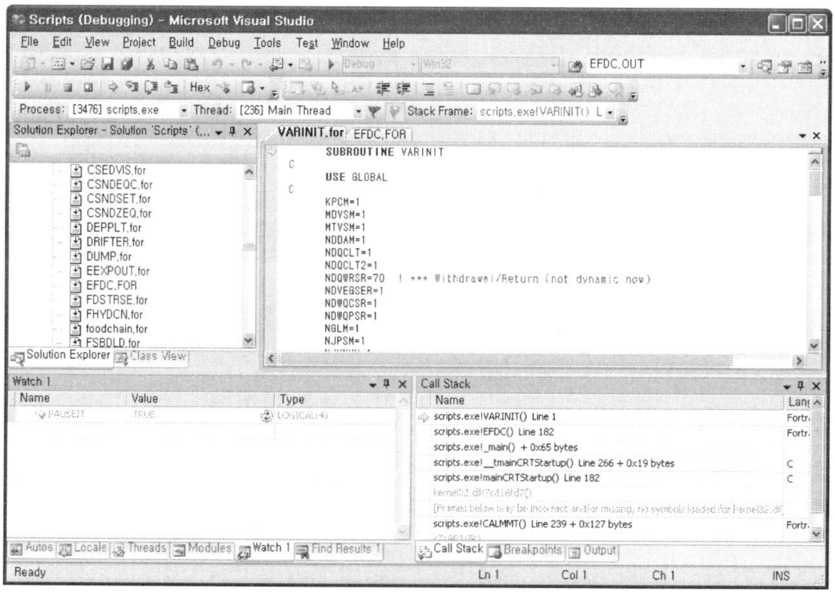

그림 3-18 VARINIT에 진입한 모습

호출스택에서 각 항목을 더블클릭하면 해당 위치로 이동한다. 예를 들어 두 번째 항목을 더블클릭하면 EFDC()함수 내에서 VARINIT()함수를 호출하는 부분으로 이동할 것이다. 첫 번째 항목을 더블클릭하면 다시 VARINIT()함수의 첫 번째 줄로 돌아올 것이다.

호출스택은 프로그램의 흐름과 구조를 파악하는데 많은 도움이 된다. 특히 EFDC와 같은 대형 프로그램을 분석할 때는 단계적으로 실행해 가면서 과정을 노트 등에 적어두지 않으면 전체를 파악하기가 어려울 것이다. 프로그램의 흐름과 구조를 정리하는데 관심이 있는 독자라면 UML(unified modeling language)과 모델링 언어를 공부하여 사용하는 것도 좋다.

04 그리기

기본적으로 EFDC의 결과파일은 텍스트 파일 형식으로 나온다. 따라서 여러분은 메모장과 같은 프로그램으로 내용을 확인할 수 있다. 그러나 이것을 실제로 활용하기 위해서 여러분인 그림을 그리고 싶을 것이다. 이제부터 주어진 결과파일을 가지고 가장 널리 사용되는 소프트웨어 중 하나인 Surfer를 사용해 그림을 그려볼 것이다. 그 과정에서 엑셀 등의 프로그램이 필요하므로 마이크로소프트 오피스(Microsoft Office)가 설치되지 않은 독자들은 엑셀을 먼저 설치하도록 하자. 이 책은 엑셀(Excel) 2007버전을 기준으로 설명하고 있지만 더 낮은 버전이나 최신 버전이라도 관계없다. 상용소프트웨어인 엑셀을 사용하기 어려운 상황이라면 오픈오피스 등과 같은 대체소프트웨어를 사용해도 무관하다.

여러분은 이미 3장에서 부록파일의 내용을 하드디스크로 옮겨서 실행할 수 있는 환경을 만들어 두었을 것이다. 그림 4-1과 같이 최종적으로 끝났다는 메시지가 나올 때까지 다시 실행하여 결과파일들이 빠짐없이 준비될 수 있도록 하자. 가급적이면 수행속도가 빠른 릴리즈 구성으로 실행하는 게 좋을 것이다.

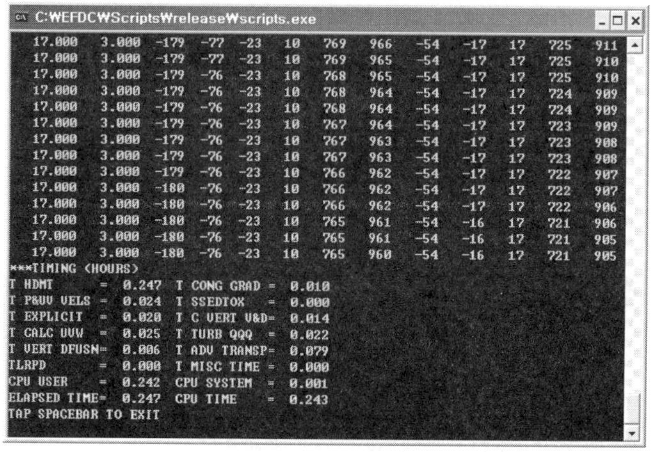

그림 4-1 실행이 끝난 모습

4.1 유속벡터도 그리기

작업 폴더에 가보면 확장자가 OUT인 여러 결과파일들이 존재할 것이다. 그 중에서 우리가 이번에 그려볼 유속벡터의 데이터는 VELVECH.OUT파일에 담겨있다. 그림 4-2와 같이 메모장으로 해당 파일을 열어보자.

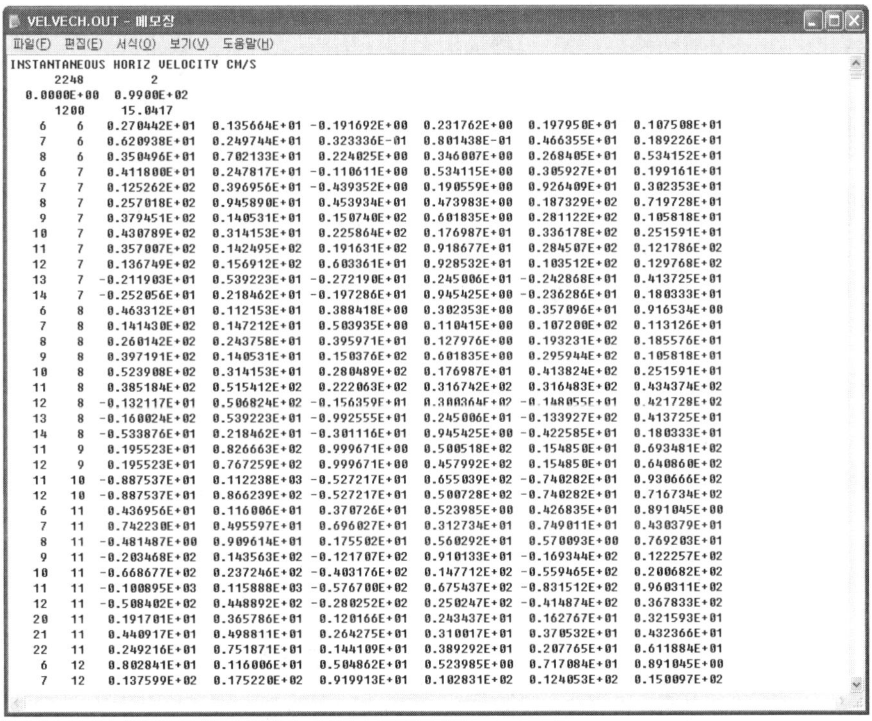


```
INSTANTANEOUS HORIZ VELOCITY CM/S
     2248          2
  0.0000E+00  0.9900E+02
     1200      15.0417
    6    6   0.270442E+01   0.135664E+01  -0.191692E+00   0.231762E+00   0.197950E+01   0.107508E+01
    7    6   0.620938E+01   0.249744E+01   0.323336E-01   0.801438E-01   0.466355E+01   0.189226E+01
    8    6   0.350496E+01   0.702133E+01   0.224025E+00   0.346007E+00   0.268405E+01   0.534152E+01
    6    7   0.411800E+01   0.247817E+01  -0.110611E+00   0.534115E+00   0.305927E+01   0.199161E+01
    7    7   0.125262E+02   0.396956E+01  -0.439352E+00   0.190559E+00   0.926409E+01   0.302353E+01
    8    7   0.257018E+02   0.945890E+01   0.453934E+01   0.473983E+00   0.187329E+02   0.719728E+01
    9    7   0.379451E+02   0.140531E+01   0.150740E+02   0.601835E+00   0.281122E+02   0.105818E+01
   10    7   0.430789E+02   0.314153E+01   0.225864E+02   0.176987E+01   0.336178E+02   0.251591E+01
   11    7   0.357007E+02   0.142495E+02   0.191631E+02   0.918677E+01   0.284507E+02   0.121786E+02
   12    7   0.136749E+02   0.156912E+02   0.603361E+01   0.928532E+01   0.103512E+02   0.129768E+02
   13    7  -0.211903E+01   0.539223E+01  -0.272190E+01   0.245006E+01  -0.242868E+01   0.413725E+01
   14    7  -0.252056E+01   0.218462E+01  -0.197286E+01   0.945425E+00  -0.236286E+01   0.180333E+01
    6    8   0.463312E+01   0.112153E+01   0.388418E+00   0.302353E+00   0.357096E+01   0.916534E+00
    7    8   0.141430E+02   0.147212E+01   0.503935E+00   0.110415E+00   0.107200E+02   0.113126E+01
    8    8   0.260142E+02   0.243758E+01   0.395971E+01   0.127976E+00   0.193231E+02   0.185576E+01
    9    8   0.397191E+02   0.140531E+01   0.150376E+02   0.601835E+00   0.295944E+02   0.105818E+01
   10    8   0.523908E+02   0.314153E+01   0.280489E+02   0.176987E+01   0.413824E+02   0.251591E+01
   11    8   0.385184E+02   0.515412E+02   0.222063E+02   0.316742E+02   0.316483E+02   0.434374E+02
   12    8  -0.132117E+01   0.506824E+02  -0.156359E+01   0.300364E+02  -0.148055E+01   0.421728E+02
   13    8  -0.160024E+02   0.539223E+01  -0.992555E+01   0.245006E+01  -0.133927E+02   0.413725E+01
   14    8  -0.533876E+01   0.218462E+01  -0.301116E+01   0.945425E+00  -0.422585E+01   0.180333E+01
   11    9   0.195523E+01   0.826663E+02   0.999671E+00   0.500518E+02   0.154850E+01   0.693481E+02
   12    9   0.195523E+01   0.767259E+02   0.999671E+00   0.457992E+02   0.154850E+01   0.640860E+02
   11   10  -0.887537E+01   0.112238E+03  -0.527217E+01   0.655039E+02  -0.740282E+01   0.930666E+02
   12   10  -0.887537E+01   0.866239E+02  -0.527217E+01   0.500728E+02  -0.740282E+01   0.716734E+02
    6   11   0.436956E+01   0.116006E+01   0.370726E+01   0.523985E+00   0.426835E+01   0.891045E+00
    7   11   0.742230E+01   0.495597E+01   0.696027E+01   0.312734E+01   0.749011E+01   0.430379E+01
    8   11  -0.481487E+00   0.909614E+01   0.175502E+01   0.560292E+01   0.570093E+00   0.769203E+01
    9   11  -0.203468E+02   0.143563E+02  -0.121707E+02   0.910133E+01  -0.169344E+02   0.122257E+02
   10   11  -0.668677E+02   0.237246E+02  -0.403176E+02   0.147712E+02  -0.559465E+02   0.200682E+02
   11   11  -0.100895E+03   0.115888E+03  -0.576700E+02   0.675437E+02  -0.831512E+02   0.960311E+02
   12   11  -0.508402E+02   0.448892E+02  -0.280252E+02   0.250247E+02  -0.414874E+02   0.367833E+02
   20   11   0.191701E+01   0.365786E+01   0.120166E+01   0.243437E+01   0.162767E+01   0.321593E+01
   21   11   0.440917E+01   0.498811E+01   0.264275E+01   0.310017E+01   0.370532E+01   0.432366E+01
   22   11   0.249216E+01   0.751871E+01   0.144109E+01   0.389292E+01   0.207765E+01   0.611884E+01
    6   12   0.802841E+01   0.116006E+01   0.504862E+01   0.523985E+00   0.717084E+01   0.891045E+00
    7   12   0.137599E+02   0.175220E+02   0.919913E+01   0.102831E+02   0.124053E+02   0.150097E+02
```

그림 4-2 VELVECH.OUT파일을 메모장으로 열어본 모습

각 열은 좌측에서부터 우측으로 좌표(I, J)와 표층 유속(U, V), 지층 유속(U, V), 평균 유속(U, V)에 해당하는 값들이다. 그러나 이 데이터는 Surfer에서 요구하는 입력자료 형식과 맞지 않기 때문에 그대로 사용할 수 없다. 일부분만 잘라내어 재가공을 하기 위해 그림 4-3과 같이 엑셀에서 이 파일을 열어보자. VELVECH.OUT파일은 엑셀파일이 아니므로 파일 형식을 '모든 파일'로 선택해야 열 수 있다는 것에 주의하자.

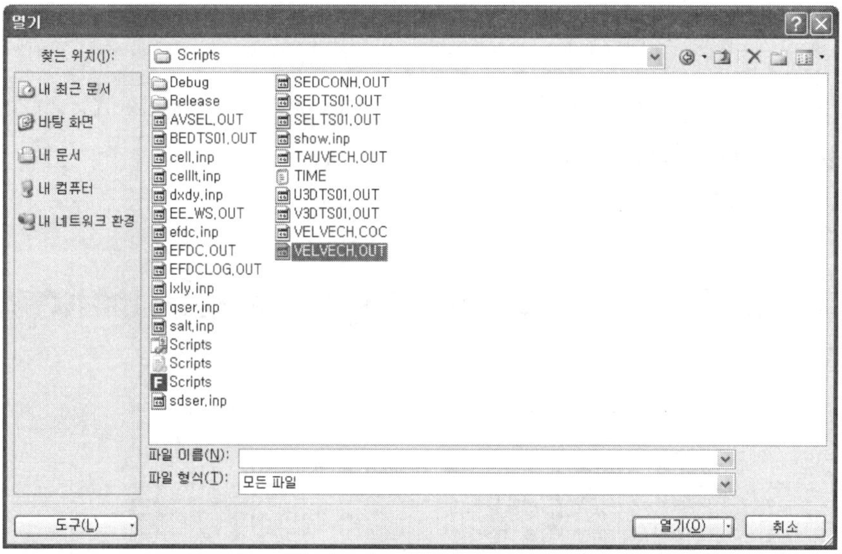

그림 4-3 엑셀에서 파일 열기

그림 4-4와 같이 텍스트 마법사가 나오면 '너비가 일정함'을 선택하고 진행하자. 그리고 이어서 나오는 미리보기를 통해 구분이 잘 되고 있는지를 꼭 확인하고 넘어가도록 하자.

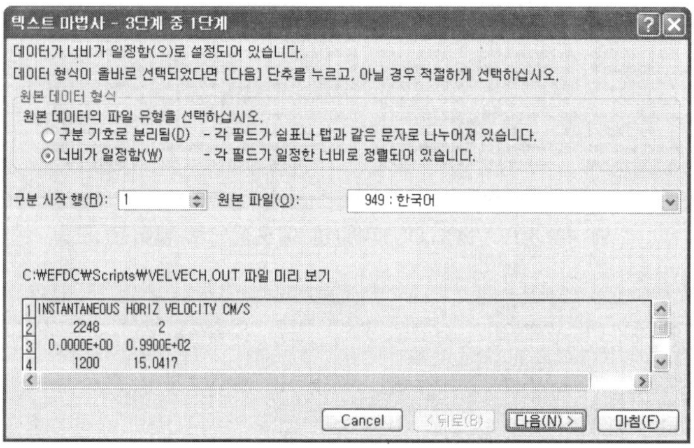

그림 4-4 텍스트 마법사 1단계

성공적으로 읽어졌다면 그림 4-5와 같은 모습을 볼 수 있을 것이다.

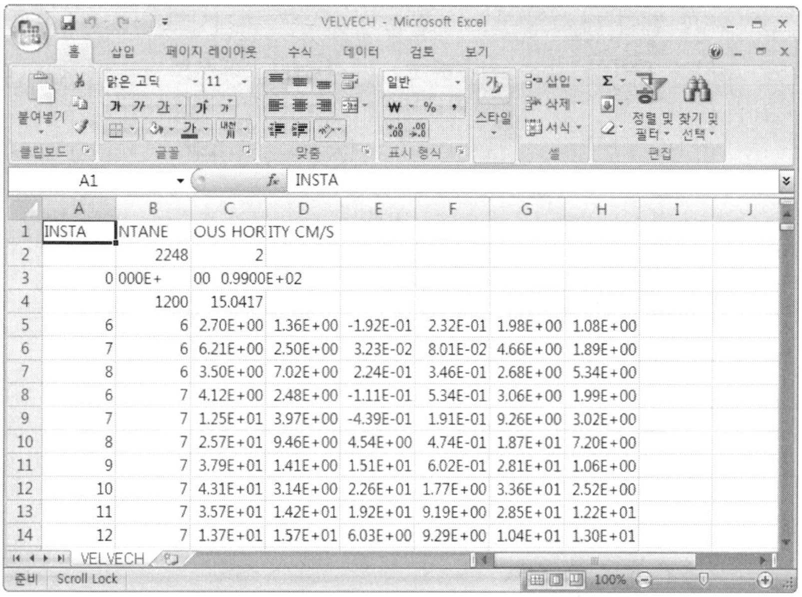

그림 4-5 엑셀 2007로 VELVECH.OUT파일을 읽어드린 모습

우리가 Surfer로 그리는데 필요한 부분은 A5에서부터 D2252까지다. 그림 4-6에서와 같이 A5부터 D2252까지 선택하여 복사(copy)한 뒤 새로운 시트에 붙여넣기(paste)하자.

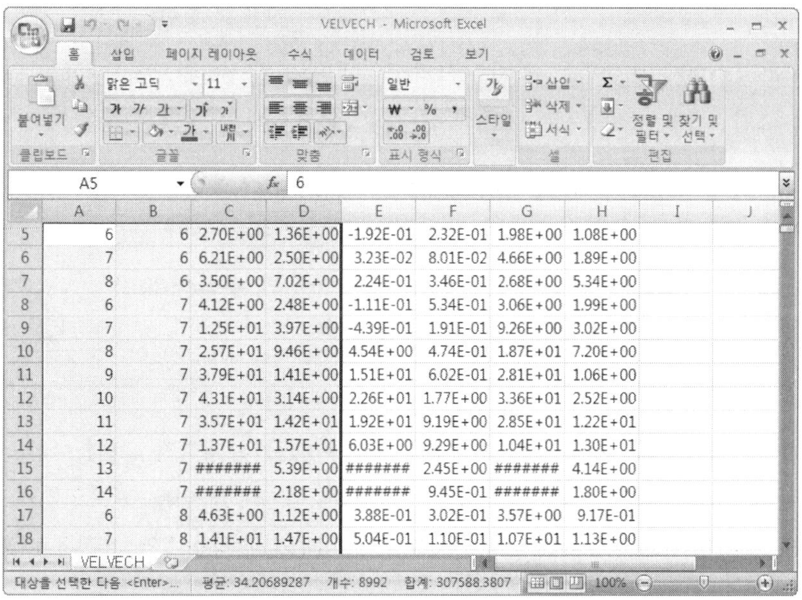

그림 4-6 A5에서 D2252까지 복사하여 새로운 시트에 붙여넣기

그래서 그림 4-7과 같이 새로운 시트에 필요한 부분만 존재하도록 하자. 이제 유속의 U, V를 의미하는 C열과 D열의 값을 이용하여 각 좌표(I, J)에서의 크기(Magnitude)와 각도(Degree)를 구할 것이다.

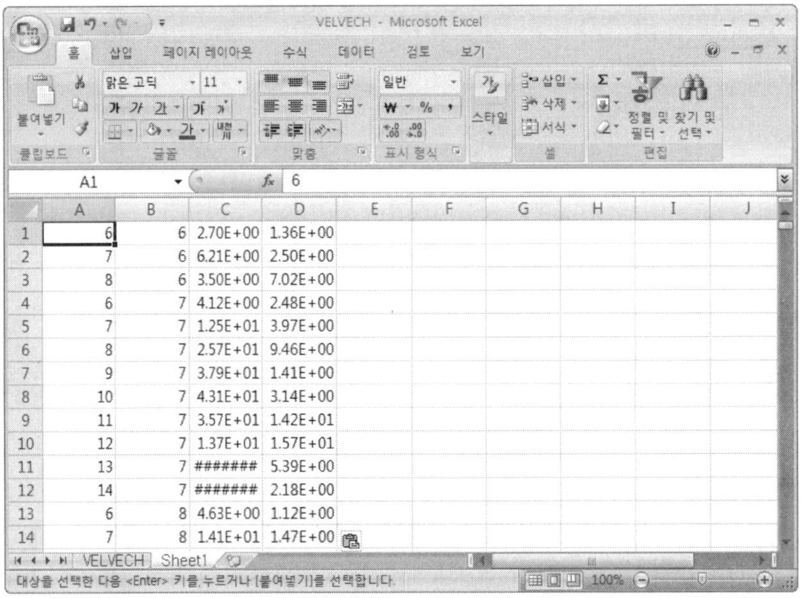

그림 4-7 새로운 시트(Sheet1)에 필요한 부분만 붙여 넣은 모습

크기와 각도는 현재 비어있는 각각 E열과 F열에 들어갈 수 있도록 수식을 입력해 넣어 보자. 먼저 그림 4-8과 같이 E1로 이동해서 수식입력상자에 아래의 수식을 넣자.

```
=SQRT(POWER(C1,2)+POWER(D1,2))
```

그리고 오른쪽의 F1로 이동해서 수식입력상자에 아래의 수식을 넣자.

```
=IFERROR(DEGREES(ACOS(D1/SQRT(C1*C1+D1*D1))),0)
```

이제 E1의 수식을 자동 채우기 기능으로 E열의 전체로 확대하자. 그림 4-9와 같이 E1이 선택된 상황에서 선택 사각형의 우측 하단에 보이는 점 ■ 을 마우스 포인터로 클릭한 상태에서 끝(E2248)까지 드래그하면 된다. 마찬가지로 F1의 수식을 F열의 전체로 확대하자.

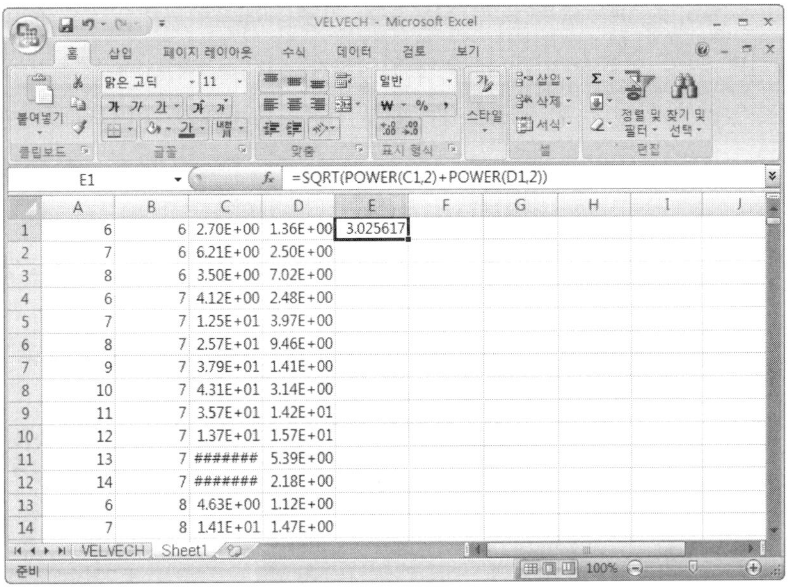

그림 4-8 크기를 구하는 수식입력

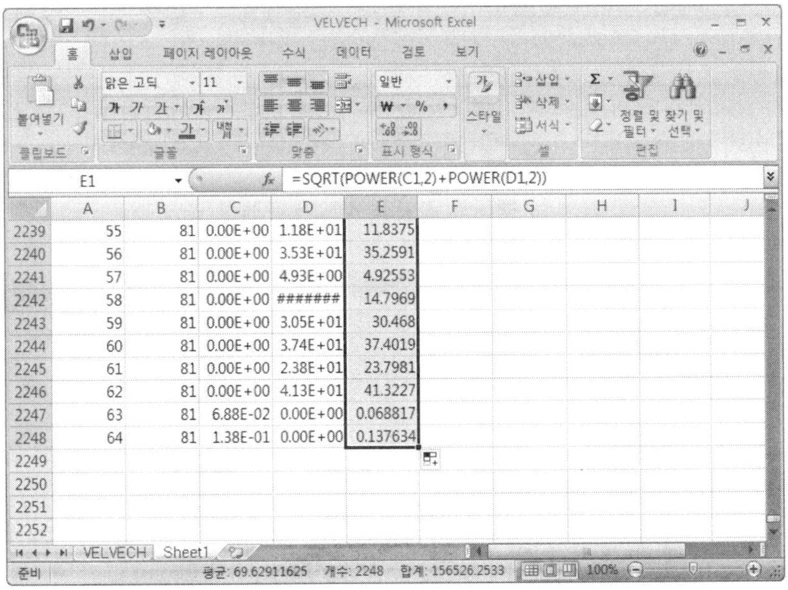

그림 4-9 자동 채우기로 E열의 전체에 수식을 적용한 모습

이제 그림 4-10과 같이 E열에는 크기가 입력되어 있고 F열에는 각도가 입력되어 있는 상태가 될 것이다. 엑셀을 잘 알지 못해 어려움을 겪고 있는 독자들은 엑셀 도움말에서 수식과 자동 채우기 부분을 참고하길 바란다. 최종적으로 이 파일을 탭으로 분리된 텍스트

파일로 저장할 것이다. 메뉴에서 다른 이름으로 저장을 누르자. 그림 4-11과 같은 저장하기 창이 열리면 파일 이름을 아래와 같이 입력하자. 그리고 파일 형식이 '텍스트(탭으로 분리)'로 되어있는지 확인한 뒤 저장을 누르자. 저장경로는 VELVECH.OUT파일이 존재했던 작업폴더다.

```
VELVECH.DAT
```

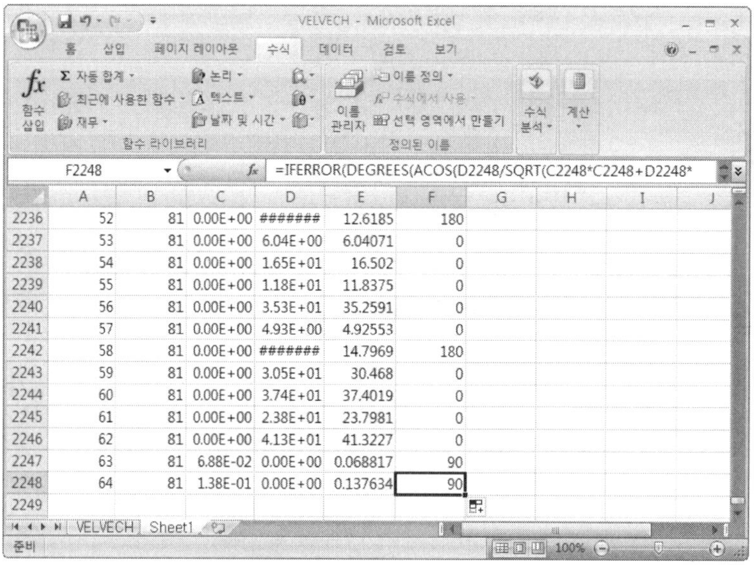

그림 4-10 벡터의 크기와 각도가 구해진 모습

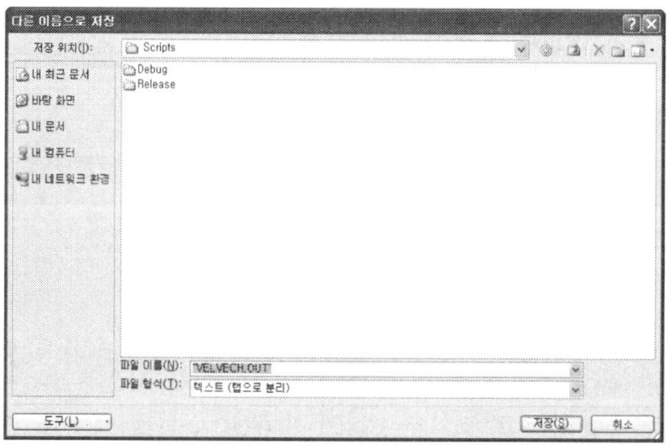

그림 4-11 다른 이름으로 저장하기

만약 그림 4-12와 같이 현재 시트만 저장할 것인지 묻는 창이 나온다면 [예]를 눌러 현재 시트만 저장하도록 하자.

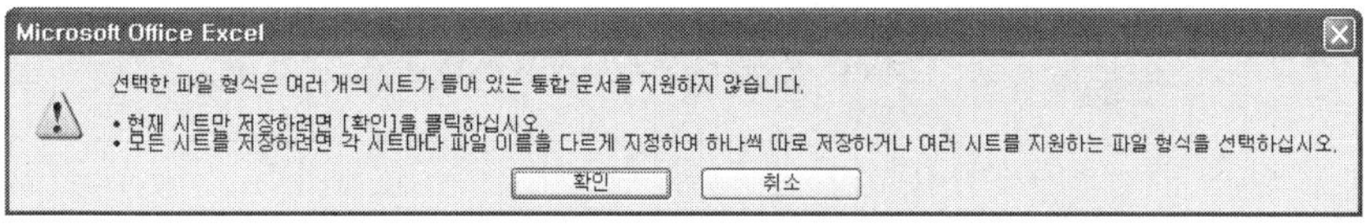

그림 4-12 현재 시트만 저장할 것인지 묻는 모습

그림 4-13과 같이 탭으로 분리된 텍스트로는 저장할 수 없는 형식을 어떻게 할 것인지 묻는 창이 나온다면 [예]를 눌러 지원하지 않는 기능은 생략하고 이 형식을 유지하자.

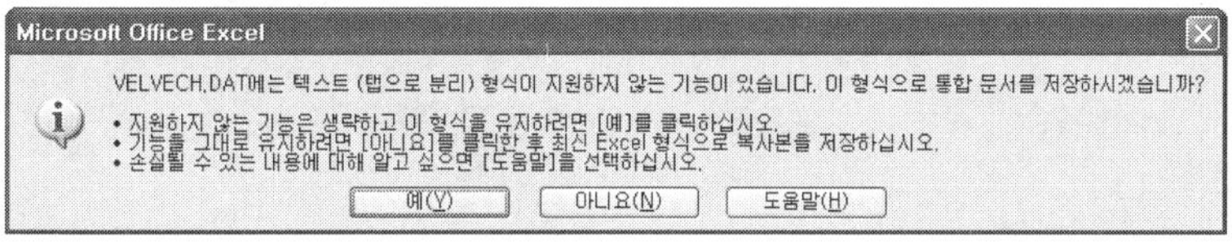

그림 4-13 지원하지 않는 기능을 어떻게 저장할 것인지 묻는 모습

이제 EFDC의 유속 결과파일의 재가공은 끝났으므로 엑셀은 종료해도 좋다.

드디어 그림을 그릴 때가 되었다. Surfer를 실행하여 주 메뉴 상자에서 Map를 클릭하여 그림 1-14와 같은 창이 열리도록 하자. 그리고 아래의 메뉴를 선택하여 그림 4-14와 같이 포스트 맵 데이터를 불러오는 창을 열도록 하자.

Map → Post Map → New Post Map…

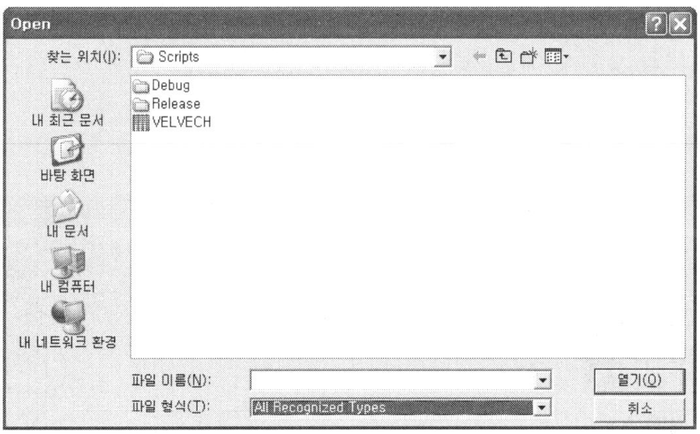

그림 4-14 포스트 맵 데이터 열기

그리고 아래의 경로에 저장해둔 VELVECH.DAT파일을 열면 십자가로 가득 채워진 맵을 볼 수 있을 것이다.

```
C:₩EFDC₩Scripts₩VELVECH.DAT
```

그러나 아직은 벡터도가 아니다. 이제 그림 4-15와 같이 십자가만 가득 그려진 맵을 클릭하여 선택하고 마우스 오른쪽 버튼으로 메뉴를 열자. 그리고 속성(Properties)메뉴를 선택하여 그림 4-16과 같은 속성 창을 열어보자.

4-15 맵의 편집 메뉴

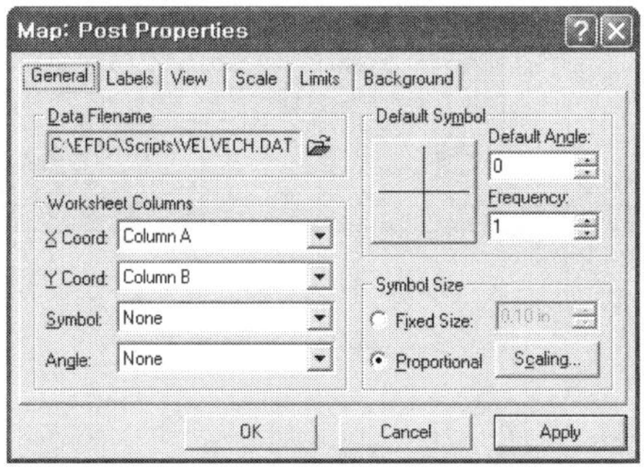

그림 4-16 포스트 맵의 속성 창

속성 창에서 십자모양으로 되어있는 기본 심벌(Default Symbol)을 클릭하여 그림 4-17과 같은 심벌 속성 창을 열자. 그리고 60번인 ↑를 선택하고 [OK]를 누르자. 그리고 맵 속성 창의 워크시트(worksheet) Angle을 F열(Column F)로 바꿔주자. 현재 상태는 그림 4-18과 같을 것이다.

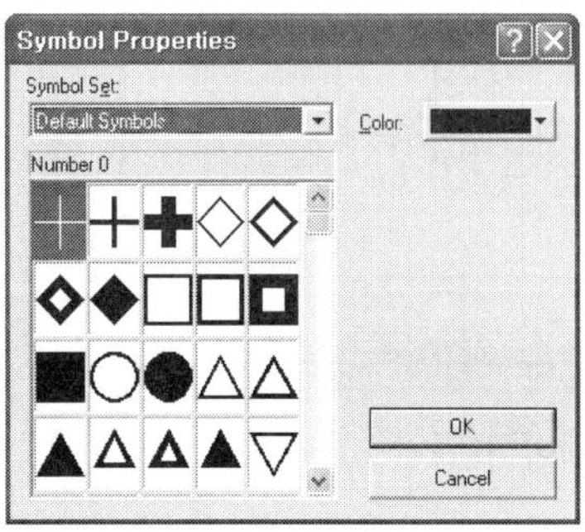

그림 4-17 심벌 속성 창

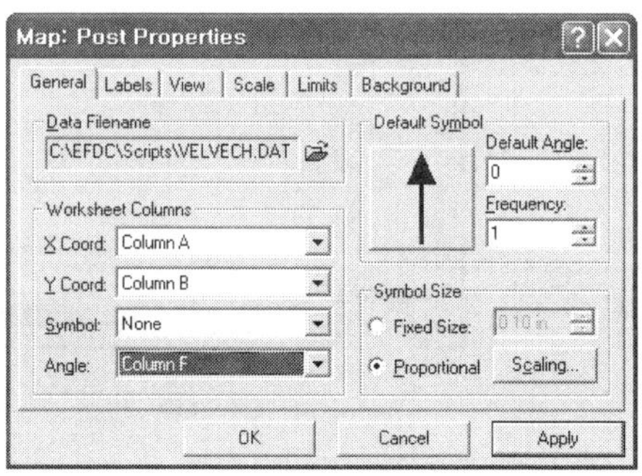

그림 4-18 심벌과 각도를 바꾼 모습

이제 심벌 크기(Symbol Size)항목에서 크기 조절(Scaling...)버튼을 클릭하여 비례 크기 조절(Proportional Scaling)창을 열자. 그리고 그림 4-19와 같이 크기를 가진 워크시트 열(Worksheet Column Containing Height)을 E열(Column E)로 지정하자.

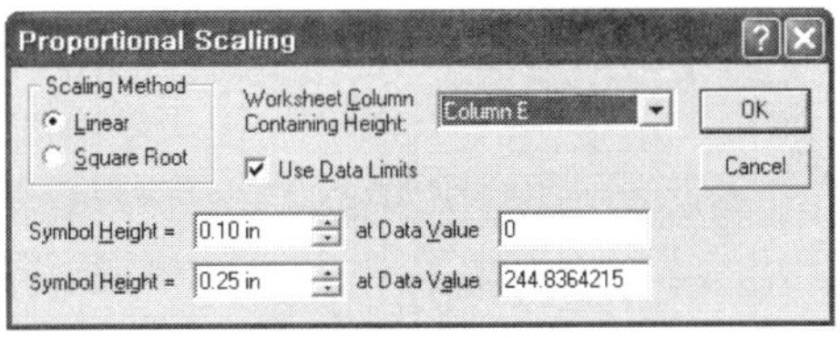

그림 4-19 비례 크기 조절 설정

그런 이후에 비례 크기 조절창도[OK]를 눌러서 닫고, 심벌 크기 창도 [OK]를 눌러서 닫으면 마침내 그림 4-20과 같은 유속벡터들을 볼 수 있을 것이다.

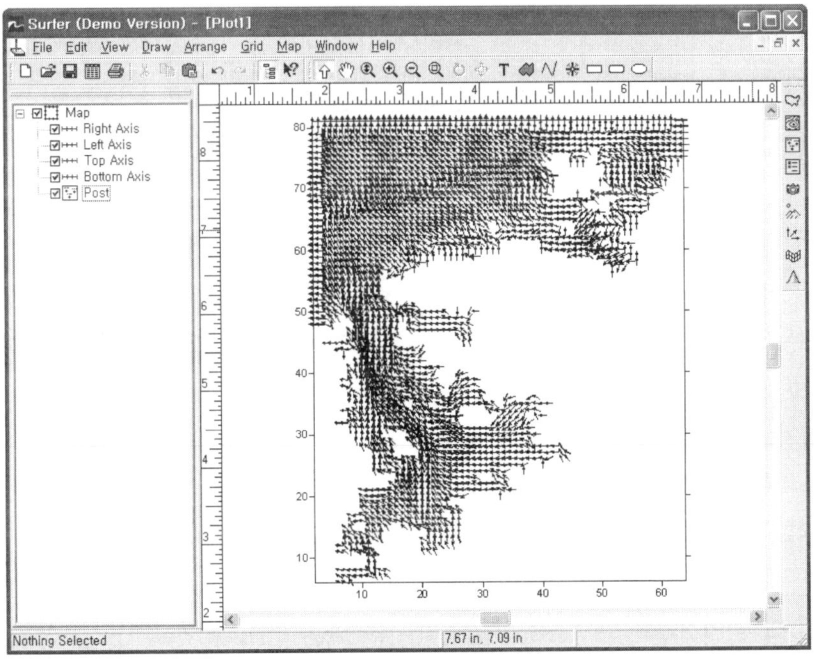

그림 4-20 완성된 유속벡터도

이제 이것을 활용하는 것은 여러분의 몫이다. 그림 4-20보다 깔끔하게 그리는 법이나 밑그림(지도)을 그려 넣는 방법 등은 Surfer의 도움말을 참고하여 공부하도록 하자.

4.2 등고선도 그리기

작업 폴더에 가보면 확장자가 OUT인 파일가운데 SEDCONH.OUT이라는 파일이 존재할 것이다. 이 파일에는 우리가 이번에 그려볼 등고선 데이터가 담겨있다. 그림 4-21과 같이 메모장으로 해당 파일을 열어보자.

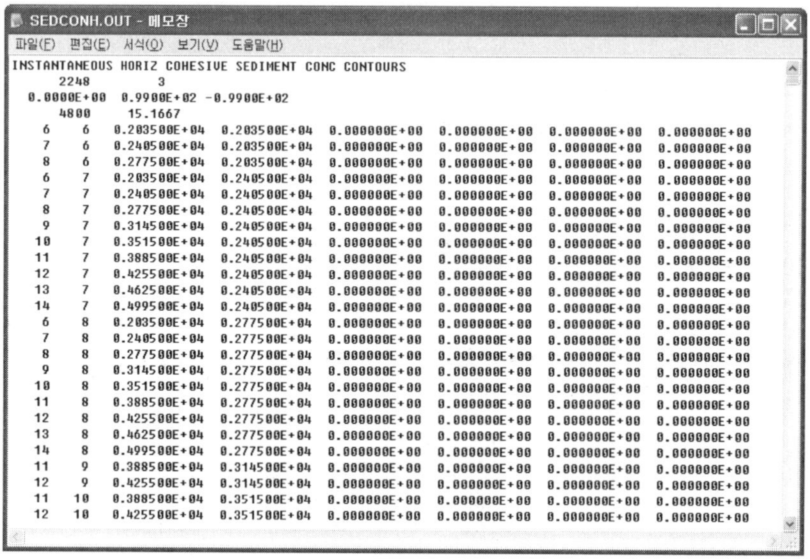

```
SEDCONH.OUT - 메모장
파일(F) 편집(E) 서식(O) 보기(V) 도움말(H)
INSTANTANEOUS HORIZ COHESIVE SEDIMENT CONC CONTOURS
      2248          3
  0.0000E+00  0.9900E+02 -0.9900E+02
      4800      15.1667
     6     6   0.203500E+04  0.203500E+04  0.000000E+00  0.000000E+00  0.000000E+00  0.000000E+00
     7     6   0.240500E+04  0.203500E+04  0.000000E+00  0.000000E+00  0.000000E+00  0.000000E+00
     8     6   0.277500E+04  0.203500E+04  0.000000E+00  0.000000E+00  0.000000E+00  0.000000E+00
     6     7   0.203500E+04  0.240500E+04  0.000000E+00  0.000000E+00  0.000000E+00  0.000000E+00
     7     7   0.240500E+04  0.240500E+04  0.000000E+00  0.000000E+00  0.000000E+00  0.000000E+00
     8     7   0.277500E+04  0.240500E+04  0.000000E+00  0.000000E+00  0.000000E+00  0.000000E+00
     9     7   0.314500E+04  0.240500E+04  0.000000E+00  0.000000E+00  0.000000E+00  0.000000E+00
    10     7   0.351500E+04  0.240500E+04  0.000000E+00  0.000000E+00  0.000000E+00  0.000000E+00
    11     7   0.388500E+04  0.240500E+04  0.000000E+00  0.000000E+00  0.000000E+00  0.000000E+00
    12     7   0.425500E+04  0.240500E+04  0.000000E+00  0.000000E+00  0.000000E+00  0.000000E+00
    13     7   0.462500E+04  0.240500E+04  0.000000E+00  0.000000E+00  0.000000E+00  0.000000E+00
    14     7   0.499500E+04  0.240500E+04  0.000000E+00  0.000000E+00  0.000000E+00  0.000000E+00
     6     8   0.203500E+04  0.277500E+04  0.000000E+00  0.000000E+00  0.000000E+00  0.000000E+00
     7     8   0.240500E+04  0.277500E+04  0.000000E+00  0.000000E+00  0.000000E+00  0.000000E+00
     8     8   0.277500E+04  0.277500E+04  0.000000E+00  0.000000E+00  0.000000E+00  0.000000E+00
     9     8   0.314500E+04  0.277500E+04  0.000000E+00  0.000000E+00  0.000000E+00  0.000000E+00
    10     8   0.351500E+04  0.277500E+04  0.000000E+00  0.000000E+00  0.000000E+00  0.000000E+00
    11     8   0.388500E+04  0.277500E+04  0.000000E+00  0.000000E+00  0.000000E+00  0.000000E+00
    12     8   0.425500E+04  0.277500E+04  0.000000E+00  0.000000E+00  0.000000E+00  0.000000E+00
    13     8   0.462500E+04  0.277500E+04  0.000000E+00  0.000000E+00  0.000000E+00  0.000000E+00
    14     8   0.499500E+04  0.277500E+04  0.000000E+00  0.000000E+00  0.000000E+00  0.000000E+00
    11     9   0.388500E+04  0.314500E+04  0.000000E+00  0.000000E+00  0.000000E+00  0.000000E+00
    12     9   0.425500E+04  0.314500E+04  0.000000E+00  0.000000E+00  0.000000E+00  0.000000E+00
    11    10   0.388500E+04  0.351500E+04  0.000000E+00  0.000000E+00  0.000000E+00  0.000000E+00
    12    10   0.425500E+04  0.351500E+04  0.000000E+00  0.000000E+00  0.000000E+00  0.000000E+00
```

그림 4-21 SEDCONH.OUT**파일을 메모장으로 열어본 모습**

이 파일의 가장 좌측 열은 좌표(I, J)이고, 그 우측 열들은 각 층별 부유사의 밀도 값이다. 유속벡터도의 경우와 마찬가지로 먼저 이것을 Surfer 형식에 맞도록 가공해야한다. 데이터를 읽어드리는 방법 역시 유속벡터도의 경우와 동일하다. 너비가 일정한 텍스트로 읽어드리면 그림 4-22와 같이 나올 것이다.

이제 그림 4-23과 같이 A5에서부터 C2252까지의 내용만 선택하여 복사하고, 새로운 시트에 붙여 넣도록 하자.

다행스럽게도 이것은 수식을 입력하여 가공할 필요가 없으므로 이대로 저장하면 된다. 저장경로는 작업폴더이고 파일 이름은 아래와 같이 하자.

```
SEDCONH.DAT
```

VELVECH.DAT를 저장할 때와 마찬가지로 탭으로 분리된 텍스트 형식으로 현재 시트만 저장하면 된다.

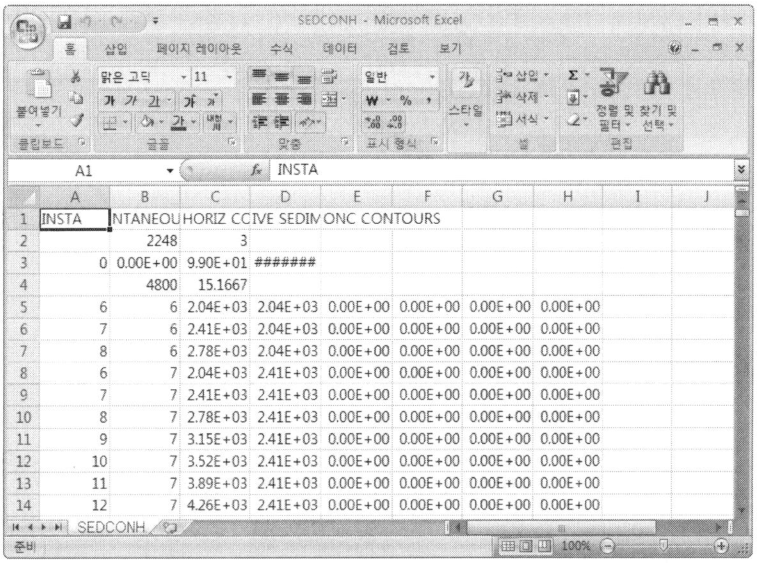

	A	B	C	D	E	F	G	H
1	INSTA	NTANEOU	HORIZ CC	IVE SEDIM	ONC CONTOURS			
2		2248	3					
3	0	0.00E+00	9.90E+01	#######				
4		4800	15.1667					
5	6	6	2.04E+03	2.04E+03	0.00E+00	0.00E+00	0.00E+00	0.00E+00
6	7	6	2.41E+03	2.04E+03	0.00E+00	0.00E+00	0.00E+00	0.00E+00
7	8	6	2.78E+03	2.04E+03	0.00E+00	0.00E+00	0.00E+00	0.00E+00
8	6	7	2.04E+03	2.41E+03	0.00E+00	0.00E+00	0.00E+00	0.00E+00
9	7	7	2.41E+03	2.41E+03	0.00E+00	0.00E+00	0.00E+00	0.00E+00
10	8	7	2.78E+03	2.41E+03	0.00E+00	0.00E+00	0.00E+00	0.00E+00
11	9	7	3.15E+03	2.41E+03	0.00E+00	0.00E+00	0.00E+00	0.00E+00
12	10	7	3.52E+03	2.41E+03	0.00E+00	0.00E+00	0.00E+00	0.00E+00
13	11	7	3.89E+03	2.41E+03	0.00E+00	0.00E+00	0.00E+00	0.00E+00
14	12	7	4.26E+03	2.41E+03	0.00E+00	0.00E+00	0.00E+00	0.00E+00

그림 4-22 SEDCONH.OUT파일을 엑셀로 읽어드린 모습

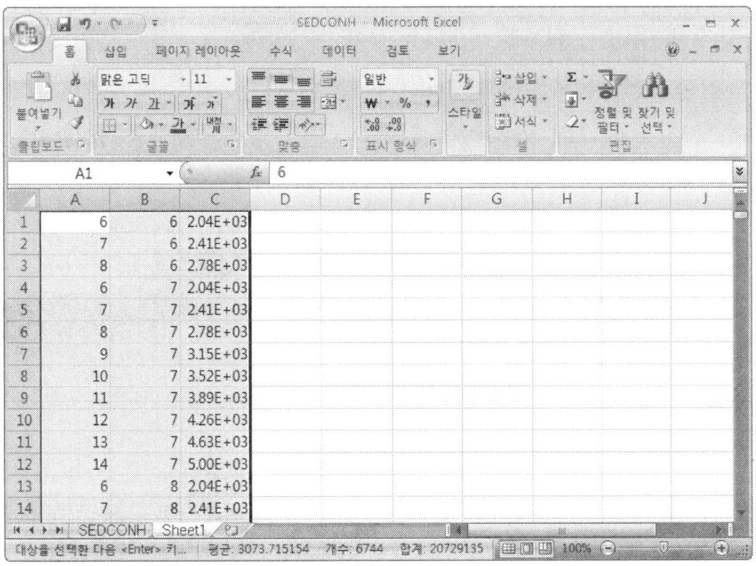

	A	B	C
1	6	6	2.04E+03
2	7	6	2.41E+03
3	8	6	2.78E+03
4	6	7	2.04E+03
5	7	7	2.41E+03
6	8	7	2.78E+03
7	9	7	3.15E+03
8	10	7	3.52E+03
9	11	7	3.89E+03
10	12	7	4.26E+03
11	13	7	4.63E+03
12	14	7	5.00E+03
13	6	8	2.04E+03
14	7	8	2.41E+03

그림 4-23 필요한 부분만 새로운 시트에 복사-붙여넣기 한 모습

재가공이 끝났으므로 Surfer를 실행하고 등고선을 그려보자. Surfer에서 아래의 메뉴를 선택하여 파일 열기 창이 열리도록 하자.

Grid → Data

그리고 아래의 경로에 있는 데이터 파일을 선택하면 그림 4-24와 같은 창이 열린다. 이 창에서는 DAT파일을 Surfer에서 사용하는 GRD파일로 바꿀 것이다.

C:₩EFDC₩Scripts₩SEDCONH.DAT

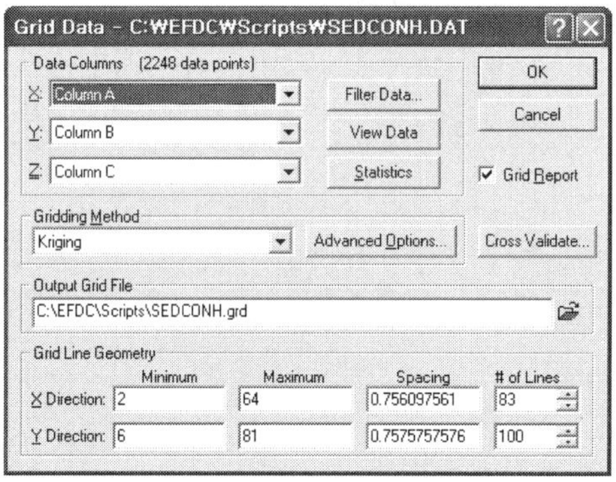

그림 4-24 그리드 데이터 생성 창

바꾸는 과정에서 여러 선택사항 등을 조정할 수 있다. 그리딩 방법(Gridding Method)만 'Inverse Distance to a Power'로 바꾸고 [OK]버튼을 누르자. 상태 표시줄에 진행상황이 표시된 후 그리딩 보고서(Gridding Report)와 함께 파일이 생성되었다는 메시지가 그림 4-25와 같이 나타난다. 보고서는 읽어보고 문제점이 보고되어 있지 않으면 닫아도 좋다.

그림 4-25 그리드 파일 생성 메시지

이제 방금 생성한 파일을 그려볼 차례다. 아래의 메뉴를 사용하여 그리드 열기 창(Open Grid)을 열도록 하자.

Map → Contour Map → New Contour Map…

그리고 아래의 파일을 열어보자.

C:₩EFDC₩Scripts₩SEDCONH.GRD

그림 4-26과 같이 등고선도가 그려질 것이다.

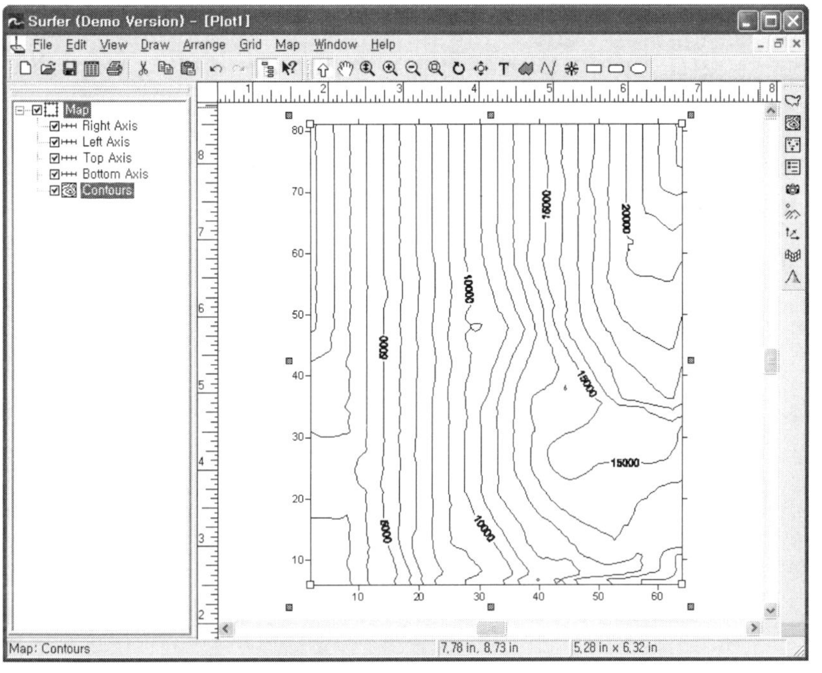

그림 4-26 등고선도 그리기

필자는 여기서 설명을 마치지만 여러분은 포스트 맵을 편집했던 것과 마찬가지로 그림 4-27과 같은 등고선 맵의 속성 창을 열어[9] 단계(Level) 등을 수정해보도록 하자.

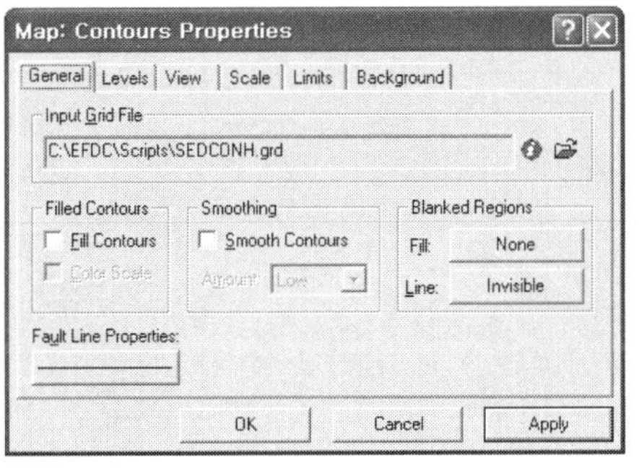

그림 4-27 등고선 맵의 속성 창

지금까지 EFDC의 결과물을 가공하여 2차원 유속벡터와 2차원 등고선을 그리는 방법을 알아보았다. 이것들은 가장 기본적인 방법이므로 여러분들은 이외의 방법을 얼마든지 찾

9) 팝업메뉴를 이용하지 않고 맵을 더블클릭하는 방법으로도 속성 창을 열 수 있다.

을 수 있을 것이다. 뿐만 아니라 EFDC의 결과물들을 이용하여 Surfer로 3차원 그림들을 그리는 것도 가능하다. 모든 것을 책을 통해 소개해줄 수 있다면 좋겠지만 그것이 불가능하다는 점에 대해 안타깝게 생각한다.

부족한 점은 EFDC를 활용하는 사람들의 커뮤니티를 통해 메워나갈 수 있을 것이다. 더욱 새로운 방법을 연구해보고, 그 방법을 공유하는 사람들이 많아지길 바란다.

PART 4

부 록

부록 A EFDC 소스코드 서브루틴과 부함수

서브루틴명	설명
ADJMMT.f	질량이송의 수치모의를 위한 평균 이송장의 조정.
AINIT.f	변수의 초기화.
ASOLVE.f	이중 공액 경사구배법을 위한 유틸리티.
ATIMES.f	이중 공액 경사구배법을 위한 스파스 매트릭스를 만드는 유틸리티.
CALAVB.f	연직 방향의 난류 점성과 확산 계산.
CALBAL1.f	질량, 운동량, 에너지 평형 계산.
CALBAL2.f	질량, 운동량, 에너지 평형 계산.
CALBAL3.f	질량, 운동량, 에너지 평형 계산.
CALBAL4.f	질량, 운동량, 에너지 평형 계산.
CALBAL5.f	질량, 운동량, 에너지 평형 계산.
CALBUOY.f	UNESCO 상태 방정식을 사용하여 이례적으로 부력, 밀도 계산.
CALCONC.f	스칼라장(농도) 이송 계산.
CALCSER.f	시계열 농도 처리기.
CALDIFF.f	스칼라장의 수평확산 계산.
CALDISP2.f	시간 평균 수평 전단 분산 텐서 계산.
CALDISP3.f	시간 평균 수평 전단 분산 텐서 계산.
CALEBI.f	외부 모드 방정식으로 부력적분 계산.
CALEXP.f	운동량 방정식의 양해적인 계산.
CALFQC.f	질량(스칼라 농도장) 소스와 싱크 계산.
CALHDMF.f	운동량 방정식으로 수평확산 계산.
CALHEAT.f	표면과 내부 열 소스와 싱크 계산.
CALHTA.f	단진동의 흐름에 대한 조화분해 수행.
CALMMT.f	Stokes' 표류(drift)를 포함하여 시간평균 질량 이송장 계산.
CALPSER.f	시계열 수위의 처리.
CALPUV.f	견고한 뚜껑 혹은 작은 수위변화의 흐름에 대한 외부모드 풀이 프로그램.
CALPUV2.f	보다 큰 수위변위에 대한 외부모드 풀이 프로그램. 그러나 조간대(drying and wetting)에 적용 안 됨.
CALPUV5.f	조간대 흐름과 종속수로에 관한 외부모드 풀이 프로그램.
CALPUV7.f	동역학 파랑 근사해를 위한 외부모드 풀이 프로그램.
CALQQ1.f	난류 운동에너지와 난류크기의 이송장 계산.

CALQQ2.f	난류 운동에너지와 난류크기의 이송장 계산(연구버전).
CALQVS.f	시계열 체적 소스와 싱크 처리.
CALSED.f	점착성유사(cohesive sediment) 침강, 퇴적, 재부유 계산.
CALSED2.f	점착성유사 침강, 퇴적, 재부유 계산.
CALSED3.f	비점착성유사(noncohesive sediment) 침강, 퇴적, 재부유 계산.
CALSFT.f	조개 치어의 확산, 소스, 싱크 그리고 수직이동 계산.
CALTBXY.f	바닥 마찰응력계산을 위한 바닥 항력계수와 식생저항 매개변수 계산.
CALTRAN.f	이류적 스칼라 농도장(변수)의 이송에 대한 양해적 계산.
CALTRANI.f	이류적 스칼라 농도장(변수)의 이송에 대한 음해적 계산.
CALTRANQ.f	난류 운동에너지와 난류크기에 의한 이류적 이송 계산.
CALTRWQ.f	이류적 수질변수의 양해적 계산.
CALTSXY.f	시계열 바람, 기압조건과 수표면 바람 마찰응력 계산.
CALUVW.f	내부 모드 운동량 방정식과 연속방정식.
CALWQC.f	수질변수의 확산과 소스와 싱크 계산.
CBALEV1.f	짝수 시간간격으로 질량, 운동량, 에너지 평형 계산.
CBALEV2.f	짝수 시간간격으로 질량, 운동량, 에너지 평형 계산.
CBALEV3.f	짝수 시간간격으로 질량, 운동량, 에너지 평형 계산.
CBALEV4.f	짝수 시간간격으로 질량, 운동량, 에너지 평형 계산.
CBALEV5.f	짝수 시간간격으로 질량, 운동량, 에너지 평형 계산.
CBALOD1.f	홀수 시간간격으로 질량, 운동량, 에너지 평형 계산.
CBALOD2.f	홀수 시간간격으로 질량, 운동량, 에너지 평형 계산.
CBALOD3.f	홀수 시간간격으로 질량, 운동량, 에너지 평형 계산.
CBALOD4.f	홀수 시간간격으로 질량, 운동량, 에너지 평형 계산.
CBALOD5.f	홀수 시간간격으로 질량, 운동량, 에너지 평형 계산.
CELLMAP.f	수평 인덱스 I,J 를 하나의 L 인덱스로 사상(mapping).
CELLMASK.f	셀 흐름 단면을 가로질러 벽을 삽입.
CGRS.f	Helmholtz 2차원 방정식을 풀기 위한 R-B 시스템 공액 경사 풀이 프로그램.
CONGRAD.f	Helmholtz 2차원 방정식을 풀기 위한 대각선으로 미리 제약 조건을 준 공액 경사 풀이 프로그램.
DEPPLT.f	아스키코드의 포멧으로 수심등고선을 위한 파일을 생성.
DEPSMTH.f	바닥고와 초기 수심장을 스무딩.
DRIFTER.f	지정된 시간과 장소에 라그란지언 추적물질(drifter)을 방출하고 추적.
efdc.for	주 프로그램.
FILTRAN.f	평균 질량수송장에 수직 필터링(filtering) 수행.
GLMRES.f	일반화된 라그란지언 평균 유속 계산.
HDMT.f	동수역학과 질량 수송해법의 제어.
INPUT.f	입력파일 처리.
LAGRES.f	전방 추적에 의한 라그란지언 평균 유속 계산.
LINBCG.f	이중 공액경사 선형 방정식 풀이 프로그램.
LSQHARM.f	최소자승법에 의한 조화분해 수행.

LTMT.f	단지 질량만의 수송풀이 제어.
LUBKSB.f	LU 분해 방정식 풀이 프로그램을 위한 지원 유틸리티.
LUDCMP.f	LU 분해 방정식 풀이 프로그램.
LVELPLTH.f	수평 스트레치드 층(stretched lay)에서 라그란지언 평균 유속장의 시각화를 위한 열로 배열된 파일 작성.
LVELPLTV.f	수직횡단면에서 라그란지언 평균 유속장의 시각화를 위한 열로 배열된 파일 작성.
OUT3D.f	8비트 아스키 정수 포멧이거나 혹은 8비트 HDF 정수 포맷으로 쓰인 벡터와 스칼라장에 2차원 평면과 3차원 체적시각화를 위한 파일을 작성.
OUTPUT1.f	등고선을 예벌로 프린트하기 위한 프린트 출력파일을 작성.
OUTPUT2.f	등고선을 예벌로 프린트하기 위한 프린트 출력파일을 작성.
PPLOT.f	등고선 플롯트를 위한 문자 처리.
REDKC.f	단지 질량이송만 수치모의 하는데 있어 1/2로 축소하는 코드. (활성화 되지않음).
RELAX.f	2 차원 R-B SOR에 의한 Helmholtz 방정식 풀이 코드.
RELAXV.f	RELAX.f 보다 벡터적인 버전.
RESTIN1.f	재시작을 위한 restart.inp 파일 취독.
RESTIN10.f	restart.inp의 옛날 버전 취독.
RESTIN2.f	2*K 층 수치모델을 초기화하기 위해서 K층의 restart.inp 파일을 취독.
RESTMOD.f	restart.inp 장을 읽고, 지정된 수평셀을 비활성화.
RESTOUT.f	재시작 파일 restart.out 작성.
RESTRAN.f	단지 이송장만의 수치모의를 위한 이송장 파일 restran.inp를 취독
ROUT3D.f	8비트 아스키 정수 포멧이거나 혹은 8비트 HDF 정수 포맷으로 쓰인 평균 벡터와 스칼라장에 2차원 평면과 3차원 체적시각화를 위한 파일을 작성.
RSALPLTH.f	수평 스트레치드 층에서 시간평균 스칼라장 시각화를 위한 열로 배열된 아스키 파일 작성.
RSALPLTV.f	수직단면의 시간평균 스칼라장 시각화를 위한 열로 배열된 아스키파일 작성.
RSURFPLT.f	시간평균 수위변동 스칼라장 시각화를 위한 열로 배열된 아스키파일 작성.
RVELPLTH.f	수평 스트레치드 층에서 시간평균 유속장 시각화를 위한 열로 배열된 아스키파일 작성.
RVELPLTV.f	수직단면에서 시간평균 유속장 시각화를 위한 열로 배열된 아스키파일 작성.
SALPLTH.f	수평 스트레치드 층에서 어느 시각에 스칼라장을 시각화하기 위한 열로 배열된 아스키파일 작성.
SALPLTV.f	수직단면에서 어느 시각에 스칼라장을 시각화하기 위한 열로 배열된 아스키파일 작성.
SALTSMTH.f	콜드 스타트 실행을 위한 초기 염도장을 스무싱하거나 보간.
SECNDS.f	secends 함수를 지원하지 않는 컴파일러에서 시간함수 기능을 하는 VMS 라이브러리 기능을 모방(mimic)하는 프로그램. 이것은 단지 코드에서 선택적인 서브루틴이고 어떤 유닉스와 인텔칩을 소장한 PC 컴파일러 상에서는 컴파일을 위해 efdc.for 파일 끝에 정상적으로 추가됨.
SETBCS.f	수평경계조건 설정.
SHOWVAL.f	지정된 수평 위치에서 순간적인 조건의 스크린 출력 제어.
SNRM.f	이중 공액경사방정식 풀이 프로그램에 대한 오차 크기 계산.

SURFPLT.f	순간 수위변화 시각화를 위한 열로 배열된 아스키파일 작성.
SVBKSB.f	SVD (Singular value decomposition) 선형방정식 풀이 프로그램의 지원 유틸리티.
SVDCMP.f	SVD 선형방정식 풀이 프로그램
TMSR.f	시계열 파일 작성.
VALKH.f	kh에 대한 고주파 표면 중력파 분산을 풀기 위한 실함수 서브루틴.
VELPLTH.f	수평 스트레치드 층에서 순간 속도 벡터장의 시각화를 위한 아스키파일.
VMSLIB.f	SECENDS 함수를 위한 VMS 시스템 서브루틴 라이브러리.
VSFP.f	현장 모방샘플링의 지정된 시간과 장소의 연직 스칼라장 분포 파일을 추출 및 작성하는 프로그램.
WASP4.f	WASP4 수질모델을 운영하기 위한 격자와 이송파일을 작성.
WASP5.f	WASP5 수질모델을 운영하기 위한 격자와 이송파일을 작성.
WASP6.f	Tetra Tech Inc.에 의해 수정된 WASP6 수질모델을 운영하기 위한 격자와 이송파일을 작성.
WAVE.f	바닥경계층 파랑류 식으로 바닥 부근 파로 인한 유속계산과 파랑류 모의를 위한 3차원 파로 인한 레이놀즈 응력 및 파로 인한 스톡스의 표류계산을 위해 wave.inp 파일에서 지정된 고주파 수면중력장 처리 프로그램.

부록 B EFDC 격자 생성 예제

이 부록은 전처리코드인 격자생성코드 gefdc.f 의해서 생성된 많은 예제를 포함하고 있다. 각 절은 물리적 격자의 그림과 cell.inp와 gefdc.inp 파일의 이미지를 포함하고 있다.

B.1 플로리다주 오키초비(Okeechobee) 호수

이 절은 플로리다주 오키초비 호수의 1변의 길이가 1킬로미터인 정방형 직각격자(Cartesian grid)에 대해 설명한다. 물리적 격자영역은 그림 B1에서, cell.inp파일은 그림 B2에서, gefdc.inp 파일은 그림 B3에서 보는 바와 같다. 이 격자는 gefdc.f에서 NTYPE = 0의 조건을 선택함으로써 생성된다. gridext.inp 파일의 생성을 위한 포트란 프로그램은 그림 B4에서 보는 바와 같다. 사각형 셀 격자에 관하여, 물리영역과 계산영역은 기하학적으로 동일하고 셀의 크기에 따라 달라짐을 주의해야 한다.

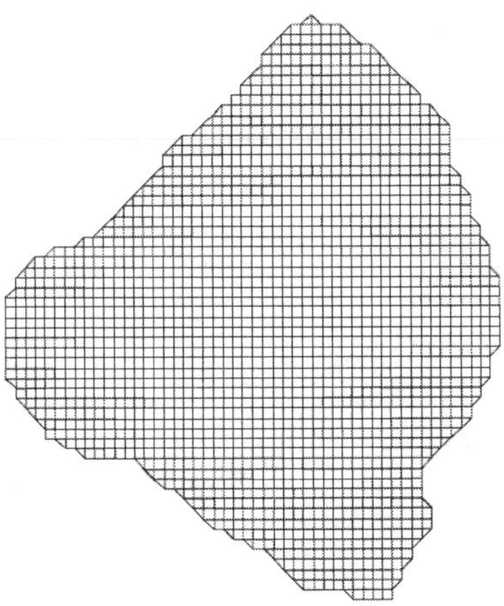

그림 B1 플로리다주 오키초비 호수의 물리적 계산영역 격자. 격자간격은 1000미터

```
C cell.inp file, i columns and j rows, for LAKE OKEECHOBEE
C           1         2         3         4         5
C  123456789012345678901234567890123456789012345678901234
C
62 000000000000000000000000000000000000000000000000000000
61 000000000000000000000000000009999000000000000000000000
60 000000000000000000000000000099941999000000000000000000
59 000000000000000000000000000994555551990000000000000000
58 000000000000000000000000000994555555199900000000000000
57 000000000000000000000000000945555555551990000000000000
56 000000000000000000000000009955555555555199000000000000
55 000000000000000000000000099455555555555519900000000000
54 000000000000000000000000945555555555555551990000000000
53 000000000000000000000009955555555555555555190000000000
52 000000000000000000000099955555555555555555559990000000
51 000000000000000000000994555555555555555555555199000000
50 000000000000000000009945555555555555555555555519000000
49 000000000000000000999455555555555555555555555559000000
48 000000000000000009945555555555555555555555555559000000
47 000000000000000009455555555555555555555555555559000000
46 000000000000000099555555555555555555555555555559900000
45 000000000000000994555555555555555555555555555551900000
44 000000000000009945555555555555555555555555555555990000
43 000000000000099455555555555555555555555555555555190000
42 000000000000994555555555555555555555555555555555590000
41 000000000009945555555555555555555555555555555555599000
40 000000000099455555555555555555555555555555555555519000
39 000000099945555555555555555555555555555555555555559900
38 000099945555555555555555555555555555555555555555551900
37 000999455555555555555555555555555555555555555555555900
36 009945555555555555555555555555555555555555555555555990
35 009455555555555555555555555555555555555555555555555190
34 099555555555555555555555555555555555555555555555555590
33 094555555555555555555555555555555555555555555555555590
32 095555555555555555555555555555555555555555555555555590
31 095555555555555555555555555555555555555555555555555590
30 095555555555555555555555555555555555555555555555555590
29 095555555555555555555555555555555555555555555555555590
28 095555555555555555555555555555555555555555555555555590
27 095555555555555555555555555555555555555555555555555290
26 095555555555555555555555555555555555555555555555555990
25 095555555555555555555555555555555555555555555555555900
24 093555555555555555555555555555555555555555555555552900
23 099555555555555555555555555555555555555555555555559900
22 009355555555555555555555555555555555555555555555529000
21 009935555555555555555555555555555555555555555555599000
20 000993555555555555555555555555555555555555555555290000
19 000099555555555555555555555555555555555555555552990000
18 000009935555555555555555555555555555555555555529900000
17 000000999355555555555555555555555555555555555299000000
16 000000099999935555555555555555555555555555552990000000
15 000000000000099355555555555555555555555555555990000000
14 000000000000009935555555555555555555555555555900000000
13 000000000000009993555555555555555555555555555990000000
12 000000000000000099355555555555555555555555555190000000
```

```
11 000000000000000000099355555555555555555555555900000000
10 000000000000000000009935555555555555555555555900000000
 9 000000000000000000000999355555555555555555552900000000
 8 000000000000000000000099935555555555555555529900000000
 7 000000000000000000000000099935555555555555990000000000
 6 000000000000000000000000000993555555555555290000000000
 5 000000000000000000000000000099355555555555990000000000
 4 000000000000000000000000000009935555555555290000000000
 3 000000000000000000000000000000099999935555990000000000
 2 000000000000000000000000000000000000099999990000000000
 1 000000000000000000000000000000000000000000000000000000
C           1         2         3         4         5
C  123456789012345678901234567890123456789012345678901234
```

그림 B2 오키초비 호수의 격자를 위한 cell.inp 파일

```
C1 TITLE
C1 (LIMITED TO 80 CHARACTERS)
       lake okeechobee
C2 INTEGER INPUT
C2 NTYPE  NBPP  IMIN  IMAX  JMIN  JMAX  IC   JC
   0      0     1     54    1     62    54   62
C3 GRAPHICS GRID INFORMATION
C3  ISGG   IGM  JGM  DXCG  DYCG   NWTGG
    0      96   180  1850.  1850.   1
C4 CARTESION AND GRAPHICS GRID COORDINATE DATA
C4 CDLON1  CDLON2  CDLON3  CDLAT1  CDLAT2  CDLAT3
   -77.5   1.25    -0.625  36.7    1.0     -0.5
C5 INTEGER INPUT
C5 ITRXM  ITRHM  ITRKM  ITRGM  NDEPSM  DEPMIN
   100    100    100    100    4000    1.0
C6 REAL INPUT
C6 RPX  RPK  RPH  RSQXM  RSQKM  RSQKIM  RSQHM  RSQHIM  RSQHJM
   1.8  1.8  1.8  1.E-12 1.E-12  1.E-12  1.E-12  1.E-12  1.E-12
C7 COORDINATE SHIFT PARAMETERS
C7 XSHIFT  YSHIFT  HSCALE  RKJDKI  ANGORO
   0.      0.      1000.   1.      15.0
C8 INTERPOLATION SWITCHES
C8 ISIRKI  JSIRKI  ISIHIHJ  JSIHIHJ
   1       0       0        0
C9 NTYPE = 7 SPECIFIED INPUT
C9 IB IE JB JE N7RLX NXYIT ITN7M IJSMD ISMD JSMD RP7 SERRMAX
C10 NTYPE = 7 SPECIFID INPUT
C10 X Y IN ORDER (IB,JB) (IE,JB) (IE,JE) (IB,JE)
C11 DEPTH INTERPOLATION SWITCHES
C11 ISIDEP NDEPDAT CDEP RADM ISIDPTYP SURFELV ISVEG NVEGDAT NVEGTYP
    1      1799    2.   .5   2        5.0     0     0       0
C12 LAST BOUNDARY POINT INFORMATION
C12 ILT  JLT  X(ILT,JLT)  Y(ILT,JLT)
    0    0    0.0         0.0
C13 BOUNDARY POINT INFORMATION
C13 I J X(I,J) Y(I,J)
```

그림 B3 오키초비 호수에 대한 gefdc.inp 파일.

```
   PROGRAM GENGRID
      OPEN(1,FILE='gridext.inp',STATUS='UNKNOWN')
      DO J=1,62
      DO I=1,54
      X=FLOAT(I-1)
      Y=FLOAT(J-1)
      WRITE(1,100)I,J,X,Y
      END DO
      END DO
100   FORMAT(2I5,2(2X,F12.3))
      CLOSE(1)
      STOP
      END
```

그림 B4 그림 B1의 오키초비 호수 격자를 위해 gridext.inp 파일 생성에 관한 포트란 프로그램.

B.2 버지니아주 킹스 크리크(Kings Creek)와 체리 스톤(Cherry Stone) 후미(작은 만)

이 예는 버지니아주 케이프 찰스(Cape Charles) 북쪽 체서피크만 동쪽 해변에 위치한 킹스 크리크와 체리 스톤 후미의 직사각형 직각격자(Cartesian grid)에 대해 기술한다. 이 물리적인 영역 격자는 그림 B5에서 나타내고, cell.inp 파일은 그림 B6에 나타내고 gefdc.inp는 그림 B7에 나타냈다. 이 격자는 gefdc.f에서 NTYPE = 0로 놓고 생성된다. gridext.inp 파일 생성을 위한 포트란 프로그램은 그림 B8에서 보는 바와 같다.

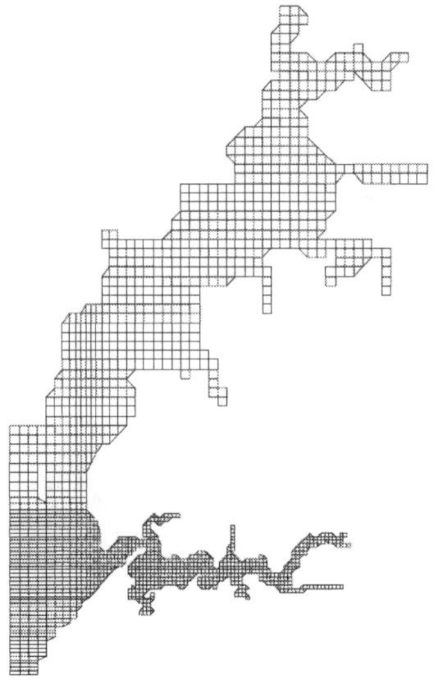

그림 B5 버지니아주 킹스 크리크와 체리 스톤 후미의 물리적 격자영역. 격자간격은 40 - 100미터.

```
C cell.inp file, i columns and j rows, for Kings Creek and Cherry Stone Inlet
C          1         2         3         4         5         6         7         8         9
C 12345678901234567890123456789012345678901234567890123456789012345678901234567890123
C
109 00000000000000000000000000000000000009999900000000000000000000000000000000000000000
108 00000000000000000000000000000000000009551900000000000000000000000000000000000000000
107 00000000000000000000000000000000000009955590000000000000000000000000000000000000000
106 00000000000000000000000000000000000009455990000000000000000000000000000000000000000
105 00000000000000000000000000000000000009552900009990000000000000000000000000000000000
104 00000000000000000000000000000000000009559999999599999900000000000000000000000000000
103 00000000000000000000000000000000000009555519455519455900000000000000000000000000000
102 00000000000000000000000000000000000009555555555552990000000000000000000000000000000
101 00000000000000000000000000000000000009995555555355599000000000000000000000000000000
100 00000000000000000000000000000000000009455555529935590000000000000000000000000000000
 99 00000000000000000000000000000000000009555552999999900000000000000000000000000000000
 98 00000000000000000000000000000000000009555529990000000000000000000000000000000000000
 97 00000000000000000000000000000000000099555519000000000000000000000000000000000000000
 96 00000000000000000000000000000000000999455555900000000000000000000000000000000000000
 95 00000000000000000000000000000000099455555559900000000000000000000000000000000000000
 94 00000000000000000000000000000000094555555519900000000000000000000000000000000000000
 93 00000000000000000000000000000000095555555551990000000000000000000000000000000000000
 92 00000000000000000000000000000000093555555555199999999000000000000000000000000000000
 91 00000000000000000000000000000000099555555555555555559000000000000000000000000000000
 90 00000000000000000000000000000099999995555555552935555559000000000000000000000000000
 89 00000000000000000000000000000955555555555555559999999990000000000000000000000000000
 88 00000000000000000000000000000955555555555555559000000000000000000000000000000000000
 87 00000000000000000000000000000995555555555555559000000000000000000000000000000000000
 86 00000000000000000000000000000945555555555555552900000000000000000000000000000000000
 85 00000000000000000000099990009955555555555555555990000000000000000000000000000000000
 84 00000000000000000000095599999455555555555555555299999900000000000000000000000000000
 83 00000000000000000000095555555555555555555555555555999000000000000000000000000000000
 82 00000000000000000000099555555555555552999355955555590000000000000000000000000000000
 81 00000000000000000000099555555555555559909999955529590000000000000000000000000000000
 80 00000000000000000000094555555555555555900009555299590000000000000000000000000000000
 79 00000000000000000000095555555555552995900009599999590000000000000000000000000000000
 78 00000000000000000000095555555555599990959000099000959000000000000000000000000000000
 77 00000000000000000099999555555555590000959000000000999000000000000000000000000000000
 76 00000000000000099994555555555555900009590000000000000000000000000000000000000000000
 75 00000000000094555555555555555590000999000000000000000000000000000000000000000000000
 74 00000000000095555555555555555590000000000000000000000000000000000000000000000000000
 73 00000000000095555555555555555590000000000000000000000000000000000000000000000000000
 72 00000000000095555555555555555599000000000000000000000000000000000000000000000000000
 71 00000000000095555555555555555599000000000000000000000000000000000000000000000000000
 70 00000000000099555555555555555590000000000000000000000000000000000000000000000000000
 69 00000000000094555555555299995995900000000000000000000000000000000000000000000000000
 68 00000000000099555555555519000999959900000000000000000000000000000000000000000000000
 67 00000000000094555555555559000000955900000000000000000000000000000000000000000000000
 66 00000000000095555555555559000000995900000000000000000000000000000000000000000000000
 65 00000000000095555555555559000000999000000000000000000000000000000000000000000000000
 64 00099999999955555555555990000000000000000000000000000000000000000000000000000000000
 63 00095555555555555555555290000000000000000000000000000000000000000000000000000000000
 62 00095555555555555555552990000000000000000000000000000000000000000000000000000000000
 61 00095555555555555555529990000000000000000000000000000000000000000000000000000000000
 60 00095555555555555555529900000000000000000000000000000000000000000000000000000000000
 59 00095555559555552990000000000000000000000000000000000000000000000000000000000000000
 58 00095555559555559900000000000000000000000000000000000000000000000000000000000000000
 57 00095555559555559000000000000000000000000000000000000000000000000000000000000000000
 56 00095555559555559000000000000000000000000000000000000000000000000000000000000000000
 55 00095555551555559000000000000000000000000000000000000000000000000000000000000000000
```

```
54 000095555555555555559900000000000000000000000000000000000000000000000000000000000000000000000
53 000095555555555555551990000000000000999999999990000000000000000000000000000000000000000000000
52 000095555555555555555190000000000000994194555590000000000000000000000000000000000000000000000
51 000095555555555555555599000000000009945555299900000000000000000000000000000000000000000000000
50 000095555555555555555559900000000009459352999000000000000009990000000000000000000000000000000
49 000095555555555555555551900000000009559999900000000000000009590000000000000000000000000000000
48 000095555555555555555555900000000009551990000000000000000009590000000000000000999999999999990
47 000095555555555555555555900099999999555190000000000000000009590000000000000000994194555195590
46 000095555555555555555555900995555519945599000000000000000009590000000000000009945555555555990
45 000095555555555555555555909945555555555519000000000000000099590000000000000099455555535555999
44 000095555555555555555559999455555555555559000000000000000094590000000000000994555552999355559
43 000095555555555555555555194555555599955559000000099999900095590000000000000945552999909999999
42 000095555555555555555555555555555999455559999999994551990995199000099990000955559900000000000
41 000095555555555555555555555555552994555555199519945555519994551999999519000099552990000000000
40 000095555555555555555555555555555994555555555555555555555559945555145555559000994559900000000
39 000095555555555555555555555555552945555555555555555555555995555555555555599009455590000000000
38 000095555555555555555555555299955555555555555555555555514555555555555551909955529000000000000
37 000095555555555555555555552990955555555555555555555555555555555555555555599945529900000000000
36 000095555555555555555555529900935555555555555555529555555555555299995555555555599000000000000
35 000095555555555555555555299000999555555555555555529555555529555599009555555555590000000000000
34 000095555555555555555552990000099555555555555599955555299955599909935555555999999999999999900
33 000095555555555555555529900000991555555529993529093552599099995519009999355559945555555555900
32 000095555555555555555299000000955552999990999990999999999000945599000099355555299999999999900
31 000095555555555555552990000000955552959000000000000000000000009555190000009999999999000000000
30 000095555555555555529900000000955514590000000000000000000000099995900000000000000000000000000
29 000095555555555555299000000000999355529000000000000000000000000999000000000000000000000000000
28 000095555555555555990000000000009995599000000000000000000000000000000000000000000000000000000
27 000095555555555555290000000000000945519000000000000000000000000000000000000000000000000000000
26 000095555555555555990000000000000955529000000000000000000000000000000000000000000000000000000
25 000095555555555555900000000000000999999000000000000000000000000000000000000000000000000000000
24 000095555555555559900000000000000000000000000000000000000000000000000000000000000000000000000
23 000095555555555552900000000000000000000000000000000000000000000000000000000000000000000000000
22 000095555555555599900000000000000000000000000000000000000000000000000000000000000000000000000
21 000095555555555590000000000000000000000000000000000000000000000000000000000000000000000000000
20 000095555555555590000000000000000000000000000000000000000000000000000000000000000000000000000
19 000095555555555290000000000000000000000000000000000000000000000000000000000000000000000000000
18 000095555555555990000000000000000000000000000000000000000000000000000000000000000000000000000
17 000095555555555900000000000000000000000000000000000000000000000000000000000000000000000000000
16 000095555555555900000000000000000000000000000000000000000000000000000000000000000000000000000
15 000095555555555900000000000000000000000000000000000000000000000000000000000000000000000000000
14 000095555555552900000000000000000000000000000000000000000000000000000000000000000000000000000
13 000095555555559900000000000000000000000000000000000000000000000000000000000000000000000000000
12 000095555555559000000000000000000000000000000000000000000000000000000000000000000000000000000
11 000095555555559000000000000000000000000000000000000000000000000000000000000000000000000000000
10 000095555555559000000000000000000000000000000000000000000000000000000000000000000000000000000
 9 000099999999999000000000000000000000000000000000000000000000000000000000000000000000000000000
 8 000000000000000000000000000000000000000000000000000000000000000000000000000000000000000000000
 7 000000000000000000000000000000000000000000000000000000000000000000000000000000000000000000000
 6 000000000000000000000000000000000000000000000000000000000000000000000000000000000000000000000
 5 000000000000000000000000000000000000000000000000000000000000000000000000000000000000000000000
 4 000000000000000000000000000000000000000000000000000000000000000000000000000000000000000000000
 3 000000000000000000000000000000000000000000000000000000000000000000000000000000000000000000000
 2 000000000000000000000000000000000000000000000000000000000000000000000000000000000000000000000
 1 000000000000000000000000000000000000000000000000000000000000000000000000000000000000000000000
C
C          1         2         3         4         5         6         7         8         9
C  123456789012345678901234567890123456789012345678901234567890123456789012345678901234567890123
```

그림 B6 킹스 크리크와 체리 스톤 후미에 대한 cell.inp 파일.

```
C1 TITLE
C1 (LIMITED TO 80 CHARACTERS)
   Kings Creek and Cherry Stone Inlet
C2 INTEGER INPUT
C2  NTYPE  NBPP  IMIN  IMAX  JMIN  JMAX  IC   JC
     0      0     1     93    1     109   93   109
C3 GRAPHICS GRID INFORMATION
C3 ISGG  IGM  JGM  DXCG  DYCG  NWTGG
    0     50   92   250.  250.   1
C4 CARTESIAN AND GRAPHICS GRID COORDINATE DATA
C4 CDLON1  CDLON2  CDLON3  CDLAT1  CDLAT2  CDLAT3
    1.875   15.0    0.0     17.875  15.0    0.0
C5 INTEGER INPUT
C5 ITRXM  ITRHM  ITRKM  ITRGM  NDEPSM  DEPMIN
    100    100    100    100    4000    0.2
C6 REAL INPUT
C6 RPX  RPK  RPH  RSQXM  RSQKM  RSQKIM  RSQHM  RSQHIM  RSQHJM
    1.8  1.8  1.8  1.E-12 1.E-12 1.E-12  1.E-12 1.E-12  1.E-12
C7 COORDINATE SHIFT PARAMETERS
C7 XSHIFT  YSHIFT  HSCALE  RKJDKI  ANGORO
    0.     0.      1000.   1.      5.0
C8 INTERPOLATION SWITCHES
C8 ISIRKI  JSIRKI  ISIHIHJ  JSIHIHJ
    1       0       0        0
C9 NTYPE = 7 SPECIFIED INPUT
C9 IB IE JB JE N7RLX NXYIT ITN7M IJSMD ISMD JSMD RP7 SERRMAX
C10 NTYPE = 7 SPECIFIED INPUT
C10 X Y IN ORDER (IB,JB) (IE,JB) (IE,JE) (IB,JE)
C11 DEPTH INTERPOLATION SWITCHES
C11 ISIDEP NDEPDAT CDEP RADM ISIDPTYP SURFELV ISVEG NVEGDAT NVEGTYP
     1      545     2.   .5   1        0.0     0     0       0
C12 LAST BOUNDARY POINT INFORMATION
C12 ILT  JLT  X(ILT,JLT)  Y(ILT,JLT)
     1    1    0.0         0.0
C13 BOUNDARY POINT INFORMATION
C13 I J X(I,J) Y(I,J)
```

그림 B7 킹스 크리크와 체리 스톤 후미에 대한 gefdc.inp 파일.

```
      PROGRAM GVARCGRID
C
      DIMENSION X(93,109),Y(93,109)
C
      DO J=1,53
      DO I=1,93
      Y(I,J)=40.*FLOAT(J)+630.
      END DO
      END DO
```

```
C
      DO I=1,93
      Y(I,54)=2800.
      Y(I,55)=2860.
      Y(I,56)=2930.
      Y(I,57)=3010.
      END DO
C
      DO J=58,109
      DO I=1,93
      Y(I,J)=100.*FLOAT(J-58)+3100.
      END DO
      END DO
C
      DO J=1,109
      DO I=1,14
      X(I,J)=100.*FLOAT(I)
      END DO
      X(15,J)=1490.
      X(16,J)=1580.
      X(17,J)=1660.
      X(18,J)=1730.
      X(19,J)=1790.
      X(20,J)=1840.
      END DO
C
      DO J=1,54
      DO I=21,93
      X(I,J)=40.*FLOAT(I-21)+1880.
      END DO
      END DO
C
      DO J=55,109
      X(21,J)=1890.
      X(22,J)=1950.
      X(23,J)=2020.
     DO I=24,93
     X(I,J)=100.*FLOAT(I-24)+2100.
     END DO
     END DO
C
     OPEN (1,FILE='gridext.inp',STATUS='UNKNOWN')
     DO J=1,109
     DO I=1,93
     X(I,J)=(X(I,J)/1000.)+408.
     Y(I,J)=(Y(I,J)/1000.)+124.
     WRITE(1,20)I,J,X(I,J),Y(I,J)
```

```
      END DO
      END DO
      CLOSE(1)
C
      OPEN (1,FILE='maskij.dat',STATUS='UNKNOWN')
      OPEN (2,FILE='shoremask',STATUS='UNKNOWN')
      OPEN (3,FILE='shoredep',STATUS='UNKNOWN')
      DEP=0.1
      DO N=1,337
      READ(1,*)J,I
      WRITE(2,2000)X(I,J),Y(I,J)
      IF(I.NE.6.OR.J.NE.10) THEN
      WRITE(3,3000)X(I,J),Y(I,J),DEP
      XTMP=X(I,J)+.01
      YTMP=Y(I,J)+.01
      WRITE(3,3000)X(I,J),YTMP,DEP
      WRITE(3,3000)XTMP,Y(I,J),DEP
      XTMP=X(I,J)-.01
      YTMP=Y(I,J)-.01
      WRITE(3,3000)X(I,J),YTMP,DEP
      WRITE(3,3000)XTMP,Y(I,J),DEP
      END IF
      END DO
      CLOSE(1)
      CLOSE(2)
      CLOSE(3)
C
   20 FORMAT(2I5,2X,F12.6,2X,F12.6)
 2000 FORMAT(2X,F12.6,2X,F12.6)
 3000 FORMAT(2X,F12.6,2X,F12.6,2X,F6.2)
C
      STOP
      END
C
```

그림 B8 킹스 크리크와 체리 스톤 후미에 대한 gridext.inp 파일의 생성을 위한 포트란 프로그램

B.3 플로리다주 로즈(Rose)만

이 절은 플로리다주 New Smyrna 해변 근처 Halifax 강에서 로즈만의 곡선-직각격자(curvilinear-orthogonal grid)에 대해 기술한다. 물리적인 격자영역은 그림 B9에서 보는 바와 같고, cell.inp는 그림 B10에서, gefdc.inp는 그림B11에서 보는 바와 같다. 이 격자는 gefdc.f에 의해서 NTYPE = 5를 선택함으로서 생성되었다.

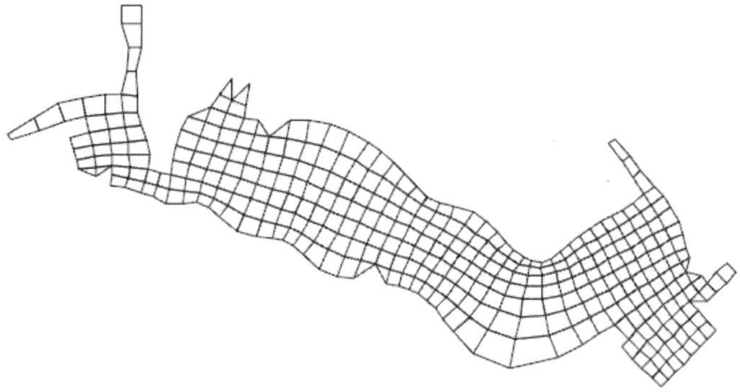

그림 B9 플로리다주 로즈 만의 물리적 격자영역. 격자 간격은 대략 20 - 90미터.

```
C cell.inp file, i columns and j rows, for Rose Bay
C          1         2         3         4         5
C  12345678901234567890123456789012345678901234567890
C
25 00000000000000000000000000000000000000000000000000
24 00000000000000000000000000000000000000000000000000
23 00000000000000000000000000000000000000000000000000
22 00000009990000000000000000000000000000000000000000
21 00000009590000000000000000000000000000000000099900
20 00000009590999900000000000000000000000000000095900
19 00000009590914900000000000000000000000000000095900
18 00999999599955999999999999999999999999999999995900
17 00955555599455514555555555555555555555555555555900
16 00999955599555555555555555555555555555555555555900
15 00009555599555555555555555555555555555555555555900
14 00009555599555555555555555555555555555555555555900
13 00009555599555555555555555555555555555555555555900
12 00009325555555555555555555555555555555555555555900
11 00009995555555555555552355555555555555555555552900
10 00000099999999999999999999999999999999555555551900
 9 00000000000000000000000000000000000009555555555999
 8 00000000000000000000000000000000000009555555535559
 7 00000000000000000000000000000000000009555555599999
 6 00000000000000000000000000000000000009555555590000
 5 00000000000000000000000000000000000009999999990000
 4 00000000000000000000000000000000000000000000000000
 3 00000000000000000000000000000000000000000000000000
 2 00000000000000000000000000000000000000000000000000
 1 00000000000000000000000000000000000000000000000000
C
C          1         2         3         4         5
C 12345678901234567890123456789012345678901234567890
```

그림 B10 로즈만에 대한 cell.inp 파일

```
C1 TITLE
C1 (LIMITED TO 80 CHARACTERS)
  rose bay
C2 INTEGER INPUT
C2 NTYPE  NBPP  IMIN  IMAX  JMIN  JMAX  IC   JC
   5      148    1     50    1     25    50   25
C3 GRAPHICS GRID INFORMATION
C3 ISGG  IGM  JGM  DXCG  DYCG  NWTGG
   0     96   180  1850.  1850.   1
C4 CARTESIAN AND GRAPHICS GRID COORDINATE DATA
C4 CDLON1  CDLON2  CDLON3  CDLAT1  CDLAT2  CDLAT3
   -77.5    1.25   -0.625   36.7     1.0    -0.5
C5 INTEGER INPUT
C5 ITRXM  ITRHM  ITRKM  ITRGM  NDEPSM  DEPMIN
   100    100    100    100    1000     1.0
C6 REAL INPUT
C6 RPX  RPK  RPH  RSQXM  RSQKM  RSQKIM  RSQHM  RSQHIM  RSQHJM
   1.8  1.8  1.8  1.E-12  1.E-12  1.E-12  1.E-12  1.E-12  1.E-12
C7 COORDINATE SHIFT PARAMETERS
C7 XSHIFT  YSHIFT  HSCALE  RKJDKI  ANGORO
   0.      0.      1.      1.      9.0
C8 INTERPOLATION SWITCHES
C8 ISIRKI  JSIRKI  ISIHIHJ  JSIHIHJ
   1       0       0        0
C9 NTYPE = 7 SPECIFIED INPUT
C9 IB IE JB JE N7RLX NXYIT ITN7M IJSMD ISMD JSMD RP7 SERRMAX
C10 NTYPE = 7 SPECIFIED INPUT
C10 X Y IN ORDER (IB,JB) (IE,JB) (IE,JE) (IB,JE)
C11 DEPTH INTERPOLATION SWITCHES
C11 ISIDEP NDEPDAT CDEP RADM ISIDPTYP SURFELV ISVEG NVEGDAT NVEGTYP
    1      62      2.   .5    1        5.0     0     0       0
C12 LAST BOUNDARY POINT INFORMATION
C12 ILT  JLT  X(ILT,JLT)  Y(ILT,JLT)
    40   6    1456.       16.
C13 BOUNDARY POINT INFORMATION
C13 I   J   X(I,J)     Y(I,J)
    39  6  1440.000    0.000
    39  7  1420.000   20.000
    39  8  1400.000   40.000
    39  9  1380.000   60.000
    39 10  1356.000   84.000
    40 10  1372.000  100.000
    40 11  1340.000  132.000
    39 11  1308.480  112.080
    38 11  1270.640   89.200
    37 11  1218.480   60.400
    36 11  1116.000   40.000
    35 11  1038.720   67.680
    34 11   995.840  114.320
    33 11   976.240  143.280
    32 11   957.520  165.680
```

```
31 11   942.080 182.160
30 11   920.000 196.320
29 11   901.760 203.600
28 11   877.920 209.440
27 11   850.480 216.640
26 11   818.080 220.400
25 11   784.960 226.800
24 11   750.480 228.480
23 11   712.080 244.160
22 11   677.040 276.400
21 11   654.320 293.520
20 11   631.200 304.720
19 11   607.600 309.200
18 11   575.040 315.600
17 11   532.160 326.640
16 11   494.080 356.960
15 11   468.960 376.400
14 11   444.720 385.040
13 11   413.680 384.320
12 11   375.920 384.240
11 11   348.020 397.000
10 11   320.160 406.240
 9 11   288.800 416.480
 8 11   256.480 421.120
 8 12   259.440 442.720
 7 12   226.720 440.400
 6 12   192.400 434.160
 6 13   187.760 453.920
 6 14   182.080 476.000
 6 15   178.080 497.040
 6 16   169.360 520.080
 7 16   212.240 530.880
 7 17   203.360 566.720
 6 17   156.000 556.000
 5 17   100.000 536.000
 4 17    40.000 516.000
 4 18    32.000 528.000
 5 18    87.000 562.000
 6 18   142.000 594.000
 7 18   194.320 605.600
 8 18   243.520 611.000
 9 18   280.000 611.000
 9 19   290.000 660.000
 9 20   294.000 710.000
 9 21   280.000 760.000
 9 22   280.000 800.000
10 22   320.000 800.000
10 21   320.000 760.000
10 20   320.000 710.000
10 19   310.000 660.000
10 18   312.000 610.000
```

```
10 17   315.440 573.680
10 16   321.840 547.200
10 15   331.440 516.880
10 14   338.800 487.040
10 13   336.480 456.960
11 13   362.960 447.280
12 13   384.560 442.880
12 14   389.120 473.280
12 15   396.720 504.720
12 16   408.320 538.480
12 17   423.920 567.040
12 18   441.600 598.960
13 18   475.000 585.000
13 19   492.000 612.000
13 20   520.000 647.000
14 20   540.000 640.000
15 20   560.000 633.000
15 19   552.000 590.000
15 18   547.000 564.000
16 18   575.920 559.360
17 18   605.520 558.400
18 18   644.800 557.360
19 18   689.200 558.000
20 18   734.800 551.120
21 18   773.280 536.080
22 18   812.560 512.800
23 18   840.080 493.440
24 18   866.880 470.800
25 18   891.920 447.920
26 18   915.920 422.080
27 18   941.200 399.840
28 18   967.200 386.160
29 18   998.400 378.960
30 18 1038.000 366.880
31 18 1066.320 348.640
32 18 1088.480 326.880
33 18 1107.040 302.640
34 18 1124.320 285.680
35 18 1144.560 272.320
36 18 1162.480 264.800
37 18 1182.800 260.560
38 18 1204.640 266.640
39 18 1224.720 284.400
40 18 1240.640 298.880
41 18 1265.440 316.240
42 18 1289.040 333.440
43 18 1311.280 348.960
44 18 1332.960 360.480
45 18 1356.800 372.560
46 18 1379.280 388.240
47 18 1403.000 404.000
```

```
47 19 1380.000 440.000
47 20 1355.000 475.000
47 21 1326.000 512.000
48 21 1340.000 520.000
48 20 1370.000 485.000
48 19 1395.000 455.000
48 18 1425.920 422.800
48 17 1444.000 401.120
48 16 1460.880 379.840
48 15 1477.200 349.440
48 14 1488.240 320.480
48 13 1494.800 293.040
48 12 1501.680 272.640
48 11 1512.560 253.920
48 10 1528.400 235.040
48  9 1540.000 220.000
49  9 1560.000 240.000
50  9 1580.000 260.000
50  8 1600.000 240.000
49  8 1580.000 220.000
48  8 1560.000 200.000
47  8 1540.000 180.000
46  8 1520.000 160.000
46  7 1540.000 140.000
46  6 1560.000 120.000
45  6 1541.000 101.000
44  6 1523.000  83.000
43  6 1505.500  65.500
42  6 1488.500  48.500
41  6 1470.000  32.000
40  6 1456.000  16.000
```

그림 B11 로즈 만에 대한 gefdc.inp 파일

B.4 플로리다주 인디언강 습지

이 절은 5개의 종속격자(subgrid)로부터 플로리다주 멜본느(Melborne) 근처 인디언(Indian)강 습지의 일부에 대한 합성격자(composite grid)의 작성법을 기술한다.

그림 B12-B14는 합성격자를 나타내고 각각에 해당하는 cell.inp와 gefdc.inp 파일을 나타낸다. 합셩격자는 gefdc.f에서 NTYPE=0을 선택함으로써 생성되었다.

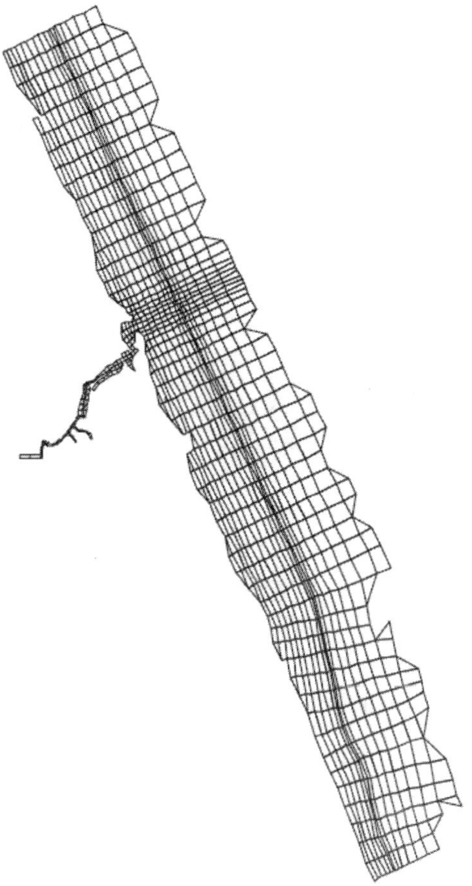

그림 B12 플로리다주 멜본느 근처의 인디언강 습지의 일부 격자. 격자는 5개의 종속 격자의 합성.

합성격자를 정하는 입력파일 gridex.inp 파일은 5개의 격자영역에 대해서 생성된 5개의 gridex.out 파일들을 결합함으로써 만들어졌다. 그림 B15와 B16, B17과B18, B19와 B20, B21과 B22, 그리고 B23과 B24는 종속격자를 나타내고 그에 해당하는 gefdc.inp 파일을 나타낸다. 각 종속격자에 대한 cell.inp 파일은 특정한 활성화된 오직 물셀만을 갖은 그림 B13에서 보는 바와 같이 cell.inp 파일과 비슷하다. 첫 번째 종속격자 그림 B15와 B16, 4번째 종속격자 그림 B21과 B22는 NTYPE = 0으로 생성되었다. 나머지 종속격자들은 곡선-직교격자이고 NTYPE = 5를 선택함으로써 생성되었다.

```
C cell.inp file, i columns and j rows, for Indian River Lag
C         1         2         3         4         5
C 123456789012345678901234567890123456789012345678901234
C
60 000000000000000000000000000000000999999999999999999900
59 000000000000000000000000000000000955555555555555555990
58 000000000000000000000000000000000955555555555555555190
57 000000000000000000000000000000000935555555555555555590
56 000000000000000000000000000000000993555555555555555590
55 000000000000000000000000000000000959955555555555555590
54 000000000000000000000000000000000955555555555555555590
53 000000000000000000000000000000000955555555555555555290
52 000000000000000000000000000000000955555555555555555190
51 000000000000000000000000000000000935555555555555555590
50 000000000000000000000000000000000995555555555555555590
49 000000000000000000000000000000000995555555555555555590
48 000000000000000000000000000000000994555555555555555590
47 000000000000000000000000000000000945555555555555555290
46 000000000000000000000000000000000955555555555555555990
45 000000000000000000000000000000000955555555555555555190
44 000000000000000000000000000000000935555555555555555590
43 000000000000000000000000000000000993555555555555555590
42 000000000000000000000000000000000995555555555555555590
41 000000000000000000000000000000000935555555555555555590
40 000000000000000000000000000099994555555555555555555590
39 000000000000000000000000000000945555555555555555555590
38 000000000000000000000000000000955555555555555555555590
37 000000000000000000000000000000955523555555555555555590
36 000000000000000000000000000999955299555555555555555590
35 000000000000009999999999999559599995555555555555555590
34 000000000000009555555555555555590945555555555555555590
33 000000000000009595999955559529999955555555555555555590
32 000000000000009595955555529599009455555555555555555290
31 000000000000009595999999999390099555555555555555555190
30 000000000000009595900000009990094555555555555555555590
29 009999999000000959590000000000000935555555555555555590
28 009559959999999959590000000000009935555555555555555599
27 009555555555555555590000000000009999455555555555555519
26 009599999959599999990000000000000945555555555555555559
25 999590000959590000000000000000000955555555555555555559
24 955590000959590000000000000000000935555555555555555529
23 999990000999590000000000000000000995555555555555555599
22 000000000009590000000000000000000995555555555555555519
21 000000000009590000000000000000000945555555555555555559
20 000000000009990000000000000000000955555555555555555529
19 000000000000000000000000000000000935555555555555555519
18 000000000000000000000000000000000993555555555555555559
17 000000000000000000000000000000000995555555555555555559
16 000000000000000000000000000000000955555555555555555299
15 000000000000000000000000000000000955555555555555555990
14 000000000000000000000000000000000935555555555555555490
13 000000000000000000000000000000000999555555555555555599
```

```
12 000000000000000000000000000000000000935555555555555519
11 000000000000000000000000000000000000993555555555555559
10 000000000000000000000000000000000000999555555555555559
 9 000000000000000000000000000000000000095555555555555559
 8 000000000000000000000000000000000000095555555555555529
 7 000000000000000000000000000000000000095555555555555519
 6 000000000000000000000000000000000000095555555555555559
 5 000000000000000000000000000000000000095555555555555559
 4 000000000000000000000000000000000000095555555555555539
 3 000000000000000000000000000000000000095555555555555299
 2 000000000000000000000000000000000000095555555555555990
 1 000000000000000000000000000000000000099999999999999900
```

그림 B13 그림 B12의 인디언강 습지에 대한 cell.inp 파일

```
C1 TITLE
C1 (LIMITED TO 80 CHARACTERS)
   Indian River Lagoon
C2 INTEGER INPUT
C2 NTYPE  NBPP  IMIN  IMAX  JMIN  JMAX  IC   JC
     0      0     1    54     1    60    54   60
C3 GRAPHICS GRID INFORMATION
C3 ISGG  IGM  JGM  DXCG  DYCG  NWTGG
     1    50   92   250.   250.    1
C4 CARTESIAN AND GRAPHICS GRID COORDINATE DATA
C4 CDLON1  CDLON2  CDLON3  CDLAT1  CDLAT2  CDLAT3
   1.875    15.0     0.0    17.875   15.0     0.0
C5 INTEGER INPUT
C5 ITRXM  ITRHM  ITRKM  ITRGM  NDEPSM
   100     100    100    100     1000
C6 REAL INPUT
C6 RPX  RPK  RPH  RSQXM  RSQKM  RSQKIM  RSQHM  RSQHIM  RSQHJM
   1.8  1.8  1.8  1.E-12  1.E-12  1.E-12  1.E-12  1.E-12  1.E-12
C7 COORDINATE SHIFT PARAMETERS
C7 XSHIFT  YSHIFT  HSCALE  RKJDKI  ANGORO
    0.      0.      1000.     1.      5.0
C8 INTERPOLATION SWITCHES
C8 ISIRKI  JSIRKI  ISIHIHJ  JSIHIHJ
    1        0        0        0
C9 NTYPE = 7 SPECIFIED INPUT
C9 IB IE JB JE N7RLX NXYIT ITN7M IJSMD ISMD JSMD RP7 SERRMAX
C10 NTYPE = 7 SPECIFIED INPUT
C10 X Y IN ORDER (IB,JB) (IE,JB) (IE,JE) (IB,JE)
C11 DEPTH INTERPOLATION SWITCHES
C11 ISIDEP NDEPDAT CDEP RADM ISIDPTYP SURFELV ISVEG NVEGDAT NVEGTYP
     1      995     2.    .5     3      0.3517    0      0       0
C12 LAST BOUNDARY POINT INFORMATION
C12 ILT  JLT  X(ILT,JLT)  Y(ILT,JLT)
     1    1       0           0
C13 BOUNDARY POINT INFORMATION
C13 I J X(I,J) Y(I,J)
```

그림 B14 그림 B12의 인디언강 습지에 대한 gefdc.inp 파일.

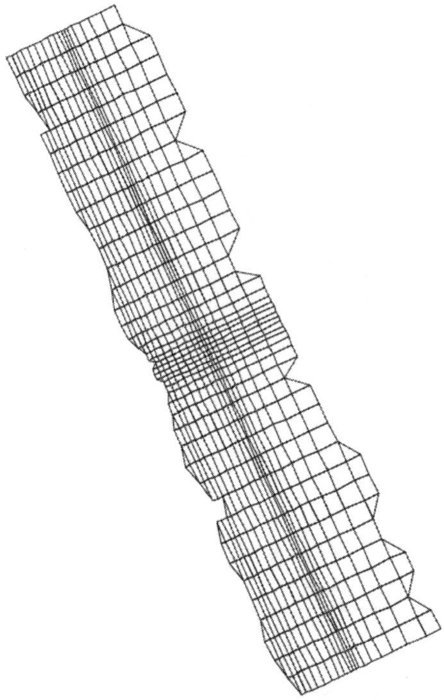

그림 B15 그림 B12의 인디언강 습지 격자 중 종속격자((No.1); NTYPE = 0, 다양한 가변 직각격자

```
C1 TITLE
C1 (LIMITED TO 80 CHARACTERS)
Indian River Lagoon, sub grid 1
C2 INTEGER INPUT
C2 NTYPE NBPP IMIN IMAX JMIN JMAX  IC  JC
    0     146   1    54   1    60   54  60
C3 GRAPHICS GRID INFORMATION
C3 ISGG IGM JGM DXCG DYCG NWTGG
    0   50   92  250.  250.   1
C4 CARTESIAN AND GRAPHICS GRID COORDINATE DATA
C4 CDLON1 CDLON2 CDLON3 CDLAT1 CDLAT2 CDLAT3
    1.875   15.0    0.0    17.875   15.0    0.0
C5 INTEGER INPUT
C5 ITRXM ITRHM ITRKM ITRGM NDEPSM
    100   100   100   100    1000
C6 REAL INPUT
C6 RPX RPK RPH RSQXM RSQKM RSQKIM RSQHM RSQHIM RSQHJM
    1.8  1.8  1.8  1.E-12  1.E-12  1.E-12  1.E-12  1.E-12  1.E-12
C7 COORDINATE SHIFT PARAMETERS
C7 XSHIFT YSHIFT HSCALE RKJDKI ANGORO
    0.     0.     1000.    1.     1.0
```

```
C8 INTERPOLATION SWITCHES
C8 ISIRKI JSIRKI ISIHIHJ JSIHIHJ
   0      0      1      0
C9 NTYPE = 7 SPECIFIED INPUT
C9 IB IE JB JE N7RLX NXYIT ITN7M IJSMD ISMD JSMD RP7 SERRMAX
C10 NTYPE = 7 SPECIFIED INPUT
C10 X Y IN ORDER (IB,JB) (IE,JB) (IE,JE) (IB,JE)
C11 DEPTH INTERPOLATION SWITCHES
C11 ISIDEP NDEPDAT CDEP RADM ISIDPTYP SURFELV ISVEG NVEGDAT NVEGTYP
    0     896      2.   .5    3      0.35     0      0      0
C12 LAST BOUNDARY POINT INFORMATION
C12 ILT JLT X(ILT,JLT) Y(ILT,JLT)
   0   0   0.0        0.0
C13 BOUNDARY POINT INFORMATION
C13 I J X(I,J) Y(I,J)
```

그림 B16 그림 B15 종속격자(No.1)에대한 gefdc.inp 파일

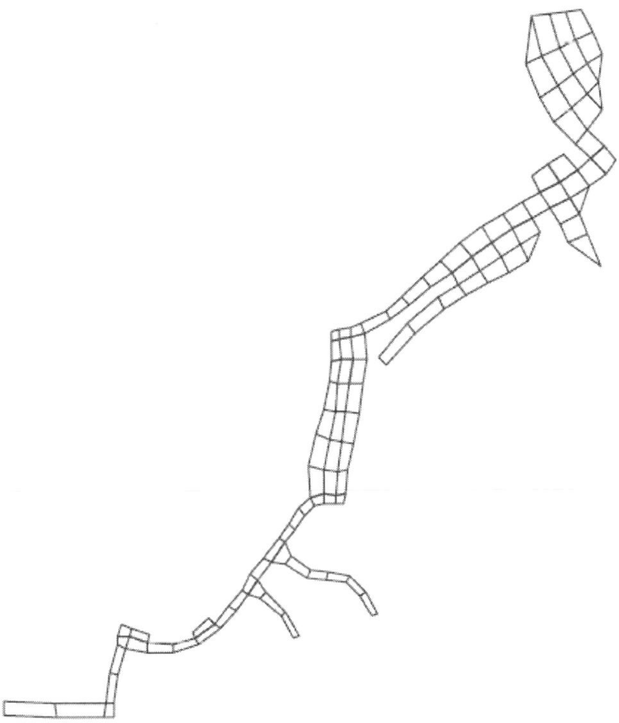

그림 B17 그림 B12의 종속격자(No.2); NTYPE = 5, 곡선-직교격자.

```
C1 TITLE
C1 (LIMITED TO 80 CHARACTERS)
   Indian River Lagoon, Subgrid 2
C2 INTEGER INPUT
C2  NTYPE  NBPP  IMIN  IMAX  JMIN  JMAX  IC    JC
     5      140    1    54     1    60    54    60
C3 GRAPHICS GRID INFORMATION
C3 ISGG  IGM  JGM  DXCG  DYCG  NWTGG
     0    50   92   250.   250.   1
C4 CARTESIAN AND GRAPHICS GRID COORDINATE DATA
C4 CDLON1  CDLON2  CDLON3  CDLAT1  CDLAT2  CDLAT3
    1.875   15.0     0.0    17.875   15.0    0.0
C5 INTEGER INPUT
C5 ITRXM  ITRHM  ITRKM  ITRGM  NDEPSM
    100    100    100    100    1000
C6 REAL INPUT
C6 RPX  RPK  RPH  RSQXM  RSQKM  RSQKIM  RSQHM  RSQHIM  RSQHJM
   1.8  1.8  1.8  1.E-12  1.E-12  1.E-12  1.E-12  1.E-12  1.E-12
C7 COORDINATE SHIFT PARAMETERS
C7 XSHIFT  YSHIFT  HSCALE  RKJDKI  ANGORO
     0.      0.     1000.    1.     10.0
C8 INTERPOLATION SWITCHES
C8 ISIRKI  JSIRKI  ISIHIHJ  JSIHIHJ
    1        0       0        0
C9 NTYPE = 7 SPECIFIED INPUT
C9 IB IE JB JE N7RLX NXYIT ITN7M IJSMD ISMD JSMD RP7 SERRMAX
C10 NTYPE = 7 SPECIFIED INPUT
C10 X Y IN ORDER (IB,JB) (IE,JB) (IE,JE) (IB,JE)
C11 DEPTH INTERPOLATION SWITCHES
C11 ISIDEP NDEPDAT CDEP RADM ISIDPTYP SURFELV ISVEG NVEGDAT NVEGTYP
     0      1054    2.   .5     3      0.167    0      0        0
C12 LAST BOUNDARY POINT INFORMATION
C12 ILT   JLT    X(ILT,JLT)   Y(ILT,JLT)
     36   39     5.416584     32.868687
C13 BOUNDARY POINT INFORMATION
C13 I   J   X(I,J)     Y(I,J)
   36  38  5.458846  32.778057
   36  37  5.501108  32.687428
   35  37  5.446730  32.662067
   35  36  5.514679  32.611004
   34  36  5.459079  32.540939
   33  36  5.396529  32.462120
   33  35  5.468399  32.390812
   33  34  5.520639  32.337936
   32  34  5.476520  32.278748
   31  34  5.403405  32.222584
   31  33  5.452924  32.151886
   30  33  5.364405  32.105095
   30  32  5.395795  32.025944
   30  31  5.452544  31.892416
   29  31  5.370976  31.854382
   29  32  5.312114  31.992439
```

```
29 33 5.276192 32.069473
29 34 5.239964 32.135338
28 34 5.165042 32.094883
28 33 5.199157 32.033554
28 32 5.235079 31.956518
27 32 5.148980 31.916368
26 32 5.060462 31.869576
25 32 4.971944 31.822783
24 32 4.878895 31.773876
23 32 4.790073 31.715906
22 32 4.664386 31.618679
21 32 4.537784 31.487925
21 33 4.500639 31.520256
22 33 4.625128 31.655542
23 33 4.762297 31.763639
24 33 4.846588 31.819498
24 34 4.818812 31.867229
23 34 4.725458 31.807148
22 34 4.636329 31.738003
21 34 4.549620 31.675501
20 34 4.440557 31.613609
20 33 4.451099 31.508188
20 32 4.437174 31.407907
20 31 4.415995 31.287693
20 30 4.396928 31.162949
20 29 4.373633 31.047266
20 28 4.360015 30.948162
20 27 4.355037 30.905406
19 27 4.318927 30.908500
18 27 4.269384 30.905899
17 27 4.226488 30.901413
16 27 4.189625 30.862158
15 27 4.145506 30.802967
14 27 4.103806 30.750420
14 26 4.131277 30.691509
14 25 4.207983 30.633492
14 24 4.287153 30.627129
14 23 4.375015 30.606558
14 22 4.447190 30.546427
14 21 4.496096 30.453379
13 21 4.473438 30.442812
13 22 4.424227 30.524685
13 23 4.358696 30.582397
13 24 4.280768 30.595711
13 25 4.198070 30.602991
13 26 4.103477 30.656477
13 27 4.043370 30.667067
12 27 3.989883 30.592476
12 26 4.019771 30.540209
12 25 4.100399 30.461952
12 24 4.158063 30.361954
11 24 4.135406 30.351387
```

11	25	4.086499	30.444435
11	26	3.996809	30.518467
11	27	3.945765	30.533283
10	27	3.894697	30.465336
9	27	3.830034	30.391047
8	27	3.734261	30.324322
7	27	3.626115	30.295958
6	27	3.518578	30.289949
5	27	3.425249	30.312630
5	26	3.393198	30.203899
5	25	3.376549	30.085796
5	24	3.377136	30.025385
4	24	3.339077	30.024187
3	24	3.133373	30.027571
2	24	2.909850	30.033678
2	25	2.909263	30.094091
3	25	3.128256	30.085871
4	25	3.345134	30.082182
4	26	3.362088	30.211458
4	27	3.392026	30.324722
4	28	3.397473	30.360365
4	29	3.414402	30.406878
5	29	3.451852	30.390721
6	29	3.531892	30.367876
6	28	3.521913	30.330122
7	28	3.629143	30.324955
8	28	3.723696	30.346979
8	29	3.711017	30.374166
9	29	3.775374	30.437279
9	28	3.805872	30.407366
10	28	3.863892	30.484074
11	28	3.919492	30.554134
12	28	3.956964	30.615744
13	28	4.008034	30.683691
14	28	4.077534	30.771271
15	28	4.117120	30.828348
16	28	4.159126	30.892069
17	28	4.209583	30.937666
17	29	4.204185	31.067553
17	30	4.236845	31.198639
17	31	4.273123	31.298307
17	32	4.296415	31.413992
17	33	4.300971	31.498867
17	34	4.302171	31.581327
17	35	4.301000	31.623074
18	35	4.338164	31.632065
19	35	4.384400	31.645300
20	35	4.430603	31.658621
21	35	4.532715	31.711754
22	35	4.605831	31.767914
23	35	4.695264	31.848236
24	35	4.773217	31.917688

```
25 35 4.855700 31.989252
26 35 4.944829 32.058399
27 35 5.035765 32.111835
28 35 5.124283 32.158630
29 35 5.199204 32.199085
29 36 5.160864 32.269474
30 36 5.227030 32.316879
31 36 5.295308 32.359753
31 35 5.356001 32.288750
32 35 5.408877 32.340988
32 36 5.347880 32.400818
32 37 5.254269 32.495087
32 38 5.196604 32.595085
32 39 5.135629 32.737679
32 40 5.082215 32.911377
33 40 5.163478 32.938236
34 40 5.232954 32.943050
35 40 5.306961 32.949978
36 40 5.374322 32.959320
36 39 5.416584 32.868687
```

그림 B18 그림 B17에서 보는 바와 같은 종속격자(No.2)에 대한 gefdc.inp 파일.

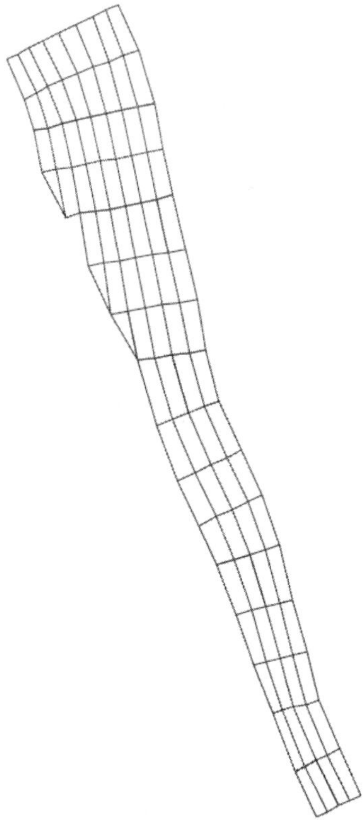

그림 B19 그림 B12의 인디언강 습지의 종속격자(No.3); NTYPE = 5.

```
C1 TITLE
C1 (LIMITED TO 80 CHARACTERS)
   Indian River Lagoon, Sub Grid 3
C2 INTEGER INPUT
C2 NTYPE  NBPP  IMIN  IMAX  JMIN  JMAX  IC    JC
     5     48     1    54     1     60   54   60
C3 GRAPHICS GRID INFORMATION
C3 ISGG  IGM  JGM  DXCG  DYCG  NWTGG
     0   50   92   250.  250.   1
C4 CARTESIAN AND GRAPHICS GRID COORDINATE DATA
C4 CDLON1  CDLON2  CDLON3  CDLAT1  CDLAT2  CDLAT3
  1.875     15.0     0.0    17.875   15.0     0.0
C5 INTEGER INPUT
C5 ITRXM  ITRHM  ITRKM  ITRGM  NDEPSM
    200    200    200    200    1000
C6 REAL INPUT
C6 RPX RPK RPH RSQXM RSQKM RSQKIM RSQHM RSQHIM RSQHJM
    1.8  1.8  1.8  1.E-12  1.E-12  1.E-12  1.E-12  1.E-12  1.E-12
C7 COORDINATE SHIFT PARAMETERS
C7 XSHIFT  YSHIFT  HSCALE  RKJDKI  ANGORO
     0.      0.     1000.    1.      5.0
C8 INTERPOLATION SWITCHES
C8 ISIRKI JSIRKI ISIHIHJ JSIHIHJ
     1     0     0     0
C9 NTYPE = 7 SPECIFIED INPUT
C9 IB IE JB JE N7RLX NXYIT ITN7M IJSMD ISMD JSMD RP7 SERRMAX
C10 NTYPE = 7 SPECIFIED INPUT
C10 X Y IN ORDER (IB,JB) (IE,JB) (IE,JE) (IB,JE)
C11 DEPTH INTERPOLATION SWITCHES
C11 ISIDEP NDEPDAT CDEP RADM ISIDPTYP SURFELV ISVEG NVEGDAT NVEGTYP
       0      896    2.   .5      3      0.167     0      0      0
C12 LAST BOUNDARY POINT INFORMATION
C12 ILT  JLT  X(ILT,JLT)  Y(ILT,JLT)
     41   2   10.771623  20.911531
C13 BOUNDARY POINT INFORMATION
C13 I  J    X(I,J)    Y(I,J)
    40   2 10.680992 20.869270
    40   3 10.511944 21.231794
    40   4 10.332051 21.688562
    40   5 10.185966 22.072828
    40   6 10.044719 22.470383
    40   7  9.894407 22.863710
    40   8  9.746491 23.180916
    40   9  9.581670 23.534378
    40  10  9.410230 23.973021
    40  11  9.254519 24.496237
    39  11  9.088380 24.473932
    39  12  9.040770 24.859980
    38  12  8.901817 24.850355
    38  13  8.859043 25.249693
    38  14  8.798752 25.662931
    37  14  8.681543 25.630342
    36  14  8.573397 25.601980
    36  15  8.490144 25.993475
    36  16  8.427410 26.317305
    36  17  8.353781 26.569849
    36  18  8.205865 26.887056
```

```
37 18   8.296495 26.929317
38 18   8.387127 26.971581
39 18   8.500415 27.024408
40 18   8.636361 27.087799
41 18   8.772307 27.151192
42 18   8.908255 27.214586
43 18   9.021543 27.267414
44 18   9.112172 27.309675
44 17   9.281219 26.947151
44 16   9.412794 26.523020
44 15   9.479142 26.167774
44 14   9.558780 25.807695
44 13   9.654101 25.366657
44 12   9.746417 24.979389
44 11   9.811546 24.579441
44 10   9.916542 24.164982
44  9  10.098267 23.775270
44  8  10.263088 23.421810
44  7  10.404335 23.024256
44  6  10.508718 22.587444
44  5  10.613714 22.172985
44  4  10.706031 21.785717
44  3  10.874467 21.400841
44  2  11.043514 21.038317
43  2  10.952884 20.996056
42  2  10.862254 20.953794
41  2  10.771623 20.911531
```

그림 B20 그림 B19의 종속격자(No3)에 대한 gefdc.inp.

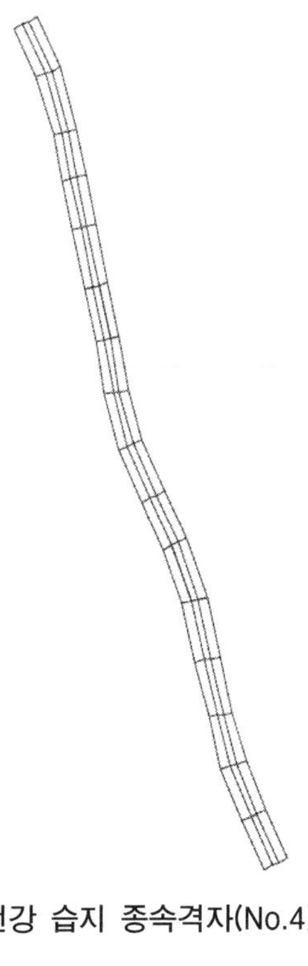

그림 B21 그림 B12의 인디언강 습지 종속격자(No.4); NTYPE=0, 곡선-직교격자.

```
C1 TITLE
C1 (LIMITED TO 80 CHARACTERS)
  Indian River Lagoon, Subgrid 4
C2 INTEGER INPUT
C2 NTYPE  NBPP  IMIN  IMAX  JMIN  JMAX  IC   JC
   0      0     1     54    1     60    54   60
C3 GRAPHICS GRID INFORMATION
C3 ISGG  IGM  JGM  DXCG  DYCG  NWTGG
   0     50   92   250.  250.   1
C4 CARTESIAN AND GRAPHICS GRID COORDINATE DATA
C4 CDLON1  CDLON2  CDLON3  CDLAT1  CDLAT2  CDLAT3
   1.875   15.0    0.0     17.875  15.0    0.0
C5 INTEGER INPUT
C5 ITRXM  ITRHM  ITRKM  ITRGM  NDEPSM
   100    100    100    100    1000
C6 REAL INPUT
C6 RPX RPK RPH RSQXM RSQKM RSQKIM RSQHM RSQHIM RSQHJM
   1.8 1.8 1.8 1.E-12 1.E-12 1.E-12 1.E-12 1.E-12 1.E-12
C7 COORDINATE SHIFT PARAMETERS
C7 XSHIFT  YSHIFT  HSCALE  RKJDKI  ANGORO
   0.      0.      1000.   1.      7.0
C8 INTERPOLATION SWITCHES
C8 ISIRKI  JSIRKI  ISIHIHJ  JSIHIHJ
   1       0       0        0
C9 NTYPE = 7 SPECIFIED INPUT
C9 IB IE JB JE N7RLX NXYIT ITN7M IJSMD ISMD JSMD RP7 SERRMAX
C10 NTYPE = 7 SPECIFIED INPUT
C10 X Y IN ORDER (IB,JB) (IE,JB) (IE,JE) (IB,JE)
C11 DEPTH INTERPOLATION SWITCHES
C11 ISIDEP NDEPDAT CDEP RADM ISIDPTYP SURFELV ISVEG NVEGDAT NVEGTYP
    0      1054    2.   .5   3        0.167   0     0       0
C12 LAST BOUNDARY POINT INFORMATION
C12 ILT  JLT  X(ILT,JLT)  Y(ILT,JLT)
    1    1    0.0         0.0
C13 BOUNDARY POINT INFORMATION
C13 I J X(I,J) Y(I,J)
```

그림 B22 그림 B21의 종속격자(No.4) gefdc.inp파일; NTYPE=0

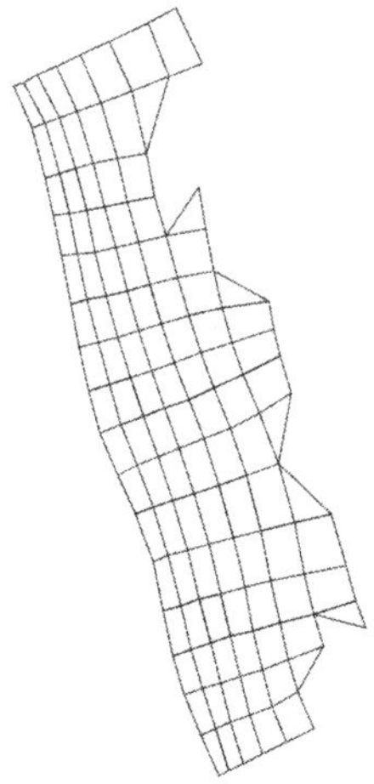

그림 B23 그림 B12의 종속격자 (No.5); NTYPE = 5, 곡선-직교격자.

```
C1 TITLE
C1 (LIMITED TO 80 CHARACTERS)
   Indian River Lagoon, Subgrid 5
C2 INTEGER INPUT
C2 NTYPE  NBPP  IMIN  IMAX  JMIN  JMAX  IC   JC
    5     50     1    54     1     60   54   60
C3 GRAPHICS GRID INFORMATION
C3 ISGG  IGM  JGM  DXCG  DYCG  NWTGG
    0    50   92   250.  250.   1
C4 CARTESIAN AND GRAPHICS GRID COORDINATE DATA
C4 CDLON1  CDLON2  CDLON3  CDLAT1  CDLAT2  CDLAT3
   1.875    15.0    0.0    17.875   15.0    0.0
C5 INTEGER INPUT
C5 ITRXM  ITRHM  ITRKM  ITRGM  NDEPSM
   100    100    100    100    1000
C6 REAL INPUT
C6 RPX RPK RPH RSQXM RSQKM RSQKIM RSQHM RSQHIM RSQHJM
   1.8 1.8 1.8 1.E-12  1.E-12  1.E-12  1.E-12  1.E-12  1.E-12
C7 COORDINATE SHIFT PARAMETERS
C7 XSHIFT YSHIFT HSCALE RKJDKI ANGORO
    0.    0.    1000.    1.    5.0
C8 INTERPOLATION SWITCHES
C8 ISIRKI JSIRKI ISIHIHJ JSIHIHJ
    1     0     0     0
C9 NTYPE = 7 SPECIFIED INPUT
C9 IB IE JB JE N7RLX NXYIT ITN7M IJSMD ISMD JSMD RP7 SERRMAX
C10 NTYPE = 7 SPECIFIED INPUT
C10 X Y IN ORDER (IB,JB) (IE,JB) (IE,JE) (IB,JE)
C11 DEPTH INTERPOLATION SWITCHES
C11 ISIDEP NDEPDAT CDEP RADM ISIDPTYP SURFELV ISVEG NVEGDAT NVEGTYP
      0     1054    2.   .5      3     0.167    0     0      0
C12 LAST BOUNDARY POINT INFORMATION
C12 ILT  JLT  X(ILT,JLT)  Y(ILT,JLT)
     48   2   11.315408   21.165104
C13 BOUNDARY POINT INFORMATION
C13 I  J    X(I,J)     Y(I,J)
   47  2 11.224776 21.122841
   47  3 11.055729 21.485365
   47  4 10.909035 21.847277
   47  5 10.797980 22.203743
   47  6 10.702049 22.622427
   47  7 10.606728 23.063465
   47  8 10.444349 23.506332
   47  9 10.279528 23.859795
   47 10 10.102028 24.240444
   47 11  9.995811 24.610197
   47 12  9.917395 25.014980
   47 13  9.829916 25.415539
   47 14  9.738821 25.847515
   47 15  9.664020 26.220884
   47 16  9.592834 26.562840
```

```
47 17  9.466708 27.022612
47 18  9.293435 27.394197
48 18  9.384066 27.436460
49 18  9.520012 27.499853
50 18  9.701274 27.584377
51 18  9.927851 27.690031
52 18 10.199742 27.816816
53 18 10.562265 27.985865
54 18 10.834159 28.112650
54 17 11.070825 27.605118
53 17 10.763290 27.483780
53 16 10.961871 26.892284
52 16 10.556476 26.791515
52 15 10.621604 26.391569
53 15 11.044516 26.478437
53 14 11.101190 26.096615
54 14 11.559133 26.155685
54 13 11.637548 25.750900
54 12 11.696055 25.436136
54 11 11.747332 25.184202
54 10 11.807670 24.936493
54  9 11.919335 24.602381
54  8 12.111296 24.096069
54  7 12.300815 23.500349
54  6 12.431167 23.031511
54  5 12.529542 22.702236
54  4 12.621296 22.458145
53  4 12.223131 22.294544
53  3 12.324560 22.077030
52  3 11.974715 21.880795
52  2 12.131084 21.545460
51  2 11.859191 21.418674
50  2 11.632614 21.313019
49  2 11.451354 21.228497
48  2 11.315408 21.165104
```

그림 B24 그림 B23 종속격자(No.5)의 gefdc.inp 파일; NTYPE = 5.

B.5 플로리다주 SFWMD 수변 보존 지역 2A

이 절은 플로리다주 팜(Palm) 해변 서쪽의 남플로리다 물관리 지역인 수변 보존 지역 2A의 곡선-직교격자(curvilinear-orthogonal grid)를 기술한다. 물리적인 격자영역은 그림 B25와 보는 바와 같고 그림 B26에서 cell.inp 파일 그리고 그림 B27에서 gefdc.inp 파일을 나타냈다. 그래픽 직각격자 오버레이 파일 gcell.inp는 그림 B28에서 보는 바와 같고, 그와 똑같은 사각형 셀 직각격자는 그림 B29에서 보는 바와 같다.

가장 아래 부분의 4개의 셀을 제외하고 곡선격자의 주요 부분은 gefdc.f에 의해서 NTYPE = 7을 선택함으로서 유사-합성사상(quasi-conformal mapping)에 근거하여 생성된다. 그 때 가장 아래 부분의 4개의 셀들은 손으로 격자에 추가 되었다. NTYPE = 7을 선택함으로써 요구되는 4개의 경계함수 서브루틴은 그림 B30-B33에서 보는 바와 같다.

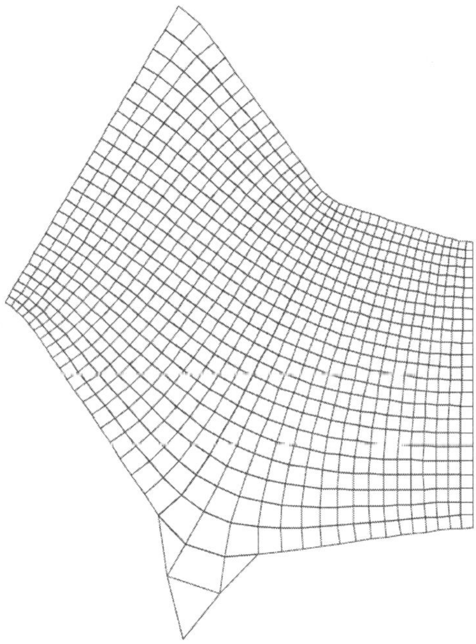

그림 B25 SFWMD의 물 보존지역 2A의 물리적 격자영역. 격자간격: 약 400-500미터.

```
C cell.inp file, i columns and j rows, for WCA2A
C          1         2         3         4
C 1234567890123456789012345678901234567890
C
32 99999999999999999999999999999999999999
31 95555555555555555555555555555555555559
30 99999999999999999999999999999999999999
29 00000000000009555555555555555555555559
28 99999999999999999999999999999999999999
27 95555555555555555555555555555555555559
26 95555555555555555555555555555555555559
25 95555555555555555555555555555555555559
24 95555555555555555555555555555555555559
23 95555555555555555555555555555555555559
22 95555555555555555555555555555555555559
```

```
21 95555555555555555555555555555555555559
20 95555555555555555555555555555555555559
19 95555555555555555555555555555555555559
18 95555555555555555555555555555555555559
17 95555555555555555555555555555555555559
16 95555555555555555555555555555555555559
15 95555555555555555555555555555555555559
14 95555555555555555555555555555555555559
13 95555555555555555555555555555555555559
12 95555555555555555555555555555555555559
11 95555555555555555555555555555555555559
10 95555555555555555555555555555555555559
 9 95555555555555555555555555555555555559
 8 95555555555555555555555555555555555559
 7 95555555555555555555555555555555555559
 6 95555555555555555555555555555555555559
 5 95555555555555555555555555555555555559
 4 95555555555555555555555555555555555559
 3 99999999999999999999352999999999999999
 2 00000000000000000009939900000000000959
 1 00000000000000000000999000000000000999
C           1         2         3         4
C  1234567890123456789012345678901234567890
```

그림 B26 그림 B25의 WCA2A 격자에 대한 cell.inp파일.

```
C1 TITLE
C1 (LIMITED TO 80 CHARACTERS)
   SWFWMD WCA2A
C2 INTEGER INPUT
C2 NTYPE  NBPP  IMIN  IMAX  JMIN  JMAX  IC   JC
     7     106    1    38     1    28   38   28
C3 GRAPHICS GRID INFORMATION
C3 ISGG  IGM  JGM  DXCG  DYCG  NWTGG
     1    44   55  600.  600.    1
C4 CARTESIAN AND GRAPHICS GRID COORDINATE DATA
C4 CDLON1  CDLON2  CDLON3  CDLAT1  CDLAT2  CDLAT3
     5.1    36.0     0.0     3.9    36.0     0.0
C5 INTEGER INPUT
C5 ITRXM  ITRHM  ITRKM  ITRGM  NDEPSM
    100    100    100    100    1000
C6 REAL INPUT
C6 RPX  RPK  RPH  RSQXM  RSQKM  RSQKIM  RSQHM  RSQHIM  RSQHJM
    1.8  1.8  1.8  1.E-12  1.E-12  1.E-12  1.E-12  1.E-12  1.E-12
C7 COORDINATE SHIFT PARAMETERS
C7 XSHIFT  YSHIFT  HSCALE  RKJDKI  ANGORO
     0.      0.     1000.    1.     5.04
C8 INTERPOLATION SWITCHES
C8 ISIRKI  JSIRKI  ISIHIHJ  JSIHIHJ
     0       0        1        0
C9 NTYPE = 7 SPECIFIED INPUT
```

```
C9 IB  IE  JB  JE  N7RLX NXYIT ITN7M IJSMD ISMD JSMD RP7 SERRMAX
    2  38   4  28  1000    1    500     0     0    26  1.0    1.E-8
C10 NTYPE = 7 SPECIFIED INPUT
C10  X     Y IN ORDER (IB,JB) (IE,JB) (IE,JE) (IB,JE)
    6.76   20.6
   31.00    9.1
   31.00   23.6
   15.76   35.6
C11 DEPTH INTERPOLATION SWITCHES
C11 ISIDEP NDEPDAT CDEP RADM ISIDPTYP SURFELV ISVEG NVEGDAT NVEGTYP
      1      783     2.    .5     2       4.00     1     10710     12
C12 LAST BOUNDARY POINT INFORMATION
C12 ILT  JLT  X(ILT,JLT)  Y(ILT,JLT)
    1     1     0.0          0.0
C13 BOUNDARY POINT INFORMATION
C13 I J X(I,J) Y(I,J)
```

그림 B27 그림 B25의 WCA2A 격자에 대한 gefdc.inp파일.

```
C gcell.inp file, i columns and j rows, for WCA2A
C          1         2         3         4         5
C 12345678901234567890123456789012345678901234567890
C
55 00000000000000000000000000000000000000000000
54 00000000000000099990000000000000000000000000
53 00000000000000095599000000000000000000000000
52 00000000000000995559900000000000000000000000
51 00000000000000955555900000000000000000000000
50 00000000000009955555990000000000000000000000
49 00000000000099555555599000000000000000000000
48 00000000000095555555559900000000000000000000
47 00000000000995555555555900000000000000000000
46 00000000000955555555555990000000000000000000
45 00000000009955555555555599000000000000000000
44 00000000099555555555555559000000000000000000
43 00000000095555555555555559900000000000000000
42 00000000995555555555555555990000000000000000
41 00000000955555555555555555590000000000000000
40 00000009955555555555555555599000000000000000
39 00000009555555555555555555559900000000000000
38 00000099555555555555555555555900000000000000
37 00000995555555555555555555555999900000000000
36 00000955555555555555555555555555999990000000
35 00009955555555555555555555555555555599990000
34 00009555555555555555555555555555555555999990
33 00099555555555555555555555555555555555555590
32 00095555555555555555555555555555555555555590
31 00995555555555555555555555555555555555555590
30 09955555555555555555555555555555555555555590
29 09555555555555555555555555555555555555555590
28 09955555555555555555555555555555555555555590
27 00995555555555555555555555555555555555555590
```

```
26 00095555555555555555555555555555555555555590
25 00099555555555555555555555555555555555555590
24 00009955555555555555555555555555555555555590
23 00000995555555555555555555555555555555555590
22 00000095555555555555555555555555555555555590
21 00000099555555555555555555555555555555555590
20 00000009955555555555555555555555555555555590
19 00000000955555555555555555555555555555555590
18 00000000995555555555555555555555555555555590
17 00000000099555555555555555555555555555555590
16 00000000009555555555555555555555555555555590
15 00000000009955555555555555555555555555555590
14 00000000000995555555555555555555555555555590
13 00000000000095555555555555555555555555555590
12 00000000000099555555555555555555555555555590
11 00000000000009955555555555555555555555555590
10 00000000000000955555555555555555555555555590
 9 00000000000000955555555555555555555999999990
 8 00000000000000995555555555559999999900000000
 7 00000000000000095555555999999000000000000000
 6 00000000000000095555559900000000000000000000
 5 00000000000000095555599000000000000000000000
 4 00000000000000095555990000000000000000000000
 3 00000000000000995559000000000000000000000000
 2 00000000000000099990000000000000000000000000
 1 00000000000000000000000000000000000000000000
C
C 12345678901234567890123456789012345678901234567890
C             1         2         3         4          5
```

그림 B28 그림 B25의 WCA2A 격자에 대한 gcell.inp 파일.

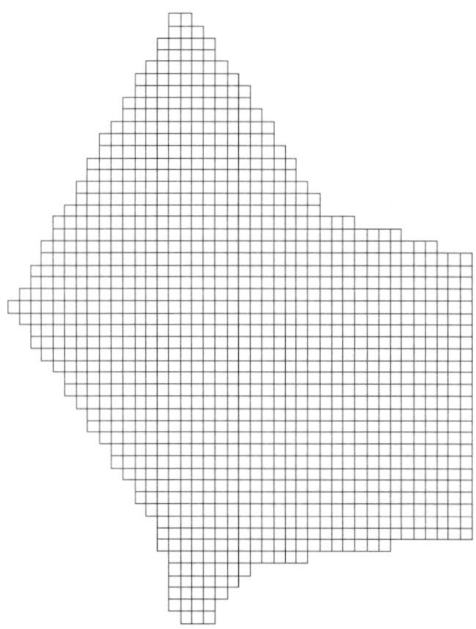

그림 B29 그림 B25의 사각형 직각격자 : 그림 B28의 gcell.inp 파일과 일치.

```
C
      REAL*8 FUNCTION FIB(YY,J)
      IMPLICIT REAL*8 (A-H,O-Z)
      REAL*8 YY
C
      IF(YY.GE.20.6.AND.YY.LE.35.6) THEN
      FIB=9.*(YY-21.)/15. + 7.
      RETURN
      END IF
C
      WRITE(6,601) YY,J
  601 FORMAT(' FUNCTION FIB OUT OF BOUNDS YY,J = ',F10.4,I8/)
C
      RETURN
      END
```

그림 B30 물리영역 진북이나 Y 좌표(YY)의 함수로서 첫 I 경계를 따라 물리영역의 진동이나 X좌표(FIB)를 구하기 위한 포트란 부함수.

```
C
      REAL*8 FUNCTION FIE(YY,J)
      IMPLICIT REAL*8 (A-H,O-Z)
      REAL*8 YY
C
      IF(YY.GE.9.1.AND.YY.LE.23.6) THEN
      FIE=31.
      RETURN
      END IF
C
      WRITE(6,601) YY,J
  601 FORMAT(' FUNCTION FIE OUT OF BOUNDS YY,J = ',F10.4,I8/)
C
      RETURN
      END
C
```

그림 B31 물리영역 진북이나 Y 좌표(YY)의 함수로서 마지막 I 경계를 따라 물리영역의 진동이나 X좌표(FIE)를 구하기 위한 포트란 부함수.

```
C
      REAL*8 FUNCTION GJB(XX,I)
      IMPLICIT REAL*8 (A-H,O-Z)
      REAL*8 XX
C
      IF(XX.GE.6.76.AND.XX.LT.8.76) THEN
      X=XX-6.76
```

```
      GJB=20.6-0.6*X-(2.254-0.203*X)*X*X/7.7
      RETURN
      END IF
C
      IF(XX.GE.8.76.AND.XX.LT.14.7) THEN
      GJB=-11.2*(XX-7.)/7.7 + 21.
      RETURN
      END IF
C
      IF(XX.GE.14.7.AND.XX.LT.19.4) THEN
C     GJB=-2.1*(XX-14.7)/4.7 + 9.8
      X=XX-14.7
      CTMP=6.764968/(4.7*4.7)
      DTMP=-2.028605/(4.7*4.7*4.7)
      GJB=9.8-11.2*X/7.7+(CTMP+DTMP*X)*X*X
      RETURN
      END IF
C
      IF(XX.GE.19.4.AND.XX.LE.29.0) THEN
      GJB=1.5*(XX-19.4)/11.6 + 7.7
      RETURN
      END IF
C
      IF(XX.GE.29.0.AND.XX.LE.31.) THEN
      X=XX-31.
      GJB=9.1-(0.63+0.085*X)*X*X/11.6
      RETURN
      END IF
C
      WRITE(6,601) XX,I
  601 FORMAT(' FUNCTION GJB OUT OF BOUNDS XX,I = ',F10.4,I8/)
C
      RETURN
      END
C
```

그림 B32 물리영역 진동이나 X 좌표(XX)의 함수로서 첫 J 경계를 따라 물리 영역의 진북이나 Y 좌표(GJB)를 구하기 위한 포트란 부함수.

```
C
      REAL*8 FUNCTION GJE(XX,I)
      IMPLICIT REAL*8 (A-H,O-Z)
      REAL*8 XX
C
      IF(XX.GE.15.76.AND.XX.LT.17.76) THEN
      X=XX-15.76
      GJE=35.6-0.6*X-(1.696-0.082*X)*X*X/7.5
      RETURN
      END IF
C
```

```
      IF(XX.GE.17.76.AND.XX.LT.22.5) THEN
      GJE=-10.3*(XX-16.)/7.5 + 36.
      RETURN
      END IF
C
      IF(XX.GE.22.5.AND.XX.LT.24.5) THEN
      X=XX-22.5
      GJE=(203.05-10.3*X+2.*X*X)/7.5
      RETURN
      END IF
C
      IF(XX.GE.24.5.AND.XX.LT.29.0) THEN
      GJE=-2.3*(XX-23.5)/7.5 + 25.7
      RETURN
      END IF
C
      IF(XX.GE.29.0.AND.XX.LE.31.0) THEN
      X=XX-31.
      GJE=23.6+(1.175+0.2*X)*X*X/7.5
      RETURN
      END IF
C
      WRITE(6,601) XX,I
  601 FORMAT(' FUNCTION GJE OUT OF BOUNDS XX,I = ',F10.4,I8/)
C
C
      RETURN
      END
C
```

그림 B33 물리영역 진동이나 X 좌표(XX)의 함수로서 마지막 J 경계를 따라 물리영역의 진북이나 Y 좌표(GJE)를 구하기 위한 포트란 부함수.

B.6 체서피크만

이 절은 체서피크만의 사각형 셀 직각격자(Cartesian grid)를 기술한다. 물리적 격자영역은 그림 B34에서 보는 바와 같고, 그림 B35는 cell.inp 파일이고, 그림 B36은 gefdc.inp 파일이다. 이 격자는 gefdc.f 에서 NTYPE = 9를 선택함으로써 생성되었다.

그림 B34 체서피크만의 물리적 계산 격자 영역. 격자 간격은 대략 1850미터.

```
C cell.inp file, i across and j up, for ches bay
C 0         1         2         3         4         5         6         7         8         9
C 123456789012345678901234567890123456789012345678901234567890123456789012345678901234567890123456
C
180 000000000000000000000000000000000000000000000000000000000000000000000000000000000000000000000000
179 000000000000000000000000000000000000000000000000000000000000000000000000000000000000000000000000
178 000000000000000000000000000000000000000000000000000000000000000000000000000000000000000000000000
177 000000000000000000000000000000000000000000000000000000000000000000000000000000000000000000000000
176 000000000000000000000000000000000000000000000000000000000000000000000000000000000000000000000000
175 000000000000000000000000000000000000000000000000000000000000000000000000000000000000000000000000
174 000000000000000000000000000000000000000000000000000000000000000000000000099900000000000000000000
173 000000000000000000000000000000000000000000000000000000000000000000099909959099900000000000000000
172 000000000000000000000000000000000000000000000000000000000000000000995999559095900000000000000000
171 000000000000000000000000000000000000000000000000000000000000000000945551529095900000000000000000
170 000000000000000000000000000000000000000000000000000000000000000009955555599995900000000000000000
169 000000000000000000000000000000000000000000000000000000000000000009455555599452900000000000000000
168 000000000000000000000000000000000000000000000000000000000000000009555555994599900000000000000000
167 000000000000000000000000000000000000000000000000000000000000999000999355594235900000000000000000
166 000000000000000000000000000000000000000000000000000000000000959000099955242999900000000000000000
```

```
165 0000000000000000000000000000000000000000000000000000009590009954555599000000000000000000000000000000
164 0000000000000000000000000000000000000000000000000000099590099455555599000000000000000000000000000000
163 0000000000000000000000000000000000000000000000000099999942909945555529000000000000000000000000000000
162 0000000000000000000000000000000000000000000000000095519959999555555999999990000000000000000000000000
161 0000000000000000000000000000000000000000000000000099359959945555555555555590000000000000000000000000
160 0000000000000000000000000000000000000000000000000099599514555529999999999900000000000000000000000000
159 0000000000000000000000000000000000000000000000000009559355555599000000000000000000000000000000000000
158 0000000000000000000000000000000000000000000000000099955955552999000000000000000000000000000000000000
157 0000000000000000000000000000000000000000000000000099545545555190000000000000000000000000000000000000
156 0000000000000000000000000000000000000000000000000099555555555529000000000000000000000000000000000000
155 0000000000000000000000000000000000000000999990000995555555555299000000000000000000000000000000000000
154 0000000000000000000000000000000000000000955519900994555555529900000000000000000000000000000000000000
153 0000000000000000000000000000000000000000999351990955555555559900000000000000000000000000000000000000
152 0000000000000000000000000000000000000000009455599994555555529000000000000000000000000000000000000000
151 0000000000000000000000000000000000000000000999351994555555559900000000000000000000000000000000000000
150 0000000000000000000000000000000000000000000009955555555555290000000000000000000000000000000000000000
149 0000000000000000000000000000000000000000000000955555555555599000000000000000000000000000000000000000
148 0000000000000000000000000000000000000000000000999355555555559900000000000000000000000000000000000000
147 0000000000000000000000000000000000000000000000099355555555519000000000000000000000000000000000000000
146 0000000000000000000000000000000000000000000000099555555555599999990000000000000000000000000000000000
145 0000000000000000000000000000000000000000000000009355555555199545590000000000000000000000000000000000
144 0000000000000000000000000000000000000000000000999999555555555955599900000000000000000000000000000000
143 0000000000000000000000000000000000000000000000955554555555595529000000000000000000000000000000000000
142 0000000000000000000000000000000000000000000000999355555555555952990000000000000000000000000000000000
141 0000000000000000000000000000000000000000000000999999955555555295190000000000000000000000000000000000
140 0000000000000000000000000000000000000000000000951990995552355195559000000000000000000000000000000000
139 0000000000000000000000000000000000000000000000995199945559955555590000000000000000000000000000000000
138 0000000000000000000000000000000000000000000000995931555599355552900000000000000000000000000000000000
137 0000000000000000000000000000000000000000000000935555529999352990000000000000000000000000000000000000
136 0000000000000000000000000000000000000000000000999935555599999999990000000000000000000000000000000000
135 0000000000000000000000000000000000000000000000959995555599945559000000000000000000000000000000000000
134 0000000000000000000000000000000000000000000000955195555595955559000000000000000000000000000000000000
133 0000000000000000000000000000000000000000000000993555552951555590000000000000000000000000000000000000
132 0000000000000000000999000000000000000000000000995555559955555590000000000000000000000000000000000000
131 0000000000000000000959000000000000000000000000994555555995555599900000000000000000000000000000000000
130 0000000000000000000959000000000000000000000000955555555945552555590000000000000000000000000000000000
129 0000000000000000000959000000000000000000000000999555555455529555990000000000000000000000000000000000
128 0000000000000000000959000000000000000000000000995555555552995559000000000000000000000000000000000000
127 0000000000000000000959000000000000000000000000945555555555999935990000000000000000000000000000000000
126 0000000000000000000959000000000000000000000000999555555555590099519000000000000000000000000000000000
125 0000000000000000000959000000000000000000000000945555555555599999559000000000000000000000000000000000
124 0000000000000000000959000000000000000000000000955555555555959959999000000000000000000000000000000000
123 0000000000000000000959000000000000000000000000935555555555959555590000000000000000000000000000000000
122 0000000000000000999959000000000000000000000000993555555555245955999999000000000000000000000000000000
121 0000000000000009945559000000000000000000000000995555555595555599455900000000000000000000000000000000
120 0000000000000099552999000000000000000000000000955555555935555195999900000000000000000000000000000000
119 0000000000000999094599900000000000000000000000955555555555555555990000000000000000000000000000000000
118 0000000000009590955900000000000000000000000000955555555555555555590000999000000000000000000000000000
117 0000000000099599935900000000000000000000000000955555555555555555599990095900000000000000000000000000
116 0000000000095594552900000000000000000000000000955555555555535355955159909590000000000000000000000000
115 0000000000095555529900000000000000000000000000955555555555199399555519995900000000000000000000000000
114 0000000000995559999000000000000000000000000000955555555555559999993555194590000000000000000000000000
113 0000000009555290000000000000000000000000999000095555555555529999909999355299000000000000000000000000
112 0000000009955559000000000000000000000009590000955555555555519959000099999900000000000000000000000000
111 0000000009455999000000000000000000000009590000955555555555555145900000000000000000000000000000000000
```

110 00000000995599000000000000000000000000000000959000095555555555555555900000000000000000000000000000000000
109 00000000945290000000000000000000000000000959000093555555555555299900000000000000000000000000000000000
108 00000000995599000000000999000000000000000000959000099555555555995990000000000000000000000000000000000000
107 00000000945590000000000959000000000000000000959990009355555555999900000000000000000000000000000000000000
106 00000000955590000099999599000000000000000000955190009935555555199000000000000000000000000000000000000000
105 00000000955590000095994519000000000000000000995599900993555555519000000000000000000000000000000000000000
104 00000000935599000095945559000000000000000000099551999099355555559000000000000000000000000000000000000000
103 00000000995519000099545555990000000000000000099355599099555555599000000000000000000009990000000000000000
102 00000000955559999945552351900999990000000000993551990995555519999000000000000000009590000000000000000
101 00000000993551994555299559009551900000000000099935190095555551959990000009999990095900000000000000000
100 00000000995555555999999559909995900000000000000099959099555555515519000009451999959000000000000000000
99 000000000935555299000095519909459000000000000000000959994555555553559000009955599455900000000000000000
98 000000000999999990000099555599935990000000000000009555155555555545999000094552995559900000000000000000
97 000000000000000000000955555599951900000000000000099355555555555535559990955999459900000000000000000
96 000000000000000000000993555519935900000000000000099999455555555195959993599955900000000000000000
95 000000000000000000000995555519959909999990000000009555555555554559999519954900000000000000000
94 000000000000000000000009935555555199955559000000000095555555551355299455195199990000000000000000
93 000000000000000000000099555555551942599999000000009555555555519551955529559459900000000000000000
92 000000000000000000000095555555555155555519900000009355555555555555513555555555559000000000000000000
91 000000000000000000000099355555555555555555999009999955555555555555555555555529990000000000000000
90 000000000000000000000009993555555555555555519009590935555555555552935555529990000000000000000
89 000000000000000000000000993555555555555555590095909935555555555599955559999000000000000000000
88 000000000000000000000000099999995559555555599995900995555555555519955599999999000000000000000000
87 000000000000000000000000000000995599319555551995900993555555555555555599459555900000000000000000
86 000000000000000000000000000000995999999555555559999555555555555555245514555599900000000000000000
85 000000000000000000000000000000000999000935555555159935555555555555559555555552900000000000000000
84 000000000000000000000000000000000000993555555551995555555555555593555555299000000000000000000
83 000000000000000000000000000000000000999555555559955555555555555555555555999999000000000000000000
82 000000000000000000000000099900000000000000093555555519355555555555555555555555590000000000000000
81 000000000000000000000000959000000000000000095555555555555555555555555555555559999000000000000000
80 000000000000000000000000959000000000000000092355555555555555555555593555555599900000000000000000
79 000000000000000000000000959000000000000000999935555555555555555555995555590000000000000000000
78 000000000000000000000000959990000000000000000955555555555555555555994555529000000000000000000
77 000000000000000000000000955590000000000000000093935555555555555555995555599099999999999999000
76 000000000000000000000000999599000000000000000099999355555555555555995555599945555555555559000
75 000000000000000000000000000931999000000000000000099993555555555555145555599945555555555559000
74 000000000000000000000000000995519900000000000000000993555555555555555555994555559999999999000
73 000000000000000000000000000993519000000000000000000999355555555555555555555555599990000000
72 000000000000000000000000000099959900000000000000000000995555555555555555555555555559000000
71 000000000000000000000000000095599000000000000000000009555555555555555555555555559000000000
70 000000000000000000000000000099519900000000000000000009555555555555555555555555559000000000
69 000000000000000000000000000000935199000000000000000999955555555555595555555555555990000000
68 000000000000000000000000000000995519990000000000000959455555555555595555555555529000000000
67 000000000000000000000000000000093555199000000000000009555555555555555555555555555559900000000
66 000000000000000000000000000000099355559990000000000009555555555555555555555555599559000000000
65 000000000000000000000000000000099955551990000000000095555555555555555555555555599990000000000
64 000000000000000000000000000000000935555190000000000955555555555555555555555555590000000000
63 000000000000000000000000000000000999955590000000000955555555555555555555555552990000000000
62 000000000000000000000000000000000995599099900000955555555555555555555555555590000000000
61 000000000000000000000000000000000095559095900000935555555555555555555555555990000000000
60 000000000000000000000000000000000093559095900009945555555555555555555555559900000000000
59 000000000000000000000000000000000099559995900009555555555555555555555555590000000000000
58 000000000000000000000000000000000000955195559990095555555555555555555555990000000000000
57 000000000000000000000000000000000000935555551999953555555555555555555599000000000000000
56 000000000000000000000000000000000000993555555519999355555555555555555900000000000000000

```
55 00000000000000000000000000000000000000000000999999555555555555555555555555555559590000000000000000
54 00000000000000000000000000000000000000000000095555555555555555555555555555559990000000000000000000
53 00000000000000000000000000000000000000000000099935555555555555555555555555559900000000000000000000
52 00000000000000000000000000000000000000000000099999955555555555555555555555555900000000000000000000
51 00000000000000000000000000000099900000000000099999455555555555555555555555555900000000000000000000
50 00000000000000000000000000000099599000000000009555555555555555555555555555529000000000000000000000
49 00000000000000000000000000009551990000000000099999555355555555555555555555599000000000000000000000
48 00000000000000000000000000000993519000000000000009955955555555555555555555559000000000000000000000
47 00000000000000000000000000000099359900000000000099955555555555555555555555559000000000000000000000
46 00000000000000000000000000000009951990000000000009955555555555555555555555290000000000000000000000
45 00000000000000000000000000000000935190000000000000099555555555555555555555599000000000000000000000
44 00000000000000000000000000000000993599000000999999009555555555555555555555599000000000000000000000
43 00000000000000000000000000000000993599000000959959009555555555555555555555559000000000000000000000
42 00000000000000000000000000000000099559900000999599590095555555555555555555559000000000000000000000
41 00000000099900000000000000000000935199000009555515909955555555555555555555599000000000000000000000
40 00000000095900000000000000000009935199000099555599955555555555555555555555529000000000000000000000
39 00000000095999990000000000000000099551900000995555599555555555555555555555299000000000000000000000
38 00000000095145199999999999000000093559900099955555195555555555555555555555599000000000000000000000
37 00000000095555555555594519000000099559900955255555555555555555555555555559990000000000000000000000
36 00000000099993299999542959000000099355999999935555555555555555555555555555590000000000000000000000
35 00000000000999900095595990000000099355190999955555555555555555555555555559990000000000000000000000
34 00000000000000000099999319999990000000000000099355994555555555555555555555559000000000000000000000
33 00000000000000000000009951945199990000000000099355555555555555555555555555559000000000000000000000
32 00000000000000000000009935555555999999990099935555555555555555555555555555559000000000000000000000
31 00000000000000000000000999355555193555519000099999355555555555555555555555599000000000000000000000
30 00000000000000000000009999993555553559900000099555555555555555555555555555599000000000000000000000
29 00000000000000000000000000000099355529551900000095555555555555555555555555519000000000000000000000
28 00000000000000000000000000000099955995559000000955995555555555555555555555559000000000000000000000
27 00000000000000000000000000000009999955990000009999935555555555555555555555599000000000000000000000
26 00000000000000000000000000000000000955999000000099355555555555555555555555519000000000000000000000
25 00000000000000000000000000000000000095551990000009945555555555555555555555599000000000000000000000
24 00000000000000000000000000000000000095555199900000955295555555555555555555599999999999999999999999
23 00000000000000000000000000000000000095555559000009999455555555555555555555555555555555555555555559
22 00000000000000000000000000000000000095555559990000009555555555555555555555555555555555555555555559
21 00000000000000000000000000000000000093555555199000009555555555555555555555555555555555555555555559
20 00000000000000000000000000000000000999995555190009999555555555555555555555555555555555555555555559
19 00000000000000000000000000000000000000955555999945455555555555555555555555555555555555555555555559
18 00000000000000000000000000000000000000099955551994555555555555555555555555555555555555555555555559
17 00000000000000000000000000000000000000099555594555555555555555555555555555555555555555555555555559
16 00000000000000000000000000000000000000009935555553519555555555555555555555555555555555555555555559
15 00000000000000000000000000000000000000000945555559999935555555555555555555555555555555555555555559
14 00000000000000000000000000000000000000000000000095555235990099993555529999999999999999999999999999
13 00000000000000000000000000000000000000000000000099555595190000099995999000000000000000000000000000
12 00000000000000000000000000000000000000000000000099559999935900000000990000000000000000000000000000
11 00000000000000000000000000000000000000000000009529900955900000000000000000000000000000000000000000
10 00000000000000000000000000000000000000000000009599000093590000000000000000000000000000000000000000
9 00000000000000000000000000000000000000000000009590000099990000000000000000000000000000000000000000
8 00000000000000000000000000000000000000000000000999000000000000000000000000000000000000000000000000
7 00000000000000000000000000000000000000000000000000000000000000000000000000000000000000000000000000
6 00000000000000000000000000000000000000000000000000000000000000000000000000000000000000000000000000
5 00000000000000000000000000000000000000000000000000000000000000000000000000000000000000000000000000
4 00000000000000000000000000000000000000000000000000000000000000000000000000000000000000000000000000
3 00000000000000000000000000000000000000000000000000000000000000000000000000000000000000000000000000
2 00000000000000000000000000000000000000000000000000000000000000000000000000000000000000000000000000
1 00000000000000000000000000000000000000000000000000000000000000000000000000000000000000000000000000
```

그림 B35 그림 B34의 체서피크만의 cell.inp파일.

```
C1 TITLE
C1 (LIMITED TO 80 CHARACTERS)
   chesapeake bay cartesian, ll input, utm output
C2 INTEGER INPUT
C2  NTYPE  NBPP  IMIN  IMAX  JMIN  JMAX  IC   JC
     9       0     1    97     1    181   96   180
C3 GRAPHICS GRID INFORMATION
C3 ISGG  IGM  JGM  DXCG  DYCG  nwtgg
    1    96   180  1850.  1850.  1
C4 CARTESIAN AND GRAPHICS GRID COORDINATE DATA
C4 CDLON1  CDLON2  CDLON3  CDLAT1  CDLAT2  CDLAT3
   -77.5    1.25    -0.625   36.7     1.0     -0.5
C5 INTEGER INPUT
C5 ITRXM  ITRHM  ITRKM  ITRGM
   100     100     100   100     4000     1.0
C6 REAL INPUT
C6 RPX  RPK  RPH   RSQXM  RSQKM  RSQKIM  RSQHM  RSQHIM  RSQHJM
   1.8  1.8  1.8  1.E-12  1.E-12  1.E-12  1.E-12  1.E-12  1.E-12
C7 COORDINATE SHIFT PARAMETERS
C7 XSHIFT  YSHIFT  HSCALE  RKJDKI  ANGORO
    0.      0.     1000.    1.      7.0
C8 INTERPOLATION SWITCHES
C8 ISIRKI  JSIRKI  ISIHIHJ  JSIHIHJ
    1       0       0        0
C9 NTYPE = 7 SPECIFIED INPUT
C9 IB IE JB JE NINITM N7RELAX ITN7MAX SERRMAX
C10 NTYPE = 7 SPECIFIED INPUT
C10 X Y IN ORDER (IB,JB) (IE,JB) (IE,JE) (IB,JE)
C11 DEPTH INTERPOLATION SWITCHES
C11 ISIDEP  NDEPDAT  CDEP   RADM   isidptyp   surfelv
     0      79431     2.     1.      1          0.     0   0   0
C12 LAST BOUNDARY POINT INFORMATION
C12 ILT  JLT  X(ILT,JLT)  Y(ILT,JLT)
     1    1    1           1
C13 BOUNDARY POINT INFORMATION
C13 I   J    X(I,J)    Y(I,J)
```

그림 B36 그림 B34의 체서피크만의 gefdc.inp파일.

부록 C EFDC 내부 배열의 시각화 방법

사용자가 EFDC 내부의 배열을 시각화하기 위해서 EFDC Explorer를 사용할 때 해야 하는 작업은 EFDC 소스코드에서 EEXPORT 서브루틴을 아래와 같이 고치는 것뿐이다. 기능을 사용하려면 아래와 같이 사용하자.

```
IF(.TRUE..AND.JSEXPLORER.EQ.0)THEN
```

기능을 사용하지 않으려면 아래와 같이 사용하자.

```
IF(.FALSE..AND.JSEXPLORER.EQ.0)THEN
```

여기에는 두 가지 기본적인 출력형식이 존재한다. 하나는 시간에 대해 정적인 배열이고, 다른 하나는 모델의 진행에 따라 변화하는 것들(표준)이다. 배열의 성질에 따라서, 사용자는 정적인 배열은 IF/THEN 블록 안에서, 시간에 따라 변화하는 배열은 IF/THEN 블록 바깥에서 반복(loops)되도록 코드를 작성해야 한다. 배열들을 출력하기 위한 기본적인 코드는 매우 단순하다. 두 가지 경우를 위한 예제를 아래의 볼 수 있다. EFDC Explorer가 배열들을 정확하게 얻어올 수 있도록 플래그들이 바르게 설정되었는지 차례대로 확인해보자. EFDC_INT.OUT 파일은 디스크에 효율적으로 읽고 쓰기 위한 바이너리 파일이다. 기본 구조는 다음과 같다.

DimFlag, TimeFlag	Integer*4인 두 개의 플래그
ArrayName	Character*8인 배열을 식별하기 위한 이름
The array	적절한 차원을 반복하고, 배열 출력하기

소스코드를 수정한 뒤에는 반드시 컴파일을 해줘야 한다는 것을 기억하자.

```
INTEGER*4 VER
CHARACTER*8 ARRAYNAME
C************************************************************C
C
! *** INTERNAL ARRAYS
```

```
IF(.TRUE..AND.JSEXPLORER.EQ.0)THEN
! *** TIME STATIC ARRAYS
IF(N.LT.(2*NTSPTC/NPSPH(8)))THEN
OPEN(97,FILE='EFDC_INT.OUT',STATUS='UNKNOWN')
CLOSE(97,STATUS='DELETE')
OPEN(97,FILE='EFDC_INT.OUT',STATUS='UNKNOWN',
& ACCESS='SEQUENTIAL',FORM='BINARY')
WRITE(97)VER ! FILE FORMAT VERSION #
WRITE(97)1 ! # OF TIME VARYING ARRAYS
! FLAGS: ARRAY TYPE, TIME VARIABLE
! ARRAY TYPE: 0 = L DIM'D
! 1 = L,KC DIM'D
! 2 = L,0:KC DIM'D
! 3 = L,KB DIM'D
! 4 = L,KC,NCLASS DIM'D
! TIME VARIABLE: 0 = NOT CHANGING
! 1 = TIME VARYING
WRITE(97)0,0
ARRAYNAME='WVKHV'
WRITE(97)ARRAYNAME
DO L=2,LA
WRITE(97)WVKHV(L)
ENDDO
ENDIF
! *** TIME VARYING ARRAYS
WRITE(97)2,1
ARRAYNAME='QQ'
WRITE(97)ARRAYNAME
DO L=2,LA
DO K=0,KC
WRITE(97)QQ(L,K) ! Turbulent Intensity (
ENDDO
ENDDO
ENDIF
C
C*********************************************************C
C
RETURN
```

EFDC의 소스코드 중 EEXPOUT 서브루틴의 일부

부록 D EFDC Explorer 데이터 형식

Any number of polylines/polygons can reside in the same file. Each one begins with a single line header that is used as the “"ID”" of the polyline/polygon. Next comes the data in either 2D or 3D format, the importing automatically handles either. Finally the polyline/polygon is finished (not necessarily “"closed”") by an “"*”" in column 1. There is no difference between polyline and polygon in a P2D file, only how the data are treated by the application reading the file.

Example

```
------------------------
Polyline Test
609115.69390674 3643612.72035394 0
608828.057738002 3642922.39387814 0
608569.186338242 3642232.06904821 0
608396.604307826 3640908.94563456 0
...
...
...
601493.350247946 3628713.19503985 0
601464.586301899 3627763.99747289 0
601522.11337106 3627016.14485373 0
601522.11337106 3626642.21854415 0
```

그림 D-1 P2D Polyline/Polygon 파일

This format is a compact way to store regular grid X, Y and Z data. It contains three lists, each with the number of data points as the first value in the list. The file contains a list of the X coordinates, a list Y coordinates and a list of the Z"s.

Example

```
------------------------
195 Nx
-97516.6484
-96511.4938
-95506.3391
-94501.1845
...
```

```
...
...
113 Ny
656865
657873.929
658882.857
659891.786
...
...
...
22035 Nz
-28.337
-28.346999
-28.1969829
...
...
```

그림 D-2 TB2 XYZ Gridded Data

```
The DX format is described by the following outline. The vertical bar "|" indicates the
actual left side of the file.

Notes        |Contents of line beginning
             \/Column 1 of the actual file
---------------------------------------------
Line01       |Description Line                               ] Header lines (1st line in the file)
Line02       |#Polylines                                     ]
Line01p1     |Index,nPts,branch,type,angle,deltax            } Header lines for each polyline
Line02p1     |PolyLine ID                                    }   branch,angle,deltax are only used
Line03p1     |PolyLine Desc                                  }   for special cases but must be input.
Line01p1n1 |X,Y or X,Y,Z ] Data Points      }   Type = 0 Undefined (defaults to open)
Line02p1n2 |X,Y or X,Y,Z ] Loop over nPts   }   Type = 1 Polyline (Open)
Line03p1n3 |X,Y or X,Y,Z ]                                   }   Type = 2 Polygon (Closed)
...
Linennp2nn |X,Y or X,Y,Z ]                                   } End of Polyline Block
Line01p2     |Index,nPts,branch,type,angle,deltax            } Header lines for each polyline
Line02p2     |PolyLine ID                                    }
Line03p2     |PolyLine Desc                                  }
Line01p2n1 |X,Y or X,Y,Z ] Data Points      }
Line02p2n2 |X,Y or X,Y,Z ] Loop over nPts   }
Line03p2n3 |X,Y or X,Y,Z ]                                   }
...
Linennp2nn |X,Y or X,Y,Z ] End of Polyline Block      } End of Polyline Block

Example
---------------------------------------------
HR Test Sections
 2
1,10,0,1,0,0
XS022
```

```
Geomorph XS022
55907.8741026827,910678.007703451,956.594
55907.2507413484,910678.789637365,956.594
55906.6273800142,910679.57157128,956.604
55906.0040186799,910680.353505195,956.574
55905.3806573456,910681.135439109,956.404
55904.7572960113,910681.917373024,956.884
55904.1339346771,910682.699306939,957.434
55903.5105733428,910683.481240853,956.954
55902.8872120085,910684.263174768,956.764
55902.2638506742,910685.045108683,957.564
2,22,0,1,0,0
XS023
Geomorph Transect XS023
55867.0383902119,910642.619457468,964.856
55866.7836519141,910643.049699725,961.236
55866.6308089354,910643.307845079,959.236
55866.2741753184,910643.910184238,957.346
55865.7646987227,910644.770668752,957.116
55865.255222127,910645.631153266,957.146
55864.7457455313,910646.49163778,957.146
55864.2362689356,910647.352122294,957.106
55863.7267923399,910648.212606807,956.976
55863.2173157442,910649.073091321,957.126
55862.7078391485,910649.933575835,956.716
55862.1983625528,910650.794060349,956.606
55861.688885957,910651.654544862,956.646
55861.1794093613,910652.515029376,956.696
55860.6699327656,910653.37551389,957.206
55860.1604561699,910654.235998404,957.606
55859.6509795742,910655.096482917,957.836
55859.1415029785,910655.956967431,957.716
55858.6320263828,910656.817451945,958.326
55858.1225497871,910657.677936459,958.756
55857.8678114893,910658.108178716,959.236
55857.8168638297,910658.194227167,959.246
```

그림 D-3 DX Polyline/Polygon 파일

```
TITLE = "ADCP IJK Data"
VARIABLES = "X", "Y", "Z", "V_E_W", "V_N_S", "V_U_D"
ZONE I= 257, J=1, K=1,F=POINT, T="Avg Vel"
56730.14 906511.90 288.38 -0.0443 -0.1582 -0.0001
56731.96 906530.90 288.42 -0.0570 -0.1482 -0.0001
56730.98 906533.00 288.45 -0.0599 -0.1219 -0.0001
56731.46 906535.70 288.49 -0.0578 -0.1042 -0.0001
56733.52 906512.90 288.39 -0.0548 -0.1524 -0.0001
...
...
...
```

그림 D-4 Measured 3D Velocity Point Data (TecPlot)

```
TITLE = "ADCP IJK Data"
VARIABLES = "X", "Y", "Z", "V_E_W", "V_N_S", "V_U_D"
ZONE I=40, J=26, K=1, F=POINT, T="Velocity"
56728.00 906511.00 288.54 -0.0457 -0.1574 0.00000
56732.00 906511.00 288.51 -0.0492 -0.1563 0.00000
56736.00 906511.00 288.52 -0.0549 -0.1551 0.00000
56740.00 906511.00 288.73 -0.0530 -0.1438 0.00000
...
...
...
```

그림 D-5 I, J, K Formatted Measured 3D Velocity Data (TecPlot)

This file is used to assign a vertical and horizontally variable initial condition field for any of the water column parameters. The data is basically a series of vertical profiles at any number of locations. The following summarizes the input format for one location. This can be repeated for as many locations as needed.

```
Loop over the number of vertical profile locations
        Line 1: ID                      (any user defined ID)
        Line 2: Xc, Yc, nPts            (nPts in vertical profile)
        Loop over nPts
                Input Depth             (m)
        End Loop
        Loop over nPts
                Input Parameter_Value   (units dependent on parameter)
        End Loop
End Loop
```

그림 D-6 Apply Cell Properties via Polygons: Assign Value Using Vertical Profiles

Data file containing observation data (*.wq,*.dat)	**Description**
10993 USGS_Speedy, Salinty, PPT	
01-Jul-1999 00:00 27.7 01-Jul-1999 01:00 27.6 01-Jul-1999 02:00 27.8 01-Jul-1999 03:00 27.8 01-Jul-1999 04:00 27.7 01-Jul-1999 05:00 27.6	***First line:*** 10993: number (N) of data points; USGS_Speedy, Name, Units: title for some meaning (here: station name, water temperature in Celsius degree). This text is only used for labeling.
01-Jul-1999 06:00 27.6 01-Jul-1999 07:00 27.5 01-Jul-1999 08:00 27.5 01-Jul-1999 09:00 27.5 01-Jul-1999 10:00 27.6 01-Jul-1999 11:00 27.8 01-Jul-1999 12:00 27.9	***Second line to N lines:*** Date (Gregorian) (Julian date is also OK, for example the 370th day counting from 01- Jan-1999), time and parameter's value. The Gregorian date format can be in any format that Windows recognizes as a date. EE uses the last parameter in the line as the data value.
01-Jul-1999 13:00 28	The data lines are repeated for all N data points.

```
01-Jul-1999 14:00 27.9
01-Jul-1999 15:00 28
01-Jul-1999 16:00 28.1
01-Jul-1999 17:00 28.1
......................
```

그림 D-7 Time series observation data file structure

First line: Title for some meaning (here: station name, coordinate) This field is not used by EE.

Second line: number of data points on the vertical profile (i.e., 14); Date (Gregorian) (i.e., 18-Aug- 1999) and time (i.e., 11:25)

Third line: the water depths (from the water surface) of the points along the vertical profile (the depth unit must correspond to the model unit: meters)

Fourth line: the observation water quality values of the points. Units -- Must correspond to the model units.

Repeat lines 2-4 for each profile.

```
SE 03, Unknown (Unknown) @ 573370.8125, 3009112
14 18-Aug-1999 11:25
   0.000   0.500   1.000   1.500   2.000   2.500   3.000   3.000   3.500   4.000   4.500   5.000   5.500   6.000
   6.300   6.300   7.100   7.100   7.400   9.000  10.300  10.300  11.200  11.700  12.300  14.200  16.500  17.500
12 29-Sep-1999 10:15
   0.000   0.500   1.000   1.500   2.000   2.500   3.000   3.000   3.500   4.000   4.500   5.000
   1.600   1.600   1.600   1.700   1.700   1.700   1.700   1.700   1.700   1.700   1.700   1.700
8 18-Oct-1999 12:05
   0.000   0.500   1.000   1.500   2.000   2.500   3.000   3.000
   0.100   0.100   0.100   0.100   0.100   0.100   0.100   0.100
13 29-Nov-1999 11:33
   0.000   0.500   1.000   1.500   2.000   2.500   3.000   3.000   3.500   4.000   4.500   5.000   5.500
   6.300   6.700   7.500   8.400  10.600  12.100  12.700  12.700  16.700  17.000  17.100  17.200  18.400
9 15-Dec-1999 11:00
   0.000   0.500   1.000   1.500   2.000   2.000   2.500   3.000   3.500
   8.500   8.600   8.600   8.800   9.300   9.700   9.900  10.700  11.480
13 13-Jan-2000 10:54
   0.000   0.500   1.000   1.500   2.000   2.500   3.000   3.000   3.500   4.000   4.500   5.000   5.500
   4.100   4.400   8.900  10.300  12.900  14.100  15.100  15.100  15.300  15.100  16.800  17.000  17.200
13 24-Feb-2000 12:26
   0.000   0.500   1.000   1.500   2.000   2.500   3.000   3.000   3.500   4.000   4.500   5.000   5.500
  23.800  24.000  24.000  24.200  24.200  24.200  24.200  24.200  24.300  24.300  24.300  24.300  24.400
14 23-Mar-2000 10:52
   0.000   0.500   1.000   1.500   2.000   2.500   3.000   3.000   3.500   4.000   4.500   5.000   5.500   6.000
  21.000  21.000  21.100  21.200  21.200  21.300  21.300  21.300  21.300  21.300  21.300  21.700  21.700  21.700
14 10-Apr-2000 11:26
   0.000   0.500   1.000   1.500   2.000   2.500   3.000   3.000   3.500   4.000   4.500   5.000   5.500   6.000
  21.600  21.700  21.800  21.800  21.900  22.600  22.700  22.700  22.900  23.000  23.200  23.300  23.500  23.600
15 01-May-2000 12:00
   0.000   0.500   1.000   1.500   2.000   2.500   3.000   3.000   3.500   4.000   4.500   5.000   5.500   6.000   6.500
   1.800   1.800   2.200   4.000   5.100   6.300   7.200   7.200   8.700   9.400   9.600   9.700   9.800   9.900   9.900
13 08-May-2000 11:15
   0.000   0.500   1.000   1.500   2.000   2.500   2.500   3.000   3.500   4.000   4.500   5.000   5.500
   2.300   2.500   2.700   2.700   2.800   2.900   2.900   2.900   2.900   3.200   3.900   3.900   4.200
11 25-May-2000 12:15
   0.000   0.500   1.000   1.500   2.000   2.500   3.000   3.000   3.500   4.000   4.500
   6.100   6.100   6.100   8.200  10.900  13.700  16.100  16.100  18.700  21.200  21.600
12 07-Jun-2000 11:30
   0.000   0.500   1.000   1.500   2.000   2.500   2.500   3.000   3.500   4.000   4.500   5.000
  18.400  18.700  19.100  19.300  20.100  20.600  20.600  21.100  21.700  22.500  23.100  23.500
```

```
11 26-Jun-2000 13:20
  0.000   0.500   1.000   1.500   2.000   2.500   3.000   3.000   3.500   4.000   4.500
 17.900  17.890  18.300  21.450  21.640  21.710  21.790  21.790  21.960  22.230  22.340
14 06-Jul-2000 11:20
  0.000   0.500   1.000   1.500   2.000   2.500   3.000   3.000   3.500   4.000   4.500   5.000   5.500   6.000
 30.900  20.300  21.500  21.800  22.200  22.600  23.100  23.100  23.600  23.700  24.000  24.000  24.000  24.000
13 21-Aug-2000 11:55
  0.000   0.500   1.000   1.500   2.000   2.500   3.000   3.000   3.500   4.000   4.500   5.000   5.500
 15.400  15.300  15.300  15.400  15.400  15.400  15.500  15.500  15.700  15.700  16.100  16.100  16.700
14 18-Sep-2000 12:28
  0.000   0.500   1.000   1.500   2.000   2.500   3.000   3.000   3.500   4.000   4.500   5.000   5.500   6.000
 21.280  21.210  21.240  21.930  22.060  22.200  22.380  22.380  22.230  22.560  22.470  22.850  23.000  23.040
```

그림 D-8 Vertical Profile for Calibration/Validation Profiles

The "Polygon" Digital Sediment Model (DSM) format is file that contains any number of polygons that define an area followed by a data block that contains the sediment data. The polygon ID and the data block ID"s must match. The data block consists of a line for each depth (beginning at the surface or 0.0 depth) for which data exists. On each line the user must include the depth (m), thickness (m), porosity, and then the grain size. The number of grain size classes and the associated size breaks are determined by the space delimited data of the label line (see example). The number of grain size classes and their sizes must be the same for every sediment data block in the file. However, the size classes can vary from file to file or project to project to meet the project needs.

```
POLY ID1
X,Y
X,Y
X,Y
...
...
...
END
DATA ID1
depth thick density porosity Size1mm Size2mm Size3mm ... SizeNmm
Depth 1 data
Depth 2 data
...
...
...
END

Example
-----------------------------------------------------------------
POLY L125.01
56694.6 901917.7
56697.3 901937.2
56678.3 901944.2
56674.4 901924.5
END
DATA L125.01
depth thick density porosity 50mm 19mm 9.5mm 0.85mm 0.25mm 0.075mm 0.065mm 0.023mm 0.013mm
    0.004mm 0.003mm
```

```
0.000 0.152 1749.3 0.500 1.00000 0.99998 0.99988 0.98257 0.90709 0.70847 0.67613 0.41642 0.28167
    0.09082 0.06417
0.152 0.152 1787.6 0.490 1.00000 0.99996 0.99976 0.97702 0.89186 0.68776 0.65569 0.40369 0.27499
    0.09192 0.06584
0.305 0.152 1826.7 0.479 0.99999 0.99991 0.99956 0.97004 0.87468 0.66569 0.63396 0.38991 0.26726
    0.09230 0.06695
0.457 0.152 1866.7 0.469 0.99998 0.99982 0.99921 0.96138 0.85544 0.64229 0.61100 0.37518 0.25857
    0.09199 0.06749
0.610 0.152 1907.6 0.459 0.99996 0.99964 0.99864 0.95077 0.83405 0.61762 0.58686 0.35958 0.24902
    0.09101 0.06747
0.762 0.152 1949.4 0.449 0.99990 0.99933 0.99772 0.93794 0.81045 0.59174 0.56162 0.34323 0.23869
    0.08941 0.06692
END
```

그림 D-9 Polygon DSM Format

The "Sediment Cores with Grainsize"Digital Sediment Model (DSM) format is file that contains any number of cores. Each core can have any number of samples at depths below the top of the core. For each core the user must locate the core in horizontal (XY) space. The "Z"requested is the top of the core elevation (i.e. the bottom elevation at the core location).

```
Title Line
"Discrete" Flag: Used to determine data file format
Loop over groupings of cores (Loop Terminated by the "END" statement)
          ID, #Cores
          X Y Z #Depths
          Loop over #Depths
                    Thickness, Porosity, SpecGrav, nFractions
                    Loop over nFractions
                              Max Grainsizes (um)
                    EndLoop
                    Loop over nFractions
                              %Finer
                    EndLoop
          EndLoop
END --> End Core Definitions with an "END"

Example ----------------------------------------------------------------
Tra Khuc Soil Sampling Results
Discrete
Core01 2
265814.3 1673167.4 5.90 4
0.25 56.00 2.66 9
20000 15000 7500 3500 1250 375 175 75 30
100.00 94.40 89.50 84.10 79.00 36.00 16.50 10.00 2.20
0.65 56.00 2.66 6
1250 375 175 75 30 8
100.00 90.80 70.20 33.00 17.80 9.00
5.00 56.00 2.65 7
```

```
7500 3500 1250 375 175 75 30
100.00 96.80 84.80 24.70 11.30 4.10 0.90
8.20 56.00 2.66 7
7500 3500 1250 375 175 75 30
100.00 97.60 87.60 29.30 13.90 5.20 1.00                ! *** End of 1st Core
265808.1 1673613.9 0.13 2
0.25 56.00 2.66 9
20000 15000 7500 3500 1250 375 175 75 30
100.00 94.40 89.50 84.10 79.00 36.00 16.50 10.00 2.20
0.85 56.00 2.65 7
7500 3500 1250 375 175 75 30
100.00 96.50 83.10 27.70 17.10 4.20 0.00                ! *** End of 2nd Core
```

그림 D-10 Data Format B-9 Sediment Cores with Grainsize DSM Format

찾아보기

ㅂ

ㅅ

ㅊ

ㅋ

ㅌ

ㅍ

ㅎ

편저자 소개

• **이 동 주**

1974 전북대학교 토목공학과 졸업
1979 전북대학교 대학원 토목공학과(공학석사)
1990 전북대학교 대학원 토목공학과(공학박사)
1978 군산전문대학 토목공학과 전임강사
1980 군산수산전문대학 해양토목과 전임강사
1986 일본 동해대학 해양토목과 객원교수
1991 한독기술협력사업 독일파견 교수
1993~ **현재** : 군산대학교 토목공학과 교수(수리학)

(수정판) EFDC 활용 길잡이

편저자 이 동 주

발행처 구미서관
발행인 임 해 진

발 행 2009년 7월 30일 초판 1쇄
발 행 2011년 2월 26일 초판 2쇄

주 소 서울시 마포구 동교동 174-7 구미빌딩
등 록 1979년 6월 29일 No.9-6호
ISBN 978-89-8225-735-3 (93530)

전 화 : (代) 333-1101 팩 스 : 335-2201
홈페이지 **www.goomibook.com**

정가 20,000원